钢丝热镀锌技术

GANGSI REDUXIN JISHU

苗立贤　肖亚平　苗　瀛　编著

化学工业出版社

·北京·

《钢丝热镀锌技术》详细介绍了钢丝热镀锌的基础和计算、钢丝热镀锌的工艺设计、常用设备、工艺配方和助镀剂以及热镀锌的注意事项及现场操作。

　　本书适宜从事热镀锌技术的专业人员参考。

图书在版编目（CIP）数据

钢丝热镀锌技术/苗立贤，肖亚平，苗瀛编著. —北京：化学工业出版社，2019.11
ISBN 978-7-122-34972-9

Ⅰ.①钢⋯　Ⅱ.①苗⋯②肖⋯③苗⋯　Ⅲ.①钢丝-热浸镀锌　Ⅳ.①TQ153.1

中国版本图书馆 CIP 数据核字（2019）第 164440 号

责任编辑：邢　涛　　　　　　　　　　　装帧设计：韩　飞
责任校对：王　静

出版发行：化学工业出版社（北京市东城区青年湖南街 13 号　邮政编码 100011）
印　　刷：三河市航远印刷有限公司
装　　订：三河市宇新装订厂
787mm×1092mm　1/16　印张 32½　字数 805 千字　　2020 年 1 月北京第 1 版第 1 次印刷

购书咨询：010-64518888　　　　　　　售后服务：010-64518899
网　　址：http://www.cip.com.cn
凡购买本书，如有缺损质量问题，本社销售中心负责调换。

定　　价：168.00 元

　　钢铁材料是人类社会无可替代的结构材料，但它易腐蚀生锈，所以必须对其进行防腐蚀处理。在众多的防腐蚀方法中，热镀锌是综合性能最佳、性价比最优的防腐蚀工艺。热镀锌形成电化学保护镀层，镀层致密性、镀层耐久性、镀层免维护性、镀层与基体结合力等方面具有其他防腐蚀方法无可替代的优势。热镀锌在镀层材料的再生利用方面、在镀层生产的高效和经济性方面的优势也是无可比拟的。即使在科学技术日新月异的今天，这个古老的防腐蚀技术在表面工程技术领域依然占有重要的地位，热镀锌工艺已广泛用于钢丝、钢带、钢管、钢结构和零部件等产品中。

　　钢丝热镀锌的生产设备相对比较复杂，除了锌锅以外，主要有收、放线等机械设备；预处理和后处理等化学设备；镀层厚度的控制设备等。生产工艺的圆满完成，并生产出高品质的热镀锌钢丝，除了设备、工艺保证以外，人员的操作熟练程度和其对热镀锌的原理的理解、热镀锌过程的掌控都很重要。然而，对于这种传统的技术，在实际操作过程中取决于操作者的经验、感觉，缺乏理论指导，导致钢丝热镀锌生产消耗多、浪费大、产品质量散差大、生产成本控制不稳定、生产技术管理随意性强等问题时有发生。

　　本书较全面地归纳、整理、阐述了钢丝热镀锌的原理、技术、生产等方面的知识，本着"盘条钢材好、钢丝拉拔好、钢丝才能热镀好"的理念，深入浅出地介绍盘条的化学成分、力学性能对热镀锌的影响，以及各种金属元素对钢丝热镀锌的影响，便于热镀锌生产人员的理解和掌握，给读者提供一本实用的技术书籍，更为重要的是它能够解决在生产中所遇到的多数问题。

　　苗立贤高级工程师从事热镀锌技术工作数十年，积累了大量的生产经验，在金属制品热镀锌方面获得了多项发明专利和科研成果。可贵的是他孜孜不倦地学习、探索、钻研热镀锌理论知识，由感性到理性，对热镀锌相关技术的掌握有独到之处，在热镀锌理论方面具有深厚的造诣。本书既是他经历及经验的升华、知识的集合，又是经验与研究有机结合的结晶。更值得一提的是他在退休之后仍在潜心研究热镀锌技术与应用，总结本人的金属制品热镀锌体会，查找国内外钢丝热镀锌文献，编辑成书奉献给社会。为此，本人特为之作序推荐，并预祝本书顺利出版。

河南科技大学教授、博士生导师　陈传举

2019 年 7 月

热浸镀锌技术是目前世界上钢材防腐蚀方法中最基本、最广泛、最古老的方法，热镀锌工艺与其他金属防腐蚀方法相比，在镀层电化学保护性、镀层致密性、镀层耐久性、镀层免维护性、镀层与基体结合力、镀层经济性等方面所具有的优势是其他工艺所无法比拟的，热镀锌工艺的防腐蚀作用是由于锌在腐蚀环境中能在表面形成耐腐蚀的保护薄膜，它既减少了锌的腐蚀，又保护了镀锌层下的铁免受腐蚀；所以热镀锌钢丝作为金属线材，在通信、电力输送、海洋石油工业、桥梁工程建筑、交通建设以及现代农业等领域得到了广泛的应用，几乎找不到一个国民经济领域不使用热镀锌钢丝和镀锌钢绞线。

在所有钢丝防腐蚀的方法中，热镀锌是世界各国普遍推广、优先使用的方法；而且同其他钢铁制品防腐蚀措施相比，热镀锌钢丝的生产成本低，生产率高，能快速地对钢丝表面施加镀锌层，操作方法简单，生产工艺可靠，而且易于实现机械化和自动化。因此，它不仅超过了其他防腐蚀方法的经济指标，而且使镀层均匀，质量优良，并使钢丝具有较长的使用寿命。截至目前，我国钢丝热镀锌生产已有多年的历史，所生产出的热镀锌钢丝在正常使用条件下，使用寿命长达数十年，在各类大气、海洋气候中具有足够的耐蚀性、稳定性、安全性。因此，最近十几年来国内外市场对各种热镀锌钢丝和热镀锌钢丝的延伸产品的需求呈逐年大幅度增加的趋势，热镀锌钢丝市场需求前景十分广阔。

国内金属制品行业在钢丝生产上都集中于拉拔工艺、热处理技术等方面的研究，钢丝热镀锌生产技术、工艺方面的报道相对来说比较少，而较全面的、系统的介绍钢丝热镀锌生产理论和实践方面的专著更少，这些问题的存在与目前钢丝热镀锌生产日益发展的形势、对钢丝热镀锌生产工艺技术的提高、促进生产效益和经济效益、提高产品内在质量的要求不相适应。基于此，作者从热镀锌的基础理论着手，按照钢丝热镀锌生产的工序，较为详细地介绍了热镀锌技术，给从事热镀锌技术的工程技术人员提高专业技能提供指导。

通过与钢丝热镀锌生产工程师和生产一线员工座谈交流，笔者受益匪浅，了解了他们的需求和一些先进工艺；同时结合笔者在金属制品热镀锌技术工作上多年的实践经验，参考吸取国内外有关钢丝热镀锌新技术、新工艺，编写出《钢丝热镀锌技术》一书。本书在编写的方法上遵循理论与实践结合、去粗取精、去伪存真的原则，注重先进性、实用性，可读性。书中用较多的篇幅突出介绍了钢丝热镀锌生产典型工艺和新技术、新工艺的应用；其中有些是已获得国家授权的发明专利、实用新型发明技术，所介绍的生产工艺参数亦具有科学性；所介绍的钢丝热镀锌使用的设备和辅助设备大部分是近年推广起来的；所介绍的"三废"处理技术及再生工艺很多为原创技术；对企业的设备改造和技术创新工作，起到一定的借鉴作用。

本书内容主要包括五个部分。第一部分介绍了热镀锌基础、发展历史和钢丝热镀锌技术基础理论，该部分着重介绍了钢铁热镀锌反应的基本原理及热镀锌层的性能和特点，并介绍了钢丝生产所用的钢材成分、钢材成分对热镀锌的影响；介绍了锌液成分和钢材表面状态等对热镀锌反应的影响。第二部分本着"钢材好、钢丝拉拔得好，钢丝镀锌才能镀得好"的理念，在介绍钢丝生产重点技术的基础上，介绍了钢丝热镀锌生产工艺，着重介绍了一些比较典型的钢丝生产、热镀锌工艺；以及钢丝热镀锌产品质量的标准和提高质量的控制技术。第三部分围绕"生产高效、节能环保"的主题，介绍了钢丝热镀锌生产方面的最新技术、工艺，重点对钢丝热镀锌生产中降低锌耗的方法做了论述，对实现降低锌耗、提高镀锌层表面质量的最新设备、新工艺技术等相关措施作了较为详尽的介绍。第四部分围绕"绿色环保"创建新型热镀锌企业为主题，用较大的篇幅较为细致地分析、介绍了钢丝热镀锌在生产中"三废"产生的原因，结合实际列举了对"三废"处理的具体方法措施，达到无废物排放、再生循环利用之目的。第五部分较为详细地提供了在钢丝热镀锌生产中，所涉及的各种溶液成分的化学分析方法，以及所需的化验设备、机械实验方法、管理制度等。

本书在编写的过程中，承蒙洛阳澳鑫金属制品有限公司杨景六副总经理大力支持，在此深表谢意；对中钢集团郑州金属制品研究院的陈金晟、肖亚东、陈红献高级工程师和关立编辑对本书的出版鼎力相助深表谢意；对郑州市华翔专利代理事务所马鹏鹗、张爱军经理全力提供钢丝热镀锌技术文献资料表示谢意；对本书所引文献的作者表示敬意和感谢。最后，对关心本书出版、热心提出建议的同仁，亦表示衷心的感谢。

限于作者的学识和经验有限，书中的不足之处殷切希望读者和专家赐教斧正。

苗立贤
2019 年 6 月 19 日于山西清凉山

钢丝热镀锌技术
GANGSI
REDUXIN
JISHU

目 录

第二章　钢丝热镀锌基础理论　　27

第三章　碳素钢丝生产工艺　51

第四章　钢丝热镀锌生产技术　　75

第八章　钢丝热镀锌生产主要设备　　**287**

第九章 钢丝热镀锌辅助设备 **343**

第十章　钢丝热镀锌生产线的设计　　377

第十一章　钢丝热镀锌生产过程的三废处理　　399

第十二章　钢丝热镀锌层的质量控制　　442

第十三章 热镀锌生产中常用的化学分析方法 466

附　录　478

参考文献　490

第一章
绪 论

第一节　热镀锌的发展历史

一、热镀锌的发展由来

众所周知，由于钢铁在空气、水或土壤中很容易生锈，甚至完全损坏，每年因腐蚀造成的钢铁损失是巨大的，据不完全统计，其约占整个钢铁产量的1/3。据中国腐蚀调查报告指出，我国每年为腐蚀支付的直接费用（据不完全统计），已达人民币2000亿元以上。如果考虑间接损失，国民经济花费在腐蚀方面的费用总和估计可达5000亿元，约占国民经济总产值的5％，每人平均每年大约要支付400元的腐蚀费用。这是一笔相当可观的损耗，它大于各自然灾害所造成的损失的总和。世界上发达国家多年的统计数字一直在3％～5％之间，其中最严重、最复杂的是金属的腐蚀。腐蚀对现代工业造成严重的破坏，甚至会危及人们的生命和财产安全。即使考虑在腐蚀报废的金属制品中有2/3可以回收，每年也还有相当于年产量大约10％的金属被腐蚀损失掉了。何况，腐蚀损失的价值是不能以损失了多少吨金属来计算的。因为，被腐蚀报废的金属制品的制造价值往往要比金属本身的价值高得多。

由此可见，钢铁的腐蚀造成了材料及能源的极大浪费。实现对钢铁腐蚀的控制，减少钢材因腐蚀失效而造成的损失，在整个国民经济中具有重要的经济意义和深远的战略意义。寻求耐腐蚀的金属材料，用来保护钢铁，使其耐腐蚀的性能提高是人类社会不断追求的目标。

二、热镀锌的发展过程

很早以来，人们就试图用一些办法减少钢铁的腐蚀，比如采用涂漆、涂油等涂层的办法来保护钢铁，使其免受腐蚀。随着科学技术的发展，人们逐渐采取一些方法在钢铁件表面涂覆一层铅、锡、铜等，使钢铁件防腐蚀的年限延长。后来人们发现在所有的金属之中锌具有一定的耐腐蚀性，并具有与钢铁件的良好结合力，外观也较美观，试图将锌黏附在钢铁制品上。1742年，法国化学家马罗英博士（P. T. Molouins）首创把熔融的锌镀在钢铁制品上。1836年，法国人索里尔（Stanistans Sorel）申请了热镀锌专利，提出了使用原电池（galvanic）法保护钢铁的构想，提出了在铁的表面上镀锌防锈的工艺，并将热镀法应用于生产。

19世纪中期，英国人克劳福（H. W. Grawford）申请了以氯化铵为溶剂的溶剂法镀锌专利，经过不断改进，使溶剂法成为热浸镀金属镀层的重要工艺之一。随着热镀锌制品生产的发展，1931年，美籍波兰人森吉米尔（T. Sendzimir）提出用气体保护还原法进行带钢连续热镀锌，通称"森吉米尔法"。该法首先获得美国专利，并于1937年在美国建成第一条带钢连续热镀锌生产线，开创了带钢连续、高速、高质量热镀锌的新纪元。

我国学者把1837年索里尔的专利和1937年森吉米尔法的诞生称为热镀锌历史上两个最重要的转折点或里程碑。索里尔在马罗英博士报告后近一个世纪发明了溶剂法热镀锌工艺，至今批量热镀锌生产仍沿用这一方法；森吉米尔在溶剂法发明100余年后发明了气体还原法，从而为现代化连续热镀锌钢材的生产奠定了基础。20世纪溶剂法热镀锌工艺没有重大变更，钢丝热镀锌也是采用溶剂法进行热镀锌的。

近半个世纪，热镀材料有着长足的发展，20世纪五六十年代，美、日、英、德、法、加拿大等国相继生产了镀铝钢板。20世纪70年代初，美国伯利恒钢铁公司发明了商品名为Galvalume的铝-锌-硅镀层材料，其合金成分为55％Al-43.4％Zn-1.6％Si，耐蚀性为纯锌镀层的2～6倍，广泛用于镀层带钢生产中。20世纪80年代，国际铅锌研究组织（ILZRO）资助比利时列日冶金研究中心（CRM）开发出商品名为Galfan的锌-铝-稀土镀层材料，其合金成分为Zn-5％Al-RE，其耐蚀性为纯锌镀层的2～3倍，广泛用于钢丝和带钢生产中。

三、热镀锌的近代进展

20世纪60年代，加拿大率先开展了锌-镍对抑制含硅活性钢的热镀研究，并得到ILZRO的支持。20世纪80年代，欧洲、北美和澳大利亚等地迅速推广热镀锌-镍合金工艺，其工艺名称为Technigalva。目前在此基础上又开发出Zn-Ni-Sn-Bi，其适用于Si含量0.5％以下的钢材，可以明显抑制含硅钢热镀时的圣德林效应。

20世纪90年代，日本日新制钢公司开发了商品名为ZAM的锌铝镁镀层材料，其化学成分为Zn-6％Al-3％Mg，其耐蚀性为传统镀锌层（Zn-0.2％Al）的18倍，被称为继第三代高耐蚀镀层Galvalume、Galfan以后的第四代高耐蚀镀层材料。此外，Zn-4.5％Al-0.1％Mg、Zn-0.5％Mg、Zn-15％Al-0.5％Sn、Zn-Al-Pb、Zn-0.1％Bi合金也获得了一定的应用，合金镀的开发是20世纪后半期热浸镀的最重要进展。

我国热镀锌工艺发展较晚，于20世纪40年代在鞍山首次用溶剂法生产单张热镀锌钢板，于1953年开始生产热镀锌钢管。20世纪50年代初，鞍钢第二薄板厂从苏联引进了我国第一条单张钢板溶剂法热镀锌机组。20世纪60～70年代，又先后复制了15条生产线，到1979年，武钢从德国引进了我国第一条改进的森吉米尔型连续带钢热镀锌生产线，设计产量为15万吨/年。后来经过改造，年生产能力达到了22万吨。直到20世纪80年代末，在宝钢建成了生产能力为36万吨/年的带钢热镀锌机组，机组工艺采用改进的森吉米尔型，采用立式加热炉。至2016年年底统计：国内获得钢丝规模生产许可证的有720余家，全国热镀锌钢丝年产量3500万吨左右，位于钢材热镀锌榜首。

截至2018年上半年，我国鞍山钢铁集团公司超精细规格钢丝帘线产品，已经通过德国宝马公司相关认证。据悉，通过认证的产品主要用于汽车子午线轮胎的生产（直径5mm、80级帘线钢盘条）。本钢集团公司生产的帘线钢LX72A、LX82A业已通过贝卡尔特现场认证，并获得A级供应商资格。经贝卡尔特公司确认，本钢产品达到了日本新日制钢同类产品的质量水平，最细已拉拔到直径0.22mm，处于同行业领先水平。

电线电缆产业异军突起，成就了众多的上市公司，电线电缆产业强劲地带动金属材料市场的发展，电线电缆产业的高速发展，带动了线缆设备市场，同时也带动了钢材及金属材料市场，形成了一个"产业链"。除了采用铜、铝、锌等金属材料外，还有许多用钢和合金材料制成的产品。例如，钢芯铝绞线用锌-5％铝-稀土合金镀层钢丝、锌-5％铝-稀土合金镀层钢绞线，都是以优质线材作为原材料，广泛应用于输电线路、电气化铁路等重点项目。从1978年到2018年的改革开放40年来，中国经济的快速增长促进了钢铁工业的快速发展，这样一来钢和锌产量、消耗量都呈上升趋势，同时也带动了钢材热镀锌行业的迅猛发展。热镀锌行业的发展在国民经济建设上起到了重要作用。

第二节　热镀锌应用与发展

一、热镀锌在金属防腐蚀上的意义

热镀锌的意义在于钢铁表面有一层镀锌层覆盖后，其耐腐蚀性能大幅度提高，能节省材料和资源，发挥良好的经济效益和环境效益。

1. 镀锌层对钢铁表面的保护作用

（1）当镀锌钢铁制件表面完好时，只发生锌的腐蚀，由于锌腐蚀的产物对锌有较好的保护作用，所以腐蚀速度非常慢，镀锌钢制件的寿命是未镀锌钢制件的15～30倍。

（2）最常见的情形是镀锌钢铁件在使用中，表面发生划伤，或其他原因使镀层遭到局部破坏，钢铁从损伤口暴露在环境之中，如果镀层是非金属类的物质，暴露出的钢基体很快就会被腐蚀掉，但镀锌钢制件特有的牺牲保护性能，使腐蚀速度变得很慢。这是因为镀层中的锌与钢铁中的铁在潮湿的环境中组成了原电池，由于锌的标准电极电位只有$-1.05V$，低于铁的$-0.036V$，因而锌作为阳极被氧化，而铁作为阴极得到保护。由于锌腐蚀以后的生成物很致密，反应速率很慢，也就是说制件总体的耐腐蚀性能大幅度提高。这种防腐蚀方法叫牺牲阳极保护法。

热镀锌工艺与其他金属防腐蚀方法相比，在镀层电化学保护性、镀层致密性、镀层耐久性、镀层免维护性、镀层与基体结合力、镀层经济性以及热镀锌工艺对钢制件形状与尺寸的适应性、生产的高效性方面具有其他工艺无法比拟的优势。

2. 热镀锌层与钢基体结合牢固性

热镀锌层与钢基体结合牢固、覆盖完全。镀锌层与钢铁基体之间的冶金结合正是热镀锌的独特之处，使热镀锌钢在加工、储存、运输和安装过程中具有很好的抗机械破坏能力。钢铁构件表面的所有部分，包括内表面、外表面以及角落和狭窄的缝隙，都可以被镀锌层完全覆盖。

二、热镀锌应用范围

热镀锌是一种工艺简单而又有效的钢铁防护工艺，被广泛地应用于钢铁制件的防护。它具有操作控制可靠、镀锌层检查容易、热镀锌工艺相对简单的优势。同时，由于镀锌层的寿命主要取决于镀层的厚度，因此可以很容易地从外观观察其表面是否连续、光亮，采用磁性测厚仪就可方便准确地测定出其厚度是否符合标准要求。

热镀锌钢材在使用中还具有可成形性、可焊性、可涂装性以及良好的延展性等优点，热镀锌技术越来越向着大规模、低成本的方向发展。目前世界各国除大量生产各种镀锌钢板、钢管和钢丝这些半成品镀锌产品外，对许多成品钢铁制件，都已经采用热镀锌防护。热镀锌产品被广泛地应用于交通、建筑、通信、电力、能源、汽车、石油化工和家电等行业。

1. 热镀锌产品在各行业的应用

① 交通运输业：高速公路护栏、公路标志牌、路灯杆、桥梁钢索、汽车车体、运输机械面板与底板等。

② 建筑行业：建筑钢结构件、脚手架、屋顶板、内外壁材料、防盗网、围栏、百叶窗、排水管道、水暖器材等。

③ 通信与电力行业：输电铁塔、五金、微波塔、变电站设施、电线套管、高压输电钢绞线、导线等。

④ 石油化工行业：输油管、油井管、冷凝冷却器、油加热器等。

⑤ 机械制造行业：各种机器、家用电器、通风装置的壳体、仪器仪表箱、开关箱的壳体等。

2. 热镀锌发展趋势

从 20 世纪 90 年代开始，全球锌消费进入高速增长期，1990～2014 年年均增速为5.3%，2015 年增速开始放缓，年均增速在 2% 左右，这主要是由于中国增速放缓。中国是全球最大的锌消费国，2017 年占比达到 48%，年均增速为 2%，据有色金属网介绍：2016年全球锌的 52% 用于钢铁镀锌，16% 用于压铸合金，17% 用于铜合金，15% 用于锌的化学制品等其他领域。终端用途中，建筑、交通和耐用消费品占 79%，基础设施占 14%，工业机械占 7%。2017 年全球锌消费增速为 2%，2018 年全球锌消费仍保持 2% 以上增速。全球主要锌消费国家占比见图 1-1，图 1-2 为中国镀锌占据整个锌消费 60% 的示意图。

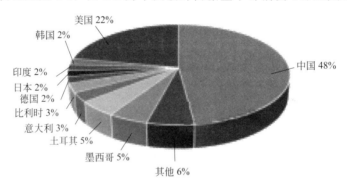

图 1-1 全球主要锌消费国家占比

在国内锌的消费领域除了汽车、房地产、基建等主要应用领域外，其他领域对锌的需求正在增长，未来可能成为新的亮点。一是地下管廊，住建部、钢铁协会正在制订标准（计划全部是镀锌的），并可能首先在雄安新区建设，镀锌量是原来的 5 倍，耐腐蚀性特别好；二是 2017 年住建部出台了推广装配式住宅的政策，根据规划，至 2020 年装配式建筑占新增建筑的 15%，推广力度会不断加大。钢结构领域对于镀锌板的需求非常大。综上所述，2025 年前锌消费出现负增长的可能性不大，全球来看锌消费会保持 2% 以上的增长。

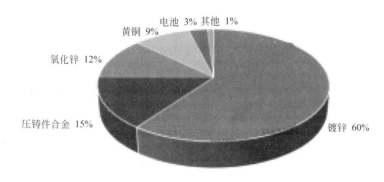

图 1-2 中国镀锌占据整个锌消费的 60%

目前，中国热镀锌产品应用于国民经济的各个领域，主要用于电力设施和交通设施，约占 50%，建筑、街道和户外设施，约占 30%。工厂车间和设备、紧固件、储存和搬运、电力设施、交通设施以及农业和园艺等方面的应用也日益扩大。

据中国有色金属网对中国规模以上锌企业统计，2010 年锌产量达到 526.6 万吨，2017 年锌产量达到 622 万吨，产量增速及表观消费量见表 1-1。中国规模锌冶炼厂 460 余家，较大规模企业 21 家，其中年产 10 万吨以上企业 6 家，排名前 10 位企业的产量之和达到中国锌产量的 50% 以上。

表 1-1 锌产量逐年增速和表观消费量

年份	2010 年	2011 年	2012 年	2013 年	2014 年	2015 年	2016 年	2017 年
产量/万吨	526.6	534.4	484.6	530.1	582.9	615.5	627.3	622
增速/%	—	1.48	−9.3	9.4	9.96	5.59	1.92	−0.84
表观消费量/万吨	533	520	528	518	477.8	622.4	623.5	617.5

热镀锌技术作为目前国内外公认的最为重要的钢铁工业防腐蚀技术，其产品广泛应用于国民经济的各个领域。尤其是国民经济的快速发展，基础建设和建筑、电力等行业的大量投入，使得中国批量热镀锌钢材产品的市场日益扩大，产量逐年增长，并且随着国家大力推广倡导的节能、减排、低碳经济等政策的实施，将进一步促使热镀锌生产技术取得很大的进步。

3. 国内钢丝热镀锌发展展望

近 30 年来，国内金属制品热镀锌行业发展较为迅速，截至 2016 年年底的统计：国内获得钢丝规模生产许可证的有 720 余家，全国热镀锌钢丝产量 3500 万吨左右。以恒星科技公司（股票代码 002132）、新日恒力（股票代码 600165）、福星科技（股票代码 000926）为代表的热镀锌钢丝、热镀锌钢绞线产品规模以上企业有 30 多家，年产量约 100 万吨；以贵州钢绳（股票代码 600992）、江苏法尔胜（股票代码 000890）为代表的钢绳、钢缆产品规模以上企业有 5 家，年产量约为 90 万吨；以沈阳贝卡尔特、江苏兴达为代表的钢帘线产品规模以上企业有 8 家。

目前在国内 $\phi0.6 \sim \phi26.4mm$ 的各种结构规格的光面和热镀锌钢丝、钢丝绳已经成为主导产品；$\phi9.5 \sim \phi28.6mm$ 各种结构规格的预应力混凝土用钢绞线，$\phi0.15 \sim \phi9.0mm$ 各种用途的商品钢丝广泛应用于矿山开采、交通运输、桥梁建设、海洋工程、港口机械以及船舶、轻工、汽车、军工、航天、水利等国民经济建设领域，并且拥有了众多的自主知识产权；产品出口世界各国，中国已成为世界第一热镀锌金属制品大国和出口大国。

对于中国钢丝热镀锌工业，虽然一些企业已经采用了一些比较先进的环保、清洁化生产的技术，但其还不能适应对环境保护的要求，由于缺乏对环保、清洁化生产的全面优化，所面临的环保治理压力还很大。出于对环保的严格要求，一些不具备环保生产条件的企业、公司有可能处于被关停的边缘。为了有效地减少废物的排放及原料的消耗，迫切需要对热镀锌工艺及环保、清洁化生产技术进行有效评估及优化、整顿、改造，在钢丝热镀锌领域攻坚克难。

第三节　镀锌钢丝防腐蚀原理

一、钢铁的腐蚀特点

钢铁暴露在大气之中时，主要发生干燥腐蚀、潮湿腐蚀和润湿腐蚀等几种腐蚀。

钢铁的干燥腐蚀是指钢铁在相对湿度小于30%的大气环境中，表面并不形成连续电解质水膜的腐蚀。在这种情况下，钢铁的腐蚀速度很慢，但这种环境较少。

钢铁的潮湿腐蚀是指钢铁在相对湿度大于30%，小于100%的大气环境中的腐蚀。在这种情况下，钢铁表面存在灰尘，锈层中有着微孔、裂缝而产生显微吸附，形成肉眼看不见的水膜，在水膜下发生电化学腐蚀，腐蚀速度相对较快。

钢铁的润湿腐蚀是指钢铁在相对湿度大于100%的潮湿大气环境中，表面存在凝结的、肉眼可见的水膜时的腐蚀。在这种情况下，钢铁表面水膜较厚，使氧溶解后向钢铁表面扩散的速度变慢，降低了腐蚀的速度。

其实，钢铁发生腐蚀与其表面的水膜是密不可分的，正因为有了水，水中溶解了氧气，使铁发生电离，发生一系列电离反应。反应式如下：

$$Fe \Longrightarrow Fe^{2+} + 2e \tag{1-1}$$

$$O_2 + 2H_2O + 4e \Longrightarrow 4OH^- \tag{1-2}$$

$$Fe^{2+} + 2OH^- \Longrightarrow Fe(OH)_2 \tag{1-3}$$

大气腐蚀之锈层处于潮湿条件下，锈层起强氧化剂作用，锈层内阳极发生在金属的 Fe_3O_4 界面上：$Fe - 2e \longrightarrow Fe^{2+}$；阴极发生在 Fe_3O_4 和 $FeOOH$ 界面上：

$3FeOOH + e \longrightarrow Fe_3O_4 + H_2O + OH^-$，锈层参与了阴极过程，反应式如下：

$$2Fe(OH)_2 + O_2 \longrightarrow 2FeOOH \tag{1-4}$$

$$3FeOOH + e \longrightarrow Fe_3O_4 + H_2O + OH^- \tag{1-5}$$

空气中的氧气不断溶解于水中，反应也就不断进行。因为反应的主要生成物 Fe_3O_4 是红色的，所以铁氧化后的产物俗称"红锈"，红锈很疏松，容易溶解，难以保护钢铁表面不继续被腐蚀，这就使得钢铁的腐蚀一直进行到其被完全腐蚀为止。这是钢铁腐蚀的特点，正因为如此，钢铁必须借助于表面涂覆其他金属或非金属保护层，以有效地防止钢铁的腐蚀。

二、金属锌的腐蚀特点

锌与铁相比，是一种更为活泼的金属元素，更容易被氧化腐蚀。但由于其腐蚀反应生成物的性质不同，所以锌的腐蚀与钢铁有根本上的不同。锌在干燥无水的环境下也会与空气中的氧气发生反应，生成氧化锌。这与铁氧化后的"红锈"不同，其颜色是白色的，所以叫"白锈"。反应式如下：

$$2Zn+O_2 == 2ZnO \tag{1-6}$$

锌在潮湿的空气中发生有氧参与的电化学腐蚀，也生成氧化锌。空气中的 CO_2 会进一步与 ZnO 反应，生成 $ZnCO_3$，其颜色变得稍黑，在锌的表面形成黑色的斑点，所以叫作"黑斑"。反应式如下：

$$Zn == Zn^{2+}+2e \tag{1-7}$$

$$O_2+2H_2O+4e == 4OH^- \tag{1-8}$$

$$Zn^{2+}+2OH^- == Zn(OH)_2 \tag{1-9}$$

这样，在大气环境下，锌的表面覆盖了一层由氧化锌、碳酸锌和氢氧化锌组成的氧化膜，这一层氧化膜比较致密，黏附性能较好，能将外界的氧气与内部的组织隔离开来，防止内部的锌基体继续被氧化。这与钢铁的氧化物层有很大的差别，所以锌比钢铁的耐腐蚀性能好得多，按腐蚀的损失量比，钢铁的腐蚀损失量是锌的 15～30 倍。但在受到污染的大气中，锌的耐腐蚀性能受到很大的影响。

三、镀锌钢丝防腐蚀的意义与特性

1. 镀锌钢丝防腐蚀的意义

热镀锌的意义在于钢丝表面有一层镀锌层覆盖后，耐腐蚀性能大幅度提高，能节省材料和资源，发挥良好的经济效益和环境效益。

2. 镀锌钢丝的腐蚀特点

（1）镀锌钢丝在整个使用寿命周期内，首先发生的腐蚀是表面镀锌层的氧化，生成"白锈"。时间稍长以后，表面的"白锈"进一步在潮湿的空气中与二氧化碳等气体反应，生成"黑斑"。当镀锌钢丝使用了较长时间，镀锌层腐蚀较严重以后，钢基体失去了锌的"牺牲腐蚀"保护作用，便开始氧化，生成"红锈"。一旦钢基体开始氧化，腐蚀速度就变得很快，镀锌钢丝也就结束了其使用寿命。

（2）镀锌钢丝有两种特殊的腐蚀情况叫"黑变"。一种是镀锌钢丝在使用了一段时间以后，由于镀锌层中铅等元素的影响，在锌与铅晶界处会发黑，发黑了的镀锌层对钢基体仍有保护作用，只是对寿命有一定的影响；另一种是镀锌钢丝在绞合线前后，其上面粘上含有酸（碱）性的水滴或物质，经过腐蚀后表面上产生黑色的斑点，这种情况会使钢丝表面上的钝化膜或油脂遭到破坏，镀锌层减薄，镀锌钢丝的寿命大打折扣，而且外观也受到影响。

（3）镀锌钢丝在干燥的环境或无污染的环境中的耐腐蚀性能十分优越。但在有污染的环境下，寿命会大为缩短，这就必须进行预涂膜处理。

（4）一般情况下，镀锌钢丝的腐蚀并不是表面的镀锌层全部均匀地被腐蚀掉了，而是在镀层与钢丝基体结合较差的地方镀层首先被腐蚀掉，从而造成局部严重腐蚀失去使用性能。从这一点上讲，镀锌层的附着力，特别是整体的附着力的好坏比镀锌层的厚度更为重要。如果镀锌层局部附着力不好，即使镀锌层再厚，也会从附着力不好处开始锈蚀。这跟"水桶原理"差不多，这是钢丝镀锌生产技术人员必须认识的问题。

第四节　镀锌金属学原理

一、金属锌的晶体结构

金属的使用性能是由内部组织结构决定的。在镀锌生产线上进行的钢丝加热和冷却工艺的实质就是通过改变钢丝的内部组织结构来获得一定的性能。镀锌层凝固过程的不同，也会获得不同的晶体组织，因而有必要了解金属的结构。

1. 原子结构

原子可以组成物质。常见的固态金属内部的原子排列成晶体。晶体有一定的熔点。如果将金属的原子简化为一个点，可以通过空间格架（晶格）来描述晶体中原子排列的规律。从晶格中取一个能反映晶格特征的最小几何单元，可用来分析晶体中原子排列的规律性，这个最小几何单元就叫晶胞。

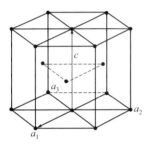

图 1-3　纯锌的密排六方晶胞

纯锌在固态时的晶胞，如图 1-3 所示，它是一个正六角形棱台，原子排列在上下两个六角形的 12 个角上以及上下六角形的中心。另外，在上下六角形之间还有 3 个原子。

一般金属都是由许多结晶颗粒组成的，这些结晶颗粒称为晶粒。晶粒是由大量位向相同的晶胞组成的，而不同的晶粒之间的晶胞存在位向上的差异。

晶粒与晶粒相互交界的位置叫晶界，晶界是杂质存在较多的地方，晶界处的晶胞位向与晶粒内部的晶胞存在一定的差异，基本上是相邻两个晶粒的这种状态，因而规律性较差，存在大量的畸形。

2. 离子结构

元素的各项化学性能在很大程度上受外电子层构造所控制，尤其是最外层的价电子，对化学性质的影响特别大。

锌原子当其最外围 4s 亚层的两个电子失去后，即变为带正电荷的阳离子（Zn^{2+}）。锌离子的半径较小，为 0.083nm，离子外壳由 18 电子层（M 主层）所组成，锌的离子半径不仅在本副族中是最小的，也比大多数主族元素小。锌离子较小的半径以及 18 电子外壳，使其具有高于所有二价阳离子的极化能力。

二、锌的热力学性质

1. 热容

金属锌的气态分子由单原子所组成。所有单原子气体的热容都有如下的数值：

摩尔定容热容：$\qquad c_{V,M} = 12.56 J/(K \cdot mol)$ （1-10）

摩尔定压热容：$\qquad c_{p,M} = c_{V,M} + R = 20.87 J/(K \cdot mol)$ （1-11）

$c_{p,M}$ 的精确值为 20.87J/(K·mol)。升温时系统所吸收的热量全部用来增加分子移动的动能，并且遵循能量均分原则平均地分在三个不同的方向上（三个自由度）。

气态锌的热容与所有金属蒸气的热容一样，其数值都具有不随温度变化而变化的特点。气态锌的原子是以无规律的形式运动着的，加热的结果仅仅是增大了它们的动能。而液态的锌原子在近距离范围内具有规则的点阵结构，这种有秩序的排列方式只有在达到较远距离时才会逐渐消失。由于质点间的相互作用，升温不仅增大了原子或离子的振动动能，同时也增大了它们的位能。液态锌的热容具有以下两个特点。

（1）在熔点附近的热容与固态非常相似。锌在692.5K（419℃）时有：

$$c_{V,M}（固态）=29.80J/(K \cdot mol) \tag{1-12}$$

$$c_{p,M}（液态）=32.78J/(K \cdot mol) \tag{1-13}$$

二者的差值仅约为3J/(K·mol)。

（2）液态锌的 $c_{p,M}$ 值随着温度的升高而逐步下降，如表1-2所示。热容的变化有一定的规律，大致温度每升高100K，$c_{p,M}$ 值约减小0.8J/(K·mol)。对于固体金属，随着温度的升高，$c_{p,M}$ 值将会逐步增大。在达到第一个转变点（第一次相变点或熔点）时，$c_{p,M}$ 值的最大值通常可以增大到29～33J/(K·mol)。对所有元素来说，这个最大值几乎是相同或相近的。

表 1-2 液态锌摩尔定压热容 $c_{p,M}$ 和温度的关系

温度/K(℃)	$c_{p,M}/[J/(K \cdot mol)]$	温度/K(℃)	$c_{p,M}/[J/(K \cdot mol)]$
692.5(419.5)	32.78	973(700)	30.35
773(500)	32.11	1073(800)	29.43
873(600)	31.23	1173(900)	28.55

固态锌在298K（25℃）下的摩尔定压热容为25.35J/(K·mol)，而在第一个相变点（即熔点时）的 $c_{p,M}$ 值为29.80J/(K·mol)。

固态锌的摩尔定压热容和温度的关系如下：

$$c_{p,M}=21.98+1.13 \times 10^{-2}T（273～693K） \tag{1-14}$$

或

$$c_{p,M}=22.40+1.00 \times 10^{-2}T（298～692.5K） \tag{1-15}$$

根据上述关系式所得的计算结果，其精度可以达到±1%。表1-3是根据关系式计算得到的固态锌在某些温度下的 $c_{p,M}$ 值。

表 1-3 固态锌在某些温度下的 $c_{p,M}$ 值

温度/K(℃)	273(0)	298(25)	473(200)	673(400)
$c_{p,M}/[J/(K \cdot mol)]$	25.06	25.35	27.32	29.58
	—	25.38	27.13	29.13

2. 熵

熔化热的大小与金属键的强度有关。金属键的强度越大，相应的熔点就越高，熔化热也就越大。这是因为熔化时所提供的热量应足以破坏金属长程有序的晶格点阵。

熔化温度（K）除以熔化热称为熔化熵，即金属在熔化时的熵增 ΔS_f。对绝大多数金属来说，尽管熔化热各不相同，但它们的熔化熵却十分接近，约为9.6～10.0J/(K·mol)。锌的熔化热为6700J/mol，熔化熵为9.65J/(K·mol)。

气化热的大小也与金属键的强度有关。金属键越强，拆散金属晶格所需的能量也就越多，即气化热也就越大，沸点因此也就越高。气化热与沸点之间的比值接近于一个常数，这一规则称为特鲁顿规则，这个常数就是气化熵。锌在沸点（1180K）的气化熵为97.32J/(K·mol)。

锌在固态、液态、气态的熵与温度的关系式如下：

固态锌：$\quad S_T^0 = -86.88 + 50.62\lg T + 1.13 \times 10^{-2} T(273-692.5\text{K})$ $\qquad$ (1-16)

液态锌：$\qquad\qquad S_T^0 = -137.70 + 743.18\lg T + 2.30 \times 10^{-3} T$ $\qquad$ (1-17)

气态锌：$\qquad\qquad\qquad S_T^0 = -40.11 + 47.94\lg T$ $\qquad$ (1-18)

3. 蒸气压

蒸气压是金属锌的一项极为重要的热力学数据，锌的一系列物理化学性质都由这个参数所决定。锌的蒸气压随着温度的升高而增大。蒸气压和温度的关系服从指数规律，即蒸气压的增长速度最初很缓慢，当达到约 1023K 时急剧增大。

液态锌或固态锌与其蒸气共处时属于单组分两相系统。根据相律，这样的系统只有一个自由度，即在一定的自由度下只有唯一的、确定的平衡蒸气压与之对应。

液态锌的蒸气压常用 Kelley 方程计算：

$$\lg p = -6754.5T^{-1} - 1318\lg T - 6.01 \times 10^{-5} T + 9.843 \qquad (1\text{-}19)$$

固态锌的蒸气压则用 Barrow-Dodsworth 方程计算：

$$\lg p = 9.8253 - 0.1923\lg T - 0.2623 \times 10^{-3} T - 6862.5T^{-1} \qquad (1\text{-}20)$$

在式(1-19) 和式(1-20) 中，p 的单位是 atm （1atm＝101325Pa）。在不同的温度下，由 Kelley 方程计算得到的蒸气压数值与实测值非常接近，见表1-4。

表 1-4　液态锌的饱和蒸气压

温度/K（℃）	实测蒸气压/Pa	计算蒸气压/Pa
693(420)	2.173×10	2.071×10
723(450)	5.293×10	4.950×10
773(500)	1.840×10^2	1.180×10^2
823(550)	5.466×10^2	5.618×10^2
873(600)	1.560×10^3	1.524×10^3
973(700)	3.733×10^3	3.691×10^3

4. 表面张力

表面张力和金属的原子结构有一定的关系。液态金属的表面张力是液体内部质点与表层质点相互作用的内聚力没有达到平衡而产生的。内聚力越大，或者所不平衡的程度越大，相应的表面张力也就越大。

内聚力就是物体内部质点间的相互作用力。对各种金属来说也就是金属键的强度，即原子核和自由电子间的引力。因此，从理论上来说，金属的表面张力和它们的熔点、沸点、熔化热及气化热之间存在着某种对应关系。

金属的表面张力一般都随着温度的升高而下降，这是金属键被削弱了的缘故。液态锌在 783K （510℃）时，其表面张力下降为 0.785N/m。在 913K （640℃）时，其表面张力下降为 0.761N/m。

表面张力在热浸镀锌中具有实际意义。在热浸镀锌的过程中，降低液态锌的表面张力，有助于增加锌液对钢铁表面的润湿性，减少漏镀的发生。液态锌的表面张力除了与温度有关以外，还与第二组元的加入有关。因此，可通过改变锌浴温度和在锌浴中添加微量合金元素来改变锌浴的表面张力。

第五节　金属锌的物理、化学性质

一、锌的物理性质

锌（Zn）呈银灰色，略带浅蓝色，晶体呈六面体，晶格参数为 $a=0.2665nm$、$c=0.4947nm$、$c/a=1.856$，原子序数为 30，原子量为 65.4，密度为 $7.14kg/dm^3$，熔点为 419.44℃，沸点为 906.97℃，硬度（莫氏）为 2.5，强度为 1.5MPa，延伸率为 20%，线胀系数（0～25℃）为 $400×10^{-5}℃^{-1}$。锌的固态热导率在 291K（18℃）时为 113W/（m·K），在 692.5K（419.5℃）时为 96W/（m·K）；液态热导率在 692.5K（419.5℃）时为 61W/（m·K），1023K（750℃）时为 57W/（m·K）。锌的熔化潜热为 100.9kJ/kg，气化潜热为 1.782kJ/kg，平均比热容（100～200℃时）为 0.417kJ/（kg·K）。

现行锌锭产品的质量标准为 GB/T 470—2008，于 2008 年 12 月 1 日实施，其化学成分规定见表 1-5。

表 1-5　锌锭的化学成分（摘自 GB/T 470—2008《锌锭》）

牌号	化学成分(质量分数)/%							
	Zn（不小于）	杂质含量(不大于)						
		Pb	Cd	Fe	Cu	Sn	Al	总和
Zn99.995	99.995	0.003	0.002	0.001	0.001	0.001	0.001	0.005
Zn99.99	99.99	0.005	0.003	0.003	0.002	0.001	0.002	0.010
Zn99.95	99.95	0.030	0.010	0.020	0.002	0.001	0.010	0.050
Zn99.50	99.50	0.450	0.010	0.050	—			0.500
Zn98.50	98.50	1.400	0.010	0.050	—			1.500

通常选用 Zn99.995 和 Zn99.99 两种牌号的锌锭（亦称 0# 和 1# 锌锭），这是在我国的表面处理行业和热镀锌行业的习惯认识。这是因为锌锭的某些杂质会对镀锌层的质量产生一些不良的影响，会促进铁锌之间的反应，增加铁在锌中的溶解，使镀层变厚。

二、锌的化学性质

1. 化学性质

锌的化合价为 2 价，可溶于酸，也可溶于碱。锌在空气中燃烧时发出蓝色的火光并生成白色的氧化锌结晶粉末。锌的标准电极电位是 $-0.76V$，比铁的电位要低，所以锌和铁组成原电池时，锌先受到腐蚀。

2. 锌的化学防腐蚀原理

化学腐蚀是金属同周围介质发生直接的化学作用，其化学反应如下。

$$2Zn+O_2 = 2ZnO \tag{1-21}$$

$$Zn+H_2O = ZnO+H_2\uparrow \tag{1-22}$$

$$Zn+CO_2 = ZnO+CO\uparrow \tag{1-23}$$

从上面锌与氧反应的化学式来看，所生成的 ZnO 起始于锌的结晶体，而且和它下面的金属锌结合得很牢固，其体积要比锌大 $44\%\sim59\%$，它具有阻止氧向金属间扩散的作用，即起到锌层对钢铁材料的隔离保护作用。隔离保护是应用最广泛的腐蚀防护方法，它起到隔离金属与环境中的电解质而保护金属的作用。隔离保护层覆盖于钢铁表面，形成一道抗腐蚀的物理屏障，将钢铁从腐蚀的环境中隔离开。

3. 电化学腐蚀原理

电化学腐蚀是指金属在潮湿气体以及导电的液体介质中（电解质），由于电子的流动而引起的腐蚀。其化学反应见下式：

阳极反应：
$$Zn-2e \Longrightarrow Zn^{2+} \tag{1-24}$$

阴极反应：
$$O_2+2H_2O+4e \Longrightarrow 4OH^- \tag{1-25}$$

在阳极发生了锌的溶解反应，在阴极发生的反应称为氧的去极化反应。反应产生的锈蚀产物是：

$$Zn^{2+}+OH^- \longrightarrow Zn(OH)_2 \longrightarrow Zn+H_2O \tag{1-26}$$

这些腐蚀产物以沉淀的形式析出，并构成致密的薄膜，其厚度一般可达 $8\mu m$，这种薄膜既具有足够的厚度，也有良好的黏附能力，并且不容易溶解于水，因此对防止腐蚀来说是极其重要的。由于某种原因使镀层发生了破坏，而使铁面露出个别不太大的部分时，锌作为铁-锌微电池的阳极，以电化学作用仍然保护着铁，这就是锌的阳极保护作用（或称阴极作用），亦称牺牲阳极法。牺牲阳极法是在被保护的金属上连接电位更低的金属或合金，作为牺牲阳极，靠它不断溶解所产生的电流对被保护的金属进行阴极极化，达到保护的目的。几乎在所有的电解质中，锌都可以成为钢铁材料的阳极。锌的这一特性使镀锌层在受到损伤或少量不连续时依然对钢铁起到保护作用。

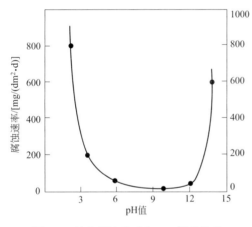

图 1-4 锌的腐蚀速率与 pH 值的关系

锌是一种负电位很高的金属，在海水中的电极电位为 $-0.794V$（SCE），高纯锌可达 $-1.06V$。相对于铁的电位 $-0.351V$（SCE）具有明显的电化学保护作用。锌是一种较活泼的金属，但是在大气中或 pH 值为 $6\sim12$ 的电解质中的自溶性很小，腐蚀很慢。这是由于在其表面生成了不溶性的腐蚀产物 $ZnCO_3 \cdot Zn(OH)_2$ 和致密的 ZnO 膜层。它具有绝缘性，相当于锌的表面形成钝化保护膜，这就是锌的钝化性能，此时的保护机理为隔离保护。但是锌在酸性及碱性条件下不易生成钝化膜（或发生膜的溶解），使锌的腐蚀加快，从而会失去保护作用，pH 值对锌的腐蚀速率的影响见图 1-4。

锌镀层与金属锌的腐蚀行为相同，铁-锌合金层的耐腐蚀能力至少与锌等同，锌的合金层具有更好的耐腐蚀性。有些国外学者认为合金层的耐蚀性比纯锌高 $30\%\sim40\%$。经测定，铁锌合金的电极电位为 $-0.59\sim-0.66V$，所以优先腐蚀的是纯锌，然后才是合金层。当纯锌层耗尽后，合金层的电位比较低，仍具有电化学保护作用。此外，当镀锌层因选择性溶解出现较小的不连续间隙时，镀锌层因为形成腐蚀产物而发生体积膨胀，使得间隙愈合，从而阻碍电化学反应的进一步发展。这种现象，在热带海洋大气环境下的热镀锌层的腐蚀过程

中，表现得十分明显。

总之，热镀锌镀层在大气中受到化学腐蚀和电化学腐蚀双重腐蚀作用，其腐蚀过程是相当复杂的。胡森（Hudsen）和哈尼（Haynie）等人提出了在工业污染区锌层大气腐蚀的经验公式：

$$T_f = 0.0086 G_z + 0.5 \qquad (1-27)$$

式中　T_f——防护持续时间，a；

　　　G_z——镀锌层平均重量，g/m^2。

由式(1-27) 可以看出，热镀锌层的保护作用主要取决于镀锌层厚度和环境气氛。

三、镀锌层的防护作用

1. 锌镀层耐大气腐蚀性

在潮湿的大气中暴露的锌，与暴露在大气中的钢铁一样，表面有水膜存在。由于锌的性能较活泼，在干燥的状态下也能生成氧化的产物（氧化锌），在有水存在时也进行着有氧参与的电化学腐蚀。

当大气中含有污染物，特别是含有 SO_2、Cl_2、H_2S 等成分时，在锌层表面将形成可溶性盐类，会加速锌的腐蚀。

各种环境下的锌腐蚀速率见表 1-6。

表 1-6　各种环境下的锌腐蚀速率（ISO 14713：1999）

腐蚀环境	腐蚀程度	锌的腐蚀速率/($\mu m/a$)
内陆乡村	中等	0.1～0.7
内陆城市或海滨	高	0.2～2.0
高湿度工业区或高盐分海滨	很高	2.0～4.0

根据上述数据可以认为，当热镀锌层厚度为 $85\mu m$ 的时候，在大多数地区的平均使用寿命为 40～50 年，可按式(1-28)计算：

$$使用寿命 = [镀锌层平均厚度(\mu m)/年平均腐蚀量(\mu m/a)] \times 0.9 \qquad (1-28)$$

2. 在水中的耐蚀性

锌在水中的腐蚀规律十分复杂，影响因素很多，如电解质成分、pH 值、温度、流速等。下面分别阐述在淡水和海水中的锌腐蚀。

(1) 在淡水中的腐蚀性。目前，国外学者普遍认为在大多数的自然水中，锌有较好的耐蚀性，这基于以下几个方面的分析。

① 锌在 pH 值为 8～12、常温下的自然水中可以形成钝化保护膜。

② 锌在硬水中是较耐腐蚀的。水中的钙、镁离子含量（水的硬度）对锌在水中的腐蚀影响很大，钙、镁离子沉积于锌层表面，在锌层与介质之间形成隔离层，减缓了锌的腐蚀。在纯水中有溶解氧存在时，锌的腐蚀明显加剧。经验数据认为：对不含锡的热浸镀锌层，在自来水中的腐蚀速率约为 $0.66mg/(dm^2 \cdot a)$。德国学者 D. Knolel 认为，输送中等硬度的冷水管载锌量应大于 $350g/m^2$。我国对热浸镀锌钢管规定的载锌量为 $500g/m^2$。热浸镀锌在硬水中是较耐腐蚀的，在软水中的耐蚀性要差一些。

③ 水温是影响锌在水中腐蚀速率的重要因素。表 1-7 给出了热浸镀锌层在饱和空气的蒸馏水中的腐蚀速率。

表 1-7　热浸镀锌层在饱和空气的蒸馏水中的腐蚀速率

水温/℃	20	50	55	65	75	95	100
腐蚀速率/[mg/(dm² · a)]	3.9	13.17	76.2	577.0	460.0	50.7	23.5

上述特点就是所谓的锌"电位逆转效应"，即随着温度的提高锌的电位不再低于铁，而是比铁为高。在蒸馏水中，当水温达到 52℃ 时锌锭腐蚀速率开始明显增加，水温 70℃ 达到最大值，然后腐蚀速率下降，所以应当避免在 50℃ 热水中使用锌镀层。这种铁和锌之间的电位逆转效应，表现在锌锭腐蚀产物由黏附凝胶状向非黏附性颗粒状态转变。另外，这种电位逆转效应是在蒸馏水中发生的，此时锌的腐蚀产物主要是氧化物（ZnO），而当水中含有较多氯化物和硫酸盐时则不易发生极性逆转。这时锌层仍为阳极，其腐蚀产物主要为多孔性的 $Zn(OH)_2$ 和碱性锌盐。

地球表面大多数的自然水均在常温状态，所以锌在 pH 值为 8～12，并含有一定数量的钙、镁离子的自然水中有较好的耐蚀性。热浸镀锌钢管由于管内外壁锌层均匀一致，厚度可达 50～70μm。实践证明，其使用寿命在 50 年以上，目前仍被世界上很多国家和地区列入自来水供水管道的首选，如美国、欧洲、南非等。

（2）在海水中的耐蚀性。浸没于海水中的热浸镀锌层有一定的耐蚀性，这与通常的中性盐雾试验结果恰恰相反，这是由于海水中的钙、镁离子的抑制作用。英国学者 D. A. Bayliss 和 H. D. Deacon 给出的数据是：锌在海水中的腐蚀速率约为 15～17μm/a。在溅射区腐蚀速率要高一些，尤其是在海水中缺乏镁盐的热带海湾地区，锌的腐蚀加重。

3. 在土壤中的耐蚀性

热浸镀锌层在土壤中的腐蚀过程，与其中的含水量、溶氧量、溶解盐的种类和含量及 pH 值、孔隙率（疏松程度）等因素密切相关，具有与锌层在大气或水中相似的腐蚀规律，其腐蚀程度介于二者之间。当锌镀层用于土壤环境的防腐时，通常将锌层厚度提高。比如，用于大气环境时，选用锌层厚度为 65～80μm，用于土壤环境则采用 ≥130μm。一般认为，在无机质的氧化性土壤中，锌层厚度为 80μm 时，可有 10 年以上的使用寿命，即腐蚀速率约为 8μm/a，而在有机质的还原性土壤中，其使用寿命大为缩短。

国内学者张超等曾在我国青海省的霍布逊盐湖地区进行了热浸镀锌层的模拟腐蚀试验，其研究成果见表 1-8、表 1-9。

表 1-8　厚度为 107μm 的热浸镀锌层的平均腐蚀速率

腐蚀环境	轻盐渍土		重盐渍土		超重盐渍土	
	土壤	地表大气	土壤	地表大气	土壤	地表大气
使用年限(计算值)/a	4.6	42.8	254	49.2	487	28.5
平均腐蚀速率/(μm/a)	23.5	2.53	0.43	2.2	0.22	3.79

表 1-9　盐湖地区土壤溶解盐浸出液化学成分　　　　　单位：L/g

溶盐成分	介质组成	NaCl	MgCl₂	KCl	CaSO₄	CaCl₂	Na₂CO₃	MgSO₄	pH 值
土壤类别	超重盐渍土	633.3	48.0	11.45	53.25	1.575	2.375	—	6.95～8.0
	重盐渍土	346.9	54.2	6.8	65.3	1.2	0.9	28.9	
	轻盐渍土	38.75	26.53	2.9	6.55	0.4	0.3	3.85	

从表 1-8、表 1-9 可以看出，锌镀层在该地区的重盐渍土或超重盐渍土中具有良好的耐

蚀性，其原因是土壤中含有较高的钙、镁离子，促进在锌的表面形成致密的保护膜，延缓了腐蚀介质对锌的腐蚀。这种情况与已分析的锌在淡水和海水中的腐蚀过程是一致的。

另外，在油田开采中，由于油井附近地下水中含有 H_2S（约 240～400mg/L），采用镀锌钢管比未用镀锌钢管可提高使用寿命 5～6 倍。如果将镀锌钢管经 500～550℃ 退火处理，使锌层扩散全部变成 Fe-Zn 合金层，其耐蚀性会大大提高。

第六节 铁-锌二元平衡相图及铁锌金属间化合物相

一、铁-锌二元状态图

在热浸镀锌时，钢铁表面与锌液发生一系列复杂的物理化学过程，诸如锌液对钢基体表面的浸润、铁的溶解、铁原子与锌原子之间的化学反应与相互扩散。其中铁与锌结合形成的铁锌合金层（即金属间化合物）的过程尤为重要。这些在同一系统中，成分都均匀的部分，称作"相"。这些均匀的物质为液态时称作液相（用 L 表示），为固态时存在三种形式，即固溶体、金属间化合物和机械混合物。

图 1-5(a) 所示为 2002 年版本的铁-锌二元合金状态图，它对 1990 年版本的铁-锌二元合金状态图（ASM，1990 年）有着重要的修正。由图可以看出，从钢基体（α-Fe）起，按锌浓度增加的方向（从左向右），在 782℃ 以下随着温度的降低，形成 Fe-Zn 合金依次为：Γ_1 相、Γ_2 相、δ 相、ζ 相。

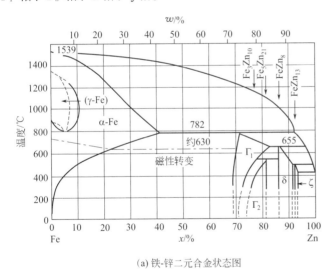

(a) 铁-锌二元合金状态图　　　　　　(b) 富锌端放大图

图 1-5　铁-锌二元平衡状态相图

热镀锌过程即铁锌反应的过程，因此遵循铁-锌二元平衡相图的规律，钢材表面上的热镀锌层是由多相层构成的。而这一多层结构中的各个相层，具有不同的物理和化学性能。

在铁-锌二元状态图中有以下几种相层：α、γ、Γ、δ_1、δ、ζ、η。α 相是锌铁中的固溶体。在温度约为 250℃ 时，锌在 α 相中的溶解度是 4.5%（质量分数）。当温度升高到 623℃ 时，锌的溶解度约为 20%（质量分数）。γ 固溶体是 α 相在 910℃ 时转变而成的。当温度降到共晶转变温度 623℃ 时，其含量为 27.5%（质量分数）。共晶转变使 γ 相变成 γ+Γ 的机械混合物。Γ 相直接黏附在钢的基体上，其化学成分相当于 Fe_5Zn_{26}。在锌-铁合金相中，Γ 层是最硬和最脆的相，其含铁量为 22.96%～27.76%（质量分数），$δ_1$ 相是铁-锌系中含锌量增加到一定程度时出现的金属间化合物，塑性较好，它的锌含量在 88.5%～93.0%（质量分数）。ζ 相位于 $δ_1$ 相和纯锌层之间，含锌量在 94%（质量分数），这同它的晶体结构有关。η 相是铁在锌中的固溶体，是热镀锌件上的纯锌层，其含铁量不大于 0.003%（质量分数），塑性较好。在实际热镀锌时，获得的镀层结构不一定完全像上面叙述的各个相层均有。普通的低碳钢在热镀锌温度为 440～465℃ 时，可能只形成 η 相、ζ 相、Γ 相等四个相层均有。

表 1-10 为热镀锌镀层中各相层的性质及有关数据。

表 1-10　热镀锌镀层中各相层的性质及有关数据

相层	硬度(HV,0.25N)	$σ_b$/MPa	化学式	w(Fe)/%	浓度/(g/cm²)	晶格类型
α-Fe	104	—	Fe	100	7.6	体心立方
Γ	326	—	Fe_3Zn_{13}	23.5～28.0	—	体心立方
$Γ_1$	505	—	Fe_3Zn_{21}	17.0～19.5	7.36	面心立方
δ	358	19.6～49.0	$FeZn_7$	7.0～11.5	7.25	六方
ζ	208	—	$FeZn_{13}$	5～6	7.18	单斜
η	52	49.0～68.6	Zn	<0.035	7.14	密排六方

二、铁-锌合金层各相的性质

α 相——黏附层，它是锌溶入铁中所形成的固溶体。当温度在 450～460℃ 时，其含锌量约为 10%，当温度下降时，锌在该相内的溶解度减小，所以在室温时含量约为 5%，这时多余的锌以 γ 相的形式析出。因为 α 相很接近于 α-铁，故结晶亦与 α-铁相同，呈体心立方晶格，所以在显微照片中一般很难被识别。镀锌钢管因浸锌时间较短，α 相生成机会不多。α 相的含铁量约在 88%～100%，具有反磁性，硬度（HV）为 150。

在 α 相与 γ 相之间，还有一个 α+γ 的共晶混合物区域，但它在温度超过 623℃ 时才能形成，故在镀锌钢管中一般不会出现。

γ 相——中间层，呈立方晶格，以化合物存在，其分子式为 Fe_3Zn_{10}，含铁量在 21%～28%（亦有报道含 19.4%～33.3% Fe），具有反磁性，硬度（HV）为 515，性质最脆，熔点为 672℃。事实上，在很短的浸锌时间内该相是不能出现的。

$δ_1$ 相——栅状层（包括 $δ_{1K}$——不劈裂部分及 $δ_{1P}$——劈裂部分），呈对称六角晶格，以化合物形式存在，其分子式为 $FeZn_7$，含铁量为 7.0%～11.5%，硬度（HV）为 454，它虽然很硬，但塑性也相当好，具有反磁性。其熔点：$δ_{1K}$ 为 530～670℃，$δ_{1P}$ 为 670℃。

ζ 相——漂移层，在高温热镀锌时，ζ 相很容易从镀锌锅壁和钢管基体上脱落下来，漂浮于锌液内，因 ζ 相密度大于锌液，故下沉到镀锌锅底部成为锌渣，以化合物形式存在，其分子式为 $FeZn_{13}$，它的每一个晶格是由两个 $FeZn_{13}$ 分子所组成，呈单斜晶格，含铁量在 6.0%～6.2% 之间，硬度（HV）为 270，虽然其显微硬度较低，但却很脆。如果在镀锌钢管上 ζ 相很富足，则镀锌层的附着性能就不佳，ζ 相具有反磁性。

η 相——纯锌层，是一种夹杂有少量铁的锌-铁固溶体，所以在锌的熔点时，它仅有的含铁量约为 0.02%，在室温时含铁量在 0.01% 以下。该相具有六角形晶格，具有顺磁性，熔点为 491.5℃。

为了更清楚地了解铁-锌合金层各相的晶体结构及性质等数据，同时也为方便地查找数据，列出表 1-11。该表收集了各学者、专家的研究结果。

表 1-11 铁-锌合金金属中各相的晶体结构及性质等综合数据

相的名称	分子式	Fe		晶格结构	每一晶胞中的原子数	晶胞常数/nm	负荷20g时的显微硬度(HV)	性质	熔点/℃	密度/(g/cm³)
		原子/%	含量/%							
α-Fe	锌在铁中的固溶体	—	80~100	体心立方	2	0.2862	150	—	—	—
γ-Fe			55~100		4	约0.2943	—	—		—
γ	锌在铁中的固溶体	23.2~31.3	20.5~28	面心立方	52	— 0.8956	>5 15	脆性	672	7.38
δ₁	Fe_5Zn_{21},Fe_3Zn_{10}	8.1~13.2	7~11.5	体心立方	550±8	约0.8997	454	脆性	530~670	7.25±0.05
δ	$FeZn_7$	8.1~11.5	7~10	六方	—	$a=1.286$ $c=5.760$	—	—	—	—
ζ	$FeZn_{13}$			单斜		$a=1.365$ $b=0.761$ $c=1.286$	270	脆性		7.18
η	在锌中的固溶体	—	0.003~0.02	六方紧密排列	2	$\beta=128°44'$ $a=0.2660$ $c=0.4937$		脆性	419.5	7.14

注：显微硬度是在 20g 的负荷下，用金刚石的菱形角锥测定的。

三、热镀锌镀层的形成及其特性

1. 热镀锌镀层的形成

按照现代的理论，一般认为热浸镀锌时，铁同锌液的相互作用按下述步骤进行。

① 固体铁溶解在熔锌液中。

② 铁与锌形成铁-锌金属化合物。

③ 在铁-锌合金金属表面生成纯锌层，经冷却，纯锌层形成结晶。

④ 在液相里铁原子的扩散。

图 1-6 为典型的普通低碳钢板浸入 450℃ 锌液 1h 后铁-锌合金层的显微照片。通过 EPMA 对各相层铁含量的成分分析，可证实各相层的存在。($\Gamma+\Gamma_1$) 相是一个薄相层，它出现在铁基体和 δ 相层之间的平坦交界面处。δ 相呈柱状形态，这是垂直于界面并沿着六方结构的 (001) 基面方向优先生长的结果。ζ 相层的生长取决于铁在熔融锌液中的过饱和度，在锌液中铁含量过饱和的情况下，与 δ 相层邻接的 ζ 相生长成紧密的柱状结构。但是，如果在锌液中铁过饱和并且有足够的新晶核形成，大量细小的 ζ 晶体就能在锌液中形成，凝固后被 η 相分隔开来。表层 η 相层的形成几乎与 Fe-Zn 状态图无关，只是随着冷却而凝固于 δ 相或 ζ 相层上，通常称为纯锌层。

在经典的热浸镀锌理论中，认为还存在一个紧靠在钢基体的相层——α 相（认为它是锌在 α-Fe 中的固溶体），它被称为"尚未明了的极薄的相层"，而且它与钢基体（α-Fe）同为体心立方晶格，所以在显微组织中看不到 α 相的存在。这一问题在近几十年的研究中始终存在争议，从最新版本的 Fe-Zn 二元合金状态图看出，在 200℃ 时，锌在 α-Fe 中的溶解量仅为

<1%，在室温下已经接近为零。α 相在相图上也消失了，取而代之的是 γ-Fe 和 α-Fe（2002年版本），因此，可以认为：α 相并不存在。

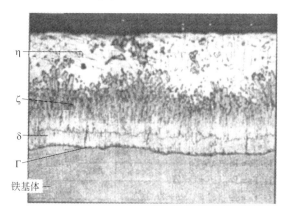

图 1-6　钢材热镀锌层显微结构

2. 镀锌层的特性

现在就以烘干溶剂法（简称"干法"）热镀锌为例来介绍，就是将钢铁制品浸入比较浓的含有氯化锌和氯化铵混合溶液的助镀剂中，然后将其烘干，预热至 $200\sim250℃$ 的温度后，再进入温度为 $440\sim465℃$ 的熔融的锌液中去。在瞬间内钢铁件就吸收了大量的热，使钢铁件表面上的锌液突然受冷，使之在瞬间内凝固在钢铁件表面，形成一层固体外壳，由于热量的继续及大量供给，这层外壳因很快受热而熔化。当钢件表面温度与锌液温度达到平衡时，熔融的锌就与铁开始相互作用。因此，钢件表面镀锌的实际过程，是按下列步骤进行的：固体铁溶解；铁和锌结合成铁-锌合金化合物，产生了铁-锌合金层；铁-锌合金层的外侧连接着纯锌层，当钢铁制品离开锌液冷却后，纯锌层结晶，在锌层内侧连接着钢基体。一般情况下认为分三层，从外向内为纯锌层、铁锌合金层、钢基体。从相界来讲为 η 相（含锌为 99.8%），它是由锌液（共晶成分为 0.02% Fe）的共晶反应生成。

ζ 相（$FeZn_{13}$，锌为 95.8%）；ζ 相附在 Γ 相上，为六方晶格，并在高锌侧形成 δ+L，在低锌侧形成固态的 Γ+δ 机械混合物。δ 相为 $FeZn_8$，含锌为 71%～79%。各个结晶相的形成进一步说明如下。

众所周知，热浸镀锌层包括靠近钢基体的 Fe-Zn 合金层及表层的纯锌层两部分。其中重点研究的是前者，即铁与锌形成金属间化合物的过程。为此引入了图 1-5(b)，即铁-锌二元合金状态图的富锌端部分的局部图。按照金属学的定义，金属间化合物是由金属组成的化合物，其晶体结构不同于组成它的金属，它包括金属间相及有序合金。金属间化合物是具有特定成分的一种新的晶体，特定的成分是指金属间相互为简单的比例，也就是以原子量的整数比值而组成，它们大多数为脆相，可能是由于缺乏能产生滑移的晶面。此外，还存在易形成裂纹的结构特征。下面叙述在冷却时，铁-锌金属间化合物的形成的过程。

① $Γ_1$ 相（Fe_3Zn_{10}）从 782℃ 开始，由锌液（L）和 α-Fe 相包晶反应生成：

$$L+α\text{-}Fe \longrightarrow Γ_1 \tag{1-29}$$

它直接附在 α-Fe 上，$Γ_1$ 相为体心立方晶格，并在高锌侧形成 $Γ_1$+L：

$$L+α\text{-}Fe \longrightarrow Γ_1+L \tag{1-30}$$

② δ 相（$FeZn_8$）从 665℃ 开始，由锌液（L）和 $Γ_1$ 相包晶反应生成：

$$L + \Gamma_1 \longrightarrow \delta \qquad (1\text{-}31)$$

③ Γ_2 相（Fe_5Zn_{21}）从 550℃ 开始，由 Γ_1 相和 δ 相的包晶反应产生：

$$\Gamma_1 + \delta \longrightarrow \Gamma_2 \qquad (1\text{-}32)$$

④ ζ 相（$Fe\text{-}Zn_{13}$）从 530℃ 开始，由锌液（L）和 δ 相的包晶反应生成：

$$L + \delta \longrightarrow \zeta \qquad (1\text{-}33)$$

ζ 相附在 δ 相上，为单斜晶格。它的结晶浓度范围很窄，反应速率很快，呈针状疏松结晶，ζ 相属脆性相，这也和它的晶体结构有关。

η 相是在 419.4℃（即共晶点）由锌液（共晶成分为 0.02% Fe）的共晶反应生成。η 相附在 ζ 相上，为密排六方晶格，与纯锌完全相同，有较好的塑性，习惯上称为纯锌层，室温下 η 相的 Fe 含量仅为 0.003%，严格来说，它是由 η 相与少量的 ζ 相组成的机械混合物（见图 1-7）。

四、各结晶相的结构特征与性质

为对铁-锌二元合金各相有一个概括明确的了解，综上所述，特列出热浸镀锌层各相的结构特性与性质（见表 1-12）。

表 1-12　热浸镀锌层各相的结构特性与性质

项目	相层符号					
	$\alpha\text{-}Fe$	Γ_1	Γ_2	δ	ζ	η
相的名称	铁素体	黏附层	中间层	栅状层	漂移层	纯锌层
分子式	Fe	Fe_3Zn_{10}	Fe_5Zn_{21}	$FeZn_8$	$FeZn_{13}$	Zn
晶格类型	体心立方	体心立方	面心立方	六方	单斜	密排六方
晶格常数/nm	$a=0.286$	$a=0.897$	$a=1.796$	$a=1.28$、$c=5.77$	$a=1.36$、$b=0.76$、$c=0.5$	$a=0.266$、$c=0.49$
铁含量（质量分数）/%	—	29～32	18～26	9～14	7.2～7.5	<0.003
密度/（g/cm³）	7.87	7.5	7.36	7.25	7.18	7.13
熔点（或相变温度）/℃	1538	782	550	665	530	419.58
硬度（HV）	59～104	326～283	493～515	244～358	182～208	37～50
力学特征	—	塑性	脆性	塑性	脆性	塑性

注：1. 由于锌的晶体结构和电子排列的特点，大部分元素在固相锌中的溶解度很低，所以 η 相实质上就是纯锌层。

2. $\alpha\text{-}Fe$（或 $\gamma\text{-}Fe$）均为锌溶于铁中的固溶体。在高铁端，当温度为 782℃ 时，$\alpha\text{-}Fe$ 的区域扩展到锌的溶解度 40%，并在该温度下形成 $\alpha\text{-}Fe$ 与 Γ 相的机械混合物；在 400℃ 时，锌在铁中的溶解度约为 3.8%，在室温下几乎为零。

3. 表中数据系在常温下测得，其中硬度值是综合多种文献资料及作者实测而得出的。

4. 对 $\alpha\text{-}Fe$ 或 η 相而言，固液相变点可称为熔点，对四种金属间化合物而言，表中所给出的温度值在冷却时，为相变的起始点，加热时为相变的终止点（理论值）。

（1）ζ 相的形成。试验表明，当把铁片浸入锌液中停留数秒取出后会发现铁片表面形成松散的锌层，即 $\zeta + \eta$ 相。试验表明，ζ 相的形成始于钢铁基体表面铁素体的晶界上。从相图上可以看出，当铁-锌界面的温度升高时，铁在锌中的饱和浓度反而降低，这明显有助于 ζ 相晶核的生成。由于 ζ 相的浓度范围很窄，ζ 相成长初始较快，随后减慢。从新相的生成自由能来分析，ζ相符合热动力学的基本原理。ζ相以松散带状结晶出现，此过程用示意图加以描述，见图1-7和图1-8，即普通热镀锌和连续热镀锌的铁-锌合金层形成过程。二者的重要区别是后者的相层结构中没有δ相和Γ_2相。

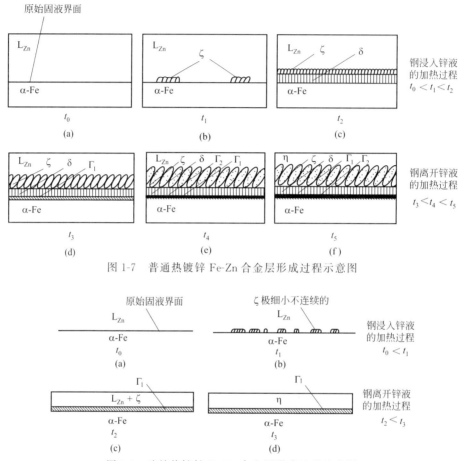

图1-7　普通热镀锌Fe-Zn合金层形成过程示意图

图1-8　连续热镀锌Fe-Zn合金层形成过程示意图

（2）δ相的形成。由于ζ相存在的浓度范围极小（Fe量的波动仅0.2%～0.5%），该相层的成分高度均匀，会对Fe与Zn的扩散起一定阻碍作用，Zn通过ζ相向Fe的扩散受阻，加快ζ相层与α-Fe之间的区域内铁浓度的提高，从而促进高铁的δ相晶核的生成，并逐渐形成δ相层，见图1-8(c)。初始δ相长大很慢，随后变快。由于δ相的浓度范围比ζ相大得多，而且由于δ相可以从δ铁基体源源不断地得到铁原子，并从ζ相一侧获得锌原子，所以随着浸锌时间的延长，δ相层不断增厚。

δ相长大是以垂直于α-Fe表面以柱状结晶成长，此过程在受热过程中不会终止，并不停地浸蚀铁基体（形成厚度比例约为10：1、即浸蚀1份铁可形成10份厚度的δ相层）。在受热过程中不会形成Γ_2相和Γ_1相，这一可观事实可从锌锅内壁取下的合金层断面得以证实。

根据相图的浓度曲线，也可得出相同的结论：在铁锌界面上随其温度的升高，Γ_1相、Γ_2相的铁在锌中的饱和浓度明显增加，与ζ相的情况相反。所以，从相变动力学角度分析，在加热过程中不具备形成Γ_1相、Γ_2相晶核的条件。

如果浸锌时间很短（如连续热镀锌）没有δ相生成，仅存在少量的ζ相颗粒，冷却后与η相形成共晶体。

（3）ζ相的溶解。如上所述，δ相垂直于α-Fe表明不断长大的同时，ζ相将被推向远离铁基体的位置，此时ζ相的铁原子/锌原子的比值下降，当超过ζ相存在的浓度范围时，会有ζ相晶体以锌渣的形式溶于锌液中，形成"漂移层"，ζ相难以形成稳定的相。

（4）Γ_1相的形成。Γ_1相的形成是在钢件离开锌液之后冷却过程中，很短时间内形成的合金相。瞬间得到的镀层组织为$\delta+\zeta+L_{Zn}$，然后进入冷却阶段将会发生如下反应。

① 从新版相图中可以看出，锌在α-Fe中溶解度急剧下降，Γ_1相将从α-Fe表面析出。这是一种由无序固溶体向有序固溶体的相变，也消耗部分δ相。Γ_1相α-Fe同为立方晶格（为bcc结构）。Γ_1相从α-Fe与δ相的界面上析出成核过程称为衍生，即为连续生成的过程（共格生核），在Γ_1相和α-Fe的界面上具有最大晶格连续性，极少发生错位。根据相变动力学观点，当两相的晶格形式相同时，新相成核速率很大，因此Γ_1相晶粒极为细小，相层厚度很薄，两相之间为金属键的结合，所以Γ_1相牢固地附在α-Fe上。Γ_1相层厚度经试验测定约为$1\sim8\mu m$（见表1-13）。

表1-13　浸锌时间与镀层厚度的关系

项目	浸锌时间/s								
	0.5	1	2	3	10	30	50	90	150
镀层总厚度/μm	17	22	30	35	42	52	70	150	180
Γ_1相厚度（e_{Γ_1}）/μm	3	5	7	10	6	5	4	3	1.5

注：1. 试片钢号为SPHC，化学成分（质量分数）为C 0.025%、Si 0.027%、Mn 0.31%、S 0.017%、P 0.015%。

2. 试片尺寸为80mm×120mm×0.03mm。

3. 浸镀温度为452～455℃。

4. 锌液成分为含铝0.003%，锌锭牌号为Zn99.995。

5. Γ_2相厚度e_{Γ_2}可近似地计算为$e_{\Gamma_2}=10-e_{\Gamma_1}$（$\mu m$）。

6. Γ_1相呈铅灰色，有金属光泽；Γ_2相呈亮灰色结晶（有浮凸特征）。

如果浸镀时间短（连续热浸镀锌），没有生成δ相，离开锌液的瞬间，尚未凝固的纯锌层直接附在α-Fe上。在冷却过程中，首先形成Γ_1相：

$$L+\alpha\text{-}Fe\longrightarrow\Gamma_1 \tag{1-34}$$

② 由于浸镀时间短，锌在铁基体中的溶解尚不充分，因此形成Γ_1相所需的锌原子有一部分要靠锌液提供，其反应机理与上述衍生的过程完全一致。此时形成的Γ_1相同样与α-Fe形成金属键结合。

（5）Γ_2相的形成。

① 离开锌液面后，锌层锌液凝固，内层锌原子向α-Fe侧的扩散得以保证，此时Γ_1相生长完成，为形成锌/铁比例较Γ_1相更高的Γ_2相创造了条件，根据相图可以判断出：Γ_2晶核生成是始于δ相侧（富锌侧），并靠蚕食Γ_1相形成的。根据实际测量的Γ_2相硬度（HV）为473，这是晶格错扭所致。Γ_2相的形成，降低了镀层的结合强度。

② 在已经生成Γ_1相的基础上，形成Γ_2相的必要条件是存在δ相层（否则只会存在Γ_1相）。Γ_2相是由Γ_1相和δ相之间无扩散固体相变（晶格的滑移切变）生成：

$$\Gamma_1+\delta\longrightarrow\Gamma_2 \tag{1-35}$$

从相图可以明显看出，Γ_2相必须是由与之邻近的两个相（Γ_1相和δ相）之间发生界面反应形成的，这才符合热力学原理。也就是说，不存在δ相，就不可能形成Γ_2相，这与连续热镀锌过程完全吻合。

③ ζ相的再结晶及δ相长大的过程，这种情况存在于非联系的热浸镀锌的冷却过程，形

成 $\delta+\zeta$ 的混合共晶体，其反应式为：

$$L+\delta \longrightarrow \zeta \tag{1-36}$$

或

$$\eta+\delta \longrightarrow \zeta \tag{1-37}$$

这是一个古老的问题，但它发生在冷却过程中，所以单独列出。H.Bablik 曾指出，δ 相破裂使附在合金层上的锌液和 δ 结晶充分接触而发生共晶反应（实际为包晶反应），并伴随 δ 相的长大，这个反应进行得很快和激烈，它有可能完全消耗其纯锌层，使镀层表面 η 相不连续，露出 ζ 结晶，形成暗灰色的镀层，这使镀层性能和外观质量都下降。为了避免此种情况的出现，通常镀锌后采取水冷。

（6）影响镀锌层组织结构的主要因素。

① 根据以上对镀层合金相形成的分析，在热镀锌整个过程中，知道了镀锌层的组织结构，就可以知道影响镀锌层组织结构的主要因素：

a. 钢材的化学成分及锌液成分；

b. 钢材的表面状态和浸锌时间；

c. 最主要的因素为能量因素，它包括两个方面，镀锌温度及钢件在锌液中的浸镀时间（为能量因素的数量因素）。

② 什么因素影响镀锌层的正常组织结构呢？最主要的因素可以归纳为以下三种情况：

a. 钢铁件基体本身所有的化学及物理性能的变化；

b. 锌液的温度及浸锌时间的变化；

c. 锌液中加入了其他的合金成分（或化学元素）。

在热镀锌层的五个相层中，对它的特性起决定性作用的是 γ 相、δ_1 相和 ζ 相。γ 相和 ζ 相质硬而脆，它们显著地降低了镀层的塑性。铁-锌合金层的性质主要决定于 δ_1 相和 ζ 相的增长特性。因为在铁锌合金层中一般总有一个相层比其他的相层要厚得多，所以，δ_1 相层厚，则 ζ 相层就薄；而 δ_1 相层越薄，则 ζ 相层就越厚。

在钢铁件热镀锌生产中，影响镀锌层铁锌合金各相的厚度、组织结构及其性能变化的主要因素是锌液的温度、钢件在锌液中的浸锌时间、锌液成分以及钢件本身的化学成分和表面状态等。纯锌层的厚度决定于钢件从锌液中抽出的速度、锌液温度以及去除钢件表面上过剩锌液的方法。

第七节　镀锌层的物理结构

一、纯锌镀层的结构

严格上讲，绝对纯的金属是不存在的，但如果金属中的合金元素或杂质含量很低，不致影响其各方面的性质，也可称为纯金属。比如在镀锌层的表面有一层纯锌层，其中存在 0.03% 以下的铁。

金属由液态转为固态的过程称为凝固，凝固以后的金属通常都是晶体，所以又叫结晶。锌锭加入锌锅以后熔化成液体，热镀到钢丝表面以后要经过结晶过程形成固态的镀锌层。

在理论上，固态的纯金属温度上升到某一特定的温度就会熔化，而液态的纯金属温度下降到某一特定的温度就会结晶，这一特定的温度对于同一纯金属来讲是相同的，叫熔点或凝固点。

在实际生产中，液态金属要冷却到凝固点以下一定温度才能开始结晶，比如锌的凝固点是 419.5℃，但实际上要在这一温度以下才能结晶。具体结晶的温度或过冷度与冷却有关，冷却速度越快，过冷度越大，实际结晶温度越低。

纯金属的凝固温度是一个点，即使考虑过冷度也只是在较小的温度范围内就能完成结晶的过程。比如镀锌层凝固时，可以看到很明显的一条冷凝线，在冷凝线以下是液态，在冷凝线以上是固态。

二、纯锌镀层的结晶过程

金属结晶的过程都有形核和长大两个阶段，即首先在液体中形成具有一定尺寸的晶核，然后晶核周围的液体原子不断凝聚到晶核上，使晶核长大成一个晶粒。当液态金属的温度下降到凝固点以下后，液体内部的晶核较多，但能否长大到一定的尺寸则受到外界各种因素的影响。晶核的个数决定了结晶后晶体晶粒的大小，晶核越多，晶粒也越多，其尺寸越小。

镀层形成晶核的途径有以下几个方面：一是依附于钢丝表面的杂质，如油污残留物、铁的氧化物等，这些途径形成的晶核往往是不理想的，导致镀层附着力差，表面较粗糙；二是依附于钢丝表面的凸点，这是影响钢丝表面粗糙度的一个原因；三是镀层中的温度较低点，如果镀层中没有外来核心，那么镀层的过冷度加大，从微观上看液体中的温度有不均匀现象（即温度起伏加大），温度较低点便有条件形成结晶核心。

比较这三种途径，前两种结晶形核较容易，但镀层的结合力较差，而第三种结晶速度最慢，是最理想的结晶状态，结晶后的镀层结合力强。

三、钢丝热镀合金镀层结晶时的过程

1. 常见的钢丝镀锌产品结晶的特点

常见的钢丝镀锌产品虽然镀层中含有铝、铁等合金元素，但其含量极低，所以其结晶特征基本都与纯锌相似。而含 5％铝的镀锌铝合金和含 55％铝的镀铝锌合金就与镀锌产品的结晶有本质上的区别，主要有以下几方面的特点。

（1）不是在某一固定的温度点熔化或结晶，而是有一定的温度范围。纯金属结晶时的温度是保持不变的，但合金是从某一温度开始结晶的，一边结晶，温度一边下降。温度高时结晶的多为高熔点的组分合金，温度低时结晶的多为低熔点的组分合金，升温熔化时也同样如此。

（2）有的合金在液态可以互容，即液态成分是均匀的，没有显微成分上的差异，而在结晶时，则会有某种纯组元固相先析出来。比如镀锌铝镁合金钢丝时，先结晶出的有纯锌相，也有纯铝相，最后形成的是锌铝镁三者共晶体。

（3）结晶后的合金组织即由纯组元固相和两种或两种以上组分共同形成的共晶组织组成，存在成分上的差异，反映到耐腐蚀性能上的差异也很大，有的先腐蚀，有的后腐蚀。

2. 钢丝热镀锌镀锌层形成的简要过程

钢丝在进入锌液之前必须满足三个基本条件：一是钢丝表面的皂化脂、磷化膜要清洗干净；二是钢丝表面的氧化物要彻底酸洗掉；三是钢丝的表面在进入锌液之前不被二次微氧化。那就必须在钢丝的表面粘上一层助镀溶剂，并对钢丝进行干燥处理，减小钢丝本身与锌液的温差。之后，钢丝进入熔融的锌液中，开始进行一系列反应，如图 1-9 所示。

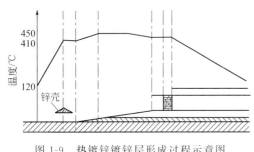

图 1-9　热镀锌镀锌层形成过程示意图

镀锌层形成过程简要阐述如下。

（1）含有氯化锌和氯化铵的溶剂与钢丝表面相互作用，进一步去除钢丝表面的亚铁盐及其他氧化物，使钢丝表面洁净。钢丝表面黏附的溶剂在锌液中迅速分解，发生一系列化学反应。同时，钢丝自身的温度逐渐上升。钢丝周围的锌液遇到冷的钢丝后，凝固而将钢丝包裹，形成锌壳。钢丝和锌壳不断吸收热量而升高温度，直至达到锌的熔点（419.5℃），锌壳解冻。这一过程中合金层、中间层不会形成。

（2）钢丝进入锌液以后很快与锌液之间发生热交换，最终使钢丝周围的锌液将钢丝自身的温度逐渐升高到与锌锅中整个锌液的温度基本一致。

（3）此时锌液中的微量金属铝首先与钢丝中的铁发生反应，形成 Fe_2Al_5 中间化合物层，并逐渐增加到一定的厚度。

（4）钢丝中的铁原子与液态的锌开始进行扩散反应，使钢丝表面附近的锌液中的铁浓度升高，同时铁（Fe）-锌（Zn）合金层开始形成并继续长大。由于 Fe_2Al_5 中间层的阻止作用，使扩散速度受到很大的限制，此时这一扩散过程进行得较为缓慢。

（5）钢丝离开锌液面，其表面带出的液态锌温度下降，开始冷却，并一直冷却到锌的凝固点。

（6）液态镀锌层在 419.5℃ 左右时凝固、结晶，并在表面形成一层致密的以氧化铝（Al_2O_3）为主的保护膜。

（7）镀锌层在固态下继续冷却，并经风冷、水冷却以后成为常温下的镀锌层。

3. 锌液对钢丝具有可镀的原理、性质

（1）钢丝进入熔融的锌液之中以后，能够均匀地将锌液镀到钢丝上，而且镀层与基体的结合力较强，这种特性叫作锌液对钢丝具有可镀性。

（2）锌液之所以能对钢丝具有可镀性，是由于锌液对钢丝具有浸润性，即钢丝进入锌液后，两者能够亲密无间地接触，而钢丝离开锌液后，其表面的锌液能够较均匀地附着在钢丝的表面。这其中首先起作用的是物理作用，即两者表面张力的作用。

（3）固态和液态两种不同物质相的接触面上的表面张力差异一般取决于两者的密度差。如果固体密度较大而液体密度较小，则固体表面较大的张力能使液体在固体表面均匀铺开，这就是说固体投入液体之中后的浸润性好，在热镀上也就是具有可镀性。否则液体就会在固体表面形成球状，也就是说浸润性不好，在热镀上也就是说可镀性不好。这一作用机理与前处理的脱脂过程正好相反，在水与油的结合面上，水的表面张力大，油的表面张力小，所以油不能成为球状，只有加入表面活性剂以后，使水的表面张力降低，低于油的表面张力，才能使变成球状的油珠除去。

四、提高锌液对钢丝的浸润性的途径

锌液对钢丝的浸润性可通过钢丝进入锌液之中后，锌液表面的形态来反映，如图 1-10 所示。

钢丝进入锌液之后，如果锌液表面与钢丝接触处的位置上升，则说明浸润性好，而且上

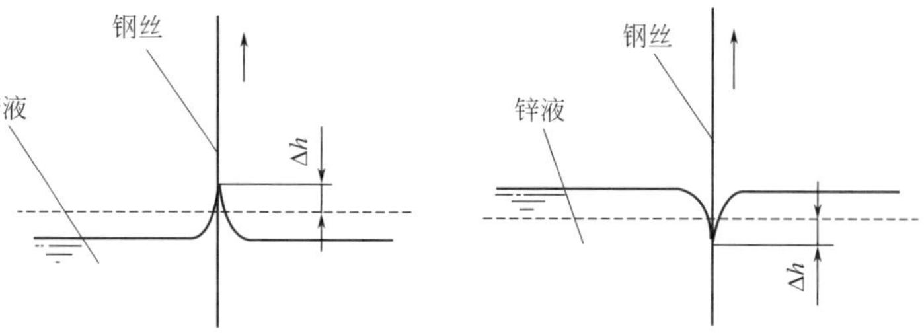

(a) 浸润性较好　　　　　　　　　　(b) 浸润性较差

图 1-10　锌液对钢丝的浸润性比较

升以后的液位与原来的液位之差越大，说明浸润性越好 ［图 1-10（a）］。反之，如果液位下降，则说明浸润性不好，而且下降的高度差越大，浸润性越差 ［图 1-10（b）］。

液体对固体的浸润性与两者之间的表面张力之差或密度之差有关。锌液的相对密度约为 $6.8g/cm^3$，钢丝的相对密度约为 $7.85g/cm^3$，锌液的密度小于钢丝的密度，所以锌液对钢丝有一定的浸润性，能够满足热镀锌的需要，具有可镀性。

1. 降低锌液的表面张力

如果能降低锌液的表面张力，就能提高锌液对钢丝的浸润性。比如在锌液中加入铅以后，表面张力降低，浸润性提高，有利于镀锌。而锌液氧化后形成的氧化膜，会增加锌液表面的张力，就对镀锌带来影响。

2. 提高镀锌钢丝表面的清洁程度

钢丝表面张力降低，就会降低钢丝在锌液中的浸润性。比如钢丝表面有油污、铁的氧化膜、硅氧化膜等污染物，都会降低钢丝表面张力，影响镀锌。只有纯净的钢丝表面与锌液充分发挥物理上的浸润作用，才能谈得上进一步发生化学反应，所以浸润性是镀锌的必要前提条件。

五、钢丝热镀纯锌层时发生的化学反应

热浸镀纯锌时固态的金属铁浸入熔融的金属锌液之中后，会发生一系列原子之间的扩散和反应，主要有以下两个方面。

1. 铁溶解于锌中

钢丝进入锌液以后，表面的铁原子会扩散到锌液中，溶解于锌液里。在镀锌温度 450℃ 下，锌液中铁的溶解度最大可达 0.03％，500℃ 时为 0.15％，600℃ 时为 0.40％。这些铁可以随镀层的锌液一起冷却凝固，成为固态的铁溶于锌中的固溶体。

2. 铁和锌反应生成金属化合物

如果扩散到锌液中的铁的数量超过了铁在锌液中的溶解度，则剩余的铁就会与锌反应，生成铁锌金属化合物，以固体的形态从液态中析出来。当然，锌液中铁原子浓度在越靠近钢丝处越高，所以固态的金属化合物是在钢丝表面处开始形成的，最容易形成的铁锌金属化合物是 1 个铁原子和 13 个锌原子组成的 $FeZn_{13}$，其中含铁量为 6.0％～6.2％。其次是 1 个铁原子和 7 个锌原子组成的 $FeZn_7$，其中含铁量为 7.0％～11.5％。如果反应时间足够长，还会形成 Fe_5Zn_{21}，其中含铁量为 20.5％～28.5％，但一般在钢丝热镀锌较短的时间内来不及生成这么高含铁量的化合物。

这些固态化合物存在于钢丝与锌液的交界面上，当钢丝在锌锅内移动时，有部分会从钢丝表面脱落，进入锌渣，一部分会黏附在钢丝表面，随钢丝离开锌锅，成为镀锌层的一部分。

其实，从钢丝进入锌液的那一刻起，到镀层凝固的那一刻结束，铁不断地溶于锌中，也不断地产生铁-锌合金。在镀层内部，从钢丝表面到镀层的最外层，铁的浓度越来越小，铁锌化合物的组成也在逐级变化。最内层是铁浓度最高的 $FeZn_7$，其组织疏松，呈栅状，又叫栅状层。次内层是 $FeZn_{13}$，它呈柱状，极易从钢丝表面漂移脱落，又叫漂移层。最外层就是纯锌层，其中含铁量最大为 0.03%。

六、铝对钢丝的镀层组织的影响变化

钢丝在镀纯锌后获得的镀层中，纯锌层和钢丝之间有较厚的化合物层，由于金属化合物与纯锌相比组织硬而脆，这就恶化了镀层的性能。特别是化合物与钢基的结合力非常薄弱，好像是在锌层与钢丝之间有一个断裂层，割裂了钢基与纯锌层的联系，所以对镀层的黏附性能很不利。为了改善这种情况，在生产中采取在锌液中添加一定量的含有铝的合金来提高镀层的性能。

（1）铝跟锌相比是一种化学性质更为活泼的金属，反映在金属学上，铝更容易与铁反应生成金属化合物，铝与铁的金属化合物主要有 $FeAl$、$FeAl_2$、$FeAl_3$、Fe_2Al_5，其中 Fe_2Al_5 最为稳定。

铝的这一特点使含有铝的锌液在镀锌时金属原子间的反应发生了根本性的变化。尽管铝的浓度很低，但钢丝进入锌液以后，铝首先很快地与钢丝表面的铁发生反应，在钢丝表面形成一层 Fe_2Al_5 薄膜，这一层致密的薄膜将铁与锌液隔离开来，阻碍了铁往锌液中的扩散，也就阻碍了铁锌化合物的形成。试验表明，含铝量在 0.10% 时就会使化合物层中的栅状层大幅度减薄，当铝含量在 0.20% 时即可完全消除栅状层，变成只有漂移层和纯锌层的组织。

（2）与其他有浓度差的化学反应一样，铝虽然能优先与铁反应，但绝对高浓度的锌很快会将铝从铁铝合金中置换出来，使铁铝合金消失，也就失去了阻碍铁与锌反应的作用。通常把铝能抑制铁锌化合物层形成的延退时间叫作孕育期。实际生产中必须保证镀层在孕育期内冷却凝固，才能发挥铝应有的作用，所以生产线速度只有在一定范围时才能生产出合格的产品。

事实证明，铝和铁形成的这个薄而均质的中间层对镀层有着特别重要的作用，它能够牢固地黏附在钢丝表面，而且又能与外面的铁锌化合物层和纯锌层较好地结合在一起，在整个镀层与钢丝之间起着媒介作用。镀层的附着力与铁锌化合物层的厚度关系并不是太大，而只取决于铁铝化合物中间层。因而，铁铝化合物层的形态和厚度成为镀层附着力的一项指标。

| 第二章 |
钢丝热镀锌基础理论

第一节 钢丝热镀锌的基本特征

一、钢丝热镀锌的基本性质

热浸镀（hot dip）简称热镀，是将被镀金属材料浸于熔点较低的其他液态金属或合金中进行镀层的方法。钢铁材料是热浸镀的主要基体材料，因此，作为镀层材料的金属的熔点必须比钢铁的熔点低得多。常用的镀层金属有锌（熔点为419.5℃）、铝（熔点为658.7℃）、锡（熔点为231.9℃）和铅（熔点为327.4℃）等。钢丝材料热镀锌基本特征是在钢基体与锌镀层之间有合金层（alloy layer）形成，并当钢丝表面从熔融的金属锌液中抽出时，在此合金层表面附着一层熔融金属锌，经冷却凝固后形成金属锌镀层。

钢丝热浸镀锌的整个过程，是将经过预处理过的钢丝进入温度为440～455℃熔融的锌液（浴）之中去。钢丝先瞬间吸收大量的热量，使钢丝表面上的锌液突然受冷，使之在瞬间凝固于钢丝表面，形成了一层固体外壳，由于热量的继续大量供给，这层外壳很快因受热而熔化。当钢丝表面温度与锌液温度达到平衡时，熔融的锌液就开始与钢铁相互作用。经过一段时间，钢丝表面上就产生了铁-锌合金层；铁-锌合金层的外侧连接着纯锌层，当冷却后纯锌层结晶，在锌层内侧连接着钢基体。其整个过程较为复杂，包括了物理变化、化学变化。钢丝的固体与熔融的锌液发生了浸润、扩散、溶解，其过程进行的速度和钢材的化学成分、锌液的温度、浸锌的时间与深度有很大的关系。

二、适应钢丝热镀锌的钢材

用于钢丝热镀锌的钢材，通常为低碳钢（含碳量为0.10%～0.20%）、中碳钢（碳含量为0.25%～0.6%）、高碳钢（碳含量为0.6%～1.35%）。用于热镀锌钢绞线、预应力钢绞线、钢丝绳等产品时则采用中碳、高碳钢。低碳钢即通常讲的Q195、Q215、Q235、Q295和Q345钢，它的化学成分如表2-1所示。中碳、高碳钢化学成分见表2-2。制造钢丝和钢绞线用钢的含碳量一般在0.6%～0.90%之间，它应符合YB/T 146标准的规定，并应经过炉外精炼，使钢的化学成分均匀，最大限度去除钢中的杂质和气体。表2-3为钢丝、钢绞线用钢的化学成分表，表2-4为钢材（或坯）化学成分允许偏差表。

表 2-1　低碳钢化学成分表（摘自 GB/T 699—2015）

序号	统一数字代号	牌号	化学成分/%					
			C	Si	Mn	Cr	Ni	Cu
						≤		
1	U20102	10	0.07～0.13	0.17～0.37	0.35～0.65	0.15	0.30	0.25
2	U20152	15	0.12～0.18	0.17～0.37	0.35～0.65	0.25	0.30	0.25
3	U20202	20	0.17～0.23	0.17～0.37	0.35～0.65	0.25	0.30	0.25
4	U20252	25	0.22～0.29	0.17～0.37	0.50～0.80	0.25	0.30	0.25
5	U20302	30	0.27～0.34	0.17～0.37	0.50～0.80	0.25	0.30	0.25
6	U20352	35	0.32～0.39	0.17～0.37	0.50～0.80	0.25	0.30	0.25
7	U20402	40	0.37～0.44	0.17～0.37	0.50～0.80	0.25	0.30	0.25
8	U20452	45	0.42～0.50	0.17～0.37	0.50～0.80	0.25	0.30	0.25

表 2-2　中碳、高碳钢化学成分表（摘自 GB/T 699—2015）

序号	统一数字代号	牌号	化学成分/%					
			C	Si	Mn	Cr	Ni	Cu
						≤		
1	U20502	50	0.47～0.55	0.17～0.37	0.50～0.80	0.25	0.30	0.25
2	U20552	55	0.52～0.60	0.17～0.37	0.50～0.80	0.25	0.30	0.25
3	U20602	60	0.57～0.65	0.17～0.37	0.50～0.80	0.25	0.30	0.25
4	U20652	65	0.62～0.70	0.17～0.37	0.50～0.80	0.25	0.30	0.25
5	U20702	70	0.67～0.75	0.17～0.37	0.50～0.80	0.25	0.30	0.25
6	U20752	75	0.72～0.80	0.17～0.37	0.50～0.80	0.25	0.30	0.25
7	U20802	80	0.77～0.85	0.17～0.37	0.50～0.80	0.25	0.30	0.25
8	U20852	85	0.82～0.90	0.17～0.37	0.50～0.80	0.25	0.30	0.25
9	U21152	15Mn	0.12～0.18	0.17～0.37	0.70～1.00	0.25	0.30	0.25
10	U21202	20Mn	0.17～0.23	0.17～0.37	0.70～1.00	0.25	0.30	0.25
11	U21252	25Mn	0.22～0.29	0.17～0.37	0.70～1.00	0.25	0.30	0.25
12	U21302	30Mn	0.27～0.34	0.17～0.37	0.70～1.00	0.25	0.30	0.25
13	U21352	35Mn	0.32～0.39	0.17～0.37	0.70～1.00	0.25	0.30	0.25
14	U21402	40Mn	0.37～0.44	0.17～0.37	0.70～1.00	0.25	0.30	0.25
15	U21452	45Mn	0.42～0.50	0.17～0.37	0.70～1.00	0.25	0.30	0.25
16	U21502	50Mn	0.48～0.56	0.17～0.37	0.70～1.00	0.25	0.30	0.25
17	U21602	60Mn	0.57～0.65	0.17～0.37	0.70～1.00	0.25	0.30	0.25
18	U21652	65Mn	0.62～0.70	0.17～0.37	0.70～1.20	0.25	0.30	0.25
19	U21702	70Mm	0.67～0.75	0.17～0.37	0.70～1.20	0.25	0.30	0.25

表 2-3　钢丝、钢绞线用钢的化学成分表

钢牌号	化学成分(质量分数)/%					
	C	Si	Mn	P	S	Cu
72A	0.70～0.75	0.12～0.32	0.30～0.60	≤0.025	≤0.025	≤0.020
72MnA	0.70～0.75	0.12～0.32	0.60～0.90	≤0.025	≤0.025	≤0.020
75A	0.73～0.78	0.12～0.32	0.30～0.60	≤0.025	≤0.025	≤0.020
75MnA	0.73～0.78	0.12～0.32	0.60～0.90	≤0.025	≤0.025	≤0.020
77A	0.75～0.80	0.12～0.32	0.30～0.60	≤0.025	≤0.025	≤0.020
77MnA	0.75～0.80	0.12～0.32	0.60～0.90	≤0.025	≤0.025	≤0.020
80A	0.78～0.83	0.12～0.32	0.30～0.60	≤0.025	≤0.025	≤0.020
80MnA	0.78～0.83	0.12～0.32	0.60～0.90	≤0.025	≤0.025	≤0.020
82A	0.80～0.85	0.12～0.32	0.30～0.60	≤0.025	≤0.025	≤0.020
82MnA	0.80～0.85	0.12～0.3	0.60～0.90	≤0.025	≤0.025	≤0.020

表 2-4　钢材（或坯）化学成分允许偏差表（摘自 GB 222—2006）

组　别	P	S
	≤	
优质钢	0.035%	0.035%
高级优质钢	0.030%	0.030%
特级优质钢	0.025%	0.020%

第二节　部分钢丝对线材的选择及质量的要求

一、部分钢丝对线材的选择

由于碳素钢丝生产不像合金钢丝那样有明确的专用钢号或用途规定了钢种、钢号，因此在品种、用途众多的碳素钢丝生产中，按其技术条件——国标、行标选择工艺需要的钢种、钢号，亦是钢丝生产中必不可少的关键环节。

根据钢丝产品的技术要求，国内工艺、设备的状况以及生产实践经验，现将部分常见的碳素钢丝所使用的钢种、钢号列于表 2-5 中。

表 2-5　部分常见的碳素钢丝所使用的钢种、钢号

成品钢丝		使用的线材钢种、钢号		
名称	技术条件	主要性能要求	钢种	钢号
热镀锌低碳钢丝	GB/T 701—2008	含碳低,塑性好,强度低	B类普通钢	Q235、Q215
热镀锌高碳钢丝	GB/T 4354—2008	含碳中等,杂质低,塑性好	优质结构钢	70、70Mn
钢芯铝绞线镀锌钢丝	GB/T 699—2015	含碳中等,杂质低,塑性好	优质结构钢	72A、72MnA
预应力轮胎钢丝	YB/T 146—1998	高碳,杂质低,塑性好	优质结构钢	72A、72MnA
通信用热镀锌钢丝	GB/T 346—1984	含碳低,塑性好,电阻率低	B类普通钢	Q235、Q215
钢丝绳用钢丝	GB 8918—2006	高碳,杂质低,塑性好	优质结构钢	55～70
制钉用钢丝	GB/T 4354—2008	含碳略高,塑性好,强度适中	B类普通钢	50、60、65

成品钢丝		使用的线材钢种、钢号		
名称	技术条件	主要性能要求	钢种	钢号
弹簧用钢丝	GB/T 4354—2008	高碳、杂质低、含锰	碳素工具钢	65Mn～70
胶管用钢丝	GB/T 11182—2017	高碳、杂质低、塑性好	优质结构钢	55～70
琴钢丝	JIS G3502—2013	高碳、含杂质更少、成分均匀	碳素工具钢	65Mn、70Mn

需要根据某些钢丝的生产公司的工艺特点、设备条件综合考量，方能完全确定使用哪种钢号的线材最为合适。

二、钢丝对线材质量的要求

1. 对线材的尺寸精度的要求

为了减少冷拉时钢丝的不均匀变形，拉丝模的不均匀磨损和由此引起的钢丝性能不均和断线频繁等，要求线材应有一定的精度和圆度，即尺寸公差和不圆度两项指标。

随着科学技术的进步、轧机的发展，已经能够将线材断面尺寸公差和不圆度控制在 $\pm 0.1mm$。

下面介绍我国有关预应力钢丝和钢绞线线材的尺寸公差及不圆度的规定。

（1）钢种与化学成分。以 SWRH82B 为例，即国家牌号 82MnA，C（质量分数）控制在 $0.80\% \sim 0.85\%$ 范围内，P（质量分数）$\leqslant 0.02\%$，S（质量分数）$\leqslant 0.015\%$。

（2）尺寸与偏差。直径 $D \leqslant 10mm$，$\pm 0.15mm$，不圆度 $\leqslant 0.24mm$；直径 $10.5 \sim 14mm$，$\pm 0.20mm$，不圆度 $\leqslant 0.32mm$。

（3）力学性能。PC 钢丝用线材的力学性能，同炉号、同规格强度差 $\leqslant 50MPa$。

（4）金相组织。均匀细小索氏体组织不小于 85%，不允许有马氏体和网状渗碳体等组织。

（5）实物质量状况。国产线材的尺寸公差一般可达到 $\pm 0.15mm$，超出 $\pm 0.25mm$ 的情况很少见。通常是在距线材两端不小于 1.5m（半连轧或横列式轧机生产的线材）或不小于 6m（连轧机生产的线材）处测量。不圆度是指线材同一截面上最大直径与最小直径之差。一般规定，线材不圆度不得大于直径公差的 1/2。

2. 线材的单重

线材的单重是指热轧每一盘线材的质量，它的大小通常为铸锭和轧机设备所决定。目前，国内的线材单重在 $1000 \sim 1500kg$ 之间，最大的线材单盘质量可以达到 3000kg。增加线材的单盘质量，是为了减少接头次数，实现高速拉拔，方便操作，是提高生产效率和产品品质的重要措施之一。

据经验介绍，大盘重连续化生产具有如下特点。

（1）提高生产率。从盘条的粗拉到成品生产，中间过程没有人为的卡线现象，可提高产量 $10\% \sim 20\%$。

（2）提高设备利用率。大盘重拉拔电接头一次，就可以连续拉制 4000kg 钢丝，而且下线时也不需要停车（工字轮下线除外），可节约能源，使能耗降低 20%，改善环境条件，减轻工人劳动强度。

（3）减少不必要的生产环节。将酸洗工序并入了热处理工序，减少了生产人员。采用了超声波清洗，增加了溶液成分的自动控制，确保酸洗、磷化质量。采用弱酸酸洗，降低酸洗成本、减轻对环境污染。

（4）提高钢丝的通条性能，降低生产成本。从理论上讲，每盘钢丝中的电接头只是间歇式小盘重的 1/13，钢丝的通条性能有保证，减少焊接成本。

3. 线材的表面质量

线材的表面质量的好与坏，也直接关系着成品钢丝的品质和拉丝生产的正常进行。通常要求线材表面不得有裂缝、折叠、结疤、耳子、分层以及其他轧制缺陷。

（1）裂缝。它是指线材表面有不同形状的破裂，分为纵向裂缝和横向裂缝两种。一般纵向裂缝在线材表面呈连续或不连续的分布，而横向裂缝则是不连续的。裂缝是热轧盘条常见的一种表面缺陷，它们一般是不连续地深入线材内部或在线材表面沿某一特定方向分布的。它们长短不一，一般呈直线状，偶尔会呈一定角度或呈垂直状。它严重影响产品的力学性能，特别是冷镦性能。据相关资料显示：冷镦钢开裂的 80% 是原始盘条的表面缺陷造成的，所以消除和减轻线材的表面裂缝成为提高线材冷镦性能的一个最直接、最有效的手段。

热轧线材中产生裂缝的工序可能存在于炼钢工序，也可能存在于轧制工序。大部分钢坯缺陷是出现在钢锭铸造和凝固时，如钢坯的应力裂缝、表面缩孔、较深的表面振痕、砂眼、皮下气泡等缺陷，在随后 SEN 过程中伴随着大幅度的延伸，这些缺陷随之产生裂缝。在轧钢厂，裂缝的产生是由于轧辊的轧槽形状不规则。过度磨损引起的轧槽老化甚至轧槽表面被损坏，半成品出现耳子，粗轧机导辊刮丝，氧化铁皮被压入红坯内部，都会造成半成品质量不佳进而形成裂缝。当盘条的表面用化学（如酸洗）或机械（用敲打的方法去除表面的氧化铁皮）方法处理后，大的和中等尺寸的裂缝能用肉眼或低倍放大镜检测到。

（2）折叠。在线材表面沿轧制方向呈直线状或锯齿状的细线，在横断面上呈现折角的表面缺陷叫折叠。它可以是连续的或不连续的，在经过扭转后，呈现翘起。其原因主要是前道耳子，当耳子足够大的时候，在继续轧制中被压折就会产生折叠。这种缺陷有时被线材表面的氧化铁皮所掩盖，故不易被发现，拉丝时又能继续存在，甚至要到进行性能检验时才暴露出来，造成钢丝性能下降。

（3）结疤（包括翘皮、鳞层）。在线材表面上有与线材本身黏合一头或完全不黏合的金属层叫"结疤"。结疤一般呈舌状，厚薄不均，大小不一，有的生根，有的不生根，在线材的全长上，呈现有规则或无规则的分布。结疤的产生主要是被氧化的金属轧入线材表面而不能焊合造成的。

（4）耳子。线材表面平行于长度方向的条状凸起叫"耳子"，有单边耳子、双边耳子和上下两个半圆错开的错边耳子。它们可以产生在线材的全长上，亦可能存在于局部呈连续或断续的分布。

在轧制中出现耳子的根本原因是轧件在轧槽中的过充满或倒钢。换言之，能导致轧件在该轧槽中倒钢或过于充满的一切因素，如孔型设计不合理，前道轧件的几何形状不正确或本道压下量过大，导卫板不合理以及钢坯温度低等都会导致出现耳子。

4. 线材的内在质量

线材的内在质量的缺陷主要有：缩孔、疏松、气泡、夹杂、成分偏析以及高碳线材的脱碳、过热等。这些缺陷有的是与冶炼、浇铸有关，有的是与轧制工艺有关。它们都比较严重地影响钢丝生产和成品钢丝的质量。

（1）缩孔和疏松。所有的钢液凝固时都会发生体积收缩（密度上升），对于先凝固的部分，其体积收缩后的空洞可由尚未凝固的液体来补充，但最终不可避免会有缩孔存在，所谓的缩孔即收缩的集中部分形成的空洞。若缩孔在以后的轧制过程中，未能切除干净，而以残余缩孔形式存在于线材中，则在线材中将形成较长的连续的或断续的夹层或空洞，这在以后的拉拔时易断线，在强烈硬化了的钢丝中，缩孔会使钢丝沿其中心线劈裂。这种钢丝的力学性能也是很不均匀的。

（2）气泡。由于沸腾钢在浇铸时排出气体，因而钢锭内会分布有许多小气泡（这些气泡在轧制时可焊合），但对于那些靠近铸锭表面的皮下气泡，若存在于氧化界面，轧制时难以焊合，则会造成线材起皮和裂缝等缺陷。

（3）成分偏析。线材中存在的化学成分不均匀现象称为成分偏析。成分偏析是铸锭时选择性凝结的结果。在钢水凝固时，可以认为铁以外的原子都是溶质原子，由于结晶是一个核成长的过程，故先结晶部分含高熔点的组元较多，后结晶部分含低熔点组元较多，这就会造成因结晶过程先后不同而形成的化学成分偏析现象。化学偏析可分为宏观偏析（区域偏析）和显微偏析两大类。线材中的磷、硫杂质，极易造成偏析。偏析时大部分金属杂质和非金属类杂质在最后凝固部分。有的文献给出了偏析度的范围，P、S 为其含量上限的 10%，C、Mn 为其含量上限的 3%。

成分偏析必然导致线材通条性能不均匀，最终造成成品钢丝性能不均匀，甚至造成钢丝的断裂。

（4）夹杂（非金属杂质）。非金属夹杂物是由于炼钢过程中脱氧不当或硫的偏析，使氧与硫等和铁产生化学反应，形成氧化物和硫化物。此外，也可能是钢水浸蚀炉子或钢水罐、流钢槽的耐火材料落入钢水中引起的。热轧时非金属夹杂物被压碎，其碎片分布成线状而形成带状组织，使原料性能不一，塑性下降。当进行拉拔时，非金属夹杂物便破裂，使金属基体的连续性被破坏，导致钢丝塑性、韧性降低，钢丝断裂。故对于拉拔 $\phi0.5mm$ 以下的钢丝或轮胎用钢丝的时候，脆性夹杂物大小应 $<15\mu m$，塑性的应 $<30\mu m$。

（5）脱碳。相关标准中规定了高碳钢的脱碳层深度，标准值是不大于线材直径的 1.5%，脱碳深度实测值要求控制在 $0.03\sim0.14mm$，这主要是避免高碳钢的硬度下降，造成钢丝疲劳和扭转值下降。

线材的脱碳主要是因为轧钢时钢坯加热温度过高，或加热时间过长以及连续式轧钢机的终轧温度过高，形成所谓的"二次脱碳"。脱碳也是线材生产中一个易出现的缺陷。

（6）过热（晶粒粗大、魏氏组织）。在线材生产中，钢坯加热温度过高或待热时间过长，则会出现线材内部晶粒粗大，超过正常热轧后的晶粒度（2～5 级），使线材的塑性大大下降。与此同时，也会出现魏氏组织，即具有穿晶羽毛状结构组织。

第三节　化学元素对镀锌钢丝性能的影响

钢基体本身所含的碳（C）、硅（Si）、磷（P）、锰（Mn）等主要元素和非主要元素 [如铝（Al）、铜（Cu）、铬（Cr）、镍（Ni）等]，也直接影响着钢丝拉拔和热镀锌生产的质量，对热镀锌有较大的影响，最主要的是使锌层增厚，形成合金层的速度增快以及镀层附着力差等缺陷，分析影响因素如下。

一、钢丝中的碳对热镀锌影响

碳（C）呈灰色，属斜方六面体，原子量为12，熔点或升华温度为3500℃，低碳钢的含碳量一般在0.04%~0.11%。粗略地讲，钢件中含碳量愈高，铁-锌反应愈剧烈，铁的质量损失越大，由于钢基体会激烈参与反应，使铁-锌合金层变得愈厚，ζ相和δ_1相的成长更快，而钢基体变得愈薄，因此使镀锌层变脆，塑性降低。

含碳量对热镀锌影响很大，但碳以什么状态存在也很重要。钢中的碳通常以碳化物（Fe_3C）状态存在。碳化物可存在于粒状或层状珠光体、屈氏体或索氏体中，也可进入马氏体组织中。钢中的碳以粒状珠光体和层状珠光体存在时，铁在锌液中的溶解速率最快。钢的组织比较均匀时，它在锌液中的溶解速率就比较小。碳不仅影响铁在锌液中的溶解速率，而且还影响镀锌层的表面外观。

钢丝中碳含量对热镀锌有显著的影响。粗略地讲，含碳量愈高，铁-锌反应就愈激烈，铁的质量损失就愈大，见图2-1。由于钢基剧烈地参与反应，致使

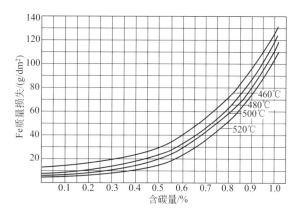

图2-1　钢中含碳量对铁在锌液中溶解度的影响

铁-锌合金层变厚，使锌层的塑性变坏。正是由于这一原因，钢丝在热镀锌时，热镀时间不宜过长。如长时间浸泡在锌锅中，极易造成钢丝直径变粗、发生断丝事故。热镀锌温度不宜过高，也是同一原因。故不仅含碳量的多少对热镀锌影响较大，而且碳以什么状态存在也很重要。

在钢丝中，碳通常以碳化物的状态存在。钢中的碳以不同状态存在对铁-锌反应具有不同的影响。研究发现，同一含碳量的钢，因其金相结构不同，镀锌时铁-锌反应速率也就不同，一般情况下，碳化铁金相细小、弥散度高、分布均匀时，铁-锌反应速率（即单位时间内单位面积上的铁损）就较慢，如索氏体、马氏体；反之碳化铁相粗大、弥散度低、分布不均匀时，则铁-锌反应速率较快，如层状珠光体、球状珠光体。碳的不同状态对热镀锌的影响见表2-6。

表2-6　碳的不同存在状态对热镀锌的影响

组织状态	热处理方法	布氏硬度(HB)	铁损失量/[g/(m²·h)]	
			H_2SO_4(180g/L),室温	440℃的锌液中
粒状珠光体	炉内退火	52	87	680
层状珠光体	加热690℃,保温10h	59	87	740
索氏体	加热780℃,15min空气冷却	85	5.8	130
屈氏体	加热760℃,油淬火	118	8.2	86
马氏体	加热740℃,水淬火	270	49.0	118
回火索氏体	加热740℃,水淬火,450℃空气退火30min	127	19.2	110

碳不仅影响铁在锌中的溶解速率，而且还影响镀锌层的外观。例如，如果退火温度太高，就会在钢丝表面形成晶间渗碳体。它能提高钢基表面张力，降低锌液对钢基表面的浸润

能力，从而使锌液不能在钢基表面均匀流动，造成锌层厚薄不均。

二、钢丝中的含硅量对热镀锌的影响

硅（Si）呈灰色或褐色，属立方晶系，原子量 28.06，熔点 1414℃，在大多数钢中存在，是使铁-锌反应最激烈的一种元素。大多数钢中都含有硅，普通沸腾钢中一般硅含量不超过 0.07%。

硅对镀锌钢丝来说，主要有以下三个方面的影响。

（1）硅对铁在锌液中的溶解速率的影响。据研究报道，当锌液温度为 460℃ 时，含有 0.2% 硅的试样在锌液中要比含有 0.2% 碳的试样在锌液中的质量损失大，如图 2-2 所示。

（2）硅对镀锌层厚度的影响。含硅量低的钢，在镀锌时具有致密的铁-锌合金层，而含硅量大于 0.25% 的钢件会使 ζ 层破坏，使 ζ 结晶变成粗大而自由成长的晶粒，由于其反应产物的完全疏松，这就使铁的溶解速率增加，产生明显失去光泽的小块铁-锌合金层。结晶粒被迫向着镀层表面推移，致使表面粗糙无光，形成灰色镀层。此时，镀含硅量高的钢件时，一般镀锌温度也应控制在 430～440℃，这样才能获得与不含高硅量钢所得的组织同样致密的铁-锌合金层。在硅含量约为 0.25% 时，形成附着性较差的合金层的温度是 465℃。硅含量超过 0.45% 时，附着性较差的合金层的形成温度是 430℃。温度超过 520℃ 时，又可得到致密的合金层。当硅含量超过 2.9% 时，铁和锌之间的反应变弱，在 500℃ 左右可形成致密的合金 ζ 层。

（3）硅对镀层外观的影响。钢基体中硅含量高时，会引起镀层中铁-锌合金层 δ_1 相迅速长大，ζ 相晶粒被迫向着镀层表面推移，致使镀层表面粗糙无光，形成灰暗色镀层。

铁在锌液中溶解速率随含硅量的增加与温度的升高而增加，如图 2-2 所示。钢中含硅量较高时，随着镀锌时间的延长，铁损呈直线上升；而钢中含硅量较低时，随着镀锌时间的延长，铁损增加到一定数值后就趋于稳定，如图 2-3 所示。在提高镀锌温度时，含硅钢也和不含硅钢一样，在 500℃ 时具有最大的溶解度。

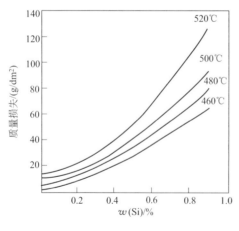

图 2-2　硅含量对铁在锌液中
质量损失的影响

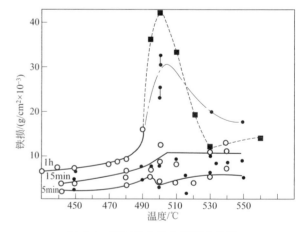

图 2-3　不同硅含量在锌液中铁损
与浸镀时间的关系

钢中的含硅量影响铁-锌反应速率，因而使镀层中的合金层厚度同样受到影响，所以会改变镀锌层的总厚度。除纯锌层 η 相外，镀层中所有的相厚度都随钢中硅含量的增加而增加。

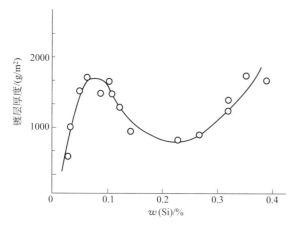

图 2-4　硅含量对热镀锌层厚度的
影响（3min，455℃）

近年来国内外热镀锌界引入了对圣德林效应的探讨与实践。所谓圣德林（Sandelin）效应，即在正常的镀锌温度范围内（通常为 450℃左右），钢中含硅量在 0.1%左右和大于 0.3%时，对镀层影响最大，如图 2-4 所示。

按含硅量，Sandelin 曲线可分为四个区间：＜0.035% 为低硅区；0.035%～0.12% 为 Sandelin 区；0.12%～0.28% 为 Sebisty 区；＞0.25% 为高硅区。在低硅区，镀层组织基本不受 Si 的影响，可以获得正常厚度的光亮镀层，镀层由稳定致密的 Fe-Zn 合金层组成，从基体向外依次为 Γ 相、Γ_1 相、δ_1 相、ζ 相和 η 相；在 Sandelin 区，镀层异常生长，镀层超厚灰暗，镀层组织是迸发状（又称须状），破碎的 ζ 相分布在 η 基体中，且 δ_1 很薄；在 Sebisty 区，镀层变薄并且镀层超厚灰暗，但是组织形态与 Sandelin 区不同，它由块状、疏松不连续的 ζ＋η 和不连续的 δ_1 相组成。

含硅量小于 0.06% 时，镀层生长遵循抛物线规律，含硅量在 0.06%～0.1% 和 0.5% 时镀层的生长遵循直线规律，硅对于镀层的影响最明显地表现在对 ζ 相（$FeZn_{13}$）的生长和形态的影响。对含硅量在圣德林效应范围内采取一些必要措施，可以阻止因圣德林效应引起的镀锌层超厚现象，即在锌液中加入一定量的镍，可有效地阻止镀层超厚和表面灰暗层的发生。一般认为加入 0.06%～0.1% 的镍即可得到满意的镀层。

三、钢丝中的含锰量对热镀锌的影响

锰（Mn）呈浅灰色，有三种结晶状态，即立方晶系二态，正方晶系一态，原子量 54.93，熔点 1191～1250℃。在碳素结构钢中一般含有 0.25%～0.80% 的锰，在低锰结构钢中，规定锰含量为 0.7%～1.2%。生产实践证明，锰元素对镇静钢在热镀锌时产生的圣德林效应都有明显的加剧作用，比如当锰含量超过 1.2% 时，将提高合金层的生长率，促进灰色镀层的生成。高锰钢，如 Q345 钢（16Mn）在热镀锌时，在常温的情况下会很快出现合金化，表面灰暗，主要是含碳、含锰、含硅较高造成的。

钢中的锰元素是为提高钢的强度而加入的。金属锰的增加还能显著增大钢丝冷加工硬化后的弹性极限，故在弹簧钢丝中往往加入较多的金属锰，如 65Mn 弹簧钢丝中锰含量达到 0.9%～1.2%。

锰的加入能增大奥氏体稳定性，使奥氏体等温转变曲线右移，并降低钢的临界转变温度。这样使某些钢丝，特别是细钢丝的铅淬火冷却速度太快，不能获得理想的铅淬火显微组织——索氏体，而出现脆性相。因而在优质钢的标准中，对"铅淬火"的钢丝用钢的含锰量限制在 0.3%～0.6% 范围之内。

锰还能增加钢的过热敏感性，而使其在热处理时钢的晶粒容易长大，获得粗晶粒奥氏体及淬火组织，这些对于钢丝的拉拔是有利的因素。

钢中的含锰量对于钢丝的抗拉强度和伸长率的变化有一定的影响，实验表明：钢丝的抗拉强度随总压缩率增大而呈直线增加，不同的含锰量的曲线呈平行上升，且又互相保持一定的距离。伸长率曲线的变化也说明，随总压缩率的加大，钢丝的伸长率下降。而高的含锰量始终比低的含锰量钢丝伸长率高。

金属锰对钢丝屈服强度和断面收缩率的影响是：随着钢中的含锰量的增加，钢丝的屈服强度增加，钢丝断面收缩率也随之增大。这个情况表明，锰元素对钢丝承受冷加工的能力提高有一定的影响。

在热镀锌生产中，锰的含量很低时，被锌浸蚀后其性能没有多大的变化。含锰量较高时，锌对不同的含锰量的钢的最高浸蚀速度随温度而变化，当含锰量在 0.4% 时最高浸蚀速度发生在 490℃，而含锰量为 1.4% 时，发生在 450℃，镀锌层将出现灰暗色，镀层没有光泽。对钢丝热镀锌而言，因钢丝在锌液中的时间仅为几秒钟，尽管锌液温度在 450℃ 左右，也不会出现灰暗色镀层。

四、钢丝中的含磷、硫量对热镀锌的影响

磷（P），其单体有几种同素异形体，原子量 31.02，熔点 44.0℃。钢件中含有一定量的杂质磷，它会造成钢材的冷脆，是一种有害元素。对于热镀锌来说，当磷含量在 0.15% 左右时，由于 ζ 相和 δ 相的生长速度较快，使 η 相变薄，在 η 相较薄的镀层表面会出现无光泽的斑点。磷还影响热浸镀锌层的铁锌反应速率，其作用相当于硅的 2.5 倍。磷在钢的表层形成的偏析形态会带到铁-锌合金层中。微量的磷能促进 ζ 相的异常生成，使 ζ 相晶粒大，并造成凸起状的 ζ 相进发层的形成，使镀层质量明显降低。磷与硅对圣德林效应的复合作用，见图 2-5。有研究表明，在 460℃ 温度下，产生正常镀层的临界条件应该是：若硅含量 $w(Si) < 0.04\%$，则 $w(Si) + 2.5w(P) \leqslant 0.09\%$。法国热浸镀锌标准中也规定了适用于热浸镀锌的钢材成分为 $w(Si) + 2.5w(P) \leqslant 0.09\%$ 或 $w(Si) + 2.5w(P) \leqslant 0.11\%$。若避开此现象的发生，可使镀锌温度设置在 430℃ 左右，并缩短空冷时间。

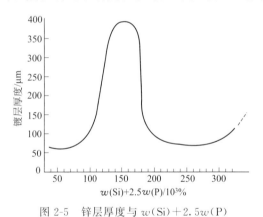

图 2-5　锌层厚度与 $w(Si) + 2.5w(P)$ 含量的关系图

（即圣德林效应，表明钢基中的 Si 和 P 对 Fe-Zn 反应的影响）

磷是钢铁中未脱尽的有害元素。磷在室温下，在 α-Fe 中的溶解度很低，在组织中会析出 Fe_2P，使钢在室温下强度增加，脆性增加。磷在钢的结晶过程中容易偏析，过高的磷量将会使钢丝的冷拔性能恶化。因此，要严格控制其含量，要求愈低愈好，优质钢丝要求 $< 0.035\%$。

磷对镀锌也有显著的不良影响，当含磷量在 0.15% 左右时，会使铁锌化合物层（ζ 相和 δ_1 相）变厚，纯锌层（η 相）变薄，甚至完全没有纯锌层，镀层出现无光泽的斑点，使镀层的黏附性能变坏。另外，含磷较高的钢丝脆性很大，在钢丝拉拔、热镀锌运行中容易断线。因此钢丝的含磷量一般要求低于 0.020%。

硫也是钢铁中未脱尽的有害元素。硫在铁中几乎不能溶解，而与铁生成 FeS，而 FeS 与 Fe 又生成低熔点的共晶体，且分布于晶界，使共晶体熔化而导致加工时开裂，即所谓的"热脆性"。故一般的钢材及钢丝都控制钢中的含硫量。硫对镀锌过程的影响不大，但硫严重影响钢丝的力学性能。所以含硫量也是越低越好，优质钢丝要求含硫量 $< 0.035\%$，一般要

求<0.03%。

第四节　锌液中金属元素对钢丝热镀锌性能的影响

一、锌液中的铁元素对钢丝热镀锌的影响

在450℃时，铁在锌液中的最大溶解度为0.02%，若铁含量继续增加，则铁与锌结合成铁-锌合金，通常称锌渣或硬锌。由于其密度较大，因而逐渐沉于锌锅底部。

铁是热镀锌锌液中的十分有害的元素，其危害有以下几方面。

（1）形成锌渣。铁在锌液中的溶解度很小，在450℃时，有效铝含量为0.14%时溶解极限约为0.03%，超过了这个数值铁便与锌反应生成铁锌化合物，其密度大于锌液，会在锌液中下沉，成为锌渣沉于锌锅的底部。若锌液中的铝含量较高，铁也与铝发生反应生成铁铝锌三元浮渣，其密度小于锌液，而漂浮在锌液的表面上。铁成为底渣或是浮渣，总之铁过高了就会有渣，这一结果不但加大了锌的消耗，更重要的是锌渣粘在钢丝上直接影响钢丝的表面质量，锌渣粘在锌锅内沉没辊表面上会影响沉没辊的使用周期，所以锌液中的铁含量不能太多，最好是低于0.03%。

（2）黏度增加、流动性变差。锌液中铁原子的存在，使得锌液的表面张力和黏度增加，从而使锌液的流动性变差，影响锌液对钢丝的浸润性，不利于锌液与钢丝的黏附。测定结果表明，锌液中的铁含量增大，则Δh减小，见图2-5。锌液中铁含量对Δh的影响如表2-7所示。由表2-7可以看出，铁能降低锌液对钢基体的润湿能力，使镀锌时间延长。

表 2-7　锌液中铁含量对 Δh 的影响

铁含量/%	0.002	0.005	0.010	0.025	0.030
Δh/mm	5.0	3.0	2.75	2.40	2.35

（3）恶化镀层性能。锌液中的铁原子会使镀层变硬变脆，使延展性、力学性能变差，还会使镀锌层变灰暗，影响钢丝的外观和使用性能。

总之，锌液中的铁原子越少越好，镀锌生产的很多工艺方法和措施都是围绕着怎样降低铁的含量来进行的。

二、锌液中的铁原子来源及产生的危害

锌液中的铁原子除极少量是随锌锭加入的以外，绝大多数是钢丝和锌锅内铁质设备与锌液反应后生成的ζ相落入锌液中，而其中为数较多的是钢丝表面的铁溶于锌液的，包括钢丝正常表面组织中的铁原子溶入锌液，更多是由于钢丝表面未洗净的铁盐和溶剂中的带入锌液中。再者，含铁量较高的再熔锌投入锌液中也会带入铁原子。

据文献报道，1份铁盐可与25份锌起作用而生成锌渣。因而钢丝的前处理的清洁化生产是钢丝热镀锌生产的十分重要的一个环节，一般人容易忽视其重要性。

钢丝中的铁易溶入锌锅锌液中，当出现各种故障停机时，锌锅中钢丝极易被锌液腐蚀，使强度下降，而且钢丝表面有一层厚厚的铁锌化合物层（变粗），此时靠镀锌的各种抹拭装置，如木炭粒抹拭、电磁抹拭或氮气抹拭等是无法抹拭掉的。事实证明，ϕ2.0mm以下的

钢丝在锌锅中的浸泡时间不能超过 20min，而在处理镀稀土-5%铝-锌（galfan）钢丝时，ϕ3.0mm 以下钢丝浸泡时间也不能超过 25min。

三、锌液中添加微量铝对钢丝镀层的作用

铝（Al）呈银白色，属面心立方结构，原子量为 26.08，熔点为 658℃。在使用的商品锌中不存在铝元素，在热镀锌生产中有时因需要有意识地加进去，其目的是增加钢件表面镀锌层的光泽，提高其挠性，改变铁-锌合金层的组织结构，抵消锌液中铁的影响等，下面分四个方面叙述。

（1）铝可增加钢件镀锌表面的光泽，提高挠性。从理论上讲，要达到此目的，锌液中的铝含量只需 0.02%已足够了。但是，铝在锌液表面很容易被氧化，因此，要使锌液中保持 0.02%的铝含量，根据经验就必须加入 0.2%左右的铝才能满足此要求，由于铝和氧具有很高的亲和力，并生成一层氧化铝层，这层氧化铝层可有效地阻止锌的氧化扩散，保护了其下面的铝层及锌液不被氧化，同样锌液中的其他化学成分也同时避免了氧化。众所周知，锌液在氧化后生成的氧化锌呈黄色，如没有铝的作用，则镀锌层表面上会极大地沾上黄色的成分，使表面光泽大受影响，因此，在热镀锌生产中要加入一定量的铝而获得光亮的镀层。

（2）改变镀锌层的组织结构。锌液中铝含量达到 0.01%时就已经足够令镀锌（件）表面色泽光亮，但对组织结构不起作用。由于铝与铁的亲和力很强，当铝含量超过 0.1%时，会在镀锌表面形成很薄的一层铝铁化合物（$FeAl_3$/Fe_2Al_5），抑制锌-铁合金相的形成和增长。当锌液中的铝含量为 0.024%时，阻止铁-锌合金化的作用已很强烈，如果此时在 440℃的温度下浸锌 1h 后，取出检验时发现合金层并没有发生反应，因此镀件（样）上的镀层就只有一层纯锌层，这是因为铝与钢件反应生成了 $FeAl_3$（也有资料介绍是 Fe_2Al_5）化合物薄膜，阻碍了铁离子向锌的方向扩散。

（3）能够抵消锌液中铁元素的影响。因为铝能够与锌液中的铁化合物生成三种化合物，即 $FeAl$、$FeAl_2$、$FeAl_3$，增加锌液的流动性，减少镀锌层的附着量。

（4）减少锌渣的产生。据有关研究报道指出：当向锌液中添加 0.16%～0.20%的铝合金后，锌液中的铁离子将与铝起反应，生成含铝量为 4%～7%的浮渣，而悬浮在锌液上面，此时铝的消耗量为 0.35%。

从上述可知，含铝量的多寡是改变镀锌层组织的一个主要元素，而当含铝量一定时，则浸锌时间、浸锌温度这些工艺参数也左右着锌层组织结构的改变，因此，在热镀锌生产中，这三者的关系均由工艺规程来确定，只有在严格按照规程的操作条件下，才能获得所期望的镀锌层。

这里值得一提的是，加铝必须以合金铝的中间合金形式来加入，且要掌握适当、适量。添加铝合金的数据表明：在锌液中的铝含量为 0.025%～0.030%较为合适，过少起不到减小锌层厚度的作用，过多则有害，影响锌液的流动性，甚至会出现浮渣现象。当含铝的浮渣过多的时候，应及时清理浮渣。

四、锌液中的有效铝检测控制方法

铝在锌液中有两种形式存在，一种是溶解于锌液中的游离状态的铝，另一种是与铁-锌化合物反应生成的铁-铝-锌化合物渣子，它是以固体形式存在的。可以说前者是镀锌过程的反应物，而后者是反应以后的生成物。因此，对镀层形成和锌渣上浮发挥作用的只是前者，

即尚未反应的处于游离状态的铝，一旦参与反应，生成化合物就失去了应有的作用。而我们常规化学分析得出的是两种形态铝的总和，这样的结果不能代表能够继续参与镀锌过程化学反应的铝的含量，所以有必要引入有效铝的概念。

锌液中的有效铝指总铝中除去已成为铝锌化合物的，以游离状态溶解于锌液中的，对镀锌过程反应有作用的铝的含量。

测定锌液中的有效铝的含量的方法是：先同时分析出锌液中的总铝量和总铁量，然后根据总铁量推算出锌渣中 Fe_2Al_5 的含量，并进一步推算出 Fe_2Al_5 中铝的含量，从而从总铝量中去除这一数量，便得到有效铝的含量。

五、锌-铝-稀土合金中的稀土对锌液及镀层的影响

在钢丝热镀锌生产中，一般情况下需要向锌锅的锌液中添加锌-铝-稀土合金，这里所述的稀土即是镧（La）和铈（Ce）的混合金属，镧约为 65%（质量分数），在稀土铝锌合金中，其含量在 0.03%～0.10%范围内。在钢丝热镀锌时，往往要向锌液中添加一定量的稀土铝锌多元合金。它的作用是能够细化晶粒，同时可以提高锌液的流动性，降低锌液的表面张力，而且在一定范围内表面张力随着稀土含量的增大而减小。稀土还能提高镀层的耐腐蚀性能，可使耐盐雾腐蚀性能提高约 1 倍。另外稀土合金加入后对镀锌层的均匀性、表面质量等都有不同程度的提高，使镀锌层更光滑、明亮一些。在使用时，不能直接把稀土金属加入到锌液中去，应以稀土铝锌合金方式添加到锌液中，直接把稀土金属添加到锌液中是极其错误的做法。

六、锌-铝-镁-稀土合金中的镁对钢丝镀层的影响

镁（Mg）呈银白色，属六方晶系，原子量为 24.34，熔点为 650℃。锌中加镁元素后，对耐磨损腐蚀性有所改善，一般锌液中含有 0.024%～0.084%镁时耐磨损腐蚀性能最佳，但当镁含量在 0.30%～0.50%时，会使镀锌层表面组织变得很厚而且粗糙，外观变成乳白色，硬度增加，黏附性变坏。最新研究成果表明：微量镁元素加入到锌液中，可以细化晶粒，与铝、稀土等微量元素一起以合金的形式添加入镀锌液中，有使钢丝镀锌层减薄的趋势及增加表面光洁，同时起到耐腐蚀的作用。但由于镁元素与氧的亲和力极强，是很容易氧化的合金元素，这给锌液中镁含量的控制带来了很大困难，同时镁的加入会对锌液流动性能有负面影响，因此锌锅中镁元素的添加一定要特别谨慎。

七、金属镍对热镀锌钢丝镀层的影响

镍（Ni）呈灰色，属立方或六方晶系，原子量为 58.69，熔点为 1455℃。在锌液中添加微量镍元素，可使锌液对钢的润湿性得到增强，同时使合金相的孕育期延长，从而有效地控制了合金相层的形成速度，使相层减薄、组织细化，使镀层的表面质量得到改善。当使用含硅量较低的沸腾钢镀锌时，镀层的厚度有明显的减薄。在含硅量较高的镇静钢镀锌时，0.09%的镍可以抑制硅对镀锌的不良影响，防止镀层过厚。

镍的作用机理被认为是在钢进入锌液时，首先在钢材表面上生成较为疏松的 ζ 相，当镍存在时，ζ 相转变为较致密的锌-铁-镍金属间化合物，增加了铁在其中扩散的阻力，抑制了ζ 相的增长，使 ζ 相的厚度受到控制。向锌液中添加镍的作用就是降低镀锌层厚度及抑制锌（Zn）-铁（Fe）合金层的生成，以及阻止因圣德林效应引起的镀层超厚问题。镍的存在主

要优点为：改善锌液的流动性，得到光洁的镀锌层，消除或减轻钢暗灰色或脆性镀层；改善镀件的质量，大大增加镀层的光洁度，无灰色、暗灰色表面。其加入时仍然以中间合金的方式添加。

八、合金中的锡对钢丝镀层的影响

锡（Sn）呈银灰色，属正方晶系，原子量为118.7，熔点为231.84℃。锡是低熔点金属，热镀锌锅中加入锡对镀层表面状态有明显的改善。锌花效果被加强，且表面更加平滑，特别是当有铅同时存在时，镀层表面亮度明显提高，其流动性能也有所提高，可以降低工件表面挂锌层厚度。研究资料介绍：向锌液中加入5％的锡以后，可以抑制高硅（质量分数大于0.3％）活性钢的镀层的超厚生长，高硅钢的镀锌层中的δ相层变厚而非常致密，ζ相层显著变薄并由疏松的块状变为排列整齐的柱状晶体。所得镀层中的铁锌合金层厚度在浸锌3～5min时仅为60μm左右。与不添加锡相比较，可以降低镀层厚度20％，但镀锌层没有纯锌镀层明亮。锡通常的加入量都低于0.2％，单独加入锡以后因锌液黏度的增加，增加了镀锌层的厚度。当含锡的镀锌层经常与水蒸气接触时，会发生较强的腐蚀现象，同时加锡后镀锌层挠性变差。因此在商品锌的供应中，如4号Zn与5号Zn仅含有锡0.002％。如果没有其他合金元素的加入，锡含量提高将对锌锅使用寿命有不良影响，同时将对冷加工成形、热裂敏感度有明显影响。

九、铅对锌锅中的锌液的影响

铅是锌锭中不可避免的一种成分，这是因为自然界中铅、锌是共生的。在冶炼中，虽然经过多级精炼，但是各级成品中仍然含有一定量的铅。国家标准GB/T 470—2008规定，0～3号锌中铅的含量在0.002％～0.45％范围。

在450～455℃时，铅在锌中的溶解度为1.2％～1.5％。如果再加入铅，若超过其饱和浓度，则铅以游离状态析出，由于它的密度大于锌，因此会沉入锌锅底部。铅在450℃下，基本上不会与铁起作用。因此，在钢丝热镀锌时，曾有人总是特意向锌锅里加入过量的铅，使锌锅底部保留100mm厚的铅层。这样在热镀锌时所形成的锌渣会不断沉积在铅层上面，从而便于捞取锌渣，同时还能减少底部锌渣的生成和保护锌锅底部免受锌液的浸蚀。

虽然向锌锅里的锌液中加入一些金属铅有上述的优点，锌液里含有一些铅金属对合金层的形成并无影响，但可使锌液的熔点降低，延长锌的凝固时间，促进较大锌花的形成。另外铅的存在也可降低锌液的黏度和表面张力，增加锌液对钢丝表面的浸润能力。有人利用X射线仪测定过钢板插入含铅量不同的锌液中的锌液面上升的高度（如图2-6所示），证实了这一点。

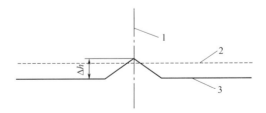

图2-6　润湿条件测定示意图

1—钢板；2—原始锌液面；3—钢板插入后的锌液面

研究证明，锌液的黏度和表面张力愈小，则图中的 Δh 愈大，Δh 愈大说明锌液对钢板的润湿能力愈强。锌液中含铅量越高，则 Δh 愈大，如表 2-8 所示。

表 2-8　锌液中铅含量对于 Δh 的影响

铅含量/%	0.005	0.26	0.54	1.22	1.35
Δh/mm	2.79	3.67	3.89	3.89	4.10

但是也有人认为，锌液中含铅量超过 1% 时，可能引起钢丝镀锌层的晶间腐蚀。同时，铅在高温下氧化挥发为含有铅的气体和镀层中含有的微量铅对人体可能造成危害。如果锌液中的铅含量高，将会出现镀层晶间腐蚀，遇到潮湿气氛后，镀层很快出现白锈现象。因此，现在钢丝热镀锌生产中除锌锭本身含有极其少量的铅，为了保护环境不受污染，国内外已经禁止在热镀锌生产中向锌液中添加铅的行为。

第五节　能量因素对钢丝热镀锌的影响

一、镀锌温度对钢丝热镀锌的影响

在热镀锌过程中，锌液温度和浸锌时间是影响镀层的重要因素。通常是用热镀锌时的铁损作为铁-锌反应速率的参数。铁损是指铁与锌反应形成合金层中的铁和锌渣中的铁的总量。图 2-7 为工业纯铁在浸镀时间为 1h，铁损与镀锌温度的关系。从图中可以看出，在浸镀时间保持不变的情况下，当温度上升到 480℃，铁损随锌液温度的升高而急剧增加，当达到 500℃时，铁损增至最大值。当超过 500℃后，铁在锌液中的质量损失又开始下降。

在锌的熔点温度（419.5℃）下，其流动性很差，此外，当钢丝进入锌液后，锌又被钢丝吸走热量而变冷，因此，实际上镀锌温度需要经常保持在 440～460℃ 范围内。锌液温度对镀锌层质量有重要影响，

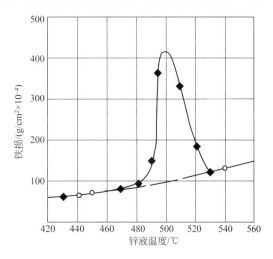

图 2-7　浸锌温度与铁损关系

温度过低，所得镀锌层过厚且粗糙；温度过高，合金层过厚，缠绕性变坏，故温度一般控制在 440～465℃（粗丝取上限，细丝取下限）。例如生产镀锌钢绞线时，产品直径 1.60～4.0mm，钢中碳的质量分数为 0.5%～0.8%，镀锌温度为（450.0±2.5）℃；生产镀锌通信线（钢号 BYIF），线径范围 1.20～5.0mm，镀锌温度为（455±5）℃。

在镀锌时应尽量保持温度的准确和稳定，对确保锌层的质量、延长锌锅的使用寿命、减少锌渣的生成都是有益的。在其他条件相同时，如果锌液的温度升高，就会加速铁与锌之间的扩散，致使镀锌层中的铁锌合金层加厚，也会使锌液中的锌渣增多，锌液表面氧化速度加快，可能导致锌层的韧性变坏，致使缠绕试验不合格，同时还可能导致纯锌层的降低，镀锌

量降低，表现为锌层易裂、光泽不良，严重时表面显灰色。但是如果温度过低，纯锌层厚，合金层生长不良，表现为上锌量过高，锌层结合力不强，还会使锌液的流动性变差，从而导致锌层表面粗糙和厚薄不均，还可能出现漏铁现象。

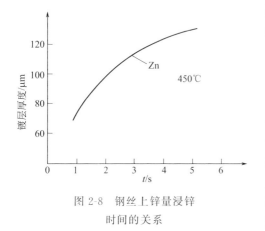

图 2-8 钢丝上锌量浸锌时间的关系

二、浸锌时间对钢丝镀锌层的影响

在温度一定的情况下，延长浸锌时间一定会使铁（Fe）-锌（Zn）合金层增厚，铁（Fe）-锌（Zn）合金层的过厚，则使钢丝缠绕性变差。但是如果没有合金层的形成，镀层的附着力较差。在实际生产中，尽管钢丝在锌锅中仅有几秒钟的时间，也会有合金层的形成。过厚的合金层对于镀层的韧性具有很坏的影响，将直接影响缠绕试验。所以在钢丝热镀锌时应尽量缩短钢丝的浸锌时间，以减小合金层的厚度，以便增加镀锌层的韧性。浸锌时间还取决于钢丝的直径，粗丝的浸锌时间可适当延长。钢丝热镀锌的时间短则数秒，长则数十秒，随着钢丝线径大小而不等。其上锌量与浸锌时间的关系见图 2-8。

研究给出在 450℃镀锌时，不同浸锌时间下合金层的厚度，如表 2-9 所示。

表 2-9　450℃时合金层的厚度　　　　　　　　　　　　　　单位：μm

浸锌时间/min	黏附层（α 相）	栅状层（δ_1 相）	漂移层（ζ 相）
1	0	5	10
4	15	13	15
30	28	38	30
240	50	125	60
480	60	190	60

三、浸锌时间对钢丝力学性能的影响

钢丝镀锌前经过拉拔成形过程，钢丝发生较大的塑性变形，使原子晶格产生畸变，晶格与晶格之间晶粒破碎，阻止了晶体正常滑移，变形阻力增加，晶体应力增加，金属强度上升。热镀锌时，钢丝经过 450℃左右锌液的热浸镀，相当于受到了短暂的退火，部分消除了拉拔形变（即加工硬化）产生的畸变应力，所以热镀锌后钢丝强度会低于镀锌前钢丝的强度。同时，由于钢丝在锌液内部加热时间较短，仅有几秒钟，其表面和内部所受到的影响不一致，导致表面、内部晶粒大小不一，组织分布不均匀，产生较大的热应力和组织应力，而且由于镀锌层是纯锌层与合金层的结合体，增加了钢丝表面锌层的脆性，使其韧性指标低于光面钢丝。

由图 2-9 和图 2-10 可以看出：随着浸锌时间的增加，热镀锌钢丝的强度降低，因为钢丝刚开始受到锌液的热作用时，拉拔过程中产生的晶格畸变应力部分消除，原子晶格恢复较快。随着镀锌时间的进一步延长，钢丝的扭转性能变化趋于平缓，这是由组织应力、热应力和合金层中脆性相 ζ（$FeZn_{13}$）厚度作用决定的。镀锌初期，组织应力、热应力的作用强于脆性相厚度的作用，有利于扭转性能的提高；一段时间后，脆性相厚度的作用明显，脆性层厚度增加使得扭转性能降低，因此浸锌时间进一步增加时，扭转性能变化平缓。

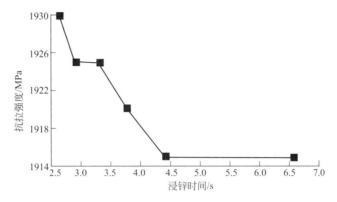

图 2-9　不同浸锌时间与抗拉强度的关系

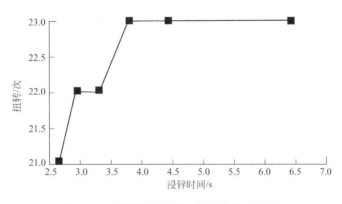

图 2-10　不同浸锌时间与扭转次数的关系

四、浸锌时间对镀锌层组织的影响

从钢丝镀锌后的截面可知，其组织结构为纯锌层、合金层和钢基体三部分所组成。合金层是锌与铁反应产生的脆性相 ζ（$FeZn_{13}$），这层合金层的厚度与浸锌时间有关，时间短则合金层厚度薄、时间长则合金层厚度厚。时间过短，合金层的脆性相虽然较小，但是分布不均匀，易产生层间开裂，导致力学性能降低，需要适当延长浸锌时间，可以使合金层适当增厚，从而起到消除组织应力和热应力而提高钢丝性能的作用。浸锌时间过长，合金层较厚，则使钢丝性能有所降低，因此钢丝浸锌时间过短过长，都不利于钢丝的性能。浸锌时间过长最为明显的是钢丝直径变粗，钢丝的扭转性降低，卷绕时锌层易开裂、脱落。

第六节　钢丝线径、表面状态对热镀锌的影响

一、钢丝线径对热镀锌的影响

热镀锌时，线径较粗的钢丝浸锌时间长，反之，线径较细的钢丝浸锌时间较短。这是因为

粗线径的钢丝的热容（相同长度时比较）较大，升温时间较长。当钢丝进入锌锅，锌液遇到冷钢丝之后，在其周围形成一层"锌壳"。随着时间的延长，热量不断地传递到钢丝的内部，使得钢丝自身的温度不断升高。当钢丝表面的温度达到锌的熔点时，"锌壳"解凝，继而升温，使钢丝与锌液的温度趋于平衡。从钢丝进入锌锅，到钢丝自身的温度与锌液温度平衡所需要的时间，随钢丝线径的增大而延长，延长浸锌时间可以提高镀锌层的均匀性，减少因重力作用所产生的锌瘤。钢丝自锌锅引出，遇到冷空气后，表面锌层温度缓慢下降，降到锌的熔点时，锌层凝固，继而冷却到室温。钢丝从锌锅引出到冷却到室温，所需要的时间，随钢丝线径的增大而延长。这段时间内，合金层的生长仍在进行。由于粗钢丝冷却速度过慢，铁-锌反应时间过长，使镀锌层变脆。为此，粗线径的钢丝在出锌锅后喷以冷水，强制冷却，以抑制铁-锌合金层的反应生长，保证纯锌层有足够的厚度，必要时采用镀锌钢丝双面喷水进行冷却。

二、钢丝表面的洁净程度对镀层的影响

钢丝在热镀锌前的表面洁净程度是指钢丝在脱脂、酸洗后不再有油脂、锈蚀和不易水清洗掉的污物。钢丝热镀锌时的铁-锌反应是在铁、锌两种金属充分接触时进行的，如果铁的基体局部表面有未酸洗干净的氧化铁皮、铁的氧化物，有未脱除干净的油脂或其他污垢，则在这些地方的铁-锌反应就会受到干扰，轻者出现厚薄不均的镀锌层，镀层表面粗糙，重者局部则会出现漏镀（露铁）而镀不上锌的现象，同时因镀锌层与钢基体结合力差，使卷绕试验不符合技术要求。

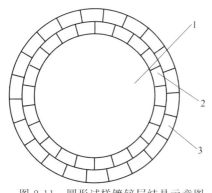

图 2-11 圆形试样镀锌层结晶示意图
1—钢基体；2—锌-铁合金层；3—纯锌层

三、钢基形状与镀锌层结晶的关系

我们可以根据冰棒的结晶看出其结晶是呈射线状的，即从表至里，指向冰棒的几何中心。热镀锌层的结晶也是这样的，只是不如冰棒的结晶那样清晰可辨罢了。圆形试样镀锌层结晶示意图，如图2-11所示，热镀锌层的这种结晶方式在金属学中称为等轴结晶，等轴结晶的方向就是热传递的方向。

第七节 影响钢丝镀锌层厚薄的因素

钢丝的镀锌层由两部分构成，即合金层和纯锌层，合金层中又分为г相、δ相、ζ相。

一、影响合金层厚度的因素

（1）锌液的温度和浸锌时间。锌液温度越高，浸锌时间越长，则合金层越厚。

（2）钢丝的化学成分。碳、硅含量越高，合金层越厚。

（3）钢丝的线径在其他条件相同时，直径越粗，则浸锌时间越长，冷却速度越慢，这样会使得合金层增厚。

（4）钢丝镀锌后的冷却条件。强制进行水冷和风冷可以抑制合金层的生长，使其变薄。

（5）锌液成分。锌液中对合金层影响最大的是铝，含铝量为 $0.02\% \sim 0.05\%$ 时可起到镀层的光亮效果；含铝量为 $0.1\% \sim 0.16\%$ 时合金层可以减少到不加铝时的 78%；含铝量为 0.2% 时，即可完全消除 r 相、δ_1 相。

二、影响纯锌层厚度的因素

（1）钢丝收线速度。纯锌层是黏附在合金层之上的，它的厚薄与镀锌出线速度关系甚大，垂直引出时，镀锌速度越快，所得的纯锌层则越厚。这是因为黏附于合金层上的锌液有两种流动方向，一是由于重力的作用向下流动，二是随钢丝而向上移动。当镀锌速度十分缓慢时，前者占主导地位，所获得的纯锌层较薄；当镀锌速度很快时，后者占主导地位，所获得的纯锌层较厚。

（2）抹锌方式。较厚的纯锌层通常通过油（凡士林）木炭抹拭、氮气抹拭、电磁抹拭锌的方法快速垂直引出获得锌层；较薄的纯锌层通常通过斜向引出用油石棉绳缠绕钢丝获得；较细的镀锌钢丝则采用陶瓷薄片的中心小孔的抹拭获得，其光洁度和纯锌层厚度与抹拭的轻重程度有关系。

（3）锌液的黏度。锌液的黏度高会使纯锌层增厚，而影响锌液黏度的因素主要有锌液的温度、锌液的化学成分以及锌液中的杂质等。温度低时，黏度较大；锌液含铁量增大，锌液的黏度也相应增大。

（4）钢丝的冷却方式。细钢丝通常都是采用风冷，这是因为细钢丝热容小（单位长度），冷却速度快。粗钢丝则因热容大，冷却速度慢，出锌锅后，铁-锌反应仍未停止，如不采取强制冷却措施，所获得的镀锌层纯锌层薄，合金层厚。为获得较厚的纯锌层，粗钢丝一般都采用喷水冷却和风冷。

三、钢丝引线速度对镀锌层的综合影响

纯锌层是黏附在合金层之上的，它的厚薄与镀锌出线速度关系甚大，垂直引出时，镀锌速度越快，所得的纯锌层则越厚。例如线径为 $0.9mm$、含碳量为 0.76% 的钢丝，在其他工艺条件完全相同时，镀锌速度为 $22m/s$ 时，纯锌层厚 $154g/m^2$，镀锌速度加快到 $40m/s$ 以上时，则可加厚到 $282g/m^2$，而铁-锌合金层大致为 $8\mu m$。

四、抹拭（擦拭）的方法对镀锌层的综合影响

钢丝从锌锅引出，因引出的方式不同，抹拭（擦拭）的方法亦不同，其镀锌层厚度也有明显的区别。

1. 垂直引出时对锌层的影响

当垂直引出时，锌层厚度决定于锌液的附着力和重力的大小，当引出速度高时，附着力大于重力，则锌层厚度增大、均匀。擦拭采用油木炭粒（与凡士林或 $30^\#$、$40^\#$ 机油混合均匀），木炭粒度 $3 \sim 3.50mm$，固定炭 $>75\%$，水分 $<4\%$，灰分 $<3\%$，挥发物 $<20\%$，油与木炭混合比例为 $1:3$（质量比），要把混合后的油木炭烘烤 $100 \sim 150℃$ 后才可使用。要定期清除木炭粒与锌液面接触处的炭灰，一般保持木炭粒厚度 $5 \sim 10cm$ 为宜，其主要作用有两方面：一是使钢丝离开锌液面时，有一段保温时间，以保持锌液均匀下流并获得光滑的表面；二是使木炭孔内及锌液面上保持还原气氛，以防锌液表面氧化而被钢丝将其带出，而出

现"白点"现象，影响表面质量。此外，木炭层在没有结块前，也就是油脂尚未完全燃烧时，它能把钢丝紧紧抱住，起到一定的摩擦作用，以确保锌层表面光滑。当木炭结块时，应及时清除，一般情况每班清理二次为宜，并应注意清理结块时避免钢丝的振动。覆盖在锌液面上的油木炭层在着火时，尽量在钢丝出口的周围，燃烧面不能过大，以免造成木炭和凡士林过多浪费。随着热镀锌钢丝技术的发展与完善，钢丝垂直引出抹拭方法已逐步用电磁抹拭代替油木炭粒抹拭，DV 值可以达到 150 以上。其镀锌层表面也较油木炭粒抹拭的表面光滑平整，镀锌层可以通过调节电流大小，将镀锌层控制在 $180\sim350g/m^2$ 之间。能得到相当好的镀锌层表面，并可根据用户的需求，扩展到 $110\sim550g/m^2$，该生产线镀出的钢丝的镀层均匀性、同心度以及表面质量较好。

2. 倾斜引出时对锌层的影响

当倾斜引出时，要使钢丝与锌液面成 $35°$ 角引出。在钢丝出锌锅 $150\sim200mm$ 处采用石棉绕制的钢丝夹或石棉块抹拭钢丝表面下部多余的锌液，使之光滑。该法所得的锌层比垂直引出木炭抹拭的镀锌层较薄，且均匀性差，镀锌层在 $200g/m^2$ 以下。该法适用于薄镀锌层低碳钢丝、棉花打包用低碳钢丝。

现将各种因素对钢丝镀锌层的影响列于表 2-10 中。

表 2-10 各种因素对钢丝镀锌层的影响

作用因素	合金层的厚度	纯锌层的厚度	表面状态	备注
升高锌液温度	增大	减小	粗糙	锌液表面氧化加剧
延长浸锌时间	增大	无影响	无影响	—
钢材的成分 增加碳(C)	增大	无影响	粗糙	—
增加硫(S)	增大	无影响	粗糙	—
增加磷(P)	增大	减小	灰暗	—
锌液的成分 增加共晶元素 Sn	略有增大	略有增大	花纹光亮	降低锌层的塑性
Bi	略有增大	略有增大	花纹光亮	降低锌层的塑性
Sb	略有增大	略有增大	花纹光亮	降低锌层的塑性
Cd	略有增大	略有增大	花纹光亮	降低锌层的塑性
Pb	略有增大	略有增大	花纹光亮	降低锌层的塑性
0.003% 以下的 Al	略有减小	略有减小	光亮	—
0.18%~0.25% Al	锐减	略有减小	光亮	镀层塑性锐增
提高冷却速度	减小	增大	光亮	—
擦拭表面	略有影响	被擦掉	较光亮	—
热处理	锐增	消失	灰暗无光泽	取决于热处理条件

第八节 热镀锌对钢丝力学性能的影响

冷拉钢丝生产过程中，盘条在拉拔力的作用下，形成两压一拉的三向主应力状态，使金属产生塑性变形，得到所需要的产品尺寸。与此同时，金属内部的晶格（渗碳体和铁素体）及晶间物质（杂质及夹杂物），沿着变形方向被拉长，以致使金属组织发生改变。在热镀锌时，钢丝浸入到温度 450℃ 左右的锌液中，相当于受到一次中温回火处理，在此温度下，碳化铁（$Fe_{20}C_8$）转变成渗碳体（Fe_2C），并且渗碳体开始由细片聚集成细粒状。在此温度区间，钢基体的晶格歪扭消除，内应力大为降低。另外可以保证高的屈服强度和一定的韧性。由于钢丝在热镀锌时要被加热到 450℃ 左右，同时还进行着铁-锌反应产生合金层，因此钢丝的力学性能，如抗拉强度、拉应力、延伸率等发生着显著的变化。

一、对抗拉强度和延伸率的影响

（1）抗拉强度。热镀锌钢铁在抗拉强度和延伸率上会较原钢丝降低。如前所述，未退火的冷拉光面钢丝经热镀锌，相当于对钢丝进行一次短时间的回火，使得钢丝冷加工时的加工硬化作用得以部分消除，因而强度下降。一般来说，总压缩率较高者，强度损失较多，当总压缩率不高于 50% 时，热镀锌后强度变化不明显。

（2）延伸率。钢丝的延伸率会有不同程度的增加，增加的幅度与镀前的冷变形程度有关。总压缩率较大者，延伸率增加得也较多。

二、对扭转、弯曲和疲劳强度的影响

（1）扭转与弯曲值均有所下降。经热镀锌后，扭转和弯曲值下降的幅度取决于总压缩率的大小，钢丝的含碳量的多少和热镀锌的温度高低有关，镀锌前总压缩率愈小、钢丝含碳量愈高、锌液温度愈高，则扭转和弯曲值下降得越多。

（2）疲劳强度也会降低。因热镀锌后钢丝表面产生一层脆而硬的铁-锌合金层，使钢丝表面的完整性遭到破坏，因此，在交变负荷作用下，会很快地产生裂纹，使其疲劳强度降低，如表 2-11 所示。

表 2-11　疲劳强度对比表

含碳量/%	疲劳强度/MPa	
	未热镀锌	热镀锌
0.80	50	46
0.70	47	40
0.62	51	45
0.49	50	41

三、减少对力学性能影响的措施

从钢丝热镀锌生产中我们得知，钢丝由于在镀锌前要经过拉拔成形，拉拔过程中钢丝发生较大的塑性变形，使原子晶格畸变，晶格与晶格之间晶粒破碎，阻止了晶体正常滑移，变形阻力增大，变形抗力增大，晶体应力增加，金属强度上升。在热镀锌时，钢丝在锌锅内受到锌液 450℃ 左右的加热作用，相当于受到了一次短暂的退火，消除了部分拉拔光面钢丝形变（即加工硬化作用）产生的畸变应力，所以镀后钢丝强度会低于光面钢丝的强度。同时，由于在锌锅内加热时间较短，仅有几秒钟，钢丝表面和内部所受到的加热影响不一致，表面、内部晶体大小不一，组织分布不均匀，产生较大的热应力和组织应力，而且由于浸锌层有较厚的合金层，增加镀后钢丝的表面脆性，使其韧性指标低于光面钢丝。不同的钢丝直径，在相同的温度下，经不同的浸锌时间后，钢丝力学性能见表2-12。

表2-12　钢丝力学性能变化

线径/mm	力学性能指标	光面钢丝	镀锌后钢丝					
			钢丝在锌液中的浸锌时间(锌液温度:450℃)					
			2.64	2.93	3.30	3.77	4.40	5.28
3.20	强度/MPa	1980	1935	1925	1918	1909	1902	
	扭转/次	23.5	18.43	20	21.71	23.14	22.29	
	弯曲/次	12.75	9.57	8.14	10	9	9.43	
3.10	强度/MPa	1985.25	1935	1926	1926	1922	1916	1916
	扭转/次	25.5	21	23	22	21	23	23
	弯曲/次	16.5	11	9	10	11	9	10
2.60	强度/MPa	2241.25	2090	2083	2060	2080	2068	2074
	扭转/次	21	23.57	26.29	26.14	21.86	22.57	20.86
	弯曲/次	8.75	8	7.29	8	5.29	6.29	6.43
2.00	强度/MPa	2228.5	2094	2075	2071	2070	2074	2059
	扭转/次	29.25	28	29	28	28	30	27
	弯曲/次	22.25	15	15.86	15	13	17	18

根据生产中的实际试验数据，为了克服钢丝在热镀锌生产中的力学性能的降低，在钢丝热镀锌主要工艺参数的选择上，不但要考虑设备运行的稳定性，还要考虑钢丝镀层的质量、收线速度等因素。

在相同的锌温下，提高收线速度，减少浸锌时间可保持浸锌钢丝一定的形变硬化效果，强度损失减小。这是因为提高钢丝热镀锌的走线速度，减少浸锌时间，可减少锌层合金层中的相，减少钢丝表层脆性。正常热镀锌时，浸镀时间超过20s，合金层中生成的δ相处于敏感生成区，所形成的锌层则会增加钢丝表层脆性，所以要尽量提高收线速度，减少浸锌时间，可使其镀后强度损失减小，弯扭值提高。另外由于速度提高，达到了快速生产的目的，班产量提高，生产效率提高。

第九节　钢丝热镀锌对其他原料的要求

一、钢丝热镀锌对辅助原料的要求

1. 对氯化铵和氯化锌的要求

氯化铵（NH_4Cl），分子量为53.49；氯化锌（$ZnCl_2$），分子量为136.29。氯化铵和氯化锌是热镀锌钢丝用的助镀剂。氯化铵应符合GB/T 2946—2008规定，氯化锌应符合HG/T 2323—2012规定，它们的主要技术指标应符合表2-13的要求。

表 2-13　氯化锌、氯化铵主要技术指标

名称	外形	含量/%	含铁/%	含铅/%	含水分/%	执行标准
氯化锌	白色结晶	98.0	≤0.001	≤0.001	≤0.10	HG/T 2323—2012
氯化铵	白色粉状	99.5	≤0.001	≤0.0005	≤0.40	GB/T 2946—2008

2. 对氯化镁的要求

氯化镁（$MgCl_2$）是一种氯化物，为无色而易潮解的单斜晶体。

氯化镁物理性质：相对密度为 1.56（六水化合物）、2.325（无水化合物），熔点为 118℃（六水化合物，分解）、712℃（无水化合物），沸点为 1412℃（无水化合物），溶于水和乙醇，加热至 95℃ 时失去结晶水。

氯化镁的化学性质：①六水氯化镁加热可水解；②无水氯化镁熔融状态下电解可生成镁和氯气，$MgCl_2 \xrightarrow[\text{电解}]{\text{熔融}} Mg + Cl_2 \uparrow$；③碱性环境下生成氢氧化镁沉淀，$Mg + 2OH^- \Longrightarrow Mg(OH)_2 \downarrow$；④氯化镁极易溶于水（放出大量热），氯化镁在水中的溶解度很大，0℃ 时 100g 水能溶解 59.5g，20℃ 时能溶 74g，100℃ 时能溶解 159g。

近年来在钢铁制件和钢丝热镀锌生产中，氯化镁用于助镀剂的原料，以代替氯化铵，不产生白色的烟雾，有利于环境的保护。

3. 对助镀剂添加剂的添加要求

用于钢丝助镀剂添加剂的表面活性剂为炔二醇类表面活性剂及其改性表面活性剂（非离子）。其适用于水性系统的抑泡润湿，静态和动态表面张力低，促进流动流平，可提高体系对各种基材的动态润湿能力。其分子式为 $C_{14}H_{26}O_2$，分子量为 226.36，熔点为 42~44℃，沸点为 255℃。相比于传统表面活性剂，炔二醇类表面活性剂有其独有的特点：具有降低表面张力、润湿作用，增强涂层对基材的附着力。其添加使用量为全配方的 0.2%~2%，最好做梯度试验来确定最佳用量。炔二醇类表面活性剂的一般性质见表 2-14。

表 2-14　炔二醇类表面活性剂的一般性质（PSA-96）

项目	性质
外观	黄色液体
活性物含量	93%
泡沫性能	消泡

4. 对凡士林、机油的要求

凡士林和机油是用来搅拌木炭粒的，主要作用是对钢丝离开锌液面之后，起到减小摩擦作用，使钢丝表面光滑。所用工业凡士林应符合标准 SH 0039—1990，机油应符合标准 GB 11122—2006，具体要求见表 2-15。

表 2-15　工业凡士林、机油技术要求

名称	滴熔点/℃	闪点/℃	酸度值/(mgKOH/g)	颜色
凡士林	45~80	190	不大于 0.1	黄色、深褐色
30# 机油	−10	190	不大于 0.35	黄色

5. 对木炭（粒）的要求

木炭用于抹拭锌液，其具体技术要求应符合表 2-16。

表 2-16　木炭的技术要求

成分	水分	挥发物	固定炭	灰分	粒度
含量/%	<4.0	<20	>70	<3	3.0～5.0mm

使用木炭粒作为抹拭材料时，特别要注意木炭粒的粒度一定控制在 3.0～5.0mm，最好使用有一定硬度的杂木炭粒。同时要控制灰分和水分，灰分大时，要在使用前用细的筛子把灰分分离开，水分大的木炭要提前烘干备用。木炭应保存在干燥的库房里，防止受潮或进水，不允许不经烘干的木炭粒直接作为抹拭料堆在锌锅的钢丝出口处。

6. 对其他抹拭材料的要求

其他要求包括对抹拭材料石棉块、细小孔径的陶瓷片、锌液面保温材料蛭石粉的要求。为了使热镀锌后的钢丝表面光滑，抹拭掉多余的锌液，无论是镀锌钢丝采取斜升、直升的方式，都可以使用石棉块、石棉绳夹着、缠绕着钢丝，将附着在钢丝表面尚未凝固的锌液抹拭掉，提高钢丝表面的光滑程度，石棉块为 15mm×15mm（正方形）。钢丝直径在 $\phi0.5$mm 以下的镀锌钢丝，需要使用细小孔径的陶瓷片提高热镀锌钢丝的表面光滑度。

为了节约能源和降低锌锅中锌液表面的氧化速度，可以采用蛭石粉和高铝石棉板复合方式对锌液面进行保温，根据散温的情况适当加厚蛭石粉和高铝石棉板的覆盖厚度。蛭石粉的颗粒粒径一般在 1.0～2.5mm，高铝纤维板的厚度在 10～20mm 为宜。

二、对盐酸的技术要求

酸洗用到工业盐酸（HCl），盐酸的分子量为 36.46，$w(HCl)$ 通常为 30%～32%，相当于含有 345～372g/L HCl，其密度为 1.15～1.16g/mL，应符合 GB 320—2006 标准中的规定，具体要求如表 2-17。

表 2-17　盐酸的技术指标

氯化氢含量/%	铁含量/%	硫酸含量/%	砷含量/%	外观
≥31	≤0.01	≤0.007	≤0.0000	黄色透明

不同质量分数的盐酸的密度见表 2-18。依据表 2-18，通过测定新配盐酸溶液的密度，就可方便地得出该盐酸溶液的质量分数。

表 2-18　钢丝常用盐酸质量分数所对应的密度

$w(HCl)$/%	HCl 含量/(g/L)	密度/(g/L)	$w(HCl)$/%	HCl 含量/(g/L)	密度/(g/L)
5.15	53	1.025	11.18	118	1.055
6.15	63	1.030	12.19	129	1.060
7.15	74	1.035	13.19	140	1.065
8.16	85	1.040	14.17	152	1.070
9.16	96	1.045	15.16	163	1.075
10.17	107	1.050	16.15	174	1.080

第三章
碳素钢丝生产工艺

从钢丝热镀锌整个生产过程来看，包括拉丝、热处理、前处理、热镀锌、后处理和废水处理等生产环节。而每一个环节又各自包含着许多生产工序，每一环节、每一工序又互相影响，很显然，只抓好热镀锌这一环节是不正确的。要把钢丝热镀锌的质量真正做好，一定要了解钢丝热镀锌全过程中每一个生产环节和工序，并都要认真对待才行。本章所介绍的生产环节和工序只供参考，因为每一个生产企业都有自己的实际情况。

第一节　钢丝盘条的规格与要求

一、用于钢丝生产的盘条的种类

适用于热镀锌钢丝的盘条，大体上可分为两大类。

第一类：低碳钢盘条，其含碳量在 $0.05\%\sim0.22\%$。这类低碳钢盘条强度低、延伸率高，适用于制造架空通信热镀锌钢丝，一般用途是低碳钢热镀锌钢丝、铠装电缆用热镀锌钢丝等。

第二类：中、高碳钢盘条，其含碳量在 $0.37\%\sim0.85\%$ 之间。这类中、高碳钢盘条具有一定的抗拉强度和抗弯曲、抗扭转的力学性能，适用于制造钢芯铝绞线用热镀锌钢丝、钢绞线用钢丝和镀锌钢丝绳用钢丝等。

盘条的材质为平炉、氧气顶吹转炉或电炉炼的碳素钢。钢丝牌号及化学成分应符合 GB 699—2015《优质碳素结构钢》中的 08F、10、10F、15、15F、20、25、30、35、40、45、50、55 和 60 钢制造。盘元的直径为 $\phi6.5mm$、$\phi5.5mm$、$\phi5.0mm$，且不严重失圆。其外观不应有严重的锈蚀现象。在运输过程中，不应被雨水、雪淋湿。盘条、钢丝在存放时，地面不应积水，并要远离湿雾、酸雾。当钢丝较长时间存放时，盘圆中心轴线应垂直地面放置，避免中心轴线平行地面放置。

二、钢丝规格与相应的线径

1. 钢丝规格与相应的线径

钢丝规格与相应的线径见表3-1。

表 3-1　钢丝规格与相应的线径

规格/号	4	6	8	10	12	13	14	16	18	20	22	24	25	28
线径/mm	6.0	5.0	4.0	3.5	2.8	2.5	2.2	1.60	1.20	0.9	0.7	0.55	0.45	0.35

2. 一般用途的光面低碳钢丝

一般用途的光面低碳钢丝执行的标准为 GB/T 343，冷拉普通用钢丝、制钉用钢丝、建筑用钢丝、退火钢丝直径及其允许偏差应符合表 3-2 规定。镀锌钢丝的直径（d）及允许偏差应符合表 3-3 的规定。

表 3-2　冷拉普通用钢丝、制钉用钢丝、建筑用钢丝、退火钢丝
直径对应偏差　　　　　　　　　　单位：mm

钢丝直径范围	允许偏差	钢丝直径范围	允许偏差
$d \leqslant 0.30$	±0.01	$1.60 < d \leqslant 3.00$	±0.04
$0.30 < d \leqslant 1.00$	±0.02	$3.00 < d \leqslant 6.00$	±0.05
$1.00 < d \leqslant 1.60$	±0.03	$d > 6.00$	±0.06

表 3-3　镀锌钢丝的直径及允许偏差　　　　　　　单位：mm

钢丝直径范围	允许偏差	钢丝直径范围	允许偏差
$d \leqslant 0.30$	±0.02	$1.60 < d \leqslant 3.00$	±0.06
$0.30 < d \leqslant 1.00$	±0.04	$3.00 < d \leqslant 6.00$	±0.07
$1.00 < d \leqslant 1.60$	±0.05	$d > 6.00$	±0.08

3. 一般冷拉普通用钢丝

一般冷拉普通用钢丝、制钉用钢丝、建筑用钢丝、退火钢丝、镀锌钢丝的力学性能应符合表 3-4 的规定。

表 3-4　冷拉普通用钢丝、制钉用钢丝、建筑用钢丝、退火钢丝、镀锌钢丝的力学性能

公称直径/mm	抗拉强度/MPa					180°弯曲实验/次		伸长率（标距100mm）/%	
	普通用钢丝	制钉用钢丝	建筑用钢丝	退火用钢丝	镀锌钢丝	普通用钢丝	制钉用钢丝	建筑用钢丝	镀锌钢丝
$d \leqslant 0.30$	≤980	—	—	295~540	295~540	经双方协议	—	—	≥10
$0.30 < d \leqslant 0.80$	≤980	—	—				—	—	
$0.80 < d \leqslant 1.20$	≤980	880~1320	—				—	—	
$1.20 < d \leqslant 1.80$	≤1060	785~1220	—			≥6	—	—	
$1.80 < d \leqslant 2.50$	≤1010	735~1170	—				—	—	
$2.50 < d \leqslant 3.50$	≤960	685~1120	≥550				—	—	≥12
$3.50 < d \leqslant 5.0$	≤890	590~1030	≥550			≥4	≥4	≥4	
$5.0 < d \leqslant 6.0$	≤790	540~930	≥550				—	—	
$d > 6.0$	≤690	—	—				—	—	

第二节　拉拔钢丝的生产工艺要点

一、一般用途的镀锌用低碳钢钢丝拉拔工艺

1. 原料的选择

一般用途的低碳钢钢丝原料的选择要注意两点：一是为了保持钢丝柔软，抗拉强度不会偏高，随规格的减小，钢丝的含碳量也要降低；二是对于规格较大的制钉钢丝，必须要选择较高的含碳量，以避免冲头时打弯。

2. 拉丝工艺

因为低碳钢主要是由铁素体组成的，钢的塑性较好，抗拉强度低，故可选取较大的总压缩率来拉拔，如为减小断面尺寸的拉拔总压缩率最高可达95％左右。使用的部分压缩率也较大，通常以不超过35％为宜，且随着钢丝直径的减小，部分压缩率也取较小值，如在$\phi0.8mm$以下时，部分压缩率取20％以下。

拉拔热镀锌钢丝用的低碳钢钢丝，为了有利于镀锌前的表面清洁处理，采用钙基、钠基拉丝粉对钢丝进行连续性干性拉拔。用水箱拉拔钢丝的时候，选用的液体润滑剂一般都含有皂量为2～3g/L的润滑溶液。

根据不同的规格，国内某钢丝镀锌公司使用的拉拔工艺见表3-5；低碳钢钢丝拉拔配模程序工艺见表3-6。

表 3-5　一般用途的镀锌用低碳钢钢丝拉拔工艺

产品名称	产品规格/mm	原料尺寸/mm	总压缩率/%	拉拔	
				道数/次	平均部分压缩率/%
热镀锌用材	4.06～3.65	6.5	61.0～68.5	3	26.5～31.9
	3.25～2.94		75.0～79.3	4	22.6～29.4
	2.64～2.33		83.6～87.2	5	30.5～33.5
	2.0		90.5	6	32.5
	1.82		92.2	7～8	30.5
	1.60～1.40		93.9～95.4	9	26.8～28.9
	1.2	2.55	77.8	8	17(湿拉)
	1.0		84.7	10	17(湿拉)
	0.9		87.3	12	15.8(湿拉)
	0.8	2.5	89.5	14	14.6(湿拉)
	0.71		92.0	16	14.4(湿拉)
	0.61		94.0	18	14.5(湿拉)
	0.56		95.0	20	14.0(湿拉)

当盘条拉丝时，需要多个拉丝模组合起来使用，才能由粗丝拉成细丝，因此，需要按一定规律进行配模。若配模数过多，浪费电能，增加生产成本，而且生产效率不高；配模数太少了，又会引起拉丝表面粗糙，甚至会出现频繁断头现象。因此，各卷筒必须在小于最大拉

拔力状态下工作，也就是说，不得在超负荷下进行拉拔。

表 3-6　低碳钢钢丝拉拔配模程序工艺

成品线径/mm	原丝直径/mm	总压缩率/mm	拉拔道数/次	配模具体程序及其压缩率
4.0	6.50	62.13	4	5.74(22.0%)→5.07(22.0%)→4.50(21.3%)→4.00(20.1%)
3.50	6.50	71.01	4	5.52(28.0%)→4.68(28.0%)→4.01(26.5%)→3.50(23.8%)
3.50	6.50	71.01	5	5.74(22.0%)→5.07(22.0%)→4.48(22.0%)→3.96(22.0%)→3.50(21.9%)
2.80	6.50	81.44	6	5.59(26.0%)→4.81用(26.0%)→4.14(26.0%)→3.61(24.0%)→3.15(24.0%)→2.80(21.0%)
2.50	6.50	85.20	6	5.50(28.5%)→4.67(28.0%)→3.98(27.5%)→3.40(27.0%)→2.91(26.5%)→2.50(26.2%)
2.20	4.20	72.56	5	3.66(24.0%)→3.20(23.5%)→2.81(23.0%)→2.47(22.5%)→2.20(20.7%)
1.60	4.00	84.00	5	3.25(34.0%)→2.66(33.0%)→2.19(32.0%)→1.82(31.0%)→1.61(23.0%)
1.20	4.00	91.00	8	3.35(30.0%)→2.82(29.0%)→2.39(28.0%)→2.04(27.0%)→1.75(26.0%)→1.52(25.0%)→1.33(24.0%)→1.20(18.6%)
0.90	2.80	98.67	8	2.36(29.0%)→2.0(28.0%)→1.71(27.0%)→1.47(26.0%)→1.27(25.0%)→1.11(24.0%)→0.98(22.0%)→0.90(15.7%)
0.90	2.50	87.04	11	2.24(19.5%)→2.02(19.0%)→1.82(18.5%)→1.65(18.0%)→1.50(17.5%)→1.37(17.0%)→1.25(16.5%)→1.15(16.0%)→1.06(15.5%)→0.97(15.5%)→0.90(14.0%)

在加工含碳量为 0.45% 的材料时，盘条直径不可超过 φ6.5mm，每个卷筒的拉拔压缩率见表 3-7。

表 3-7　出线直径（mm）及压缩率（%）参考数据

卷筒号	进线直径/mm（压缩率/%）				
	6.5	5.5	5.2	5.0	4.5
1	5.2(36.0)	4.4(36.0)	4.3(36.3)	4.0(36.0)	3.6(34.9)
2	4.4(28.4)	3.7(28.5)	3.5(28.9)	3.4(27.8)	3.0(28.6)
3	3.8(25.4)	3.2(26.0)	3.0(26.5)	2.9(27.8)	2.6(27.8)
4	3.3(24.6)	2.8(23.0)	2.6(24.9)	2.5(25.7)	2.2(25.6)
5	2.9(22.8)	2.5(23.0)	2.3(21.5)	2.2(22.6)	2.0(21.4)
6	2.6(19.6)	2.2(19.4)	2.1(16.6)	2.0(12.7)	1.8(18.5)

从表 3-7 可以看出，当 φ6.5mm 进线时，经 1 号卷筒拉拔后的线径已为 φ5.2mm，其压缩率为 36.0%；再经 2 号卷筒拉拔后的线径为 φ4.4mm，其压缩率为 28.4%，以此类推。也就是说，线越拉越细，压缩率也由大变小。

3. 热处理工艺

一般用途的低碳钢钢丝，特别是镀锌用钢丝，一般都要求性质柔软，抗拉强度控制在 380~400MPa。因此，这类产品在热镀锌前的热处理或拉拔中间的热处理，最常用的方法是再结晶退火，目前仍然采用下列两种方式。

（1）连续炉退火。钢丝在连续式热镀锌或电镀锌作业线上，大都采用连续炉退火，采用正火热处理方式。由于镀锌速度控制在 50~90m/min 以上，总体要求加热到 A_{c3} 温度以上，进行奥氏体相变，加热温度在 870～980℃。

（2）井式炉退火。这种退火炉是先将钢丝用炉胆（退火筒）罩好，装入炉中，随后再加上炉盖，并将炉盖周围密封好。若采用以电源加热的方式的井式退火炉，其炉温可以做到按炉温曲线自动控制。装炉量为 1750～2000kg 的井式退火炉的炉温曲线见图 3-1。

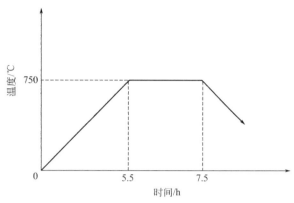

图 3-1　电加热井式退火炉炉温曲线

采用井式退火炉退火的钢丝，最大的特点是强度稳定，因此最适宜于镀锌钢丝的生产。但是在操作中要避免炉温过高，或局部温度过高，因为温度过高会使钢丝表面氧化加重而影响镀锌的表面质量，局部温度偏高会使钢丝通盘性能不均匀。

工艺顺序和加热温度：钢丝经过冷拉拔后，表面结晶被扭曲，使金属的强度、硬度、塑性和韧性等发生一系列的物理变化。经过退火后，使表面扭曲结晶再结晶，韧性恢复，钢丝的线径越粗，退火的加热温度应越高（见表 3-8、表 3-9）。

表 3-8　钢丝的退火温度和时间参数（参考）

钢丝线径/mm	退火炉温度/℃	退火时间/min
6.0	1050～1150	2.78～3.34
5.0	1050～1150	2.08～2.39
4.0	1030～1130	1.59～1.76
3.0	1030～1130	1.28～1.39
2.5	1020～920	1.19～1.28
2.0	990～890	1.04～1.11
1.5	910～810	0.8～0.86
1.2	870～770	0.7～0.74

表 3-9　钢丝的井式炉退火温度和时间参数

铁丝线径/mm	退火炉温度/℃	井式炉退火时间/h	
		加热时间	保温时间
0.5～0.7	600～650	3	2
0.8～1.0	600～680	3	2
1.2～1.4	620～700	3	2
≥1.5	650～800	3.5	2

二、架空通信用热镀锌低碳钢丝生产工艺

架空通信用热镀锌低碳钢丝适用于有线电话、铁路信号等架空通信线路输电用，其主要特性如下。

1. 生产采用的标准

生产采用的标准执行 GB/T 346—1984。

2. 钢丝热镀锌层要求

钢丝镀锌层质量及其他质量要求见表3-10。

表 3-10 钢丝镀锌层质量要求

钢丝直径/mm	锌层质量/(g/m²)	硫酸铜实验(1min)/次	缠绕实验直径倍数
4～6	≥245	不小于5	14
3	≥230	不小于4	14
2～2.5	≥180	不小于3	14
1.5	≥150	不小于3	14

缠绕圈数应不少于6圈，检查的时候镀锌层不应有开裂和脱落问题。

3. 钢丝在20℃时的电阻系数要求

钢丝在20℃时的电阻系数（ρ_{20}）不大于如下规定：含铜的钢丝，$0.146\Omega \cdot mm^2/m$；普通的钢丝，$0.132\Omega \cdot mm^2/m$。

4. 生产工艺的要求

（1）原料的选择。由于架空通信用钢丝对电阻率有严格的要求，因此必须认真选择原料钢号，方能保证冷拉后的成品钢丝的电阻率达到要求。因为根据资料介绍，钢的电阻率的高低，决定于钢的化学成分，原则上是钢中各元素含量越低，钢的电阻率越低。

国内某金属研究院曾实验了钢中其他元素对钢的电阻率影响程度，次序为：C、Si、Al、Mn、Cr、Ni，并得出凡是钢中下列元素增加1%的质量，对电阻率ρ值增长影响的平均数为：C $0.180\Omega \cdot mm^2/m$；Si $0.141\Omega \cdot mm^2/m$；Al $0.100\Omega \cdot mm^2/m$；Mn $0.058\Omega \cdot mm^2/m$；Cr $0.050\Omega \cdot mm^2/m$；Ni $0.023\Omega \cdot mm^2/m$。

（2）架空通信用钢丝的拉丝、热处理、酸洗工艺同一般用途的低碳钢钢丝标准及工艺控制内容，并按其要求的规格组织生产。

（3）镀锌工艺。架空通信用钢丝的表面镀锌质量要求较高，以保证使用中耐长期的大气腐蚀，例如一般用途的镀锌低碳钢丝的镀锌层质量要求为大于$158g/m^2$，而架空通信用镀锌钢丝要求要大于$245g/m^2$。因此，在热镀锌时要将斜向引出镀锌钢丝的方法改为垂直引出的镀锌方法。

为了保证热镀锌后的成品钢丝的力学性能（抗拉强度、延伸率）符合标准要求，在镀锌前必须经过退火处理。此外，根据国内某冶金研究院实验证实，钢丝经过退火后电阻率比冷拉状态要低一些，经过700℃退火以后，钢丝由于消除冷拉对其电阻率增高的影响，一般可降低$0.005\Omega \cdot mm^2/m$左右。

另外，为了进一步提高架空通信用镀锌钢丝的耐大气腐蚀的性能，均在钢丝镀锌之后进行化学处理，如一般所说的"钝化"处理，即钢丝镀锌以后要将钢丝在钝化溶液槽中浸泡

3～5s，而使钢丝表面形成一层化学膜，起到耐腐蚀的作用，具体的方法见后面章节的介绍。

三、钢芯铝绞线用钢丝生产执行标准

该品种钢丝适用于电力输送制造、架空输电线路用的钢芯铝绞线。

1. 钢芯铝绞线产品执行标准

钢芯铝绞线产品执行标准是 GB/T 3428—2012。

① 普通强度镀锌钢绞线应符合表 3-11 的要求。

② 高强度镀锌钢绞线应符合表 3-12 的要求。

③ 特高强度镀锌钢绞线应符合表 3-13 的要求。

表 3-11　普通强度镀锌钢绞线性能

标准直径 D/mm		直径公差/mm	1%伸长时的应力最小值/MPa	抗拉强度最小值/MPa	伸长率最小值/%	卷绕试验芯轴直径	扭转试验扭转次数（最小值）
大于	小于等于						
			A 级镀锌层				
1.24	2.25	±0.03	1170	1310	3.0	1D	18
2.25	2.75	±0.04	1140	1310	3.0	1D	16
2.75	3.00	±0.05	1140	1310	3.5	1D	16
3.00	3.50	±0.05	1100	1290	3.5	1D	14
3.50	4.25	±0.06	1100	1290	4.0	1D	12
4.25	4.75	±0.06	1100	1290	4.0	1D	12
4.75	5.50	±0.07	1100	1290	4.0	1D	12

表 3-12　高强度镀锌钢绞线性能

标准直径 D/mm		直径公差/mm	1%伸长时的应力最小值/MPa	抗拉强度最小值/MPa	伸长率最小值/%	卷绕试验芯轴直径	扭转试验扭转次数（最小值）
大于	小于等于						
			A 级镀锌层				
1.24	2.25	±0.03	1310	1450	2.5	3D	18
2.25	2.75	±0.04	1280	1410	2.5	3D	16
2.75	3.00	±0.05	1280	1410	3.0	4D	16
3.00	3.50	±0.05	1240	1410	3.0	4D	14
3.50	4.25	±0.06	1170	1380	3.0	4D	12
4.25	4.75	±0.06	1170	1380	3.0	4D	12
4.75	5.50	±0.07	1170	1380	3.0	4D	12

表 3-13　特高强度镀锌钢绞线性能

标准直径 D/mm		直径公差/mm	1%伸长时的应力最小值/MPa	抗拉强度最小值/MPa	伸长率最小值/%	卷绕试验芯轴直径	扭转试验扭转次数（最小值）
大于	小于等于						
			A 级镀锌层				
1.24	2.25	±0.03	1450	1620	2.0	4D	14
2.25	2.75	±0.04	1410	1590	2.0	4D	14

标准直径 D/mm		直径公差 /mm	1%伸长时的应力 最小值/MPa	抗拉强度 最小值/MPa	伸长率 最小值/%	卷绕试验 芯轴直径	扭转试验扭转 次数(最小值)
大于	小于等于						
			A级镀锌层				
2.75	3.00	±0.05	1410	1590	2.5	4D	12
3.00	3.50	±0.05	1380	1550	2.5	4D	12
3.50	4.25	±0.06	1340	1520	2.5	4D	10
4.25	4.75	±0.06	1340	1520	2.5	4D	10
4.75	5.50	±0.07	1270	1500	2.5	4D	10

2. 对镀锌层的技术要求

对镀锌层的技术要求为:

(1) 要求镀锌层应附着牢固,经缠绕试验锌层不得开裂或起层,到用光裸的手指能够擦掉的程度。

(2) 钢丝的镀锌层均匀、连续,不允许有裂纹、斑疤和没有镀上锌的地方,允许有不影响使用的个别锌层堆积。

第三节 无磷化钢丝生产工艺

一、拉拔工艺

1. 无磷化钢丝拉拔工艺流程

开卷放线→乱线停车→机械剥壳→(含钢丝悬刷)→断丝保护→钢刷机→矫直装置→2道高压水清洗→电解酸洗→冷水冲洗(清水喷嘴)→热水冲洗→高温涂硼→管式热风烘干→强冷风冷却→11道拉丝→2道超声波脱脂→高压水冲洗→防锈水处理→热风烘干→工字轮收线。

从上面的钢丝拉拔的工艺流程中,可以清楚地看出拉拔钢丝之前通过机械剥壳代替了盐酸除锈,代替了盘条的磷化处理,不但节约了能源消耗,而且更为重要的是无盐酸除锈和磷化的处理,有利于环保,下面对该工艺进行简要的介绍。

2. 拉拔生产及要求

(1) 盘条的性能,应符合 GB/T 701—2008 要求。常用各钢号化学成分见表3-14,力学性能见表3-15。

表 3-14 低、中碳钢丝的化学成分要求　　　　　　单位:%

产品名称	钢号	C	Mn	Si	S	P
				不大于		
低、中碳钢丝	BYJF	≤0.10	0.25~0.50	0.045	0.050	
	Q195	≤0.12	0.25~0.50	0.30	0.004	0.035
	Q215	0.09~0.15	0.25~0.60			
	Q235	0.12~0.20	0.30~0.70	0.30	0.045	0.045
	Q275	0.14~0.22	0.40~1.00			

表 3-15　低、中碳钢力学性能

牌号	力学性能		冷弯实验 $180°$ d 为弯心直径，a 为试棒直径
	抗拉强度/MPa(不大于)	断后伸长率/%(不小于)	
Q195	410	30	$d = 0$
Q215	435	28	$d = 0$
Q235	500	23	$d = 0.5a$
Q275	540	21	$d = 1.5a$

（2）盘条进厂后应立即进行检验，每批料不少于 5 盘作力学性能试验，化学成分和金相检验可根据情况相应做分析。根据检验分析结果确定投料方案。按含碳量投料是组织拉丝生产的基本制度，不同含碳量、不同规格的原料必须分别存放。存放地点要干燥。

二、生产准备工作

1. 设备的检查

在对设备的检查时，要根据生产作业计划书及生产通知的技术条件，先要查明拉拔路线，盘条直径和钢号，并检查机械、电器运转情况，以及冷却、酸洗、涂硼、干燥、压力空气系统、乱停车机构、拉丝机是否正常。详细了解上班的运行情况，发现问题应及时调整和处理，当确认无误后方可开车生产。

2. 量具和工具的准备

准备好拉丝所用的千分尺、数字显示卡尺、活动扳手、模具、拉拔链条和拉丝粉等，并放到适当的位置以便随手使用。

3. 开卷放线

采用盘条卧式放线法时，先把压条装置打开，再用行车或铲车把捆好的盘条放到放线支架上，要注意盘条的拉头顺序方向，要把外圈作为穿线头；然后再把上压条装置放下。采用两个放线架，一个备用。在一个放线完前把正在放的盘条的尾部和备用的盘条的头部用碰焊机焊接，实现连续放线。

盘条放线后，放线架旁严禁站人。乱的盘条应在处理后方可使用。乱线停车装置不能灵敏度过高，否则容易造成频繁停车。再就是钢丝拉拔时应注意拉拔方向要与盘条轧制方向保持一致，防止个别表面缺陷由于反向受力导致钢丝被拉断。

三、盘条的表面处理

1. 机械剥壳除锈目的

机械剥壳除锈目的是把盘条通过互相垂直的剥壳轮进行弯曲后，借助于拉丝机的牵引力将盘条作机械变形，去除盘条上面的氧化铁皮，另一方面使压弯后的盘条更顺利地将润滑粉带入拉丝模内，提高表面拉拔质量。

（1）机械剥壳要求。盘条进入机械剥壳箱内，要首先经过一组矫直器进行矫直，要防止盘条脱离矫直器槽。随后盘条在剥壳轮上进行互相垂直的四个面的弯曲进行除锈；剥壳轮槽直径是盘条直径的 15～20 倍，否则损坏盘条的延伸率。轮沟槽磨损严重时要及时更换，以免刮伤盘条表面。

（2）摩擦轮钢丝刷除锈。钢丝刷要与盘条前进方向呈约 30°左右。主要是为了更好地去除表面残留的氧化皮。根据盘条与摩擦轮的接触面情况，通过配重块的重量来调整电机的摩擦轮轴，以达到最佳的摩擦除锈效果。

（3）铜丝刷摩擦除锈。启动铜丝刷摩擦除锈转轮，盘条依次通过上面除掉盘条表面上的铁锈粉，盘条不能对摩擦轮压得过紧和过深；当穿完盘条以后，要及时盖上安全防护罩。使用一段时间后，可根据铜丝刷磨损程度，通过电动升降装置来调整铜丝刷的高、低。

（4）清理锈粉。生产间隙中要及时清理剥壳机箱子内的铁屑、铁锈粉，并将铁锈粉放到指定位置。

2. 盘条的高压水清洗

盘条进入生产线电解酸洗槽之前，进行清水洗的目的是将盘条表面上的污物清洗掉，以便节约酸洗液和提高酸洗效果。水清洗采用高压水喷淋或水浸洗均可达到清洗目的。同时要有清洗球的辅助把盘条上面的铁锈摩擦掉，清洗球要根据使用损坏程度，经常更换并保持正常工作状况。

3. 硫酸电解酸洗

（1）硫酸电解酸洗工艺条件

① 硫酸（$d=1.84$）（120 ± 60)g/L；ρ（Fe^{2+}）≤120g/L；② 电解电流密度 10～17A/dm^2；③温度 ≤45℃。

（2）硫酸酸洗液的配制。当首次配制硫酸酸洗液时，按照酸洗液的使用浓度，事先计算好所添加的水和硫酸的质量，然后按照先加水后加酸液的顺序依次向酸洗槽内注入水和硫酸。例如，硫酸的原始浓度为98%，如配制的酸洗液质量为1000kg、浓度为4%，则先向酸洗槽内注入957kg的水，然后再向酸洗槽内注入98%硫酸43kg即可。

（3）电解酸洗液在开车前的检查。在开车前应检查电解酸洗液的浓度、温度，在达到规定的要求的情况下，方可进行开车生产。

（4）电解酸洗液的补充。当在作业过程中，硫酸浓度低于50g/L以后，要及时添加浓度在98%以上的硫酸，保障盘条表面酸洗效果。硫酸溶液中亚铁离子高于120g/L时要更换或处理；硫酸液槽液面高度保持在350mm的高度，低于此高度要及时补充。

（5）电解酸洗槽的清洗。根据生产计划和生产量，电解酸洗槽要每月清洗一次杂质，根据实际情况酸洗溶液定期换1/3，浓度每天监测后，添加到规定的范围内。

（6）电流大小与酸洗液浓度的控制原则。当盘条直径为 $\phi6.50$mm 时，电解槽长度为6.0m，电解电流应设定为4A。工作时应根据走线速度、硫酸浓度来确定电流大小，直接的方法就是观察盘条表面除锈状态而调整电流大小；平时根据钢丝表面状况可随时调整电流的大小。当硫酸溶液浓度低时，需补充硫酸。

4. 盘条的热水清洗

热水清洗是进一步把附着在盘条上的残余的铁盐溶解掉，并且把酸洗液清洗干净，防止进入下道工序。为保持清洗效果，水温应保持在（60 ± 5)℃之间，液面高度保持在300～350mm之间为宜。

四、涂硼砂涂层

为了使盘条在酸洗以后表面光滑，便于拉拔且减少拉丝模的磨损，需要在盘条表面涂覆一层厚的、附着力强的、表面较粗糙的润滑硼砂涂层，以便进入拉拔时黏附上润滑剂，将它载入模内，形成润滑膜；硼砂涂层膜一般在 $2.0 \sim 6.0 \mathrm{g/m^2}$。硼砂溶液见下述工艺参数。

1. 硼砂溶液的工艺参数

①硼砂（$Na_4B_4O_7 \cdot 5H_2O$）：$350 \sim 450 \mathrm{g/L}$；②去离子水：余量；③温度：$85 \sim 90℃$；④时间：5s 以上。

2. 硼砂溶液的配制方法

当首次进行硼砂溶液的配制时，配制 1000kg 的硼砂水溶液，浓度为 35％时，先在硼砂溶液槽内注入 $680 \sim 700 \mathrm{kg}$ 的去离子水，当水烧热至 80℃以上时，再逐渐放入 $350 \sim 400 \mathrm{kg}$ 的硼砂，搅拌均匀即可，亦可启动搅拌电动机，一边搅拌一边加入硼砂。

（1）硼砂溶液的检查与补充方法。在作业过程中，硼砂液槽液面高度应保持在 350mm 的高度，液面过高溶液则溢出，低于此高度影响涂硼涂层效果，必须要及时补充液体。每班上班前应检查液面高度，保持液面高度为 350mm。涂硼溶液为 90℃时的饱和溶液。浓度每天监测后，添加到规定的技术范围内。

（2）涂硼泵的 SP-40SK-15VK 的使用注意事项。

① 开车前硼砂溶液温度必须达到 80℃以上时才可以开机使用。

② 在停车时间较长或检修时，若溶液温度低于 75℃时，可以把涂硼泵从溶液中取出来，防止硼砂溶液在泵体中结晶，以延长涂硼泵的使用寿命。

五、盘条的热风烘干

热风烘干的目的是增加涂层的润滑效果和附着强度。烘干温度不得低于 90℃，烘干时间不少于 10s；烘干加热体长度一般在 8～10m；当盘条走线速度快时，烘干温度应相应提高，以便增强烘干效果。

（1）生产线的烘干器采用电阻丝发热产生热风的烘干方式；烘干器外部要用保温材料保温，这可以节约能源，并能防止烫伤人员。

（2）盘条的气刀抹拭。在对盘条涂硼砂涂层工序之前的每道工序之后，都设计有圆形压缩空气喷嘴抹拭装置；在盘条表面清洗之后进入各道工序之前，应当先开启空气供气阀门，避免各种溶液相互之间混合，降低盘条表面的清洗效果。压缩空气压力不低于 0.40MPa 为宜，压缩空气由单个风机供气，风机供气不低于 5（6.2）m^3/min（max）。盘条在黏硼砂后的空气吹气压力以盘条不向下滴水为准。

六、拉拔工艺及设备

1. 钢丝的拉拔设备

钢丝拉拔选用的拉丝机型号：LZ4/600＋7/500＋SG1050 直进式拉丝机组和工字轮收线机，系统采用 PLC 自动控制。

2. 钢丝拉拔设备主要技术数据参数

（1）拉拔材料：一般中、高碳钢。

（2）钢丝直径：进线直径＜6.50mm；出线直径≤1.75mm。

（3）拉拔强度：进线最大 1250MPa；出线最大 2750MPa。

（4）模子数量：最大 11 道。

（5）道次压缩率：15%～23%。

（6）机器转速度：360～900m/min。

（7）模具尺寸：$\phi42\times$厚 28mm；压力模 3.0mm 以上为 0.50mm＋拉丝模尺寸；3.0mm 以下为 0.3mm＋拉丝模尺寸。

（8）收线装置：适用工字轮 1000 型；收卷方式为水平卷绕，气动移动夹持；使用光杆器排线。

3. 钢丝拉拔的工艺流程

该生产工艺适用材质为低、中碳钢（Q195～Q275），拉拔工艺流程见表 3-16。

表 3-16　拉拔工艺流程

道次	出线直径/mm	实际压缩/%	出线直径/mm	实际压缩/%	出线直径/mm	实际压缩/%	出线直径/mm	实际压缩/%
11	1.95	17.4	2.35	14.4			2.15	16.3
10	2.15	16.0	2.54	16.5	2.65	13.5	2.35	18.3
9	2.35	21.3	2.78	16.9	2.85	15.5	2.60	19.6
8	2.65	19.3	3.05	17.1	3.10	15.9	2.90	17.9
7	2.95	22.0	3.35	17.1	3.38	16.5	3.20	18.8
6	3.34	18.5	3.68	17.4	3.70	16.5	3.55	18.8
5	3.70	20.5	4.05	17.2	4.05	17.2	3.94	19.8
4	4.15	22.0	4.45	17.5	4.45	17.5	4.40	18.7
3	4.70	21.3	4.90	17.7	4.90	17.7	4.90	18.3
2	5.30	19.3	5.40	17.6	5.40	17.6	5.40	17.6
1	5.90	17.6	5.95	16.2	5.95	16.2	5.95	16.2
0	6.50		6.50		6.50		6.50	

4. 干拉润滑粉牌号和使用方法

（1）干拉润滑粉使用的牌号。盘条干拉所用的拉丝润滑粉型号较多，一般采用粗拉丝润滑粉和细拉丝润滑粉两种，目前使用的是天津弘亚公司产粗拉丝润滑粉，牌号为：DYH-G56；细拉丝润滑粉的牌号为：DYH-G88。

（2）拉丝润滑粉使用的原则。使用的一般原则是，前 3～4 道使用钙基粗拉丝润滑粉，后 5～11 道使用钠基细拉丝润滑粉。或者是在前 3 道粗细混合使用提高润滑效果。拉丝润滑粉必须干燥，潮湿时应该进行烘干处理。

（3）添加拉丝润滑粉的方法。添加拉丝润滑粉时，要使用专用工具把拉丝润滑粉倒进拉丝模盒内，不能用手伸进拉丝模盒里，防止划伤手指。撒在拉丝模盒外的拉丝润滑粉应及时清理干净。拉丝模里的拉丝润滑粉应处于松散状态，当拉丝模盒内设计有搅拌装置时，要先启动搅拌装置。

（4）注意事项。在拉丝过程中，要观察模具进口处的拉丝润滑粉是否结块、结焦，出现这种情况时，要及时拨出来，以避免钢丝表面黏附不上拉丝润滑粉。

七、钢丝拉丝模的性能

拉丝模材质为硬质合金，合金牌号为 YG8。一般原则是拉拔$\geq\phi2.0mm$ 钢丝采用钨钢作为拉丝模，≤$\phi 2.0$mm 钢丝采用聚晶金刚石作为拉丝模。

钢丝拉丝模技术要求如下。

（1）模具制造用模坯应符合 GB 6883—1986 标准要求，材质为硬质合金，合金牌号为 YG8。

（2）模套与模芯的装配必须达到过盈配合。

（3）模芯应具有良好的硬度，硬度值（HRA）为 89～90。

（4）模孔入口锥为 60°角、工作锥角为 12°～16°、定径带长度为 0.3d、出口锥角为 60°。各部位粗糙度应符合技术要求。

（5）模孔入口锥角、工作锥角、出口锥角偏差为 ±0.5°。

（6）对于光面拉拔模具定径带直径技术要求如下：

过程模：$d_{\ 0}^{+0.02}$mm；

成品模：$d_{\ 0}^{+0.01}$mm；

d——钢丝直径下限。

八、钢丝超声波脱脂工艺及操作

1. 钢丝超声波碱洗液工艺参数

（1）氢氧化钠：20～35g/L；（3）水：余量；

（2）碳酸钠：15～20g/L；（4）温度：50～60℃。

2. 钢丝超声波清洗的操作说明

（1）超声波清洗操作步骤

① 向清洗槽内注入自来水，达到标准规定的液面高度。按要求加入脱脂剂。

② 接通电源后，应先打开加热开关，预设定温度，当温度达到设定温度后，再打开超声开关；清洗温度应控制在 50～60℃之间，此时的清洗效果最好。清洗液温度不得大于 65℃，要经常清除脱脂水表面的漂浮物。

③ 超声波发生器工作一段时间后，清洗槽内的水温会逐渐升高，同时清洗液会不断地蒸发，要注意随时补加清洗液，确保工作液位始终不低于钢丝表面，以保证清洗效果。

④ 不生产时，应关机。先关闭超声波发生器，再关闭加热电源，清洗结束后应及时切断电源。

（2）超声波器的安全工作、维护和保养

① 超声波发生器后侧有通风孔，需要定期清洁，通风口周围应留一定的空间，以保证通风畅通。

② 使用完毕后，应及时关闭电源开关。如长时间停机，应切断电源；当保养设备时，亦应先切断电源。

③ 清洁槽应定期排污，以免造成二次污染。

九、钢丝表面防锈处理

1. 防锈水的配方及工艺参数

①亚硝酸钠：35g/L；②氢氧化钠：0.5g/L；③温度：室温。

生产线启动时，应先同时启动防锈水循环泵，检查循环泵的工作状况是否正常。要注意钢丝的防锈效果。

2. 钢丝的热风烘干

（1）热风≥90℃；（2）时间＞10s。

钢丝表面经过中压风机循环热风烘干后，表面不应该残留水分，应干燥无水。

3. 钢丝的冷风降温

此工序钢丝经过冷风降温的目的是：防止钢丝收在工字轮上后，在余热的作用下，发生回火降低钢丝本身的机械强度。

4. 钢丝工字轮收线

当穿头（线）全部完毕后，把钢丝头部插在工字轮轴上的孔眼内，转动4～5圈。而后在拉丝机旁的操作面板上设定收线速度，启动开关，收线工字轮即自动转动。

十、钢丝的存放

拉拔后的钢丝必须加以标记，如生产者，检验员的工号；产品规格、重量和日期等。过磅后的钢丝应按钢号、规格、用途分别存放，并做好标志，不得混淆；钢丝存放时不应放在潮湿的地面和有污染源的地方，防止其表面生锈和沾染污物。

第四节 高碳钢无磷化钢丝生产工艺

高碳钢热轧盘条表面磷化涂层处理是现在许多金属制品企业稳定的处理工艺，磷化膜附着在盘条表面作为后续塑性变形时的润滑剂载体，同时也有表面防锈等作用。但在实际生产过程中，磷化处理不可避免地会生成一部分固体磷化渣废弃物，这些废弃物如果处理不当，很容易对环境造成污染。天津某集团公司研发了一种新的处理方法，其采用盘条硼化的处理方式替代盘条的磷化处理，直接通过硼化处理然后拉拔钢丝。其无磷化钢丝生产工艺如下。

一、无磷化工艺流程

上料→温洗1→酸洗（使用1#、2#、3#、4#、5#酸槽）→水洗1→冲洗1→温洗2→冲洗2→硼化（原皂化池）→下料。

硼化处理使用的硼砂含水，（$NaBO_7 \cdot 10H_2O$），含硼量20%，呈白色结晶粉末，无臭、咸味，相对密度1.73，熔点741℃，在320℃失去全部结晶水，稍溶于水，较易溶于热水。

硼化涂层处理过程中，硼砂溶液的温度控制极其重要。由于硼砂在不同温度下均有一定的溶解度，因而当温度一定时，其对应有一个固定的饱和溶解度。实际生产中往往将硼砂溶液的温度控制于沸点附近，即90～98℃。因为这样操作可以将钢丝表面附着的残余酸充分中和。

根据以上技术分析，制定出具体的硼化工艺，见表3-17。

硼化池内的液位高度控制在170cm左右，经计算硼化池配液体积约为14.586m^3，硼化液配槽时，提前将硼砂倒入搅拌池内，溶解搅拌，待槽池内温度达到60℃时，陆续将搅拌池内溶液注入硼化池，最终按照设定方案控制硼化液浓度和温度。

表 3-17 硼化工艺参数

方案	温度/℃	硼化液浓度/(g/L)	硼化时间/min	盘条数量/件数
1	95±5	120	2	2
			6	2
			9	2
2	95±5	150	3	2
			6	2
			9	2
3	95±5	180	3	2
			6	2
			9	2

二、钢丝拉拔工艺

拉丝过程中使用的拉丝机，过程模具、拉丝润滑粉及拉拔道次等均沿用磷化盘条拉拔时所使用工装及工艺，便于在相同使用条件下，对比硼化盘条的使用效果，钢丝拉拔工艺的压缩率、拉拔道次和压缩量见表 3-18 所示。

表 3-18 钢丝拉拔压缩率和工艺　　　　　　　　　　　　　　　　单位：%

钢号	总压缩率	规格/mm	1道	2道	3道	4道	5道	6道	7道	8道	9道
65#	86.0	6.50	5.80	5.16	4.59	4.09	3.66	3.28	2.95	2.66	2.43
82B	65.8	8.00	7.20	6.35	5.70	5.13	4.68				
77B	83.7	12.5	11.35	10.15	8.19	9.11	7.38	6.68	6.07	5.52	5.04

两次试验过程中均未使用"压力模或压力枪"等辅助工装件，增加拉丝润滑粉的带入效果。模具的角度（入口锥、工作锥）、定径带等均使用原尺寸，未作调整。

第五节 超高强度热镀锌钢丝生产工艺

一、超高强度热镀锌钢丝生产要素

镀锌钢丝生产主要采用先拉后镀、先镀后拉或中镀后拉 3 种工艺。先拉后镀生产的镀锌钢丝存在强度偏低，韧性不好，锌层面质量差及表面光洁度不好等问题；先镀后拉生产的镀锌钢丝也存在强度低、锌层面质量小、合格率低等问题。国内生产厂家生产的先镀后拉镀锌制绳钢丝抗拉强度主要为 1770MPa，而 1870MPa 及以上强度级制绳钢丝的生产量较小，主要原因是生产工艺不成熟，高强度镀锌钢丝拉拔过程中刮锌严重，断丝频繁，易伤模具，表面光洁度差，成品钢丝合格率低。采用中镀后拉工艺生产的镀锌钢丝，具有抗拉强度高、韧性好、锌层致密牢固、耐腐蚀能力强、表面光洁度好及锌耗低等优良的综合性能，因而被广泛应用于特殊用途钢丝绳的制造，并用作高品质的商品钢丝。现以生产 2160MPa AB 级镀锌制绳钢丝为例，对超高强度镀锌钢丝生产工艺做一介绍。

1. 拉拔工艺的制定

（1）原材料。选用符合 GB/T 4354—2008 规定的优质碳素钢热轧盘条作原材料。

（2）生产工艺设计 半成品钢丝直径确定由 2160MPa 级及成品制绳钢丝抗拉强度，根据屠林科夫公式确定半成品钢丝直径。

$$\sigma_b = \sigma_B \sqrt{\frac{D}{d}} \tag{3-1}$$

式中 σ_b——成品钢丝抗拉强度，MPa；

　　　σ_B——初始强度；

　　　D——半成品钢丝直径；

　　　d——成品钢丝直径。

取拉拔系数 k 为 0.97；则成品钢丝抗拉强度为 1340MPa。

由屠林科夫公式，计算出半成品钢丝直径。因采用中镀后拉生产工艺，钢丝中镀锌后有强度损失，拉拔成品钢丝抗拉强度降低，为确保成品钢丝抗拉强度，半成品钢丝直径适当取较大值。综合考虑生产中各因素的影响，取拉拔道次为：$n = 7$。

2. 中镀钢丝直径的确定

镀锌钢丝拉拔后锌层面质量会迅速下降，为保证成品钢丝锌层面质量，并综合考虑镀锌设备生产能力，确定中镀钢丝直径为 $\phi 5.0$mm。

设计生产工艺路线 热处理→$\phi 5.0$mm（中镀）→$\phi 2.0$mm（成品）。

二、半成品钢丝生产工艺

1. 拉拔工艺

将 $\phi 8.0$mm 盘条拉拔成 7.0mm 半成品钢丝，拉拔工艺 $\phi 8.0$mm 钢盘条→$\phi 7.65$mm→$\phi 7.0$mm。

盘条表面处理采用硫酸酸洗，磷化涂层，确保拉拔钢丝表面无质量缺陷。

2. 热处理工艺

热处理的目的是获得均匀细小的索氏体组织，消除加工硬化，提高塑性，以便于钢丝的进一步拉拔，并最终保证成品钢丝综合力学性能。生产中热处理工艺参数为铅淬火温度 520～560℃；收线速度 7～11m/min。采用正交试验法，优化最佳工艺参数。

3. 中镀钢丝生产

（1）表面处理。$\phi 7.0$mm 钢丝热处理后采用酸洗、中温磷化工艺，磷化温度 60～75℃，磷化时间 10～12m。

热处理工艺对钢丝综合性能的影响，确定热处理工艺：加热温度（935±5）℃；铅淬火温度（530±3）℃；收线速度 9.8m/min。$\phi 7.0$mm 钢丝热处理后抗拉强度可达到 1320～1360MPa。

（2）中镀。采用热镀锌生产工艺流程：放线→脱脂→冷却→盐酸洗→水洗→碱洗→水洗→弱酸洗→水洗→助镀→镀锌→收线。

三、成品钢丝生产事项

1. 模具主要孔型尺寸的确定

拉丝模具是实现镀锌钢丝能否顺利拉拔的重要工具，它直接关系到成品钢丝的表面质量和综合性能。对拉丝模的入口锥、润滑锥、工作锥、定径带、出口锥共 5 个部分的参数进行研究、试验，针对锌层及钢丝在拉拔过程中的变形特性，取消润滑锥，设计了适合镀锌钢丝拉拔用 4 段式直线孔型专用拉丝模具，如图 3-2 所示。

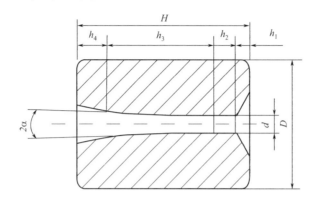

图 3-2　镀锌钢丝拉拔模具
D—模具直径；H—模具高度

（1）工作锥的确定。工作锥是模具孔型的重要组成部分，是钢丝拉拔产生塑性变形的区域。工作锥角度越小越有利于镀锌钢丝拉拔，可提高镀锌钢丝拉拔质量及模子使用寿命，因为工作锥角度适当减小，增大了钢丝与模壁的接触面，提高了钢丝拉拔时的润滑效果，使镀层及钢基体同时产生均匀的塑性变形，实现顺利拉拔。工作锥的角度和长度取决于拉拔钢丝的直径和压缩率，当直径和压缩率较大时，取较大值，反之取较小值。

工作锥尺寸的设计：工作锥角度 6°～8°，工作锥长度为拉拔钢丝直径的 2.5～3.5 倍，一般为 13～15mm。

（2）定径带的确定。定径带的主要作用是控制钢丝尺寸的稳定性和表面光洁度。它还影响到拉拔力的大小和模具的使用寿命。模孔定径带过长，会使摩擦力增加，模具温度升高、寿命降低，同时拉拔断丝率增高，钢丝不能实现顺利拉拔，影响生产作业率和产品质量。定径带长度＝(0.35～0.55)×d。热镀锌钢丝拉拔专用拉丝模具孔型参数见表 3-19。

表 3-19　拉丝模具孔型参数

模具直径 D /mm	模具高度 H /mm	出口锥高度 h_1/mm	定径带长度 h_2/mm	工作锥长度 h_3/mm	工作锥角度
19～21	19～21	1.5～2.5	1～3	13～15	6°～8°

2. 拉拔工艺设计及拉拔

（1）拉拔工艺路线设计。中镀锌钢丝直径从 ϕ5.0mm 拉拔成品直径 ϕ2.0mm；拉拔总压缩率为 80%，设计 4 种拉拔工艺路线，拉拔道次分别为 9、10、11、12 道次，平均部分压缩率分别为 18.42%，16.74%，15%，拉拔工艺见表 3-20 所示。

表 3-20　ϕ2.0mm 成品钢丝拉拔工艺路线方案

序号	拉拔各道次的直径/mm											
	1	2	3	4	5	6	7	8	9	10	11	12
1	4.61	4.06	3.59	3.20	2.88	2.60	2.37	2.17	2.00			
2	4.65	4.14	3.70	3.33	3.02	2.75	2.57	2.38	2.15	2.00		

序号	拉拔各道次的直径/mm											
	1	2	3	4	5	6	7	8	9	10	11	12
3	4.68	4.21	3.81	3.46	3.16	2.89	2.67	2.48	2.30	2.15	2.00	
4	4.70	4.30	3.95	3.63	3.34	3.08	2.85	2.65	2.46	2.29	2.14	2.00

在同一台拉丝机上做拉拔试验，拉丝机型号为 TD700/1-560/11，拉丝机模盒和卷筒水冷良好；润滑剂前 3 道次采用钙系拉丝润滑粉，其余采用钠系拉丝润滑粉；拉丝模具孔型按镀锌钢丝拉拔专用拉丝模具工艺要求研磨；中镀钢丝采用浸涂皂液润滑液。

（2）拉拔对比试验。采用第 1 组方案试验，拉拔速度 2m/min 拉拔过程中在第 3 道模出现刮锌及断丝，经换模并反复调试，刮锌仍严重，不能正常拉拔。采用第 2、3 组方案试验，拉拔速度从 2m/min 逐渐提高到 3m/min，在第 7 道次后出现刮锌，钢丝有拉痕，模具有拉坏现象。采用第 4 组方案试验，拉拔速度在 2m/min，拉拔正常，拉拔速度从 2m/min 逐渐提高到 8m/min，除在第 1 道次有较轻微锌屑脱落外，拉拔较正常，模具尺寸稳定，钢丝表面质量良好，拉拔中各卷筒温度均小于 80℃。试验说明，采用小压缩率多道次拉拔，平均部分压缩率为 14% 左右时，镀锌钢丝能实现顺利拉拔。

（3）成品钢丝性能。按上述工艺生产的 ϕ2.0mm 钢的成品钢丝性能指标见表 3-21。ϕ2.0mm 成品钢丝性能指标达到 YB/T 5343—2015 中 2160MPa AB 级镀锌钢丝要求。

表 3-21　ϕ2.0mm 钢的成品钢丝性能指标

抗拉强度/MPa	扭转/次	弯曲/次	锌层面质量/(g/m²)
2190～2380	26～30	16～18	156

四、生产结论

① 超高强度镀锌钢丝的生产需要好的拉拔设备及拉丝模具，良好的拉拔润滑剂、涂层以及合理的拉拔工艺。

② 采用 4 段式直线型拉丝模具，工作锥角度 6°～8°，工作锥长度 13～15mm，定径带长度 1～2 拉拔中采用小压缩率多道次拉拔，平均部分压缩率约 14% 时，可实现超高强度镀锌钢丝的顺利拉拔。

③ 热镀锌工艺设计要保证锌层面质量，它是镀锌钢丝拉拔困难的关键所在。

④ 半成品钢丝热处理效果决定了成品钢丝的综合力学性能，是能否生产超高强度镀锌钢丝的重要因素。

第六节　钢丝拉拔竹节产生原因及消除措施

一、拉拔竹节问题产生

竹节是钢丝拉拔过程中因变形不均，直径出现像竹节一样规律的粗细不均现象，是钢丝生产中经常出现的质量缺陷。这是由于钢丝拉拔过程中，模具出口处钢丝振动造成，并且振幅越大竹节越明显。所以目前钢丝生产中，在粗规格钢丝拉拔用的卷筒式拉丝机上，主要是在卷筒和模盒之间加装导轮，通过导轮与钢丝的接触来消除钢丝振动，进而消除竹节的产生。而对细规格钢丝拉拔用的水箱式拉丝机，主要在成品模具出口处搭挂木块或毛毡等消除钢丝振动，进而消除竹节。此类方法对粗规格钢丝拉拔效果明显，但对于细规格钢丝拉拔则会产生新的问题。细规格钢丝拉拔时拉拔力较小，钢丝又较软，在模具出口搭靠毛毡，力量稍大钢丝就会产生位移，使钢丝与模孔轴心不在一条直线上，如图 3-3 所示。长时间拉拔易损伤钢丝表面，加快模具磨损，并且钢丝易出现小圈。力量过小，则减振效果不明显，易出现轻微竹节或间断性竹节。在实际生产中很难量化把握搭靠力。

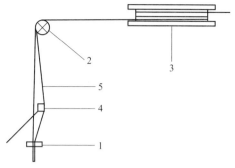

图 3-3　成品模具出口处钢丝拉拔示意图
1—模具；2—毛毡；3—钢丝；
4—导轮；5—牵引轮

二、钢丝振动产生的原因及消除措施

1. 钢丝振动原因

通常认为模具出口处钢丝振动主要有以下几个原因。

（1）模盒固定不紧，长时间拉拔使模盒产生了松动，导致拉拔钢丝过程中模盒晃动，从而引起钢丝振动。

（2）过线导轮固定不紧、轴孔间隙较大或是轴承磨损，钢丝拉拔过程中晃动，从而引起钢丝振动。

（3）模具工作锥角度或定径带不正，钢丝拉拔时模具对钢丝的压缩力与钢丝轴径不在一条直线上，从而引起钢丝振动。

（4）润滑剂带入不良造成润滑不足，产生瞬间微弱的拉拔力大小变化，以钢丝为媒介释放，从而使钢丝振动。但从实际生产情况来看，上述原因均不是钢丝振动的主要因素。原因（1）~（3）出现时可以通过设备维护及更换模具进行消除。原因（4）引起的钢丝振动应该对所有拉丝机和所有直径规格钢丝出现概率基本相同。但实际生产中观察到的现象是，不同拉丝机之间以及不同直径规格钢丝之间出现竹节的概率有着明显差别。从这一现象出发，认为模具出口处钢丝振动是由于受到拉丝机本身的某一振动（如电机转动或传动齿轮的转动产生的振动）激励，而产生的共振现象。

2. 钢丝振动的消除

当模具出口处钢丝出现共振现象时，钢丝的振动可以看做是沿钢丝径向传播的横波。根据波动方程式可知，波在钢丝上的传播速度：

$$v=\sqrt{\frac{T}{\mu}} \tag{3-2}$$

式中，v 为传播速度，m/s；T 为钢丝受到的张力，即钢丝的拉拔力，N；μ 为钢丝的线密度，kg/m。

钢丝产生共振时，模具至导轮之间的钢丝必然会出现驻波，如图 3-4 所示。

则有：

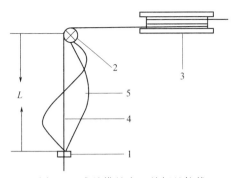

图 3-4　成品模具出口处钢丝拉拔
振动示意
1—模具；2—钢丝；3—钢丝产生的
驻波；4—导轮；5—牵引轮

$$n \frac{\lambda}{2} = L \qquad (3\text{-}3)$$

$$v = f\lambda \qquad (3\text{-}4)$$

式中，L 为钢丝长度，m；λ 为波长，m；f 为钢丝的固有频率，Hz；n 为钢丝 L 长度上驻波的段数，即半波数，$n = 1,2,3\cdots\cdots$ 将 $v = f\lambda$ 带入式(3-2)，可得钢丝的固有频率：

$$f = \frac{n}{2L}\sqrt{\frac{T}{\mu}} \qquad (3\text{-}5)$$

根据共振原理可知，钢丝出现共振的条件为拉丝机振动产生的激励频率与钢丝的固有频率相同。如要消除共振，只需要改变其中一个频率即可。当拉丝机生产环境不变，生产工艺确定的情况下，拉丝机产生的激励频率可以认为不变，则消除共振只需要改变钢丝的固有频率。由式(3-5)可知，改变固有频率 f 的变量有 L、n、μ、T，其中 L 的长度受限于设备安装的位置，无法随意改动；驻波的半波个数 n 是由 L 的长度及波长决定的；线密度 μ 由直径决定，而直径由产品规格决定也无法改动；那么能改变的只有钢丝张力 T，即钢丝的拉拔力。影响钢丝拉拔力的因素有很多，主要有压缩率、模具材质和孔型、拉拔速度、润滑等。考虑生产实际及容易量化控制，笔者选择压缩率及拉拔速度进行验证。以生产中最易出现竹节的 $\phi0.115\text{mm}$ 钢丝为例，试验数据见表 3-22、表 3-23 所示。

表 3-22　压缩率与钢丝振动

压缩率/%	振动情况
9.67	无
11.15	明显
12.59	无

表 3-23　拉拔速度与钢丝振动

拉拔速度/(m/s)	振动情况	拉拔速度/(m/s)	振动情况
2	无	7	明显
3	无	8	轻微
4	轻微	9	无
5	明显	10	无
6	严重		

注：1. 因钢丝实际最大振幅只有 2～3mm，故没有做定量测量。

2. 由于受模具测量精度及拉丝机自有延伸率限制，仅选取 3 组压缩率数据。

从表 3-22 和表 3-23 中可以看出，随着压缩率、拉拔速度的变化，钢丝振动情况均出现明显变化。尤其是在拉速试验中，可以看到随着拉拔速度的变化，钢丝的振动会出现一个峰值，这说明钢丝的振动是受迫振动。当拉速逐渐增加时，钢丝所受拉拔力逐渐减小，钢丝的固有频率也逐渐减小，激励频率不变的情况下，随着拉速的逐渐增加，钢丝的固有频率与激励频率就会出现从逐渐接近到逐渐远离的过程。钢丝的振动也随之从无到有，并逐渐增加，直到出现最大振幅后开始逐渐减小到无。当然拉速的提高也可能提高了拉丝机振动产生的激励频率，同样也会出现试验所产生的现象。根据试验结果，实际生产中将钢丝拉拔速度由原来的8m/s提高到10m/s，完全消除了竹节丝，同时提高了生产效率。

三、消除拉拔竹节的结论

钢丝拉拔过程中由于成品模出口处钢丝振动产生的竹节丝，实际是一种共振现象，所以消除共振即可消除竹节丝。在实际生产中可以根据生产条件，采用适当调整压缩率、拉拔速度或是模具出口处钢丝长度的方法，通过改变拉拔钢丝的固有频率，从而消除竹节。

第七节　钢丝拉拔变形程度指数及其计算方法

钢丝通过模孔拉拔变形的结果，均体现为其截面积减小而长度伸长，其变形程度愈大，上述变化也就愈大。为了表示钢丝拉拔的变形程度的大小，经常采用下列变形程度指数。这些指数表的计算及其相互间的转化，也是在确定拉拔程序时必不可少的技术参数。

一、变形程度指数及公式

（1）延伸系数。一般称为拉伸系数，常用 μ 来表示。它是指钢丝拉拔后的长度与原始长度之比，或表示钢丝在拉拔后截面积减小的倍数。

$$\mu = \frac{L_K}{L_0} = \frac{F_0}{F_K} = \frac{d_0^2}{d_K^2} \tag{3-6}$$

式中　L_0——钢丝拉拔前的长度，m 或 km；

　　　L_K——钢丝拉拔后的长度，m 或 km；

　　　F_0——钢丝拉拔前的截面积，mm^2；

　　　F_K——钢丝拉拔后的截面积，mm^2；

　　　d_0——钢丝拉拔前的直径，mm；

　　　d_K——钢丝拉拔后的直径，mm。

式（3-6）中的 μ 通常表示钢丝的总延伸系数，即由坯料到成品钢丝经过 n 道次拉拔后的长度总的伸长倍数，又可用 $\mu_{总}$ 表示。

（2）压缩率。通常又称截面减缩率或减面率，通常用 Q 来表示。它是指钢丝拉拔后截面积减小的绝对量（压缩量）与拉拔前钢丝截面积之比。

由于截面压缩量总是小于拉拔前钢丝的截面积，因此压缩率总是小于1，故压缩率的数值常用百分数来表示。

$$Q = \frac{F_0 - F_K}{F_0} \times 100\% = \frac{d_0^2 - d_K^2}{d_0^2} \times 100\% = \left(1 - \frac{d_K^2}{d_0^2}\right) \times 100\% \tag{3-7}$$

（3）部分压缩率。钢丝经过每一道次的压缩率，称为部分压缩率，通常以 q 或 q_1，q_2，q_3，…，q_n 来表示。计算方法相同。

$$q_n = \frac{F_{n-1} - F_n}{F_{n-1}} \times 100\% = \frac{(d_{n-1})^2 - (d_n)^2}{(d_{n-1})^2} \times 100\% = \left[1 - \frac{d_n}{(d_{n-1})^2}\right] \times 100\% \tag{3-8}$$

式中 q_n ——钢丝的压缩率；

$\quad\quad F_n$ ——钢丝的第 n 道次截面积；

$\quad F_{n-1}$ ——钢丝的 $n-1$ 道次的截面积；

$\quad\quad d_n$ ——钢丝的第 n 道次的直径；

$\quad d_{n-1}$ ——钢丝的第 $n-1$ 道次的直径。

此处的 q_n 表示为任一道次（n 道）的部分压缩率。

（4）延伸率是指钢丝经拉拔过程后的绝对伸长与原长度之比，通常以 δ 表示。计算公式为：

$$\delta = \frac{L_K - L_0}{L_0} \times 100\% = \frac{d_0^2 - d_K^2}{d_K^2} \times 100\% \quad\quad (3\text{-}9)$$

式中 δ ——延伸率；

$\quad L_0$ ——钢丝拉拔前的长度；

$\quad L_K$ ——钢丝拉拔后的长度；

$\quad d_0$ ——钢丝拉拔前的直径；

$\quad d_K$ ——钢丝拉拔第 K 次的直径。

（5）平均延伸系数和平均压缩率。在钢丝生产中钢丝经过一系列模子的拉拔，其总的变形程度称为总压缩率或总延伸系数，而对于经过每一道模子拉拔的变形程度，称为部分压缩率或部分延伸系数。由于各道模子变形程度往往是不一样的，但是为了计算方便的要求，特别在制定拉拔工艺路线和确定拉拔的道次的时候，一般是先假设各道变形程度为一致的变形程度指数，即所谓的平均部分压缩率或平均压缩率，下面对于这个问题简要的分别做以叙述。

① 平均部分延伸系数。以 μ_{cp} 来表示，则计算公式如下。

$$\mu_{cp} = \frac{F_0}{F_1} \times \frac{F_1}{F_2} \times \cdots \times \frac{F_{n-1}}{F_n} = \mu_1 \times \mu_2 \times \cdots \times \mu_n = \mu_{cp}$$

$$\mu_{cp} = \sqrt[n]{\mu}$$

式中 n ——拉拔道次。

② 平均部分压缩率。以 q_{cp} 表示，则计算公式如下。

$$q_{cp} = 1 - \sqrt[n]{1 - Q'} \times 100\%$$

$$q_{cp} = 1 - \frac{1}{\mu_{cp}} \times 100\%$$

$$\quad\quad (3\text{-}10)$$

$$q_{cp} = 1 - \frac{1}{\mu_{cp}} \times 100\%$$

$$\text{或 } q_{cp} = 1 - \sqrt[n]{1 - Q'} \times 100\%$$

亦可以得出拉拔的道次（n）与总压缩率，平均部分压缩率之间的关系。

$$n = \frac{\lg(1 - Q')}{\lg(1 - q_{cp})} \quad\quad (3\text{-}11)$$

二、拉拔强度计算

例 1 拉拔前钢丝直径为 4.0mm，拉拔后的钢丝直径为 2.0mm，求出延伸系数（μ）总压缩率（Q）和延伸率（δ）的数值。

解：

$$\mu = \frac{d_0^2}{d_K^2} = \frac{(4.0)^2}{(2.0)^2} = \frac{16}{4} = 4$$

$$Q = \frac{d_0^2 - d_K^2}{d_0^2} \times 100\% = \frac{16 - 4}{16} \times 100\% = 75\%$$

$$\delta = \frac{d_0^2 - d_K^2}{d_0^2} \times 100\% = \frac{16 - 4}{4} \times 100\% = 300\%$$

经过计算这个钢丝拉拔后的延伸系数 μ 是 4；总压缩率 Q 是 75%，δ 是 300%。

例 2　生产 $\phi 1.30\text{mm}$ 的成品钢丝，采用的原料直径为 2.60mm 铅淬火线坯，拉拔的道次为 6 道，求出这个钢丝的总压缩率（Q），平均部分压缩率（q_{cp}），平均部分延伸系数（μ_{cp}）和拉拔道次（n）。

解：

$$Q = 1 - \frac{d_K^2}{d_0^2} \times 100\% = 1 - \frac{(1.3)^2}{(2.6)^2} \times 100\% = (1 - 0.25) \times 100\% = 75\%$$

$$\mu = \frac{d_0^2}{d_K^2} = \frac{(2.6)^2}{(1.3)^2} = \frac{6.76}{1.69} = 4$$

$$q_{cp} = 1 - \sqrt[n]{1 - Q'} = 1 - \sqrt[6]{1 - 0.75} = 1 - \sqrt[6]{0.5} = 1 - 0.7637 = 0.2063 \approx 20.6\%$$

$$\mu_{cp} = \sqrt[n]{\mu} = \sqrt[6]{4.0} = \sqrt[3]{2.0} \approx 1.26$$

$$n = \frac{\lg(1 - Q')}{\lg(1 - q_{cp})} = \frac{\lg(1 - 0.75)}{\lg(1 - 0.206)} = \frac{-1 + \lg 2.5}{-1 + \lg 7.94} = \frac{-1 + 0.3979}{-1 + 0.898} = \frac{-0.6021}{-0.1002} = 6.008 \approx 6$$

经过计算这个钢丝的总压缩率 Q 是 75%；平均部分压缩率 q_{cp} 是 20.6%，平均部分延伸系数（μ_{cp}）是 1.26；拉拔道次 n 是 6 道。

三、冷拉钢丝抗拉强度的计算

冷拉钢丝抗拉强度，对于各类钢丝，例如制绳用钢丝、预应力钢丝等，均是一项很重要的指标。在制定生产工艺流程和拉拔路线、拉拔道次的时候，都是为了能得到国家标准所规定的用户所需要的力学性能（强度和韧性）。为此钢丝冷拉后抗拉强度的计算，是很重要的一项程序。

根据生产实际测定表明，冷拉钢丝后成品钢丝的抗拉强度 σ_b 值，其影响因素很多，有钢丝的化学成分（C、Mn），热处理时工艺制度如加热温度（T_D）、淬火介质温度（T_{pb}）、热处理速度（τ）、冷拉时总压缩率（Q）、部分压缩率（q）、拉丝速度（V）、拉丝机的冷却方式和润滑效果（ΔT）等，即 R_m 是上述诸因素的函数关系。

$$\sigma_b = f(C, Mn, T_D, T_{pb}, \tau, Q, q, V, \Delta T)$$

因而，要准确预测和确定冷拉后成品钢丝的抗拉强度也是比较困难的。为此，许多研究者提出了很多不同的强度计算公式，根据作者的实践经验认为两个计算公式能够满足生产中的强度计算问题。

1. K·Д 波捷姆金公式的运用

$$\sigma_b = \sigma_B + \Delta\sigma_b \tag{3-12}$$

$$\sigma_B = 100 \times C + 53 - D \tag{3-13}$$

$$\Delta\sigma_b = \frac{0.6Q\left(C + \dfrac{D}{40} + 0.01q_{cp}\right)}{\lg\sqrt{100-Q} + 0.0005Q} \tag{3-14}$$

$$q_{cp} = 1 - \sqrt[n]{1-Q'} \times 100\% \tag{3-15}$$

式中　σ_b——钢丝冷拉后的抗拉强度；

　　　σ_B——钢丝铅淬火后的抗拉强度；

　　$\Delta\sigma_b$——冷拉钢丝的抗拉强度增长值；

　　　C——钢丝含碳量；

　　　Q——钢丝总压缩率；

　　q_{cp}——钢丝部分压缩率；

　　　D——钢丝淬火后或拉拔前原料直径；

　　　n——拉拔道次。

经过计算钢丝冷拉后的钢丝抗拉强度是 1689.5MPa。

2. К·И·屠林克夫公式的运用

对于圆形截面碳素钢丝的抗拉强度按下面公式：

$$\sigma_b = \sigma_B\sqrt{\frac{D}{d}} \tag{3-16}$$

式中　D——拉拔前原料直径或截面积，mm 或 mm²；

　　　d——拉拔后钢丝直径或截面积，mm 或 mm²。

第四章
钢丝热镀锌生产技术

第一节 钢丝热镀锌的基本概念

一、基本概念

经过预加工过的表面洁净的钢丝需要浸渍到锌液中，以进行热镀锌加工。当钢丝向锌液中浸渍之前，锌液表面应当没有锌灰、锌皮和其他杂质，以免影响镀层质量。

钢丝热镀锌的方式，可以单根或多根连续地进行热镀锌。在向锌液中浸渍时，必须使钢丝毫无阻碍地倾斜着浸入锌液中，钢丝在锌液中浸镀后通过"龙门"架上端的"天辊"在收线机牵引力作用下，将钢丝从锌液中提升出来，进而进入到后面的钢丝收卷设备，把钢丝收集起来。

如前所述，钢丝热镀锌可以采用各种方法进行，如湿法、干法、铅锌法和氧化还原法等。在实际生产上，无论采用哪种热镀锌方法，从热镀锌工艺的角度来看，决定钢丝热镀锌质量的主要技术参数有以下四个方面：一是锌液温度；二是钢丝在锌液中的浸锌时间；三是钢丝从锌液中提出的速度；四是向锌液中添加合金的成分。

二、钢丝镀锌与温度、浸锌时间和抽出速度的关系

为了使钢丝得到高质量的镀锌层，从热镀锌本身考虑，应当使规定的锌液温度保持在一定的范围之内。理想的镀锌温度为（445±5）℃，正常的镀锌温度范围是440～450℃。提高镀锌温度会促进铁-锌合金相层的形成速度增加，如ζ相，它使镀锌层的塑性急速降低。高的镀锌温度也缩短了镀锌锅和镀锌机组的使用寿命；降低镀锌温度又会增加锌液的黏度，它增加了镀锌层的厚度和不均匀性。

1. 钢丝镀锌层与浸渍时间的关系

钢丝在锌液中的浸渍时间，包括去除钢丝表面上溶剂所需要的时间和加热钢丝达到锌液温度所需要的时间。钢丝在锌液中浸渍的时间应当尽可能减少，因为增加镀锌时间会促进形成脆性的ζ相，它降低了镀锌层的塑性。

2. 钢丝镀锌层与钢丝抽出速度的关系

钢丝从锌液中抽出的速度对镀锌层（实际是纯锌层）的厚度有很大的影响。抽出提升速

度慢，纯锌层薄；抽出提升速度快，则纯锌层厚。因此，钢丝从锌液中的抽出速度要适当。过快，钢丝表面上过多的锌液来不及流净，则锌在钢丝表面的附着量多；抽出速度过慢，则在钢丝抽出的过程中铁-锌合金层与纯锌层会继续进行反应扩散，使纯锌层几乎全部变成了合金层，并形成暗灰色的薄膜，它降低了镀层的弯曲性能。钢丝在锌液中的浸渍时间与它从锌液中的抽出速度有关。钢丝热镀锌后一般要通过抹拭方法将钢丝表面的多余的锌液抹拭掉，其方法有传统的木炭粒掺加凡士林油抹拭方法，近几年来采用比较先进的电磁抹拭，氮气抹拭和电磁、氮气复合抹拭方法，都取得了较好的效果。

三、钢丝热镀锌的形式方法

钢丝热镀锌就其引出方式主要有两种，一是垂直引出法，二是斜向引出法。

（1）垂直引出法。如图 4-1 所示，此法引出时可以获得较厚的锌层，既适合热镀中高碳钢丝，也适合热镀低碳钢丝。用此法引出时，使钢丝与锌液面呈 90°角引出。当钢丝垂直离开锌液面时，钢丝表面黏附了一层锌液，在它尚未凝固之前，由于重力的作用，它会自动沿钢丝表面向下流动，同时由于钢丝自身有一向上移动的速度，就使得锌液不能全部倒流回锌锅。钢丝向上移动的速度愈快，倒流的锌液就愈少，纯锌层也就愈厚。为了获得光滑的表面，通常在钢丝出锌液面处覆盖一层油木炭粒。这层油木炭粒一方面能抹拭钢丝表面的锌液，使其均匀，另一方面又能减少锌液的表面氧化，保持锌液的局部温度。

垂直引出架应做得坚实牢固，以使钢丝在向上引出时平稳，锌层均匀。垂直引出架的高度应适当，原则上钢丝线径越粗，引出速度越快，架子也应越高，最高的可达 3m 以上。

（2）斜向引出法。如图 4-2 所示，用这种方法引出的钢丝锌层较薄，适合于热镀一般用途的低碳钢丝，其上锌量均低于 $200g/m^2$。采用斜向引出镀锌法时，钢丝与锌液面呈约 35°斜角引出。由于是斜向引出，所以钢丝表面的锌液在重力作用下，会向钢丝底部流动。

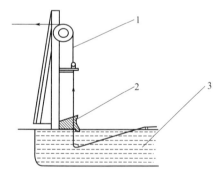

图 4-1　垂直钢丝镀锌示意
1—钢丝；2—抹拭材料；3—锌液

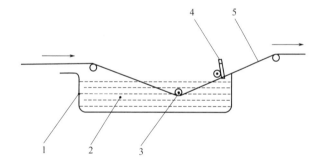

图 4-2　斜向钢丝镀锌示意
1—锌锅；2—锌液；3—沉没辊；4—抹拭装置；5—钢丝

因此，为了不使钢丝下部上锌量过大，通常在钢丝出锌液面后约 $120\sim200mm$ 采用石棉绕制的钢丝夹或采用截面为正方形的石棉块、瓷模作为抹拭工具，擦掉钢丝表面多余的锌。斜镀所得到的锌层比垂直镀所得到的锌层要光滑些，但由于抹拭力较大，钢丝各向所受的抹拭力不均，因此，锌层较薄且不均匀，耐腐蚀性也不如垂直引出的厚镀锌层。

四、钢丝热镀锌生产工艺方法

钢丝热镀锌的生产工艺方法，截至目前有两种方法，一种是钢丝溶剂法热镀锌，一种是氧化还原法热镀锌。

1. 钢丝溶剂法热镀锌

所谓的钢丝溶剂法热镀锌，就是俗称的"干法热镀锌"。在国内，现在的钢丝热镀锌生产均采用溶剂法。

钢丝热镀锌时，直接把氯化铵放在锌液的上面，钢丝通过熔融的氯化铵进入锌锅锌液中热镀锌的方法称为"湿法热镀锌"。"湿法热镀锌"由于氯化铵的挥发产生的烟雾很大，对环境影响很大，同时造成锌耗高等，此工艺早已经被淘汰。本书主要介绍"干法热镀锌"钢丝热镀锌工艺，简称钢丝热镀锌工艺。

钢丝热镀锌工艺如下：钢丝经过脱脂（钢丝退火处理可代替脱脂工艺）、酸洗、水清洗，钢丝直接浸入到含有氯化锌与氯化铵水溶液的溶剂槽内，进行溶剂处理，带有潮湿溶剂的钢丝再通过干燥炉进行干燥，以便蒸发掉溶剂中的水分，使钢丝表面被一层干燥透明的溶剂盐膜所包裹住。随后钢丝倾斜着被锌锅边的一个托辊、热镀锌锅底部的一个沉没辊压浸入锌液中。

锌锅的锌液采用 GB/T 470—2008 标准中的 0～1 号锌锭，铝含量一般可达 0.02%～0.027%，铝是以含铝 10%～15% 的锌铝合金的形式加入到锌液中的。锌液的含铝量每班分析一次。

热镀锌钢丝的镀锌层的厚度一般为 $10～40\mu m$，钢丝纯锌层厚度一般在 $70～300g/m^2$ 范围内变化。

因为钢丝热镀锌是通过自动控制实现的连续热镀锌，一般锌液的温度控制得较高，我国大多数的镀锌企业把镀锌温度控制在 $440～455℃$，基本上是一个恒温的数值。钢丝在锌液中的时间一般在 $5～10s$。

由于钢丝热镀锌允许有较高的含铝量，因此使锌液表面能生成一层薄的（约 $0.1\mu m$）的 Al_2O_3 的保护膜，防止锌液的氧化。往锌液中添加铝，还可以得到具有较高塑性的镀锌层，可以使钢丝承受各种工艺操作等而不破坏镀层。因溶剂法热镀锌钢丝可以实现连续性的生产，具有镀锌层比较稳定等优点，因而在世界各国都得到应用，是目前一种比较完善的钢丝热镀锌的方法。

2. 氧化还原法热镀锌

所谓的氧化还原法热镀锌（亦称森吉米尔法），是美籍波兰人森吉米尔（Sendzmir）于 1931 年提出的用保护气体还原法进行钢带连续热镀锌的方法。改进后的森吉米尔法也称无氧化法或微氧化法，它是在森吉米尔法的基础上发展起来的。其基本特征是把森吉米尔法中各自独立的氧化炉和还原炉用一个截面积较小的通道连接起来，把前面的氧化炉改为微氧化炉，对钢丝兼起预热作用。钢材在微氧化炉内用天然气或煤气直接火焰加热，使其表面的油污等大部分去掉，钢丝在还原炉内在保护气体氢的作用下除掉表面的氧化膜。此法先是运用到钢丝的热浸镀铝生产线中，近年来在国外，此法已经应用到钢丝热镀锌上。

氧化还原法热镀锌所包括的最基本的工序过程如下。

钢丝放线→氧化处理→还原处理→热镀锌→锌层抹拭→风冷→水冷→钝化处理→干燥处理→收线。

氧化还原法热镀锌的操作程序是：钢丝通过放线后，把钢丝通过带有氧化气氛的预热炉，炉内的加热温度为 $440～460℃$，然后再将钢丝送往带有还原性气体的炉子，将钢丝表面上的氧化铁进行还原，并把钢丝加热到规定的温度。接着再将其倾斜着浸入镀锌锅，钢丝的预热温度和在它表面上的氧化铁的还原程度决定了形成的铁-锌合金层的厚度。

由于浸入镀锌锅的钢丝保持一定的温度，因而使锌液能保持固定的温度。在德国，氧化还原法热镀锌钢丝是采用压缩空气作为氧化气氛，在氧化炉内保持370～535℃的温度；用氢气作为还原气氛，还原炉由两个室构成，第一个室保持730～760℃温度，第二个室保持535℃温度，送入镀锌锅的钢丝温度为400℃，进行热镀锌。

当采用干法热镀锌时，钢丝进入镀锌锅之前的温度一般不超过130～140℃。因此，在镀锌时钢丝要带走镀锌锅的大量的热量，使锌液温度难于保持稳定，同时也降低了镀锌锅的使用寿命。而氧化还原法镀锌时，由于钢丝在镀锌之前已经具有足够的热量，锌液温度能保持稳定。这就极大地减小了锌锅本身的热应力，从而提高了锌锅的使用寿命。提高钢丝进入锌液之前的温度，还缩短了钢丝的镀锌时间，这不仅提高了镀层质量，也减少了锌渣的产生，从而降低了锌耗。因此可以认为，氧化还原法热镀锌是迄今为止比较先进的钢丝热镀锌的方法。

第二节　钢丝热镀锌工艺过程控制

一、钢丝基体镀锌前表面状态分类

为保证钢丝热镀锌过程的正常进行和得到高质量的热镀锌层，必须具备一个洁净的活化的基体表面，为此，将分析一下钢基体的表面状态（即存在的污物和锈蚀层）。

1. 按表面覆盖物（或生成物）的性质划分

（1）物理性覆盖物：环境中的尘埃、固体颗粒、油污、残存的涂层、水垢、油垢等。

（2）化学覆盖物：钢铁在环境中氧化反应或高温状态下生成的氧化铁皮或铁锈。

（3）混合覆盖物：物理、化学、生物共同形成的覆盖物，也是最常见的覆盖物。

2. 钢丝在制造过程中形成的不同覆盖物划分

钢丝在制造过程中形成的不同覆盖物的划分见表4-1。

表4-1　钢丝在制造过程中形成的不同覆盖物

钢丝制造过程		后续热镀锌种类	钢丝表面覆盖物举例
盘圆	热轧	钢丝	氧化铁皮、油脂分解物、铁锈、粉尘
	冷轧		润滑油、冷却液、铁锈、粉尘、油污
拉拔方式	干拉		拉丝粉
	湿拉		润滑油脂

二、影响钢丝表面状态的因素及对热镀锌的影响

1. 钢丝表面粗糙的形成原因

（1）人为因素

① 钢材的原始表面：热轧钢表面较为粗糙，有时形成明显的纵向条纹。

② 拉拔加工表面：由拉拔精度和表面粗糙度的级别来确定。

③ 酸洗过度：造成钢基体的腐蚀麻坑。

（2）自然因素。储存在大气环境中的各种钢材会发生不同程度的锈蚀，将会增加其表面的粗糙度。

2. 粗糙度对镀锌层的不利影响

（1）粗糙表面锌层厚度明显增大，这是由于铁-锌合金反应过程加剧而造成的。

（2）粗糙表面制件表面积增加，显著增加锌耗。

（3）粗糙表面浸锌后会在制件表面产生稠密的凹坑和凸起点，造成麻点及锌瘤等缺陷。

第三节　钢丝热镀锌前的脱脂处理

无论是低碳钢丝，还是中、高碳钢丝都是碳钢盘条通过拉拔成为钢丝的，为了减小拉拔摩擦力，在拉拔之前需要对盘条表面进行磷化处理，在拉拔过程中还要在盘条表面涂覆润滑脂，这样拉拔后的钢丝表面不可避免地会有磷化膜的残留以及粘有油污、残留的润滑剂等。这层磷化膜、润滑脂在钢丝的酸洗除锈过程中，阻隔了铁与酸洗液的接触，影响了钢丝的酸洗质量，在后道热镀锌工序中，就镀不上金属锌，或者是出现一些漏铁的现象。因此，脱脂处理是热镀锌钢丝生产线影响产品质量的第一道关键性的工序。只要前处理过关了，镀锌就成功了一半，所以首先要进行清洗除油。最常用的除油方法有熔融铅法、燃气烧除法、化学碱洗法（化学碱洗法分为化学碱煮法和电化学碱洗法）、超声波除油法和生物除油法五种。最为常用的是化学碱洗法和超声波除油法。化学碱洗法和电化学碱洗法适合于低、中、高碳钢丝热镀锌前的脱脂除油。化学碱洗法对钢丝的力学性能没有什么影响，这种脱脂方式设备简单、成本低、工艺范围宽，是在没有电流作用下用碱去除钢丝表面油脂的过程。

熔融铅法亦称低温加热燃烧法，该法是将钢丝通过 $350\sim400℃$ 的熔融的铅液，将钢丝表面残存的油污与润滑剂等有机物加热到燃点而去除。钢丝在铅液中的时间为数秒。其特点为除油效果一步到位，费用低，只要控制好温度就可以，但要注意防止钢丝表面挂铅现象。同时，铅液受热后所挥发的气体对人体有一定的危害，操作时应将铅液上面覆盖一层保温覆盖剂，可有效地防止铅液的挥发和具有保温作用。铅液除油后的钢丝还应该采用热水洗的方式溶解冲洗掉钢丝表面所黏附的残渣，此方法在低碳钢丝热镀锌生产线中还继续采用，最为普遍的脱脂方法仍然是化学脱脂方法。

一、化学碱性脱脂

1. 脱脂的重要性

脱脂亦称除油，其主要目的是得到清洁的表面，是钢丝热浸镀前处理的基本工序之一，也是整个前处理过程的基础。有的生产厂家，往往忽略产品脱脂工序，原因有两个方面：一是酸洗有些除油作用；二是热浸镀过程是在较高温度下进行的，未除尽的油脂在浸镀时，可以自然燃烧掉，认为对镀层形成似乎不会有太大影响。

脱脂不良使后续的前处理工序受到不利的影响，表现如下。

（1）油脂混溶于酸液和漂浮在酸液表面，影响酸洗化学反应过程，离开酸液后，特别是钢丝表面黏附有微量的油膜。

（2）钢丝表面会形成油膜部分和无油膜部分，酸洗强弱不一致造成除锈不均匀，延长酸洗时间，也会造成过酸洗，增加酸液消耗；酸洗过度造成紧固件表面粗糙，增加锌耗。

（3）造成助镀溶剂处理不充分、不完整，产品表面的助镀溶剂不均匀，从而影响到对锌液的净化，并会使产品出现漏镀和附着强度降低。

2. 钢丝常用脱脂处理方法

热碱脱脂的原理和常用碱及碱性盐的种类与特性如下。

热碱脱脂是钢丝及其金属制品表面脱脂最常用的方法，其原理是：油污中的动植物油的除去是靠皂化反应，所谓皂化就是油污与除油液中碱液起化学反应生成肥皂和甘油。一般动物油的主要成分是硬脂酸酯，它和碱液的反应如下：

$$(C_{17}H_{35}COOH)_3C_3H_5+3NaOH \Longrightarrow 3C_{17}H_{35}COONa+C_3H_5(OH)_3 \qquad (4-1)$$

油污中矿物油与碱不能皂化，但在一定条件下碱液可以与之进行乳化反应。所谓乳化就是工件表面的油膜与碱液中具有乳化功能的物质相互作用（分散、渗透、降低界面张力）而把油膜剥离下来，形成很小的油珠，分散在碱液溶液中形成一种混合物（即乳化液），并让它们漂浮于液面，再把它们清除掉。皂化过程将会增强乳化反应，因为皂化时形成的肥皂就是一种良好的乳化剂。在碱性除油中常用的乳化剂有硅酸盐、磷酸盐及表面活性剂等。碱性溶液的化学除油，随温度升高，皂化与乳化反应作用均得到加强，同时溶液的对流也有利于油珠脱离钢丝及其金属制品的表面，并上浮于液面。碱及碱性盐类的脱脂剂是比较传统的常规方法，采用表面活性剂与之共用，脱脂效果大大加强。

热碱脱脂常用碱及碱性盐的种类与特性，见表 4-2。

表 4-2　热碱脱脂常用碱及碱性盐的种类和特性

序号	名称	分子式	外形	pH 值	去污性	浸透性	分散性	乳化性	洗涤性	耐硬水性	用量/(g/L)	备注
1	氢氧化钠	$NaOH$	白色片状	13.4	良	可	良	可	差	差	30～80	俗称火碱
2	碳酸钠	Na_2CO_3	白色片状	11.3	可	差	可	可	良	差	30～50	俗称纯碱
3	十二水合磷酸钠	$Na_3PO_4 \cdot 12H_2O$	白色粉末	12.0	良	良	优	良	可	可	25～35	磷酸三钠
4	硅酸钠	Na_2SiO_3	黏稠液体	11.5～12.8	优	良	优	良	差	可	5～15	水玻璃
5	三聚磷酸钠	$Na_5P_3O_{10}$	白色粉末	9.7	良	良	优	良	可	优	5～10	磷酸五钠

3. 常用热碱脱脂的化学药品

（1）氢氧化钠。它是热碱脱脂溶液的基础部分，高碱度，在较高的温度下对油脂有很强的皂化能力，但是浸润性不好，洗净性较差。所以，一般不单纯使用，脱脂后必须用热水清洗，对钢铁材料的脱脂用量一般为 30～80g/L，它对铝、铜等有色金属有腐蚀性。

（2）碳酸钠。它的碱性比氢氧化钠弱，对溶液的 pH 值有缓冲作用，具有一定的去污能力，其价格便宜，用量为 30～50g/L。

（3）磷酸钠。它具有较好的分散性、浸润性和一定的乳化作用，可提高皂类物质的可水洗性，所以是对氢氧化钠和碳酸钠作用的有效补充。它对溶液的碱度有良好的缓冲作用。但它的价格稍高，一般用量为 25～35g/L。

（4）硅酸钠。它包括正硅酸钠（俗称水玻璃，宜用模数 $SiO_2/Na_2O=3.0～3.25$ 的水玻璃，其反絮作用较好）和偏硅酸钠（五水偏硅酸钠 $Na_2SiO_3 \cdot 5H_2O$、九水偏硅酸钠 $Na_2SiO_3 \cdot 9H_2O$ 及无水偏硅酸钠，均为白色晶体）。它们在脱脂方面的作用是相同的，在商品脱脂剂中多用偏硅酸钠。

硅酸钠是脱脂剂中必不可少的，因为它具有良好的浸润性、分散性、乳化性及 pH 值缓冲能力。它的弱点是对脱脂的水洗带来一定的困难，必须用热水充分清洗，否则会留下硅酸钠水解产物的薄膜或粉状残留物。其通常用量为 $5 \sim 15g/L$。硅酸钠在水溶液中水解呈胶体多硅酸，即

$$Na_2SiO_3 + 3H_2O \xrightarrow{\hspace{1cm}} 2NaOH + H_4SiO_4 \qquad (4\text{-}2)$$

带电荷的胶体附在各个油污微粒上，由于同种电荷的相斥，起到悬浮和乳化微粒作用，当硅酸钠与多种无机助剂和表面活性剂配用时，将会产生协同效应，产生奇佳的脱脂效果。

(5) 三聚磷酸钠。它与硅酸钠相似，在水溶液中也是多电荷胶团结构的电解质，具有较强的分散、乳化、浸润作用。实践表明，在较重的油污的低温清洗中，应加入一定量的三聚磷酸钠，效果显著，其加入量为 $5 \sim 10g/L$。

(6) 六偏磷酸钠。它类似于聚磷酸盐，具有环状化合物结构，具有很强的分散性和耐硬水性。六偏磷酸钠与三聚磷酸钠配合去除重固体垢具有明显的效果。应当注意选用各种磷酸盐作助剂时，会对环保治理带来一些困难。

4. 常用表面活性剂的特性与应用

在常规的脱脂剂溶液中，需要添加一定量的表面活性剂，可以加快清洗速度。表 4-3、表 4-4 为非离子表面活性剂和阴离子表面活性剂的特性。

表 4-3　常用非离子表面活性剂的特性

序号	化学名称	商品名称	HLB 值	浊点/℃	清洗能力(0.25%，65℃±5℃，N32 机械油)/%
1	脂肪醇聚氧乙烯醚($R=C_{11} \sim C_{13}$)	AEO-9、平平加 O-9	12.9	54	91.0
2	脂肪醇聚氧乙烯醚($R=C_{11} \sim C_{13}$)	AEO-10、平平加 O-10	14.1	97	47.8
3	脂肪醇聚氧乙烯醚($R=C_{18}$)	平平加 A-20	15.3	≥100	35.7
4	烷基酚聚氧乙烯醚	乳化剂 OP-10、TX-10	13.3	66	87.1
5	烷基酚聚氧乙烯醚	乳化剂 OP-9、TX-9	11.7	65~70	84.4
6	高级脂肪醇聚氧乙烯醚	渗透剂 JFC	—	<20	68.2
7	十二烷基醇酰胺	净洗 6501、尼纳尔	13.1	>100	54.1
8	十二烷基二乙醇胺膦酯	净洗剂 6503	—	>100	—
9	油酸三乙醇胺	乳化剂 FM	12.1	>100	2.5

注：1. 表中所列的非离子表面活性剂的 pH 值大多为 7~8，但商品净洗剂的 pH 值为 9~10，在使用时 pH 值必须保证在 9.0 以上，降至 8.0 时会引起乳液浑浊，乳化剂 OP-10（TX-10）在酸性溶液中具有良好的溶解性和稳定性。

2. 浊点是一项应当引起注意的性能指标，所谓浊点是指表面活性剂在水溶液中浓度为 0.25%~0.5% 时，出现明显浑浊时的温度，超过此温度时，非离子表面活性剂会从水中析出，造成溶液浑浊，脱脂效果大为降低，所以，在使用时应控制上限温度。

非离子表面活性剂与碱及碱性盐类混合配制，都可以起到明显提高洗涤脱脂的效果，表现在降低表面张力，增加润湿、乳化作用，缩短时间，降低脱脂温度。特别是与偏硅酸钠、正硅酸钠配合使用，效果显著。这里要强调一下非离子表面活性剂的特性：脱脂去污能力强；在低浓度的情况下，乳化剂脱脂效果仍较好。其原因是非离子表面活性剂比阴离子表面

活性剂的临界胶束浓度低，即使浓度在较低时，仍可得到良好的脱脂能力。

表 4-4　常用阴离子表面活性剂的特性

序号	化学名称	商品名称	HLB	浊点/℃	清洗能力 （0.25%，65℃±5℃，N32机械油）/%
1	脂肪醇聚氧乙烯醚硫酸钠	AES	—	>100	9.6
2	十二烷基苯磺酸钠	ABS	—	<100	—
3	十二烷基硫酸钠	SDS	约40	—	—

表 4-4 所示的阴离子表面活性剂，具有一定去污能力，但明显低于非离子表面活性剂。但其来源广、种类多，且价格便宜，其特性与应用简介如下。

（1）十二烷基苯磺酸钠（ABS）。其有效成分约在 60% 左右，是淡黄色膏状物，也有加入芒硝（硫酸钠）经喷雾干燥的颗粒状制品，为民用洗衣粉中的主要成分，是消费量最大的民用洗涤剂。

（2）脂肪醇聚氧乙烯醚硫酸钠（AES）。其去油污能力强于十二烷基苯磺酸钠，适用于配制重垢型液体合成洗涤剂，成本较高。

（3）十二烷基硫酸钠（SDS）。其去污效果好，是良好的稳泡剂，耐硬水性好，但其价格较高。

5. 常用的脱脂剂配方

两种或多种表面活性剂混合后，在与各种无机盐配伍时产生比原来各自性能更好的使用效果，这种现象叫作协同作用或复配效应。目前市场上出售的清洗剂（脱脂剂），都是按照上述原则配置的。下面介绍两种常用的清洗剂（脱脂剂）的典型配方（按质量分数计算）。

配方 1：
①平平加　24%；②TX-10（辛基酚聚氧乙烯醚）　12%；③6501（十二烷基二乙醇酰胺）　24%；④水　40%。

配方 2：
①净洗剂　105 50%；②油酸三乙醇胺皂　25%；③水　余量。

配方 3（适用于钢铁脱脂，温度20～25℃）：
①氢氧化钠　10%；②碳酸钠　20%；③硅酸钠　18%～35%；④三聚磷酸钠　10%；⑤脂肪醇聚氧乙烯醚　4%～8%；⑥聚氧乙烯失水山梨醇（使用浓度50g/L）　6%～12%；⑦水　余量。

配方 4（低温使用）：
①氢氧化钠　12%；②碳酸钠　44%；③正硅酸钠　25%；④磷酸三钠　10%；⑤表面活性剂　9%。

配方 5（常温除油清洗剂）：
①氢氧化钠　20～25g/L；②碳酸钠　15～20g/L；③偏硅酸钠　8～12g/L；④三聚磷酸钠　10～15g/L；⑤复合表面活性剂　（JFC、AES、OP-10、AEO）40～50g/L；⑥RQJ（醇、醚、酮等）　25～30g/L；⑦水　余量。

6. 热碱脱脂的工艺参数和控制

（1）溶液温度的控制　经验证明，温度每提高10℃，脱脂效率可提高50%，所以通常要对脱脂剂进行加热（间接加热法）。按脱脂温度可分为四挡，即高温脱脂（70～90℃）、中温脱脂（50～70℃）、低温脱脂（35～50℃）、常温脱脂（15～35℃）。从兼顾脱脂效果和节省能源两方面来看，推荐使用低温脱脂（中小规模）和中温脱脂（大规模生产），只是在加热能源确有困难的情况下，才使用常温脱脂。这是因为：

① 提高溶液温度脱脂效果明显改善，可缩短脱脂时间，提高生产效率。

② 在 50℃ 以下，提高溶液温度，能耗增加幅度小（见图 4-3）。

从图 4-3 中可以看出，槽液温度从 80℃ 降到 50℃，热能损耗减少了 75％；而从 50℃ 降到 20℃ 时，热能损耗仅减少 7％。各种油污在 40～60℃ 条件下，如果采用合适的脱脂剂均能达到良好效果。所以，推荐使用 50℃ 左右的脱脂温度。

③ 采用常温清洗时，其脱脂剂的成本将会成倍增长，脱脂液中有效成分的带出量也较大，因此，应对化工原料费用增加部分与节约能源费用进行切实的成本核算，做出合理的选择。

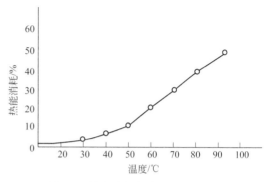

图 4-3　热能消耗与溶液温度的关系

④ 如果考虑到热水清洗的必要性（清洗效果和漂洗水的消耗），则会出现降低脱脂温度，反而提高费用，所以应多方面综合考虑。

⑤ 高温脱脂已经逐渐被淘汰，因为它耗能较大、水的蒸发量也多，污染环境，对生产操作不便，易发生烫伤事故，现在已经很少采用。

⑥ 为了得到稳定的脱脂效果，必须有效地控制槽液温度，有条件时，可以采用自动控温系统。

（2）溶液浓度的控制与调整

① 溶液中脱脂剂主要成分一般不超过 100～150g/L，其中表面活性剂的含量不超过 2～5g/L，提高溶液浓度有利于降低脱脂温度，降低能耗，但脱脂剂的消耗增加（主要产品带走部分太多）。此外，若药剂复配不当，比如表面活性剂量过多，泡沫增加会造成清洗困难和表面活性剂的浪费。

② 槽液分析、调整和维护

a. 碱脱脂液浓度应定期分析。

b. 槽液的调整周期，应根据工作量确定，严格按周期更换陈旧槽液。

c. 坚持经常性清除槽液表面浮油，必须保证紧固件提出时，液面清洁、无油膜。

d. 定期排放槽底污物，有条件时，可进行浮油、沉渣的回收及溶液过滤。

e. 第一道清洗水（热水）应加回到碱液槽，以减少脱脂剂的消耗，并有利于废水处理。

③ 为了得到稳定的脱脂效果，必须有效地控制槽液温度，有条件时，可以采用自动控温系统。

7. 脱脂方式选择与强化措施

（1）清洗方式有喷淋、浸渍、滚洗等几种形式，紧固件热浸镀锌大都采用浸渍法和滚洗法。

（2）强化措施是在脱脂过程辅以机械、电磁、电解等外加作用，以促进脱脂液与产品表面的有效接触和相对运动，加速脱脂剂的渗透和破坏油膜，促进油污卷离分散，可以成倍提高脱脂效率，缩短脱脂时间，其中常用的方法如下。

① 在槽底部设置压缩空气喷射管；

② 在槽内安放叶轮搅拌器（适合小型溶液槽）；

③ 在槽外设置循环泵和过滤器装置。

若不采用上述的强化措施，在脱脂的浸洗过程中，采取人工多次上下抖动的方式也是有效的。

二、电解脱脂清洗

通过将钢丝附近施加电场，使钢丝极化带电，或直接使用钢丝带电的方法，使钢丝表面的电解液产生电解反应，在钢丝表面产生氢气和氧气的微小气泡，从而使油脂与钢丝剥离去除。其主要用于大面积油污去除以后的清洗，也可以去除钢丝表面小凹坑内的顽固油污。

1. 电解脱脂的原理

电解脱脂是在脱脂槽两侧设置两对电极板，电极板通上直流电以后，使钢丝处于电场之中，产生极化现象，从而带上与电极板相反的电荷，这样就能够使电解液产生电解反应。

当钢丝两侧的电极板带正电时，相应地钢丝就带负电，这时电解液中带正电的 H^+ 就在钢丝表面聚集，得到电子，产生还原反应，析出氢气，反应式为：

$$2H^+ + 2e \Longrightarrow H_2 \uparrow \tag{4-3}$$

当钢丝两侧的电极板带负电时，相应地钢丝就带正电，这时电解液中带负电的 OH^- 就在钢丝表面聚集，失去电子产生氧化反应，析出氧气，反应式为：

$$4OH^- - 4e \Longrightarrow 2H_2O + O_2 \uparrow \tag{4-4}$$

电解脱脂的电极板都是成对使用，即分别有一对阳极板和阴极板，交替排列，钢丝先后通过两对电极板时，也先后发生氧化和还原反应，如图 4-4 所示。

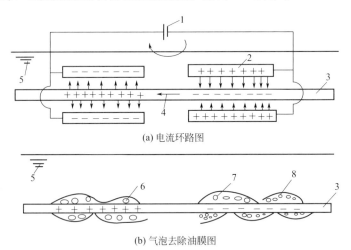

(a) 电流环路图

(b) 气泡去除油膜图

图 4-4　电解脱脂原理图

1—直流电源；2—电极板；3—钢丝；4—电流方向；5—电解液；6—氧气泡；7—氢气泡；8—油污膜

电流从直流电源的正极流出之后，先通过阳极板流向钢丝，从阳极板处的钢丝流向阴极的钢丝，又从钢丝流向阴极板，回到电源负极。

2. 电解脱脂的工艺

整个电解脱脂的工艺过程中，当钢丝经过浸泡清洗去除了大部分油污后进入电解液。电解液渗透到残余油污和钢丝之间，在钢丝带有电荷的情况下，电解液便产生电解，产生大量的氢气和氧气的微小气泡，这就能从油污的内层与钢丝的黏合面上将油膜和钢丝剥离开来。

油污被气泡与钢丝隔离之后，在自身表面张力的作用下，极易卷曲成细小的油珠，而从钢丝表面冒出的氢气和氧气泡又会滞留在这些小油珠上。当气泡长大到一定的尺寸之后，其浮力大于油珠与钢丝表面的黏附力，气泡就带着油珠脱离钢丝表面，进入脱脂液中。

需要说明的是，电解脱脂的电解液本身就是碱性脱脂剂水溶液，在电解脱脂过程中同样进行着浸泡清洗的润湿、渗透、分散、增溶等过程，是电解和浸泡共同作用的过程。

3. 钢丝带正电与带负电脱脂的区别

钢丝带正电和带负电脱脂的方法区别：电解脱脂时钢丝可以带正电，也可以带负电，但清除油污的效果有所不同。钢丝带负电时，表面析出的是氢气，分子体积小、气泡小、数量多、面积大，所以它的除油和乳化能力都比较强，同时由于 H^+ 的放电作用，又导致钢丝表面 pH 值升高，因而除油污的效率较高，但会造成钢丝渗氢，带来氢脆缺陷。

钢丝带正电时，表面析出的是氧气，分子体积大、气泡大、数量少、面积小，所以除油和乳化作用较弱，同时钢丝表面 pH 值较低，脱脂效果较带负电时差，但较大的气泡能带走表面的铁粉和灰尘。

鉴于钢丝带正电和带负电时脱脂的不同特点，电解脱脂时电极板是交替布置的，让钢丝轮番进入阳极区和阴极区。而且极板的极性每隔一段时间互换一次，这样也可以使吸附在电极板上的其他带电颗粒脱附冲走，防止钢丝的二次污染。

4. 电解脱脂的工艺参数的选择

在对钢丝表面电解脱脂的时候，要确定电解脱脂工艺参数，电解脱脂的主要工艺参数有电流密度和电解时间。

电流密度是指单位电极板面积上所通过的电流。

电解脱脂计算公式为：

$$J = I\eta(3LB) \qquad (4-5)$$

式中，J 为电流密度，A/dm^2；I 为电流，A；η 为电解效率，%；3 为电极板数量；L 为电极板的宽度，dm；B 为总钢丝直径展开总宽度，dm。

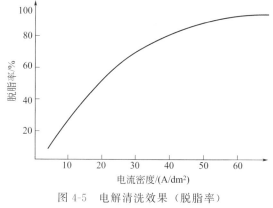

图 4-5　电解清洗效果（脱脂率）
与电流密度的关系

如图 4-5 所示，电解清洗效果与电流密度密切相关：起初电流密度增加时的，清洗效果急剧增加，但电流密度大于 $50A/dm^2$ 以后，电流密度增加时的清洗效果增加较小，但能耗增加。所以在普通电解脱脂设备中，一般将电流密度控制在 $10\sim40A/dm^2$，整流变压器容量为 $5000\sim10000A$，$30\sim40V$，电解电流在 $3000\sim5000A$。

电解时间是指钢丝通过单个电极板范围内的时间。氢气产生并形成气泡的时间不应低于 0.25s，因而电解时间必须控制在 0.3s 以上，这就是说电极板的宽度必须要足够，才能取得较好的效果。

三、超声波脱脂清洗

超声波脱脂清洗的原理：超声波清洗是以物理作用为主，辅以化学作用的综合清洗。它主要是利用清洗液在超声波作用下的空化、清洗液的环流冲刷、清洗液在高速微射流的作用下产生的搅拌等作用，使钢丝、钢带表面的油污、铁锈等污染物在数秒以内从钢丝表面脱落。

1. 超声波的频率

清洗中超声波频率为 20～80kHz。在清洗液中产生许多肉眼看不见的微气泡，这些微气泡在强声场的作用下振动，当声压达一定值时，气泡迅速变大，然后突然破裂，在气泡破裂的瞬间产生的冲击能形成上千个大气压的压力，将污物击碎并剥落。同时空化气泡在振荡过程中，伴随一系列二阶现象发生，如导致液体环流，也能促进污物的破坏和脱落。另外，空化作用所产生的高速微射流能够削弱和去除边界污物层，增加搅拌作用，加快溶性污物的溶解，强化清洗液的皂化和乳化效率。

2. 超声波清洗钢丝的功率选择

超声波清洗钢丝的功率选择，以磷酸作为酸洗液为例，计算步骤如下。

（1）超声波的声强。经测试，在质量分数 15%～20%，温度 50～60℃的磷酸液中，能够有效清洗钢板表面氧化物的超声波声强为 $1.1～1.3W/cm^2$。

（2）功率的计算：

$$P = S(I + K) \tag{4-6}$$

式中　I——超声波的声强，W/cm^2；

　　　S——被清洗物体的表面积，cm^2；

　　　P——加载到振板上的电功率，W；

　　　K——超声波声强有所损失的超声波校正系数。

在超声波清洗设备中振子黏结不锈钢板，使超声波的声强有所损失，超声波校正系数 K 约为 $0.01W/cm^2$。

钢丝在超声波清洗介质中被清洗的表面积：

$$S = 10(\pi Dnvt) \tag{4-7}$$

式中　D——钢丝直径，mm；

　　　n——被清洗的钢丝根数；

　　　v——钢丝运行速度，m/min；

　　　t——在磷酸超声波中洗净钢丝所需的时间，min。

钢丝直径越大，在炉时间越长，表面氧化率越高，则洗净钢丝所需的时间越长；反之，时间越短。

超声波声强在 $1.1W/cm^2$ 时，表面氧化物的质量分数 ≤0.3% 的钢丝，$t = 0.7min$；表面氧化物的质量分数 ≤1.5% 的钢丝，$t = 1min$。

对于钢丝直径 4.0～8.5mm，$Dv = 50mm \cdot m/min$ 的热处理生产线，初定超声波清洗槽长 17m，清洗钢丝根数为 16 根。热处理后钢丝表面氧化物的质量分数 ≤0.5%，超声波声强在 $1.1W/cm^2$ 时直径 4.0mm 钢丝运行速度为 12.5m/min，清洗时间为 1.36min（>1min），可满足清洗要求；直径 8.5mm 钢丝运行速度为 5.88m/min，清洗时间为 2.38min（>1min），可满足清洗要求。$\phi4.0mm$ 钢丝在超声波清洗介质中所需功率理论值为 28kW，$\phi8.5mm$ 钢丝在超声波清洗介质中所需功率理论值为 34kW。

振子产生的超声波在磷酸液中传播时，离振子越远声强损失越大，再加上振子在工作中的发热造成的能量损失，在实际选型计算中可适当增加功率配置。

3. 超声波清洗设备各部分所起的作用

超声波清洗设备主要是由超声波发生器、换能器、清洗槽 3 大部分组成。超声波发生器是产生电磁振荡信号并提供能量的工作部分，给换能器一定频率振荡能量。如果这个频率是换能器本身的谐振频率，就产生最有效的超声振动；换能器是把超声波发生器所产生的电磁振动信号转化为超声振动，进而推动与机械振动系统相连接的清洗液振动，向清洗液中辐射声波；超声波清洗槽分为储液槽和工作槽，储液槽在工作槽的下部储存清洗液，工作槽底部密封安装超声波换能器。生产时，用液下泵把清洗液抽入工作槽，钢丝从中穿行实现表面清洗。

四、钢丝脱脂清洗的要点

清洗工艺各个技术指标控制范围包括以下三个方面。

(1) 碱清洗液浓度控制的范围。碱清洗液的浓度是影响清洗效果的最主要因素，不管是单纯使用碱性脱脂剂，还是使用含有表面活性剂的复合脱脂剂，都是通过控制碱浓度来控制脱脂剂的浓度。一般将碱浓度控制在 2%～6%。提高碱浓度，有利于改善清洗效果。清洗油污特别多的钢丝时，可以将浓度控制在 6%～8%。但浓度超过 10% 时，就没有太大的意义。

随着清洗液的不断循环使用，碱的浓度会逐渐降低，应及时补充新的脱脂剂，保持浓度不变。当超过一定的使用周期以后，清洗液中的有效碱已不能恢复，出现老化变质，而且钢丝表面脱除下来的污物悬浮在清洗剂中，必须彻底更换。

(2) 碱清洗液的温度控制的范围。碱清洗液的温度对清洗效果的影响也较大，加热清洗的作用主要有：一是降低油污的黏度，温度低时污物黏度高，清洗很困难，温度提高以后黏度下降，同时溶液对污物的溶解能力也有所提高，清洗就容易多了；二是促进化学反应的进行，一般而言，温度每提高 10℃，化学反应速率提高一倍；三是加速表面活性剂分子的运动，从而促进浸润、乳化、分解作用。正常温度控制范围为 70～80℃。

(3) 清洗压力的作用和控制范围。钢丝在溢流喷淋、刷洗过程中，借助压力喷射的机械作用是很有效的，其作用有：一是对固体颗粒和油膜有一定的冲击作用，促进清洗液对油膜的割裂和渗透作用；二是有利于新鲜清洗液与钢丝表面的接触和化学成分的均匀；三是促进已脱落了的油污的乳化，使其分散到清洗液中，防止油污再吸附到钢丝表面。一般将喷射压力控制在 0.2～0.5MPa。

五、碱清洗液的循环净化

1. 脱脂清洗剂中污物的性质

光面钢丝在脱脂清洗剂中被脱脂清洗而离开钢丝表面。污物有皂化脂和拉拔时黏附在钢丝表面的细微铁粉两种。这是因为在脱脂清洗后，不但使钢丝表面的皂化脂被软化分解脱离钢丝后漂浮在清洗剂中，而且钢丝表面的铁粉也被清洗下来。清除下来的油脂密度小，比水轻，悬浮在清洗剂中。对于清洗剂中无数油脂小珠来说，总体表面积很大，存在大量的界面自由能，在不停的运动中，会相互碰撞，聚结成较大的油珠絮状物，这是一个自发缓慢的过程。对于无数这样的固体颗粒来说，在重力的作用下会使其在清洗剂中下沉到槽底，但同时又会受到浮力和阻力的作用，使下沉的速度变得很慢。铁粉灰尘比水密度大，可以缓慢沉到槽子的底部。

在钢丝连续的热镀锌生产中，脱脂剂槽中的絮状油污不容易漂浮在脱脂剂溶液上面，大部分被钢丝表面带到后面的水清洗槽中。只有在停产静置时铁粉杂质得以沉淀，脱除下来的油珠絮状物漂浮在脱脂剂溶液的上面，可以采取沉淀、过滤方式把脱脂剂中的油脂、杂质分离去除，也可采取溢流法将脱脂剂上面的絮状物漂洗出去。

2. 碱清洗液在线净化循环

在前处理过程中，一方面对钢丝进行清洗，使污物脱离钢丝进入清洗液中，另一方面清洗液中的污物又会沉积、吸附到钢丝表面，对钢丝造成新的污染。可以用下面的关系式来表示这样一个可逆过程：

$$钢丝·污物＋清洗液 \underset{污染}{\overset{清洗}{\rightleftharpoons}} 钢丝＋清洗液·污物$$

要使这样一个可逆过程向右移动，在最大限度地清洗掉钢丝表面污物的同时，要最小限度地控制清洗液中的污物污染钢丝表面，就必须设法降低清洗液中污物的浓度。不断地更换清洗液是不太科学的做法。为了既节省新水和脱脂剂的使用，又能提高产品质量，必须进行清洗液的在线净化，去除其中的污泥和油脂，延缓清洗液的老化，增加循环使用的周期。

六、脱脂剂的合理选择

最廉价有效的脱脂剂是氢氧化钠，为了减轻氢氧化钠对钢丝的腐蚀作用，可以用部分磷酸钠配合使用。含有表面活性剂的碱性脱脂剂比单独使用碱性脱脂剂效果更好，价格也贵一些。

一般使用化工企业生产的商品脱脂剂。不同公司生产的表面活性剂和碱性物质不同，效果略有差异。也有的企业自行配制脱脂剂，效果接近于商品脱脂剂，对降低成本有一定的好处。

必须注意的是，电解脱脂剂一般使用水解效果较好的碱性物质，不加入表面活性剂，因为如果使用表面活性剂的话极易产生泡沫，使电解中产生的氢气和氧气泡不能立即破灭而形成积聚，容易随钢丝带进酸洗液中，降低酸洗液的浓度。

七、常温二合一酸性脱脂工艺

1. 酸性脱脂工艺应用与发展

金属的除油，早期是延用钢铁的除油工艺，即槽液为 Na_2CO_3、Na_2SiO_3、Na_3PO_4 溶液，操作温度为 $40 \sim 70℃$，时间为 $5 \sim 15min$。这种工艺性能稳定，寿命长，但槽液成本高，不易洗净，现已基本不用。从 20 世纪 50 年代末，我国就开始生产聚氧乙烯型非离子表面活性剂。那时，市场上出售的海鸥牌液体洗涤剂在纺织、印染、日用化工、电镀等行业得到广泛的应用。这种液体洗涤剂呈中性、性质温和，去污能力强，在各种无机酸中具有良好的溶解性，可明显降低溶液的表面张力，增加溶液的分散性和浸润能力，所以其在各种电镀溶液、酸洗溶液中加入少许就可以产生多种功效。

随后人们采用 $NaOH$ 或 Na_2CO_3 添加 Na_3PO_4、络合剂、非离子表面活性剂、阴离子表面活性剂方式在室温下脱脂，时间 $3 \sim 5min$。该方式除油效率高、成本低、节能，但槽液易产生絮状沉淀，络合剂、表面活性剂易带入后续槽形成污染，目前仅有少数厂在使用。从 20 世纪 80 年代开始，酸性脱脂逐步普及，槽液为 H_3PO_4 加入 HF、H_2O_2 和非离子表面活性剂，操作温度 $30 \sim 40℃$ 时，时间为 $5 \sim 15min$。这种工艺效率高，不污染后续槽，是较好的脱脂工艺，现在应用越来越广泛。酸性脱脂剂是一种化学物质，工艺性能稳定，寿命长。用于钢丝热镀锌前处理的脱脂工序有待推广应用。

2. 常温酸性脱脂处理新工艺

近几年来出现的单一的酸洗脱脂工艺引起了人们的重视。它是在常温的酸性脱脂液中进行的，以脱脂为主要目的的工艺方法。这种新工艺在欧洲各国的热浸镀行业前处理中应用较多，并取得了较好的经济效益，值得学习借鉴。

(1) 酸性脱脂液组成与工艺参数。国外常温酸性脱脂液组成与工艺参数：①磷酸（工业级80%），5%±0.5%；②pH值，1.7～2.2；③温度，10～30℃；④添加剂（CL-7），3%～5%。

添加剂的主要成分为复配的表面活性剂和酸蚀抑制剂。前者可以增强脱脂能力，后者可以减缓溶液对产品的浸蚀，防止过度产生泥状物。

(2) 磷酸基脱脂反应机理。它与在盐酸中加表面活性剂的作用及反应机理不同之处是磷酸基脱脂剂在反应过程中，会在钢铁表面形成不溶性的二代磷酸盐（$FeHPO_4$）和三代磷酸盐[$Fe_3(PO_4)_2$]膜层。这一过程可以明显加速产品上的油膜与基体的分离。在一定的酸性条件下，产生如下反应：

$$FeO + 2H_3PO_4 == Fe(H_2PO_4)_2 + H_2O \qquad (4-8)$$

$$Fe(H_2PO_4)_2 == FeHPO_4 + H_3P_4O \qquad (4-9)$$

$$3FeHPO_4 == Fe_3(PO_4)_2 + H_3PO_4 \qquad (4-10)$$

$$3Fe + 2H_3PO_4 == Fe_3(PO_4)_2 + 3H_2 \qquad (4-11)$$

由上述反应式可以看出，由于二代及一代磷酸盐不稳定，易发生分解，磷酸不断被还原，所以磷酸几乎不消耗。同时，在钢铁表面形成一层不溶于水的 $Fe_3(PO_4)_2$ 和 $FeHPO_4$ 膜层。上述过程会加速油膜的分离，可以观察到在钢基体表面形成大量的微细的油珠，随之分离上浮。因此，磷酸基的脱脂液除油效果明显优于盐酸的去油-酸洗一步法处理液。

3. 以磷酸为基的酸性脱脂液的特点

以磷酸为基的酸性脱脂液的特点，除了具有良好的脱脂能力外，更为主要的优点是：

① 该酸性脱脂液的使用寿命非常长。从理论上说是无期限的，国外资料介绍为20年以上，无须更换槽液，只要滤出漂浮物及少量的泥状物即可。

② 酸性脱脂后不需要水洗，转入下一道正常布置的酸洗除锈工序。在酸性脱脂液中，仅有微弱的除锈功能。若紧固件表面锈蚀较轻微，也可以不再进行酸洗，这些特点很重要，它可以省去除油的水洗工序及酸洗工序，为实现无漂浮水前处理工艺打下良好的基础。

③ 各种脱脂方法技术经济性指标对比（见表4-5）。

表 4-5　酸性常温脱脂与其他脱脂技术经济指标对比

项目	酸性常温脱脂	中温碱性脱脂	常温碱性脱脂	除油酸洗一步法
溶液使用年限	20年以上	不超过半年	不超过半年	三个月
脱脂效果	>20℃时,好	50～70℃时,好	>20℃时,好	较差
能源消耗	无	较高	无	无
化学药品成本	较高	较高	高	较高
是否需水漂洗	不需要	一道热水,一道冷水	两道水洗	两道水洗
对酸洗工序的影响	无影响	漂洗不彻底	漂洗不彻底	—
废液处理	仅过滤沉渣	中和后排放	中和后排放	中和后排放

第四节　钢丝热镀锌前的酸洗除锈

钢丝酸洗是指钢丝浸入到酸液中，依靠界面化学反应来去除钢丝表面残留的氧化皮、锈斑的过程。由于钢丝所使用的热轧盘条在生产过程中已去除表面的氧化皮层，所以这里的酸洗有两个作用：一是去除表面残留的氧化层、锈斑；二是起对表面预活化的作用。

一、钢丝酸洗除锈的种类

1. 机械除锈

不论是低碳钢或是高碳钢丝经过脱脂、热处理或低温灼烧后表面均有一层氧化铁皮，放置时间过长的钢丝表面还会生成锈蚀物质。常见的钢丝上面的氧化物有氧化亚铁（FeO）、含水三氧化二铁（$Fe_2O_3 \cdot nH_2O$，橙红色）等，这些东西附着在钢丝表面是不能进行热镀锌的，它的存在使得热镀锌无法进行，因此要去除干净。去除钢丝表面的锈蚀的方法有化学除锈、保护气体无氧化热处理除锈和机械除锈。从环境保护角度来说，应采用机械除锈，从经济角度来说，应采用化学除锈。

机械除锈虽然有利于环保，在盘条的拉拔上应用较多，且效果比较明显，逐步代替酸洗除锈工艺，但对于钢丝热镀锌之前的除锈有它的限制性。其不能适用所有产品，但有希望可替代化学除锈，减少环境污染，适用于特殊性和高附加值的产品。

2. 化学除锈

现在一般常采用的酸洗方法仍然为盐酸洗或硫酸洗。两种酸洗各有其特点。硫酸洗速度比冷盐酸快，而且回收硫酸所用的设备也比较便宜，同时有利于污水处理；另外，硫酸的价格比盐酸便宜，但硫酸酸洗时需要加热到 $60 \sim 65 ℃$ 才能达到较高的酸洗速度，硫酸是强氧化性酸，操作时要谨慎一些。但硫酸除锈后钢丝表面呈灰黑色较盐酸除锈后的表面灰白色来说，不便于确认是否除锈彻底。盐酸酸洗相应具有工艺简单安全，而且酸洗速度快、溶液溶解度大、更换时间长、残酸低，处理后容易达到水、渣分离，环境污染小，使用时不需要加温，钢丝酸洗后表面质量便于辨别；基于以上的优点，开发出了盐酸常温除锈新技术。因此，盐酸酸洗在热镀锌钢丝中运用得较为普遍一些，但是盐酸的运输和储存需要特殊的容器。

二、钢丝除锈机理

酸洗除锈机理有酸洗液与氧化物的反应和酸液与钢基体的反应两个方面。

（1）与氧化物的反应。酸洗常用的酸（HCl、H_2SO_4 等）对 Fe_2O_3 的溶解作用并不大，对 Fe_3O_4 的溶解度还要小些，因此，它们不是直接溶解于酸而主要是因为它们和铁基体之间的 FeO 先被溶解，才使其上的 Fe_2O_3、Fe_3O_4 因失去和基体的附着而被脱落下来。其反应过程如下。

① 酸液沿着 Fe_2O_3 和 Fe_3O_4 相层的缺陷处（如微细裂纹）进入 FeO 并与之进行溶解反应。

② FeO 相层的生成热较低，稳定性差，它在酸液中的溶解速度较快，酸与 FeO 反应物

为二价铁盐，它们在酸液中的溶解度很高，有利于反应的进行；而酸与 Fe_2O_3 及 Fe_3O_4 的反应物为三价铁盐，在酸液中的溶解度很低，故反应缓慢。

（2）酸液与钢基体的反应。在酸液与钢基体表面的氧化物接触的过程中，由于氧化皮的结构和厚度不均匀及缺陷的存在，酸液会逐渐与钢基体直接接触，发生置换反应，并产生大量的氢气。这部分氢气产生的膨胀压力，将氧化铁皮从钢基体上剥离下来。

（3）当铁与酸作用在铁溶解的同时，首先生成氢离子，它具有很强的还原能力，会将三价铁的氧化物还原成二价铁的氧化物，有助于氧化物的溶解。

（4）裸露的基体金属的溶解，会引起产品尺寸改变，可能发生过腐蚀现象，并导致酸液的无谓消耗。

（5）溶解铁时所析出的氢向铁基体内部扩散，会产生有害的氢脆现象。为了减轻这种不利影响，通常在酸液中添加一定数量的缓蚀剂，并尽量缩短酸洗时间。

三、钢丝酸洗工艺和操作

在钢丝热浸镀中，常用的酸主要是盐酸和硫酸，两种方法各有优缺点。

1. 使用盐酸酸洗

（1）盐酸性质。盐酸分子式为 HCl，纯 HCl 为无色、有强烈刺激气味的气体，其水溶液即为盐酸。工业盐酸中因含少量的铁、氯等杂质，外观为微黄色透明溶液。按照 GB/T 320—2006 规定，合格品含酸量应在 $\geqslant31\%$，相当于 358g/L，相对密度 1.158。浓盐酸在空气中发烟，在空气中浓度达到 0.004％时即影响呼吸，对动植物有害；盐酸能与许多金属反应，如铁、锌等，放出氢气形成金属氧化物（与金属氧化物形成金属氯化物和水）。

（2）盐酸酸洗化学反应过程：

$$FeO+2HCl \Longrightarrow FeCl_2+H_2O \tag{4-12}$$

$$Fe_2O_3+6HCl \Longrightarrow 2FeCl_3+3H_2O \tag{4-13}$$

$$Fe_3O_4+8HCl \Longrightarrow 2FeCl_3+FeCl_2+4H_2O \tag{4-14}$$

$$Fe+2HCl \Longrightarrow FeCl_2+H_2\uparrow \tag{4-15}$$

（3）盐酸酸洗的浓度要求。盐酸溶液通常按浓度 15％～18％（或 160～200g/L）配置，即浓盐酸∶水＝1∶1，并定期补加新酸以维持一定浓度范围。

盐酸酸洗有一个重要特点，即必须在酸洗中含有一定量的亚铁离子方能达到最佳效果。见图 4-6。

从图 4-6 酸洗曲线中可以看出，只有当 HCl 与 Fe^{2+}（或 $FeCl_2$）含量处于一个适当的对应值时，才能具有最快的溶解速度，取得最佳酸洗效果。如果铁离子超过最佳值之后，$FeCl_2$ 在酸液中处于过饱和状态，酸洗速度减缓。

新配溶液起始阶段 $FeCl_2$ 含量较低，酸洗速度不是很快。产生这种情况的原因是 $FeCl_2$ 具有一定除锈能力，当 $FeCl_2$ 含量达到 80～90g/L 酸洗速度最高，随后又有所降低。酸洗随使用时间的延长 $FeCl_2$ 含量不断升高。当 $FeCl_2$ 含量达到 250～300g/L 盐酸浓度低于 70～80g/L，此时酸液应予以更换。在此期间，应按照酸洗曲线调整酸浓度，方可取得最佳酸洗效果。当酸液温度降低时，曲线向左下方移动，上述影响更加明显。盲目追求高浓度酸洗是不科学的，酸的浓度增加，$FeCl_2$ 饱和浓度随之降低，不利于铁及其氧化物的溶解。

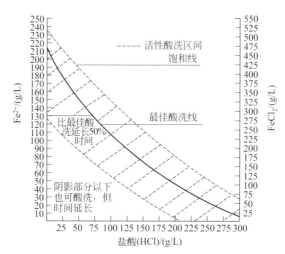

图 4-6　盐酸酸洗 HCl 与 Fe^{2+} 变化曲线（酸洗温度 20℃）

2. 使用盐酸酸洗的要素

（1）温度的影响因素。盐酸酸洗的温度应不低于 15℃，否则酸洗速度明显降低，最佳酸洗温度为 18～21℃。钢管的盐酸酸洗通常不加温，其酸洗速度也能满足钢管热镀锌生产速度的要求。

（2）酸洗温度与时间的关系。影响钢丝表面酸洗速度和效果的因素为盐酸浓度、酸液温

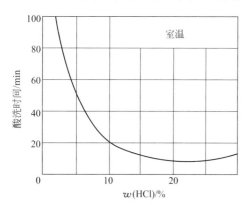

图 4-7　酸洗温度与酸洗时间的关系曲线

度和酸洗时间。在室温下的盐酸溶液中，酸洗时间与酸洗液浓度之间的关系见图 4-7。由图 4-7 可见，当温度一定时，随着酸洗液质量分数的提高，酸洗时间变短。试验表明，当温度为 25～35℃ 和盐酸浓度为 15%～20% 时，可达到较快的酸洗速度。

实际上，酸洗液温度对酸洗时间有显著影响。提高酸液温度，可以提高酸洗速度，但不能为提高酸洗速度而随意提高酸液温度。因为在较低的温度时盐酸的蒸气压已经相当大，并且随温度升高还要继续迅速增加，产生大量的酸蒸气而影响环境，同时增加酸的消耗量，所以盐酸洗一般应该是在室温下进行。可以延长酸洗时间来达到酸洗效果。如图 4-7，20℃、40℃ 以及 60℃ 下，酸洗液平均酸洗时间的比例大约为 12∶3∶1。

3. 酸液缓释剂的应用

（1）缓蚀抑物剂的应用。酸洗的目的在于除锈，而不能腐蚀钢丝基体。过量的酸洗会使钢丝表面变得粗糙，从而影响热镀锌质量。故酸洗时通常加入酸液抑制缓蚀剂。酸液抑制缓蚀剂是一种当它以适当的含量和形式存在于介质中时，可以防止或减缓钢丝在介质中腐蚀的化学物质。在腐蚀环境中，添加少量的这种物质，便可以有效地抑制钢丝的腐蚀。

钢丝在酸洗过程中，产生的氢气逸出时，会明显加速酸雾的挥发，并会使钢铁产生氢脆，人们希望酸在和氧化铁皮、锈蚀反应时，尽量减轻对钢铁基体的腐蚀，那么只有加入微量的缓释剂才能解决。

（2）缓释剂的作用机理。在钢丝酸洗溶液中添加的抑制缓蚀剂，一般要求具备下列条件：在高温高浓度溶液中是稳定的，抑制酸雾挥发、缓蚀效果好，不影响钢丝的酸洗速度；配制简便，含量易于控制，废液易于处理，价格便宜。

① 缓释剂的作用机理一般可简单认为，缓释剂是一种带负电荷的极性分子化合物，钢铁裸露部分（呈阳性），会从中吸附一层难溶的保护膜，阻断酸液与钢基体的接触，达到缓蚀目的。

② 抑雾剂作用的机理，在酸洗过程中，能够在酸液表面形成密集连续的泡沫层，从而减少酸雾逸出。通常配置或购买一种药剂，会同时具备缓蚀与抑雾两种作用，酸液中缓释抑雾剂的用量一定要适当，过少时作用不明显；过量时，会降低酸洗速度或形成过多的泡沫，影响后续的水洗工序。正确使用缓蚀抑雾剂，可以明显降低酸的消耗，从而降低酸洗成本。几种常用的酸洗缓蚀剂见表4-6。

表 4-6　几种常用的酸洗缓蚀剂

名称	主要成分	适用溶液的质量分数/%	使用质量分数/%	缓蚀效率/%	使用温度/℃
若丁	二邻甲苯基硫脲、平平加	HCl　18以下 H_2SO_4　20以下 H_3PO_4	0.2～0.5	＞95	＜60
乌洛托品	$C_6H_{12}N_4$	HCl　10 H_2SO_4　10	0.3～0.05	70～89	40
硫脲	CH_4N_2S	H_2SO_4　10 H_3PO_4　10 HCl	0.1～0.3	74～93	60
FH-1 酸洗缓蚀剂	石油副产品提炼的含氮化合物	H_2SO_4 H_3PO_4　HNO_3 HCl　HF	1～1.5	98	60～100
沈 1-D	苯胺与甲醛的缩合物	HCl　10	0.5	96	50
FH-2	石油副产品提炼的含氮化合物	HCl　10 H_2SO_4　HF	0.4～1.0	99	70

（3）缓蚀剂的使用量和种类。缓蚀剂的用量取决于钢丝的材质、酸洗液的组成及操作浓度和温度，以及去除物的性质。在一定范围内，缓蚀效率随含量增加而提高，但达到一定数值后，含量增加，效率不再提高，各种缓蚀剂在各种酸洗液中都有一个含量极限，一般使用的质量分数以 0.5%～1.0% 为宜。酸洗液温度提高，缓蚀剂的缓蚀效率下降，甚至失效。酸洗液的使用时间增长，缓蚀剂的缓蚀效果也会下降，因此，需要定期向酸洗液中补加缓蚀剂，使其缓蚀效率维持在工艺要求的水平上。

在钢丝热镀锌生产中，为提高酸洗速度和防止酸雾逸出可添加酸雾抑制剂。最常用的酸雾抑制缓蚀剂的含量一般为：葡萄糖酸钠 0.42g/L，十二烷基硫酸钠 0.034g/L，草酸 0.5%　磷酸 6%，乌洛托品（六次甲基四胺）0.5g/L，OP-10 0.035g/L，1,4-丁炔二醇 0.30g/L。

下面是三种盐酸常温使用的缓蚀抑雾剂的工艺配方。

配方 1：

① 六次甲基四胺　19.7%；② 冰醋酸　1.3%；③ 苯胺　79%。

配置过程是：依次放入反应器，均匀搅拌进行缩合反应，排出氨气后静置即可。酸洗使用量 3～5g/L。

配方 2：

① 六次甲基四胺　0.1%～0.35%；② X-102　0.05%～0.1%；③ SDS　0.05%～0.1%；④水：余量。

配方 3：

① 聚乙二醇　0.2%；② 十二烷基硫酸钠　0.3%；③ OP-10　0.6%；④ 柠檬酸　0.8%；⑤ 水　余量。

实践证明，当盐酸酸液温度低于 15℃ 时，不宜使用乌洛托品，否则酸洗速度会明显减慢。

4. 钢丝酸洗操作注意事项

在对钢丝酸洗操作时一定要注意以下几个方法。

（1）酸洗液的浓度。钢丝酸洗速度快慢不仅考虑酸洗液的浓度，而重要的是决定于 $FeCl_2$ 在该盐酸浓度下的饱和程度。在生产中对盐酸的浓度范围控制得过宽、过窄对生产都带来一定的难度。推荐使用盐酸浓度在 8%～15%，酸液相对密度 1.35～1.20，$FeCl_2$ 含量高。

（2）亚铁盐的饱和浓度。一定的盐酸浓度在相同温度下具有一定的 $FeCl_2$ 饱和度，适量的 $FeCl_2$ 会强化酸洗，缩短酸洗时间，这是因为盐酸中的铁盐易溶于水，铁离子的增加会使溶液中的电化学反应能力增加。当盐酸浓度达到 10% 时，$FeCl_2$ 饱和度为 48%；当浓度达到 31% 时，$FeCl_2$ 饱和度只有 5.5%，同时 $FeCl_2$ 饱和度随着温度上升而增大。

综合考虑，钢丝直径小时，盐酸浓度可相应取低值，$FeCl_2$ 含量可高一些；钢丝直径较大时盐酸浓度可取高值，$FeCl_2$ 含量可低一些。在配置新盐酸溶液时，最好加入一些旧盐酸溶液，使其氯化铁 $FeCl_2$ 的含量在 10g/L 左右，这样可以加快酸洗速度。

四、电解酸洗除锈

1. 电解酸洗除锈方法和优点

电解酸洗是将钢丝当作阴极（或阳极），用铅板作为阳极（或阴极），在酸洗液中通过电流，利用阴极产生的氢气（或阳极产生的氧气）对钢丝表面的氧化铁皮的撕裂作用加快酸洗速度。阴极酸洗速度快，不会过酸洗，但有可能发生氢脆。阳极酸洗虽不会发生氢脆，但酸洗速度较慢。通常情况下电解酸洗是在室温下电解，如需要提高酸洗速度，则可升高电解液温度。尽管电解酸洗会释放出大量的氢气，但由于酸洗时间短，因此，造成的"氢脆"的危险性不太大。它有如下优点：①缩短酸洗时间；②减少酸的消耗（约 5%）；③减少钢丝的消耗；④减少氢脆性。

其不足之处是：①要消耗电能；②必须更仔细地控制好酸的温度和浓度；③要求保持良好的电接触。

2. 电解酸洗液工艺条件

钢丝通过电解槽时，钢丝与电解槽中的铅极板形成数对阴阳极，使钢丝在运行中不断变换阴阳极，也就是不断腐蚀、活化、再腐蚀、再活化，最后腐蚀，达到去除钢丝表面锈蚀的目的。这种在同 1 根钢丝上出现数对阴阳极的现象称为双极性电解现象。一般情况下，这较直接使用单一盐酸节省酸30％左右，其电解酸洗液工艺条件如下。

① 盐酸（工业级）：40～100g/L；　　　⑤ 阳极电流密度：2～2.5A/dm²；

② 磷酸（工业级）：10～18g/L；　　　⑥ 阴极电流密度：5～10.0A/dm²；

③ 氯化亚铁：≤25g/L；　　　　　　　⑦ 温度：室温；

④ 添加剂：4～8g/L；　　　　　　　　⑧ 时间：1～1.5min。

采用的极板是（含锑5％～10％）铅锑合金板；漂洗的方式为溢流漂洗。

3. 电解酸洗注意要点

钢丝通过的电解时间长，电流密度要小，反之则要大。酸洗时，钢丝出槽时设为阳极，如果是阴极，电解液中的Fe^{2+}多了，钢丝上就会镀上铁，会影响镀锌层和钢丝基体的结合力，因此既要使钢丝出槽前为阳极，也要控制电解液中的Fe^{2+}的含量，多了就要更换酸洗溶液。另外电流密度要合适，密度高，钢丝表面就会挂"黑灰"多，影响结合力；电流密度低，浸蚀不够，也同样影响结合力。此时可以在清水漂洗槽出线端堆放一道沙坝，当钢丝通过沙坝时既可洗掉残酸，也能把"黑灰"刮去一大部分。

4. 使用酸洗液添加剂的作用

酸洗液添加剂是一种适用于防止钢丝因酸洗过腐蚀的缓蚀剂，不会妨碍氧化铁的酸洗效率，又能有效地阻碍氢原子向钢铁基体内部扩散，防止造成过腐蚀；同时能减少氢气的产生量，延长酸洗液的使用寿命。采用溢流漂洗方式的好处是酸洗液对钢丝具有相对的冲刷作用，同时杂质不易黏附在钢丝表面。

作为溢流酸洗槽与电极板为一体的导体使用一段时间后，其表面也会逐渐沉积一定量的污垢，输出电流密度将会逐步减小，酸洗效果变差，甚至脱除不掉铁锈，此时应将电极板表面的污垢清除掉，或定期对电极板轮换清理。通电的时间随钢丝表面的氧化铁皮的情况而定。

五、硫酸酸洗除锈

1. 硫酸的性质

（1）硫酸的性质。工业硫酸（H_2SO_4）呈无色至微黄色，透明的油状液体，有很强的吸水性，可与水以任何比混溶，并大量放出热，为无机强酸，腐蚀性很强，稀释时只能注酸入水，切不可将水加入酸中，以防飞溅。低于76％的硫酸与金属反应将放出氢气。合格品含酸量应在92.5％～98％之间，相当于1689～1799g/L，相对密度1.488～1.50。

（2）硫酸的酸洗机理。硫酸去除氧化皮化学溶解过程如下：

$$FeO + H_2SO_4 = FeSO_4 + H_2O \tag{4-16}$$

$$Fe_2O_3 + 3H_2SO_4 = Fe_2(SO_4)_3 + 3H_2O \tag{4-17}$$

$$Fe_3O_4 + 4H_2SO_4 = Fe_2(SO_4)_3 + FeSO_4 + 4H_2O \tag{4-18}$$

$$Fe + H_2SO_4 = FeSO_4 + H_2 \uparrow \tag{4-19}$$

2. 硫酸酸洗的工艺

（1）硫酸酸洗的工艺条件。见表4-7；酸洗温度60～80℃。

酸液浓度高时，使用温度选择下限；酸液浓度低时，使用温度选择上限。可加入适量的缓蚀抑雾剂，如若丁和多种表面活性剂配合使用。

表 4-7　硫酸酸洗工艺条件

酸洗中 $FeSO_4$ 含量/(g/L)	应保持的含酸量/(g/L)	备注
80 以下	150～180	可不加新酸
80～120	150	更换旧酸
120～160	100	

（2）硫酸酸洗的操作。可参照盐酸酸洗，但因为在较高的温度下作业，所以更应该注意人身安全，注意不要造成过酸洗。

六、盐酸与硫酸酸洗技术参数的对比

1. 盐酸和硫酸酸洗浓度与酸洗速度关系

盐酸和硫酸酸洗浓度与酸洗速度的比较，硫酸溶液的浓度与盐酸溶液的浓度对钢丝的酸洗速度是不一样的。当使用硫酸溶液来酸洗钢丝时，最适宜的浓度为 10%～20%，可在一定的温度下保持较高的酸洗速度。如果浓度太高，反而会降低酸洗速度。我国生产的工业用稀硫酸浓度在 65% 左右，工业用浓硫酸浓度为 92.5%～98%。所以，使用的时候需要进行稀释后才能使用。

当使用盐酸溶液来酸洗钢丝表面锈蚀的时候，使用的工业盐酸浓度是 29%～30%，所以在对钢丝酸洗的时候，要预先对浓盐酸进行稀释后，才能使用；使用的浓度在 15%～18% 为宜。从长期对钢丝热镀锌之前的酸洗速度经验看，它们的浓度的不同直接影响着酸洗速度，表 4-8 为钢丝在不同浓度的硫酸和盐酸溶液中的酸洗速度。

表 4-8　钢丝在不同浓度的硫酸和盐酸溶液中的酸洗速度

序号	盐酸浓度/%	酸洗时间/min	硫酸浓度/%	酸洗时间/min
1	2	90	2	135
2	5	55	5	135
3	10	18	10	120
4	15	15	15	95
5	20	10	20	80
6	25	9	25	65
7	30	—	30	75
8	40	—	40	95

2. 盐酸和硫酸酸洗温度与酸洗速度的比较

当使用硫酸溶液酸洗钢丝的时候，应用较高的酸洗温度才能达到较快的酸洗速度。一般采用的酸洗温度为 50～65℃。当硫酸溶液的浓度很低的时候，则可以把温度升高到 65～75℃ 以获得较快的酸洗速度。但是要注意，如果硫酸溶液中添加有缓蚀剂，则不允许温度过高，否则会破坏其缓蚀效果。

当使用盐酸溶液对钢丝酸洗的时候，一般对溶液不予加热，除非是严寒的冬季，环境温度在 5℃ 以下的时候可以对盐酸溶液加热，才能满足钢丝热镀锌的生产要求，在正常气温条件下，如需要对盐酸溶液加热，一般情况下要控制在 35～45℃，尽管酸液中添加了酸雾抑制剂，但是还会有大量的酸雾逸出，污染车间环境。

表 4-9 是钢丝在不同温度的硫酸和盐酸溶液中的酸洗速度的对比。

表 4-9　钢丝在不同温度的硫酸和盐酸溶液中的酸洗速度

盐酸溶液浓度 /%	酸洗时间/min			硫酸溶液浓度 /%	酸洗时间/min		
	18℃	40℃	60℃		18℃	40℃	60℃
5	55	15	5	5	135	45	13
10	18	6	2	10	120	32	8

综合以上对两种酸液对钢丝的酸洗时间和酸洗速度的分析比较，见表 4-10。

表 4-10　盐酸和硫酸酸洗的比较

特性指标	盐酸	硫酸
常温下使用的酸洗速度	能有效除去氧化皮及铁锈	去除缓慢
槽液中亚铁离子影响	允许较高溶解度，Fe^{2+} 可达 110g/L（相当于 $FeCl_2$ 250g/L）	$FeSO_4$ 80g/L 时，酸洗能力降至最低，再增加，影响不大。允许使用浓度为 160g/L
对过腐蚀和氢脆的影响	较小（在常温下使用时）	较大（在高温下使用时）
可清洗性	$FeCl_2$ 溶解性好，容易水洗。酸液表面状态好，呈浅灰色。采用冷水清洗	$FeSO_4$ 溶解性差，易在钢基体表面形成沉淀物，使清洗后表面状态不良。应先用热水清洗为宜
对厚氧化皮的剥离作用	作用弱，仅占氧化皮总量 33%	作用强，可占氧化皮总量 78%
酸液的可除油性	差	较强
使用危险性	低	高
酸液成本	高	低
废酸回收	较难	较易

综上所述，与硫酸酸洗相比，盐酸酸洗优点是：在常温下对氧化铁皮和铁锈具有较强溶解能力，酸洗速度快，对钢铁基体的溶解量较小，钢铁表面上的酸洗反应物容易清洗干净，从而保证了酸洗质量。产品产生的氢脆倾向比硫酸要小得多，能有效降低产品的氢脆倾向。所以，钢丝热浸镀生产的酸洗工艺多采用盐酸酸洗工艺。

七、酸洗液浓度与温度的最佳控制

所谓酸洗溶液的最佳浓度和温度，是对获得最高的酸洗速度而言。但是，一般在钢丝热镀锌生产中，如以酸洗作为钢丝表面处理时，则都是采用盐酸或硫酸。因此，由于采用的酸洗溶液不同，其最佳浓度和温度也是不同的。当提高酸洗溶液的浓度时，盐酸溶液比硫酸溶液对钢丝的酸洗速度要快得多。当浓度从 2% 增大到 25% 时，盐酸溶液的酸洗速度就增大了 10 倍，而硫酸溶液的酸洗速度仅增加了约一倍，当硫酸溶液的浓度大于 25% 后，酸洗的速度反而下降了。

当提高酸洗溶液的温度时，硫酸溶液比盐酸溶液对钢管的酸洗速度要快一些。当硫酸溶液的温度从 18℃ 增加到 60℃ 时，其酸洗速度增快了 10.4～15 倍，而盐酸溶液的酸洗速度只增加了 9～10 倍。因此，当使用硫酸溶液来进行钢管的酸洗时，则浓度以 10%～20%、温度 50～70℃ 时为好，当使用盐酸溶液对钢管酸洗时，则浓度以 18%～25%，温度在 30～40℃ 为好。

实际上，盐酸在低于 15℃ 时的酸洗速度是很慢的。合适的酸洗温度是 18～21℃。氧化铁皮和酸之间的化学反应能产生足够的热量来保持酸液温度。但是，在天气冷时，经过一晚之后酸液就会冷却到15℃以下，假如不供热，则需要很长时间才能达到合适的酸洗操作温度。因此，为了保持足够的酸洗速度，建议对酸洗液预先加热。最简单的方法是直接通蒸汽进行加热，电加热器也可用来加热盐酸，但由于是用于酸性条件下，需要用塑料或石英套管保护起来。

八、盐酸酸洗液中氯化铁对钢丝酸洗的影响

我们已经知道用盐酸溶液对钢丝进行酸洗，这样可以获得较快的酸洗速度和洁净的表面，但是在酸洗过程中，钢丝基体与盐酸反应生成了氯化铁（$FeCl_3$）和氯化亚铁（$FeCl_2$），氯化铁是一种腐蚀剂，能提高酸洗速度。所以要获得较高的酸洗速度，可在配制新酸液中加入一定量的旧盐酸。参见图4-8。从图4-8中我们可以看出当钢丝在盐酸溶液中酸洗时，其速度随氯化铁含量的增加而加快，但是当氯化铁含量一旦达到16%时，酸洗速度就逐渐下降，由试验证明此时的盐酸溶液中氯化亚铁（$FeCl_2$）已经阻碍了酸洗速度。而当达到一定值时，氯化亚铁（$FeCl_2$）会开始结晶而黏覆于钢丝表面上。此时如果漂洗不干净，将影响镀锌的黏覆性能。

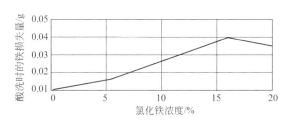

图4-8　盐酸溶液中的氯化铁含量对酸洗速度的影响

研究发现，在不含铁的酸洗液中，随着酸含量的增加，酸洗速度会随着提高；而当酸洗溶液中铁含量逐渐升高时，溶解速度也会在一个有限范围内提高，这取决于酸的质量分数；当溶液中的铁高于某一含量后，酸洗速度会剧烈下降。有经验的操作者在配置新酸洗液时，往往会在溶液中加入少量的含铁量高的旧酸，以加快酸洗速度。

当酸洗液中铁盐含量达到150～200g/L时，虽然酸槽里含有一定量的游离酸还可以使用一段时间，但酸洗速度将大大减缓，此时，不能再添加新酸了，只能将其全部处理掉。

铁盐，无论是氯化铁和氯化亚铁（$FeCl_2$）还是硫酸亚铁，当它们存在于酸洗液中时，由于其含量的不同有利也有弊。例如：在用硫酸酸洗时，酸洗的速度会随着溶液中含铁量的增加而减慢，尤其是当硫酸溶液的浓度为10%左右，硫酸亚铁含量在80g/L范围内时酸洗速度会急剧减慢。如果当硫酸溶液中含有10g/L的铁盐时，钢丝表面会比较正常，不会出现难看的黑色薄膜。但是一旦铁盐含量更高时，除了减缓酸洗速度之外，会释放出较多的氢气（H_2）而扩散到钢基体中而使镀锌层产生不良的影响。其化学反应式为：

$$H_2SO_4 + Fe \rule[0.4ex]{1.2em}{0.4pt} FeSO_4 + H_2 \uparrow \tag{4-20}$$

随着铁盐的增加，黏附在钢丝表面上的铁盐数量也就越多（一般情况下约有7g/m² 左右），因为1份铁盐能使25份的金属锌变为锌渣，这样就使锌消耗增加。此外，在钢丝表面上没有除去铁盐的地方，其表面上产生的铁-锌合金层（一般是脆而厚且容易脱落），如果镀锌后的钢丝长期暴露在空气之中，则容易生白锈。因此，一般把硫酸溶液中的铁盐含量限制在200g/L以内。

第五节 钢丝脱脂、酸洗后的水清洗

钢在钢丝热镀锌前处理脱脂、酸洗的设计和管理中，最后的水清洗和干燥往往不被人们所重视，但事实上其重要性与前面所叙述的各道工序相比有过之而无不及，碱洗脱脂、酸洗除锈之后的水洗工序主要是用来清洗掉钢丝经碱洗、酸洗后黏附在钢丝表面上的杂质，以防止交叉污染。带进下一道工序助镀溶剂当中。不认真地清洗这些杂质，无疑是得不到良好的热镀锌层的。因此，水清洗是成功前处理的一个重要步骤，可以说是起到事半功倍的作用。在实际生产中，水清洗工艺及清洗的效果常常被忽视，没有给予应有的重视，往往直接造成过多消耗酸洗液和助镀溶剂的提前老化。

钢丝在酸洗后从酸洗槽中出来以后，表面上黏附有残留的酸洗液和铁盐等杂质，这些污物都对热镀锌十分不利，所以必须立即将钢丝放在流动的冷水中或热水中进行清洗。据测定数据显示，当采用盐酸溶液酸洗时，铁盐的含量为 $2.3g/m^3$，若采用硫酸溶液酸洗钢丝时，铁盐的含量为 $7g/m^3$，如果钢丝在酸洗后进行水清洗，则钢丝表面上的铁盐黏附量可下降到 $0.5\sim1.0g/m^3$。由此可见钢丝酸洗除锈以后的水清洗是非常必要的。

一、水清洗的设备和方法

1. 水清洗的设备

（1）水清洗的设备。钢丝清洗脱脂、酸洗掉残存在其表面上的杂质，需要在钢丝生产线上的脱脂、酸洗后面都需要分别设置 1~2 个清洗池，用来清洗钢丝表面上残留的碱性脱脂液、酸洗液杂质与铁盐。由于钢丝走线速度一般都比较快，仅靠碱洗后的一个清洗槽，酸洗后的一个清洗槽漂洗掉钢丝表面残留的碱液和亚铁盐效果比较差。根据这个情况应在碱洗后增加一个热水清洗槽和一个清水槽（室温），增加热水洗是因为经过化学脱脂后的钢丝，表面有一层未脱落的污物，需要用热水把污物进一步溶解才能冲洗干净。

（2）酸洗后亦应设置有分别的两个水洗槽，这样才能把钢丝表面残留的碱液、铁盐清洗干净，清洗槽一般设置长度在 2~3m 为宜。并克服清水顺着钢丝走线方向从水洗槽一端上面注入，又从另一端上面溢出，或者水一边进又在同一边出的现象，提高钢丝表面清洗效果，并提高清洗水的利用率。用清水冲洗时需要保持水量充足，做到清水逆钢丝运行方向流动进行溢流清洗为佳。

2. 清洗水的质量

清水池清水亦必须干净，水清洗槽下面应设置排除杂质、污物的排放口，便于清洗底部的污物。一般进水管水口安装在水槽的中下部，便于净化水质。为了增强清洗钢丝表面黏附的污物，需要在脱脂、酸洗后的水洗槽压线辊侧下面放置具有一定厚度的、耐摩擦的、具有增强清洗效果的石英砂坝，石英砂粒度在 8~10mm 为宜；加强清洗效果。清洗水的温度一般控制在 15~25℃ 为好。并应注意控制 pH 值。

3. 水清洗的要点

对于强化碱洗、酸洗后的水洗的措施，水漂洗过程主要有以下几方面的积极意义。一是防止碱、酸、助镀剂反应液交叉污染；二是钢丝产品自身品质的要求；三是水洗技术的好坏也影响到表面处理用药品的消耗量。如脱脂液没有漂洗净，就进入酸洗槽，这样最终导致盐酸槽内的盐酸有效浓度降低；酸洗液没有漂洗干净，就带入助镀溶剂，将使助镀溶剂酸度升高，加大铁离子的溶解度，由钢丝带进锌液后，将使锌液变为黏稠，增大锌渣的生成量。如何提高水洗效率，改善水洗效果，是热镀锌前处理的一个重要课题。

漂洗用的水洗槽及附带装置。目前通用的材质使用 PVC 等居多。而热水槽需使用耐热 PVC。水洗槽直接给水或喷淋给水时通过配备水泵确保给水水量和压力。也有用空气强化搅拌水，增强漂洗能力的。

二、创新工艺的运用

在现代钢丝热镀锌生产线脱脂、酸洗、水清洗工序设计中，为了较好地清除钢丝表面残留的碱液、酸液、清洗水，在钢丝生产线上在钢丝的托线辊的钢丝前进方向上放置多组多排耐磨橡胶刷子，如图 4-9 所示。在生产线上对每根钢丝都配备了高压空气喷吹气嘴，如图 4-10 所示。使用时将钢丝从喷嘴中间的孔通过，中间的孔的直径是根据钢丝直径的大小设计的；高压空气的压力为 $0.2 \sim 0.5 \mathrm{MPa}$，高压空气通过图示中间的小孔进入喷嘴中间的孔道，该孔与钢丝表面呈 45°。类似于气刀的喷吹嘴安装在走线钢丝的上面，逆向喷吹钢丝表面残留的碱液、酸液和水。使钢丝表面基本上无残留的碱、酸液和水分。

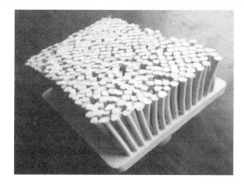

图 4-9　耐磨橡胶刷子

图 4-10　高压空气喷吹气嘴

钢丝用清水进行漂洗时，要注意漂洗水中的铁盐含量，如果清水洗中的含酸量及铁盐含量过高都会使钢丝在热镀锌时产生不良影响。因此一般规定清洗和冲洗水中的含酸浓度不应超过 $3.0 \mathrm{g/L}$，铁盐含量不超过 $3.7 \mathrm{g/L}$。有些国家规定含酸浓度在 $4 \sim 5 \mathrm{g/L}$，铁盐含量在 $6 \sim 8 \mathrm{g/L}$。要达到以上要求，需要采用非闭路循环水才能达到，如果采用闭路循环水，就要特别注意其技术指标，同时还要注意处理后的水中的有机物的含量，否则，有可能引起钢丝表面的镀锌质量下降。

第六节　钢丝的溶剂助镀处理

一、钢丝浸粘助镀溶剂

溶剂助镀处理是钢丝热镀锌的前处理中一道重要处理工序，起到具有承前启后的作用，是区别于其他镀覆方法的一种特殊处理。它不仅可以弥补前面几道工序可能存在的不足，还可以活化钢丝表面，提高镀锌质量。它的好坏不仅直接影响镀层质量，还对锌耗成本有很大影响。

早期有许多企业并未采用溶剂助镀，而是往往在钢丝经过盐酸酸洗和完全干燥以后，就直接浸到锌液中进行热浸镀锌。这种操作是不可靠的，容易产生漏镀。另外，会产生较多的锌渣，因此，这种方法已经被淘汰。现在最常用的是采用氯化铵和氯化锌混合溶液做为溶剂来对钢丝进行热镀锌前的助镀处理。

助镀的意义还在于，经过脱脂和酸洗之后钢丝表面虽然洁净了，但钢丝表面的杂质一部分是未被酸溶解的薄氧化铁皮或不溶于酸的钢中夹杂物如 Fe_3C，同时还有酸洗的反应物，即氯化亚铁。钢丝出酸洗池和水漂洗后到进入镀锌锅之前这段时间内，一遇到空气又会被氧化。由于铁的氧化物的存在，将阻止锌、铁两种金属之间的相互扩散，在很短的时间内镀不上锌。为了保证钢丝在经过表面脱脂、酸洗之后，进入热镀锌锅之前不氧化，不生锈，或者有铁的氧化物也能够被迅速去除，必须进行溶剂处理。经过溶剂处理之后，溶剂能够清除在酸洗时沉积在钢丝表面上而未被完全清洗掉的铁盐，同时能溶解钢丝表面上出现的氧化物，能够降低锌液的表面张力，因而促进钢丝的表面被熔锌所润湿。

1. 助镀溶剂的作用

助镀溶剂的作用，溶剂助镀的作用有以下几点。

（1）清洁钢丝表面，去除掉酸洗后钢件表面上的一些 $FeCl_2$、氧化物及其他脏物。使钢丝在进入锌液时具有最大的表面活性。

（2）净化后的钢丝浸入锌液，使钢丝与液态锌快速浸润并发生扩散反应。

（3）在钢丝表面沉积一层盐膜，起到活化作用。

① 低于 200℃ 时，在钢丝表面会形成一层复合盐膜，近似形式为 $H_2[Zn(OH)_2Cl]$，这是一种强酸，从而保证在干燥的过程中钢丝表面无法形成氧化膜而保持活化状态。

② 在 200℃ 以上时，钢丝表面助镀液盐膜中的 NH_4Cl 会在较高温度下分解成 NH_3 和 HCl，此时 HCl 对钢基体的侵蚀占了主导，使钢基体表面不能形成氧化物，保持钢基体的活化状态。故在热镀锌时正确使用含有 NH_4Cl 的助镀剂是很重要的。

（4）可以减少钢丝与锌液之间的温差，对镀锌层质量、产量及镀锌锅的寿命均有利。

（5）溶剂受热分解时（指干法）使钢丝表面具有活性作用及润湿能力（即降低锌液的表面张力），使锌液能很好地附着于钢丝表面的钢基体上，并顺利地进行铁-锌合金化过程。

（6）涂上溶剂的钢丝在遇到锌液时，溶剂气化而产生的气浪起到了清除锌液上的氧化锌，氢氧化铝等的作用。

（7）如果单一采用氯化锌类溶剂，则在镀锌前在钢丝表面上已具备了一层极微薄的铁-锌合金层，有利于成品率的提高，并增强了镀锌层的结合力。

2. 氯化铵的作用

氯化铵的作用：当钢丝浸入锌液的瞬间，钢丝迅速升至一定的温度，钢丝表面、锌液与助镀剂三者之间发生极其复杂的化学反应。

（1）氯化铵的净化作用。氯化铵（NH_4Cl）为白色晶体，相对密度 1.527，加热至 100℃ 开始显著挥发，酸性增强；350℃ 升华，易溶于水，吸湿性强。氯化铵在 337.8℃ 分解为 HCl 和 NH_3，即：

$$NH_4Cl \longrightarrow HCl + NH_3 \tag{4-21}$$

分解释放的氨和氯化氢与钢铁表面的氧化铁及锌液表面的氧化锌发生如下反应：

$$FeO+2HCl+NH_3 \Longrightarrow FeCl_2(NH_3)+H_2O \qquad (4-22)$$

$$ZnO+2HCl+NH_3 \Longrightarrow ZnCl_2(NH_3)+H_2O \qquad (4-23)$$

经过上述反应，使铁与锌液相接触的界面得到充分净化，能够充分接触，反应生成的复合氯化铁铵进一步燃烧而进入锌灰。

（2）氯化铵的活化作用。巴布利克认为溶剂作用的实质不是氯化铵是其分解产物"氯化氢"，并列出了其在浸镀温度下与锌的化学反应：

$$Zn+2(NH_3 \cdot HCl) \Longrightarrow ZnCl_2(NH_3)_2+H_2 \uparrow \qquad (4-24)$$

从式（4-24）中，可以看到，在热浸镀时溶剂在瞬间的高温会产生 H_2，并发生 $H_2 \longrightarrow 2H^+$ 的反应。

通过以上分析，可以看出氯化铵的助镀作用，是通过分解产物氯化氢来实现的，从而达到净化和活化钢丝表面的目的。但是单独采用氯化铵做助镀溶剂使用，钢丝浸粘助镀剂后都要立即烘干，容易返潮；同时烘干温度不能太高，过高的温度会使钢丝表面的涂层烤煳老化，热镀锌时会出现漏镀花斑。

3. 氯化锌的作用

（1）氯化锌的净化作用。氯化锌（$ZnCl_2$）为白色晶体或粉末，相对密度 2.91（高于氯化铵），熔点 283℃，沸点 732℃。易溶于水，潮解性很强。

从上述的氯化锌物化性质，可见在锌液的高温状态下其比氯化铵稳定。由于在加热时不会分解出 HCl，所以，它自身对钢管表面的氧化物溶解能力，要远小于氯化铵，但是，它在溶剂中的稳定性与隔离作用非常重要，长期实践证明：将它们按一定的比例混合使用，才能获得最佳助镀效果。为此引入氯化锌-氯化铵状态图，见图 4-11 所示。

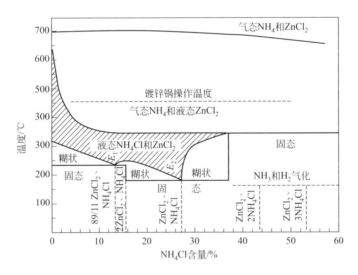

图 4-11　氯化锌-氯化铵状态
图中的斜线表示助镀剂的熔融范围

从图 4-11 中可以看出，在正常热镀锌操作温度下，如温度在 430～440℃溶剂中氯化锌呈液态，而氯化铵呈气态，这样二者混合使用时，熔融氯化锌会覆盖在钢管表面或浮在锌液上，吸收氯化铵分解释放的 NH_3 及 HCl，充分发挥溶剂对钢管及锌液的净化功能，另外，氯化锌的另一作用是抑制氯化铵与熔锌的反应，使其反应速度达到一定值后下降，否则任由它们发生迅速分解，对助镀是不利的。

（2）氯化锌在浸镀前的保护作用。溶剂中的氯化锌，会在钢管表面形成结晶薄膜，其呈弱碱性。这层薄膜在空气中具有良好的隔离作用，能够使较少钢管表面在进入锌液前发生氧化。实际上，助镀剂的最佳 pH 值，主要是依靠加入适量的氯化锌得到的，氯化铵为中性盐，试验表明含氯化锌的混合溶液对钢管表面不仅具有隔离作用，而且具有提高浸润性的功能。

（3）氯化锌对锌液的净化功能，如上所述，氯化锌可以液态形式瞬间存在于锌液之中及锌液表面。锌液内的有害杂质为铁，当它以 $FeZn_{13}$ 形式存在于浮渣中，在较高温度下有如下反应：

$$FeZn_{13} + ZnCl_2 \longrightarrow FeCl_2 + 14Zn \qquad (4-25)$$

其中，$FeCl_2$ 与铁与锌的氧化物一起形成锌灰，通过上述反应，使锌液得到净化。

氯化锌在热镀锌时，虽然有上述优点，但是也不能单独使用，因其黏度较高，浸锌时较不易分解脱落，有可能造成溶剂斑点的出现，与热锌液反应时，不能较多地产生保护钢管基体及驱散锌液表面氧化物质的还原性气体（只有氢气而没有氨气）；钢管粘上溶剂后必须立即进行烘干，不立即烘干将在浸锌之前容易返潮，出现爆锌的情况。综上所述，助镀剂溶剂中的氯化铵和氯化锌各有利弊，表 4-11 列出了助镀剂中氯化锌与氯化铵各自的特性。

表 4-11　助镀剂中各组分的特性比较

特性指标	氯化锌	氯化铵
对镀件的净化、活化作用	较弱（反应慢）	强（反应快）
对锌液的净化作用	很强	弱
在空气中的吸湿性	很强	弱
在锌液中的分解性	不分解	迅速分解
对烘干要求	应进行烘干、温度范围宽些	若烘干，温度不宜高
对助镀剂成本的影响	含量高、成本增加明显	含量高、成本增加较少

（4）钢丝进入锌液后的化学反应方式。钢丝进入锌锅接触锌液面的化学反应如下：
氯化铵与锌液的反应：

$$Zn + 2NH_4Cl \longrightarrow Zn(NH_3)_2Cl_2 + H_2 \uparrow \qquad (4-26)$$

氯化铵与锌液中的氧化锌的反应：

$$ZnO + 2NH_4Cl \longrightarrow ZnCl_2 \cdot NH_3 + H_2O \uparrow + NH_3 \uparrow \qquad (4-27)$$

$$ZnCl_2 \cdot NH_3 \longrightarrow ZnCl_2 + NH_3 \uparrow \qquad (4-28)$$

生成的氨和水蒸气有驱散锌液表面杂质的作用。
溶剂与氧化亚铁的反应：

$$FeO + 2NH_4Cl \longrightarrow FeNH_3Cl_2 + NH_3 \uparrow + H_2O \qquad (4-29)$$

$$FeO + ZnCl_2 \longrightarrow ZnCl_2 \cdot FeO \qquad (4-30)$$

溶剂与氧化铁皮的反应：

$$Fe_3O_4 + 4ZnCl_2 + Fe \longrightarrow 4ZnCl_2 \cdot FeO \qquad (4-31)$$

$$Fe_3O_4 + 8NH_4Cl \longrightarrow 3FeNH_3Cl_2 + 4NH_3 \uparrow + 4H_2O \qquad (4-32)$$

$$Fe_2O_3 + 6NH_4Cl + Fe \longrightarrow 3FeNH_3Cl_2 + 3NH_3 \uparrow + 3H_2O \qquad (4-33)$$

$$Fe_2O_3 + 3ZnCl_2 + Fe \longrightarrow 3ZnCl_2 \cdot FeO \qquad (4-34)$$

以上反应所生成的 $ZnCl_2 \cdot FeO$ 及 $FeNH_3Cl_2$ 进一步与锌作用生成锌渣，反应如下：

$$ZnCl_2 \cdot FeO + Zn \longrightarrow ZnCl_2 \cdot ZnO + Fe \qquad (4-35)$$

$$FeNH_3Cl_2 + Zn \longrightarrow ZnNH_3Cl_2 + Fe \qquad (4-36)$$

$$Fe + 13Zn \longrightarrow FeZn_{13} \tag{4-37}$$

4. 助镀剂使用的工艺条件对钢丝热镀锌的影响

（1）助镀剂工艺条件的影响。助镀剂使用的工艺条件对钢丝热镀锌的影响，主要是指能够满足钢丝热镀锌要求的溶剂有单一氯化铵或氯化锌，有按一定比例组成的氯化铵或氯化锌复合水溶剂。在实际生产中为了保证钢丝表面的镀层质量符合技术要求，以氯化铵和氯化锌复合水溶剂较好，两者具有优势互补作用。干燥的氯化铵在338℃升华，氯化锌在283℃熔解，730℃沸腾。助镀溶剂中的化学成分及工艺参数。见表4-12。

表 4-12　助镀溶剂的组成及工艺参数

溶剂化学成分	工艺条件及参数			
	含量/(g/L)	铁离子/(g/L)	温度/℃	pH 值
氯化铵	75～100	<1.0	60～80	5～6
氯化锌+氯化铵	75～100(1:3)			4～5

（2）助镀剂浓度的影响。助镀剂浓度的高低对助镀效果影响较大，浓度过低（低于50g/L）钢丝浸锌易产生漏镀，钢丝表面附着的盐膜量少，不能有效地活化钢丝表面，难以获得平滑均匀的镀层；浓度偏高（120～160g/L），钢丝表面盐膜过厚，不易干透，在浸锌时将引起锌液的飞溅，产生更多的锌灰，增加锌的消耗，更浓的烟尘以及更厚的镀锌层。因此，就单一以氯化铵（NH_4Cl）做助镀剂时，其浓度控制在75～100g/L之间为宜。但是仅使用氯化铵做为助镀剂时，钢丝表面稍微不清洁就很容易出现漏铁现象，这已经在现实生产中得到验证。

（3）锌液中含有金属铝的影响。当锌液中加入一定量的铝后，铝与助镀盐膜中的氯化铵反应生成无助镀效果的三氯化铝（$AlCl_3$），使助镀盐膜的作用减弱，严重时钢丝不能被锌液浸润，形成漏镀区。在一定工艺条件下的助镀剂（主要是NH_4Cl的浓度），锌液有一个最大的"安全"的含铝量（不超过0.006%～0.020%）。助镀剂中的氯化锌铵含量维持在30～40g/L是安全的。锌液中的含铝量偏高时，助镀剂中的NH_4Cl浓度应加大，以消除锌液面上铝薄膜。

二、常用的助镀剂溶剂的配比

用氯化锌与氯化铵（简称氯化锌铵）的混合水溶液来作为钢管热镀锌的溶剂时，其配合有一定的比例才能达到较理想的效果；以一定比例的氯化锌+氯化铵的混合水溶液做为溶剂其好处是很多的，最主要的是它具备了盐酸、氯化锌和氯化铵单独使用时所产生的一些优点。因此在此混合水溶液浸粘后所获得的镀锌层具有质量优良、废次品少，锌渣量少，烘干后不容易返潮等优点，所以是目前热镀锌行业一直采用的方法。

1. 氯化锌和氯化铵的配比比例

氯化锌和氯化铵混合水溶液混合的比例怎么来确定，主要是由氯化锌与氯化铵的熔点、沸点及锌液温度来决定的。从图4-11可以看出，当热镀锌温度在460℃时，氯化铵（NH_4Cl）的含量约为3.5%，如果高于此含量其就立刻变为气态；低于此含量时仍为液态，这对于热镀锌是不利的，因为它不能很好地分解出活性的气态氯化物，也就是说不能产生氯化氢及还原性气体氢，对热镀锌质量有一定的影响，所以要能出现气态情况，就需要多加氯化铵，但又要维持在镀锌温度下不使溶剂提前挥发掉，则又要加以限制。所以从实际生产的经验来看，一般采用氯化铵含量在 20% 以下，甚至低于 10%～15%，在锌液中有铝合金的情况下，过多的氯化铵将使铝消耗过快。因此在钢丝热镀锌生产中助镀溶剂的配方比例一般均采用以下参数。

①氯化锌＋氯化铵总含量　80～120g/L（其中，氯化锌　50～80g/L；氯化铵　30～40g/L）；②温度　65～70℃；③pH 值　3.5～4.0。

2. 对助镀剂浓度和温度的要求

对助镀剂浓度和温度的要求。浓度对助镀效果的影响。助镀剂的浓度（即氯化锌、氯化铵的含量）对助镀效果影响十分显著。当含量低时，附在产品上的盐膜过薄，不能有效地起到隔离作用和净化活化作用；如果含量过高，盐膜过厚，不易干透，浸镀时发生锌液飞溅，或产生较多锌灰和烟尘，同时也会增加助镀剂的成本。所以应控制在一定适量范围。

上述配方中可加入 1～1.2g/L 非离子表面活性剂，可降低溶液表面张力，提高浸润效果，并有利于产品的干燥。

对助镀剂温度要求：采用氯化锌、氯化铵助镀溶剂时，通常加热至 60～75℃下使用。因为在温度较高的溶剂中与镀锌件润湿反应更充分，增加净化效果；当镀锌件带有一定的温度离开溶剂，有助于镀锌件水分的蒸发；配制和补加助镀剂时，可以使其较快溶解，使用效果稳定可靠。

有些厂家不具备加热条件，也可以常温使用。此时浸助镀剂后应进行烘干处理，才能取得满意结果，可以加入微量的表面活性剂以增加其润湿性。

3. 对助镀溶剂 pH 值的要求

（1）在加热条件下（65～70℃）助镀剂的 pH 值通常为 3.5～4.5。当 pH＜3.5 时，溶剂的酸性过强，三价铁盐处于溶解状态，因此，将有更多铁离子随产品被带入锌锅中，这将导致更多的锌渣的生成。当 pH＞5 时，镀锌件从溶剂中提出后，在空气中氧的作用下，表面上的二价铁离子易转变成三价铁离子，停留时间较长，镀锌件表面颜色会从青灰色转变为淡褐色，会使净化表面效果变差，甚至会出现漏镀。

（2）在常温条件下使用的助镀剂 pH 值，可以将范围放宽，通常为 pH＝1.5～4.5。因为在较低温度下铁的溶解速度缓慢，可将 pH 值下限定为 1.5。

（3）pH 值的高低与溶剂中的游离酸（HCl）含量密切相关。pH 值可以随时用精密试纸测量，而游离酸量，应在分析氯化铵含量时，同时给出分析结果，一般规定游离酸（HCl）＜2g/L。新配制溶剂时，如果 pH＞5.0 可加入少量盐酸调整，在使用过程中 pH 值会逐渐降低，当低于规定值时，对于助镀溶剂 pH 值的测量应选用在 pH 值 4～5 范围内具有非常明显颜色差别的精密 pH 值试纸，也可以采用 pH 计。助镀剂溶液 pH 值的调整可通过添加盐酸或氨水来实现。也可以用添加氢氧化钠来提高 pH 值。往助镀剂中加入锌块可以使 pH 值升高，在助镀剂温度为 70～75℃时，可以置换出助镀剂中的亚铁离子。

关于助镀溶剂的 pH 值的问题，一般很少有人注意这个问题的重要性，为了去除助镀溶剂中的铁离子，一味地用氨水来降低助镀溶剂的酸度值，甚至要求达到 pH 值 7 以上，将助镀剂中的氯化锌（$ZnCl_2$）转化为 $Zn(OH)_2$，通过压滤机将有效的氯化锌成分过滤出去了，无形中增加了生产成本。有时直接使钢丝表面出现漏镀。

4. 助镀溶剂中的二价铁盐（$FeCl_2$）的产生与危害

助镀溶剂中的二价铁盐（$FeCl_2$）的产生与危害如下。

（1）二价铁盐的来源。①产品酸洗后清洗不彻底，将铁离子带入溶剂中；②浸助镀剂时间过长，产品可能发生轻微的铁基体溶解。

（2）二价铁盐的危害。当产品表面的助镀剂膜层含有较多铁盐进入锌锅，会产生以下危害。①锌液中锌渣明显增多。一份铁将与 $20\sim25$ 份锌液结合，形成锌渣（其主要成分为 $FeZn_{13}$）。②加剧锌铁合金的反应，降低锌层的附着性。③铁离子在锌层表面形成非常微细的结晶体，造成锌层厚度增加，使镀层粗糙。研究表明：当助镀剂中含有 $6g/L$ 铁离子（相当于二价铁盐 $13.6g/L$）时，锌层厚度会增加 11.4%。

（3）二价铁盐（$FeCl_2$）的允许含量。应尽量降低助镀剂中二价铁盐（$FeCl_2$）的含量，国内通常控制在 $FeCl_2<10g/L$。而实际往往会超出此值，这是因为贯彻工艺不严格，管理松懈等人为因素造成的。而国际上对此值要求严格，通常为 $1\sim2g/L$，有些企业甚至能做到 $<0.5g/L$。

5. 浸粘助镀溶剂时间

浸粘助镀溶剂时间，浸助镀剂时间长短也要根据钢丝的直径的大小来确定，主要是要保证钢丝产品表面被溶剂充分浸润，浸助镀剂时间一般为 $5\sim8s$。如果溶剂的 pH 值处于下限时，随着停留时间延长，会增加铁的溶解，这是很不利的；但停留时间过短，可能造成浸润时间不完全。

三、助镀溶剂的净化再生处理

1. 助镀溶剂的净化再生工作原理

助镀剂经过一段使用后，二价铁盐会逐渐累积超标，当超过规定值后，应采取除铁措施，进行净化再生，其工作原理是：往溶剂中通入压缩空气或加化学药剂（双氧水、高锰酸钾等）将二价铁氧化成三价铁，再加入氨水或氢氧化钠，将 pH 值调整到 $5\sim6$，形成 $Fe(OH)_3$ 沉淀而去除铁离子。或利用加入双氧水、通入压缩空气的方法，均已得到成功运用。其化学方程式如下。

氧化反应： $4FeCl_2+8NH_4OH+O_2+2H_2O =\!\!= 8NH_4Cl+4Fe(OH)_3\downarrow$ （4-38）

氧化反应： $6FeCl_2+3H_2O_2 =\!\!= 4FeCl_3+2Fe(OH)_3\downarrow$ （4-39）

水解反应： $FeCl_3+3H_2O =\!\!= Fe(OH)_3\downarrow+3HCl$ （4-40）

中和反应： $HCl+NH_4OH =\!\!= NH_4Cl+H_2O$ （4-41）

由上面反应式可知在水解过程中产生一定量的酸，为了使溶液中生成 Fe^{3+} 的反应彻底进行，必须中和其中的游离酸。否则，随着 pH 值的减低，Fe^{3+} 在溶液中的溶解度增大，这对助镀剂的再生产生不良影响。

通过数据分析可知，温度低时，pH 值低，则 Fe^{3+} 在溶液中的溶解度增大，反之亦然。当溶液 pH＝2.0 时，室温下的 Fe^{3+} 在溶液中溶解度为 $2\sim3g/L$；如果要使溶液中的铁降低到更低水平，溶液的 pH 值必须大于3.1。

由于 $Fe(OH)_3$ 为胶体物质，自身带电荷难以团聚，这使固液分离难以进行。若使 $Fe(OH)_3$ 胶体团聚，根据 $Fe-H_2O$ 系电位-pH 平衡图，必须要处在其等电点附近，即 pH＝5.2 左右。这与助镀剂除铁要求的溶液 pH 值相吻合。

当采用氨水中和助镀溶剂中的盐酸时，所使用的氨水的参数一般为：25℃时相对密度是 0.91；10%的浓度时其相对密度是 0.96；pH 值是 11.63（1%的浓度），1%的氨水大约有 $0.42\%HN_3$ 变为 HN_4^+。

2. 助镀溶剂的再生处理设备

再生处理最好选用循环再生装置，当条件不具备时也可以采用在槽内进行，此时，应多设置一个备用槽，将待处理的助镀剂抽入其中，首先缓慢加入双氧水，不断搅动，使其充分反应（当 pH 值低于 3 时，须先加入一定量氨水进行中和），然后加氨水调整 pH 值至 5.0～6.0 再静止 4～6h，将澄清液放入助镀剂槽，反应槽底部沉淀物可通过压滤机分离出可用的助镀剂溶液和 $Fe(OH)_3$ 泥渣，当浑浊液量较大时，可先进行过滤。

整个循环过滤处理过程，可以将助镀溶剂中的二价铁含量控制在 1.0g/L 以下。助镀剂除铁工艺流程见图 4-12。

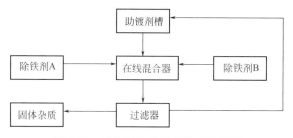

图 4-12 助镀剂除铁工艺流程示意图

四、钢丝溶剂助镀后的烘干处理

1. 钢丝烘干的目的

在"干法"钢丝热镀锌生产中，钢丝在浸粘助镀溶剂后一定要烘干。其目的如下。①将涂覆在钢丝表面上的溶剂中的水分除去，这样可以防止钢丝受到不必要的侵蚀而增加铁盐含量以及在浸锌时产生"爆锌"现象。②可以将钢丝金属基体中在酸洗时产生的氢气驱赶出去，减少镀锌层的灰斑与开裂。③加速溶剂的反应，使铁盐及氧化物被溶剂捕集从而使钢丝金属基体再现。④钢丝在烘干时温度会升高到 100～180℃，这样，在钢丝浸锌时加快了铁-锌间的反应速度。⑤由于钢丝本身的温度为 100～180℃，这样，在钢丝浸锌时就减少了向锌液吸收热量，因此，镀锌锅向锌液的供热量也可减少，使镀锌锅锅壁上的热交换减少，热负荷降低，避免了锌锅局部出现过热，使锌锅的寿命有所延长。

钢丝的烘干处理是通过具有 100～250℃ 温度的烘干室进行的。钢丝依次通过烘干室的烘干板或烘干支架，根据钢丝生产卷取速度依次进入锌锅进行热镀锌。为缩短烘干时间也可将炉温控制在 150～200℃，但要控制好烘干时间，防止局部表面烘干过度。烘干室的热能是利用加热锌锅的尾气，通过大的管道通过烘干室，有的也采取热风机辅助吹出热风，加快钢丝表面的干燥。同时使烘干温度均匀一致。在烘干的时候要注意避免温度超高，加剧溶剂中氯化铵分解，造成助镀剂失效老化，这会产生漏镀现象。

2. 烘干过程中的化学反应

浸粘上助镀溶剂的钢丝从一开始就有化学反应在进行，不过在烘干过程中比较激烈一些。助镀溶剂中的氯化锌成分与水化合生成了含氧酸（$ZnCl_2 + H_2O \Longrightarrow ZnCl_2OHH$），它在烘干过程中具有溶解铁的氧化物的能力（在 450℃ 时最为显著），其反应如下：

$$ZnCl_2OHH + FeO \longrightarrow ZnCl_2 \cdot FeO + H_2O \qquad (4\text{-}42)$$

这样一来铁的氧化物就可以变成铁的氯化物（$FeCl_2$，也有可能为 $FeCl_3$），避免了铁的氧化物的存在而镀不上锌的缺陷。在烘干的过程中生成 $FeCl_2$ 的问题是难以避免的。

第七节 钢丝的热镀锌

一、熔化锌前对锌锭的要求

热浸镀锌用的锌锭应该有公认的等级和一致的成分，符和 GB/T 470—2008《锌锭》所要求的锌的化学成分。从理论上讲，牌号在 Zn98.7 以上是锌锭均符合热镀锌的要求。但在价格相差不大的情况下，通常热镀锌企业采用的牌号为：Zn99.995 和 Zn99.99。锌锭的检验标准分为表面质量和化学成分二项。

（1）表面质量。锌锭表面不允许有熔洞、缩孔、夹层、浮渣及外来夹杂物，但允许有自然氧化膜。

（2）化学成分。对化学成分的分析时，取样用直径 $\phi10\sim\phi15mm$ 的钻头，钻孔时不得使用润滑剂，钻孔速度以钻屑不氧化为宜，去掉表面钻屑，钻孔深度不小于样锭厚度的1/3。将所得的钻屑剪碎至 2mm 以下，混合均匀，用磁铁除尽铁质后进行化学分析。

（3）首次使用铁质镀锌锅进行熔锌。为减少锌液侵蚀而引起的锌锅开裂，锌锅内必须装满纯锌（$w(Zn)>99.99\%$）。

现在国内钢丝热镀锌基本上都使用陶瓷锌锅熔锌。熔锌的时候除按照铁质锌锅装填锌锭以外，需要注意锌锭不要碰坏加热管和电气装置。

第一次熔锌最需要注意的是锌锅的安全运行。在确保安全的条件下，锌锅中锌液的装载量与锅的镀锌能力有一经验关系。装入锌锅中的锌通常按被镀钢材小时产量来计算，熔锌量一般是单位（小时）产量的 30～40 倍。

二、首次熔化锌锭的要点

（1）装锌。对使用内加热陶瓷锌锅第一次装锌时，一定要顺着锌锅底部形状码放整齐，不能随意堆放，要一层一层平行摆放直至锌锅上沿，在码放锌锭过程中注意不能碰撞加热器；锌锭码放不能超过锌锅上沿，码放完后盖好锌锅上盖；锌锅升温到 420℃时打开上盖观察锌锭熔化情况，熔化后可第二次装锌；第二次装锌时，一定要将锌锭放在锌锅上预热，然后顺着锌锅边沿慢慢滑入锌液中，严禁把锌锭推入或投入锌液中；第二次装锌时，可同时加入 Zn-5％Al-RE 合金锭，按锌锅容量 1.0％加入。锌液完全熔化后，液面应控制在距锌锅上沿 15～20cm。

（2）烘炉熔锌工艺。盖好锌锅上盖，防止升温时热量损失；室温至 150℃，缓慢升温，每小时升温 10～15℃；200℃保温 24h；350℃保温 24h；为了节省烘炉、熔锌时间，在350℃保温后把温度降回到 150℃，然后装锌；升温至 350℃保温 8h，这时要注意观察锌锅排湿情况，如排湿量大则需要延长保温时间；350℃升至 500℃，此过程需缓慢加热，需要30h，500℃时保温 5h。应严格按升温规定进行升温，不能缩短升（保）温时间。温度降至450℃即可进行试镀，试镀锌前可先采取锌液净化措施对熔化后锌液进行净化，以避免钢丝表面在试镀锌时出现锌瘤现象。

（3）锌液净化。当锌锅内的锌锭全部熔化完毕以后，在穿钢丝之前，要对锌液进行一次净化，其目的就是把锌液中悬浮杂质从锌液中清理出来，同时可以进一步将锌充分熔化开，避免在一段时间内镀锌钢丝表面黏附类似锌渣颗粒的小锌瘤，影响钢丝镀层质量。常用的办法是将大小约 0.1kg 的土豆块插在钢筋上，直接插入锌液中，沿锌锅内部四边、中间慢慢移动，此时便有气体把锌液中的杂质从锌液中冲出锌液表面，起到净化锌液的作用。

三、镀锌温度的设定与控制

纯锌的熔点是 419.5℃，但仅仅使锌熔化还是无法镀锌的，因为此时的锌液的黏度很高，必须适当提高温度，降低锌液的黏度才能使锌液在钢丝表面均匀地附着，也才能使锌渣顺利下沉。同时，钢丝从锌锅出来以后在抹拭、空气吹和水冷却下温度会急剧下降，如果锌锅温度太低，就会造成钢丝表面锌液过早地凝固，抹拭和空气吹无法抹拭多余的锌液而使镀层变厚。

（1）锌液温度的设定原则。影响钢丝镀锌层结构的诸因素中，热镀锌温度是主要的因素。一般控制范围为 440～460℃。比较细的钢丝温度还要低到 440℃ 以下。通常情况下，粗钢丝较细钢丝的热镀锌温度高，这是因为，粗钢丝的热容量大，达到锌液温度，粗钢丝的升温速度要慢一些，因此可以适当提高镀锌温度，来加快钢丝的升温速度。在其他条件相同时，热镀锌温度过高，则铁-锌合金层厚，生产一段时间以后，锌渣生成速度增快，这不仅会使锌层的塑性恶化，也会增加锌液中的杂质，致使纯锌层变得不纯。

（2）锌液温度的测定方法。温度控制一般采用数字控制仪表，在显示锌液温度的同时，还可以调节锌液的温度。应该指出的是，温度控制仪表要定期校正，使仪表所显示的温度尽可能接近锌液的实际温度。事实上锌锅各点的温度是有差异的，测定锌液温度的热电偶一般都放在锌锅的几何中心处。但由于钢丝是在锌液面下约 10cm 处运行，热电偶只能放在侧面的中间位置，其深度至少在锌液面以下 20cm，才能正确反映锌液的实际温度。

（3）锌锭、合金的添加方法。锌液温度低，有时与锌液面偏低有关，特别是采用上加热陶瓷锌锅熔锌镀锌。随着钢丝产量的增加，锌锅中的锌液会不断地减少，锌的热容量减少。因此必须定期加入锌锭，始终要保持锌液面的高度。锌锭的加入原则是应使锌液温度波动尽量小。为此，通常要将锌锭预热，严禁把锌锭上面粘有的水分带入熔融的锌液中；并最好从锌锅的中心边缘处缓缓加入，禁止一次向锌锅中加过多的锌锭，这样既可保持锌液温度不致波动太大，也较为安全。

（4）添加稀土铝锌合金的方法。为了使钢丝表面光滑、减少锌锅锌液表面的氧化，减少锌灰的生成，每班应根据需要添加锌锭的数量添加稀土铝锌合金。添加合金的时候要用专用工具托着合金块在锌液表面上均匀地熔化开，并观察锌液面的变化。

四、抹锌去锌瘤和镀锌钢丝的冷却

（1）抹锌去锌瘤的方式。抹锌去锌瘤的方式常用的有氮气抹拭、电磁抹拭、电磁复合抹拭、石棉块抹拭、陶瓷片抹拭和和木炭末抹拭六种方式。其中用石棉块和陶瓷片抹拭的方式，所获得的锌层较薄，但是不太均匀，但锌层表面较为光滑，这种抹拭方式适合于斜向引出法镀锌，锌层的厚薄是依靠石棉夹的松紧来调整的；如用瓷片则是依靠瓷片中心孔的大小调整上锌量。采用电磁抹拭、电磁复合抹拭的方式获得的镀锌层比较均匀，是目前对碳素钢热镀锌钢丝使用较普遍的方法，电磁抹拭是利用调整电流的大小所形成的磁场来对镀锌钢丝表面的镀锌层进行抹拭；电磁复合抹拭则是电磁抹拭与氮气抹拭的完美结合。其原理是利用电场、磁场、气体三种力的复合作用，对钢丝的镀锌层进行无接触抹拭，通过调整电场、磁场的强度和气体的流量及温度，可以精确控制钢丝表面光洁度及上锌量，以达到抹拭的目的。复合抹拭设备适合于锌层面质量为 $100\sim400g/mm^2$ 热镀锌生产线，抹拭锌层精确度可达到 $\pm7.5g/mm^2$，与传统的木炭粒抹拭工艺相比节约锌约 20%，最大的 DV 值可达到 $120m/min$；可热镀锌钢丝的直径 $\phi0.8\sim\phi7.0mm$；单组复合抹拭装置可同时对 $6\sim20$ 根不同直径的钢丝进行抹拭处理。抹拭原理如图 4-13 所示，图 4-14 为镀锌钢丝复合抹拭工作示意图。

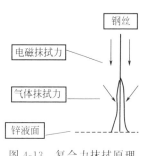

图 4-13　复合力抹拭原理

图 4-14　镀锌钢丝复合力抹拭示意

使用氮气抹拭的方法效果较电磁抹拭和电磁复合抹拭的效果要差；木炭末抹拭是最差的一种方式，属于被淘汰的方式。

（2）钢丝镀锌后冷却。钢丝从锌液中出来后要及时冷却，目的是防止铁-锌合金的继续生长，同时也为了钢丝表面光滑，提高钢丝的缠绕性能。

镀锌后冷却的方式主要是采取水冷和风冷。对于垂直引出钢丝适用先风冷后水冷的方式，风可以起到阻止冷却水顺钢丝向下流的作用。适用于粗线径的钢丝。单一用水冷适用于斜出镀锌钢丝。特别细的钢丝仅用风冷就可以了。

在水冷却时，要防止冷却水顺钢丝向下流，水滴在锌液面上造成锌液面局部出现凝固成的"疙瘩"粘连在钢丝上，造成钢丝的拉断缺陷。

五、捞锌渣和清理锌灰

由于钢丝镀锌是在高温下进行的，暴露在空气之中的锌液表面时时刻刻在与空气中的氧发生化合反应：

$$2Zn+O_2 \Longrightarrow 2ZnO \tag{4-43}$$

锌液温度越高，上述反应进行得越激烈，这不仅消耗大量的锌，而且也增加了锌液的污染。在热镀锌时，锌灰约占耗锌量的 $10\%\sim15\%$。为了减少锌灰的生成，通常的做法是在锌液面上添加稀土锌铝合金，以减少锌液的氧化，在钢丝不经过的锌液上面可以覆盖一层保温材料。

锌渣是锌液与钢丝及锌锅作用的结果，主要是由 ζ 相 δ_1 相组成的。锌渣的形成造成锌锭的损失占总锌耗量的 $25\%\sim35\%$，在通常情况下应每周捞一次。根据经验，捞锌渣时，应提高锌液温度到 $480℃$，捞渣时应振动捞渣工具，待锌渣中的锌液流出后，把锌渣放入容器内。捞锌渣后应沉淀一段时间，才能进行正常生产。

钢丝热镀锌减少锌渣的形成的主要措施有以下几点。

① 用陶瓷锌锅代替铁制锌锅。

② 用陶瓷压线轴代替钢制压线轴。

③ 用内加热锌锅代替上加热或侧加热锌锅。

④ 避免钢丝上未洗净的铁盐带进助镀溶剂槽。

⑤ 助镀溶剂铁离子含量低于 3g/L，pH 值控制在 4~5 之间。

六、热镀锌钢丝直径与走线速度的关系

钢丝镀锌层厚度与锌液温度、走线速度、钢丝直径有密切的关系。当锌液温度一定的情况下，垂直引出的速度越高，上锌量越高，倾斜引出是垂直引出上锌量的 1/3。

$$V \times (d + 0.9) = 120 (\text{m} \cdot \text{mm/min}) \tag{4-44}$$

式中　V——钢丝热镀锌速度，m/min；

　　　d——钢丝线径，mm。

除了工艺上的原因影响钢丝镀锌速度的提高之外，镀锌设备的先进性、可靠性也是重要的影响因素。只有钢丝从锌液中相当平稳地引出，才能获得光滑而均匀的镀锌层。实际上，镀锌速度越高钢丝越易产生振动，钢丝的振动妨碍锌液的均匀流动，常常使锌液汇集成滴，黏附在钢丝上。锌液温度越高则这一现象越明显。为了消除由于高速镀锌而导致的钢丝振动，需要在锌锅前面（面对出线方向）安装一个牵引轮，牵引轮的转动与收线机的转动相耦合。这样就可以消除钢丝通过预处理槽时产生的振动，从而确保高速镀锌时镀锌层的均匀性。

根据实际经验钢丝直径与走线速度见表 4-13、表 4-14。

表 4-13　钢丝线径、镀层厚度、速度、温度对应表（依据 GB/T 3428—2012 标准制定）

钢丝公称直径 d/mm		镀锌层单位面积质量/(g/m²)		控制参数（参考）	
>	≥	镀锌层（车间）	国家标准（A）	车速/s	锌液温度/℃
1.24	1.50	200	185	6~7	445~450
1.51	1.75	215	200	5.5~6	445~450
1.76	2.25	230	215	7~8	450~455
2.26	3.00	245	230	9~9.5	450~455
3.01	3.50	250	245	10~10.5	450~455
3.51	4.25	275	260	10~10.5	455~460
4.26	4.75	290	275	11~11.5	455~460
4.76	5.50	305	290	12~13	455~460

表 4-14　钢丝线径、镀层厚度、速度、温度对应表

钢丝公称直径 d/mm		镀锌层单位面积质量/(g/m²)		控制参数（参考）	
>	≥	镀锌层（车间）	国家标准（A）	车速/s	锌液温度/℃
1.60	1.90	225	210	6~7	445~450
1.90	2.30	235	220	5.5~6	445~450
2.30	2.70	245	230	7~8	450~455
2.70	3.10	255	240	9~9.5	450~455
3.10	3.50	275	260	10~10.5	450~455
3.50	3.90	285	270	10~10.5	455~460
3.90	4.50	290	275	11~11.5	455~460
4.50	4.80	315	300	12~13	455~460

七、钢丝直径与镀锌层重量标准

1. 国际通用的镀锌钢丝锌层重量标准

各种钢丝经过热镀锌，镀锌层依据钢丝直径的大小、等级，各个国家都制定了相应的镀锌层重量标准。表 4-15 为 ASTM A475 镀锌钢丝锌层重量标准表。

表 4-15 ASTM A475 镀锌钢丝锌层重量

镀锌钢丝公称直径/mm	最小锌层质量/(g/m²)			
	1 级（a）	A 级（b）	B 级（b）	C 级（b）
1.06	46	120	240	370
1.32	46	120	240	370
1.57	46	150	310	460
1.65	46	150	310	460
1.83	46	150	310	460
2.03	92	180	370	550
2.36	92	210	430	640
2.54	92	210	430	640
2.64	92	240	490	730
2.77	92	240	490	730
2.87	92	240	490	730
3.05	92	260	520	780
3.18	92	260	520	780
3.3	92	260	520	780
3.63	120	270	550	820
3.68	120	270	550	820
3.81	120	270	550	820
4.09	120	270	550	820
4.19	120	270	550	820
4.5	120	270	550	820
4.55	120	270	550	820
4.78	120	310	610	920
5.08	120	310	610	920
5.26	120	310	610	920

2. 钢丝镀锌层质量、生产率和应力的计算方法

锌层质量计算公式：

$$锌层质量\left(\frac{g}{m^2}\right)=钢丝去掉锌层后直径\times1962\left[\frac{镀锌钢丝质量(g)-钢丝镀前质量}{钢丝镀前质量(g)}\right] \quad (4\text{-}45)$$

$$锌层(\%)=\left[\frac{锌层质量(g/m^2)}{钢丝去掉锌层后直径\times1962+锌层质量(g/m^2)}\right]\times100\%$$

钢丝生产计算公式：

$$减面率(\%)=\left(\frac{A_{1st}-A_{2nd}}{A_{2nd}}\right)\times100\%=\left[1-\left(\frac{d_{2nd}}{d_{1st}}\right)^2\right]\times100\% \tag{4-46}$$

$$延伸系数\ e=\left(\frac{d_{原始}}{d_{最终}}\right)^2 \tag{4-47}$$

速度
$$V_{终速}=V_{原始}\times\left(\frac{d_{原始}}{d_{最终}}\right)^2 \tag{4-48}$$

$$V(\mathrm{ft/min})=RRM(卷筒)\times0.2618\times卷筒直径(\mathrm{in})$$

$$生产率(\mathrm{kg/h})=英国标准钢丝线规\times V(\mathrm{m/min})\times D^2(\mathrm{mm})\times0.37 \tag{4-49}$$

$$DV=直径(\mathrm{mm})\times速率\quad(\mathrm{m/min})$$

$$DV=7.74D_s$$

八、镀锌钢丝表面缺陷原因分析、纠正措施

1. 钢丝热镀锌镀层表面缺陷一般有下述形态

（1）漏镀（漏铁、黑点）。钢丝表面漏铁的形状各异，一般有片状边沿比较齐整的漏铁；麻点（星星点点）漏铁；周围镀层结合力极差；长条形漏铁；边沿不整齐带有流痕状毛刺形漏铁等。

（2）锌瘤。一般呈点状锌堆凸起，严重时呈竹节形状，断断续续的出现在钢丝表面。

（3）毛刺。镀锌层表面比较粗糙，点状凸起部分像针尖。

（4）长条形白点。一般出现在收线卷内侧，较大号的钢丝亦会出现在较为对称的两侧。没有一定的规律性。

（5）镀锌层发白、发黄。

（6）镀锌层附着力差，掉锌皮。在做缠绕试验时会出现这种情况。

（7）镀锌层不均匀。

2. 出现上述表面缺陷其主要原因

（1）因镀前处理不当造成的"露铁黑点"缺陷

① 因退火工艺不当造成的缺陷　退火时间过长或退火温度过高都会使钢丝氧化严重，铁皮增厚。在连续作业线上，酸洗时间受镀锌速度的制约，难以做出大幅度的调整，往往不能洗净过厚的氧化铁皮，这些铁皮黏附在钢丝表面，造成成批的钢丝镀锌质量低劣，产生大批麻点状"露铁黑点""露铁黑条"和长块状的"露铁"。

预防这种缺陷的方法是严格控制好退火炉的温度。检查退火炉的热工仪表是否正常，热电偶插入深度是否正确。对于炉内气氛可调的燃气炉则可调整燃气与空气的混合比，造成还原性气氛减少钢丝氧化的程度。

② 因脱脂不净造成的缺陷　钢丝在拉拔过程中，钢丝表面黏结的拉丝粉结块，钢丝表面仍有油污，或者磷化膜过厚。中、高碳钢丝的脱脂不净是造成镀锌钢丝成批出现"黑点""露铁"的一个重要原因。用退火炉进行低温脱脂，如果温度太低，则钢丝表面的润滑脂烧不尽，此时可把炉温适当升高，但不得超过热镀锌的温度。最好是采用铅浴脱脂，或电解脱脂，强化脱脂能力。当采用化学碱性脱脂时，可按 $30\sim40\mathrm{g/L}$ NaOH，$40\sim45\mathrm{g/L}$ Na_2CO_3，$40\sim45\mathrm{g/L}$ Na_3PO_4；温度 $70\sim85\,^\circ\!C$ 工艺参数操作。当脱脂液含量低需要添加脱脂剂时，应按比例同时添加，以增强脱脂效果，避免单一元素的添加。

③ 因酸洗能力不足造成的缺陷　酸液中 HCl 浓度随钢丝产量增高而下降，而 $FeCl_2$ 则浓度升高，酸洗能力愈来愈弱，钢丝酸洗后钢丝表面仍有锈蚀斑，或者钢丝表面挂灰呈暗灰色，这同样会导致镀锌表面缺陷——"露铁黑点"。应定期化验酸液的成分，确保酸洗能力，使用盐酸除锈时，其浓度应控制在 $10\%\sim15\%$。盐酸浓度低于 5% 应更换或添加新的盐酸。并注意经常用细的尼龙筛网捞出漂浮在酸洗槽液上面的杂质。避免将其带进助镀剂，降低助镀溶剂的活性。

④ 因助镀溶剂浓度低和污染造成的缺陷　随着钢丝产量的增多，助镀溶剂中 NH_4Cl 和 $ZnCl_2$ 的浓度会越来越低，将导致镀锌层的缺陷"露铁黑点"。而 $FeCl_2$ 浓度会越来越高，助镀剂中 NH_4Cl 和 $ZnCl_2$ 含量不足，pH 值不显弱酸性，同时各种脏物会随钢丝而带入溶剂池，或者杂质过多没有活性；使得溶剂的作用削弱，从而导致镀锌层的缺陷。

应建立健全助镀溶剂的定期化验制度，根据化验数据，及时按技术要求调整助镀溶剂的浓度是防止漏镀缺陷的必要手段。溶剂池经长时间使用后，应进行彻底的清理。

⑤ 由磷化层可能引起的缺陷　中、高碳钢丝常用磷化、硼砂涂层作润滑层，以提高拉拔速度。但磷化层在钢丝热镀锌前的预处理过程中是难以除净的，残存的磷化层处就镀不上锌，造成"露铁黑点"。

对于需要进行热镀锌的高、中碳钢丝，在拉拔钢丝时采用磷化涂层的，则应严格控制好磷化层的厚度，进行轻度磷化，并且在镀锌前的表面预处理工序中，需要采用电解碱洗等强化手段以彻底清除磷化残层。或者预先进行脱脂处理，在酸洗工序采取用高浓度的盐酸去除磷化膜，才能按正常工序进入钢丝热镀锌生产线。否则会因磷化膜的影响，使钢丝镀不上锌，或者是镀层附着力不好，从而影响镀锌钢丝的缠绕性。

⑥ 由润滑剂质量问题可能引起的缺陷　润滑剂应在脱脂时去除，若润滑剂太厚仅靠常用的化学脱脂方法，是很难去除干净的。这些残存润滑剂被钢丝带入盐酸池中会分解而形成油脂，油脂又被钢丝带入锌液而被烧焦，致使这些部位镀不上锌。经验表明，钙皂不适宜做拉拔镀锌钢丝的润滑剂。

（2）由盘条质量低劣引起的缺陷

① 盘条的偏析严重，局部地区含硫量过高，这种情况多见于低碳沸腾钢。由于硫偏析，易造成"露铁黑点"。

② 盘条的轧制缺陷，如严重的折叠、开裂、飞刺，在拉拔过程中，润滑剂被嵌入到这些缺陷之中，即使进行良好的清洗也难以除去它们，从而使镀锌后出现"露铁黑点"。这种"露铁黑点"的特征是分散不广且不连续，呈条状或断续点状。

对入厂盘条要进行必要的、严格的检查，对不合格的盘条不投产，可以预防这类缺陷。

③ 盘条和原料钢丝表面严重锈蚀也能导致"露铁黑点"。对这种情况，则应强化酸洗或改拉成小规格的产品，以削弱原料锈蚀对热镀锌的影响。

（3）由钢丝振动而引起锌层粗糙缺陷

钢丝在热镀锌线上因放线时松紧程度不一，加之钢丝在拉拔过程中在拉应力的作用下，在产生塑性变形的同时，金属的变形抗力指数（弹性极限、屈服极限、强度极限、硬度）有所提高。虽然在生产线上有多道压线辊、支撑辊，以及锌锅中的沉没辊和出线后的扶正辊、转向辊的作用，仍然无法消除钢丝本身的弹性。所以钢丝在生产线上发生振动。因为振动的作用，钢丝在锌液入口、出口处会黏上锌的氧化物，使镀层表面粗糙；同时因为振动使油木炭的抹拭作用降低，钢丝表面的锌液无法抹拭掉，而形成锌的凸起。所以应采取必要的措施减少钢丝的振动。

（4）由钢丝挂铅而导致的缺陷

先镀后拉的钢丝镀锌前进行铅淬火，钢丝有"挂铅"的现象，经磷化的钢丝这种倾向更明显些。黏附在钢丝表面的铅，在进入锌锅后会熔化而脱落。该脱落处便镀不上锌而成"黑点"。减少挂铅的方法：控制好钢丝加热温度，勿使过高；控制好铅液温度；在铅锅的出入口处用木炭覆盖致密，勿采用磷化涂层作润滑层。

（5）由其他因素导致的缺陷

① 由镀锌后冷却不良而导致缺陷。钢丝出锌锅后，直至锌层凝固之前，铁锌反应仍在进行，如冷却不及时，则铁锌合金层会继续增长，出现镀锌层开裂和不光亮"发白"等缺陷。故应在钢丝出锌锅后迅速强制冷却，抑制铁锌合金层的生长。使用循环冷却水温度不能太高，循环冷却水要注意 pH 值，防止其呈酸性；风冷压力应在 0.12～0.15MPa，风嘴缝隙也应在 3～4mm 为宜。

② 由油木炭覆盖层结垢而导致的缺陷。油木炭层结垢会使得锌层的纯锌层减薄，上锌量减少。故油木炭覆盖层应经常保持良好的工作状态，其厚度保持在 50～80mm，同时应及时更换结垢的覆盖层。

③ 由钢丝入锌液处锌灰、液态氯化铵过多造成的缺陷。钢丝入锌液处锌灰、液态氯化铵过多，容易粘在钢丝表面随钢丝带入锌液内；隔离了锌液与钢丝表面的接触，不发生铁与锌的反应，形成不了铁-锌合金，而出现"露铁黑点"。应保持钢丝入口处的干净，要注意清理锌灰和漂浮的氯化铵杂质。

④ 由锌液中铁（Fe）、铝（Al）含量太高导致的缺陷。

（6）由锌液中铁离子太高导致的缺陷

锌液中的铁离子（Fe^{2+}）含量越高，则锌渣越多，锌液的黏度就增加，使流锌时的流动性变差，镀层变厚（主要是 η 相）镀锌层也变得较脆，缺乏绕性，表面呈灰色，使钢丝产生粗糙的表面，严重时钢丝表面出现"毛刺"的凸起。其他害处有当铁含量在 0.02% 时，镀锌层的寿命就很短（锌为阳极），试验表明在 450℃ 下镀锌，当锌液中含铁量在 0.06% 时，镀锌层重量为 $330g/m^2$，当含铁量在 0.25% 时，镀锌层重量增加至 $450g/m^2$，由此可见铁增加了锌的消耗量。一般认为锌液中含铁量不许超过 0.2%。无论采用陶瓷锌锅上加热或者是陶瓷锌锅内加热对钢丝热镀锌，锌液中都会有铁离子，铁离子主要来源于以下几个方面。

① 钢丝、沉没辊、轴套等设备与锌液接触反应后生成的 ζ 相落入锌液中。

② 钢丝在酸洗后附上的铁盐，主要是氯化亚铁（$FeCl_2$）没有被清水漂洗掉带进锌液中。一份铁盐可与约二十五份锌起作用而生成锌渣（$FeZn_{13}$）。

③ 氯化铵溶剂（助镀剂）中的二价、三价铁离子（Fe^{2+}、Fe^{3+}）带进锌液中。

④ 含铁量较高的再熔锌投入锌液中。

根据以上分析，减少锌液中的铁离子含量，主要在于：减少钢丝经过酸洗后带入助镀剂中的酸液和铁离子，降低助镀剂中的铁离子含量；保持 pH 值在 3～4 之间为宜；根据情况定期捞取锌渣。

（7）由锌液中铝含量太高导致的缺陷

铝（Al）可增进钢件镀锌表面的光泽，提高挠性。从理论上讲，要达到此目的，锌液中的铝（Al）含量只需 0.025% 已足够了。但是，铝（Al）在锌液表面很容易被氧化，因此，要使锌液中保持 0.025% 的铝含量，根据经验就必须加入 0.25% 左右的铝才能满足此要求，由于铝和氧具有很高的亲和力，并生成一层氧化铝层，这层氧化铝层可有效地阻止锌的氧化扩散，保护了其下的铝层及锌液不被氧化，同样锌液中的其他化学成分也同时避免了被氧化。锌液在氧化后生成的氧化锌呈黄色，如没有铝的作用，则镀锌层表面上会沾上黄色的成分，使表面光泽大受影响，因此，在热镀锌生产中要加入一定量的铝而获得光亮的镀层。这里需要指出的是，加铝必须以锌铝合金的形式来加入，且要掌握适量。过多则有害，会导致在锌液表面出现铝的"富集"现象，反而会增加锌液黏度，降低锌液的流动性，严重时使钢丝出现表面"露铁黑点"现象。

有关钢丝热镀锌生产中出现的缺陷原因和纠正方法见表4-16所示。

表 4-16　常见热镀锌钢丝缺陷及其产生的原因及纠正方法

缺陷名称	产生的原因	纠正方法
1. 局部漏铁、麻点、针尖漏镀	①油脂没有脱除彻底； ②锈层和氧化铁皮没有清除干净； ③钢丝酸洗效果差，欠酸洗； ④溶剂浓度低、过高，pH值不合格；溶剂太脏、亚铁离子过高； ⑤锌液温度低，车速快， ⑥钢丝在烘干前表面出现微氧化； ⑦退火工艺不当	①调整脱脂剂至合格，遵守脱脂、酸洗操作规定； ②分析酸洗溶液中的含酸量，保持酸洗液的温度和酸洗时间； ③溶剂各成分含量、浓度、pH值调整符合技术规定，过滤溶剂，去除铁离子； ④提高锌液温度，降低出管速度； ⑤保证钢丝的烘干温度
2. 纯锌层减薄，合金层厚、表面无光泽	①锌液温度高； ②钢丝走线速度过慢； ③抹拭方法不科学； ④测温仪表不准确	①降低锌液温度至标准温度； ②提高走线速度；确认走线速度及DV值； ③改善钢丝的抹拭方法； ④校准温度表，定期校对温度表的准确性
3. 镀锌层开裂，锌层起皮、镀锌结合力差，缠绕不合格	①合金层过厚； ②酸洗后，钢丝表面很脏； ③锌液温度过高； ④钢丝在锌液中时间太长； ⑤钢丝材质含硅量高； ⑥钢丝镀锌后冷却不及时	①调整锌液的温度； ②可以适当地在酸液中添加酸洗缓蚀剂； ③加强酸洗后的水漂洗质量； ④降低钢丝在锌液中的浸锌时间； ⑤选用含硅量低的盘条； ⑥钢丝出锌锅后加强冷却措施，抑制合金层的生长
4. 钢丝表面粗糙、无光泽	①镀锌锅表面锌灰多； ②镀锌锅底部锌渣太多； ③钢丝材质有问题，抹拭条件差； ④锌液温度太低，钢丝抖动； ⑤钢丝抽出速度过快	①尽量是锌锅锌液表面干净，降低氯化铵的含量； ②定期捞锌渣；锌液中有浮渣要静止一段时间，使锌渣沉淀下来，再镀锌； ③提高锌液温度；降低钢丝走线速度； ④提高钢丝的走线张力、抹拭方法和条件
5. 镀锌层有黑点	①钢丝表面有残留的磷化层； ②中、高碳钢丝，采用磷化-硼化做润滑层； ③钢丝铅浴淬火时挂铅； ④盘条偏析严重，局部含硫量高； ⑤盘条的轧制缺陷、表面锈蚀严重	①采取电解碱洗脱脂； ②不能用钙皂做润滑剂； ③提高钢丝镀锌时的张力，钢丝不抖动； ④不合格的盘条不投放拉拔工序； ⑤控制好铅浴温度，在铅锅出口处用木炭覆盖
6. 钢丝镀锌后出现"白点、白锈"	①冷却水含碱性物质，钢丝冷却不均匀，出现"阴阳面"； ②钢丝存放的地方潮湿； ③锌锅底部加铝太多； ④对镀锌钢丝没有做钝化处理	①要使用中性水质； ②钢丝冷却要均匀、要及时； ③钢丝存放的地点要干燥、通风； ④在线对镀锌钢丝钝化处理； ⑤尽量不在锌锅底部加铝

九、钢丝热镀锌后在线钝化处理

为了防止热镀锌钢丝下线后，在存放期间表面生"白锈"，现在一般都采用在线钝化的方法对镀锌钢丝进行表面处理。

1. 钢丝的钝化处理设备和方法

钝化处理的方法是在钢丝进入收线装置之前的地方安装一个钝化槽子，一般的槽子宽度×长度×高度为 2.2m×3.5m×0.4m 为宜；钝化槽两端设置有 MC 尼龙托辊，钝化槽内安装两个 MC 尼龙压辊，两个 MC 尼龙压辊之间的距离可以调整，距离长钝化时间长，反之钝化时间短。钝化剂采用三价铬或无铬钝化剂溶液，钝化时间一般情况下不低于 5s；钝化的温度为室温。钝化后可以采用热风的形式对镀锌钢丝进行干燥处理。镀锌层蓝白色转化能得到类似镀铬的透亮蓝白色转化膜，其耐蚀性优于银白色转化膜，市场上已经有商品化的三价铬蓝白色转化膜处理液出售。而且耐盐雾实验达到 96h，三价铬蓝白色转化膜处理液较含铬酐的蓝白色转化膜处理液不易出彩，调整方便。三价铬蓝白色钝化膜处理液组成和工艺条件见表 4-17。

表 4-17　三价铬蓝白色转化膜处理液组成和工艺条件

溶剂及工艺	配方 1	配方 2	配方 3	配方 4	配方 5	配方 6
氯化铬($CrCl_3$)/(g/L)	5～10	3～4	30～50	10～15	11.4	5～8
羧酸类配位剂/(g/L)	2.5～7.5			5～10		10
硝酸钠($NaNO_3$)/(g/L)	20		3～5	2～4	10	2.7
硝酸(HNO_3)/(g/L)		2～5	3～5		1～2	1～2
氟化钠(NaF)/(g/L)	2	2	1.5～2.5	3	1	1.2
锌粉	8～10					
pH 值	1.6～2.0	2～3	1.8～2.2	1.8～2.0	2.2～2.4	2.2～2.4
温度/℃		室温	室温			
时间/s	15～30	5～7	15～30	15～35	20～30	20～30
空停/s	10～20	10～15	3～5	40	5～30	5～30

2. 钢丝表面钝化的钝化液的组成

无铬转化膜在金属表面钝化方面备受关注，实际上在 1939 年首次发现钼酸根具有抑制腐蚀的效应后，钼酸盐已经广泛作为钢铁及有色金属的缓释剂和钝化剂。常用的钼酸盐钝化工艺如表 4-18 所示。

表 4-18　钼酸盐钝化的工艺及条件

溶剂及工艺	配方 1	配方 2	配方 3
钼酸铵/(g/L)		5～10	10
磷酸钠/(g/L)	10～20		10
添加剂/(g/L)	1.0～2.0	植酸适量	
丙烯酸树脂/(g/L)	2.0～2.5	100～200mL/L	50～80mL/L
硅溶胶/(g/L)		21%	15%
pH 值	3～4	1.5～2.5	4.0
温度/℃	45～55	40	60
时间/s	60～90	60	60
烘干	自然晾干	自然晾干	自然晾干

3. 稀土盐转化膜工艺

对镀锌钢丝表面进行稀土盐转化膜钝化（涂覆）工艺，是近几年来发展起来的工艺方法，稀土转化膜工艺的研究也取得了很大的进展，有的企业应用到钢丝热镀锌后的钝化防白锈工艺之中，这类稀土盐转化膜引入了强氧化剂如 H_2O_2、$KMnO_4$ 等，使成膜的速度大大提高，处理时间也大为缩短，甚至在几分钟的时间内完成。稀土盐钝化液组成及工艺条件如下。

① 硝酸镧　15～20g/L；② 柠檬酸　10～15g/L；③ 双氧水　10～14mL/L；④ 硅溶胶 5～8g/L；⑤ 硼酸　1～3g/L；⑥ pH 值　3～4；⑦ 温度　45～55℃。

十、镀锌后钢丝的放、收线

截至目前，国内不少金属制品企业在钢丝生产方面，还是沿用 20 世纪 80 年代的生产方式，一直采用转盘（花篮）式放线，这种放线方式适应小盘钢丝，但存在接头多，断头率高，放线过程易拉架子，安全隐患较大等问题，不适应大盘重钢丝生产。为适应大盘重钢丝生产的需要，节能降耗，在生产线推广采用工字轮放线生产工艺，采用工字轮放线又可分为立式工字轮放线和卧式工字轮放线。见图 4-15、图 4-16 所示。

图 4-15　立式工字轮放线设备示意　　　图 4-16　卧式工字轮放线示意

工字轮可做成 $\phi800mm \times L850mm$，盘重在 1.0～1.5t（是散圈放线的 5 倍左右），因而接头少。每根钢丝经过矫直装置后均有一定的张力，不易拉散架子，减少安全隐患和劳动强度，提高工作效率；使钢丝运行平稳、不抖动，可以使钢丝镀层均匀。

随着技术的进步，钢丝的生产向更粗的规格、更高速度、更大的盘重发展，伴随钢丝镀锌后的气体抹拭或电磁抹拭技术的应用，作业线的 DV 值大大提高。采用双卷筒工字轮连续收线可以适应中、粗规格的钢丝高速、不停车下线这一技术要求。适应钢丝直径为 2.0～5.5mm，钢芯铝绞线的抗拉强度 1600～1800MPa，DV 值为 120mm·m/min，双卷筒的卷筒牵引力最大为 1000N。收卷工字轮的规格为 $\phi1000mm \times \phi500mm \times L630mm$，工字轮的收卷容重为 2000kg。

采用双卷筒工字轮连续收线系统，包括自动往复排线机和测速、计米长度 PLC 电子装置，当工字轮上缠绕的钢丝长度达到预先设置的长度时，控制面板上指示灯闪烁，并用喇叭提醒操作人员卸载工字轮。从而实现作业线的收卷质量比较稳定，极大地提高了生产效率，见图 4-17 所示。

对于要求大盘重的镀锌钢丝，则使用倒立式收线机可以满足用户对 800～1800kg 大盘重镀锌钢丝需求，减少中间焊头，节约大量的停车时间，减少下线操作的劳动强度，使作业线的收线质量十分稳定，与卧式散盘收线方式相比无压线、打轴时不易断线和乱线；因走线速度稳定，钢丝不抖动，钢丝镀层均匀光滑；便于采用自动打包机对镀锌钢丝打包等优点，极大地提高了生产效率。一般采用的倒立式收线机的收线常规线径范围为：$\phi1.6～\phi5mm$，中等收线速度可调：10～60m/min，单根钢丝电机功率为：1.5kW（变频调速），中等盘重为：500~1000kg，定径轮尺寸为：$\phi550\sim\phi650$mm。

采用倒立式收线机，需要生产线走线速度稳定，张力均匀。应使用工字轮放线，辅助张力装置；锌锅沉没辊应采用扇形陶瓷辊，锌锅钢丝支架上的转向辊（亦称天辊）应采用一线一转动辊的形式，其直径在$\phi260\sim\phi300$mm，减少摩擦力，可以满足不同的线径、不同的转速，始终保持钢丝在张力下运行。见图4-18所示。

图4-17　双工字轮收线系统示意

图4-18　倒立式收线机示意

十一、向锌锅里加锌的方式

所加入的锌锭必须要预热，这既是出于安全的需要，也是出于技术的要求。绝对不允许将黏附有水的锌锭加入到锌锅中，否则水会随锌锭进入锌液而迅速气化引起锌液的飞溅灼伤操作员工，引起严重的安全事故。锌锭预热的另一个好处是可以抑制锌液温度的过大波动。锌锭加入到锌锅后会大量吸收锌液的热量而使锌液温度向下波动，一次加入的量越多，则锌温下降得越多。如果我们规定锌锭的加入，锌锭温度下降不得超过Δt℃，则一次补充的锌锭最多只能是多少呢？可以通过下面的公式计算：

$$m_0C_L(T_1-T_2)=MC_S(T_{熔}-T_3)+mL+mC_L(T_2-T_{熔}) \qquad (4\text{-}50)$$

式中　m_0——锌锅中锌液的质量，kg；

　　　C_L——液体锌锭比热容，0.115kcal[1]/(kg·℃)；

　　　T_1——锌锭加入前的锌液温度，℃；

　　　T_2——锌锭加入后的锌液温度，℃；

　　　m——加入锌锭的质量，kg；

　　　C_S——固态锌锭比热容，0.0925kcal/(kg·℃)；

　　　$T_{熔}$——锌的熔点，约420℃；

　　　T_3——锌锭入锌锅时的温度，℃；

　　　L——锌的熔化潜热，24.09kcal/(kg·℃)。

十二、锌的利用系数

1t直径为$d$mm的光面钢丝，若其锌层的平均厚度为$\delta\mu$m，则其有效耗锌量为：

---

[1]　1cal=4.18J。下同。

$$Z_0 = S_0 \delta \gamma_{Zn} \times 10^{-3} \, (\text{kg/t}) \tag{4-51}$$

式中 S_0——1t 直径为 d（mm）的光面钢丝的表面积，m^2；

δ——锌层的厚度，mm；

γ_{Zn}——锌丝的密度，7.14g/cm^3。

故有下式：

$$Z_0 = 4 \times \frac{\gamma_{Zn}}{\gamma_{Fe}} \times \frac{\delta}{d} = 3.63 \frac{\delta}{d} \tag{4-52}$$

因此，锌锅平均每小时加锌 Z kg，每小时生产 G t 钢丝，则吨钢丝耗锌为 Z/G（kg/t）。

由此可知，锌锭利用系数为：

$$\text{锌的利用系数} = \frac{3.63\delta/d}{Z/G} = 3.63 \frac{\delta G}{dZ}$$

提高锌的利用系数具有显著的经济效益，可以从以下几方面着手。

① 稳定锌液的温度，防止锌液温度过高，这样可以减少锌渣的产生。

② 控制好溶剂中的亚铁盐的含量，勿使亚铁盐过多的带入锌锅，减少锌渣和溶剂渣的生成。

③ 用不与锌液发生化学反应的耐热材料覆盖锌液面，防止锌液的过多的氧化，减少锌灰的生成。

④ 采用非金属的热镀锌锅，这不但可以减少锌渣的生成，而且可以延长锌锅的使用寿命。

⑤ 改进锌锅的加热方式，不仅提高了热的利用率，延长锌锅的使用寿命，而且可以减少锌渣的生成。

⑥ 改进生产工艺，尽量采用先镀后拉的工艺，生产较细规格的中、高碳镀锌钢丝。

第五章
钢丝热镀锌典型工艺

第一节　一般用途低碳钢钢丝热镀锌生产技术

一、原材辅料的主要技术要求

1. 镀锌用钢丝原料

（1）钢丝用钢应符合 GB/T 4354—2008《优质碳素钢热轧盘条》标准规定。

（2）钢丝不得有裂缝、格弯、疤裂、折叠、飞刺等缺陷。

（3）每盘由一根钢丝组成，钢丝平整度好，不允许有乱线和"∞"字线。

2. 镀锌用的主要材料

锌锭、氯化铵、盐酸、木炭粒、工业凡士林主要技术指标及执行标准应符合表 5-1 规定。

表 5-1　镀锌用锌锭、氯化铵、盐酸、木炭粒、工业凡士林主要技术指标

材料名称	锌锭	氯化铵	盐酸	木炭粒	工业凡士林
主要指标	Zn≥99.99% Fe≤0.003%	NH₄Cl ≥99.5%	HCl≥31%	粒度 2～3mm	滴点 54℃

二、工艺流程

放线→退火炉退火→自然冷却→热水洗→酸洗 1→酸洗 2→水洗→助镀处理→烘干→热镀锌→抹拭→冷却→钝化→干燥→收线。

1. 钢丝的预处理

（1）放线。放线架必须转动灵活，各线与炉孔、篦子顺序一致，各线互相平行，不得交叉。上线时，应检查钢丝的线径、表面、钢种、重量是否满足要求，不符合者应当剪掉或纠正。各捆同线径的钢丝电接后，应用锉刀将接头处锉光并用弯曲法鉴定焊接点的牢固性，每捆钢丝的两头要理顺，以保证走线顺畅。

（2）退火。低碳钢丝热镀锌前，通常都要在退火炉中进行退火处理。退火炉加热应均匀，炉温保持稳定，不得忽高忽低。测定炉温的热电偶位置应在炉体中央的马弗炉中。不同

线径的钢丝退火温度和时间是不同的。

高碳钢丝热镀锌之前，通常要在脱脂炉中进行脱脂处理，以去除黏附在钢丝表面的润滑剂。低温脱脂有两种方法，一是使钢丝通过温度 350～400℃ 的熔融铅约数秒钟，使表面的残存油污、润滑剂中的有机物达到燃点并烧除。另一种方法是在马弗炉中将钢丝加热到 200～300℃，大约 1min 时间将油脂烧除，但在利用这种方法脱脂时，应在满足脱脂要求时，尽可能降低炉温，以防止钢丝力学性能损失过多。

除了高温和低温灼烧除油脱脂外，有的厂家使用碱性脱脂。脱脂液中含有 NaOH 约 100～150g/L，以及其他的碱性物和乳化剂，温度 80～90℃，为了保持碱液的脱脂功能，需要定时补充脱脂剂和水，添加原则是少量多次，一次不宜过多。同时，应保持脱脂液的清洁。

（3）热水洗。经过灼烧脱脂或化学脱脂后的钢丝，表面有一层灼烧残渣或其他污物，需要热水冲洗干净，以免将这些不洁物带入酸洗池，污染酸液。热水应用循环水，水温60～80℃，并定期清理更换。

（4）酸洗。连续作业线上通常采用盐酸酸洗，盐酸酸洗的优点是，不需要加温，对氧化铁皮的溶解能力强，不易产生氢脆。不足之处是易于挥发酸雾腐蚀厂房和设备。为了克服这一缺点，通常在酸液表面添加酸雾抑制剂或在酸池上面设一抽风罩。

盐酸液浓度为 120～150g/L，亚铁离子含量应控制在 20～50g/L，以减少锌渣的产生。更换新酸时，如不停产，则可将酸池底含杂质及氯化亚铁的酸液放出，但放酸时不得使钢丝露出液面，然后加入新酸，达到工艺要求。检修时更换酸洗液，应将盐酸溶液全部放出，将池内刷洗干净，再将澄清的旧酸与新酸混配加入酸池中，达到工艺要求。酸液的浓度和含铁量应定期化验。

（5）清水冲洗。钢丝经过酸洗后，表面黏附了酸液和其他赃物，在进入助镀溶剂之前应将它们清洗干净，以防污染溶剂池。

（6）溶剂处理。钢丝经过前几道工序后，因不能立即进行热镀锌，在空气中暴露使钢丝表面产生铁锈，为了让这些新生的铁锈能在锌锅中迅速地被清除掉，必须进行溶剂处理。溶剂的作用与要求在热镀锌工艺中已有详细论述，主要是溶解掉钢丝表面的铁锈，使锌液与钢丝基体充分地接触，形成铁-锌合金层。溶剂现在一般仍采用氯化铵，其浓度为 80～100g/L，温度 70～80℃。现在推广使用氯化铵和氯化锌复合水溶液，其效果比使用单一氯化铵好。

（7）钢丝的干燥处理。经溶剂处理后的钢丝，表面应干燥，不得有水。钢丝进入熔融的锌液中，锌液将钢丝迅速加热，锌液与钢丝基体接触发生铁-锌反应，形成合金层。合金层的结构及厚度与锌液的温度、锌液的成分、浸锌时间、钢丝的化学成分以及引出后的冷却方式有关。纯锌层的厚度则与锌液的黏度、钢丝引出的速度以及抹拭方式有关。

2. 钢丝热镀锌

（1）热镀锌的温度。热镀锌的温度一般控制在 445～450℃。细钢丝温度较低，型号粗的钢丝温度适当的提高。

（2）锌液中的合金添加与含量。钢丝镀锌采用的锌锭应符合 GB/T 470—2008，1号锌的成分的规定。为了增加锌液的流动性，一般要添加稀土锌铝合金，添加量 0.025%～0.030%。

（3）钢丝镀锌后的抹拭。抹拭方式主要有垂直引出法和斜向引出法二种。垂直引出法适应于热镀厚锌层，大于 150g/m² 的热镀锌层则采用垂直引出法。其抹拭方法采用油木炭粒，

木炭粒度通常在 $2\sim2.5mm$，灰分小于 3%。所用的油为 $30^\#$ 和 $40^\#$ 机油或工业凡士林。热镀厚锌层厚度小于 $150g/m^2$ 时采用斜向引出法。其抹拭方法采用弹簧石棉夹或瓷片抹去多余的锌。锌层的厚薄是依靠弹簧石棉夹的松紧来调整的，如用瓷片则是依靠瓷片中心孔的大小来调整上锌量。有条件可以采用电磁抹拭亦可以获得厚的镀锌层。

（4）镀后冷却。为了及时抑制钢丝表面铁-锌合金层的生长，提高锌层的缠绕性能，增加表面光滑度，应采取对钢丝迅速地冷却。冷却的方式主要有两种，一种是直接水冷，即在钢丝出锌液后高度 $300\sim500mm$ 处安装一喷水装置，向钢丝表面直接喷水，这种冷却方式适合于垂直引出法，尤其是中、粗线径的钢丝；另一种是风冷，即向钢丝表面吹风，把钢丝的温度迅速降下来，这种方法适合于细线径钢丝，通常与水冷配合使用。

三、工艺技术指标

1. 镀锌工艺参数

镀锌工艺参数见表 5-2、表 5-3。

表 5-2　退火炉工艺参数

钢丝线径/mm	退火炉温度/℃	退火时间/min
6.0	1050～1150	2.78～3.34
5.0	1050～1150	2.08～2.39
4.0	1030～1130	1.59～1.76
3.0	1030～1130	1.28～1.39
2.5	920～1020	1.19～1.28
2.0	890～990	1.04～1.11
1.5	810～910	0.8～0.86
1.2	770～870	0.7～0.74

表 5-3　预处理及锌锅参数

设备名称	温度	成分	说明
冷水槽	室温	水	溢流
酸洗槽	30～40℃	HCl：100～150g/L	$FeCl_2\leqslant50g/L$
助镀槽	≥80℃	NH_4Cl：80～100g/L	$FeCl_2\leqslant50g/L$
锌锅	440℃±5℃	锌液	温度表测量

2. 钢丝的走线镀锌速度

钢丝的走线镀锌速度见表 5-4（卧式收线，供参考）。

表 5-4　钢丝镀锌走线速度表

钢丝直径/mm	车速		收线落子直径/mm
	s/r	m/s	
1.8 1.85 2.0	12～13	8.70～9.42	600

续表

钢丝直径/mm	车速		收线落子直径/mm
	s/r	m/s	
2.1 2.2 2.22 2.23 2.5 2.6	13～16	7.07～8.70	600
2.72 2.8 2.9 2.98	15～17	6.65～7.56	
3.0 3.2	17～18	6.28～6.65	
3.5 3.8	18～19	5.95～6.28	

3. 退火炉温度、锌锅工艺指标

退火炉、锌锅工艺指标见表5-5。

表 5-5　退火炉、锌锅工艺指标

名称	功率/kW						各组正常温度/℃						总功率/kW
	1	2	3	4	5	6	1	2	3	4	5	6	
退火炉	60	65	65	60	55	50	900	950	980	900	850	800	355
锌温	445～450℃												

四、工艺操作规定

1. 上线规定

上线前应了解生产调度计划，检查设备完好情况，穿戴防护用品，准备好随手工具，调节好工艺参数，做好生产准备工作。

① 上线前必须测量钢丝直径，检查钢丝表面质量。

② 将符合要求的钢丝盘平整放在落子上，保持落子运行平稳、松紧一致。钢丝应顺序分布通过分线篦子，不允许交叉。穿线挂车时必须有人转动落子依次穿过各架线轴及锌锅时应平行运行。通过各轴时钢丝应入线槽。

③ 钢丝接头要对正、锉圆，表面要求无毛刺、折弯、直径符合钢丝公差标准。

④ 带头时应按慢速开车，等被带规格带齐后将车速调到被带规格工艺范围，换规格作业应 2h 内完成，否则只允许镀同一规格钢丝。

2. 退火炉、预处理槽管理规定

① 退火炉开车前或停车保温时，对退火炉各组加热丝加热要交替进行。以防止炉内积热升温，损坏加热元件和炉体。

② 在停车前 20～30min，退火炉应该停止供电利用炉内温度处理最后一批钢丝，使炉内热量散发防止炉内积热。

③ 停车调整设备时，应将退火炉砖孔内积灰和氧化皮清除，保证炉内导热良好，加热均匀。

④ 在开车生产时，为提高酸洗温度，将钢丝降温槽水位降低到压线轴以下，使较高温度的钢丝直接进入酸洗槽，当酸洗温度升至 35～40℃ 时，再逐步使水位回升，生产应根据酸槽温度调整冷却水加入量。

⑤ 酸洗槽应保持清洁。酸洗槽浓度含铁量要求定时取样化验。再调整酸液浓度时应将盐酸分段均匀地加入酸洗槽中，加水时要少量加入。一般情况下三个月清理一次酸洗槽，先将旧酸放入水洗槽，用耐酸的橡胶刷子清理干净后将旧酸放回到酸槽。调整浓度至工艺范围。当铁盐（氯化亚铁）超标后应及时清理。酸液面应保持在运行钢丝上 30～50mm。

⑥ 漂洗水槽。应保持洁净的清水逆向喷淋钢丝，使清洗水溢流充分。每三个月清理一次清水槽。

⑦ 助镀槽应保持清洁，要求助镀剂定时进行化验，液面保持在槽上沿下 20～30mm。为了保证助镀剂中的亚铁离子含量控制在 3g/L 范围以内，采用小型压力过滤机在线对助镀剂溶液进行过滤。停产的时候应将助镀剂槽子底部的污物清理干净。

3. 锌锅操作规定

① 锌锅钢丝进口端的压线轴应根据钢丝镀层情况调整压入深度及角度。

② 当采用垂直引线的时候，钢丝应垂直于锌液面引出，并通过调整扶线轴位置使钢丝在上升时不抖动，张力应控制适量。架线轴、压线轴、扶线轴、天轴导线槽间距应相等，槽位要对正，各轴应安装平行，操作时应避免钢丝交叉、靠拢、跳槽等现象。

③ 钢丝引出锌液面处，采用油木炭对镀锌钢丝表面抹拭的时候，油木炭堆放厚度为 50～100mm，对钢丝出口处进行封闭。油木炭层应封闭严密，保持不燃状态。油木炭应及时更换。同时应清除出口处锌灰，油木炭一班更换一次。操作时应避免钩子碰到钢丝。按木炭与油 3:1 配制油木炭，油应加热至 150℃ 左右，木炭需经过 100℃ 以上烘干后配制。油木炭烘热至 300℃ 以上才能使用。

④ 锌液面应保持在距锌锅上沿下 20～40mm 位置。加锌时应将锌块在锅后边烘干、预热，然后慢慢加入，以免锌液飞溅。锌块一次不能加入过多以保持锌液温度稳定。

⑤ 当钢丝采用斜向引出方式引出锌液面时，应调整压线轴压入深度，测量轴两侧深度是否一致。同时测量出口处高度是否在分线篦子下方 15mm 左右，钢丝出口处应保持锌液清洁干净，不能有氧化锌堆积。

⑥ 采用石棉夹子抹制方法时，在石棉夹子前用石棉绳缠绕 4～6 圈。操作时用油壶随时在石棉夹子上方加入少量机油。石棉夹子及石棉绳在使用前应在 40# 机油中浸泡 3～4h 后方可使用。石棉夹子与冷却水帘距离为 100～150mm。冷却水温度≤30℃。冷却水中不能含有污物。

⑦ 钢丝入锌液面处应保持干净，每班至少清理 3 次锌液灰，清灰时动作要轻，不得过分搅动锌液。

⑧ 每班应从锌锅沉没辊处捞出锌渣一次，这样做的目的是不影响生产的进行。必要的时候，每月底对锌锅底部的锌渣进行清理，捞锌渣时先将锌液温度上升到 455℃ 左右，沉渣2h 后开始打捞锌渣。打捞时要按次序逐步打捞，把锌渣中锌液控干，不得用力搅动。捞渣后将锌温升至工艺温度，经 2h 以上沉淀余渣后才能正常生产。

⑨ 生产中应保持锌液温度稳定，温度由热电偶测量，热电偶应放在压线轴后部一侧位置，插入深度距锌锅液面 200mm 处。插入位置不能随意变动，热电偶一个月校对一次，测

温仪表每日巡检一次。

⑩ 停车时锌液的温度保持在 420～425℃。

⑪ 为保证钢丝性能及表面质量，可调整锌锅后架线轴或中架线轴的位置，以调整钢丝在锌液中的浸锌长度。

⑫ 应保持锌锅周围的清洁，防止铁腰子、钢丝头、工具、泥土等杂物落入锌液。凡是在锌液中操作的工具必须烘干后才能使用，注意镀锌操作的安全事项。

4. 镀锌钢丝下线规定

① 收线过程中防止掉线、乱线，如发现问题及时处理。

② 收线过程中注意观察镀锌钢丝表面质量，钢丝直径，发现表面带锌疙瘩、漏镀、黑斑时应及时处理，必要时更换新线。

③ 下线后将钢丝盘规整，称重后用压力机对镀锌钢丝压紧压实，随后用 φ1.6～φ2.0mm 镀锌钢丝捆扎四道腰，钢丝两头不允许外露。

④ 将捆好的钢丝用铲车推到存放点，按规格、用途分类码放整齐并标明生产日期、班次、规格、用途。存放点应干燥、清洁，应避免酸碱性气体、潮气进入库房。

五、镀锌钢丝的质量要求

镀锌钢丝质量，要求镀锌表面应均匀连续，锌层必须牢固，不应有漏镀，不符合要求时，在保证钢丝力学性能的前提下允许返镀。

六、检验制度

镀锌钢丝日常检验如下表 5-6。

表 5-6　日常检验如下表

工序名称	检验项目	检验时间	负责部门及人员
酸洗池	盐酸浓度	每班一次	化验室
	$FeCl_2$ 浓度	每班一次	化验室
助镀池	NH_4Cl、$ZnCl_2$ 浓度	每班一次	化验室
	$FeCl_2$ 浓度	每二天一次	化验室
锌锅	锌温	2h 一次	检验员
	锌液成分	根据生产情况取样	化验室
收线	车速	每班二次	检验员
	钢丝质量、性能	每天单线取 14 样	质检室

注：上表中的检查项目由当班检验员、化验员填写检验、试验、化验记录表备查。

第二节　环保型钢丝热镀锌生产工艺

目前国内钢丝热镀锌生产仍然采用传统的溶剂法（干法）热镀锌工艺，生产安全、生产环境条件较差，能耗高，甚至影响到产品质量。随着环境问题的日益突出，国家要求整个镀锌行业，包括热镀锌钢丝行业严格地执行环保生产的准入原则，减轻或者消除对人体健康和环境的危害，实行环保型生产。随着时代的前进和科学技术的发展，钢丝热镀锌技术也有较大的改进和提高。目前钢丝热镀锌行业开展环保型生产的手段主要有两个：一是采用热镀锌新技术；二是改进现有的工艺方法，以实现从源头上做起，真正做到环保、节能、降耗和增效。

一、传统镀锌工艺对环保的影响

目前金属制品企业对中、高碳钢丝热镀锌生产普遍采用溶剂法（干法）镀锌，其生产工艺流程如下：

放线→脱脂（碱洗）→热水洗→清水洗→盐酸洗→水洗→溶剂处理→烘干→热浸锌→抹拭→收线→镀锌钢丝成品。

采用上述生产工艺结果与环保生产的要求差距较大，具体表现在脱脂、盐酸清洗、助镀溶剂处理、钢丝镀锌、抹拭方式和清水漂洗等几个方面。

1. 钢丝表面预处理对环保生产的影响

钢丝热镀锌前的预处理包括：脱脂、除锈、助镀以及脱脂、酸洗后的水清洗四部分。其对环保的影响如下。

（1）高碳钢盘条通过拉拔成为钢丝，为了减少拉拔摩擦力，在拉拔之前需要对盘条表面进行磷化处理，在拉拔过程中还要在盘条表面涂覆润滑脂，这样拉拔后的钢丝表面残存一层润滑脂（剂），这层润滑脂在前处理过程中清除不净，在熔融的锌液中阻隔了铁和锌的接触，钢丝就镀不上金属锌，因此，必须把这层润滑脂彻底去除干净。传统的方法是采用三碱脱脂剂（$NaOH$　$50g/L$；Na_2CO_3　$40g/L$；Na_3PO_4　$50g/L$），混合后同时使用，温度为$80\sim85℃$），在碱性溶液中的化学除油原理过程如下：

$$(C_{17}H_{35}COO)_3C_3H_5+3NaOH \longrightarrow 3C_{17}H_{35}COONa+C_3H_5(OH)_3 \qquad (5-1)$$

反应生成物为硬脂酸钠和甘油，都能溶于水，因此可以除去油脂。但这种脱脂方法蒸汽挥发量大，能源浪费严重。

（2）为了去除钢丝表面上的氧化铁和锈蚀，通常采用盐酸除锈的方法，其浓度一般在$15\%\sim18\%$。因盐酸是挥发性较强的酸，在酸洗过程中所产生的酸雾、酸气以及钢丝离开酸液后带出的酸液，危害性是很大的。

（3）传统的助镀溶剂采用氯化铵作为助镀剂，为了使钢丝进入锌液后不发生溅锌，需把溶剂加热至$80\sim85℃$，以此方法使钢丝表面干燥，但氯化铵水溶液在此温度下，挥发量十分大，使溶剂中的氯化铵损失很快。同时含有氯化铵的水蒸气对皮肤和呼吸器官也有一定的影响。

（4）水漂洗过程不充分同样也是导致表面处理品质不良以及表面处理生产线难以稳定生产的一个原因，实际上水洗过程具有重要作用。钢丝表面经过碱洗脱脂、酸洗除锈后需要将其表面残存的碱液、酸液及其杂质漂洗干净，漂洗的方式一般采取直流喷淋冲洗方式，漂洗水直接排放，用水量较大；并且钢丝表面仍残留部分碱液和酸液以及铁盐，漂洗效果欠佳。钢丝表面的清洁程度与漂洗方式有关，清洗程度直接影响着镀锌层的表面质量和黏附性能。

2. 其他因素的影响

（1）现有部分企业仍采用锌液上加热和燃煤铁锅侧加热方式镀锌，上加热时锌的氧化、锌蒸气，助镀剂中的氯化铵热分解与挥发十分严重。

（2）油木炭抹拭方式在锌液的高温下易遇热燃烧，燃烧过程中散发出大量的含有化学物质的黑烟，使工作环境变差。这无论从能源角度还是清洁角度来考虑都是亟待解决的问题。

二、环保型钢丝热镀锌生产新工艺

钢丝热镀锌就其热镀锌工序来说，是一个集化学反应、锌和铁原子扩散复合物理变化的过程，虽然不像电镀锌要求钢铁基体表面清洁程度那样严格；但热镀锌时钢丝表面也要求十分清洁。在一定意义上讲，没有环保要求和技术支持就谈不上热镀锌，要想获得高质量的镀锌层也是非常困难的。就现阶段情况来看，实现环保型钢丝热镀锌生产，应当在原有的生产工艺基础上采用一些成熟的新技术、新工艺和设备，对现有的钢丝热镀锌生产线进行一些技术改造，这是完全可行的。改进后的钢丝热镀锌生产工艺流程为：

工字轮放线→热水洗→电解脱脂→热水洗→清水洗→电解酸洗→清水洗→复合溶剂处理→烘干→内加热热镀锌→复合抹拭→工字轮计米收线→镀锌钢丝成品。

从上面工艺流程可以看出，改进后的流程与传统的工艺流程增加了在脱脂前的一道热水洗，其作用是事先对钢丝表面的皂化脂进行软化，先去除一部分钢丝表面的附着污物，便于提高下道电解脱脂效果；改一般碱洗脱脂为电解脱脂；改一般酸洗为电解酸洗；改上加热或铁锅侧加热为内加热；改油木炭抹拭为复合抹拭；改自由旋转放线、转盘收线为张力控制工字轮放线、倒立式收线等方式，基本上解决了钢丝热镀锌在安全、环保上存在的问题和隐患。

1. 脱脂剂的选择与电解脱脂

正确选择碱性脱脂剂。要考虑碱性脱脂后的水漂洗能否把钢丝表面上的碱液漂洗干净，与化学脱脂剂自身的性质有十分密切的关系，化学脱脂剂的洗去性与化学脱脂剂本身的黏度、密度、水中的溶解性以及在水中的扩散速度等有关，因此在同等条件下选用化学脱脂剂时要对以上因素给予充分的综合考虑。

传统工艺使用化学脱脂的不足之处在于碱洗时间长，这样不适宜在钢丝连续生产线上采用。为了加快脱脂的速度与效果，采用电解脱脂、溢流漂洗方式是钢丝热镀锌预处理的最佳选择。电解脱脂亦称电化学除油，它是将钢丝在碱性电解液的阴极上进行电化学除油的过程。它除了具有化学除油的作用外，还因电极的极化作用，而使油-溶液的界面张力降低，使油膜易于从钢丝上脱离，电解使金属-溶液的界面所释放的氢气或氧气起了气体搅拌作用，这对油膜具有强烈的撕裂效能，使油膜迅速转变为细小的油珠，随气泡上升被排除。

（1）电解脱脂机理分析。电解脱脂是在钢丝两侧设置两对电极板，电极板通直流电后，使钢丝处于电场中，产生极化现象，从而带上与电极板相反的电荷，这样就能使电解液产生电解反应。

当钢丝处于正电场时，相应地钢丝就带负电，这时电解液中带正电的 H^+ 就在钢丝表面聚集，得到电子，发生还原反应，在钢丝上析出的气体为氢气，反应式如下：

$$2H_2O + 2e \rightleftharpoons H_2 \uparrow + 2OH^- \tag{5-2}$$

这些氢气泡体积小，数量多，擦刷作用大，因而脱脂效率高，不腐蚀钢丝。它的不足之处是析出的大量氢气会渗透到钢丝的内部而引起钢丝氢脆，因而对于高碳钢及有弹性钢丝不宜采用阴极电解脱脂。电解溶液中若含有少量锌、锡、铝等金属杂质时，钢丝表面将会有一层海绵状金属析出，影响镀层的结合力。鉴于上述原因，现今生产上常采用两个电解过程的组合，即先阴极脱脂而后转为短时间的阳极脱脂。这样既防止了钢丝内部渗氢，又加强了脱脂过程。

当钢丝处于负电场时，相应地钢丝就带正电，这时电解液中带负电的 OH^- 就在钢丝表面聚集，失去电子，产生氧化反应，在钢丝上析出的气体为氧气，反应式如下：

$$4OH^- \Longrightarrow O_2\uparrow + 2H_2O + 4e \tag{5-3}$$

这些氧气起泡少而大，与阴极电化学脱脂相比，它的乳化能力较差，因此脱脂效率也极低，但它无氢脆作用，钢丝上也无海绵状物质析出。

由于阴、阳极电解脱脂具有不同的特点，故决定电解脱脂工艺时，必须根据钢丝金属材料性质和镀层要求而进行选择。注意在使用电解脱脂的时候，应是电极板成对使用。

（2）电解脱脂工艺参数和清洗方式。

提高电解脱脂的电流密度可以加快脱脂速度，缩短脱脂时间，提高生产效率，一般在生产中应将电流密度控制在 $5\sim15A/dm^2$ 的范围以内。

钢丝电解脱脂溶液的配方和工艺条件如下。

① 氢氧化钠（NaOH） $30\sim35g/L$ ；　　⑤ 电流密度　 $5\sim15A/dm^2$ ；

② 碳酸钠（Na_2CO_3） $20\sim30g/L$ ；　　⑥ 时间　 $5\sim10s$ （在阴极、阳极上）；

③ 磷酸三钠（Na_3PO_4） $15\sim20g/L$ ；　　⑦ 清水漂洗　溢流漂洗。

④ 温度　 $60\sim70℃$ ；

电解脱脂的主要工艺参数有电流密度和电解时间。电流密度指单位电极板面积上所通过的电流。

其电流密度计算公式为：

$$J = I\eta \times 4LB \tag{5-4}$$

式中　 J ——电流密度，A/dm^2 ；

　　　 I ——电流，A；

　　　 4 ——电极板数量；

　　　 η ——电解效率；

　　　 L ——电极板的宽度，dm；

　　　 B ——钢丝圆周展开总宽度，dm。

电解脱脂清洗效果与电流密度密切相关。起初当电流密度增加时，清洗效果急剧增加；但电流密度大于 $50A/dm^2$ 以后，电流密度增加时清洗效果增加较小，但能耗增加。所以在普通电解脱脂设备中，一般将电流密度控制在 $10\sim30A/dm^2$ ，整流变压器容量为 $5000\sim10000A$ ， $30\sim40V$ ，电解电流在 $3000\sim5000A$ 。

电解时间指钢丝通过单个电极板范围内的时间。氢气产生并形成气泡的时间不应低于 $0.25s$ ，因而电解时间必须控制在 $0.3s$ 以上，这就是说电极板的宽度必须足够，才能取得较好的脱脂除油效果。

脱脂清洗方式采用直线溢流循环式。直线溢流循环式不增加钢丝的运行阻力，保持钢丝平稳运行。在使用中作为溢流脱脂槽与电极板为一体的导体使用一段时间后，其表面会逐渐沉积一定量的污垢，输出电流受到屏蔽，电流密度将会逐步减小，脱脂效果变差，甚至脱除不掉油脂，此时应将电极板表面的污垢清除掉，或定期对电极板轮换清理。

2. 电解酸洗除锈工艺参数和清洗方式

使用电解除锈代替化学酸法除锈是利用电极反应，除去钢丝表面的氧化铁皮，它可以在阴极或阳极上进行，或在阴、阳极上交替进行。与电解脱脂的机理一样。其优点较化学酸洗法酸洗速度快、减少酸雾逸出挥发，节约盐酸，酸洗质量好，效率高。钢丝通过电解槽时，钢丝与电解槽中的铅极板形成数对阴阳极，使钢丝在运行中不断变换阴阳极，也就是不断腐蚀、活化、再腐蚀、再活化，最后腐蚀，达到去除钢丝表面锈蚀的目的。这种在同1根钢丝上出现数对阴阳极的现象称为双极性电解现象。

（1）电解酸洗液工艺条件。一般情况下，较直接使用单一盐酸节省30%左右，其电解酸洗液工艺条件如下。

配方一：盐酸（工业级） 40～100g/L；磷酸（工业级） 10～18g/L；氯化亚铁 ≤25g/L；改性若丁 4～8g/L；阳极电流密度 2～2.5A/dm²；阴极电流密度 5～10.0 A/dm²；温度 室温；时间 1～1.5min；电极板 铅锑合金板（含锑5%～10%）。

配方二：硫酸（H_2SO_4） 4%～5%；温度 ≤45℃；电解电流 80～100A/dm；水漂洗方式 溢流漂洗。

（2）工艺条件说明。

① 钢丝通过的电解时间长，电流密度要小，反之则要大。酸洗时，钢丝出槽时要为阳极，如果是阴极，电解液中的Fe^{2+}多了，钢丝上就会镀上铁，会影响镀锌层和钢丝基体的结合力，因此既要使钢丝出槽前为阳极，也要控制电解液中的Fe^{2+}的含量，多了就要更换酸洗溶液。另外电流密度要合适，电流密度高，钢丝表面就会挂"黑灰"，影响结合力；电流密度低，侵蚀不够，也同样影响结合力。此时可以在清水漂洗槽出线端堆放一道沙坝，当钢丝通过沙坝时既洗掉残酸，也能把"黑灰"刮去一大部分。

② 改性若丁是一种适用于防止钢丝因酸洗过腐蚀的缓蚀剂，不会妨碍氧化铁的酸洗效率，又能有效地阻碍氢原子向钢铁基体内部扩散，造成过腐蚀；同时能减少氢气的产生量，延长酸洗液的使用寿命。溢流漂洗好处是酸洗液对钢丝具有相对的冲刷作用，以及杂质不易黏附在钢丝表面上。

③ 同电解脱脂一样，作为溢流酸洗槽与电极板为一体的导体使用一段时间后，其表面也会逐渐沉积一定量的污垢，输出电流密度将会逐步减小，酸洗效果变差，甚至脱除不掉铁锈，此时应将电极板表面的污垢清除掉，或定期对电极板轮换清理。

3. 电解酸洗后的漂洗水的循环利用

清水漂洗过程主要有以下几方面的积极意义。一是防止碱、酸、助镀剂之间交叉污染；二是钢丝产品自身品质的要求；三是水洗效果的好坏也影响到表面处理用药品的消耗量。为解决这个问题，采用在线空气逆向喷吹，以消除钢丝上残存的碱、酸液和漂洗水。

为了节约用水，减少碱、酸废水排放，按照酸碱中和的原理，可以把酸洗后的漂洗水引到碱洗脱脂后的水漂洗，既可以减少循环水的用量，又可以中和碱洗脱脂后的漂洗水，减少钢丝表面的残留碱液。最后将漂洗水集中到一个中和池内自然中和，当pH值达标时进行排放。

脱脂前后水洗采用温水洗，主要是考虑能很好溶解、冲洗掉黏附在钢丝表面残留的皂化脂、碱液，提高电解酸洗效果。这需要对清水加热到一定温度（>25℃），起到快速清除钢丝表面上杂质的效果。从节约能源考虑，可以将钢丝热镀锌后水冷却池中水引进到碱洗、酸洗后的漂洗池，起到温水清洗的作用。

4. 复合助镀剂工艺参数的确定

钢丝热镀锌前浸粘助镀剂是为了保证钢丝在热浸镀锌时，使其表面的钢基体在短时间内与锌液起正常的反应，生成一层的铁-锌合金层。其作用如下。

① 清洁钢丝表面，去除掉酸洗后钢丝表面上的一些铁盐、氧化物及其他脏物。

② 净化钢丝浸入锌液处的液相锌，使钢丝与液态锌快速浸润并反应。

③ 在钢丝表面沉积一层盐膜，可以将钢丝表面与空气隔绝开来，防止进一步微氧化。

④ 溶剂受热分解时使钢丝表面具有活性作用及润湿能力（即降低表面张力），使锌液能很好地附着于钢丝基体上，并顺利进行合金化过程。

⑤ 涂上溶剂的钢丝在遇到锌液时，溶剂气化而产生的气浪起到了清除锌液上的氧化锌、氢氧化铝等的作用。

因此，优先应选用以氯化锌和氯化铵混合组成的助镀液。$ZnCl_2 \cdot 2NH_4Cl$ 是有稳定成分的，易结晶在钢丝表面上。其中 NH_4Cl 在助镀剂中的作用是最根本的，但 NH_4Cl 易挥发易脱落，所以温度不能太高以避免钢丝在浸锌过程中形成过多的烟雾，同时 $ZnCl_2$ 还能起到增加涂层的黏附作用和防止 NH_4Cl 的脱落。

根据以上分析，有研究发明一种具有以上功能的防止钢丝漏镀的助镀剂（专利发明号：200810140979.7），并已在生产线上得以应用。助镀剂的温度保持在 65～70℃，较常规温度低 20～15℃。复合助镀剂工艺条件如下。

① 氯化锌 15～20g/L；② 氯化铵 50～70g/L；③ 无水乙醇 0.3～0.4g/L；④OP-10 0.01～0.02g/L；⑤pH 值 4～5；⑥温度 65～70℃。

这种新型钢丝复合助镀剂克服了因钢丝不断带进助镀剂槽中酸液，使助镀剂酸性过强的弊端，始终使助镀剂 pH 值保持在 5～6 之间，使溶解状态的 Fe^{2+} 在加热的状态下，被空气中的氧逐渐氧化成 $Fe(OH)_3$，并从助镀溶液中沉析出来。有利于用清除设备将铁离子和杂质从助镀剂中排出，并可提高助镀前钢丝的清洗质量。

同时，助镀剂中的氯化锌和氯化铵依靠 OP-10 的乳化分散、湿润作用而混合均匀，避免了温度很低的钢丝基体在与锌液接触出现的微爆溅现象，使操作更安全，避免了漏镀。

三、节锌设备、抹拭和放线方法

1. 采用内加热陶瓷锌锅熔锌、浸锌

采用内胆式加热陶瓷镀锌锅直接熔锌，避免了传统的上加热过程对锌液的表面的辐射，极大地减少了锌液表面的高温氧化和锌蒸气的产生；与传统的钢板制造的锌锅相比无锌渣产生，锌灰的生成量也很少；复合增强氮化硅型内胆式加热体直接与锌液接触，热量直接传给锌液，热损失小，热能利用率可达 90% 以上，热源为电阻丝，采用可控硅自动恒温控制，分为发热体设定温度和实际锌液温度感温双向控制，锌液温度可以精确控制在 ±2℃ 以内；安全可靠，使用寿命长；添加锌锭时，可以在锌锅上面进行预热，预热后的锌锭可以很方便地顺锌锅边慢慢放进锌液里，操作时较为安全，防止了锌液的飞溅现象；连续停电，不需掏出锌液；为了减少锌液面的热量的辐射、对流损失，可采取在钢丝进入锌液面前段覆盖一层含有氧化锌还原剂的保温材料，或用耐高温的高铝纤维板和蛭石粉复合保温方法将其覆盖在锌液面之上，约减少 9600kcal/(h·m²) 热量损失，相当于少损失 11.6kW·h/(h·m²)，同时也可减少锌粉灰的飘浮。

2. 采用复合（电磁＋氮气）抹拭方法代替油木炭擦拭

当钢丝垂直离开锌液面时，表面上黏附一层纯锌液，在没有凝固之前这层锌液一是在重力的作用下顺着钢丝向下流动；二是锌液随钢丝向上移动，其结果会在钢丝表面出现断续的锌瘤。为了解决这个问题，通用的方法是在钢丝离开锌液面处采用油木炭抹拭掉这些锌瘤，得到光滑的镀锌层。但是油木炭在锌液的高温下遇热燃烧，燃烧过程中散发出大量的含有化

学物质的黑烟,使工作环境变差。操作工人在这样的环境中工作,呼吸道长期吸入含有油脂的黑灰烟尘,对肺部将造成损害。为解决这一问题,目前较为先进的方法,是采用复合(电磁+氮气)抹拭方法,在钢丝的锌液面上 20~35mm 处,安装设置复合(电磁+氮气)抹拭器;一方面钢丝及锌液面在氮气的氛围下,锌液面不被氧化,不会产生锌的氧化物随钢丝表面带出,另一方面钢丝复合力抹拭装置的电场、磁场的作用,可以使多余的锌(瘤)顺钢丝向下流进锌液里,使钢丝表面的镀层光滑无锌瘤,工作环境更清洁,生产成本较油木炭更低。

3. 采用工字轮放、倒立式收线方式

传统的自由旋转放线盘放线,放线时最容易发生乱线,线与线之间容易绞线,运行中不平直、时松时紧、张力不稳定等问题,这些问题的存在往往造成断线,最为关键的是造成镀层的不均匀。新型的热镀锌生产线采用工字轮放线,每根钢丝经过矫直装置后具有恒张力放线功能,不易拉坏架子;盘重在 1.2~1.5t,运行中不绞线,不乱线,乱线和断线时收线机自动停止运转,减少安全隐患和劳动强度;放线机和收线机一一对应,且每根钢丝均能独立调速,这样可以在一条生产线上同时生产不同规格、不同镀层面质量的镀锌钢丝。收线采用张力可控制双工字轮收线,或倒立式收线机收线,并辅助计米报警装置,张力控制是利用变频器控制系统来实现的,减少绞线的对接焊头,降低了劳动强度,提高生产效率,最终提高镀锌钢绞线的合格率。

第三节　铠装电缆用钢丝热镀锌镀层工艺

目前,在一般生产热镀锌低碳钢丝 $\phi 1.2 \sim \phi 2.0$mm 之间时,工艺方法是:经拉拔后的钢丝经过燃油、燃煤(燃气)热处理明火炉进行热处理、金属铅浴或化学复合介质溶液淬火(脱脂)、酸洗除锈、助镀溶剂活化处理和烘干干燥预处理后;钢丝进入锌锅锌液中,采用倾斜出线、卧式收线机收线完成钢丝热镀锌生产过程。钢丝热镀锌后的镀层抹拭方法:采用油石棉线绳夹子夹着钢丝,抹拭掉镀层钢丝表面的"锌疤";对于 $\phi 1.5$mm 以下的较细镀锌钢丝则采用有中间圆形孔的陶瓷薄片作为抹拭方法抹拭掉钢丝镀层的"锌疤"。国内某电缆公司采用 BS EN10257-1:1998 标准,选用材料标准为 SSD5,$\phi 5.5$mm 低碳钢盘条,生产 $\phi 1.2 \sim \phi 2.0$mm 的铠装电缆用热镀锌低碳钢丝,抗拉强度要求在 340~500MPa,延伸率不小于 10%,镀锌层重量为 195~215g/m²。

一、生产工艺流程

钢丝→(工字轮)放线→退火处理→铅浴淬火→水冷却→盐酸除锈→二道水清洗→粘助镀剂溶剂→烘干干燥→钢丝热镀锌→木炭粉抹拭→风冷却→水冷却→收线(倒立式收线)。

1. 工字轮放线

采用工字轮放线并配合各个分线支架上的压线轮、分线轮的作用,做到钢丝走线比较平稳,在放线时,一定要根据线径大小调整转托盘下张力装置,做到运转平稳、松紧一致。一定要避免或因工字轮钢丝排线不规则造成钢丝走线忽紧忽松的现象,并不能使钢丝张力过大,可以用手感觉到走线情况后对张力加以调整。

2. 退火处理和铅浴淬火

采用三段加热式退火炉退火、铅浴淬火处理时，要根据拉拔后钢丝的抗拉强度值和热镀锌后钢丝的抗拉强度要求，预先设定退火炉的各段温度和铅浴淬火温度。以钢丝热镀锌后 $\phi 1.60\sim\phi 2.0$mm 为例，退火炉温度工艺参数见表 5-7。

表 5-7　钢丝热处理工艺参数

钢丝直径 /mm	退火炉温度/℃				铅浴温度/℃
	预热段	1 段	2 段	3 段	
1.6~2.0	600±30	750±20	700±20	650±30	(420~440)±10

注：细钢丝取低值，粗钢丝取高值。

铅锅铅液上面要覆盖一层粒度为 $3\sim5$mm，厚度为 $30\sim40$cm 的 Panflux S5730（意大利产）保温覆盖剂，可以起到较好的保温和防止铅液的挥发的作用。在铅锅的钢丝出口处要覆盖一层较厚的覆盖剂，这可以避免钢丝的表面硬化，并起到摩擦掉钢丝表面的氧化物，以利于下道工序的酸洗。

3. 热盐酸酸洗除锈

（1）酸洗方式。钢丝生产线酸洗工序采用二段溢流酸洗封闭式；酸洗液采用耐酸泵自动循环自上而下喷淋酸洗钢丝；钢丝进出口两端采用两道水帘封闭，穿线时从酸洗封闭槽两侧面穿线，以减少酸雾的逸出。对于采用木炭粉抹拭方法来说，当 DV 值在 $20\sim35$ 之间时，不但要考虑酸洗液的浓度，亦要考虑酸洗液的温度对酸洗效果的影响；根据酸洗液温度、浓度对酸洗效果的影响复合值曲线，当采用盐酸作为酸洗液时，实际生产中酸洗液浓度控制在 $15\%\sim26\%$，温度控制在 $35\sim40$℃ 之间为宜。钢丝酸洗速度快慢不仅取决酸洗液的浓度、温度，其中重要的是决定于 $FeCl_2$ 在该盐酸浓度下的饱和程度。一定的盐酸浓度在相同温度下具有一定的 $FeCl_2$ 饱和度。当盐酸浓度达到 10% 时，$FeCl_2$ 饱和度为 48%；当浓度达到 31% 时，$FeCl_2$ 饱和度只有 5.5%，同时 $FeCl_2$ 饱和度随着温度上升而增大。要注意到在生产中对盐酸的浓度范围控制得过宽、过窄对生产都会带来一定的难度。当 $FeCl_2$ 含量高时（可用盐酸相对密度表示），盐酸浓度可相应取低值，当 $FeCl_2$ 含量低时，则盐酸浓度可取高值。

（2）配置新盐酸溶液方法和配方。配置新酸时，最好加入一些旧盐酸溶液，使其 $FeCl_2$ 的含量在 10g/L 左右，这样可以加快酸洗速度。同时为了提高酸洗效果，可以在盐酸酸洗液中添加增效剂和少量的改性若丁酸液缓蚀剂。缓蚀剂组成如下：

①盐酸（$d=1.15$g/mL）　$350\sim400$mL/L；②磷酸（$d=1.71$g/mL）　$10\sim15$mL/L；③改性若丁　$1.5\sim3$g/L。

4. 水冷却和水清洗

（1）钢丝镀锌后的水冷却。钢丝从铅锅铅液中出来后，要进行冷却。冷却分为二段，一段是空气冷却，该段冷却从表面上看，钢丝一出铅液就应该视为冷却了，但是钢丝一定需要空气冷却一段距离后才能进入水冷却，否则，钢丝不经过充分的空气冷却降温，较高温度的钢丝进行水冷却的时候，钢丝表面极容易出现一层难于酸洗的铁的氧化物，空冷距离一般应在 5.0m 以上。另一段是水喷淋冷却，当使用闭路循环水时，要注意水质的清洁，防止水中杂质过多，避免因杂质过多而影响钢丝表面的清洁度，增大酸洗难度。

（2）水清洗。钢丝经过酸洗除去其表面的铁锈后，进行水清洗，一般情况下是经过一道水清洗即可，考虑到较高的钢丝走线速度，有时需要一道水喷淋清洗和一道溢流水清洗；同时在水清洗后，采用辅助压力为 0.1～0.3MPa 空气气刀（陶瓷喷头）的方法将钢丝表面的污物和水分喷吹干净。

对生产线上使用后的冷却水，必须进行水处理后循环使用做到无排放。这样一来就要注意的是：当使用闭路水循环处理水的时候，一定要观察水的 pH 值，使其呈 6～7，并且不能使水质中含有含铁质物质及其他杂质物，如絮凝剂等物质。否则将影响钢丝表面的清洗质量，严重时钢丝镀锌层将出现露铁现象。

5. 粘助镀剂溶剂和烘干

铠装用镀锌钢丝，对于钢丝镀锌后镀层的附着力要求很严格，为此助镀剂溶剂不能够使用单一的氯化铵做助镀剂。在以氯化铵为主的基础上添加了少量的氯化锌；并添加一种添加剂，可以起到助镀剂的润湿、乳化和分散作用，目的是防止助镀剂的老化，提高助镀剂的耐用性，使得到的镀锌层比较均匀。

（1）助镀剂配方和工艺条件

①氯化铵　65～85g/L；②氯化锌　15～20g/；③温度　60～75℃。

要控制助镀剂中的铁离子含量不能高于 2g/L，主要是靠过滤机过滤的方式来处理。

（2）钢丝的烘干。钢丝粘助镀剂后主要依靠较高温度的烘干器，将钢丝表面的水分烘干，防止钢丝表面带水进入熔融的锌液出现爆锌现象，烘干器的保温效果较好；烘干器的温度根据钢丝的直径大小、走线速度快慢可以调节，并安装有温度显示器，保证钢丝烘干温度在 100～150℃。

值得注意的是：钢丝直径大的取烘干温度的上限值，钢丝直径小的取烘干温度的下限值。

二、钢丝热镀锌

1. 锌液温度的设定

钢铁制品热镀锌的温度对镀锌层的影响主要表现在锌-铁合金层的厚度和纯锌层厚度两个方面，而以较高的温度对锌-铁合金层的影响最大。当温度超过 480℃时，ζ 相的晶核形成速度减小，这时仅仅生成具有较大中间空隙的大晶粒，液态锌通过这些空隙直接渗入到 δ_1 相界面，大大加快了锌-铁反应速度。因此，当车速、浸锌时间一定的时候，温度愈高，锌-铁反应愈快，使锌-铁合金层加厚，镀锌钢丝缠绕性能变差；而且锌液表面氧化速度加快，会产生较多的氧化锌，如果是使用钢质沉没辊时，则产生的锌渣会更多。而当锌液温度过低，锌液的流动性将变差，使镀锌层表面粗糙且锌层不均匀。因此，锌液温度一般控制在 460℃左右。对于钢丝热镀锌来说，锌液温度参数规定在 445～460℃，在这个温度范围内，锌对铁的扩散反应所生成的锌-铁合金层厚度不大，而且锌液的流动性较好，而且对减少钢丝的应力损失有一定的积极作用。在实际生产中如果锌液加热方法是采用侧面上加热的形式，其锌液上面与锌液下面和其他三侧面的温度是有明显差别的，锌液温度上面与下面一般相差 4～6℃，因此在设定温度时，要针对不同的加热方法，考虑温度差别对钢丝表面镀层质量的影响。

2. 引出速度的设定

钢丝的引出速度的快、慢不但对产量影响十分显著，而且对镀锌层的厚度和表面质量亦有明显的影响，钢丝镀锌时要对这两方面给予兼顾考虑，无论从产量和镀锌层质量方面来说，都应把镀锌层质量作为重点来考虑。从镀锌层的质量角度来考虑，一个是锌层的附着量，一个是锌层的附着强度。车速快、慢将导致浸锌时间的变化，车速越快，纯锌层将增厚；因浸锌时间的缩短，使锌-铁合金层的形成速度变慢、变薄，甚至无法形成；此时，可能造成附着力差的问题，甚至镀层有脱落的可能性。当车速减慢时，由于浸锌时间较长，则使锌-铁合金层生成时间长而变厚，纯锌层则愈薄。根据实际生产中的钢丝镀锌层重量数据统计分析，对于采用油木炭抹拭方式来说，DV 值在 $20\sim35$ 之间较为合适；采用复合电磁抹拭装置时，DV 值在 $40\sim70$ 之间。D 为钢丝直径，mm；V 为钢丝走线速度，m/s；直径较细的低碳钢丝因为强度低，锌层重量小，可以适当降低引出速度。

3. 浸锌时间的设定

在热镀锌过程中，锌-铁合金层的厚度是随浸锌时间的延长而增加，虽然温度对锌-铁合金层的厚度的影响比浸锌时间的影响大得多；当在锌液温度确定以后，浸锌时间过长，对增加合金层厚度的影响就会较大。因此，在保证镀锌层和钢基体牢固结合的情况下，应尽量减少浸锌时间，抑制锌-铁合金层的生长，则不会因为合金层的过厚而引起镀锌层的缠绕性变差的问题。根据钢丝浸锌时间经验公式 $t=kd$ 确定浸锌时间；其中 t 为浸锌时间，s；k 是常数，取 $4\sim7$ 范围；d 是钢丝直径，mm。然后根据车速计算出钢丝浸锌的距离，通过调整、固定浸锌距离，再根据钢丝的引出速度，就可以计算出钢丝的大致浸锌时间。国外的锌锅长度一般都在 4.0m 以上，钢丝浸锌长度有足够的调整范围。

当锌液温度和钢丝浸锌时间（长度）确定下来后，锌层重量（上锌量）的控制，则主要依靠钢丝的走线速度来调整，十分方便，而且误差小。

三、镀层抹拭、冷却方法

1. 油木炭抹拭方法

抹拭工序是钢丝热镀锌生产线上的一个关键步骤，其作用是使镀锌层表面光滑均匀。采用不同的抹拭方法，在抹拭力的作用下，可以得到不同厚度的纯锌层。

由于油木炭抹拭方法因其一次性投资少、简便，仍然是目前垂直引出法热镀锌钢丝较为普遍采用的一种抹拭方法；它既可以防止钢丝出口处锌液面局部的氧化，又能够避免氧化后的氧化锌皮粘在钢丝镀层表面，起到对钢丝表面纯锌层的轻微抹拭作用；但是对环境污染还是有一定的影响。在使用木炭粉操作时有两种方法，一是预先把木炭粉和工业用凡士林油在分别烤、烧热后，按一定的重量比例混合掺兑均匀后使用；另一种是直接使用木炭粉，不需要预先把高温度的凡士林油和木炭粉混合，而是在使用时把木炭粉堆置于钢丝出锌液面处，待穿完所有的钢丝后，在木炭粉上面浇淋较高温度的凡士林油，让其燃烧并使其始终处于燃烧状态。其好处是，不会因预先混合掺兑的油木炭粉温度低而影响刚穿完钢丝镀锌层表面的光滑度。两种使用方法对镀层的光滑度影响不是很大。

在使用木炭粉时，具有一定的操作技巧：首先要注意木炭粉的厚度，一般在 $5\sim8$cm，一开始的时候要薄一些，逐渐加厚至 8cm，过厚的木炭粉层将影响钢丝表面的光泽。在生产当中不需要更换木炭粉封闭层，当个别钢丝镀层表面出现"锌疤"时，可以在钢丝与钢丝之间用铁钩拨除锌液面上的锌的氧化物，随后把木炭粉覆盖上去。

2. 复合（电磁＋氮气）抹拭方法

所谓复合力抹拭就是利用电场、磁场、气体三种力的复合作用对钢丝镀锌层进行无接触抹拭，通过调整电场强度、磁场强度、气体流量和温度可以精确控制钢丝镀锌层的表面光洁度和锌的附着量，以达到钢丝镀锌层的抹拭目的。有关使用复合力抹拭在钢丝热镀锌生产上的试验工艺参数见表5-8～表5-10。

表5-8　GD-EGMW Ⅱ-12 抹拭工艺参数

车速 /(m/min)	丝径 /mm	DV /(mm·m/min)	抹拭电流 /A	气温 /℃	流量 /(L/min)	锌的附着量 /(g/mm²)
20	2.5	50	15	25	35	169
30	2.5	75	25	25	35	163
30	2.5	75	30	25	35	167

表5-9　GD-EGMW Ⅰ-12 抹拭工艺参数

车速 /(m/min)	丝径 /mm	DV /(mm·m/min)	抹拭电流 /A	气温 /℃	流量 /(L/min)	锌的附着量 /(g/mm²)
20	2.5	50	300	25	35	205
30	2.5	75	600	25	35	213
30	2.2	66	400	25	35	255
30	2.2	66	600	25	35	208
30	2.6	78	600	25	35	221

表5-10　GD-EGMW Ⅲ-12 抹拭工艺参数

车速 /(m/min)	丝径 /mm	DV /(mm·m/min)	抹拭电流 /A	气温 /℃	流量 /(L/min)	锌的附着量 /(g/mm²)
20	2.5	50	40	25	35	104
25	2.5	62.5	45	25	35	113
30	2.5	75	45	25	35	117
35	2.5	87.5	45	25	35	168

应用复合抹拭设备需要注意的事项有以下几点：保证整个生产线的钢丝走线张力稳定，特别是钢丝离开锌液面进入抹拭装置的时候钢丝要平稳，不能抖动；复合力抹拭是在提高线速度的前提下，保证钢丝的上锌量不能超过客户的要求太多，以此降低企业的生产成本，因此，在提高速度的情况下必须保证该生产线的前处理能够达到技术工艺标准，气体流量和压力一定要根据实际工艺去调节，同时要配合电磁力的微调，否则就会导致钢丝表面锌瘤的出现。

3. 镀锌后的冷却方法

钢丝离开锌液面以后约500mm的高度，需要进行及时冷却，它包括风冷却和水冷却。其主要作用为冷却凝固熔融的锌液、镀层；风冷却时，在风的压力作用下，可以吹掉和防止冷却水顺钢丝向下流动，避免过多的冷却水顺着镀锌钢丝流进锌液中，出现锌"疙瘩"；同时避免因为锌液没有及时凝固，在运行过程中，镀锌层表面被支撑辊子擦伤。

风压不能过大或不足，一般情况下风压在0.12～0.15MPa，风嘴缝隙也应在3～4mm为宜。直径较细的钢丝风压、风量可以低些，直径较大的钢丝风压、风量可以高些。冷却水的压力为0.25MPa就能够满足冷却要求。当使用循环处理水作为冷却水时，一定要注意水的酸碱度，不能使水质呈酸或碱性，保持冷却水的pH值为7，否则，镀锌层表面将出现暗灰色的早期被腐蚀现象。

四、收线方法

由于生产线采用复合抹拭设备对钢丝镀锌层进行抹拭，走线速度较快，选择了工字轮、线架放线＋倒立式收线机型。用倒立式收线机收线时要区别镀锌钢丝的直径，要变换调直器的位置，要保证钢丝始终紧紧贴近收线转盘 V 形槽的上沿，否则会出现"∞"线扭结、乱线；当收钢丝直径小于 2.0mm 以下的线径时，调直器进线前要经过两个过线支撑轮；当收钢丝直径大于 2.0mm 以上的线径时，调直器进线前只需要经过一个过线支撑轮后就可以做到钢丝不扭结成"∞"字线。要注意镀锌后的钢丝经过收线支架"天轮"后，到收线机的向下倾斜角度不能大于 40°，否则要增大走线的阻力和扭曲，以至于影响 1% 的伸长率。

第四节　热镀锌低碳钢丝（铠装）节能生产工艺

热镀锌铠装丝加工过程经历了几十年的发展，加工工艺的发展由小捆、酸洗处理、拉拔到目前的一步组合式拉拔。原工艺拉拔 ϕ1.20mm 钢丝需 6 个工艺流程：线材除鳞→表面处理→粗拉（开坯）→热处理→表面处理→成品拉拔。现在组合式拉拔只需 3 个工艺过程：线材除鳞→连拉（3 道或 4 道）→滑动式拉拔（水箱），减少了中间的表面处理、粗拉、热处理工艺环节，即节约生产成本又提高了效率，现具体介绍如下。

一、节能生产工艺

（1）原有的工艺过程
① 独立卧式线材机械除鳞→收线、捆扎；②酸洗→水洗→皂化（涂灰）→烘干（晒干）；③粗拉→ϕ6.50mm 进线→ϕ3.40mm 捆扎；④热处理（ϕ2.40～ϕ3.00mm）→收线、捆扎；⑤酸洗→水洗→皂化（涂灰）→烘干；⑥拉拔→收线（工字轮、散圈）。
（2）现有的工艺过程
大盘重连续机械除锈→直线式拉拔→滑动式拉拔→收线（工字轮或散圈）＞ϕ0.90mm。
（3）热处理（ϕ2.00～ϕ2.40mm）→收线。
（4）半成品除鳞→滑动式拉拔→收线（工字轮或散圈）。
注意：ϕ2.00～ϕ2.40mm 钢丝拉拔到小于 ϕ0.90mm 以下还需热处理。

二、节能工艺

1. 原拉拔工艺

最早在拉拔这种低碳钢丝时，是将大件线材通过卧式剥壳机除鳞后进行收线，因卧式机组收线的盘重一般在 150kg 左右，无法大盘重供料，给下道工序拉拔又增加了倒运的麻烦和成本，除鳞后的线材还要酸洗、皂化（涂灰）、烘干。这个生产工序中造成成本的增加以及对环境的影响，特别是在烘干环节中，一些小企业没有专门烘干房，在阴雨天无法自然晒干的情况下，会造成停产。拉拔过程中因前处理的材料都是小捆重的，所以造成较多的电焊接头，为后续拉拔的突然断裂埋下隐患，而且还影响拉拔的质量和产量。

产量的降低就意味着单位成本的增加，这种工艺最小拉拔丝只能是 ϕ1.60mm，因为所使用的是滑轮式拉丝机，冷却效果差，钢丝的力学性能发生变化，导致塑性降低、加工硬化、易脆断。如果要进一步精拉，必须在 ϕ2.00～ϕ3.00mm 规格时进行热处理和二次酸洗、皂化、烘干等工序，再用拉制低碳丝的水箱机拉拔所需的规格。

2. 拉拔工艺的改进

在 20 世纪 90 年代以后，铠装钢丝（低碳）拉拔工艺有了较大程度的改进和提高，出现了大盘重线材（1.6t 左右）剥壳除鳞→直接拉拔的联合机组，在此工艺中剥壳除鳞由拉丝机直接提供动力，无需外加功率。酸洗、皂化、烘干和倒运这些工序都得到省略，既节能又环保，单位成本也降低。各工序成本见表 5-11。

表 5-11　各工序成本

项目	机械除鳞	酸洗、皂化（涂灰）	拉丝工艺(φ6.5～φ1.6mm)		合计
间歇式除鳞酸洗拉丝生产线	电费：10 元/t	盐酸：15 元/t 烘干：10 元/t	LW560-7 LW350-4	638 元/t	865 元/t
	工资：8 元/t	皂化：10 元/t	工资	8 元/t	
	倒运费：2 元/t	电费：54 元/t	LW560-7 LW350-4	20 元/t 35 元/t	
连续除鳞无酸洗拉拔联合生产线	无	无	LZ 或 LW-3 LZ450-11/15	428 元/t	463 元/t
			工资	35 元/t	

注：1. 电费按照高峰低谷平均 1.0 元/(kW·h) 计，盐酸按照 600 元/t 计。

2. 间歇式除鳞酸洗拉丝生产线，拉拔成本在用 LW560-7 时，如各规格配套生产成本略有下降。

3. 表中对废酸和水洗废水的处理成本未列入计算。

线材从 φ6.50mm 直接拉拔到 φ0.90mm，经剥壳后用直进式拉丝机或滑轮式拉丝机（干拉 2～3 道），将润滑膜达到一定厚度，也可以配压力模，直接进滑动式拉丝机（水箱 LT560 或 LT450），其拉拔模数依据产品要求配备，这种联合机组成品丝的线径可以直接拉拔到 0.90mm，中间不需要倒运、粗拉及一次热处理精拉。水箱拉丝机冷却效果好，无扭转使钢丝的力学性能在拉拔过程中得到很好的保证。无需中间热处理的拉拔工艺，在实际生产中得到广泛应用，此种设备的配置和拉拔工艺大幅降低了热镀锌低碳铠装钢丝的生产成本。

联合拉丝机机组占地面积少，无需翻拉倒运，直接出成品，而且节能环保，产量高，再配以工字轮收线可以实现大盘重（500kg 左右）生产。

第五节　还原法钢丝热镀锌-5％铝-稀土合金镀层工艺

锌-5％铝-稀土合金镀层一般简称为 Galfan 合金镀层。Galfan 合金镀层是 20 世纪 70 年代比利时冶金研究中心在国际铅锌组织的支持下研制开发的，其耐腐蚀寿命是普通纯锌层的 2～3 倍，具有更强的阴极保护作用。钢丝经过热浸镀锌后，不仅耐腐蚀性能好，而且镀层具有良好的加工成型性、较高的延伸性和合金熔点低、流动性好、节约能源等优点，力学性能仍可以保持镀锌钢丝的水平，因此，经过热镀 Galfan 合金镀层处理的钢丝广泛应用在电力、通信、农业、交通运输等各个领域。实践证明，Galfan 合金镀层是理想的钢丝热镀层保护材料，具有广阔的发展前景和良好的经济效益。在国外已普遍应用在钢丝镀层和其他钢铁结构件的防腐蚀上。从 20 世纪 90 年代开始，先后有浙江、天津 2 家企业分别从国外引进 2 条溶剂法热镀 Galfan 合金镀层钢丝生产线，在此基础上，先后有多家企业和院校、科研单位自主研发"单镀""双镀"法热镀 Galfan 合金镀层钢丝应用工艺技术，取得了一定的经

图 5-1　钢丝还原法热镀锌-5％铝-
稀土合金镀层生产线示意图

验和一些可操作性的工艺技术，并相应地建立起溶剂法热镀 Galfan 合金镀层钢丝生产线。如图 5-1 所示。

一、还原法镀锌原理和条件

1. 还原法热镀锌原理

还原法热镀锌亦称保护气体还原法钢丝热镀锌，俗称为森吉米尔法，是利用还原气体氢气将钢丝表面的微铁锈还原成"海绵状"的纯铁，使钢丝基体易于和熔融的金属锌液结合发生浸渍扩散反应，是替代溶剂法（干法）镀锌的一种比较环保的热镀锌方法。氢气还原氧化铁是一个复杂的多相气固反应，还原反应首先在表面进行，界面逐渐向内部推进直至反应完全。利用这一原理，使钢丝运行在有一定浓度和压力的氮氢气体中，钢丝在还原气体的作用下发生化学反应，在 $450 \sim 600 ℃$ 下氧化铁与氢气发生还原反应，生成铁和水。主要化学反应过程如下：

$$FeO + H_2 \longrightarrow Fe + H_2O \tag{5-5}$$
$$Fe_2O_3 + 3H_2 \longrightarrow 2Fe + 3H_2O \tag{5-6}$$
$$Fe_3O_4 + 4H_2 \longrightarrow 3Fe + 4H_2O \tag{5-7}$$

钢丝表面经过退火还原后是一种金属原态，使低碳钢丝在保护气体中完成退火还原过程。

2. 保护气体还原氧化铁条件

氢气还原氧化铁反应过程中，反应速度主要与 3 个因素有关。

（1）温度。在还原率相同时，还原气氛温度越高，反应速度越快，时间越短；这是由于 H_2 还原氧化铁的反应是吸热反应。

（2）氧化铁粒度大小。在同一温度下，氧化铁粒度越小，粉体表面积越大，反应速度越快，反应还原率越高。研究表明，当氧化铁的粒度为 $2 \mu m$ 时，氧化铁的还原反应在 $100 ℃$ 已经开始，在温度 $350 ℃$ 时加快，达到平台期时的还原率为 $98 ％$，在 $600 ℃$ 时还原率达 $100 ％$。

（3）还原的时间。在还原温度和氧化铁的粒度一定以及还原反应率相同时，随着还原反应时间的延长，还原更加充分。实际生产中在保证钢丝强度和延伸率合格的前提下，根据钢丝线径的大小，走线速度的高低，适当降低高温退火温度，合理地确定退火还原炉管的长度，以利于节约能源，降低消耗。

保护气体还原法是钢丝热镀锌技术中的一项新技术，是未来钢丝热镀锌技术发展的方向。

钢丝在预处理后使用饱和氢气还原，可进一步解决钢丝热镀 Galfan 合金前表面状态问题。钢丝在密封状态下进入锌锅遇到锌液立即发生合金化反应，可减少废水、废酸及溶剂法所使用的氯化铵、氯化锌废气排放处理过程及费用，$440 \sim 455 ℃$ 后进入锌锅熔融的合金液中，钢丝自身的温度减少了在锌锅内加热时间，缩短了浸锌时间，加快了钢丝与锌液合金化的反应速度，使镀层与铁基体结合更牢固，锌锅设计长度比溶剂法镀锌短，减少生产设备投入及生产过程中辅助材料的消耗，降低了直接生产中酸、氯气的影响，改善了生产环境。

二、热镀 Galfan 合金镀层工艺

热镀 Galfan 合金镀层钢丝是利用直进式拉丝机拉拔，分别采用钙基、钠基拉丝粉作为粗拉、细拉的润滑剂，生产工艺与传统的溶剂法镀锌工艺不同点在于采用钢丝退火还原，镀层抹拭采用氮气抹拭的方法，其生产工艺流程：工字轮放线→阻尼矫直器→热水浸泡冲洗→电解脱脂Ⅰ→溢流温水清洗→石英砂擦洗→电解脱脂Ⅱ→二道溢流温水清洗→电解酸洗→溢流水清洗→石英砂擦洗→溢流水清洗→退火还原、冷却处理→热浸镀、氮气抹拭→风冷却、水冷却→倒立式梅花收线。

由于工艺要求 DV 值 120～135m·mm/min，走线速度较溶剂法热镀锌大大提高，因此，加大了镀前钢丝表面的清洁力度，增加了部分清洗工序，提高钢丝表面的清洁度，同时对抹拭条件等均有严格的标准和操作要求。

1. 工字轮放线

钢丝运行应平稳，放线时钢丝要松紧一致，不能抖动运行。放线架装有气压调整装置，调整张力装置气压 0.02～0.03MPa，要灵活调整张力的大小。除采用大盘重工字轮放线外，安装 2 组阻尼矫直器，以消除钢丝在高速放线过程中所产生的扭力，同时要根据工字轮与矫直器距离、钢丝直径粗细调整张力大小；距离近则张力小些，反之大些；直径粗的大些，反之则小些。走线从分线篦开始，所有的钢丝托辊以及从钢丝离开合金液面后的压线辊和"天辊"均为单片滑动支撑辊，以保证单根钢丝走线的平稳性。

2. 钢丝表面预处理

（1）电解脱脂（碱洗）。为了清除钢丝干拉时表面残存的润滑剂等残留物，需要进行 2 道脱脂清洗。在选择碱性脱脂剂时，要考虑碱性脱脂后的水洗能否把钢丝表面的碱液清洗干净。能否清洗干净与化学脱脂剂的洗去性与化学脱脂剂本身的黏度、密度、水中的溶解性以及在水中的扩散速度等有关，因此在同等条件下选用化学脱脂剂时要对以上因素给予充分考虑。

（2）电解脱脂机理。电解脱脂是在钢丝两侧设置两对电极板，电极板通上直流电以后，使钢丝处于电场中，产生极化现象，从而带上与电极板相反的电荷，这样就能使电解液产生电解反应。

① 当钢丝处于正电场时，相应地钢丝就带负电，这时电解液中带正电的 H^+ 就在钢丝表面聚集，得到电子，发生还原反应，在钢丝上析出的气体为氢气，反应式如下：

$$2H_2O + 2e \Longrightarrow H_2\uparrow + 2OH^- \tag{5-8}$$

这些氢气泡体积小，数量多，擦刷作用大，因而脱脂效率高，不腐蚀钢丝。缺点是析出的大量氢气会渗透到钢丝的内部而引起氢脆，因而对于高碳钢及有弹性钢丝不宜采用阴极电解脱脂。电解溶液中若含有少量锌、锡、铝等金属杂质时，钢丝表面将会有一层海绵状金属析出，影响镀层的结合力。在生产上采用阴阳极交替电解脱脂。这样既防止了钢丝内部渗氢，又加强了脱脂过程。见图 5-2 所示。

② 当钢丝处于负电场时，相应地钢丝就带正电，这时电解液中带负电的 OH^- 就在钢丝表面聚集，失去电子，产生氧化反应，在钢丝上析出的气体为氧气，反应式如下：

$$4OH^- \Longrightarrow O_2\uparrow + 2H_2O + 4e \tag{5-9}$$

这些氧气泡少而大，与阴极电化学脱脂相比，乳化能力较差，因此脱脂效率也低，但它

无氢脆作用，钢丝上无海绵状物质析出。

（3）电解脱脂工艺参数。提高电解脱脂的电流密度可以加快脱脂速度，缩短脱脂时间，一般生产中将电流密度控制在 $5\sim15A/dm^2$。电解碱洗采用高频脉冲电源，安装电解极板时，电极板要成对使用。钢丝电解脱脂溶液中 $\rho(NaOH)=30\sim35g/L$，$\rho(Na_2CO_3)=20\sim30g/L$；温度 $50\sim65℃$，电流密度 $5\sim15A/dm^2$，在阴极、阳极上时间 $5\sim10s$。

图 5-2　钢丝电解脱脂示意

（4）电解酸洗。使用电解酸洗除锈代替化学酸洗除锈是利用电极反应，较好地除去钢丝表面的氧化铁皮。电解酸洗是通过在阴、阳极上交替进行，使钢丝处于电场中，产生极化现象。在酸槽安装耐酸泵，通过抽取酸液，使酸液逆钢丝运行方向流动，对钢丝表面形成一定的冲刷力，提高效率。其优点较化学酸洗法酸洗速度快，能够减少酸雾的逸出挥发，节约盐酸。在钢丝进出线口处采用双水帘加溢流水盘方式密封，防止酸雾外溢和降低酸液损耗。钢丝通过电解槽时，钢丝与电解槽中的铅极板形成数对阴阳极，使钢丝在运行中不断变换阴、阳极，也即不断腐蚀、活化、再腐蚀、再活化、最后腐蚀，达到去除钢丝表面锈蚀的目的。盐酸酸洗采用三级逆向布置，提高清洗效果，便于排放废酸。其电解酸洗液中，$\rho(盐酸)=50\sim100g/L$（工业级），$\rho(氯化亚铁)\leq25g/L$，阴极电流密度为 $5.0\sim10.0A/dm^2$，阳极电流密度为 $2.0\sim2.5A/dm^2$，温度为室温（一般低于 $40℃$），极板采用铅锑合金板（含锑质量分数 $5\%\sim10\%$）。如图 5-3 所示。

钢丝通过的电解时间长，电流密度小，反之则要大。酸洗时，钢丝出槽时为阳极，如果是阴极，电解液中的 Fe^{2+} 多了，钢丝上就会镀上铁，会影响镀锌层和钢丝基体的结合力。生产中通过化验来控制电解液中的 Fe^{2+} 的质量分数，超出要求应及时处

图 5-3　钢丝电解酸洗示意

理或更换酸洗溶液。另外电流密度要合适，密度高，钢丝表面挂"黑灰"多，影响结合力；电流密度低，侵蚀不够，也同样影响结合力。在清水漂洗槽出线端安装一个槽体堆放一道沙坝，当钢丝通过沙坝时既洗去残酸，也能把"黑灰"刮去一大部分。

同电解脱脂一样，作为溢流酸洗槽与电极板为一体的导体使用一段时间后，其表面也会逐渐沉积一定量的污垢，输出电流密度将会逐步减小，酸洗效果变差，甚至去除不掉铁锈，此时应将电极板表面的污垢清除掉，或定期对电极板进行清理。

（5）水清洗。电解碱洗和电解酸洗后的各道清洗水均采用三级逆流水洗方式，可提高清洗效果和废水的循环利用，降低废水排放。利用电解碱洗热水洗后的排放水作为电解碱洗槽的添加水，该添加水是依靠液位控制器来自动实现。钢丝经过脱脂、酸洗和各道水清洗后均安装有冷风吹扫"气刀"，以提高钢丝表面清洗效果，同时防止各清洗液串槽，造成交叉污染。气吹由一台罗茨风机提供，风量大，风压稳定，保证较好的气吹效果。所有气吹、托辊、定位等部位均加装 U 形陶瓷线卡。

3. 钢丝退火还原炉冷却段工艺参数

以 $\phi 2.0 \sim \phi 2.65\,\text{mm}$ 为例,抗拉强度 $380 \sim 480\,\text{MPa}$,延伸率约 12%,不小于 10%;镀层质量约 $230\,\text{g/m}^2$;DV 值 $120 \sim 135\,\text{m} \cdot \text{mm/min}$,还原保护气体中,$H_2$ 体积分数 75%,N_2 体积分数 25%,纯度均不低于 99.95%;还原温度 $600 \sim 780\,℃$,还原时间不小于 $28\,\text{s}$;冷却段温度 $440 \sim 455\,℃$;如图 5-4 为钢丝退火还原炉示意图。

图 5-4　钢丝退火还原炉示意

当钢丝穿进还原炉管后,立即点燃从炉管两端排气孔逸出的氢气,钢丝在镀 Galfan 合金过程中要注意氢气的燃烧情况,防止因气体压力小出现"熄火",一旦出现"熄火"钢丝就会发生"漏镀",同时这也可以判断炉管内的保护还原气体的压力状况是否符合标准。实践表明钢丝还原工艺参数对镀层质量有一定的影响,当一定规格的钢丝退火还原工艺参数确定后,不应随意调整。冷却段温度可通过启动变频冷风机来自动调节钢丝所需要的温度,来满足镀 Galfan 合金镀层的温度要求。

三、钢丝热镀 Galfan 合金镀层

合金锌锭使用株洲冶炼厂生产的 Torch® 牌号 Galfan 合金(一级品)。该合金已经取得国际铅锌组织生产专利许可,符合 YS/T310—1995《热镀用锌合金》,Galfan 合金化学成分见表 5-12。

1. 熔锌锅与合金液温度

熔锌锅为内部电加热,加热管采用金属-陶瓷复合,分布在锌锅四周,具有加热均匀,合金锌液温度稳定的优点。沉没辊采用陶瓷材质,具有耐磨、耐高温、耐锌液腐蚀的特点。合金液温度应控制在 $(423 \pm 4)℃$。温度控制的一般原则是直径小、细的钢丝,合金液温度应低一些,直径粗的合金液温度应高一些。生产中应保持锌液温度稳定,热电偶应放在压线轴后部一侧位置,插入深度距锌液面 $200\,\text{mm}$ 处。

表 5-12　Galfan 合金化学成分 (w)　　　　　　　　　　单位:%

Al	La+Ce	Fe	Si	Pb	Zn
4.2~7.2	0.03~0.10	<0.075	<0.015	<0.005	余量

注:镀锌锅中的铝质量分数在 $4.2\% \sim 7.2\%$。

2. 氮气抹拭与走线速度

在钢丝刚刚离开的合金锌液面处,氮气抹拭器在钢丝周围喷出一定压力的氮气,钢丝镀层及合金锌液面在氮气的保护下不被氧化,不会在钢丝表面产生锌合金的氧化物,钢丝表面光滑。利用氮气的压力,将多余的锌液(瘤)顺钢丝向下喷吹,使钢丝表面镀层光滑,达到工作环境清洁。图 5-5 为氮气抹拭装置。

氮气温度经预热后不应低于 $200℃$,温度低将使镀层出现"橘皮皱纹"甚至"疙瘩"。氮气压力不小于 $0.020 \sim 0.025\,\text{MPa}$。镀后钢丝应在氮气抹拭器的中心位置垂直引出合金锌

液面，氮气抹拭器的高度不能太高，以距合金液面 3～4mm 为宜。根据合金锌层的质量并观察镀层表面状态，第一步先调节走线速度，随后调节氮气流量，两者可相互协调配合，用微量调节以保证钢丝镀层质量。

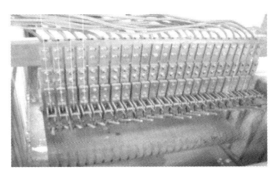

图 5-5　钢丝镀层氮气抹拭示意

3. 钢丝镀层冷却

正常走线后应及时对钢丝镀层进行风冷和水冷却，风冷却时风嘴应向上倾斜约 15°，风嘴缝隙约为 30～40mm 为宜。先启动风机再按下水泵启动按钮。风冷压力不低于 0.15MPa。生产中采用 3 道冷却水直接喷淋到单根钢丝上，冷却效果较好。冷却水嘴向上倾斜 35°，水的压力不大于 0.3MPa，压力过大易使水溅出。冷却水温度约 25～35℃，pH 约为 7。冷却水中不允许含有酸、碱性介质和油污等杂质，当在线生产的钢丝镀层出现暗色点时，首先应检查水的 pH 值，高于 7 或低于 5 时应立即更换冷却水。

4. 排除含铝漂浮物

当生产一段时间后，熔锌锅内 Galfan 合金液表面，特别是在钢丝出口一端 Galfan 合金液表面漂浮一层悬浮物，比较黏稠，这是造成钢丝镀层出现"疙瘩"的主要原因。对该悬浮物进行化验分析，铝质量分数为 18%，约为正常的近 3 倍。因为和锌比较，铝的熔点高而密度低，很容易从合金液中分离出来，此外，由于氮气抹拭气吹的原因，造成钢丝出口处局部温度低，使金属铝遇冷凝固，造成漂浮物悬浮在合金液表面上，使生产难以顺利进行，必须用专用工具及时把含铝的漂浮物去除，同时要保证氮气保持较高的温度和钢丝出口一端的合金液的正常温度，尽量避免合金液面的波动，否则，由于富铝的漂浮物的析出，降低了合金液中的铝含量，将对镀层的耐蚀性产生一定的影响。

第六节　双镀法钢丝热镀锌-10%铝-稀土合金镀层工艺

一、双镀法生产工艺流程

钢丝生产工艺流程为：（工字轮）放线→钢丝矫直处理→退火处理→水冷却→热盐酸除锈→2 道水清洗→粘助镀剂溶剂→烘干处理→钢丝热镀锌→氮气抹拭→风冷却、水冷却→活化助镀→烘干处理→钢丝热镀 Zn-10%Al-RE 合金→氮气抹拭→风冷却、水冷却→梅花收线机收线。由于工艺要求 DV 值在 70～90m·mm/min 范围内，走线速度较普通溶剂法热镀锌有所提高，为此要强化镀前钢丝表面的清洁力度，增加了部分特殊清洗工序，提高钢丝表面的清洁程度，助镀溶剂、抹拭方法等方面均有所改变。

1. 工字轮放线

钢丝初始运行一定要平稳，放线时钢丝要松紧一致，不能抖动运行。放线架上装有气压调整装置，灵活调整张力装置气压在 0.2～0.3MPa 之间，钢丝离开工字轮后，在进线端安装一组阻尼矫直器，以消除钢丝在拉丝过程中形成的应力以及高速放线中所产生的扭力。操作中要根据工字轮与矫直器之间的距离以及钢丝直径来调整张力，距离近、直径小则张力小；距离远、直径粗则张力大。从分线蓖开始，所有的钢丝托辊，从钢丝离开合金液面后的压线辊和"天辊"均为单片滑动支撑辊，以保证单根钢丝走线的平稳。

2. 镀前钢丝的表面处理

退火处理是采用三段加热式退火炉退火，要根据拉拔后钢丝的抗拉强度值和热镀锌后钢丝的抗拉强度要求，预先设定退火炉的各段温度。以钢丝热镀锌后 $\phi2.40mm$ 为例，退火炉温度工艺参数见表 5-13。

表 5-13　钢丝热处理工艺参数表

直径/mm	退火炉温度/℃				铅浴温度/℃
	预热段	1 段	2 段	3 段	
2.35	600±30	750±20	700±20	650±30	(420~440)±10

注：细钢丝取低值，粗钢丝取高值。

3. 热盐酸酸洗

钢丝生产线酸洗工序采用两段溢流酸洗封闭式，酸洗液采用耐酸泵自动循环，自上而下

喷淋酸洗钢丝，钢丝进出口两端采用两道水帘封闭，穿线时从酸洗封闭槽两侧面穿线，以减少酸雾的逸出，见图 5-6 所示；根据酸洗液温度、浓度对酸洗效果的影响综合考虑，当采用盐酸作为酸洗液时，实际生产中酸洗液浓度控制在 $15\%\sim26\%$，温度控制在 $40\sim45℃$ 为宜，能快速地除去钢丝表面的铁锈，使钢丝表面处于无锈蚀的最佳状态。钢丝酸洗速度快慢不仅考虑酸洗液的浓度、温度，其中重要的是 $FeCl_2$

图 5-6　钢丝在线封闭式盐酸除锈封闭装置

在该盐酸浓度下的饱和程度。

当 $FeCl_2$ 含量高时（可用盐酸密度表示），盐酸浓度可相应取低值，当 $FeCl_2$ 含量低时，则盐酸浓度可取高值。这不但可提高清洗效果，还便于排放废酸。为防止 HCl 长时间对钢丝表面腐蚀产生凹凸不平的缺陷，在盐酸中添加六次甲基四胺。其酸洗工艺条件如下：
①盐酸（工业级）：$50\sim100g/L$；②氯化亚铁：$\leqslant25g/L$；③六次甲基四胺：$1\sim4g/L$；④温度：$40\sim45℃$。

4. 石英砂擦洗及水清洗

为了提高钢丝表面清洁度，在酸洗前后均安装了石英砂擦洗槽。这是利用摩擦的方法强力去除钢丝表面的污物，同时进行水冲洗，其去除污物的能力是高压水清洗的 5 倍以上。热盐酸酸洗后的二道清洗水均采用三级逆向方式，可提高清洗效果和废水的循环利用，降低废水排放。热酸洗后的第一道清洗水可以作为酸洗槽的补充添加水，依靠液位控制器实现自动补加。钢丝酸洗和二道水清洗后均安装有冷风吹扫"气刀"，以提高钢丝表面清洗效果，同时防止各清洗液体串槽，避免交叉污染。冷风吹扫用风源统一由一台罗茨风机提供，风量大，风压稳定，保证较好的冷风吹扫效果。在所有气吹、托线、定位等位置均加装 U 形陶

瓷线卡，保证钢丝走线的直线性和稳定性。

二、双镀法镀锌镀层步骤

1. 钢丝热镀锌

（1）钢丝粘助镀剂与烘干。钢丝在热镀锌前的助镀剂处理效果以及钢丝表面所粘助镀剂的配方和助镀剂黏附效果，对于钢丝镀锌后镀层的附着力有一定的影响。其影响的因素主要为助镀剂的配方和助镀剂黏附情况。根据研究和生产实践，助镀剂溶剂不能够使用单一的氯化铵做助镀剂，应在以氯化铵为主的基础上添加少量的氯化锌，并添加其他添加剂，可以起到助镀剂的润湿、分散作用，目的是防止助镀剂的老化，提高助镀剂的耐用性，使镀锌层比较均匀。氯化铵的量控制在 $65\sim85g/L$，氯化锌 $15\sim20g/L$，助镀剂的温度控制在 $50\sim65℃$，钢丝上黏附助镀剂后主要依靠较高温度的烘干器烘干钢丝表面的水分，防止钢丝表面带水进入熔融的锌液出现爆锌现象，需要烘干器具有较好的保温效果，烘干器的温度根据钢丝的直径大小、走线速度快慢进行调节，其温度一般设定在 $100\sim150℃$，钢丝直径大的取上限值，钢丝直径小的取下限值。并要非常注意控制助镀剂中的铁离子质量分数不能高于 $2g/L$，这主要是靠过滤机过滤的方式来处理。

（2）钢丝热镀锌。该工序和普通热镀锌一样，要掌握好镀锌的温度和浸锌的时间。钢丝热镀锌的温度对镀锌层的影响主要表现在 Zn-Fe 合金层的厚度和纯锌层厚度两个方面，较高的温度对 Zn-Fe 合金层的影响最大。当温度超过 $480℃$ 时，ζ 相的晶核形成速度减小，这时仅仅生成具有较大中间空隙的大晶粒，液态锌通过这些空隙直接渗入到 δ_1 相界面，大大加快了 Zn、Fe 反应速度。因此，当车速、浸锌时间一定的时候，温度愈高，Zn、Fe 反应愈快，Zn-Fe 合金层加厚，镀锌钢丝缠绕性能变差；而且锌液表面氧化速度加快，会产生较多的氧化锌，如果是使用钢质沉没辊时，则产生的锌渣会更多。而当锌液温度过低，锌液的流动性将变差，使镀锌层表面粗糙且锌层不均匀。因此，锌液温度一般控制在 $450℃$ 左右。对于钢丝热镀锌来说，锌液温度参数规定为 $440\sim450℃$ 之间，在这个温度范围内，锌对铁的扩散反应所生成的 Zn-Fe 合金层量和厚度都不大，而且锌液的流动性较好，并且对减少钢丝的应力损失有一定的积极作用。

2. 钢丝热镀 Zn-10%Al-Re 合金

（1）活化助镀与烘干。钢丝在热镀 Zn-10%Al-RE 合金镀层之前和钢丝热镀锌一样，要在钢丝镀锌后镀层表面黏附一层助镀剂（亦称活化剂）。其目的是为了确保钢丝在 Zn-10%Al-RE 合金液中浸镀时，钢丝表面的锌熔化掉后的钢基体在短时间内与合金液起正常的反应，而生成一层完整的铁-锌铝合金层。因此，要求助镀溶剂在热浸 Zn-10%Al-RE 合金液时应起到以下的功用。

① 清除掉钢丝锌镀层表面上的氧化物及其他脏物，形成连续完整且无空隙的保护膜。

② 钢丝进入合金液后能立即从钢丝表面脱除。

③ 对出现的一些氧化物有吸附溶解作用。

④ 对 Zn-10%Al-RE 合金液无污染。

⑤ 能使合金液与钢基体有良好的结合性。

根据对溶剂应起到的作用分析，热镀 Zn-10%Al-RE 合金镀层时，因合金熔液中含有 Al，不能单独使用氯化锌、氯化铵复合水溶液，应添加一些稀土盐和氟化物。热镀 Zn-10%Al-RE 合金镀层的溶剂配方为 $ZnCl_2$　$50\sim80g/L$；KCl　$10\sim20g/L$；NH_4F　$5\sim10g/L$；

添加剂 3～5g/L；表面活性剂（JFC） 2mL/L。助镀溶剂的温度保持在 80～85℃ 为宜，在此温度下能使溶剂中的稀土盐、氟化物充分溶解，发挥稀土盐和氟化物的功效，且锌镀层表面会很快失去水分，避免钢丝进入高温 Zn-10％Al-RE 合金液而出现飞溅现象。考虑到生产线实际速度较快，钢丝烘干温度应控制在 120～150℃ 为宜。

（2）锌-铝合金的熔化与合金液温度。锌-铝合金的熔锌设备为陶瓷锌锅电内加热传热型，陶瓷加热体分布在锌锅四周，具有加热均匀、锌-铝合金液温度稳定的优点。沉没辊采用陶瓷材质，具有耐磨、耐高温、耐锌液腐蚀的特点。初始熔锌时应事先做出熔锌时间与熔锌温度对应关系表，初始熔锌升温速度不能过快，否则会出现合金锭中的稀土因温度高而分解燃烧现象；一般熔锌时间在 130～140h（不包括锌锅的烘干时间）。

钢丝热镀 Zn-10％Al-RE 合金镀层所使用的合金锌锭成分质量分数为 Al：12％～15％，La＋Ce：0.03％～0.10％，Fe＜0.075％，Si＜0.015％，Pb＜0.005％，其他（每种元素）＜0.06％，Zn 余量。镀锌锅中的铝的质量分数保持在 12.0％～15.0％。热镀 Zn-10％Al-RE 合金镀层和纯锌镀层时，对钢丝镀层抹拭均采用氮气抹拭方法。

热镀钢丝时锌铝合金液温度比热镀锌温度偏高，应控制在 455～460℃ 之间，一般是钢丝直径小，合金液温度低，直径粗则合金液温度高。生产中应保持锌液温度稳定，温度通过热电偶测量。热电偶应放在压线轴后部一侧位置，插入至锌液面下 400mm 处。生产中要注意钢丝出口处的温度是否符合技术要求。当锌铝合金液面降至规定的位置后，要及时向合金锌锅中添加经过预热的合金锭，每次不宜过多，一般不超过 100kg，应在钢丝进合金液面端处添加。

做好对合金液的保温，主要是在锌锅液面上方加盖 "T" 字形的保温盖，这样既能保温，又方便操作。

三、氮气抹拭方法

钢丝氮气抹拭是一种代替传统油木炭抹拭的环保的方法。在钢丝刚刚离开锌合金液面处，通过分体式氮气抹拭器的吹嘴在钢丝周围形成一定压力的氮气，钢丝镀层及合金锌液面在该氮气的氛围下不被氧化，不会产生锌的氧化物而随钢丝表面带出，同时将多余的合金锌（瘤）顺钢丝向下吹扫流进合金锌液里，使钢丝表面的镀层光滑、无锌瘤，并使工作环境清洁。通入氮气抹拭器的预热氮气温度不低于 300℃，氮气温度低将使镀层出现 "橘皮皱纹" 甚至 "疙瘩"；每根管的氮气压力不小于 0.2MPa；氮气抹拭 "气嘴" 与钢丝呈 45° 夹角，夹角过小则会形成 "虹吸" 把 "气嘴" 上部的空气带进气室而影响氮气抹拭的效果。镀后的钢丝应垂直引出合金锌液面，并使钢丝保持在氮气抹拭器的中心位置。另外，氮气抹拭器距离合金液面不能太远。

在氮气抹拭调整步骤方面，根据合金锌层的附着质量，并注意观察镀层表面状态，第一步先调整、确定走线速度后，继而调整氮气的流量，两者应协调互补，用微量调节以保证钢丝镀层质量。

四、镀层缺陷及纠正措施

1. 热镀 Zn-10％Al-RE 合金镀层表面缺陷

热镀 Zn-10％Al-RE 合金钢丝镀层表面缺陷主要有以下两种。

（1）锌瘤。一般呈点状锌堆凸起，严重时呈竹节形状，断断续续的出现在钢丝表面。

（2）掉锌皮、镀锌层开裂。镀锌层附着力差，在做缠绕试验时会出现这种情况。

2. 镀层表面缺陷成因与解决措施

（1）因钢丝进入 Zn-10％Al-RE 合金液处锌灰、液态氯化物过多，容易粘在钢丝表面随钢丝带入 Zn-10％Al-RE 合金液内；隔离了合金液与钢丝表面的接触，不发生铁与合金锌的反应，形成不了铁-锌合金，而出现"锌累积"。应保持钢丝入口处的干净，要注意清理锌灰和漂浮的氯化物杂质。

（2）钢丝振动。钢丝在热镀锌线上因放线时松紧程度不一，加之钢丝在拉拔过程中，在拉应力的作用下，产生塑性变形的同时，金属的变形抗力指数（屈服强度）有所提高，因钢丝振动是产生锌瘤的一个主要因素。虽然在生产线上有多道压线辊、支撑辊，以及锌锅中的沉没辊和出线后的扶正辊、转向辊的作用，仍然无法消除钢丝本身的弹性，所以钢丝在生产线上产生振动，由于振动的作用，钢丝在锌液入口、出口处会黏上锌的氧化物，使镀层表面粗糙，同时由于振动钢丝偏离抹拭装置，氮气的抹拭作用降低，钢丝表面的合金液无法抹拭掉，而形成锌瘤和镀层不均匀。应采取措施减少钢丝的振动，并调整钢丝走线张力，使之不能过大。

（3）合金锌液中铁离子。锌液中的 Fe^{2+} 越高，则锌渣越多，锌液的黏度就增加，使锌液的流动性变差，镀层变厚（主要是 η 相）镀锌层也变得较脆，缺乏挠性，表面呈灰色，使钢丝产生粗糙的表面，严重时钢丝表面出现"毛刺"的凸起。无论采用陶瓷锌锅上加热还是其他形式的加热方式对钢丝热镀 Zn-10％Al-RE 合金镀层，合金锌液中都会有亚铁离子。要注意减少合金锌液中的亚铁离子含量。一是注意合金液温度不能太高；二是减少钢丝热镀锌时锌液中的亚铁离子含量，为保证钢丝表面质量，应根据情况定期捞取锌锅中沉没辊附近的锌渣。

（4）锌皮、镀锌层开裂的原因是因为热镀锌时钢丝表面不清洁，锌与钢丝表面结合不牢，进而影响到合金锌液与钢丝表面的结合。再者，钢丝热镀合金液温度偏高，钢丝热镀 Zn-10％Al-RE 合金镀层后冷却不充分也会造成开裂，要适当降低合金液的温度和改善冷却措施。

① 为了满足机编钢丝网用低碳钢丝合金镀层、机械强度技术要求，本工艺给出了合金液具体成分和要求，特别是铝含量要保持在 12％～15％之间。

② 亦重点介绍了双镀合金镀层的助镀剂配方 $ZnCl_2$　50～80g/L；KCl　10～20g/L；NH_4F　5～10g/L；添加剂　3～5g/L；表面活性剂（JFC）　2mL/L。

③ 助镀剂温度控制在 80～85℃；合金液温度亦应控制在 455～460℃；采用双镀法能适合钢丝热镀 Zn-10％Al-RE 合金镀层的要求。

第七节　单镀法热镀锌-10％铝-稀土合金镀层工艺

国内某公司采用"单镀法"热镀锌-10％铝-稀土合金（以下称 Zn-10％Al-RE）合金镀层钢丝，克服了传统热镀锌钢丝的一些技术难题，十分重视钢丝镀前的表面洁净程度，采取一些配套的技术措施，达到镀前钢丝表面非常清洁，使热镀锌-10％铝稀土合金镀层质量相对稳定，钢丝各项理化技术指标稳定，达到 YB/T 4221—2010《机编钢丝网用镀层钢丝》标准要求。

一、单镀法热镀 Zn-10%Al-RE 合金镀层的原理

钢丝热镀 Zn-10%Al-RE 合金镀层工艺不同于钢丝热镀纯锌镀层工艺，是因为热镀纯锌镀层钢丝一般采用溶剂法（干法），预处理后的钢丝表面预先黏附一层含有 $ZnCl_2$ 和 NH_4Cl 的混合溶液，经过烘干后进入熔融的锌液中，经过短暂的化学、物理、渗透和扩散反应，钢丝离开熔融的锌液后表面涂覆上一层金属锌，完成热镀锌过程，其设备简单，生产成本低，应用比较普遍。而热镀 Zn-10%Al-RE 合金镀层钢丝时，因为熔融的合金液中含有少量的金属铝，无论是含有 5%还是 10%铝，若是采用溶剂法，当钢丝进入熔融的锌铝合金液中时，钢丝表面黏覆的 $ZnCl_2$ 和 NH_4Cl 混合溶剂中的氯（Cl）首先与合金液中的铝发生如下反应：

$$NH_4Cl \longrightarrow NH_3 + HCl \uparrow \tag{5-10}$$

$$2Al + 6HCl \longrightarrow 2AlCl_3 + 3H_2 \uparrow \tag{5-11}$$

$$3ZnCl_2 + 2Al \longrightarrow 3Zn + 2AlCl_3 \tag{5-12}$$

化合物 $AlCl_3$ 的沸点是 182℃，升华温度是 179℃，而热浸镀过程中的温度高达 400℃以上，反应生成的氯化铝在整个热浸镀的过程中，尤其是在镀层凝固之后放出，而不是在热浸镀的初期迅速放出大量的气体，使得镀层表面产生严重的漏镀、气泡和针孔；且生成的以 $AlCl_3$ 为主要成分的化合物，在反应初期比较黏，很容易黏附在钢丝表面，且不容易脱落，它将阻止、隔离锌铝合金液与钢丝基体的接触，使锌铝合金液对钢丝基体的浸润、渗透和扩散反应难以发生。需采用"单镀法"或"双镀法"，而"单镀法"因能耗低而受到广泛关注和推广。

"单镀法"是通过电解沉积的方法在钢丝表面沉积一层锌，其基本过程是把钢丝浸在锌盐的溶液中作为阴极，以金属锌板（或锌锭）作为阳极，接通直流电源后，在钢丝表面沉积出金属锌镀层。

在一定的走线速度下，钢丝在通过电解沉积槽中的一定时间内，钢丝表面上沉积的金属锌层厚度一般在 $0.7 \sim 10\mu m$，这样就可以满足钢丝基体与空气隔离，防止钢丝表面被氧化而形成氧化铁。经过电解沉积后，钢丝表面不需要黏附含有氯化锌、氯化铵的混合溶剂，而是经过烘干处理后直接进入熔融的 Zn-10%Al-RE 合金液内，钢丝表面沉积的锌层在极短的时间内熔化，经过短暂的物理、渗透和扩散反应，钢丝离开熔融的锌液后表面涂覆上一层 Zn-10%Al-RE 合金镀层。这种工艺的优点是：助镀剂的成分简单；减少了一次热浸镀，降低了工艺的复杂性；对钢丝的性能影响较小、节约能源、降低金属锌的消耗，生产成本较低，符合"绿色环保""经济可持续发展"的要求。这是今后钢丝热镀 Zn-10%Al-RE 合金镀层工艺的发展方向。

二、热镀 Zn-10%Al-RE 合金镀层钢丝（24线）工艺

1. 工艺流程

钢丝由直线式拉丝机拉拔而成，分别用钙、钠基拉丝粉作为粗拉、细拉的润滑剂。其热镀 Zn-10%Al-RE 合金镀层钢丝生产工艺流程如下。

工字轮放线→阻尼矫直器→热水浸泡＋石英砂擦洗→电化学脱脂Ⅰ→溢流温水清洗→石英砂擦洗→电化学脱脂Ⅱ→石英砂擦洗＋水清洗→热盐酸酸洗→溢流水清洗→电解沉积→干燥处理→热浸镀→氮气抹拭→风冷却＋水冷却→倒立式梅花收线。

由于工艺要求 DV 值在 $90 \sim 110m \cdot mm/min$ 范围内，走线速度较溶剂法热镀锌大幅度

提高，为此要加大镀前钢丝表面的清洁力度，增加了部分特殊清洗工序，提高钢丝表面的清洁化程度；同时对抹拭条件等方面均有严格的标准和操作要求。

2. 镀前预处理

（1）工字轮放线。钢丝运行一定要平稳。放线时钢丝要松紧一致，不能抖动运行。放线架上装有气压调整装置，灵活调整张力装置气压在 0.2～0.3MPa；钢丝离开工字轮后，在进线端安装 2 组阻尼矫直器，以消除钢丝在拉丝过程中形成的应力以及高速放线中所产生的扭力；操作中要根据工字轮与矫直器之间的距离以及钢丝直径来调整张力；距离近、直径小则张力小，距离远、直径粗则张力大。走线从分线蓖开始所有的钢丝托辊，从钢丝离开合金液面后的压线辊和"天辊"均为单片滑动支撑辊，以保证单根钢丝走线的平稳。见图 5-7 所示。

图 5-7　立式工字轮放线示意

（2）镀前钢丝的表面处理。本工艺采用电化学碱洗，其目的是清除钢丝拉拔时表面残存的润滑剂等残留物，是利用电解时电极的极化作用和产生的大量气体将污物除去的有效方法。在选择碱性脱脂剂时，要考虑碱性脱脂后的水漂洗能否把钢丝表面上的碱液漂洗干净；能否漂洗干净与化学脱脂剂的洗去性与化学脱脂剂本身的黏度、密度、水中的溶解性以及在水中的扩散速度等有关，因此在同等条件下选用化学脱脂剂时要对于以上因素给予充分的综合考虑。

① 电化学碱洗。钢丝电化学碱洗溶液组成和工艺条件：

氢氧化钠（NaOH）　20～30g/L；碳酸钠（Na_2CO_3）　10～20g/L；温度　50～60℃；电流密度　5～10A/dm^2；时间　5～10s。

提高电化学碱洗的电流密度可以加快碱洗速度，缩短碱洗时间，但电流密度不能过高，过高则使槽电压升高，电能消耗增大，形成大量碱雾，而且还可能使钢丝表面遭到腐蚀。电化学碱洗一般采用高频脉冲电源。电解极板在安装时要成对使用。提高碱洗温度可以降低溶液的电阻，从而提高电导率，降低槽电压，节约电能。但温度过高不仅消耗了大量热能，而且污染车间空气，恶化劳动条件。要注意清理碱洗液中电解出的污物，否则将影响钢丝表面的清洗效果。

② 热盐酸酸洗。热盐酸酸洗的目的是能有效、快速地除去钢丝表面的铁锈，使钢丝表面处于无锈蚀的最佳状态。通过耐酸泵抽取酸液，使酸液逆钢丝运行方向流动，对钢丝表面形成一定的冲刷，可提高除锈效率。在钢丝进、出线口处采用双水帘加溢流水冲方式密封，可防止酸雾外逸和降低酸液损耗。盐酸酸洗采用三级逆向布置，可提高清洗效果，便于排放废酸。其酸洗工艺条件如下。

盐酸（工业级 30%）　50～100g/L；氯化亚铁　≤25g/L；温度　40～45℃。

③ 石英砂擦洗及水清洗。本生产工艺在电化学碱洗前、后均安装了石英砂擦洗槽，目的是利用摩擦的方法强力去除钢丝表面的污物，同时进行水冲洗，其去除污物的能力是高压水清洗的 5 倍以上。电化学碱洗和热盐酸酸洗后的各道清洗水均采用三级逆向方式，可提高清洗效果和废水的循环利用，降低废水排放。电化学碱洗后热水洗工序的排放水可作为电化

学碱洗槽的添加水，依靠液位控制器实现自动补加。钢丝经过碱洗、酸洗和各道水清洗后均安装有冷风吹扫"气刀"和橡胶棒刷，以提高钢丝表面清洗效果，同时防止各清洗液体串槽，避免交叉污染。冷风吹扫用风源统一由一台罗茨风机提供，风量大，风压稳定，保证较好的冷风吹扫效果。在所有气吹、托线、定位等位置均加装 U 形陶瓷线卡，保证钢丝走线的直线性和稳定性。

三、钢丝表面电解沉积锌

1. 电解沉积锌

本工艺的原理是助镀剂中的金属离子在电极的作用下进行氧化还原反应，在电极过电位的作用下使不易单独沉积的金属离子，在作为阴极的钢铁材料表面共同沉积结晶，形成合金膜，该合金膜能够使 Zn-10%Al-RE 合金液牢固地附着在钢铁的基体上，继而形成镀层。本工艺以氯化锌为镀液主盐，其浓度可在较大范围内变化。锌偏低时分散能力和深镀能力好，

图 5-8　钢丝电解沉积锌装置示意

但允许电流密度上限值下降；锌偏高时则相反，尤其是夏季，易因浊点下降而出现浑浊。氯化铵能提高锌的沉积能力；又是锌离子的弱配合体，当氯离子偏高而锌偏低时，会形成 $K_4[ZnCl_6]$ 等高配合物，起到增加阴极极化和提高分散能力的作用。氢氧化钠能提高电导率和电流效率，使镀层细密，同时起到缓冲剂作用，因为阳极电流效率比阴极高，故镀液 pH 值有缓慢上升趋势，容易导致氢氧化锌在镀层中夹杂而降低镀层质量。图 5-8 为钢丝电解沉积锌装置示意图。

2. 工艺配方及条件

配方中的金属氧化物为金属锌、铝的氧化物的不同比例的混合物，其作用是作为分散剂促进金属离子沉积在钢基体上。使用两种以上的不同固体微粒共沉积所形成的复合镀层，不再只具有金属或合金的单独特性，而是综合了基质材料与分散颗粒的特点。其工艺条件如下。

①$ZnCl_2$　60~70g/L；②NH_4Cl　10~15g/L；③NaOH　5~10g/L；④金属氧化物 3~8g/L；⑤阴极电流密度　5~10A/dm²；⑥温度　40~65℃。

在实际生产当中，要根据钢丝走线的速度调整电流，速度高取上限值，反之取下限值。温度的设定也要根据钢丝的直径大小有所不同，钢丝直径小取下限值，反之取上限值。除此之外，亦要根据走线速度的因素来考虑温度的取值。

四、钢丝热镀 Zn-10%Al-RE 合金镀层

钢丝热镀 Zn-10%Al-RE 合金镀层所使用的合金锌锭元素成分为 Al：12%~15%，La+Ce：0.03%~0.10%，Fe<0.075%，Si<0.015%，Pb<0.005%，其他（每种元素）<0.06%，Zn 余量。镀锌锅中的铝含量（质量分数）保持在 12.0%~15.0%之间。

1. 熔锌与合金液温度

熔锌设备为陶瓷锌锅电内加热传热型，金属-陶瓷复合加热体分布在锌锅四周，具有加热均匀、合金锌液温度稳定的优点。沉没辊采用陶瓷材质，具有耐磨、耐高温耐锌液腐蚀的

特点。合金液温度应控制在 455～460℃，一般是钢丝直径小，合金液温度低，直径粗则合金液温度高。生产中应保持锌液温度稳定，温度由热电偶测量。热电偶应放在压线轴后部一侧位置，插入深度距锌液面 400mm 处。生产中要注意钢丝出口处的温度是否符合技术要求。

2. 氮气抹拭要点

钢丝氮气抹拭是一种代替传统油木炭抹拭的无污染的方法，在钢丝刚刚离开锌合金液面处，通过氮气抹拭器的吹嘴在钢丝周围给予一定压力的氮气，钢丝镀层及合金锌液面在该氮气的氛围下不被氧化，不会产生合金锌的氧化物而随钢丝表面带出，同时将多余的合金锌（瘤）顺钢丝向下吹扫流进合金锌液里，使钢丝表面的镀层光滑、无锌瘤，并使工作环境清洁。通入氮气抹拭器的预热氮气温度不低于 300℃，氮气温度低将使镀层出现"橘皮皱纹"甚至"疙瘩"；每根管的氮气压力不小于 0.2MPa；氮气抹拭"气嘴"与钢丝呈 45°夹角，夹角过小则会形成"虹吸"把"气嘴"上部的空气带进气室而影响氮气抹拭的效果。图 5-9 为钢丝镀层氮气抹拭装置示意图。

图 5-9　钢丝镀层氮气抹拭装置示意

镀后的钢丝应垂直引出合金锌液面，并使钢丝保持在氮气抹拭器的中心位置。另外，氮气抹拭器距离合金液面不能太远。在氮气抹拭调整步骤方面，根据合金锌层的附着质量，并注意观察镀层表面状态，第一步先调整、确定走线速度后，继而调整氮气的流量，两者应协调互补，用微量调节以保证钢丝镀层质量。

3. 含铝的漂浮物的排除

当生产一段时间后，由于钢丝在运行中的微小的颤动，在熔锌锅合金液表面，特别是在钢丝出口一端，会漂浮一层黏稠悬浮物。这是造成钢丝镀层出现"疙瘩"的最主要原因。对该悬浮物进行化验分析，铝含量为 20％（质量分数）以上。铝的密度比锌低，而其熔点比锌高，因此很容易从合金液中分离出来。另外，由于采用了氮气抹拭，钢丝出口处局部温度低，铝遇冷凝固后漂浮在合金液的表面，使生产不能顺利进行。所以，必须用专用工具及时把含铝的漂浮物捞出来；同时要保证氮气有较高的温度，保证钢丝出口一端的合金液温度正常，尽量避免合金液面的波动，否则，富铝漂浮物的析出会降低合金液中铝的含量。

五、镀层性能测试

以直径为 $\phi2.40$mm 的低碳钢丝为例，当 DV 值为 110m·mm/min 时，按技术标准在线直接取样，对镀层作盐雾试验 96h 无白锈；所得锌层的平均质量为 254.34g/m²；4 倍缠绕试验中，镀层连续韧性好，无裂纹。其力学性能为：抗拉强度 399～460MPa，断后伸长率 12％～21％。以上主要性能指标均符合 YB/T 4221—2016 的标准要求。

六、结论

采用本工艺给出的电解沉积工艺和热镀生产流程，能够满足钢丝热镀 Zn-10％Al-RE 合金的技术要求。研究过程中体会最为深刻的是钢丝表面一定要清洁，否则无法热镀成功。故采取以下主要措施。

（1）进行二道电解脱脂和一道热盐酸酸洗，并辅助三道石英砂擦拭，以加强镀前钢丝表面清洁。

（2）在合金液温度为 455～460℃ 区间时，为避免钢丝镀层表面出现"橘皮皱纹"的不光滑状态，对氮气抹拭用氮气预热，其温度不低于 300℃。

（3）保证钢丝出口一端合金液在正常温度，同时避免合金液面波动，以减少钢丝离开合金液出口处的"富集铝"。影响 Zn-10%Al-RE 合金镀层钢丝表面质量的因素是多方面的，在实际生产中一定要严格按工艺制度操作，才能生产出合格的产品。

第八节　热镀锌铝合金镀层钢丝助镀工艺

一、锌铝合金钢丝镀层现状

国际铅锌组织（ILZRO）早在 20 世纪 80 年代就研制开发出锌-5%铝-混合稀土合金，其耐腐蚀寿命是普通纯锌层的 2～3 倍，国际上目前已经应用的比较广泛。而近年来锌-10%铝-混合稀土合金镀层产品，实验证明其在某些环境下其耐腐蚀寿命是传统纯镀锌镀层的 3～8 倍，因而日益受到重视。

无论生产锌-5%铝镀层钢丝，还是锌-10%铝合金镀层钢丝产品，因其镀层成分改变，均比传统的纯锌钢丝镀层工艺复杂，目前主要有"双镀"或"单镀"两种方法。现在国际上普遍采用"双镀"法生产，所谓"双镀"法，就是预先将钢丝浸入纯锌溶液中，以此钢丝表面形成的锌-铁合金层为介质后，再热浸镀一次锌铝合金。因双镀法能耗高、物耗高，且镀层中铝含量不稳定，生产难度亦更大。而采用"单镀"法所热镀的钢丝镀层表面易出现"疙瘩""竹节"等缺陷，制约了热镀锌铝合金镀层钢丝在国内的应用和发展。

出于节能降耗、降低成本的考虑，笔者一直致力于"单镀"锌铝合金镀层钢丝的研究，最近通过助镀工艺的不断探索，解决了生产中的难点，只需要更换锌锅中的合金，就可以正常生产锌-5%铝或锌-10%铝合金镀层钢丝产品。

二、锌铝合金镀层钢丝耐腐蚀的机理

Zn-Al-RE 镀层具有很强的耐腐蚀性，简单分析其机理如下。锌-5%铝合金镀层是共晶组织见图 5-10 所示。稍微偏离共晶成分的锌铝合金也能生成共晶形态（伪共晶形），富 Zn 和富 Al 相明暗相间、层状分布，呈现趋同的微粒堆积，结构紧密且细小，能够增加镀层的力学性能和防腐性能；稀土元素因能固溶于富 Zn 和富 Al 相中，使合金的腐蚀活化电位下降，提供晶间的抗腐蚀能力。锌元素具有阳极保护作用，铝元素比锌元素稳定，能够起到抗腐蚀"惰性栅栏"的作用；最重要的是锌对基体的保护属牺牲性保护，

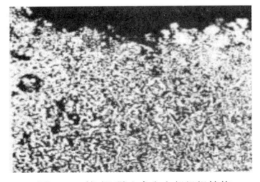

图 5-10　锌-铝-稀土合金金相组织结构

镀层表面的锌原子逐渐被氧化而消失，表层铝离子增多，而铝离子与空气或水中的氧离子或氢氧根离子发生电化学反应，生成氧化铝 Al_2O_3 或氢氧化铝 $Al(OH)_3$，进而几乎形成高密度、稳定性强的氧化铝层，该氧化层同基体结合牢固，使镀层表面钝化，阻止自身氧化的进行，同时增大整个体系的电阻，大大减慢电化学腐蚀的速度，是锌铝合金镀层耐腐蚀性强的关键因素。

三、单镀法锌铝合金镀层的原理

所谓"单镀法"的方法原理，首先是通过电解沉积的方法在钢丝表面沉积一层锌，钢丝表面上沉积的金属锌层厚度一般在 $0.7\sim10\mu m$，这样就可以满足钢丝钢基体与空气隔离，具有钢丝表面不被氧化的作用。然后钢丝经过特殊的助镀工艺，再经过烘干处理，直接进入熔融的 Zn-Al 合金熔液，钢丝表面沉积锌层在极短的时间内熔化掉，同样经过短暂的物理、渗透和扩散反应，钢丝离开熔融的锌液后表面涂覆上一层金锌铝合金镀层，完成热镀锌铝合金镀层过程。

四、钢丝经热镀锌铝合金前助镀剂的选择

钢丝热镀 ZnAl 合金前需要达到比镀锌更清洁的表面，才能保证热镀 Zn-5％Al 和 Zn-10％Al 合金得到合格的产品，这里不再赘述，主要探讨钢丝热镀 ZnAl 合金前助镀剂的选择。

1. 传统溶剂法助镀剂

钢丝热镀纯锌采用传统的溶剂法，助镀溶剂一般是采用 $ZnCl_2$ 和 NH_4Cl 混合溶液，溶液的 pH 值在 $4\sim5$ 范围内。若是采用传统溶剂法直接热镀 Zn-5％Al 镀层钢丝或 Zn-10％Al 合金镀层钢丝，因为熔融的合金液中含有少量的金属铝，当钢丝进入熔融的锌铝合金液中时，钢丝表面黏覆的 $ZnCl_2$ 和 NH_4Cl 混合溶剂首先与合金液中的铝发生反应，其发生反应如下：

$$NH_4Cl \longrightarrow NH_3 + HCl\uparrow \tag{5-13}$$

$$2Al + 6HCl \longrightarrow 2AlCl_3 + 3H_2\uparrow \tag{5-14}$$

$$3ZnCl_2 + 2Al \longrightarrow 3Zn + 2AlCl_3 \tag{5-15}$$

化合物 $AlCl_3$ 的沸点是 $182℃$，升华温度是 $179℃$，而热浸镀过程中的温度高达 $400℃$。氯化铝在整个热浸镀的过程中反应生成，而且是在镀层凝固的后期放出，而不是像普通热镀锌在热浸镀的初期迅速放出大量的气体，使得镀层表面产生严重的漏镀、气泡和针孔。生成的氯化铝（$AlCl_3$）反应形成的初期比较黏，很容易粘附在钢丝表面上，且不容易脱落掉，它将阻止、隔离锌铝合金液与钢丝钢基体的接触，形成不了锌铝合金液对钢丝钢基体的浸润、渗透和扩散反应。而且溶液中铝很容易发生偏析，大多到合金熔液的表层，氧化后生成氧化铝，与钢丝基体和合金熔液都不浸润。当合金熔液表面的氧化铝附着在钢丝基体表面，就会阻止钢丝和合金熔液接触而产生漏镀，或者氧化铝被钢丝带入合金熔液而在钢丝镀层形成夹杂物，造成漏镀或裸点。因此用传统热镀锌用的助镀剂是不行的，而且必须考虑合金熔液表面氧化铝的影响。

2. 电解沉积后助镀剂的选择

钢丝经过电解沉积表面已经有一层薄薄的锌，可以满足钢丝钢基体与空气隔离而不被氧

化。因锌属于两性金属，性质活泼，助镀剂应选用弱酸或弱碱近中性的溶液，防止活泼的锌发生腐蚀而露出钢丝基体。选择的助镀剂应具有良好的清洗、润湿、活化能力，同时起到降低锌铝合金表面张力，去除锌铝合金表面氧化物，减少锌渣生成并保护钢丝基体等作用。氯化铵高温易分解，产生的气体会依附于钢丝表面造成漏镀，不建议做助镀剂主盐。氯化锌沸点高、熔点低，与水化合成 $ZnCl_2 \cdot H_2O$，浸镀时还可以溶解铁的氧化物，可以作为助镀剂的主要成分。

由于锌铝合金溶液表面容易有铝析出，还有一部分铝氧化成了 Al_2O_3，氯化锌和氯化铵均不能溶解 Al_2O_3，所以需要引入了氟化物来对钢丝进行浸润。我们选用了氟化钠（NaF），因为它熔点、沸点都高，在热浸温度下很稳定。氟化钠不但能在钢丝表面形成连续完整且无孔隙的保护膜，而且能够对出现的一些氧化物吸附溶解，改善铁与镀液的润浸性。氟化钠进入锌铝合金熔液时能立即从钢丝表面去除，对锌铝合金也没有污染。

根据国内外相关文献报道，选择了以下配方。

① $ZnCl_2$　300～350g/L；②NaF　20g/L。

经试镀 Zn-5%Al 和 Zn-10%Al 合金钢丝，表面较均匀、光亮，但有少量水纹和毛刺，影响美观，且客户不容易接受。

因 NaF 毒性较大，又考虑其他添加物，最后选择了 $SnCl_2$，工艺配方如下。

① $ZnCl_2$　300～400g/L；②$SnCl_2$　60g/L。

$SnCl_2$ 中的锡与钢丝基体发生置换反应，在钢丝表面先析出一层很薄的 Sn，然后得到无缺陷的铝锌合金镀层，这样就避免了铝加入锌液中，由于延缓 Fe-Zn 合金层的形成，而造成漏镀问题。

经试验，热镀的 Zn-5%Al 和 Zn-10%Al 合金钢丝表面较光亮，但有少量小突起，在一定领域受到限制，不能批量生产。

在以上试验基础上，经过多次配方改良，开发了锌铝合金专用助镀剂，热镀的 Zn-5%Al 和 Zn-10%Al 合金钢丝均可以使用。使用时注意助镀温度不低于 80℃，助镀时间不超过 3s，必须充分烘干。目前在天津某厂已经用此工艺和专用助镀剂批量生产热镀的 Zn-5%Al 和 Zn-10%Al 合金钢丝。参照 GB/T 20492—2006 标准要求，达到了所规定的相同表面质量要求。

五、电解沉积和助镀工艺一体化研究

国际铅锌组织曾经发明了一种电解沉积和助镀一体的工艺，电解液成分如下。

① $ZnCl_2$　100～700g/L；②NaCl、KCl 或 $CaCl_2$　5～10g/L；③NaF、HF 和 KF 5～10g/L；有时也可加入 $NiCl_2$ 和 $CoCl_2$　1～50g/L。钢丝表面电解沉积很薄的一层金属锌，同时外面包覆一层助镀剂，待钢丝热镀时两层保护层迅速融化，基体与锌铝合金熔液反应得到连续的镀层。但此过程易产生漏镀问题，目前没有更好的措施，而且锌铝合金层的流动性比纯锌层好得多，钢丝的镀层重量偏低，不易获得厚锌层。

据了解，某公司通过以下配方，实现了电解沉积和助镀工艺的一体化，并已经生产了大批量的 Zn-5%Al 和 Zn-10%Al 合金镀层钢丝。其助镀剂主要成分是 $ZnCl_2$ 70%，NH_4Cl 10%，NaOH 10%和部分金属氧化物等。助镀剂的配方必须与 Zn-Al-RE 熔液中的铝含量相匹配。

氯化锌为镀液主盐，其浓度可在较大范围内变化，当锌偏低时分散能力和深镀能力好。氯化铵能提高锌的沉积能力，又是锌离子的弱配合体，起到增加阴极极化和提高分散能力的作用。氢氧化钠能提高电导率和电流效率，使镀层细密，同时起到缓冲剂作用，因为阳极电流效率比阴极高，故镀液 pH 值有缓慢上升趋势，容易导致氢氧化锌在镀层中夹杂而质劣，故含量不能过多。配方中的金属氧化物的作用是作为分散剂，有利于金属离子沉积在钢基体上，可以使用两种以上的不同固体微粒共沉积形成复合镀层。在该复合镀层外又有助镀剂膜，起到防氧化作用。当钢丝进入合金熔液时，助镀剂膜熔解，而复合镀层能够使 Zn-Al-RE 熔液牢固地附着在钢丝基体上，形成连续光滑的镀层。而且，此方法可以生产厚镀层的锌铝合金钢丝，最大锌层重量超过 $400g/m^2$。

此工艺的电解沉积和助镀合二为一，节省了助镀工艺槽，能进一步节能降耗，是锌铝合金镀层钢丝助镀工艺研究的方向。

第九节　高强度高韧性镀锌制绳钢丝生产工艺

国内制绳钢丝的发展趋势是提高钢丝的强度来减轻钢丝绳的线质量，特别是高强度镀锌制绳钢丝，因为其强度高、韧性指标考核严格，生产难度更大。为满足用户需要，对 $\phi2.40mm$ 镀锌制绳钢丝生产工艺进行探索，研制出强韧性特高强度镀锌制绳钢丝。

一、生产技术要求

技术指标：抗拉强度　$2190\sim2230MPa$，$360°$扭转值≥26 次，$180°$弯曲值≥14 次，锌层面质量$\geq230g/m^2$。

（1）选取原材料。要提高产品抗拉强度，可通过增大压缩率和提高原料的碳含量来实现；要确保产品韧性，总压缩率要控制在 $70\%\sim85\%$，在总压缩率一定的情况下，综合考虑产品的抗拉强度与韧性要求，确定选择钢号 $82A\phi8.0mm$ 盘条为原材料。

（2）半成品钢丝的拉拔

① 半成品钢丝规格的确定

由 $\phi2.40mm$ 成品钢丝的抗拉强度，根据公式

$$\sigma_b = k\sigma_0\sqrt{\frac{D}{d}} \tag{5-16}$$

式中　σ_b——成品钢丝抗拉强度，MPa；

　　　k——拉拔系数，一般取 $1.00\sim1.03$；

　　　σ_0——半成品钢丝热处理后抗拉强度，MPa；

　　　D——半成品钢丝直径，mm；

　　　d——成品钢丝直径，mm。

由式(5-16) 并结合实际综合考虑，当 k 取 1.01，半成品的 $\sigma_0=1330MPa$ 时，计算出半成品钢丝直径为 $6.20mm$ 时能满足成品钢丝抗拉强度的要求。

② 拉拔工艺。将钢号 $82A\phi8.00mm$ 盘条在 $LW700-580+DL700$ 拉丝机组上拉拔至 $\phi6.2mm$ 半成品钢丝。拉拔工艺：$\phi8.0mm\rightarrow\phi7.6mm\rightarrow\phi6.20mm$。

二、热处理工艺

钢丝热处理后的抗拉强度决定拉拔后成品钢丝的抗拉强度。在原材料及半成品规格确定

的前提下，制定合理的热处理工艺，可以提高半成品钢丝的抗拉强度，降低拉拔过程中钢丝韧性的损失，从而保证成品钢丝在特高强度下具有良好的韧性。

1. 热处理工艺参数的选择

为合理选择参数，对钢丝加热温度、铅淬火温度及收线速度进行研究。根据经验，加热温度选择880～920℃（每10℃为一个试验段），铅淬火温度选择540～560℃（每5℃为一个试验段），收线速度选择7～11m/min（每1m/min为一个试验段）来进行试验。

（1）铅淬火温度选择的。选择ϕ6.20mm半成品钢丝在加热温度为880℃、收线速度为10m/min、铅淬火温度为540～560（每5℃为一个试验段）进行试验，热处理后钢丝的抗拉强度见表5-14。

表5-14　ϕ6.20mm钢丝铅淬火温度与热处理后抗拉强度

试样编号	铅淬火温度/℃	抗拉强度/MPa	试样编号	铅淬火温度/℃	抗拉强度/MPa
S1	540	1285	S4	555	1286
S2	545	1293	S5	560	1276
S3	550	1310			

从表5-14可以看出，ϕ6.20mm半成品钢丝在铅淬火温度为550℃时，热处理后钢丝的抗拉强度最高。

（2）加热温度的确定。选择ϕ6.20mm半成品钢丝在铅淬火温度为550℃，收线速度为10m/min，加热温度为880～920℃（每10℃为一个试验段）的条件下进行试验，热处理后钢丝的抗拉强度见表5-14。

表5-15　ϕ6.20mm钢丝加热温度与热处理后抗拉强度

试样编号	加热温度/℃	抗拉强度/MPa	试样编号	加热温度/℃	抗拉强度/MPa
S6	880	1290	S9	910	1330
S7	890	1320	S10	920	1330
S8	900	1338			

从表5-15看出，ϕ6.20mm半成品钢丝在加热温度为900℃时，热处理后钢丝的抗拉强度最高。

2. 收线速度的确定

选择ϕ6.20mm半成品钢丝在加热温度为900℃、铅淬火温度为550℃、收线速度为7～11m/min（每1m/min为一个试验段）进行试验，热处理后钢丝的抗拉强度见表5-16。

表5-16　ϕ6.20mm钢丝收线速度与热处理后抗拉强度

试样编号	收线速度/(m/min)	抗拉强度/MPa	试样编号	收线速度/(m/min)	抗拉强度/MPa
S11	7	1290	S14	10	1330
S12	8	1320	S15	11	1330
S13	9	1365			

从表5-16看出，ϕ6.20mm半成品钢丝在收线速度为9m/min时，热处理后钢丝的抗拉

强度最高。

钢丝热处理后的抗拉强度，常作为判断钢丝索氏体化处理的质量标准。钢丝热处理后抗拉强度的高低，决定钢丝拉拔后的力学性能。在上述热处理后抗拉强度最高的 S3，S8，S13 试样中，S13 钢丝抗拉强度与 S3 钢丝抗拉强度相差 55MPa。

三、光面钢丝力学性能

1. ϕ2.40mm 光面钢丝力学性能

ϕ2.40mm 光面钢丝选用 LW1/700＋LZ11/600＋CL600 拉丝机组，将试样 S3，S13 热处理后拉拔成 ϕ2.40mm 光面钢丝，其拉拔工艺为：ϕ6.20mm→ϕ5.45mm→ϕ4.97mm→ϕ4.48mm→ϕ4.05mm→ϕ3.68mm→ϕ3.35mm→ϕ3.06mm→ϕ2.81mm→ϕ2.59mm→ϕ2.40mm，其力学性能见表 5-17。

表 5-17　ϕ2.40mm 光面钢丝力学性能

试样编号	扭转/次	弯曲/次	抗拉强度/MPa
S3	24.3	12.8	2165
S13	29.3	15.8	2212

从表 5-17 看出，S13 钢丝热处理后质量较好。故拉拔后 ϕ2.40mm 光面钢丝的力学性能也较好。这说明选择 S13 的热处理工艺，即加热温度为 900℃，铅淬火温度为 550℃，收线速度为 9m/min，其拉拔后钢丝的力学性能满足要求。

2. ϕ2.40mm 镀锌钢丝

将 ϕ2.40mm 光面钢丝试样 S3 和 S13 进行电镀，工艺参数为：ρ（$ZnSO_4 \cdot 7H_2O$）为 380～450g/L，总电流为 14930A，收线速度为 10.17m/min。镀后成品钢丝的力学性能及锌层面质量见表 5-18。

表 5-18　ϕ2.40mm 镀锌钢丝力学性能及锌层面质量

试样编号	扭转/次	弯曲/次	抗拉强度/MPa	锌层面质量/(g/mm²)
S3	24.5	12.7	2161	245
S13	29.1	16.1	2209	243

从表 5-18 看出，试样 S13 镀锌后力学性能也较好，而试样 S3 镀锌后力学性能依然较差，说明电镀锌对钢丝力学性能影响不大。

采用上述热处理工艺生产的 ϕ2.40mm，ϕ2.50mm，ϕ2.70mm 镀锌制绳钢丝，强度在 2190～2230MPa，满足用户的使用要求。

四、结论

（1）ϕ8.0mm 82A 盘条在保证拉拔、冷却及润滑条件的前提下，选择合适的热处理及电镀工艺，可以生产出强度高、韧性好的镀锌制绳钢丝。

（2）半成品钢丝热处理的质量决定成品钢丝的质量。

（3）光面钢丝的力学性能决定电镀锌后成品钢丝的力学性能。

第十节 悬索桥主缆用热镀锌钢丝的生产工艺

一、拉拔工序重点控制

直径为 $\phi 5.10 \text{mm}$，抗拉强度为 1860MPa 主缆用镀锌钢丝技术指标见表 5-19。热镀锌钢丝生产工艺流程为：表面处理→拉丝→热镀锌→规圆→检验→入库。

表 5-19　$\phi 5.10 \text{mm}$，1860MPa 桥梁主缆用镀锌钢丝技术指标

直径及公差 /mm	不圆度 /mm	直线性 /(mm/m)	抗拉强度 /MPa	屈服强度 /MPa	断后延伸率 /%($L=250$)	弯曲 ($R=15,180°$)
5.10±0.06	<0.06	<30	1860	1490	<4.0	>4

扭转 ($L=100d$)/圈	缠绕 ($3d×8$ 圈)	松弛($0.7\delta_b$ 1000h)/%	弹性模量 /GPa	疲劳性能 ($0.45a$,360MPa 应力幅)/万次	锌层面质量 /(g/m²)	附着力 ($5d×8$ 圈)	硫酸铜 实验/次
≥8	不断	≤8.0	200±10	≥200	≥300	不裂,不起皮	4~6

1. 盘条的选择

盘条的原始状况（如强度、规格、组织、纯净度、表面质量等）是实现镀锌钢丝优良性能的重要基础。盘条生产对桥梁缆索用热镀锌钢丝性能指标的最大贡献是强度指标，特别是抗拉强度，其次是韧塑指标，钢丝镀锌后的技术要求见表 5-19。

（1）盘条的强度、规格与冷拉钢丝性能的关系。冷拉钢丝抗拉强度 R 计算的常用公式：

$$R = R_0 \times K \times (D/d)^{1/2} \tag{5-17}$$

式中　R_0——盘条的原始抗拉强度，MPa；

K——强化系数，一般取 0.95~1.15；

D——盘条的直径，mm；

d——冷拉钢丝的直径，mm。

从式(5-17)中可以看出，在生产条件一定的情况下，一定规格的冷钢丝抗拉强度 R 的大小，主要取决于盘条的原始抗拉强度 R_0 和直径 D。

（2）冷拉钢丝的韧性指标在使用区间（压缩率 80%~90%）内随总变形量的增大而减小，而塑性指标变化不大，因此，生产同一产品时高强度小规格比低强度大规格盘条更受欢迎，因高强度小规格盘条既保证了冷拉钢丝的强度，提高了冷拉钢丝的初始指标，同时又简化了拉拔工序，提高了生产效率。盘条的强化途径如下。

① 提高渗碳体含量；

② 提高索氏体化质量、减小片间距；

③ 细化晶粒；

④ 微合金化。盘条渗碳体含量的提高和索氏体片间距的减小有量度要求，否则会降低盘条拉拔性能和镀锌钢丝的初塑性。

2. 盘条组织对钢丝性能的影响

盘条的组织缺陷有晶粒粗大、索氏体化均匀性不好、中心网状渗碳体、不溶碳化物、边

缘及心部马氏体、边缘脱碳、边缘网状渗碳体等。尽管这些缺陷形成原因不尽相同，但其对钢丝所形成的危害都使钢丝的韧塑性大大降低，强度指标也有所降低。

3. 盘条纯净度对钢丝性能的影响

盘条的纯净度主要指有害元素（N、H、S）和非金属夹杂物的含量。这些有害物会直接导致盘条可拉拔性降低，并使拉拔后钢丝的初塑性大大降低。非金属夹杂物的危害性还与其结构、形态和分布有关。

4. 盘条的表面质量的影响

盘条的表面质量缺陷主要指耳子、折叠、结疤、麻面等，这些表面缺陷会对盘条后续拉拔生产和冷拉成品钢丝的性能造成严重危害。

二、盘条表面处理工序的控制

盘条表面处理工序是钢丝拉拔之前的工序，旨在降低钢丝与模壁间的摩擦因数，确保拉拔过程中钢丝表面质量，工艺流程为：盘条→酸洗→水洗→表面磷化→水洗→硼化（皂化）→烘干→拉拔。

盘条表面处理工序重点控制内容如下。

① 掌控好盘条锈蚀程度、酸液参数和酸洗时间的关系，防止欠酸洗与过酸洗。

② 盘条磷化前，保持盘条表面钢基体的清洁，以保证得到结合牢固、结晶致密、连续均匀的磷化薄膜。

③ 硼化（皂化）主要起中和残酸作用，须控制好其浓度、温度与酸度。

④ 烘干是盘条表面处理的最后一道工序，其作用有两个：防止"氢脆"，特别是采用硫酸酸洗时；快速干燥盘条表面，得到干燥的皂化或五水硼砂涂层。五水硼砂涂层润滑性能较好，腐蚀性能较小，是硼砂作为润滑载体的最佳状态，而十水硼砂是白色粉末，不宜作为涂层。当烘干温度低于65℃时，形成十水硼砂；65℃以上烘干时可得到五水硼砂涂层。但当烘干温度过高、时间过长时，硼砂会大量失水，同时体积发生膨胀，形成粉末状涂层，对涂层自身质量和后续拉拔生产均不利。通常烘干温度为80～120℃，烘干时间为10～15min，有的企业因烘干温度达不到规定值，而采用提高硼化液温度为95℃的方式，使经硼化后的盘条靠自身温度快速干燥。由于五水硼砂在较大湿度的情况下会吸湿潮解为十水硼砂，从而丧失良好的涂层性能，因此，生产中为防止涂层吸湿潮解，处理后的盘条须及时进行钢丝拉拔生产。

三、钢丝冷拉拔工序的控制

钢丝冷拉拔工序需要重点控制钢丝拉拔的温度，表5-20给出了钢丝不同温度下的脆化时间。

表 5-20　钢丝在拉拔时不同温度下钢丝脆化时间

拉拔温度/℃	100	140	180	220	260	300	340	380
脆化时间/s	7000	320	25	1.5	0.2	0.04	0.08	0.002

从表5-20可以看出，180℃为钢丝脆化敏感点。因此，要想保持和提高钢丝的韧性，则必须采取有效的措施，使钢丝出孔后平均温度，急速降低到160℃以下，则可有效防止时效

作用对钢丝质量的影响。实际上冷拉钢丝的温度是冷拉工序诸因素的综合体现，其控制措施如下。

（1）适宜的模具孔型。用以实现变形区钢丝心部有一定的模具压力，同时降低拉拔力。图 5-11 是模具工作锥角对拉拔力的影响示意图。

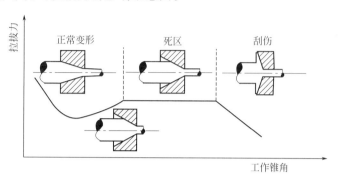

图 5-11　工作锥角对拉拔力的影响示意图

从图 5-11 可以看出，模具工作锥角过大与过小均会使拉拔力增大，但当模具工作锥角过大时，钢丝的延展几乎靠单一的拉伸。由于钢丝拉拔时中心所受轴向应力最大，最终有可能导致心部产生微裂纹，甚至拉断，而形成"笔尖状"断口。

（2）总压缩率与部分压缩率合理选定与分配。

（3）使用具有风冷和水冷的拉丝卷筒。使每个卷筒的循环水量达到 0.3～0.45L/s，拉丝模盒冷却水量约 0.08L/s 以提高钢丝的冷却效果，以及良好的拉拔润滑效果或者是提高拉丝模的冷却能力。

四、热镀锌工序的控制

钢丝热镀锌工艺流程：放线脱脂→酸洗→浸粘助镀溶剂→烘干→热镀锌→收线机收线。

1. 热镀锌工序重点控制的部位

（1）锌液温度。热镀锌时控制锌液温度的目的之一，是促进脆性性合金层 ζ 相和纯锌层 δ_1 相的成长，减少脆性合金层 ζ 相的增厚，以获得塑性好的镀层；当锌液温度升高时，能加速铁锌之间的扩散速度，当锌液温度升至接近 480℃ 时，Fe-Zn 合金层增厚很快，并且主要是因脆性层 ζ 相的增厚所致，因而镀层的塑性下降，同时锌液温度过高会增加锌灰的生成和钢丝引出时纯锌层 δ_1 相的流失；当锌液温度低于 440℃ 时，（在没有在锌液中添加稀释性合金的情况下）由于锌液黏度大为增加，锌液的流动性变差，造成纯锌层 δ_1 相厚薄不均及表面粗糙。

一般规定热镀锌时锌液温度在 450～460℃，天冷或生产大规格钢丝时取上限，天热或生产小规格钢丝时取下限。另外，锌液温度应均匀一致，各部位的锌液温度误差最好保持在 ±3℃ 以内。

（2）浸锌时间及走线速度。热镀锌时，钢丝浸锌时间越长，则上锌量越多，这主要是合金层增厚的结果。实际浸锌时间根据钢丝直径不同可以取 15～25s，钢丝直径大或天冷时，可取较长浸锌时间，以确保锌壳熔化所需时间，使锌铁反应顺利进行。

在浸锌长度一定的前提下，当走线速度过慢而使钢丝浸锌时间过长时，锌铁合金层就会过厚，同时还会使镀后钢丝的纯锌层 δ_1 相变薄；当走线速度过快而使钢丝浸锌时间过短时，势必会影响锌-铁的扩散反应，使 Fe-Zn 合金层过薄，降低了镀锌钢丝的耐腐蚀性。另外，在抹拭条件一定的前提下，走线速对镀后钢丝的纯锌层厚度起重要作用，即走线速越高，纯锌层越厚，这主要是由重力和冷却的双重作用所造成的。

（3）锌层面质量。锌层面的质量是指镀锌钢丝上锌量（附着量）、锌层均匀性（硫酸铜浸泡次数）、黏附性和塑性（缠绕性能）、表面质量等。镀锌工序控制与维护对锌层面质量的影响见表 5-21。

表 5-21　镀锌工序控制与维护对锌层面质量的影响

工序	不良因素	镀锌层面的不良结果
铅浴脱脂	钢丝表面挂铅；钢丝表面不净	漏镀；局部无合金层；附着力差
酸洗	酸洗不彻底，过酸洗	漏镀；附着力差，起皮
助镀	溶剂浓度过低，局部钢丝未浸入	钢丝局部或全部镀不上锌，镀锌层表面粗糙
热镀锌	锌渣、锌灰过多	钢丝表面锌层粗糙，附着力差，韧性差
抹拭	抹拭方式、工艺不当	镀锌层不均匀，上锌量不合格
冷却	风冷、水冷不充分	镀锌层灰暗，白点，锌层出现阴阳面

2. 钢丝热镀锌后力学性能的变化

图 5-12 为 80# 钢冷拉钢丝（$\phi12\sim\phi13.5mm$）盘条经 560℃铅淬火，总压缩率 84%；在不同浸锌温度下，经过 30s 的热浸锌后，对其力学性能的影响。

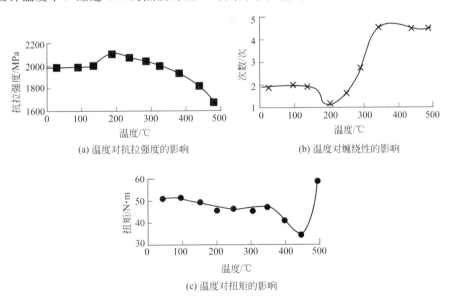

(a) 温度对抗拉强度的影响　　　　(b) 温度对缠绕性的影响

(c) 温度对扭矩的影响

图 5-12　浸锌温度对钢丝力学性能的影响

3. 规圆处理工序

规圆处理工序目的：提高成品镀锌钢丝的伸直性；改善成品镀锌钢丝的力学性能。重点控制内容如下。

① 如需使用模具时，须选用适宜的压下量，否则会影响钢丝的相关性能。

② 控制好矫直器压下量大小的道次分配。钢丝矫直器一般有 2 种，即辊式和滚筒式。不管采用哪种形式，因其各向矫直道次均较少（一般为 3～5 道），故均须采用大变形方案，即钢丝在各向矫直器的前一、二道采用较大的反弯曲率，使钢丝原始曲率不同的各部分的弯曲总变形均达到适宜的较大的数值，这样使各部分钢丝经前一、二道矫直后，因有较一致的弹性恢复，而得到大致相同的残余曲率，这样在后续道次中采用依次减小的反弯曲率，就可使钢丝逐渐平直。

③ 选择适宜的钢丝加热温度和张力值，因其直接影响着成品镀锌钢丝的抗拉强度、屈服强度、比例极限、抗应力松弛等性能指标。

第十一节 高强度制绳钢丝热镀锌生产工艺

煤炭、渔业、索道、石油、钻探等用户对高强度、高韧性镀锌钢丝绳的使用越来越多，为满足市场要求，湘钢钢丝绳厂生产技术部对高强度、高韧性热镀锌制绳钢丝生产工艺进行攻关。经过生产试验，采用先拉后镀锌、中镀锌后拉、先镀锌后拉三种生产工艺，先后解决了热镀锌过程中钢丝强度、弯曲、扭转的损失等问题。批量生产了高强度、高韧性热镀锌钢丝绳，形成了比较稳定的生产工艺，现具体介绍如下。

一、热镀锌钢丝绳生产工艺

热镀锌钢丝绳生产工艺设计基础是：热镀锌钢丝绳的生产工艺依据 GB/T 8919—1996 中 A 类、AB 类、B 类上锌量，可分为三种不同的生产工艺流程。

1. 先拉后镀锌生产工艺

先拉后镀锌生产工艺为：盘条→机械剥壳→无酸洗粗拉→热处理、酸洗、磷化→成品拉拔→热镀锌→卷线→股绳→成绳→检验→包装→入库。生产抗拉强度 1770MPa、1870MPa、1960MPa 强度级 A 类和 AB 类锌层面质量的热镀锌制绳钢丝，因其锌层面质量要求高，弯曲、扭转要求低，直径公差范围宽，宜选择先拉后镀生产工艺。钢丝既能获得高的锌层面质量、好的防腐性，又保证了力学性能。优选 $w(C)=0.72\%\sim0.76\%$ 的优质碳素钢盘条为原料，以 $\phi8.0mm$、$\phi6.5mm$ 盘条生产 $\phi2.55mm$、$\phi2.4mm$、$\phi1.87mm$、$\phi1.7mm$ 热镀锌制绳钢丝为例，采用如下生产工艺。

（1）$\phi8.0mm$→无酸洗粗拉 $\phi7.2mm$→铅淬火、酸洗、磷化→成品拉拔 $\phi2.55mm$→热镀锌→检验→入库。

（2）$\phi8.0mm$→无酸洗粗拉 $\phi6.7mm$→铅淬火、酸洗、磷化→成品拉拔 $\phi2.4mm$→热镀锌→检验→入库。

（3）$\phi6.5mm$→无酸洗粗拉 $\phi5.3mm$→铅淬火、酸洗、磷化→成品拉拔 $\phi1.87mm$→热镀锌→检验→入库。

（4）$\phi6.5mm$→无酸洗粗拉 $\phi4.8mm$→铅淬火、酸洗、磷化→成品拉拔 $\phi1.7mm$→热镀锌→检验→入库。

表 5-22、表 5-23 为采用先拉后镀生产工艺生产热镀锌制绳钢丝镀前、镀后的力学性能。

表 5-22　镀前钢丝力学性能

直径/mm	扭转/次	平均扭转/次	弯曲/次	平均弯曲/次	抗拉强度/MPa	平均抗拉强度/MPa
2.5	21～23	27	14～19	18	1860～2190	1960
1.87	23～50	39	10～20	15	1880～2050	1940
2.40	23～35	29	15～25	19	1860～2150	1580
1.70	35～48	37	16～19	17.5	1980～2160	2080

表 5-23　镀后钢丝力学性能及锌层面质量

直径/mm	扭转/次	平均扭转/次	弯曲/次	平均弯曲/次	抗拉强度/MPa	平均抗拉强度/MPa	锌层面质量/(g/m²)
2.5	20～39	26	9～22	15	1780～1930	1825	263.8
1.87	22～47	31	10～20	12	1810～1940	1840	243.1
2.40	22～38	27	12～23	17	1800～1850	1822	255.9
1.70	27～36	30	13～16	14	1870～1970	1910	215.1

2. 中镀锌后拉拔

中镀锌后拉拔的生产工艺：盘条→机械剥壳→无酸洗粗拉→热处理、酸洗、磷化→中拉→热镀锌→成品拉拔→股绳→成绳→检验→包装→入库。

生产抗拉强度 1770MPa，1870MPa，1960MPa 强度级 AB 类和 B 类锌层面质量的热镀锌制绳钢丝，因其锌层面质量要求降低，弯曲、扭转要求提高，直径公差范围缩小，宜选择中镀后拉生产工艺，钢丝既能获得比较高的锌层面质量、好的防腐性，又能提高力学性能。优选 $wC) = 0.70\% \sim 0.74\%$ 的优质碳素钢盘条为原料，以 $\phi 6.5mm$ 盘条生产 $\phi 1.75mm$、$\phi 2.0mm$，$\phi 1.85mm$ 的钢丝。

热镀锌制绳钢丝为例，其生产工艺如下。

(1) $\phi 6.5mm$→无酸洗粗拉 $\phi 4.6mm$→铅淬火、酸洗、磷化→中拉 $\phi 3.5mm$→热镀锌→成品拉拔 $\phi 1.75mm$→检验→入库。

(2) $\phi 6.5mm$→无酸洗粗拉 $\phi 5.0mm$→铅淬火、酸洗、磷化→中拉 $\phi 3.8mm$→热镀锌→成品拉拔 $\phi 2.0mm$→检验→入库。

(3) $\phi 6.5mm$→无酸洗粗拉 $\phi 5.3mm$→铅淬火、酸洗、磷化→中拉 $\phi 3.6mm$→热镀锌→成品拉拔 $\phi 1.85mm$→检验→入库。

表 5-24、表 5-25 为采用中镀后拉生产工艺生产热镀锌制绳钢丝镀前、镀后的力学性能。

表 5-24　镀前钢丝力学性能

直径/mm	扭转/次	平均扭转/次	弯曲/次	平均弯曲/次	抗拉强度/MPa	平均抗拉强度/MPa
3.5	29～34	31	13～18	15	1360～1420	1390
3.8	28～32	29	10～15	13	1350～1410	1380
3.6	28～35	32	11～16	14	1400～1490	1450

表 5-25　镀后钢丝力学性能及锌层面质量

直径/mm	扭转/次	平均扭转/次	弯曲/次	平均弯曲/次	抗拉强度/MPa	平均抗拉强度/MPa	锌层面质量/(g/m²)
2.5	28～31	29	12～16	14	1320～1390	1370	262.6
3.8	26～30	27	10～13	11	1310～1370	1350	284.7
3.6	26～31	29	10～14	12	1400～1460	1430	271.7

3. 先镀锌后拉拔

先镀锌后拉拔钢丝生产工艺为：盘条→机械剥壳→无酸洗粗拉→热处理、酸洗→热镀锌→成品拉拔→捻股→成绳→检验→包装→入库。生产抗拉强度为：1770MPa，1870MPa，1960MPa 强度级，B 类锌层面质量的热镀锌制绳钢丝，因其锌层面质量要求低，弯曲、扭转要求高，直径公差范围小，宜选择先镀后拉生产工艺。镀锌钢丝既能获得光亮、防腐的表面，又具有良好的力学性能。在组织生产时，优选含碳量 $w(C)=0.68\%\sim0.72\%$ 的优质碳素钢盘条为原料，以 $\phi6.5mm$ 盘条生产 $\phi1.45mm$，$\phi0.65mm$，$\phi0.6mm$，$\phi0.8mm$ 热镀锌制绳钢丝为例的生产工艺：

(1) $\phi6.5mm$→无酸洗粗拉 $\phi3.7mm$→铅淬火→热镀锌→成品拉拔 $\phi1.45mm$→检验→入库；

(2) $\phi6.5mm$→酸洗、磷化→拉拔 $\phi1.8mm$→铅淬火→热镀锌→成品拉拔 $\phi0.65mm$→检验→入库；

(3) $\phi6.5mm$→无酸洗粗拉 $\phi3.8mm$→铅淬火、酸洗、磷化→拉拔 $\phi1.6mm$→铅淬火→热镀锌→成品拉拔 $\phi0.6mm$→检验→入库；

(4) $\phi6.5mm$→无酸洗粗拉 $\phi2.1mm$→铅淬火→热镀锌→成品拉拔 $\phi0.8mm$→检验→入库。

表 5-26、表 5-27 为采用先镀锌后拉拔的生产工艺，其生产热镀锌制绳钢丝镀前、镀后的力学性能。

二、工艺控制要点

1. 生产原料的选择

生产抗拉强度的 1770MPa，1870MPa，1960MPa 强度级热镀锌制绳钢丝，先拉拔后镀锌的工艺，原料选择 70，75 或 72A，77A 钢，$w(C)=0.72\%\sim0.74\%$，$w(C)=0.73\%\sim0.75\%$，$w(C)=0.74\%\sim0.76\%$ 的优质碳素钢盘条。

① 中镀锌后拉拔工艺，原料选择 70，75 或 72A 钢，$w(C)=0.70\%\sim0.72\%$，$w(C)=0.71\%\sim0.73\%$，$w(C)=0.72\%\sim0.74\%$ 的优质碳素钢盘条。

② 先镀锌后拉拔工艺选择的原料是 70 或 72A 钢，$w(C)=0.69\%\sim0.71\%$，$w(C)=0.70\%\sim0.72\%$ 的优质碳素钢盘条。

2. 压缩率的选择

压缩率在相同规格、强度级情况下，先拉拔后镀锌工艺的总压缩大于中镀锌后拉拔的，中镀锌后拉拔工艺的总压缩率大于先镀锌后拉拔的。在总压缩率变化不大的情况下，钢的牌号适当的选取相应低的牌号为宜。

例如先镀锌后拉拔的钢丝性能随总压缩率加大，钢丝抗拉强度升高，扭转值增加，而镀锌层的厚度变薄。表 5-26 列出了含碳量为 0.6%，钢丝直径 $\phi4.28mm$，经热镀锌后，取 20% 的部分压缩率拉拔后的钢丝性能的变化情况。

表 5-26 先镀锌后拉拔钢丝性能变化情况表

工艺	直径/mm	抗拉强度/MPa	延伸率/%	断面收缩率/%	扭转次数/次	镀锌层厚度/mm
镀锌前	4.28	1356.32	2.4	53.9	38	
镀锌后	4.39	1248.22	3.3	46.0	11	0.055
第1道	3.92	1493.36	1.6	46.6	22	0.045
第2道	3.52	1453.34	1.9	47.8	28	0.041
第3道	3.12	1517.04	1.6	47.3	37	0.038
第4道	2.81	1567.04	1.6	48.6	41	0.033
第5道	2.51	1632.68	1.4	45.9	38	0.030

3. 先镀锌后拉拔生产工艺要求

（1）热镀锌之前半成品钢丝的表面涂层一般不采用磷化涂层，而采用比较易于清洗的白灰涂层。若镀锌前处理条件（脱脂、酸洗处理）能控制，也可以采用薄的磷化涂层，以便于钢丝热镀锌前表面清洗干净。

（2）热镀锌层要牢固，即附着性能好；镀锌层要均匀，不得有凸瘤和 0.30mm 以上的锌凸起。特别是要减少锌层内的锌-铁合金的结晶，因为这种锌-铁合金比锌要硬得多，不易变形而使锌层脱落。

4. 对拉丝模的要求

（1）模孔角度要适宜拉丝的模孔的工作锥角比用于光面高碳钢丝的稍加大，定径带较短。经测定工作锥角以 $10°\sim18°$ 为宜，拉丝模的出口角度要足够的大，以利于拉拔出的金属屑排出。表 5-27 列出了拉丝模尺寸可供实际操作时的参考。

表 5-27 先镀锌后拉拔拉丝模尺寸（参考）

孔型尺寸	模孔直径/mm				
	0.3~0.9	>0.9~1.5	>1.5~2.5	>2.5~3.5	>3.5~6.0
工作锥角度(2α)	12°	12°	14°	16°	18°
定径带高度	0.2d	0.3d	0.4d	0.4d	0.4d

（2）拉丝模内孔不得有棱角和沟痕，抛光要仔细，以免刮落锌层。

（3）拉丝模应平整，模芯与模套的镶置不得偏歪。在拉拔过程中由于模盒或模孔偏歪（只要有 $4°\sim6°$ 的偏角）就会刮掉锌层。

5. 对拉拔工艺的要求

先镀锌后拉拔的钢丝的总压缩率比光面钢丝要适当提高，可以改善成品钢丝力学性能特别是扭转值，但又要满足拉拔后钢丝镀锌层的厚度的要求。对于部分压缩率的分配，为了能使钢丝表面的锌层平整，改善镀锌层的拉拔条件，第一道宜采用较小的部分压缩率（14%～18%），如果条件许可，可以增加拉拔的道次，减少道次的变形量，防止镀锌层的脱落。

6. 要及时清理拉丝模坑内的锌灰

由于钢丝拉拔时被刮掉的锌灰较长时间内堆积在模坑内，如果没有及时清除，致使模子在模坑内的位置相应提高，造成钢丝在塔轮上的走线不是直线而呈弧线，这种不正常的拉拔状态，会导致钢丝扭转值降低，从而造成废品。

三、生产过程中问题的解决

该生产工艺由于经过线轮或辊较多，在拉拔过程中，由于钢丝反复弯曲，Fe-Zn 合金层硬而脆的特性，随冷加工热量的产生与积累，更加凸现出加工硬化现象，造成拉拔过程中钢丝变形不均。如果在各过线轮起槽，压伤镀锌钢丝表面，将进一步恶化模子内的变形过程，产生刮锌，造成堵模、润滑失效、局部快速升温，进而导致模内"咬焊"而发生"叫模"现象，使钢丝锌层表面出现横裂。只有及时检查设备，确保各过线轮光滑不起槽，才能降低因锌层压伤而产生刮锌的可能性。

热镀锌干式拉拔过程中，拉拔速度必须控制在 350m/min 以下，使用直接水冷生产，以提高散热效果，减少钢丝热应力形变，减少 Fe-Zn 合金的硬脆和脱锌的可能性。第 1 道次至第 7 道次用 4″或 AT2 拉拔粉，提高了钢丝的光亮度。对拉拔过程刮锌严重的模子要及时更换和清理锌渣和锌灰，确保钢丝的最终力学性能符合用户要求。

在干式拉拔过程中，Fe-Zn 合金层过厚是高碳粗直径热镀锌钢丝拉拔困难的关键原因，合理调整热镀锌工艺，减少 Fe-Zn 厚度，再配以合理的拉拔工艺，采用直接水冷和合理使用润滑剂，积极研发新模具投入生产，确保钢丝的"三点一线"低速生产，勤查、勤换、勤搅拌润滑剂，是干式拉拔粗直径热镀锌钢丝顺利进行的有效途径。

第十二节　悬索桥主缆缠绕用S形热镀锌钢丝工艺

悬索桥主缆的腐蚀防护是当今世界桥梁界研究的主要课题之一，"腻子＋缠绕钢丝＋涂装"是悬索桥主缆腐蚀防护的传统方法，缠绕钢丝是主缆外层防护的关键层次。S形缠绕热镀锌钢丝与沿用近百年的热镀锌圆钢丝的主要区别在于形状和尺寸的差异，相邻的S形缠绕钢丝间相互扣合，使缠丝层更为紧密，封闭更加可靠。S形钢丝缠绕后可以使主缆缠丝表面光滑，减少缠丝涂层开裂，防止水分进入。

根据用户要求，结合多年桥梁缆索钢丝制造经验，国内某钢缆有限公司研制了S形钢丝，并制定了主缆缠绕用S形热镀锌钢丝技术标准。

一、S形热镀锌钢丝技术要求

1. S形热镀锌钢丝规格

S形缠绕钢丝的应用特点是缠丝相邻钢丝圈圈相扣，在主缆表面形成一道铠装防护层如图 5-13 所示。为此设计的 S 形钢丝截面各点呈中心对称，宽度公差 ±0.15mm，厚度公差 ±0.08mm，钢丝截面及尺寸如图 5-14 所示。

2. 力学性能和工艺性能

S形钢丝力学性能要求见表 5-28，S形钢丝工艺性能指标见表 5-29。

表 5-28　S形钢丝力学性能要求

抗拉强度/MPa	屈服强度/MPa	延伸率/%	弯曲/次数	扭转/次数
≥550	≥250	≥15	≥8	≥8

表 5-29　S 形钢丝工艺性能指标

锌层面质量/(g/m²)	截面积/mm	截面周长/mm	密度/(kg/m³)	锌附着性能
≥300	13.32	21.81	7.81	无脱落、龟裂、起皮

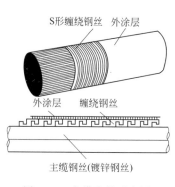

图 5-13　主缆防护示意图

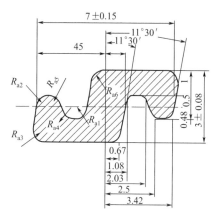

图 5-14　S 形钢丝截面及尺寸

二、S 形钢丝轧制

1. S 形钢丝原料选择

生产 S 形钢丝选择盘条非常关键。S 形钢丝制作过程中一方面局部压缩率很高，原料需要有很好的塑性；另一方面缠绕钢丝在服役时，缠丝形成的"环"形表面要平整，要求钢丝质量具有较高的一致性，即使用的原材料需要有良好的通条质量稳定性，因此盘条的化学成分以及成分偏析控制尤为重要。

经过分析比较，选取国内某企业生产的优质 ϕ5.5mm SW RM6 盘条，其化学成分、力学性能指标分别见表 5-30、表 5-31。

表 5-30　ϕ5.5mm SW RM6 盘条化学成分　　　　　　　　　单位：%

C	Mn	P	S
≤0.10	≤0.60	≤0.040	≤0.040

表 5-31　ϕ5.5mm SW RM6 盘条力学性能

抗拉强/MPa	断面收缩/%	延伸率/%	缺陷深度/mm	全脱碳层深/mm	不圆度/mm
≥400	≥70	≥30	≤0.10	≤0.10	≤0.40

2. 钢丝加工前处理工艺

钢丝加工前需对盘条表面进行处理，工艺流程：盐酸酸洗→清水浸洗→高压水喷淋→皂化。

3. 轧制工艺

异型钢丝的加工方法主要有模拉、轧制、辊拉、轧制-模拉复合等，经过比较最终确定采用轧制方法加工 S 形钢丝。轧制工艺：盘条放线→初轧轧扁→多道次轧制→退火→多道次轧制→收线。

（1）轧辊材料选择。初期试制时采用的是经表面处理改善的普通合金轧辊，其尺寸精度满足要求，但连续试制超过 300m 后，因钢丝局部压缩率较高，钢丝表面硬度增加，且轧辊的工作面窄，受力集中，导致最后两道轧辊爆裂。经调查了解，爆辊现象是异型钢丝加工中经常遇到的情况。普通合金轧辊虽然成本低，加工方便，但使用寿命也低，而且使用一段时间后，磨损较快，难以保证异型钢丝形状尺寸的设计精度要求。

采用硬质合金等比较高端的耐磨材料作为轧辊材料，在拉丝行业有广泛应用，经分析讨论后，决定采用硬质合金轧辊继续试制。在线跟踪试制结果较好，钢丝直径的通条尺寸波动控制在 0.05mm 以内，稳定性较好。

（2）轧辊的退火处理和退火工艺。试制时发现：盘条经过加工硬化后，钢丝强度及表面硬度急剧升高，硬度检测值达到 99HRB，塑性下降明显；试制后段，半成品钢丝难以成形，轧辊也因钢丝表面硬度太高而爆裂。考虑在多道次连续轧制的中间增加退火工序，以降低钢丝表面硬度，提高钢丝在后道轧制过程中的塑性。

（3）退火节点的选择对半成品钢丝的表面硬度、抗拉强度均有影响，试制中分别作了 3 个节点的跟踪、测试，具体工艺选择退火温度 700℃，保温时间为 2h。

（4）半成品光面钢丝检测结果。半成品光面 S 形钢丝力学性能检测结果见表 5-32。钢丝表面平整，凹槽棱角分明，2 根钢丝能互相扣合，吻合性较好，完全达到设计要求。

表 5-32　半成品光面钢丝检测结果

破断力/kN	抗拉强度/MPa	扭转/次	延伸率/%	弯曲/次
7.85	590	14	2.0	24

三、S 形钢丝热镀锌工艺

1. S 形钢丝热镀锌工艺要求

S 形缠绕钢丝需要镀锌防护，要求锌层面质量不低于 $280g/m^2$，而一般主缆和拉索用的镀锌钢丝锌层面质量不低于 $300g/m^2$，从数值上看两者相差不大，基本原理相同，因此重点针对异型面的上锌量进行试验研究。

2. 镀锌工艺参数的选择与确定

S 形钢丝截面积小，又是异型，热传导所需时间比圆钢丝要短，所以锌铁合金反应更快，试验选取镀锌温度 450℃、浸锌距离 5.5m，速度分别选取 10m/min、12m/min、14m/min、16m/min 进行试验，测试结果见表 5-33 所示，不同速度下 S 形钢丝的锌层面质量。钢丝表面均光滑、连续、无漏镀。

根据试验结果，从锌层富余及成本情况综合考虑，最终选择 12m/min 的镀锌速度。

表 5-33　不同速度下 S 形钢丝的锌层面质量

速度/(m/min)	平均锌层面质量/(g/m²)	硫酸铜实验/次
10	302	4.0
12	330	4.0
14	360	3.5
16	420	3.5

3. 对 S 形镀锌钢丝表面的精整

研制中因锌液表面张力作用，S 形凹槽底部尺寸尚未达到标准要求，故需要增加一道精整处理工序。

4. 成品检验和力学试验

（1）成品外观检测。根据试制工艺加工 S 形缠绕钢丝，并进行力学性能检测以及镀锌、外观尺寸检查，力学性能检测结果见表 5-34 所示。

表 5-34　成品钢丝力学性能检测结果

破断力/kN	抗拉强度/MPa	扭转/次	延伸率/%	弯曲/次
7.73	581	12	2.0	20

成品 S 形钢丝宽度偏差 0.04mm，厚度偏差 0.05mm，锌层面质量 335g/m²，硫酸铜浸置 4 次，镀层表面颜色均匀无伤痕、脱锌、黑斑等，锌铁合金层结合牢固，缠绕试验 8 圈不开裂。试验样品分别如图 5-15、图 5-16 所示。结果表明 S 形缠绕镀锌钢丝质量全部达到设计要求。

图 5-15　缠绕试验后的样品

（2）缠丝试验。在完成 5000mS 形钢丝的试制后，进行了模拟缠丝试验，缠丝过程顺利，无夹丝、扭曲情况发生，钢丝的 S 形槽口能环环相扣，缠丝后的"环"形表面平整，缠丝紧密，如图 5-17 所示。

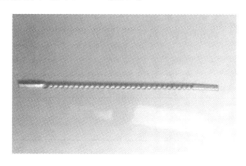

图 5-16　扭转试验后的样品

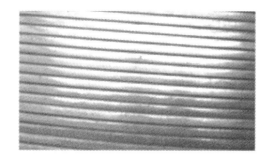

图 5-17　缠丝后效果示意图

四、热镀 S 型热镀锌钢丝主要控制工艺

因异型钢丝截面复杂，局部压缩率很高，以至于钢丝表面剧烈硬化，试验初期选用的普通硬质合金轧辊经常爆辊，无法连续生产，选用硬质合金材料轧辊后，磨损量小，精度控制有保证，适合批量生产。

试制中，钢丝常出现侧弯，参考其他异型钢丝加工研究，前道轧制变形量大时，异型钢丝内形成较大的残余应力，在后道大变形量轧制中，容易出现波浪弯和侧弯。根据此结论，对各个道次轧辊的左右压下量进行调节并形成操作标准，做到了两侧均匀变形，很好地避免了侧弯的产生。后续试生产及缠丝试验中钢丝平直。

第十三节　大桥吊索绳用Galfan镀层钢丝生产工艺

一、产品技术要求

上海某公司在 2004 年 9 月对 Galfan 镀层吊索钢丝绳进行试制，吊索绳用锌-5％铝-稀土合金钢丝的镀层质量参照 ASTM A 855/A 855M—1995《锌-5％铝-稀土合金镀层钢绞线》（A 组），钢丝力学性能参照 GB/T 8919—1996《钢丝绳及其用钢丝》1770MPa 级重要用途标准，主要规格钢丝的性能和镀层要求见表 5-35 所示。其中合金镀层在 3 倍直径的芯棒缠绕至少 2 圈后，不得开裂或剥落到用手能擦掉的程度。

表 5-35　热镀锌-5％铝-稀土合金吊索绳用钢丝的技术指标

直径/mm	公差/mm	抗拉强度/MPa	扭转/次	弯曲/次	锌层面质量/(g/m²)	w(Al)/%
2.95			13	7	259	
2.60	±0.03	1770～1970	22	10	214	4.2～10
2.33			13	11	214	
1.65			18	11	153	

二、钢丝生产工艺

1. 原料选择

为确保钢丝强度在 1770MPa 以上，采用纯净度较高的 SWRH 82B 盘条，其化学成分见表 5-36 所示。

表 5-36　SWRH 82B 各成分的质量分数　　　　　　　　　　　单位：%

C	Si	Mn	P	S
0.79～0.86	0.15～0.35	0.60～0.90	≤0.030	≤0.030

2. 镀前拉拔工艺

光面钢丝拉拔后，经过热镀锌和锌-5％铝后的强度损失一般为 3％～7％。根据镀后成品强度要求，采取的拉拔工艺如下。

（1）控制镀层强度损 10％的余量，采用 82.1％～84.4％的总压缩率，确保镀前强度在 1960MPa 以上。

（2）利用设备优势，采用 10～11 道次拉拔，部分压缩率控制在 14.6％～15.8％，保持加工变形的均匀性，降低镀层后的强度和韧性损失。

3. 热镀生产工艺

（1）工艺流程和参数。热镀锌-5％铝-稀土合金钢丝在引进加拿大 ICE 公司的连续作业线上生产。采用国外先进的引出氮气抹拭方式和双镀形式，工艺流程：铅浴脱脂→盐酸酸洗→清洗→助镀→450℃热浸镀锌→430℃热浸镀锌-5％铝-稀土合金→氮气抹拭→收线。按照镀后直径每变化 0.01mm 近似相当于镀层增减 35g/m² 来计算，根据镀层面质量要求设计光面镀前公差，并在生产过程中充分考虑在线张力引起的缩丝，通过镀后直径变化进行估算，在操作过程中有效控制热镀锌-5％铝-稀土合金后的直径，镀层工艺参数见表 5-37。

表 5-37　热镀锌-5％铝-稀土合金工艺参数

直径/mm	镀前公差/mm	DV 值	氮气压力/kPa
1.65	−0.005 −0.002	60～120	0.001～0.010
2.33	−0.007 −0.003		
4.0/3.5/3.2	−0.007 −0.003		
4.95	−0.008 −0.004		

注：ϕ3.20～ϕ4.00mm 镀层钢丝用来镀后拉拔 ϕ2.60mm 钢丝。

（2）镀层面质量。在所有锌-5％铝-稀土合金镀层面质量的影响因素中，起决定作用的工艺参数是车速、在锌时间和氮气压力。其中，车速直接影响到钢丝从锌-5％铝槽引出时的镀层附着量；在锌时间决定 Zn-Fe-Al 合金层的厚度及镀层结合力；氮气抹拭对镀层起着向下挤压作用。镀层面质量的控制是热镀锌-5％铝-稀土合金的重要工艺环节，随钢丝直径的变化差异很大。

① 由于设备对 DV 值（DV＝120mm·m/min）的限制，粗规格钢丝如 ϕ2.95mm，在试制过程中镀层面质量不易达标，经过不同条件的试验比较结果见表 5-38。

表 5-38　不同条件下 ϕ2.95mm 的镀层面质量

在锌时间/min	镀层面质量/(g/m²)	氮气压力/kPa	镀层面质量/(g/m²)
0.08	112～135	0.001	220～285
0.125	125～150	0.005	145～220
0.25	130～165	0.010	110～150

表 5-39　不同车速时镀层面质量

直径/mm	DV 值	镀层面质量/(g/m²)	直径/mm	DV 值	镀层面质量/(g/m²)
2.33	70	152～215	1.65	70	243～315
	90	180～255		90	285～350
	120	283～374		120	332～416

根据表 5-39 的试验结果，发现氮气压力对粗规格镀层面质量起主要作用，采用降低氮气压力同时增加在锌时间的办法，反复调整和对比，确保镀层面质量达到标准要求。

② 直径相对小的钢丝车速调整范围较大，从锌-5％铝槽引出时镀层面质量随车速的提高而明显增加。表 5-39 是在氮气压力（$p＝0.005$kPa）和在锌时间，根据锌-5％铝-稀土合金钢丝镀层的表面状况，结合表 5-40 的数据结果，对中小规格的 DV 值进行相应的控制，

得到符合产品标准要求的锌-5％铝-稀土合金镀层面质量。

（3）镀层铝含量。合金锭中铝含量应严格控制在 4.2％～7.2％，通过腐蚀试验表明铝含量在 5％左右时镀层耐蚀性能最佳。镀层中的铝含量随镀层面质量的增加而降低，表 5-40 是在 DV 值为 120mm·m/min 时 ϕ2.95mm 镀层中的铝含量变化。

表 5-40　不同氮气压力下的铝含量变化

氮气压力/kPa	镀层面质量/(g/m²)	w(Al)/%	氮气压力/kPa	镀层面质量/(g/m²)	w(Al)/%
0.03	150	7.7	0.01	254	6.5
0.03	158	7.6	0.01	264	6.2
0.02	247	7.1	0.01	220	6.6

表 5-40 数据反映了作为主要因素的氮气压力对铝含量的影响。实际生产中，通过控制车速、在锌时间，控制镀层面质量，最终确保不同规格钢丝的铝含量达到标准的要求。

（4）镀层表面质量。表面质量控制是热镀锌-5％铝-稀土合金的镀层技术上的一个关键工序。在试验初期，经常发现镀层表面毛糙，局部出现脱落，结合力差，导致缠绕时表面开裂，降低了耐蚀性能。金相组织表明镀层表面有微裂纹存在。图 5-18、图 5-19 是 ϕ2.95mm 钢丝光滑、连续均匀的镀层与表面粗糙的镀层金相组织分析对比。

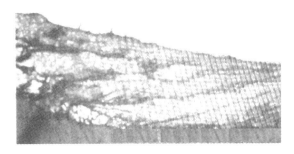

图 5-18　均匀的 ϕ2.95mm 锌-5％铝-稀土合金镀层×200

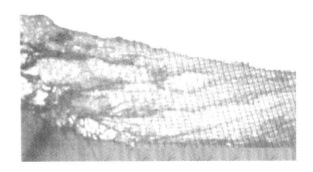

图 5-19　粗糙的 ϕ2.95mm 锌-5％铝-稀土合金镀层×200

通过反复试验和分析，发现造成锌-5％铝-稀土合金镀层表面质量不佳的主要原因如下。

① 氮气供应不连续或抹拭块堵塞，导致局部无抹拭效果；②抹拭块吹气不均匀；③车速过快，镀层过厚；④钢丝抖动或游动，行走时抹拭孔壁擦伤表面。

采取的措施：①加强过程巡检，确保氮气连续供应；②根据表面状态及时调整抹拭块；③改进抹拭块孔型；④控制氮气压力和车速，控制镀层厚度；⑤控制光面钢丝平整度和在线张力，确保钢丝平稳行走，从抹拭孔中心位置引出。通过这些措施，镀层的表面质量得到了有效的保证。

4. 先镀后拔工艺

为了改进锌-5%铝-稀土合金吊索绳外层钢丝 $\phi2.60mm$ 的表面粗糙度，采用了镀后拉拔工艺。先镀后拔工艺的一个技术难点是表面拉毛、刮伤、导致成品缠绕试验时出现裂纹。钢丝的综合力学性能要求拉拔的总压缩率高，锌-铝合金的表面硬度又比镀锌高，在试制时，表面越毛糙，压缩率越高，拉拔越困难，模具损耗越严重。只有在镀层表面光滑和较小的压缩率条件下，拉拔和表面质量才得以保证。结合其他锌-5%铝-稀土合金钢丝先镀后拔的经验，选择3种规格的坯料镀层，然后进行拉拔比较，结果见表5-41。

表 5-41　锌-5%铝-稀土合金钢丝在不同压缩率时先镀后拔比较

直径/mm	压缩率/%	拉拔表面状态	缠绕性能
4.00	57.8	拉毛、刮伤、无法拉拔	开裂，不合格
3.50	44.8	局部拉毛	裂纹，不合格
3.20	34.0	表面光滑、连续	无裂纹，合格

根据表5-41的拉拔比较，在确保镀层质量的前提下，采用不高于35%的压缩率进行拉拔，达到了良好的表面效果。

三、生产试制结果

通过对工艺的多次调整、改进和操作的规范，试制了大桥吊索绳用热浸镀锌-5%铝-稀合金钢丝8t，并对各项指标进行了检测，成品的力学性能和镀层指标见表5-42。

试制后成品钢丝的镀层表面光滑、连续、厚度均匀，3倍直径的芯棒缠绕后的结合力以及自身缠绕钢丝韧性均达到了标准要求。将锌-5%铝-稀土合金成品钢丝进行了捻股和合绳，整绳力学性能达到了大桥用吊索绳标准。

表 5-42　工艺改进后热镀锌-5%铝-稀土合金绳用钢丝的技术指标

直径/mm	公差/mm	抗拉强度/MPa	扭转/次	弯曲/次	锌层面质量/(g/m²)	$w(Al)/\%$
2.95	±0.03	1830~1880	23~28	9~10	263~307	6.14~7.32
2.60	—	1840~1910	24~41	14~16	241~294	6.56~6.91
2.33	—	1820~1880	20~30	14~16	283~374	5.93~6.46
1.65	—	1860~1900	25~29	11~12	243~315	4.84~5.69

第十四节　高碳72A钢钢丝热镀锌后拉拔的工艺

（专利号：ZL 201010262897.7）

一、高碳钢钢丝镀锌后拉拔现状

目前钢丝镀后拔生产工艺是一种生产高强度钢丝非常重要的手段，采用的工艺方法通常是：钢丝热处理—热镀锌—拉拔。

二、改进措施

根据存在的问题分析，提供一种 72A 钢丝镀后拉拔中的热镀锌工艺，解决生产 72A 钢、$\phi2.0\sim\phi3.5mm$ 小直径钢丝热镀锌时钢丝断丝问题的技术方案。

对 72A 高碳钢钢丝镀锌后拉拔的热镀锌工艺操作步骤如下。

① 镀前钢丝热处理，钢丝加热温度 $920\sim930℃$，保温时间约为钢丝直径的 $10\sim15$ 倍，单位为 s，淬火温度为 $550\sim560℃$。

② 锌锅内压线辊直径与钢丝直径比为 $120\sim125$。

③ 钢丝入锌锅时的张力为 $10\sim40kN$。

④ 锌锅温度 $442\sim450℃$，钢丝在锌锅内移动线速度 $8\sim14m/min$，浸没时间 $10\sim13s$。

三、有益效果

经过改进后的技术方案与现有技术相比，钢丝断丝率达到 10% 以下，大大降低了钢丝热镀锌时的断丝现象，提高了产品质量和工作效率。

具体的技术参数如下。

① 镀前钢丝热处理，钢丝加热温度 $920\sim930℃$，保温时间：（$\phi2.0\sim\phi2.8mm$）$24\sim28s$；（$\phi3.0\sim\phi3.5mm$）$40\sim49s$；淬火温度为 $550\sim560℃$，抗拉强度为 $1180\sim1250MPa$。

② 锌锅内压线辊直径 350mm，钢丝直径 $\phi2.0\sim\phi2.8mm$。

③ 钢丝入锌锅时的张力为 $20\sim40kN$。

④ 锌锅温度：$443\sim448℃$，钢丝在锌锅内移动线速：$8\sim12m/min$，浸锌时间 $11\sim13s$。

对应相同丝径，选取 40 组平均数据，热镀锌断丝率如表 5-43 所示。

表 5-43　改进工艺后的断丝评价表

实验组别	钢丝直径/mm	断丝次数/次	断丝率/%
1	2.0	3	7.5
2	2.8	2	5
3	3.5	0	0

第十五节　钢丝先镀锌后拉生产高强度钢丝绳工艺

一、工艺的确定

中镀后拉工艺是在先镀后拉工艺的热处理和热镀锌之间插入光面钢丝拉拔。为了确定先镀后拉的工艺，首先要确定半成品钢丝直径；而要确定中镀后拉的工艺，除确定热处理的半成品钢丝直径外，还需确定热镀锌半成品钢丝的直径。在高强度镀锌钢丝绳用钢丝的试制过程中，主要从以下几个方面进行试验。

1. 低压缩率的中镀后拉工艺

77A 低压缩率的中镀后拉三种生产流程：

（1）$\phi 6.5mm \rightarrow \phi 3.2mm$（铅淬火）$\rightarrow \phi 1.35mm$（热镀锌）$\rightarrow \phi 1.1mm$；

（2）$\phi 6.5mm \rightarrow \phi 4.4mm$（铅淬火）$\rightarrow \phi 1.9mm$（热镀锌）$\rightarrow \phi 1.55mm$；

（3）$\phi 6.5mm \rightarrow \phi 5.2mm$（铅淬火）$\rightarrow \phi 2.3mm$（热镀锌）$\rightarrow \phi 1.85mm$。

2. 高压缩率的中镀后拉工艺

高压缩率的中镀后拉三种生产流程：

（1）$\phi 6.5mm \rightarrow \phi 4.3mm$（铅淬火）$\rightarrow \phi 2.4mm$（热镀锌）$\rightarrow \phi 2.25mm$；

（2）$\phi 6.5mm \rightarrow \phi 4.8mm$（铅淬火）$\rightarrow \phi 3.0mm$（热镀锌）$\rightarrow \phi 2.55mm$；

（3）$\phi 6.5mm \rightarrow \phi 5.5mm$（铅淬火）$\rightarrow \phi 3.6mm$（热镀锌）$\rightarrow \phi 2.85mm$。

3. 高压缩率的先镀后拉工艺

高压缩率的先镀后拉生产流程：

$\phi 6.5mm \rightarrow \phi 2.6mm$（铅淬火、热镀锌）$\rightarrow \phi 1.0mm$；

$\phi 6.5mm \rightarrow \phi 3.0mm$（铅淬火、热镀锌）$\rightarrow \phi 1.2mm$；

$\phi 6.5mm \rightarrow \phi 3.8mm$（铅淬火、热镀锌）$\rightarrow \phi 1.55mm$。

二、镀锌后的力学性能

1. 不同压缩率对钢丝力学性能的影响

不同压缩率对钢丝力学性能的影响见表 5-44。

表 5-44 不同压缩率拉拔的钢丝力学性能

拉拔条件/mm	扭转/次	弯曲/次	抗拉强度/MPa	锌层面质量/(g/m²)
$\phi 2.3 \rightarrow \phi 1.85$, $Q=35.3\%$	26.27(25~44)	11.35(7~17)	1945(1880~2110)	125.7(121.6~129.8)
$\phi 3.6 \rightarrow \phi 1.85$, $Q=73.5\%$	37.90(30~44)	12.10(11~16)	1830(1760~1950)	96.38(82.2~112.7)
$\phi 1.35 \rightarrow \phi 1.1$, $Q=33.6\%$	39.22(30~50)	17.72(14~23)	2058(1860~2320)	151.7(139.8~163.5)
$\phi 2.1 \rightarrow \phi 1.1$, $Q=72.56\%$	43.23(38~51)	18.64(16~24)	2003(1890~2160)	78.7(78.6~78.8)

从表 5-44 可知，中镀后拉钢丝热镀锌后的总压缩率在 35% 左右时，韧性值略低；总压缩率在 74% 左右时，韧性值高，且两者抗拉强度值均达到 1770MPa，成品钢丝表面的锌层质量随总压缩率增加也有所减少。

2. 镀后高压缩率的中镀后拉钢丝的力学性能

以 70 钢为例。工艺路线为 $\phi 6.5mm \rightarrow \phi 4.8mm \rightarrow \phi 3.0mm \rightarrow \phi 1.55mm$；采用直进式拉丝机、水箱拉丝机、铅淬火热处理连续作业线、热镀锌机组设备。实验结果见表 5-45（$\phi 4.8mm \rightarrow \phi 3.0mm$ 总压缩率为：$Q=60.93\%$）。

表 5-45 钢丝由 $\phi 4.8mm \rightarrow \phi 3.0mm$ 时力学性能变化

技术指标变化值	光面钢丝			镀锌后钢丝			
	扭转/次	弯曲/次	抗拉强度/MPa	扭转/次	弯曲/次	抗拉强度/MPa	锌层质量/(g/m²)
平均值	30.74	23.65	1528	20.91	38.39	1524	298
波动范围	27~42	21~26	1460~1610	10~30	16~22	1470~1570	283.4~307.2

由表 5-45 可知，光面钢丝镀锌后，扭转、弯曲值大幅降低，抗拉强度值波动不大。由 $\phi 3.00mm \rightarrow \phi 1.55mm$，总压缩率为：$Q=73.30\%$ 时的钢丝力学性能变化见表 5-46。

表 5-46 钢丝由 $\phi 3.0mm \rightarrow \phi 1.55mm$ 时钢丝力学性能变化

技术指标	中镀后拉				股绳捻制后		
	扭转/次	弯曲/次	抗拉强度/MPa	锌层/(g/m²)	扭转/次	弯曲/次	抗拉强度/MPa
平均值	34.2	17.9	1885	78.3	28.42	1.6.24	1911
波动范围	28~43	12~20	1750~2010	77.0~79.6	19~35	13~19	1800~2070

从表 5-46 可知，中镀后拉钢丝经股绳机捻制后，扭转、弯曲值有所降低，抗拉强度值略有增加。

三、各项影响因素分析

1. 压缩率的影响

在总压缩率变化较小的情况下，钢丝的反复弯曲和扭转值是随镀锌后压缩率 Q_2 增大而提高。一般来说镀后拉拔部分压缩率在 $15\% \sim 19\%$ 之内，反复弯曲和扭转值能达到标准。

2. 温度的影响

中镀后拉对钢丝的影响因为中镀后拉钢丝经过冷加工硬化后，在温度 400~450℃进行了回复，虽然钢的组织变化甚微，但在此温度下，铁素体中因冷形变而产生的大量空位发生扩散、集聚或消失，导致空位密度降低。位错密度降低后，位错相互作用并重新分布，产生具有明锐边界的亚晶（多边形化）。而先镀后拉钢丝，经过冷加工硬化后，加热到 930℃左右奥氏体化，然后在 540℃左右铅淬火等温冷却，形成结构均匀的索氏体化组织，其组织中渗碳体相和铁素体相弥散度较高，层片细小，渗碳体片极薄，在 400~450℃左右进行镀锌，其金相组织并没发生变化。所以，即使先镀后拉钢丝的总压缩率较高，其仍与中镀后拉钢丝一样，经拉拔后性能能满足 GB 8918—2006 的强度级要求。在股绳捻制过程中，单根钢丝的弯曲值均有所降低，这是因为镀层不同程度地使钢丝的挠性降低。

3. 镀锌工艺的影响

纯锌层约占总镀锌层厚度的 1/2~2/3，它在镀锌层中最富有塑性，其性质基本接近于纯锌，延展性远高于铁-锌合金层，所以挠性好。在固定不变的锌液温度下，延长浸锌时间，增加了铁-锌扩散反应的机会，导致镀锌层中合金层的厚度增加。一般在弯曲时，裂纹的发生源不在纯锌层内，而是在铁-锌（Fe-Zn）合金层上。如果合金层增加，则易影响弯曲次数。镀锌温度一般控制在 450℃左右，在此温度下和浸锌长度不变的条件下，减少浸锌时间，提高纯锌层厚度，对弯曲次数有利。锌瘤和镀层不均匀等缺陷易造成钢丝在拉拔过程中断丝，在镀锌过程中，保持压辊、扶线辊正常运转及立架固定牢固，控制好锌温，及时处理锌渣锌灰，覆盖好油木炭，则可能避免或减少表面缺陷的出现。

4. 拉丝设备的影响

成品卷筒在拉拔镀锌丝时，由于镀锌丝表面不光滑，阻碍钢丝向上排线，易产生夹线现象。如果长期生产镀后拉拔钢丝，卷筒根部的锥角应选 $2.5° \sim 3°$。为了保证生产的正常运行，需增加交流变频器，以便根据镀锌层表面状况及拉丝模情况，随时调整速度。

5. 对拉丝模的要求

由于钢丝表面附着一定厚度的锌层，镀锌钢丝的变形是不同硬度和塑性的两种金属同时变形。若锌层与内部钢丝发生相对移动，则钢丝上的锌必然会脱落。拉拔时由于外摩擦力的作用，可能使锌层和钢丝的移动速度不同引起锌层破裂。因此，选择的拉丝模工作锥角均要大，定径带要短，出口锥角、入口锥角均要大。入口锥角 $70°\sim80°$、出口锥角 $80°$、工作区 $12°\sim16°$、定径带长 $(0.2\sim0.3)d$ 的孔型比较合适。

四、生产要素的总结

（1）热镀锌半成品钢丝直径的确定至关重要，一般中镀后拉拔钢丝的压缩率为 $70\%\sim75\%$。

（2）拉丝机的干拉卷筒根部的锥角为 $2.5°\sim3°$，以利于钢丝向上排线。

（3）控制好热镀锌工艺，提高纯锌层含量，避免锌瘤的出现，减少刮锌，防止钢丝断线。

（4）采用直线模，增加出口锥角、入口锥角的角度，控制好工作锥角度和定径带长度。

第十六节　82B盘条生产桥梁缆索用镀锌钢丝工艺

一、镀锌钢丝的生产

1. 生产流程工艺

选用国内某钢铁公司的 $\phi12mm$、$\phi13mm$ 的 82B 盘条，生产工艺流程：

高碳盘条→酸洗→磷化→皂化→拉丝→脱脂→酸洗→助镀→烘干→镀锌→光整→放线→第一张紧轮→矫直→移动式中频加热→冷却→第二张紧轮→牵引→自动收线→打捆→检验→包装→入库。

2. 盘条的检验对照分析

我国原来主要从日本进口盘条，其中以新日铁生产的 DLP（盐浴淬火）盘条性能最佳。据对比，国产盘条的直径公差与日本盘条接近，抗拉强度有的比日本 DLP 盘条低，特别是 $\phi13mm$ 盘条抗拉强度偏低。建议选用国产 82B 盘条的抗拉强度稳定在 1200MPa 以上的。断面收缩率比日本 DLP 盘条低，生产证明，82B 的断面收缩率稳定在 35% 以上可以满足镀锌钢丝的塑性要求。国产盘条索氏体体积分数比日本 DLP 盘条小，这是由于国内盘条冷却线均采用斯太尔摩线冷却（缓冷、空冷、风冷等），而日本 DLP 盘条还采用了盐浴淬火冷却，可提高盘条的索氏体化率及盘条的通条性能。二者化学成分相差不大，理化性能和夹杂物含量也相差不大，钢的纯净度略低于日本，金相组织为少量铁素体＋片层状珠光体，晶粒度为 7~8 级。国产盘条和日本盘条检验结果见表 5-47 所示。

3. 关键生产工艺的控制

（1）盘条的表面处理。

酸洗→漂洗→高压冲洗→磷化→漂洗→皂化。除锈（氧化铁皮）及在盘条表面形成磷化膜，涂上润滑载体，以保证后续拉拔顺利进行。关键工序在于磷化，若磷化不好，会造成拉丝断线，钢丝表面发白，模具消耗增加。

（2）钢丝的拉拔。为保证成品镀锌钢丝的技术指标，必须通过多道次拉拔来实现。盘条在拉拔过程中，强度指标不断升高，塑性指标下降，因此，合理控制各道次的变形量、润滑及冷却是生产的关键。$\phi 5.0mm$、$\phi 7.0mm$ 的生产工艺见表5-48、表5-49所示。

表5-47　国产盘条与日本盘条的对比分析

厂家	直径/mm	抗拉强度/MPa	断面收缩率/%	索氏体含量/%	$w(C)$/%	$w(Mn)$/%	$w(S)$/%	$w(P)$/%	$w(Si)$/%	$w(Cr)$/%	$w(Ni)$/%	$w(Cu)$/%
国产盘条	12.08	1190	30	85～96	0.81	0.72	0.004	0.008	0.2	0.016	0.003	0.001
	—	1190	30		0.81	0.72	0.004	0.008	0.2	0.016	0.003	0.001
	12.16	1210	39		0.83	0.76	0.009	0.014	0.26	0.020	0.028	0.015
	13.10	1170	29		0.82	0.72	0.002	0.010	0.20	0.016	0.003	0.001
	—	1170	29		0.82	0.72	0.002	0.010	0.20	0.016	0.003	0.001
	13.27	1230	37		0.84	0.79	0.009	0.019	0.26	0.020	0.028	0.016
日本DLP盘条	13.05	1230	41	93～98	0.82	0.71	0.0096	0.010	0.17	0.019	—	—
	—	1230	41		0.82	0.71	0.0096	0.010	0.17	0.019	—	—
	13.18	1250	44		0.84	0.74	0.012	0.013	0.18	0.020	0.03	0.03

表5-48　$\phi 5.0mm$镀锌钢丝拉拔工艺

道次	直径/mm	压缩率/%	道次	直径/mm	压缩率/%
0	12.08		5	6.82	19.3
1	10.66	21	6	6.14	18.9
2	9.49	20.8	7	5.60	16.8
3	8.48	20.1	8	5.10	17.0
4	7.59	19.9			

表5-49　$\phi 7.0mm$镀锌钢丝拉拔工艺

道次	直径/mm	压缩率/%	道次	直径/mm	压缩率/%
0	13.10		5	8.40	12.9
1	11.52	21.5	6	8.00	9.3
2	10.15	22.4	7	7.55	11.1
3	9.70	9.0	8	7.50	1.4
4	9.00	13.9			

生产 $\phi 7.0mm$ 镀锌钢丝采用8道次拉拔，可以减少拆换工装和模具消耗，有利于提高钢丝的塑性指标，用 $\phi 13mm$ 盘条生产 $\phi 7.0mm$ 镀锌钢丝的拉拔也可以采用5个道次的生产工艺完成。产品的力学指标见表5-50、表5-51所示。

表5-50　$\phi 5.0mm$冷拉钢丝力学性能

序号	直径/mm	抗拉强度/MPa	延伸率/%	弯曲/次	序号	直径/mm	抗拉强度/MPa	延伸率/%	弯曲/次
1	5.10	1830	3.6	8	6	5.09	1840	3.6	8
2	5.10	1830	3.6	8	7	5.09	1840	3.6	8
3	5.10	1830	3.5	7	8	5.11	1830	3.5	7
4	5.09	1840	3.5	7	9	5.11	1830	3.5	7
5	5.09	1840	3.5	7	10	5.11	1830	3.5	7

表 5-51　φ7.0mm 冷拉钢丝力学性能

序号	直径/mm	抗拉强度/MPa	延伸率/%	弯曲/次	序号	直径/mm	抗拉强度/MPa	延伸率/%	弯曲/次
1	7.52	1760	4.0	10	6	7.50	1770	3.8	9
2	7.52	1760	4.0	10	7	7.50	1770	3.8	9
3	7.52	1760	4.0	10	8	7.51	1770	3.8	9
4	7.52	1770	3.8	9	9	7.51	1770	3.8	9
5	7.50	1770	3.8	9	10	7.51	1770	3.8	9

（3）钢丝的热镀锌。国内江西某公司的镀锌生产线从意大利引进，主体生产设备有大工字轮放线机、铅浴脱脂炉、密封酸洗设备、搅拌助镀、热风烘干炉、镀锌槽、垂直拉拔塔、花篮架收线机。镀锌钢丝的热镀工艺如下。

放线→脱脂→酸洗→助镀→烘干→热镀锌→冷却→收线。

热镀锌钢丝性能见表 5-52、表 5-53。

表 5-52　φ5.0mm 热镀锌钢丝半成品技术指标

序号	直径/mm	抗拉强度/MPa	延伸率/%	锌层面质量/(g/m²)	硫酸铜试验/次	序号	直径/mm	抗拉强度/MPa	延伸率/%	锌层面质量/(g/m²)	硫酸铜试验/次
1	5.20	1730	5	348	4	6	5.19	1735	6	345	4
2	5.20	1730	5	350	4	7	5.19	1735	6	350	5
3	5.20	1730	5	350	4	8	5.20	1730	5	350	5
4	5.19	1735	6	340	4	9	5.20	1730	6	350	5
5	5.19	1735	6	340	4	10	5.20	1730	6	350	6

表 5-53　φ7.0mm 热镀锌钢丝半成品技术指标

序号	直径/mm	抗拉强度/MPa	延伸率/%	锌层面质量/(g/m²)	硫酸铜试验/次	序号	直径/mm	抗拉强度/MPa	延伸率/%	锌层面质量/(g/m²)	硫酸铜试验/次
1	7.63	1710	6	357	5	6	7.62	1710	7	360	5
2	7.63	1710	6	358	5	7	7.62	1710	6	360	5
3	7.63	1710	6	350	5	8	7.63	1720	6	355	5
4	7.65	1710	7	350	5	9	7.63	1720	6	355	5
5	7.65	1710	6	360	5	10	7.63	1720	6	355	6

（4）镀锌钢丝的光整。进行光整处理可使镀锌钢丝表面光滑，提高锌层附着力，还可提高镀锌钢丝的强度指标，达到高强度的要求。光整工艺如下。

花篮架放线机放线→光整机光整→收线机收线。

光整采用国际最先进的光整机，具有独特可调节摆臂放线和压力模光整新技术。连续式的镀锌钢丝光整技术比光面钢丝光整技术复杂得多，处理不好，会使镀锌钢丝力学性能下降，或者出现锌脱落、堵模、断线等，因此，镀锌钢丝光整过程中良好的润滑条件、合理的压缩比及光整速度至关重要。

（5）镀锌钢丝稳定化处理。稳定化处理工艺是把张拉与回火工艺合二为一，其作用是减少成品钢丝的"松弛"，达到性能稳定的效果。

钢丝表面锌层的熔点为 419.5℃，稳定化处理时中频炉感应加热温度在此附近，既要保证锌不熔化，又要保证镀锌钢丝达到稳定化所需的加热功率，这是镀锌钢丝稳定化处理的关键。另外，先进的电气自动控制系统，张力形成方式，加热温度、功率、速度、张力等参数控制对成品镀锌钢丝的力学性能、平直度等技术指标影响较大。

镀锌钢丝稳定化生产，国内一般厂家是通过模拔与一个张紧轮形成张力来进行，而通过两对张紧轮形成张力，克服了因模具磨损而产生的张力变化，另外通过模拔形成张力会使钢丝产生加工硬化，造成扭转指标下降，且其张力值不可能太大，张力太大会造成钢丝接头带线过模时断线，而采用双张紧轮形成张力，彻底解决了这些问题，且张力大小可以根据需要调整，不经过模拔，因而产品的扭转性能比其他厂家好，松弛性能、平直度等指标均高于其他厂家。

二、镀锌钢丝各项技术性能

生产的 ϕ5.0mm，抗拉强度 1670MPa，热镀锌钢丝和 ϕ7.0mm，抗拉强度 1670MPa；热镀锌钢丝先后送国家建筑钢材质量监督检验中心和国家金属制品质量监督检验中心检验，各项技术指标全部达到了 GB/T 17101—19978 和法国 NFA35-035 要求，国家建筑钢材质量监督检验中心的检验结果见表 5-54。扭转值达到标准要求为 14～16 次。缠绕实验采用 3D 芯棒直径，缠绕 8 圈；锌层附着力检验采用 5D 芯棒直径，缠绕 8 圈。

表 5-54　ϕ5.0mm，ϕ7.0mm 镀锌钢丝性能测试表

项目	线径/mm	屈服强度/MPa	抗拉强度/MPa	伸长率/%	弹性模量/GPa	180°反复弯曲/次
标准值	5.0	≥1410	≥1670	≥4.0	190～210	≥4
	7.0					≥5
检测数据	5.0	1610	1730	4.5	197～198	9～10
		1620	1740	5.0		
	7.0	1620	1750	4.5	194～198	6～8
		1670	1780	5.5		

项目	线径/mm	锌层面质量/(g/m²)	硫酸铜试验/次	缠绕试验	锌层附着力检验	松弛率/%	疲劳试验
标准值	5.0	≥300	≥4	钢丝不断裂	锌层不开裂、不起层	≤2.5	≥200 万次
	7.0		≥5				
检测数据	5.0	302～331	7	完好	锌层完好	1.2	>200 万次
	7.0	345～429	7～8	完好	锌层完好	0.8	>200 万次

三、生产结论

生产出的 ϕ5.0mm，ϕ7.0mm 镀锌钢丝的力学性能：ϕ5.0mm 镀锌钢丝的破断拉力为 34.382kN，抗拉强度为 1750MPa，屈服应力为 32.590kN，屈服强度为 1660MPa，延伸率为 4.5%，弹性模量为 196GPa；ϕ7.0mm 镀锌钢丝的破断拉力为 68.334kN，抗拉强度为 1770MPa，屈服拉力为 63.187kN，屈服强度为 1640MPa，延伸率为 5.0%，弹性模量为 197GPa。

第十七节　缆索用高强度PC热镀锌钢丝生产工艺

一、产品技术性能要求

桥梁缆索用 $\phi5.1mm$ 高强度 PC 镀锌钢丝的技术要求如下。

（1）强度级别为 1770MPa 级，且按热镀锌后的公称面积计算。

（2）热镀锌层面质量＞ $300g/m^2$。

（3）热镀锌钢丝成品公差要求严，整批检测产品公差的代数和≤±0.01mm。

（4）直线性要求每米偏差≤30mm。

（5）产品按长度交货。

二、产品原料的选择

由于该产品力学性能要求高，因此对原料性能的均匀性、索氏体化程度及夹杂物级别等要有一定的技术要求。国内其他企业生产这类产品时一般多选用进口盘条，以此来保证技术要求。因此，生产所用原料采用宝钢生产的 SWRS82B 盘条，碳（C）的质量分数为 0.81％～0.84％，其他元素质量分数见表 5-55 所示。

表 5-55　SWRS 82B 钢盘条化学成分质量表

化学成分	Si	Mn	P	S	Cu
质量分数/％	0.12～0.32	0.78～0.80	≤0.020	≤0.015	≤0.20

根据产品强度要求，选用盘条规格为 $\phi12.5mm$。先后购进了 2 批盘条，共 5 炉。对第 1 批共 98 件原料进行取样验收。验收结果：强度值为 1140～1190MPa（平均强度 1170MPa），断面收缩率 33％～43％（平均断面收缩率 39％）。在进行了拉拔、镀锌的试验后，剔除了强度为 1140MPa 的原料并对第 2 批原料提出了新的要求。第 2 批原料 4 炉，盘条直径为 $\phi12.7mm$，强度值为 1140～1220MPa（平均强度 1170MPa）断面收缩率 30％～42％（平均断面收缩率 37％）。由于原料直径的放大，弥补了原料强度上的不足，使部分 1140MPa 强度级的原料也可使用。

三、生产工艺流程

生产工艺流程：盘条→表面处理→拉拔→热镀锌→后处理→检验→包装→入库。

1. 盘条的表面处理

盘条的表面处理，不仅为后工序的钢丝拉拔生产提供润滑载体。而且盘条表面处理后的清洁程度对质量的影响是很大的。某公司新建的"间歇式表面处理生产线"的主要设备是从美国 ALIGMENTY 公司引进的，包括 3 个酸洗槽、2 个冲洗槽、2 个热水槽，磷化和硼化槽以及烘箱、酸雾吸风设备等。该生产线一次可同时处理 5t 原料，年处理原料的能力近 18 万吨。一流的设备保证了桥梁缆索用高强度 PC 镀锌钢丝原料表面处理的质量。盘条在体积分数为 10％～20％盐酸中去除氧化皮后，进行冲洗，再浸入以磷酸二氢锌为主液的槽内磷化处理，然后进行 5~7min 硼化处理，最后烘干。

2. 盘条的拉拔工艺

某厂的 4 台拉丝机是从德国 KOCH 公司引进的直线式拉丝机。型号为：KGT6300/2＋4000/7 和 KGT8000/2＋6300/2＋4000/5，其卷筒直径分别为 $\phi900mm$ 和 $\phi1000mm$，最大进线直径 $\phi16mm$，最小出线直径 $\phi3.0mm$。可无级调速连续拉拔，最快拉拔速度达 10m/s。

为确保成品强度达到 1770MPa 的技术要求，制定了成品强度 ≥1790MPa 的指标，根据经验取镀锌强度损失为 4%~5%，因此，对拉丝的半成品强度要求 ≥1880MPa。为确保第一批原料的拉丝强度，采用了 8 道次拉拔，拉丝机速度定为 6m/s，技术要求见表 5-56。

表 5-56 8 道次拉拔工艺

道次	直径/mm	压缩率/%	道次	直径/mm	压缩率/%
0	12.50		5	6.80	19.945
1	10.80	25.350	6	6.10	19.529
2	9.55	21.809	7	5.50	18.705
3	8.50	20.781	8	5.00	17.355
4	7.60	20.055			

采用 8 道拉丝工艺后，在投入原料强度 ≥1160MPa 的情况下，拉丝强度多数达到了 1880MPa 以上，只有极少数的为 1870MPa。8 道次的拉丝工艺在钢丝强度上虽然满足了要求，但是在稳定化生产过程中有部分脆断及成品经常出现"3D-8"缠绕试验开裂等。为进一步提高产品质量和生产的成材率，对第二批原料修改了拉拔工艺，即将原来的 8 道拉丝修改成了 9 道拉丝，速度不变。拉拔工艺见表 5-57。

采用 9 道拉丝工艺后，钢丝强度仍然保持在 1870MPa 以上，而塑性指标却明显上升，从而使引进的拉丝设备充分发挥了优势，效果良好。8 道、9 道拉丝半成品性能比较见表 5-58。

表 5-57 9 道次拉丝工艺

道次	直径/mm	压缩率/%	道次	直径/mm	压缩率/%
0	12.70	84.5(总)	5	7.20	19.00
1	11.35	20.13	6	6.50	18.3
2	10.00	22.37	7	5.90	17.61
3	8.90	20.79	8	5.40	16.23
4	8.00	19.20	9	5.00	14.27

表 5-58 8 道与 9 道钢丝拉拔性能比较

拉拔道次/道	抗拉强度/MPa	延伸率/%	拉拔道次/道	抗拉强度/MPa	延伸率/%
8	1870~2050	2.5~3.5	9	1870~2140	3.0~5.0

3. 钢丝的热镀锌

镀锌生产线的镀层设备是从加拿大 ICE 公司引进的，收放线部分是从意大利 M＋E 公司引进的。其特点是不仅能生产镀锌产品，而且能生产热镀锌-铝合金产品。具有斜镀和垂直镀两种生产方式，扩大了锌层质量的控制范围，近 10m 的脱脂铅槽能同时满足高碳和低碳钢丝的生产要求。生产线 DV 值最大为 100mm·m/min，走线为 12 根，产品规格 $\phi3\sim$ $\phi8$mm，年生产能力可达 15000t，生产线全线采用 PLC 程序控制。

镀锌工序是桥梁缆索用高强度 PC 镀锌钢丝研制生产的关键工序。在前期调试中碰到的主要问题是镀锌钢丝强度损失过大、锌层质量上不去及镀锌钢丝的直径和椭圆度难以控制等。

（1）通过技术试验发现，钢丝镀锌时强度损失过大的主要原因是锌锅温控装置故障，对锌锅热电偶、仪表进行更换重新调试，锅温度控制在 455～460℃，可使钢丝镀锌时的强度损失稳定在 5% 左右。

（2）锌层质量的控制主要是控制锌液在锌铁合金层表面的黏附和流散，在采用木炭擦拭时直径的大小主要和速度有关。在试生产中按常规对镀锌速度 18m/min，20m/min，23m/min，25m/min 分别进行调试，发现采用砂砾抹拭时，不同的镀锌速度下直径的变化不大，且不成规律。而抹拭砂砾的"三度"（砂砾堆积高度、砂砾致密度、砂砾颗粒度）对镀锌钢丝的锌层厚度影响较大。即砂砾堆积高度过厚，镀锌钢丝表面较光洁、锌层质量却不足；砂砾致密度太大（石子压缩太紧）镀锌钢丝的锌层质量上不去；砂砾颗粒度过大，锌层质量上去了，但表面锌层粗糙。若反向调整，则上述情况亦相反。经过深入研究和多次试验，结果表明：镀后钢丝直径波堆积高度来调整钢丝的锌层质量；而砂砾的平均颗粒度一般情况下应控制在 $\phi7\sim\phi8$mm。对椭圆度的控制，在操作上也找出了一些规律，从而初步掌握了用砂砾抹拭、H_2S 气体保护抹拭系统对锌层质量、表面质量控制的技术。

（3）镀锌工艺：铅锅温度 420℃±2℃；为提高镀前的脱脂质量，钢丝浸铅长度 3.5m；酸的体积分数 18%～20%；酸槽温度 50～70℃；锌锅温度 450～455℃；助镀液温度 55～80℃；助镀液质量浓度 $\rho(ZnCl_2+NH_4Cl)\geqslant180$g/L；$\rho(ZnCl_2):\rho(NH_4Cl)=3:2$；钢丝走线速度为 18m/min。

（4）为确保最终产品质量，把钢丝的镀后直径作为质量控制点。镀锌后的钢丝直径控制，既涉及锌层质量的控制，也关系到成品累计直径公差的控制，实施镀锌钢丝定时在线直径检测是一种行之有效的方法。具体做法是：根据锌层质量要求及不同的钢丝直径，按直径每增减 0.01mm 相当于锌层质量增减 35g/mm² 计算，设定镀锌钢丝的直径控制范围。生产中操作人员每 30min 测量一次直径并做好记录，然后根据测量情况决定对抹拭砂砾的高度、密度进行调整。生产中镀锌直径的控制范围见表 5-59，锌层厚度＞0.10mm。

表 5-59　热镀锌直径的控制范围

拉丝直径/mm	4.98～5.00	4.98～5.01	4.99～5.02	5.00～5.03	5.01～5.03
热镀锌后直径/mm	5.07～5.12	5.08～5.12	5.10～5.12	5.11～5.14	5.12～5.15

4. 后处理生产

后处理设备是从意大利 CONTNUUS 公司引进，生产规格为 $\phi3\sim\phi9$mm 的光面、镀锌钢丝及刻痕钢丝。可以盘状交货也可以定尺直条交货。全线配备了 PLC 程序控制，在线控制系统有两套操作模式：（1）拉模驱动的单一张紧轮，可实现模拔生产；（2）带协调力矩和扭矩的二套双张紧轮可实现非模拔生产。

后处理（又称稳定化处理）的目的是消除镀锌钢丝中残余应力、增加镀锌钢丝抗蠕变的能力，同时改善和提高镀锌钢丝的直线性、扭转次数等性能指标。按产品松弛等级的要求，后处理工艺参数的设计是不同的，如对松弛要求高的产品，温度设定相对高些。后处理的关键是张力、温度的匹配与设定。经过多次试验，确定后处理工艺：双张紧张力 12kN；加热功率 26～133kW；生产速度 50～250m/min。

5. 检验

研制和生产的桥梁缆索用高强度 PC 镀锌钢丝总量为 890t。从拉丝、镀锌到稳定化，产品的理化、力学性能等检测项目共有 26 项，其中 100％取样检验的有近 20 项，总检测次数超过了 2 万次。强度和延伸率检验按 GB/T 228—2002，其中 $L=250$mm，公称直径取 $\phi5.1$mm；弹性模量测量按 GB/T 8653—2007；扭转和弯曲实验按 GB/T 238—2013 扭转标距为 500mm，转速 60r/min，弯曲半径 17.5mm；松弛率测试按 GB/T 10120—2013；锌层质量测量按 GB/T 2973—2004；镀锌均匀性按 GB/T 2972—2016 进行硫酸铜试验，每次浸蚀时间 1min；疲劳性能按 GB/T 3075—2008，360MPa 应力幅，最大应力 $0.45\sigma_b$ 下 2×10^6 次脉冲加载，试样未断。钢丝力学性能测量值见表 5-60，镀后表面质量公差见表 5-61。

表 5-60　高强度 PC 镀锌钢丝力学性能

项目	$\sigma_{0.2}$/MPa	σ_b/MPa	延伸率/％	弹性模量/MPa	扭转/圈	反复弯曲/次	松弛率/％
标准要求	≥1330	≥1770	≥4.0	$(2.0\pm0.05)\times10^5$	≥10	5	≤8
测量平均值	1735	1820	5	1.98×10^5	19	7	2.88

表 5-61　PC 钢丝的镀锌质量及公差

项目	镀锌层质量/(g/m²)	镀锌均匀性	镀锌后钢丝直径/mm	镀锌后钢丝不圆度/mm	扭每米钢丝矢高/mm
标准要求	≥300	4	5.1±0.06	≤0.06	≤30
测量平均值	387	6	5.10	0.03	12

第十八节　粗直径高强度高扭转性能热镀锌钢丝生产工艺

一、产品技术要求

悬索是悬索桥最重要的受力构件之一，而镀锌钢丝则是悬索中最主要的承载材料。无论是悬索常规的破断拉伸试验、疲劳试验还是拉弯疲劳试验，所有对缆索的力学性能试验都离不开镀锌钢丝的支撑作用。

为确保某长江大桥悬索用镀锌钢丝的质量和施工进度，实现 $\phi5.1$mm，1770MPa 级悬索用镀锌钢丝的低成本供货，某公司从 2013 年 6 月份开始对生产粗直径、高强度、高扭转性能热镀锌钢进行工艺探讨。

二、产品技术要求与原料选取

1. 技术要求

高强度高扭转性能热镀锌钢丝产品技术要求见表 5-62。

表 5-62　成品镀锌钢丝性能要求

公称直径 /mm	不圆度 /mm	公称面积 /mm²	镀层面质量 /(g/m²)	自然矢高 /(mm/m)	自然翘高 /mm	抗拉强度 /MPa	屈服强度 /MPa
5.1±0.06	≤0.06	20.43	158.93	≤5	≤150	≥1770	≥1420

延伸率 /%	弯曲 /次	扭转 /圈	镀层面质量 /(g/m²)	弹性模量 /GPa	硫酸铜试验 /次	松弛率 /%	疲劳性能 /万次
≥4.0	≥4	≥8	≥300	190～210	≥4	≤7.5	≥200

从表 5-62 的技术指标和实际生产经验可知，使用国内设备生产的原料很难满足 8 次以上扭转指标。

桥梁悬索用镀锌钢丝的扭转指标是由原料盘条质量水平和后续镀锌钢丝生产工艺共同影响所决定的，是关联从原料生产工艺到镀锌钢丝生产工艺的一个系统质量问题。

2. 原料选择

由于生产的 ϕ5.1mm 热镀锌钢丝抗拉强度要求≥1770MPa，同时又要具有很高的韧性，为了达到技术要求，制定盘条选择的原则：①提高原料碳质量分数和原料合金化；②严格控制盘条中的 P、S 含量。原料中 P、S 含量过高会导致钢丝脆性提高，韧性降低，造成钢丝弯曲和扭转性能差；金相组织不均匀和索氏体比例低会使原料的韧性变差，断面收缩率变低，钢丝表面容易形成拉拔微裂纹，甚至导致断丝；③严格控制盘条中的 Cu 等有害元素含量，为使钢丝具有良好的综合力学性能，选定盘条的碳质量分数为 0.82%，选用按日本琴钢丝标准制作的 ϕ12.5mmSWRS 82B 盘条作为钢丝用原料。某公司生产的 ϕ12.5mm 悬索专用线材 SWRS 82B 化学成分见表 5-63，力学性能、显微组织见表 5-64 所示。

表 5-63　ϕ12.5mm 悬索专用线材 SWRS 82B 化学成分质量表　　　　单位：%

项目	C	Si	Mn	P	S	Cr	Ni	Cu	V
熔炼成分	0.80～0.85	0.12～0.02	0.60～0.90	≤0.020	≤0.020	≤0.03	≤0.10	≤0.10	≤0.06
允许偏差	±0.02	±0.02	±0.03	+0.03	+0.03	±0.03	±0.03	±0.03	±0.01
实际含量	0.81～0.83	0.23～0.25	0.78～0.80	0.008～0.013	0.004～0.006	0.17～0.18	0.01～0.04	0.01	0.03

表 5-64　ϕ12.5mm 悬索专用线材 SWRS 82B 力学性能和显微组织

钢号	直径 /mm	允许偏差 /mm	不圆度 /mm	抗拉强度 /MPa	断面收缩率 /%	夹杂物等级 /级	晶粒度 /级	通条抗拉强度散差/MPa
SWRS 82B	12.5	±0.30	≤0.48	1180～1240	时效后≥35	≤1.5	≥8.5	≤50

表 5-64 显微组织表明：盘条的金相组织应主要为细片状索氏体组织，索氏体化率应不小于 85%，且不应有马氏体、网状渗碳体等有害组织。盘条一边总脱碳层（铁素体＋过渡层）不大于 0.075mm。

三、生产工艺流程

某长江大桥悬索主缆用镀锌钢丝以"高强度、低松弛、具有良好扭转性能"为核心的标准体系，采用常规的技术工艺难以达到技术标准，必须通过技术创新，在现有装备的基础上寻找与探索新的技术和工艺方法，其工艺流程为：盘条检测→酸洗、磷化→拉丝→热镀锌→稳定化→检验→包装、入库。

1. 钢丝的拉拔

钢丝拉拔选用进口拔丝机，采用"小角度＋长模芯"拉丝模的拔丝工艺技术。使用引进意大利 RI9/1200 进口拔丝机，这种拔丝机首尾都有旋转模，全过程都有搅拌器。使用"小角度＋长模芯"拉丝模能使润滑剂压力最大化，拔丝模压力最小化。润滑剂采用钠基易溶于水、易清洗型。拔丝速度 3.0～3.5m/s，拉拔总压缩率 83.81%，分 9 道次拉拔，平均部分压缩率 18.31%，具体工艺为：

$\phi12.5mm \rightarrow \phi11.51mm \rightarrow \phi10.23mm \rightarrow \phi9.14mm \rightarrow \phi8.19mm \rightarrow \phi7.38mm \rightarrow \phi6.67mm \rightarrow \phi6.04mm \rightarrow \phi5.49 \rightarrow \phi(5.03\pm0.03)$ mm。

①从拉丝配模工艺角度考虑，为防止在拉丝过程中出现窝线，所以前三道压缩率不宜过大。因为如果前三道压缩率过大。会使得线材表层与心部变形能力不一致，心部超前变形，发生断裂，产生窝线；②盘条在拉拔过程中如果速度过快或模具润滑失效，可能导致钢丝表面状态恶化，使钢丝扭转性能下降；速度过快还可能导致钢丝温升大，使钢丝内部组织发生非预期转变，虽然拉拔后钢丝扭转表现无影响，但在后续处理中大大降低镀锌钢丝扭转性能。

通过对半成品钢丝大量试验数据的采集分析得知，由上述工艺技术生产的光面钢丝抗拉强度及扭转性能均合格，且钢丝扭转断口皆为平口。

2. 热镀锌生产工序

热镀锌工艺参数对钢丝扭转性能影响最大，下面是不同规格、不同原料、不同工艺参数试验数据。采用常规的热镀锌生产工艺。镀锌工艺参数如下。

锌温 455～465℃，浸锌时间 12s，电流 150A。镀后钢丝试验结果显示：其表面质量、抗拉强度、弯曲性能、缠绕性能、伸长率、上锌量、硫酸铜试验均合格，只有镀锌后钢丝扭转合格率仅为 30%，镀锌钢丝进行稳定化处理后扭转合格率仅 10% 左右。常规的热镀锌生产工艺下的镀锌钢丝的扭转次数低，试样断口呈犬牙交错的撕裂状且与试样轴心线不垂直，如图 5-20(a) 所示。新的热镀锌生产工艺下的镀锌钢丝的扭转次数高，且扭转试样断口是平整的、且与试样轴心线垂直。如图 5-20(b) 所示。

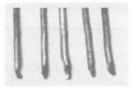 

(a) 常规的热镀锌生产工艺　　　　　　(b) 新的热镀锌生产工艺

图 5-20　镀锌钢丝的扭转断口

根据以上试验结果，通过对拉拔、热镀锌、稳定化的生产工序开展的逐段试验及对每道生产工序的成品进行取样分析，试验找到最佳的生产工艺。

半成品的试验数据显示，线材通过拉拔所得到的钢丝性能在经过热镀锌后会发生较大的改变。光面钢丝在经过热镀锌后，在应变时效的作用下，抗拉强度下降 2%～7%，扭转次数下降 10%～20%；而镀锌钢丝在经过稳定化处理后（抗拉强度和扭转值略有升高，可以忽略）总体上性能变化不大。由此，影响抗拉强度和扭转值平衡性的主要因素在拉丝和热镀锌 2 个生产工序。

在主导工艺参数不变的条件下，2 个工序主要影响最终成品性能的工艺参数则是：拉拔速度（拉拔道次9道不变）、锌温和浸锌时间。实践证明：适当提高拉拔速度，镀锌钢丝的抗拉强度将上升，扭转次数基本不变；适当提高锌温和延长浸锌时间，镀锌钢丝扭转次数将会增加、抗拉强度将会下降。因此，确保最终成品性能的工艺参数调整应从影响产品性能的关键因素着手。

3. 改进措施

针对镀后钢丝扭转合格率很低这一难题，攻关小组做了大量的研究和试验工作，得出以下结果。

（1）将镀后钢丝在拉丝模上拉拔及稳定化后，钢丝扭转性能大幅度下降，是由于镀锌钢丝在拉丝模的作用下发生了塑性变形，金属结构的位错密度增加，使扭转性能下降，且波动很大、不稳定。

（2）在锌温460～465℃，不同浸锌时间下 ϕ2.25mm镀锌钢丝力学性能统计数据见表5-65。

表 5-65　ϕ2.25mm 热镀锌钢丝力学性能统计数据

序号	浸锌时间/s	扭转值/(次/360°) 抗拉强度值/MPa					扭转平均值/(次/360°)	抗拉强度平均值/MPa	镀后钢丝拉力剩余值/%
1	9.2	22 1843	20 1863	22 1850	20 1855	21 1855	21	1853	95.9
2	14.2	19 1772	23 1780	21 1780	20 1790	21 1790	21	1839	95.2
3	19.2	21 1769	21 1764	20 1764	20 1771	21 1772	21	1768	94.8
4	24.2	23 1769	21 1748	20 1752	21 1764	20 1758	20	1758	94.3
5	29.2	21 1741	21 1741	22 1742	21 1749	21 1746	21	1744	93.5
6	34.2	21 1739	21 1743	22 1736	21 1747	21 1747	21	1741	93.4

镀锌试验钢丝的原料是直径5.0mm经铅浴淬火的77B钢丝，镀前总压缩率79.75%，镀锌前光线破断拉力7410N。

从表5-65可以看出，钢丝在不同浸锌时间下的扭转值几乎不受浸锌时间影响。原因是铅淬火冷却是在恒温槽中进行的，冷却速度快，在冷却曲线的鼻尖部位进行相变，铅浴淬火冷却得到的珠光体组织的片层间距细小致密，其索氏体化率可达98%以上。镀锌钢丝抗拉强度随着浸锌时间的延长而呈降低的趋势，镀后钢丝拉力剩余值为镀锌前钢丝破断拉力的93.4%～95.9%。

表5-66的镀锌试验钢丝是直径 ϕ2.8mm、材质为77B铅浴淬火钢丝，钢丝拉拔总压缩率76.69%，镀锌前钢丝破断拉力11890N。从表中可以看出，钢丝在不同浸锌时间下的扭转值几乎不受镀锌时间影响或受浸锌时间影响很小。原因是铅淬火冷却是在恒温槽中进行的，冷却速度快，在冷却曲线的鼻尖部位进行相变，冷却得到的珠光体组织的片层间距细小致密，其索氏体化率可达98%以上。抗拉强度随着浸锌时间的延长而呈降低的趋势，镀后钢丝拉力剩余值为镀锌前光线破断拉力的93.7%～96.3%。

表 5-66 ϕ2.8mm 热镀锌钢丝力学性能统计数据

序号	浸锌时间/s	扭转值/(次/360°) 抗拉强度值/MPa					扭转平均值/(次/360°)	抗拉强度平均值/MPa	镀后钢丝拉力剩余值/%
1	9.2	22 1843	20 1863	22 1850	20 1855	21 1855	21	1853	96.3
2	14.2	19 1832	21 1843	22 1838	22 1845	21 1842	21	1839	95.2
3	19.2	23 1834	23 1824	23 1834	22 1832	22 1835	23	1830	94.7
4	24.2	23 1819	23 1799	23 1814	22 1814	23 1823	23	1821	93.7
5	29.2	23 1818	21 1818	22 1815	23 1811	22 1813	22	1815	93.5
6	34.2	20 1817	22 1804	22 1812	21 1809	20 1809	21	1810	93.7

试验以 ϕ12.0mm（S87BM-DLP）新日铁盘条为原料，钢丝总压缩率 81.44%，镀锌前钢丝抗拉强度 2056MPa（破断拉力＝43145N），在锌温 460～465℃ 条件下，不同浸锌时间下 ϕ5.25mm 镀后钢丝剩余拉力及扭转值数据统计见表 5-67 所示。

表 5-67 ϕ5.25mm 镀锌钢丝的力学性能和扭转端口

序号	浸锌时间/s	扭转值/(次/360°)						扭转平均值/(次/360°)	抗拉强度平均值/MPa	镀后钢丝拉力剩余值/%
1	13	17(平)	17(平)	15(劈)	8(劈)	12(劈)	17(劈)	14.3	1992	99.9
2	15	14(平)	14(斜)	14(斜)	15(平)	15(平)	15(平)	14.5	1978	99.2
3	20	16(平)	12(平)	18(平)	17(平)	17(平)	15(平)	15.7	1980	99.3
4	25	17(平)	8(劈)	17(平)	17(平)	17(平)	18(平)	15.6	1982	99.4
5	30	17(平)	18(平)	17(平)	17(平)	17(平)	18(平)	17.3	1968	98.7
6	40	15(劈)	16(平)	16(平)	16(平)	14(劈)	16(平)	16.3	1961	98.3

从表 5-67 看出，以新日铁 DLP 盘条为原料拉拔的钢丝，在不同浸锌时间下的扭转值几乎相同且受浸锌时间影响较小，从某些程度上看随浸锌时间的延长有所提高，且浸锌时间从 20s 开始扭转值明显提高。其原因是线材在线直接盐浴处理（DLP）冷却在恒温槽中进行，冷却速度快，在冷却曲线的鼻尖部位进行相变，DLP 冷却得到的珠光体组织的片层间距细小致密，其索氏体化率可达 95%～98%。镀锌钢丝抗拉强度随着浸锌时间的延长而呈明显下降的趋势。

4. 镀锌钢丝工艺方案的确定

以上分析，确立了某大桥悬索主缆用镀锌钢丝新的拉拔、镀锌工艺方案：

（1）适当提升拉拔速率；

（2）适当提高锌温；

（3）在锌锅内部使用双轴，以延长浸锌距离，同时降低车速，达到延长浸锌时间的目的；

（4）同时适当增大 EMW 电流。

通过工艺参数的大幅度调整，使得镀锌钢丝的扭转性能得到了较大幅度的提高，扭转合格率达到 93％以上。

5．成品钢丝性能

按以上所述新的工艺流程生产的成品钢丝性能见表 5-68。

表 5-68 成品钢丝性能

抗拉强度/MPa	屈服强度/MPa	延伸率/%	弯曲/次	扭转/圈	锌层面质量/(g/m²)	弹性模量/GPa	硫酸铜试验/次	松弛率/%	疲劳性能/万次
1790~1850	1660~1700	4.0~4.8	5~9	15~25	300~355	193~205	4.5~6.0	1.20	200 未断

四、生产效果结论

以铅淬火（LP）线材为原料或以在线直接盐浴处理（DLP）冷却所产盘条为原料进行拉拔的钢丝，在不同浸锌时间下的扭转值几乎不受浸锌时间影响或受浸锌时间影响很小。而以斯太尔摩（DP）冷却所产盘条为原料进行拉拔的钢丝，在不同浸锌时间下的扭转值受浸锌时间影响很大，且随浸锌时间的延长有所提高。故在用斯太尔摩冷却法所产盘条为原料直接生产粗直径、高强度、高扭转性能热镀锌钢丝设计镀锌工艺时，应先试验，后定工艺。

第十九节 自承式电缆用镀锌钢丝生产工艺

通讯电缆加强用镀锌钢丝多用于自承式电缆。自承式电缆通常用镀锌钢绞线作为承载绳，但镀锌钢绞线的直径偏差、表面锌屑、灯笼壳等缺陷，往往在生产电缆过程中导致模孔堵塞而产生断丝。国外已开始使用单根粗直径的镀锌钢丝来取代镀锌钢绞线。根据自承式电缆加强用镀锌钢丝使用的状态分为高碳钢丝和低碳钢丝两种。长距离的一般使用高碳钢丝，要求直径粗、强度高、承载能力大；短距离的一般使用低碳钢丝，直径小、强度低、承载能力要求不高，易于弯折。

根据用户的要求，用于重载的高碳镀锌钢丝规格主要为 $\phi2.0$～$\phi2.8$mm，其中以 $\phi2.1$mm 和 $\phi2.6$mm 规格居多，用于轻载的低碳镀锌钢丝规格主要为 $\phi1.0$～$\phi2.0$mm，其中以 $\phi1.0$mm，$\phi1.3$mm，$\phi1.6$mm，$\phi1.8$mm 的规格居多。产品应达到的技术性能指标见表 5-69。此外，还要求镀锌钢丝表面光洁、无水渍、脱锌、竹节状等表面缺陷，盘重一般要求在 300kg 以上，用夹层板制木轮包装，并要求排线整齐、不压线。依据上述产品技术条件和生产实际，对产品的试生产做了细致的安排。

表 5-69 自承式电缆用镀锌钢丝的技术性能指标

类别	规格/mm	直径允许偏差/mm	抗拉强度/MPa	镀层质量/(g/m²)
高碳钢	2.6	±0.02	≥1300	70
	2.1	±0.02	≥1300	70

类别	规格/mm	直径允许偏差/mm	抗拉强度/MPa	镀层质量/(g/m²)
低碳钢	1.8	±0.02	600～900	50
	1.6	±0.02	600～900	50
	1.3	±0.02	600～900	50
	1.0	±0.02	600～900	50

一、材料的选择

用于自承式电缆的 $\phi2.6mm$ 和 $\phi2.1mm$ 高碳镀锌钢丝选用 $\phi6.5mm$ 的 70 优质碳素结构钢，其化学成分为：$w(C)=0.71\%$，$w(Mn)=0.57\%$，$w(Si)=0.21\%$，$w(S)=0.013\%$，$w(P)=0.016\%$，用于自承式电缆的 $\phi1.8mm$，$\phi1.6mm$，$\phi1.3mm$ 和 $\phi1.0mm$ 低碳镀锌钢丝选用 $\phi6.5mm$ 的 Q215 优质碳素结构钢，其化学成分为：$w(C)=0.13\%$，$w(Mn)=0.45\%$，$w(Si)=0.23\%$，$w(S)=0.025\%$，$w(P)=0.021\%$。

二、生产工艺

从理论上讲，拉拔后的低碳钢丝通过 700℃ 以上的球化退火，可以消除大部分拉拔应力，并使组织上的片状渗碳体球化，从而达到强度降低、塑性韧性增加的目的。为此，将 $\phi6.5mm$ 的低碳线材拉拔至 $\phi2.3mm$，在 800℃ 以上 A_{c3} 和 A_{c1} 线之间的两相区进行了正火处理，其强度由 935MPa 降到 465MPa，经热镀锌后拉拔至 $\phi1.3mm$ 成品钢丝。经检测，性能完全满足技术条件的要求，这说明试验前的设想是恰当的。

（1）800℃ 以上的两相区正火处理时，生产时间不及井式退火炉时间长，但温度高，消除拉拔应力的效果明显高于 700℃ 以上的球化退火。

（2）钢丝在两相区有部分转变为奥氏体空冷过程中转变为铁素体和渗碳体这部分相变的组织不仅拉拔应力消除彻底，而且组织细小，钢丝的塑性明显增加。

解决了低碳镀锌钢丝的热处理难题后，得出两种类型产品的工艺路线。

（1）高碳镀锌钢丝。$\phi6.5mm$ 线材分别拉拔至 $\phi4.0mm$ 和 $\phi3.4mm$，而后进行铅淬火和热镀锌，最后分别拉拔至 $\phi2.6mm$ 和 $\phi2.1mm$ 成品。

（2）低碳镀锌钢丝。$\phi6.5mm$ 线材分别拉拔至 $\phi3.0mm$ 和 $\phi2.3mm$，而后进行正火和热镀锌，最后分别拉拔至 $\phi1.8mm$，$\phi1.6mm$，$\phi1.3mm$ 及 $\phi1.0mm$ 成品。

三、试生产中出现的问题和解决方法

1. 热镀锌时出现断丝

$\phi4.0mm$ 铅淬火半成品钢丝热镀锌时出现频繁断丝。粗直径半成品钢丝在热镀锌时易断丝，这是实际生产中较为普遍的问题，除了理论上"回火脆性"也没有其他说法。刚开始的做法是 $\phi4.0mm$ 的铅淬火钢丝拉拔至 $\phi3.5mm$ 再进行热镀锌，这样在热镀锌时脆断问题就可以避免，但在拉拔时产生断丝现象。为此，一方面增大镀锌锅内压辊直径，另一方面将原来 $\phi6.5mm$ 拉拔至 $\phi4.0mm$ 的半成品改为 $\phi3.8mm$ 的半成品钢丝。由于钢丝与压辊之间形成的包角小，钢丝弯曲减少，使钢丝脆断问题得以解决。

2. 镀锌钢丝拉拔后脱锌

$\phi2.6$mm 镀锌钢丝拉拔后出现脱锌。造成脱锌的原因有两个可能，即表面清洗不净或镀锌层中脆性相过多。鉴于同样的热镀锌工艺，生产 $\phi2.1$mm 的高碳镀锌钢丝不存在这样的问题，说明镀锌前钢丝表面的清洗状态是好的。于是在镀锌温度不变的情况下通过调整锌锅上过线辊位置和车速来缩短钢丝在锌时间，从而减少了锌铁合金层特别是脆性相的厚度，避免了脱锌问题的再次出现。

3. 低碳钢丝镀锌时有露铁缺陷

低碳钢丝镀锌时出现露铁，因为半成品钢丝是在 800℃ 以上的两相区进行正火处理，加之加热时马弗炉本身处于氧化气氛中，所以钢丝表面生成的氧化铁皮较厚，这样在镀锌作业线上很难完全清除钢丝表面氧化铁皮，从而导致镀锌后钢丝表面有露铁现象。采用钢丝预酸洗后再进行热镀锌就可以得到连续光滑的热镀锌层。

通过试生产的实践，特别是半成品低碳钢丝的热处理工艺改变和一系列质量方面技术问题的解决，最终生产出第 1 批产品，检验的结果见表 5-70。

表 5-70 高、低碳钢钢丝性能对照表

类型	规格/mm	实际测直径/mm	抗拉强度/MPa	镀锌质量/(g/m²)
高碳钢	2.6	2.59～2.62	1320～1400	96～128
	2.1	2.09～2.12	1390～1450	931～121
低碳钢	1.8	1.80～1.81	760～840	102～135
	1.6	1.59～1.61	770～840	90～110
	1.3	1.29～1.30	680～850	87～109
	1.0	0.99～1.01	700～870	75～96

用于自承式电缆的高碳（硬态）和低碳（软态）镀锌钢丝，只要钢号选择恰当，工艺安排合理，生产合格的产品完全是可能的。特别是低碳半成品钢丝，采用二相区的不完全热处理替代去除应力的球化退火在理论上是有依据的，在实践上是可行的。

第二十节 厚镀锌钢丝的生产工艺

一、厚镀锌钢丝技术要求

钢芯铝绞线用镀锌钢丝要求按美国标准 ASTM B 498—84 生产。从该标准对镀锌钢丝强度、1% 伸长应力和伸长率等的要求看，国内生产厂家都能生产，但锌层重量无法达到要求，即钢丝上锌量达不到 C 级。另外，要求定尺长度 1600m±30m 的倍数。钢丝主要技术指标见表 5-71。

表 5-71　镀锌钢丝主要技术指标

规格/mm	公差/mm	1%伸长应力/MPa	抗拉强度/MPa	伸长率/%	锌层质量/(g/m²)
2.41	±0.05	≥1210	≥1340	≥3.0	≥686

二、生产试验过程

试验采用的工艺流程如下。

半成品→放线→脱脂除油→水漂洗→酸洗除锈→1道水漂洗→电解脱脂→2道水漂洗→溶剂助镀→烘干→热镀锌→收线→质量检验→包装→入库。

1. 半成品（钢丝）的准备

因这批镀锌钢丝要求上锌量特别的厚，镀前、镀后钢丝直径相差最少为0.2mm，因而钢丝镀后强度损失较大，虽然成品镀锌钢丝强度要求不高，但考虑到这些因素，最后选用含碳量较高的SWRH 72A钢生产。根据镀后钢丝上锌量、直径的要求，确定半成品钢丝直径为 $\phi(2.24\pm0.02)$ mm。

2. 钢丝镀前的表面处理

考虑到镀锌钢丝上锌量特别的厚，车速必然要加快的实际情况，为了保证热镀锌的预处理前达到十分清洁的目的，需对预处理工艺参数做必要的调整。

（1）脱脂炉。为了能在高的运行速度下除净磷化膜，适当将脱脂炉温度调高10℃，达到400～410℃。

（2）酸洗工艺。在钢丝酸洗时间变短的情况下，为了除净钢丝表面的氧化铁皮及污物，一定要相应提高酸洗液的浓度。盐酸的体积分数提高3%～5%，达到18%～20%；Fe^{2+} 质量浓度小于100g/L，酸洗液温度为常温。

（3）电解碱洗。在钢丝脱脂碱洗时间变短的情况下，为使钢丝表面进一步清洁，脱脂碱洗液的质量分数已达15%～20%的情况下，提高碱洗温度，并适当增大电流。温度为80～85℃，电压5～7V，电流100～110A。

（4）溶剂助镀处理。为了使钢丝表面涂覆一层理想的助镀剂，在溶剂助镀时间缩短的情况下，用提高助镀液的温度来达到助镀的效果，即溶剂温度设定为75～85℃。

3. 热镀锌工艺的调整

（1）锌温的调整。为了获得高的上锌量，在其他条件不变的情况下，只有增加锌的黏度，提高钢丝锌层中纯锌层厚度。故温度降低到445～450℃。

（2）钢丝在锌液中的时间。因镀锌钢丝进入锌锅处为一个支线辊，且和锌锅的相对位置固定。为了不影响常规镀锌钢丝的表面质量，暂不动，浸锌长度为1.6m。但提高走线速度，使车速达到60m/min。

（3）抹拭沙箱的调整。因正在生产的镀锌钢丝为薄镀层，所以抹拭沙箱中石子厚度为170mm。在不影响所镀钢丝表面质量的情况下将抹拭沙箱中石子厚度减少到160mm。

三、生产实验结果

对12盘 $\phi(2.26\pm0.02)$mm 140kg 的半成品钢丝进行镀锌实验，其力学性能、锌层重量见表5-72。

表 5-72　镀锌钢丝的性能对比

种类	1%伸长应力/MPa	抗拉强度/MPa	伸长率/%	锌层质量/(g/m²)	附着性
标准值	≥1170	≥1340	≥3.0	≥686	8 圈
试验值	1217~1335	1450~1497	3.0~3.6	575~615	合格

镀锌钢丝表面光滑，无锌瘤、露铁等缺陷。钢丝直径为 $\phi2.40 \sim \phi2.42mm$，直径在公差范围内。

四、实验结果分析及工艺确定与调整

1. 实验结果分析

从检验 1%伸长应力和抗拉强度结果看出，都还有余量，在镀锌工艺不再做大的变动的情况下，钢丝直径经镀锌后再增大，钢丝力学性能指标不会低于标准要求。就镀锌钢丝锌层附着性的实验结果来看，只要能保证进入锌锅内的钢丝表面洁净，并能有效控制铁-锌（Fe-Zn）合金层厚度，那么锌层附着性就能够达到标准要求。

实验热镀锌钢丝的锌层重量未能达到标准要求，但已接近标准要求。镀锌后钢丝表面光滑，未发现露铁、开裂等缺陷，说明钢丝镀前处理中的脱脂、酸洗、电解碱洗和助镀是有效的，这些工艺参数可以不再进行大的调整，就能保证镀锌钢丝的表面质量、锌层的附着性要求。

钢丝经过助镀槽后，表面浸涂了一层助镀剂，该层助镀剂可以使钢丝表面具有活性作用及润湿能力，使锌液能很好地和钢丝基体发生反应；同时在镀锌前钢丝表面上已具备了一层极微薄的铁-锌（Fe-Zn）合金层，有利于热镀锌。由于车速还应该加快，为了保证在钢丝表面能有效地涂覆上一层助镀剂，可以适当提高其浓度。

在其他条件都不变的情况下，浸锌时间越长，热镀锌钢丝锌层面质量就增加，此增加量主要为合金层，从热镀锌钢丝锌层的质量要求看，铁-锌（Fe-Zn）合金层不宜太厚，但太薄也会影响钢丝镀锌层的总厚度。对工艺试验样进行了金相分析，结铁-锌（Fe-Zn）合金层厚度在 $2 \sim 4\mu m$ 之间，说明热镀锌钢丝在高速镀锌的情况下浸锌时间太短。为了增加锌层厚度，需要适当增加钢丝浸锌长度。

锌的黏度越大，镀锌钢丝镀层中纯锌层就越厚，但锌温不能太低，过低会影响锌对钢丝的浸润，同时影响钢丝带出的纯锌量。

在其他条件不变的情况下，车速越高，镀锌钢丝镀层中的纯锌层就越厚。

气体擦拭中硫化氢与锌起反应，可以改变锌液表面张力，使用此方式镀锌比用其他擦拭方式镀锌时钢丝纯锌层易控制，同时可以保证镀锌钢丝在高速镀锌的情况下表面光滑。同样抹拭沙箱中石子厚度也对镀层中的纯锌层有影响，在保证锌层表面质量的情况下，可以适当降低抹拭沙箱中石子厚度。

热镀锌钢丝出锌锅后应立即进行冷却，防止镀层中合金层过厚，特别是在高速镀锌情况下。在镀锌过程中尽量保持冷却水水温接近室温且水量要大。

2. 镀锌工艺的调整与确定

根据实验与上述分析，对镀锌工艺进行了如下调整。

（1）助镀剂中 $ZnCl_2$ 的质量浓度为 $90 \sim 110g/L$，NH_4Cl 的质量浓度为 $40 \sim 50g/L$，Fe^{2+} 质量浓度 $<40g/L$，温度为 $75 \sim 85℃$。

（2）在烘干炉出口处增加了半圆形陶瓷压线辊，钢丝从烘干炉出来后尽可能快地进入锌锅，浸锌长度由原来的 1.6m 增加到 5.8m。锌液温降为 440～445℃。

（3）车速由 60m/min 提高到 70m/min。

（4）抹拭沙箱中石子厚度降为 140mm，同时增加硫化氢和液化气混合气体中硫化氢的比例，由 1：15 变为 2：15，保持混合气体压力为 0.1MPa。燃烧后火焰超出抹拭沙箱上表面高度 300mm。石子粒度 3～5mm。

五、对生产试验结果的讨论

改进试验工艺之后，一共生产了 5714 盘，重量为 325t，钢丝的性能检验结果见表 5-73。

表 5-73 ϕ2.41mm 成品镀锌钢丝性能检验结果

规格/mm	公差	1%伸长应力/MPa	抗拉强度/MPa	伸长率/%	锌层面质量/(g/m²)	附着性
2.41	合格	1216～1336	1450～1497	3.0～3.6	694～760	合格

在试制初期，生产了 10 盘短尺线，共计不合格品重量为 0.57t，产品合格率达 99.8%。由于盘重小，车速快，上线时间紧，有时在倍尺下线标记不太明显时造成短尺。对此采取了在半成品拉拔时用象鼻式下线，加大盘重，同时改变标记，减少了出现短尺线的现象。

通过对半成品钢丝采取大盘重下线，并对镀前处理工艺进行适当调整，采用了国外先进的热镀锌工艺，生产出了符合美国相关标准的 C 级镀层的钢丝。

第二十一节　钢丝焊网热镀锌生产工艺

热镀锌低碳钢丝焊网具有镀层光亮、美观、防腐能力强、质量较好而作为安全防护用品，广泛用于铁路、高速公路、退耕还草牧场等重点防护地点的栅栏上，作为居民居住小区的围栏及民用建筑隔声隔热墙壁附着材料，近年来也逐渐得到应用，品种规格较多且需求量日益增大。其材质大多为 Q195、Q235 钢，钢丝经过编织焊接后，需要进行热镀锌，以增强耐腐蚀效果。国内某外资机械制造公司使用传统钢丝焊网热镀锌工艺，对钢丝焊网进行热镀锌，表面不光滑，焊接点处锌瘤堆积明显，致使锌镀层附着量高，锌的消耗居高不下。根据低碳钢热镀锌的原理，结合近年来热镀锌新工艺的应用实践经验，重点放在完善热镀锌工艺、改进单一用珍珠岩抹拭方法、调整锌液成分增强锌液流动性等措施，使钢丝网热镀锌层表面光滑，焊接点处基本上无积锌瘤。

一、传统生产工艺存在的问题

1. 酸洗质量不稳定

钢丝网经过酸洗槽酸洗时，因钢丝网运行时不平整，酸洗液中漂浮物易黏附在横向纬丝表面或焊接点上，造成酸洗质量不稳定；同时因酸洗槽一般比较浅，酸洗液相应较少，盐酸浓度高时，易出现过酸洗；浓度低时，易出现欠酸洗；丝网表面上较易出现亚铁盐附着及挂灰现象。

2. 工艺不完善

原工艺路线为：开卷→除油→冷水洗→除锈→水漂洗→助镀→热浸锌→抹拭→压拭调平→卷取。

工艺上主要存在问题如下。

（1）助镀剂为单一氯化铵成分，助镀效果不理想；因为助镀剂不含有氯化锌，对钢丝网表面不起活化作用，极易出现二次微氧化，与熔融的锌液接触后，将使局部锌液中铁离子升高，锌液变为黏稠，增大锌层附着量。

（2）钢丝网进入熔融的锌液前没有烘干或预热，形成钢丝网与锌液之间的温差大，也将增大锌层附着量，在经过珍珠岩抹拭时，丝网表面极易出现流挂、锌瘤和锌刺等疵点。

（3）除油后直接冷水洗，对于丝网上面的脱脂液不能够较好的清洗掉，影响酸洗除锈质量，且增加酸洗液的消耗量。

3. 生产过程存在的问题

（1）锌液上面漂浮一层较厚的杂质。该层杂质为锌的氧化物、氯化物等，这些杂质极易随丝网接点处带入、带出锌液，使接点处形成不光滑的锌瘤。

（2）抹拭材料对于纯锌层的厚度有较大影响。采用珍珠岩抹拭，抹拭力小，且在抹拭过程中极易粉碎成如细粉状物，且温度易升高，起不到对具有流动性的锌的抹拭作用，温度高时在孔眼处会出现锌的薄膜连接，增加锌的消耗。

（3）锌锅中的沉没辊不耐腐蚀且转动不灵。锌锅中的沉没辊系一般碳素钢制成，不耐腐蚀，表面上形成的铁锌合金随钢丝网带出，造成钢丝网镀层表面粗糙不光滑。

二、工艺改进措施

1. 酸洗液的改进与控制

为防止钢丝网在酸洗过程中出现的过酸洗或欠酸洗两种情况，必须严格控制酸的浓度，因为酸洗时间靠钢丝网热镀锌浸锌时间来确定，因此其浓度要根据酸洗时间来确定。根据在线经验，一般盐酸酸洗中酸的浓度调整到 $10\% \sim 12\%$，常温下酸洗 $3.0 \sim 5.0$min 即可；为防止钢丝网上面挂灰问题，需要向酸洗液中（酸洗液总量）添加酸洗液分散活性剂 0.30%。这种酸洗液分散活性剂由草酸、十二烷基硫酸钠、OP-10、添加剂所组成。据介绍添加这种酸洗液后可以起到加快酸洗速度的作用，但要注意亚铁离子浓度不能超过 30g/L，以免影响酸洗效果。

2. 完善工艺流程

改进后的钢丝网热镀锌工艺流程是：开卷→除油→热水洗→冷水洗→除锈→水漂洗→助镀→烘干→热浸锌→抹拭→压拭调平→卷取。

完善工艺流程具体做法如下。

（1）在脱脂除油后增加一道热水洗，水的温度＞70℃为宜；可以较好地清除钢丝网上面的残留脱脂液和被脱下的油污，除油后的二道水清洗均应为溢流水，对于油污可以辅以手工捞去。

（2）增加烘干工序。钢丝网经过助镀剂浸沾后，一定要进行烘干。烘干的目的在于：避免因钢丝网上存有水分遇高温锌液出现爆锌；减少钢丝网与锌液的温度差，加快钢丝网表面锌铵结晶盐与锌液的反应速度，减少上锌量，增加锌层附着力；烘干室温度控制在 180～230℃。烘干室尽量设计为电控加热，以保持钢丝网表面干净。

3. 改进工艺方法

（1）改变使用单一的氯化铵作为助镀剂。钢丝网热镀锌前浸粘助镀剂的目的：保证钢丝网在热浸镀锌时，使其表面的铁基体在短时间内与锌液起正常的反应，而生成一层铁-锌合金层。其作用有以下几点。

① 清洁钢丝网表面，去除掉酸洗后残留在钢丝网表面上的一些铁盐、氧化物及其他脏物。

② 净化钢丝网浸入锌液处的液相锌，使钢丝网与液态锌快速浸润并反应。

③ 在钢丝网表面沉积一层盐膜，可以将钢丝网表面与空气隔绝开来，防止钢丝网从助镀池到锌锅的一段时间内在空气中锈蚀。

④ 溶剂受热分解时（指干法）使钢丝网表面具有活性作用及润湿能力（即降低表面张力），使锌液能很好地附着于钢丝网基体上，并顺利进行合金化过程。

⑤ 涂上溶剂的钢丝网在遇到锌液时，溶剂气化而产生的气浪起到了清除锌液上的氧化锌，氢氧化铝及炭黑颗粒等作用。

⑥ 使用氯化锌和氯化铵复合助镀剂，其总浓度控制在 12％～15％ 为宜，$FeCl_2$ 质量分数<1％，杂质（NaCl，KCl 等）质量分数<1％。生产过程中应注意对助镀剂的检验工作，定期分析氯化锌和氯化铵的浓度，并及时调整。

在使用氯化锌和氯化铵混合的助镀剂时，亦应注意其 pH 值，助镀剂适宜的 pH 值范围为 4～4.5。在这个范围内助镀剂可以给酸洗后的钢丝网表面进一步清洁，弥补酸洗时可能存在的不足。

助镀剂的温度宜控制在 60～80℃，低于 60℃，钢丝网表面助镀盐膜不易干透，易引起爆锌；还会使钢丝网表面的盐膜不充分时，助镀效果变差；高于 80℃ 时，会造成助镀剂在钢丝网表面过度沉积，使镀层增厚锌灰增多。因此注意 pH 值和温度的变化，加强控制是十分必要的。

（2）向锌液中添加稀土多元铝锌合金，可以减少锌液表面氧化。锌液中含有一定量的铝可以起到增加光亮度与提高锌液流动性的目的，并能减少锌液表面的高温氧化问题。向锌液中添加稀土铝锌合金或稀土多元合金，以锌液中含铝量以 0.005％～0.02％ 为宜。当含铝量为 0.08％～0.12％ 时，镀锌层与钢基表面所形成的五铝化二铁（Fe_2Al_5）中间相层，此层达到一定厚度时，不但可提高镀层的黏附性能，而且可以减少锌渣（$FeZn_7$）的生成量。但必须避免直接向熔融的锌液中添加纯铝、电缆铝丝、镍粉、稀土粉等杂质；锌液表面含铝量过高时将会加速铁锅的腐蚀速度，特别是在锌液面与铁锅内壁接触的部位；同时，将会在锌液面出现含有铝、铁、锌的"三元"浮渣或颗粒，极易黏附在钢丝网上，反而会增加锌的消耗。

（3）采用无机物和珍珠岩混合材料作为抹拭材料增大抹拭力。无机物材料具有耐高温、强度高、耐摩擦等优点，其与珍珠岩混合使用具有保温性能好、耐摩擦的特点，使用寿命长，抹拭后的钢丝镀层光滑，焊接点处基本没有锌瘤。在选用无机物作为抹拭材料时，注意其颗粒直径应略小于珍珠岩颗粒直径。其混合比例为 1:1，混合材料使用温度应低于锌液温度 100～150℃ 效果较佳。无机物和珍珠岩混合材料使用一段时间后应用筛子将细粉末筛出，筛出后按比例添加无机物和珍珠岩。作为持续工作的条件，应较好地保持抹拭材料粒度，才能保持较大的抹拭力，降低锌的带出量。

（4）增强沉没辊的耐锌腐蚀能力和转动的灵活性。对于用碳钢制造的沉没辊应对其表面进行耐锌蚀处理，如配合耐锌蚀转动轴套。

三、锌液温度与镀网速度

锌液温度与镀网速度，对于钢丝网镀锌层表面质量、镀锌层厚度有着较大影响。如图5-21 所表示，铁与锌反应随锌液温度升高而加剧，在温度达到 480℃ 时，将引出的最高处对应温度约 490℃，ζ 相在该金属间化合物层的快速生长，使镀层的厚度和脆性增加。在 480～530℃ 区间出现峰值，低碳钢丝热镀锌最佳温度应在 450～460℃ 范围内，温度过低时，锌液流动性较差。正是由于 490～530℃ 稳定区间 ζ 相的不连续或消失，造成铁、锌剧烈反应和铁迅速溶解于液态的锌中。如果锌液温度超过 480℃ 时，则钢丝网的铁损失量将呈抛物线关系增加，且铁损耗速率随着浸锌时间的延长而增大，所以在保证镀锌层质量的前提下，综合各种因素考虑，锌液温度设定在 450～460℃。

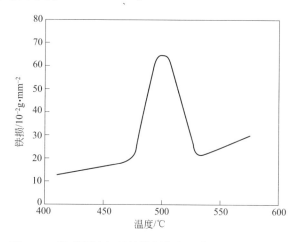

图 5-21　低碳钢溶解腐蚀铁损值与温度的关系（24h）

当锌液温度一定时，锌层重量与镀网速度、浸锌时间均成正比；又因锌锅内部熔锌长度一定，相应浸锌时间与镀网速度成反比；故应着重考虑镀网速度。

通过完善生产工序，增加除油后的热水洗、助镀后的烘干；以及采用复合酸洗液除锈，确定氯化锌与氯化铵比为 2.0，总浓度为 12%～15%，pH 值范围为 4～5，$FeCl_2$ 质量分数＜1%，杂质（NaCl，KCl 等）质量分数＜1% 的混合溶液作为助镀剂，提高了钢丝网热镀锌前的表面预处理质量，为钢丝网热镀出光滑的镀锌层提供了前提条件。

改进生产工艺，采用无机物和珍珠岩混合材料抹拭镀层，在确定低碳钢丝热镀锌最佳温度 450～460℃ 条件下，选择合理的镀网速度，辅以提高锌液流动性，降低锌液的黏度等相应措施，钢丝网镀锌层重量在 120～160g/m² 之内，镀锌层表面光滑，焊接点处无积锌，锌耗比工艺改进前降低 2%。

第二十二节　低碳钢丝连续生产热镀锌技术

从钢丝热镀锌整个生产过程来看，它包括拉拔、热处理、前处理、热镀锌、后处理和废水处理等六个环节。而每一个环节又各自包含着许多生产工序，每一环节、每一工序之间又互相影响，很显然只抓好热镀锌这一环节是不完整的。要把钢丝热镀锌的质量真正做好，一定要了解钢丝热镀锌全过程中每一生产环节和每一个工序，并都要认真对待才行。本节所介绍的每一个生产环节和每一个工序，只是一个方面。因为每一个生产企业都有自己的实际情况。

一、钢丝盘条的规格与要求

适用于热镀锌钢丝的盘条大体上可分为两大类。

第一类：低碳钢盘条，其含碳量在 $0.05\%\sim0.22\%$。这类低碳钢盘条强度低，延伸率高。适用于制造架空通讯热镀锌钢丝，一般用途低碳钢热镀锌钢丝，铠装电缆用热镀锌钢丝等。

第二类：中、高碳钢盘条，其含碳量在 $0.37\%\sim0.75\%$。这类中、高碳钢盘条具有一定的抗拉强度和抗弯曲、抗扭转的性能。适用于制造钢芯铝绞线用热镀锌钢丝，钢绞线用钢丝和镀锌用钢丝绳用钢丝等。

盘条的材质为平炉、氧气顶吹转炉或电炉炼的碳素钢。钢丝牌号及化学成分应符合 GB/T 699—2015《优质碳素结构钢》中的 08F、10、10F、15、15F、20、25、30、35、40、45、50、55 和 60 钢制造。盘圆的直径为 $\phi6.5mm$、$\phi5.5mm$、$\phi5.0mm$，且不严重失圆。其外观不应有严重的锈蚀现象。在运输过程中，不应被雨水、雪淋湿。盘条、钢丝在存放时，地面不应积水，并要远离湿雾、酸雾。当钢丝较长期存放时，盘圆中心轴线应垂直地面放置，避免中心轴线平行地面放置。钢丝规格与相应的线径见表5-74。

表 5-74　钢丝产品规格与相应的线径

规格/号	4	6	8	10	12	13	14	16	18	20	22	24	25	28
线径/mm	6.0	5.0	4.0	3.5	2.8	2.5	2.2	1.60	1.20	0.9	0.7	0.55	0.45	0.35

二、钢丝的拉拔

1. 将盘条 $\phi6.5mm$ 拉成 $\phi2.5mm$ 以上钢丝热镀锌

（1）一般拉拔式。盘条剥壳→酸洗→水洗→皂化→烘干→拉拔 $\phi6.5mm$ 到 $\phi4.0mm$、或 $\phi3.5mm$、或 $\phi2.8mm$、或 $\phi2.5mm$→退火→冷却→酸洗→水洗→助镀→烘干→热镀锌→冷却→钝化→收线→包装。

（2）强制性拉拔式。盘条剥壳→强制性拉拔 $\phi6.5mm$ 到 $\phi4.0mm$、$\phi3.5mm$、$\phi2.8mm$、$\phi2.5mm$→退火→冷却→酸洗→水洗→助镀→烘干→热镀锌→冷却→钝化→收线→包装。强制式拉拔式生产流程与一般拉拔式生产流程相比，少了酸洗、水洗、皂化和烘干这四道工序。

2. 将盘条 $\phi6.5mm$ 拉成 $\phi2.2\sim\phi0.55mm$ 的钢丝热镀锌

（1）将 $\phi6.5mm$ 盘条酸洗拉拔至 $\phi2.5mm$，再强制拉拔至 $\phi2.2\sim\phi0.55mm$ 的钢丝热镀锌。

盘条剥壳→酸洗→水洗→皂化→烘干→拉拔 $\phi6.5mm$ 到 $\phi2.5mm$→退火→冷却→再强制拉拔至 $\phi2.0mm$ 或 $\phi1.6mm$ 或 $\phi1.2mm$ 或 $\phi0.90mm$ 或 $\phi0.75mm$ 或 $\phi0.55mm$→退火→

冷却→酸洗→水洗→助镀→烘干→热镀锌→冷却→钝化→收线→包装。

（2）将 $\phi6.5mm$ 盘条先强制拉拔至 $\phi4.0mm$，再经酸洗拉拔至 $\phi1.6mm$ 或 $\phi1.2mm$ 的钢丝热镀锌。

盘条剥壳→强制性拉拔至 $\phi6.5mm$ 或 $\phi4.0mm$→退火→冷却→酸洗→水洗→皂化→烘干→拉拔至 $\phi1.6mm$ 或 $\phi1.2mm$。

（3）将 $\phi6.5mm$ 盘条先强制拉拔至 $\phi2.8mm$，再经酸洗拉拔至 $\phi0.90mm$ 后热镀锌。

盘条剥壳→强制性拉拔至 $\phi6.5mm$ 或 $\phi2.8mm$→退火→冷却→酸洗→水洗→皂化→烘干→拉拔至 $\phi0.90mm$→退火→冷却→酸洗→水洗→助镀处理→烘干→上热镀锌线→收线→包装。

由上可知，当 $\phi6.5mm$ 拉拔至较细线径的钢丝时，需要进行 2 次拉拔；每经一次拉拔，都要进行一次退火处理。

3. 退火、热镀锌一体化

先拉盘条到所需要的钢丝线径，上退火、热镀锌生产线。从这里可以看出，拉拔后的线材送到热镀锌生产线上，即可进行一次性连续退火、热镀锌，亦即这两大环节可以在一条直线式生产线上完成。这样一来，生产周期缩短，效率提高，而且节约场地，简化工艺，并且产品质量符合标准要求。

三、盘条表面的清洗

1. 机械剥壳机

（1）用于一般拉拔前。盘条在剥壳机上通过三只呈三角状的剥壳轮子的弯曲引导前进，将盘条氧化铁皮剥落下来。剥壳轮子直径为 100～130mm。

（2）用于强制性拉拔前。拉拔前用干燥的盘条在剥壳机上通过三只呈三角状的剥壳轮子的弯曲引伸前进，将盘条氧化铁皮剥落下来，然后，在 2 只轮子的作用下，将盘条压成连续的波浪形。最后，进入存放强迫拉拔粉的强迫管，并进行强制性拉拔。

2. 酸洗

（1）盘条和复拉丝都采用硫酸酸洗。

（2）酸洗液配制时，应将酸倒入水中，不可将水倒入酸内；配制酸洗液时，应加入 0.2％的含有若丁的酸液缓蚀剂，以避免或减少钢丝在酸洗时造成过腐蚀或引起的氢脆现象。

（3）酸洗液配方及其操作条件见表 5-75；当酸洗液中 Fe^{2+} 含量大于 10％时，应更换酸洗液。

表 5-75 酸洗液配方及其操作条件

酸洗材质	酸液浓度/％	Fe^{2+} 浓度/％	温度/℃	酸洗时间/min
盘条	5～7	＜10	50～75	3～8
复拉丝	5～7	＜10	50～75	3～8

四、配模工艺

拉拔配模的工艺参数见表 5-76。

表 5-76 拉拔配模程序表

成品线径 /mm	原丝直径 /mm	总压缩率 /mm	拉拔道数 /次	配模具体程序（压缩率）/mm
4.0	6.5	62.13	4	5.74(22.0%)→5.07(22.0%)→4.50(21.3%)→4.0(20.1%)
3.5	6.5	71.01	4	5.52(28.0%)→4.68(28.0%)→4.01(26.5%)→3.5(23.8%)
3.5	6.5	71.01	5	5.74(22.0%)→5.07(22.0%)→4.48(22.0%)→3.96(22.0%)→3.5 (21.9%)
2.8	6.5	81.44	6	5.59(26.0%)→4.81(26.0%)→4.14(26.0%)→3.61(24.0%)→3.15 (24.0%)→2.8(21.0%)
2.5	6.5	85.20	6	5.50(28.5%)→4.67(28.0%)→3.98(27.5%)→3.40(27.0%)→2.91 (26.5%)→2.5(26.2%)
2.2	4.2	72.56	5	3.66(24.0%)→3.20(23.5%)→2.81(23.0%)→2.47(22.5%)→2.2 (20.7%)
1.6	4.0	84.00	5	3.25(34.0%)→2.66(33.0%)→2.19(32.0%)→1.82(31.0%)→1.6 (23.0%)
1.2	4.0	91.00	8	3.35(30.0%)→2.82(29.0%)→2.39(28.0%)→2.04(27.0%)→1.75 (26.0%)→1.52(25.0%)→1.33(24.0%)→1.2(18.6%)
0.90	2.8	98.67	8	2.36(29.0%)→2.0(28.0%)→1.71(27.0%)→1.47(26.0%)→1.27 (25.0%)→1.11(24.0%)→0.98(22.0%)→0.90(15.7%)
0.90	2.5	87.04	11	2.24(19.5%)→2.02(19.0%)→1.82(18.5%)→1.65(18.0%)→1.50 (17.5%)→1.37(17.0%)→1.25(16.5%)→1.15(16.0%)→1.06 (15.5%)→0.97(15.5%)→0.90(14.0%)
0.75	2.5	91	13	2.24(20.0%)→2.01(19.5%)→1.81(19.0%)→1.63(18.5%)→1.48 (18.0%)→1.34(17.5%)→1.22(17.0%)→1.12(16.5%)→1.03 (16.0%)→0.95(15.5%)→0.88(15.0%)→0.81(14.5%)→0.75 (14.0%)
0.55	2.5	82.40	16	2.234(20.5%)→1.99(20.0%)→1.79(19.5%)→1.61(19.0%)→1.45 (18.5%)→1.31(18.0%)→1.19(17.5%)→1.08(17.0%)→0.99 (16.5%)→0.91(16.0%)→0.84(15.5%)→0.77(15.0%)→0.71 (15.0%)→0.65(15.0%)→0.60(15.0%)→0.55(15.0%)

五、钢丝镀锌前的退火处理

1. 工艺顺序和加热温度

预热→加热→保温→冷却。

钢丝经过冷拉拔后，表面结晶被扭曲，使金属的强度、硬度、塑性和韧性等发生一系列的物理变化。经过退火后，使表面扭曲结晶再结晶，韧性恢复，钢丝的线径越粗，退火的加热温度亦越高（见表 5-77、表 5-78）。

表 5-77 钢丝的退火温度和时间参数（参考）

钢丝线径/mm	退火炉温度/℃	退火时间/min
6.0	1050～1150	2.78～3.34
6.0	1050～1150	2.78～3.34
5.0	1050～1150	2.08～2.39
4.0	1030～1130	1.59～1.76
3.0	1030～1130	1.28～1.39

续表

钢丝线径/mm	退火炉温度/℃	退火时间/min
2.5	1020～920	1.19～1.28
2.0	990～890	1.04～1.11
1.5	910～810	0.8～0.86
1.2	870～770	0.7～0.74

表 5-78　铁丝的井式炉退火温度和时间参数

铁丝线径/mm	退火炉温度/℃	井式炉退火时间/h	
		加热时间	保温时间
0.5～0.7	600～650	3	2
0.8～1.0	600～680	3	2
1.2～1.4	620～700	3	2
>1.5	650～800	3.5	2

2. 钢、铁丝退火中、退火后应注意的事项

① 钢、铁丝退火时，若采用电源加热退火罐，退火的关键是要保证退火罐的密封，不允许有漏气现象。否则，将使钢、铁丝表面生成很难酸洗掉的氧化皮。若采用燃煤、燃气退火炉同样要注意防止气体直接与钢、铁丝的接触。

② 钢、铁丝退火后在没有开始热镀锌之前，绝不允许钢、铁丝再次粘上油污，否则，将影响热镀锌镀层与铁基体的附着力，严重时会造成镀锌层局部出现漏镀（露铁）。

③ 钢、铁丝退火后，电加热井式炉出料温度在 300℃，燃煤井式炉出料温度为 500℃，直接空气冷却时间为 4h。出炉时，要按顺序打开退火炉密封盖，使用起吊行车将钢丝从退火炉内慢慢提出，并按顺序平放在木板上，不允许把钢丝直接放在水泥地面上，防止拉伤表面，出现毛刺。

3. 钢丝在拉拔过程中出现断裂的原因分析

热镀锌钢丝在拉拔过程中断裂的原因很多，断口形貌各异。为便于分析，将热镀锌后钢丝断裂按其造成的原因分为材质断裂、焊接断裂和工艺断裂三类。由于大多数断裂为材质断裂，因此将重点对材质引起的断裂进行讨论。

（1）材质断裂。材质断裂为材质缺陷引起的拉拔断裂，根据收集的断口样品形貌，可分为笔尖状、平齐状、横裂纹状和刀刃形状等类型。

① 笔尖状断口。笔尖状断口又称凹凸状或尖锥状断口。断口一端为尖锥状，另一端呈杯状，两断口连接处能够弥合，且断口处变形很小或几乎不变形。

在拉拔过程中，由于盘条的表层与心部的组织不一致，造成金属表层容易流动，中心因变形困难而流动滞后，甚至在断裂后心部仍存在未变形的异常组织，从而形成笔尖状断口。

通过对大量脆断试样的检测分析和对铸坯低倍组织的检查，认为连铸坯的中心偏析、缩孔或疏松是造成笔尖状断口的主要原因。由于成分偏析，在轧制控冷过程中容易形成心部马氏体或渗碳体等不良组织。马氏体部位的硬度较索氏体部位高近 75%（索氏体为 301～333HV，马氏体为 524～586HV）；用能谱仪对成分进行分析，马氏体部位的 C，Cr，Mn，Si 含量远高于线材边部的索氏体部位，其偏析比（马氏体成分/索氏体成分）：Si 为 1.18～

1.48，Cr 为 2.23～3.95，Mn 为 1.94～2.43。对于成分偏析问题需要在连铸中有效降低包钢水过热度。电磁末端搅拌技术，可有效解决中心偏析和缩孔问题，继而基本消除笔尖状断口问题。

② 平齐状断口。平齐状断口断面平齐，基本无变形。该类断口往往发生于第一道拉丝模入口处，有时甚至发生于盘条放线架上或盘条装卸时自断。平齐状断口多发生于大规格（直径大于 11.0mm）盘条的拉拔过程，因为其截面积大，在轧制过程中，盘条心部和表层的冷速差较大，更易形成马氏体等不良组织。形成马氏体的原因：a. C，Cr，Mn 元素的偏析形成局部马氏体或心部马氏体；b. 轧制控冷程序失控，冷速过快。

③ 横裂纹断口。横裂纹断口的特征：在断口两端内等距离分布着横向裂纹，断口发生于裂纹最深处，断口呈撕裂状，边沿不整齐。横裂纹断口占断裂总次数的绝大部分，危害极大，不仅影响拉拔过程，而且在后续的热镀锌、钢绞线捻制及预张拉过程中还会发生钢丝断裂。

（2）盘条表面缺陷。连续拉拔拉速过快或润滑不良均有可能造成铸坯表面的显微裂纹或边角裂纹，裂纹在轧制过程中由于高温氧化，残存于盘条表面，盘条拉拔时，裂纹扩展引起断裂。由于轧制工艺不当，盘条表面存在耳子、折叠或不圆度超标，在拉拔时由于变形不均匀或局部摩擦力增大，也会产生横向裂纹引起断裂。

判别是否由盘条表面缺陷引起横裂纹断裂的方法：

① 借助低倍放大镜、千分尺或盘条酸洗后检查盘条表面质量；

② 拉拔时检查前几道次是否已经产生横裂纹；

③ 检查断口有无氧化色。

盘条表面还可能有以下的缺陷。

① 盘条的不良组织。盘条的不良组织指在轧制过程中控冷不当，形成网状渗碳体或索氏体量减少，粗片状珠光体增多，降低盘条的韧性，拉拔时，因钢丝表面变形最大，裂纹往往发生于钢丝表面，最深的裂纹成为裂纹源引起断裂。

辨别横裂纹断口是否为盘条不良组织引起的方法：a. 金相检测；b. 拉拔时钢丝的断裂往往发生在后道次，而在断裂前的卷筒上肉眼可观察到鱼鳞状的横向裂纹，裂纹沿拉拔方向越来越多，越来越密。随着压缩率的增大，钢丝产生加工硬化，塑性降低，当盘条组织满足不了大压缩率的要求时，钢丝表面就会产生横向裂纹。

② 非金属物夹杂。非金属物夹杂因其硬而脆，在拉拔时很难变形，局部摩擦力增大，在夹杂物周围产生横向裂纹。从拉断后的试样上切取金相样品经磨光、抛光和浸蚀后用金相显微镜观察纤维组织，主要是索氏体和部分屈氏体，试样中同时存在一些异样的颗粒，这些颗粒中有些是硫化铁，有些可能是硅酸钙或未熔的 Fe-Si 合金。这些较粗大的颗粒的存在会大大降低钢铁的塑性，以至于在拉拔过程中产生横向裂纹。

③ 刃形断口。所谓刃形断口，即断口呈 45°角，断口边缘光滑。对断口面进行金相检测，刃形断口为原料存在心部马氏体和铸坯存在中心缩孔，中心缩孔附近形成偏析导致了异常金相组织，在拉拔过程中异常组织不产生变形，成为裂纹源，引起拉拔断裂。

（3）钢丝的焊接断裂。焊接断裂是指盘条或热镀锌中间钢丝经焊接后的拉拔过程中，在焊接点或附近产生的断裂。焊接质量直接影响生产效率、产品质量和原料消耗。通过现场观察，应从原料因素和操作因素两方面分析焊接断裂的原因。

① 原料因素。原料含碳量、含锰量越高，焊接的断裂次数越多。此外，高锰焊条在焊接后的自然冷却过程中，降低奥氏体分解速度，使部分奥氏体进入低温转变生成马氏体，易

产生淬硬现象，也影响焊接性能。

焊接温度一般为金属熔化温度的 0.8～0.9 倍，在高温下，焊接点的金属接近熔融状态，虽然焊接质量与金属原始组织无关，但如果盘条头、尾部的不冷段未剪净，拉拔时，断裂仍然会在焊接点附近发生。

② 操作因素

a. 加热温度过高。在生产过程中，多次出现盘条在经对焊机焊接后，焊接点在拉拔时断裂的现象。经分析认为：在断口处有大量的以氧化物为主的复合型夹杂物未及时排除及过热而出现粗大晶粒，在后道次拉拔过程中产生断裂。

b. 加热温度偏低。加热温度偏低，焊接点的金属未完全熔化，金属塑性差，在拉拔时易断裂。

c. 接触不良。如果由于电焊机焊钳加持的压紧力小或焊钳老化磨损造成接触不良，在焊接通电时产生电弧，电弧引起触发点的局部高温，在随后的冷却过程中，由于该区的比容很小，冷却很快产生马氏体组织。由于焊接不良而引起的断裂，可发现在断口处断面边缘的表面有一黄亮区。

4. 工艺断裂

（1）润滑不良。润滑不良是指润滑涂层质量不好，增大了拉拔阻力，最容易引起断裂。横裂纹断裂除材质因素外，润滑不良也易引此类断口。常见的润滑涂层缺陷：氧化皮未洗干净、磷化膜粗糙、磷化渣黏附盘条表面及磷化后盘条存放时间过长而吸潮等。

辨别断痕是否由润滑不良引起的显著特征是钢丝表面"发白"。所谓"发白"是指钢丝表面的润滑涂层在拉拔过程中，几乎全部剥落，钢基裸露而白光闪亮的现象。

（2）过酸洗。过酸洗除了使盘条表面粗糙或产生点、坑状腐蚀外，还使钢产生"氢脆"，"氢脆"是指在酸洗过程中生成的氢原子延晶界进入钢基内，而使盘条塑性降低，脆性增加，从而引起拉拔断裂的现象。

总之，引起热镀锌钢丝拉拔断裂的原因是多方面的，造成钢丝缺陷的原因也错综复杂，要准确说明每一种断裂的原因，还需深入生产实际，借助各种检测设备和方法，针对其原因而采取对策，以促进产品质量的提高。

六、钢丝的热镀锌生产

1. 镀锌工艺流程

散圈放线→退火炉退火→自然冷却→热水洗→盐酸洗Ⅰ→盐酸洗Ⅱ→水洗→助镀→烘干→热镀锌→抹拭→风冷、水冷→钝化→干燥→计米→收线。

2. 镀锌前的预处理

（1）钢丝放线时，放线架必须转动灵活，各线与炉孔、篦子顺序一致，各线互相平行，不得交叉。上线时，应检查钢丝的线径、表面、钢种、重量是否满足要求，不符合者应当剪掉或纠正。各捆同线径的钢丝电接后，应用锉刀将接头处锉光并用弯曲法鉴定焊接点的牢固性，每捆钢丝的两头要理顺，以保证走线顺畅。

（2）钢丝退火时，低碳钢丝热镀锌前，通常都要在退火炉中进行退火处理。退火炉加热应均匀，炉温保持稳定，不得忽高忽低。测定炉温的热电偶位置应在炉体中央的马弗炉砖上。不同线径的钢丝退火温度和时间是不同的，高碳钢丝热镀锌之前，通常要在脱脂炉中进行脱脂处理，以去除黏附在钢丝表面的润滑剂。低温脱脂有两种方法，一种是使钢丝通过温度350~400℃的熔融铅约数秒钟，使表面的残存油污、润滑剂中的有机物达到燃点并烧除；另一种方法是在马弗炉中将钢丝加热到200~300℃，约1min将油质烧除，但在利用这种方法脱脂时，应在满足脱脂要求时，尽可能降低炉温，以防止钢丝力学性能损失过多。

除了高温和低温灼烧除油质脱脂外，有的厂家使用碱性脱脂。脱脂液中含有NaOH约80~100g/L，以及其他的碱性物和乳化剂，温度80~90℃，为了保持碱液的脱脂功能，需要定时补充脱脂剂和水。添加原则是少而经常，一次不宜过多。同时，应保持脱脂液的清洁。

（3）热水漂洗。经过灼烧脱脂或化学脱脂后的钢丝，表面有一层灼烧残渣或其他污物，需要热水冲洗干净，以防止将这些不洁物带入酸洗池，污染酸液。热水应用循环水，水温60~80℃，并定期清理更换。

（4）酸洗除锈。连续作业线上通常采用盐酸酸洗，盐酸酸洗的优点是，不需要加温，对氧化铁皮的溶解能力强，不易产生氢脆。不足之处是，易于挥发酸雾腐蚀厂房和设备。为了克服这一缺点，通常在酸液表面添加酸雾抑制剂或在酸池上面设一抽风罩。

盐酸液浓度为120~150g/L，亚铁盐含量应控制在20~30g/L，以减少锌渣的产生。更换新酸时，如不停产，则可将酸池底含杂质及氯化亚铁的酸液放出，但放酸时不得使钢丝露出液面，然后加入新酸，达到工艺要求。检修时更换酸洗液，应将盐酸溶液全部放出，将池内刷洗干净，再将澄清的旧酸与新酸混配加入酸池中，达到工艺要求。酸液的浓度和含铁量应定期化验。

（5）清水冲洗。钢丝经过酸洗后，表面黏附了酸液和亚铁及其他脏物，在进入助镀溶剂之前应将它们清洗干净，以防污染溶剂池。

（6）助镀溶剂处理。钢丝经过前几道工序后，因不能立即进行热镀锌，在空气中暴露使钢丝表面产生铁锈，为了让这些新生的铁锈能在锌锅中迅速地清除掉，必须进行溶剂处理。溶剂的作用与要求在热镀锌工艺中已有详细论述，主要是溶解掉钢丝表面的铁锈，使锌液与钢丝基体充分地接触，形成铁-锌合金层。溶剂现在一般仍采用氯化铵，现在推广使用氯化铵和氯化锌复合水溶液，其效果比使用单一氯化铵好。经溶剂处理后的钢丝，表面应干燥，不得有水分。其氯化铵—氯化锌水溶液工艺规范见表5-79。

表5-79　氯化铵—氯化锌水溶液工艺规范

氯化铵/(g/L)	氯化锌/(g/L)	含铁量/(g/L)	温度/℃
60~80	30~50	<1.0	70~80

说明：钢丝从以上各个清洗、助镀池出来后，由气刷进行清除残余液体，这样做的好处是能保持各个槽池的纯度和各槽的浓度，钢丝全部是直线式（钢丝每根都有一定的张力），运行平稳。

3. 钢丝热镀锌

钢丝进入熔融的锌液中，锌液将钢丝迅速加热，锌液与钢丝基体接触发生铁-锌反应，形成合金层。合金层的结构及厚度与锌液的温度、锌液的成分、浸锌时间、钢丝的化学成分以及引出后的冷却方式有关。纯锌层的厚度则与锌液的黏度、钢丝引出的速度以及抹拭方式有关。

七、镀锌层的后处理

1. 镀后冷却

为了及时抑制钢丝表面铁-锌合金层的生长，提高锌层的缠绕性能，增加表面光滑度，应采取对钢丝迅速地冷却。冷却的方式主要有两种：一种是直接水冷，即在钢丝出锌液后高度 300～500mm 处安装一喷水装置，向钢丝表面直接喷水，这种冷却方式适合于垂直引出法，尤其是中、粗线径的钢丝；另一种是风冷，即向钢丝表面吹风，把钢丝的温度迅速降下来，这种方法适合于细线径钢丝，通常与水冷同时配合使用。

2. 钝化处理

一般采用低铬酸盐钝化方法，钢丝在线钝化时，三价铬盐为 5g/L，六价铬盐 1g/L，硫酸 0.4g/L，硝酸 0.2g/L；钝化时间为 3～5s，钝化后需要用含有 0.5g/L 的铬酸酐热水封闭处理，热水温度为 70～80℃。

第六章
钢丝热镀锌设备

第一节　电磁抹拭设备

钢丝热镀锌过程中，镀锌层面质量控制主要取决于钢丝运行速度和浸锌时间，运行速度快，钢丝层面质量就高；反之则低。工业化生产既要获得较高的生产效率，同时也必须通过控制锌耗成本取得优势。传统的钢丝出锌锅抹拭方式，如石棉夹抹拭法、油木炭抹拭法等，一直未能解决生产效率低（钢丝运行速度低）、锌层面质量波动大等问题。通过改变抹拭方式获得最经济的钢丝锌层面质量，提高镀层的均匀度以及表面光洁度，一直是热镀锌钢丝行业技术人员努力研究的课题。自从引进国外电磁抹拭技术以来，在生产工艺及生产效率上取得了很大的突破。

一、电磁抹拭法原理

电磁抹拭法是利用电磁力控制钢丝锌层面质量的方法，即将镀锌后的钢丝穿过电磁感应线圈，通过向感应线圈供电，产生交变磁场，并在锌层与钢丝中产生感应的交流电流。在感应电流与磁场的相互作用下，产生轴向和径向电磁力（F），从而实现对钢丝镀锌层面质量的控制。钢丝出锌锅时镀层上的电磁力分布如图 6-1 所示，图 6-2 为钢丝电磁抹拭示意图。

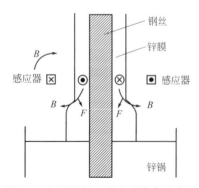

图 6-1　钢丝镀层上的电磁分布示意图

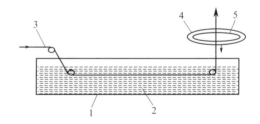

图 6-2　钢丝电磁抹拭示意图

1—锌锅；2—锌液；3—钢丝；
4—单向磁场的作用面；5—加热磁场的作用面

为得到合格的镀锌层面质量，电磁法擦拭中所需要的电磁力可根据气刀吹扫方式经验值估算。根据法拉第电磁感应定律，并通过实验及经验数据，可确定感应器电流及频率、钢丝与感应器距离、钢丝线速度等相关工艺参数。

研究表面，钢丝线速度、锌液黏度越高，所需电磁力越大。另外电磁力的大小还取决于钢丝与感应器的距离，距离越小，产生的电磁力愈大。

通过实验还可以得到，感应器未通电时，镀锌层面质量相当于该线速递下钢丝从锌液中带出的锌液质量；随着感应电流的提高，镀锌层面的质量逐渐减小；当电流达到一定数值时，镀锌层面质量将稳定，即达到最终镀锌层面质量的极限。而感应器电流设定后，电磁力在频率 20～50Hz 时达到最大值。

国内某公司引进电磁抹拭设备，在钢丝热镀锌上所使用的感应器内为若干铜线圈，绕制形成一个 30mm×200mm×550mm 内腔，厂家设计走线 15 根，线径 1.3～5.5mm，电流频率设置为 50Hz。镀锌层面质量控制主要通过调整收线速度和电流实现，如直径为 2.3mm 钢丝，镀锌层面质量如果按 230g/m² 控制，工艺设定收线速度为 50m/min，电流为 190A；收线速度设置 60m/min，则电流为 230A。

二、对现有生产装置的改造

采用电磁抹拭法钢丝热镀锌与油木炭等传统方式的钢丝热镀锌生产工艺流程基本一致，即放线→铅锅脱脂→酸洗→水洗→助镀→烘干→热镀锌→冷却→收线。但由于电磁抹拭法钢丝热镀锌运行速度大幅提高，对整个生产流程的控制以及收线系统均有严格的要求，在实际运用中部分控制环节会有所区别，因此需要对现有的生产技术进行改造。

1. 钢丝出锌锅的气氛控制

传统的油木炭抹拭法，通常在钢丝出锌锅处堆积 50～100mm 厚的浸油炭颗粒，炭颗粒在锌液表面缓缓燃烧，消耗掉锌锅钢丝出口附近的氧气，形成局部保护气氛。而附着于活性炭颗粒上的部分油脂会黏附在钢丝镀锌层表面形成极薄的保护膜，避免处于高温状态的锌层被快速氧化，减少抹拭对钢丝表面质量的影响，有效的控制镀锌层面的质量。

电磁力大小与锌液黏度成正比关系，而锌液黏度取决于温度的高低，所以进入电磁室前的气氛、温度控制对工艺执行尤其重要。实际生产中气氛控制是采用异形陶瓷装置密封腔同高温氮气法，即将异形陶瓷装置浸入锌液内形成空腔，钢丝从该装置上方条形出口引出进入电磁室，通过向异形陶瓷装置与锌液面间的空腔内注入加热的氮气（设定温度 300℃ 以上）来确保出口处的保护气氛，避免高温状态的锌层被快速氧化，而高温氮气同时起到保温作用，可有效地控制锌液的黏度，为电磁抹拭做好准备。

2. 水冷却的运用

在电磁抹拭法中，由于钢丝中产生了感应电流，较其他抹拭方式钢丝的温度要高出 30℃ 左右，而收线速度的加快，缩短了钢丝的冷却时间，因此对水冷却装置要求较高。在实际生产中采取单根钢丝多次水喷淋冷却的方式才能满足要求。从生产结果看，安装 3 道直接冷却水喷淋系统，钢丝温度可以降到 35℃。而传统抹拭方式仅需要 1 道水冷却系统即可满足要求。

3. 表面处理要求

由于电磁抹拭法钢丝线速度达到传统方式的 3～5 倍，其对钢丝镀前表面处理的要求更高。为确保钢丝进入锌锅前具有良好的表面助镀剂涂层，需要对钢丝的酸洗、脱脂等工艺技术过程进行改进。

（1）酸洗。电磁抹拭法需要化学酸洗、电解酸洗同时使用。在酸洗槽安装酸液泵、通过抽取酸液，使酸液逆钢丝运行方向流动，对钢丝表面氧化物形成一定的冲刷力，提高效率。同时考虑适当延长酸洗槽的长度，确保钢丝有足够的浸酸清洗的时间。传统抹拭方式仅有化学酸洗即可满足生产要求。

（2）脱脂。电磁抹拭法需要采用铅浴脱脂及阴阳极交替的电解碱洗，其中阴阳极交替法吸取单纯阴极或阳极电解碱洗的优点，能达到快速脱脂的目的。传统的抹拭方式仅化学碱洗即可满足生产要求。

4. 放线装置的改进

传统的放线装置易乱线或锁扣而造成严重断丝，不能满足钢丝高速运行的需要，为此，根据生产现场的实际情况，在上线方式上改用大盘重放线架，避免频繁上线电接头；另外为了防止锁扣，需在钢丝上套一个长弹簧确保定位，并且设立 2 组矫直器，以消除钢丝在高速放线过程中产生的扭力，并加上适当重量的压线盘保证放线的均匀。

三、电磁抹拭效果分析

将电磁抹拭法与油木炭抹拭法生产的直径 $\phi1.8mm$，$\phi2.4mm$，$\phi3.0mm$ 钢丝各取 44，40，26 根进行检验，电磁抹拭钢丝表面基本光滑，油木炭抹拭钢丝表面粗糙，且时有锌瘤的产生，两种方法锌层面质量检验结果见表 6-1。

表 6-1　电磁抹拭与油木炭抹拭效果比较

直径 /mm	抹拭方式	DV 值 /(mm·m/min)	收线速度 /(m/min)	锌层质量/(g/m²)	
				平均值	波动值
1.8	电磁抹拭	120	66.7	233.5	63
	油木炭抹拭	26	14.3	270.59	232
2.4	电磁抹拭	120	50.0	253.64	96
	油木炭抹拭	36	15.0	326.66	223
3.0	电磁抹拭	120	40.0	292.00	66
	油木炭抹拭	32	10.5	320.00	141

从表中可以看出，电磁抹拭法与油木炭抹拭法相比较，DV 值提高 3~5 倍，锌层面质量控制精度高，波动值降低 50%~75%。

电磁抹拭法作为一种新型的钢丝热镀锌抹拭方式，在实际生产中通过增加喷淋冷却以及电解酸洗、碱洗，可以满足电磁抹拭法对酸洗、脱脂及水冷效果的要求；改进放线装置，可以减少钢丝的乱线、锁扣现象，保证电磁抹拭正常进行。

第二节　复合力抹拭设备

一、复合力抹拭设备

传统抹拭方法均有其自身所无法克服的缺点，针对这一问题经过 10 年的研究、试验及工业试运行，成功研发了复合力抹拭设备。复合力抹拭设备适合于锌层面质量为 300~450g/m² 热镀锌生产线，抹拭锌层精度可达±7.5g/m²，与传统油木炭抹拭工艺相比节锌约 20%；最大 DV 值可达 120mm·m/min；钢丝直径 $\phi0.8\sim\phi7.0$mm；单组复合力抹拭装置可同时对 6～20 根不同直径钢丝进行抹拭处理。

1. 复合力抹拭工作原理

复合力抹拭是利用电场、磁场、气体抹拭 3 种力的复合作用，对钢丝镀锌层进行无接触抹拭。通过调整电场强度、磁场强度、气体流量及温度，可精确控制钢丝表面光洁度及上锌量，以达到抹拭目的。工作原理及结构简图如图 6-3 所示。

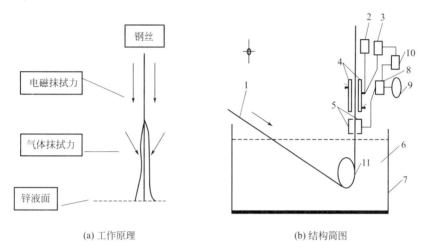

图 6-3　复合力抹拭工作原理及结构示意图

1—钢丝；2—循环水冷控制系统；3—电磁控制系统；4—电磁抹拭箱；5—气体抹拭箱；
6—锌液；7—锌锅；8—气体控制系统；9—气源；10—总控装置；11—压线轴

复合力抹拭设备产生的抹拭力主要是由电磁感应产生的，电磁感应频率控制在 1kHz 左右。在电磁感应现象中，如果导体不动而通过导体回路所围面积的磁通量发生变化时，导体回路上产生感生电动势，英国物理学家克拉克·麦克斯韦认为这种感生电动势是由于随时间变化的磁场产生了一种非静电性的电场——感应电场，而感应电场对导体中的自由电子施以非电性力作用的结果。不管空间有无导体存在，只要空间有随时间变化的磁场，就存在感应电场。

从锌液中出来的钢丝，表面附着一层熔融锌，取一段熔融锌作为闭合回路，它随钢丝进入交变磁场。当穿过闭合回路的磁通量发生变化时，回路中有感生电流产生，因为螺线管中的电流是正弦变化的交流电，所以感生电流也呈正弦变化。

图 6-4 为通电螺线管的磁力线分布情况，靠近两端的地方磁力线密度高，远离螺线管两端的地方，磁力线密度低。由楞次定律知，闭合回路中感应电流的方向，总是使得它所激发的磁场来阻碍引起感应电流磁通量的变化，所以，在熔融锌液随钢丝由锌液面向螺线管方向运动的过程中，穿过闭合回路，根据通电螺线管的磁力线分布看，靠近螺线管两端的地方磁力线密度高，远离螺线管两端的地方，磁力线密度低。由楞次定律知，闭合回路中感应电流的方向，总是使得它所激发的磁场来阻碍引起感应电流磁通量的变化，所以，在熔融锌液随钢丝由锌液面向螺线管方向运动的过程中，穿过闭合回路的磁力线由少变多。为了阻止这种变化，熔融锌液中的感生电流产生的磁场与螺线管磁场相互排斥，作用力的方向与钢丝运动方向相反。因为液态金属有流动性，这个排斥力使一部分熔融锌液重新回到锌锅中，从而控制了钢丝镀层的厚度。

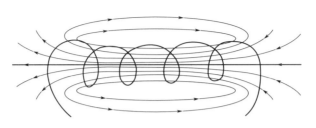

图 6-4   通电螺线管的磁力线分布

2. 气体抹拭力的产生

在复合力抹拭设备中起到抹拭作用的除了电磁力外，气体抹拭力也起到了重要作用，所谓气体抹拭就是氮气抹拭。气体抹拭的作用首先是通过气刀对钢丝表面熔融锌液进行抹拭，其次就是利用氮气对钢丝表面以及锌液面的保护作用，使钢丝表面熔融锌液保持良好的流动性。

气体抹拭对钢丝锌层面质量的控制是通过调节气体流量和气体温度来实现的，气体流量越大对钢丝表面锌液的抹拭力就越大。

在实际应用中，气体温度、压力、流量对抹拭效果综合起作用。因为气体抹拭实际就是为电磁抹拭减轻抹拭负担而专门设立的，但同时又增加了影响因素。为了在实际生产中降低工人操作难度，该设备本身设定好气体抹拭的温度、流量以及压力。根据工艺要求只调节走线速度、抹拭力来满足上锌量等参数。一般情况下气体温度 25℃，流量和压力一般为标准要求的 80% 即可。

3. 设备组成

复合力抹拭设备主要由冷却水循环系统、气体供给系统、磁场电流产生及控制系统、气体温度及流量控制系统、电磁及气体复合力抹拭系统等 5 大部分构成，设备结构如图 6-2 所示。

4. 设备型号及其参数

复合力抹拭设备对锌层厚度的控制主要是通过电磁力的大小调节来实现的，复合力抹拭设备根据功率大小及线数分为多种型号，具体技术指标见表 6-2。

表 6-2   复合力抹拭设备技术指标

型号	功率/kW	最大抹拭电流/A	锌层面质量/(g/m²)	面质量精度/(g/m²)
GD-EGMWI-6.8 GD-EGMWI-10.12 GD-EGMWI-16.20	≤50	800	45～233	±7.5
D-EGMWII-6.8 GD-EGMWII-10.12 GD-EGMWII-16.20	≤65	60	70～306	±7.5
GD-EGMWIII-6.8 GD-EGMWIII-10.12 GD-EGMWIII-16.2	≤80	85	136～401	±7.5

5. 复合力抹拭设备实际应用

对复合力抹拭设备进行研究、试验、工业试运行和正常生产，并对试验数据和生产数据进行采集、整理和总结后发现，通过控制电磁力和氮气流量能够对复合力抹拭设备进行研究、试验、工业试运行和正常生产，并对试验数据和生产数据进行采集、整理和总结后发现，想要达到最小的误差必须注意：整个生产线的钢丝张力必须保持稳定，特别是在钢丝出锌液面进入抹拭器时要保持钢丝平稳，不能抖动；复合力抹拭是在提高钢丝走线速度的情况下，保证钢丝上锌量达到客户要求即可，因此，在提高速度的情况下必须保证该生产线的前处理能够达标；气体抹拭的流量和压力一定要根据实际工艺调节，同时配合电磁力的微调，否则就会导致钢丝表面断续锌瘤的出现。针对表 6-3 和表 6-4，需要说明，电磁力是由电源电压通过 IGBT 交变产生的，通过调节电流的大小来确定产生磁场的大小，进而决定抹拭力的大小。

表 6-3　GD-EGMW Ⅰ-12 抹拭工艺参数

车速 /(m/min)	丝径 /mm	DV /(mm·m/min)	抹拭电流 /A	气温 /℃	流量 /(L/min)	锌的附着量 /(g/mm²)
20	2.5	50	300	25	35	205
30	2.5	75	600	25	35	213
30	2.2	66	400	25	35	255
30	2.2	66	600	25	35	208
30	2.6	78	600	25	35	221

表 6-4　GD-EGMW Ⅲ-12 抹拭工艺参数

车速 /(m/min)	丝径 /mm	DV /(mm·m/min)	抹拭电流 /A	气温 /℃	流量 /(L/min)	锌的附着量 /(g/mm²)
20	2.5	50	40	25	35	104
25	2.5	62.5	45	25	35	113
30	2.5	75	45	25	35	117
35	2.5	87.5	45	25	35	168

二、结论

复合力抹拭是一种无接触热镀锌钢丝抹拭装置，钢丝上锌量及表面光洁度易于精确控制，产品质量稳定，达到了很好的抹拭效果。该设备采用 PLC 集中控制兼微电脑数字控制，并带有故障自检测、自诊断、报警功能及整套装置自动保护功能；气体温度、流量采用数字控制及显示，操作简便、精确度高；安全环保、无污染、无噪声。复合力抹拭设备对钢丝热镀锌达到高速、高效、环保具有促进作用，同时也能降低钢丝热镀锌的成本，大大提高热镀锌钢丝产品的竞争力。

第三节　一种钢丝热镀锌水冷装置

（专利号：ZL 201720310207.8）

一、新型钢丝热镀锌水冷装置

新型钢丝热镀锌水冷装置属于镀锌钢丝加工设备技术领域，主要涉及一种钢丝热镀锌水冷却装置。在现有钢丝热镀锌之后的水冷却装置是：钢丝从热镀锌炉引出后，需要对热镀锌钢丝进行冷却，目前还主要采用铜管喷嘴水喷装置冷却处理热镀锌钢丝并控制该镀锌钢丝的镀锌层的附着量，该水喷装置从一侧直接向热镀锌钢丝表面喷水进行冷却。在喷水的作用下，钢丝表面尚未凝固的金属锌液沿水流喷射方向迅速凝固，造成被镀钢丝远离水喷装置一侧的镀层得不到及时的冷却而继续流淌而变薄，进而形成钢丝表面的镀锌层厚薄不均匀，达不到工艺设计要求，影响了镀锌钢丝的质量。而且，水喷装置水压很高，喷水量大，造成很大的资源浪费。

1. 实用新型技术内容

为了解决上述技术问题，本实用新型提供一种钢丝热镀锌水冷装置，冷却水以常压流到支撑冷却轮上的环槽中，镀锌钢丝在环槽中可以被冷却水沿圆周包覆均匀冷却，保证了工艺技术要求，同时节约了大量的冷却水。

2. 主要改进的技术方案

（1）第一支撑冷却轮的直径为 D_1，450mm $\geqslant D_1 \geqslant$ 250mm；第二支撑冷却轮的直径为 D_2，450mm $\geqslant D_2 \geqslant$ 250mm；第一支撑冷却轮和第二支撑冷却轮竖向的中心距为 H_1，800mm $\geqslant H_1 \geqslant$ 600mm；第一支撑冷却轮和第二支撑冷却轮横向的中心距 L_1 小于第一支撑冷却轮和第二支撑冷却轮的半径之和；第一环槽和第二环槽的宽度和深度均大于对应的镀锌钢丝的直径。

（2）第一支撑冷却轮的直径 $D_1 =$ 300mm；第二支撑冷却轮的直径 $D_2 =$ 300mm；第一支撑冷却轮和第二支撑冷却轮竖向的中心距 $H_1 =$ 800mm。

（3）机架上分别固设有第一轴承座、第二轴承座及第三轴承座，第一支撑冷却轮的两端安装在对应的第一轴承座上，第二支撑冷却轮的两端安装在对应的第二轴承座上，天辊的两端安装在对应的第三轴承座上。

（4）第一水槽的下端面连接有第一排水管，第二水槽的下端面连接有第二排水管，第二排水管的另一端与第一排水管连通。

二、新型水冷装置的有益效果

1. 支撑轮设计为支撑冷却轮

设有大直径的支撑冷却轮，支撑冷却轮设有环槽，冷却水以常压流到支撑冷却轮上的环槽中，镀锌钢丝在环槽中可以被冷却水沿圆周均匀地进行冷却，避免镀锌层厚薄不均匀的状况发生，较好地保证了工艺技术要求。

2. 冷却水改为常压状态

冷却水为常压状态，冷却水从水槽排走，避免冷却水流入镀锌炉中熔融的锌液表面影响钢丝镀锌质量，同时节约了大量的冷却水。

3. 支撑冷却轮具有张紧作用

支撑冷却轮对镀锌钢丝具有张紧作用，防止镀锌钢丝的晃动。本实用新型结构简单、冷却效果好，具有较高的推广应用价值。

三、具体实施方法

本实用新型的具体实施方式参见图 6-5、图 6-6。钢丝热镀锌水冷却装置，包括机架 1 及设在机架 1 上的锌炉 2，锌炉 2 上方的机架 1 上自下而上依次安装有第一支撑冷却轮 5、第二支撑冷却轮 9 及天辊 12，第一支撑冷却轮 5、第二支撑冷却轮 9 和天辊 12 相互之间均平行。机架 1 上分别固设有第一轴承座 4、第二轴承座 8 及第三轴承座 11，第一支撑冷却轮的两端安装在对应的第一轴承座 4 上，第二支撑冷却轮的两端安装在对应的第二轴承座 8 上，天辊 12 的两端安装在对应的第三轴承座 11 上。

图 6-5　钢丝在线水冷装置

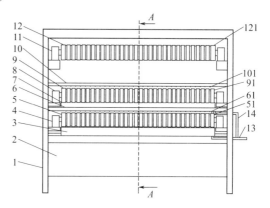

图 6-6　钢丝热镀锌后的水冷却结构示意

第一支撑冷却轮 5 的外圆周设有若干圈平行的第一环槽 51，第二支撑冷却轮 9 的外圆周设有若干圈平行的第二环槽 91，天辊 12 的外圆周设有若干圈平行的天辊环槽 121，第一环槽 51、第二环槽 91 和天辊环槽 121 的数量相同。第一支撑冷却轮 5 的下方设有沿第一支撑冷却轮 5 的轴向安装的第一水槽 3，第一支撑冷却轮 5 的上方设有沿第一支撑冷却轮 5 的轴向安装的第一供水管 6，与第一环槽 51 对应的第一供水管 6 的侧壁设有向第一环槽 51 倾斜的第一出水口 61。第二支撑冷却轮 9 的下方设有沿第二支撑冷却轮 9 的轴向安装的第二水槽 7，第二支撑冷却轮 9 的上方设有沿第二支撑冷却轮 9 的轴向安装的第二供水管 10，与第二环槽 91 对应的第二供水管 10 的侧壁设有向第二环槽 91 倾斜的第二出水口 101。出水口均为倾斜设置，方便冷却水流入对应的含有镀锌钢丝 16 的环槽中。

第一支撑冷却轮 5 的直径为 D_1，450mm≥D_1≥250mm。第二支撑冷却轮 9 的直径为 D_2，450mm≥D_2≥250mm。第一支撑冷却轮 5 和第二支撑冷却轮 9 竖向的中心距为 H_1，800mm≥H_1≥600mm。第一支撑冷却轮 5 和第二支撑冷却轮 9 横向的中心距 L_1 小于第一支撑冷却轮 5 和第二支撑冷却轮 9 的半径之和，第一支撑冷却轮 5 和第二支撑冷却轮 9 对镀锌钢丝 16 具有张紧作用，防止镀锌钢丝 16 的晃动。

第一环槽 51 和第二环槽 91 的宽度和深度均大于对应的镀锌钢丝 16 的直径，镀锌钢丝可以完全处于环槽中，镀锌钢丝 16 在环槽中可以被冷却水沿圆周均匀冷却，避免镀锌层不均匀的状况发生，较好地保证了工艺技术要求。

第一支撑冷却轮 5 的直径 D_1=300mm，第二支撑冷却轮 9 的直径 D_2=300mm，第一支撑冷却轮 5 和第二支撑冷却轮 9 竖向的中心距 H_1=800mm，当然具体的尺寸也可以根据实际需要选择。

第一水槽 3 的下端面连接有第一排水管 13，第二水槽 7 的下端面连接有第二排水管 14，第二排水管 14 的另一端与第一排水管 13 连通，方便冷却水的排放。

图 6-7 是图 6-6 的 $A—A$ 向的剖面图，冷却水为常压水，冷却水从供水管的出水口流到对应的环槽中，环槽的宽度和深度均大于对应的镀锌钢丝 16 的直径，镀锌钢丝 16 能够完全处于环槽中，处于环槽中的镀锌钢丝 16 的周围均可以被冷却水包裹，冷却均匀，冷却后的冷却水流入对应的水槽，避免冷却水流入镀锌炉 2 影响镀锌质量，同时节约了大量的冷却水。第一支撑冷却轮 5 和第二支撑冷却轮 9 横向的中心距 L_1 小于第一支撑冷却轮 5 和第二支撑冷却轮 9 的半径之和，第一支撑冷却轮 5 和第二支撑冷却轮 9 对镀锌钢丝 16 具有张紧

作用，防止镀锌钢丝 16 的晃动。

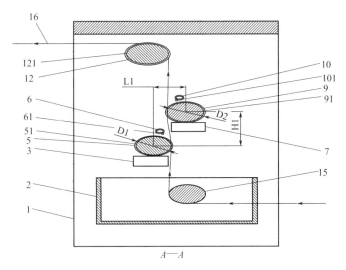

图 6-7　图 6-6 的 A—A 向的剖面图

第四节　一种新型可拆卸的工字轮

（专利号：ZL 200920088882.6）

一、现有技术状况

在金属制品行业卷装钢绞线、钢丝、电缆等线状产品时通常用到工字轮作为绕线工具，然而钢绞线等线状产品在出售的时候不易从工字轮上直接取下，至今还存在随同工字轮一同出售的情况，从而需要在生产线状产品的同时还需要大量制造载体用的工字轮，不仅耗费大量人力、物力和资金，而且对资源是一种很大的浪费，同时增加运输成本。为了节约成本，将预销售的线状产品卷装在木质工字轮上，从而造成损耗大量优质木材，以年生产 2×10^5 t 钢绞线企业为例，每吨钢绞线需要使用 2 个木质工字轮，每个工字轮需要损耗木材 50kg，每年该企业将损耗木材 2×10^5 kg，约 200m³ 优质木材。而且，在向国外出口的时候必须面临对木材的各种生物指标检查，耗时耗资。通过对工字轮进行改进，完全可以不必同时出售工字轮，对钢绞线进行软包装，目前存在的一种可拆卸工字轮是通过在每个轴片上固定有螺栓，通过螺栓与两端的轮片匹配安装后分别在两侧轮片的外侧采用螺母在安装，具有安装和拆卸非常麻烦的缺点，工作效率低下，由于两侧轮片在安装时候必须保证稳固，所以螺母与螺栓配合需要特别拧紧，相当费力。

二、新型的有益效果

本实用新型是克服现有技术存在的不足，设计并制作出一种可拆卸的工字轮。

（1）通过多个轴片间隙配合相对扣围成的组合绕线轮，可以保证工字轮在绕线完成后顺利取下，克服以往线状产品不能从工字轮上取下而需要与产品一同出售的缺陷。

（2）在每个轴片上安装有纵向穿钉，穿钉另一端与楔形销轴相配合，非常利于工字轮的安装固定与拆卸，每次仅需要一个人即可完成安装、拆卸任务，工作效率大大提高。

（3）在两侧的轮片上分别设有与轴片间隙对镜的长条孔，方便工字轮在绕线结束后的软包装，即采用钢带包扎。

（4）本实用新型的可拆卸的工字轮，具有结构简单，容易制造加工，使用非常方便，节约资源、人力、财力等优点，非常利于推广实施。

图 6-8～图 6-11 中编号 1 为工字轮两侧的圆形轮片，2 为绕线轴的组合轴片，3 为纵向的穿钉，4 为楔形销，5 为轴承，6 为长条孔（用于卷装线完毕后的包扎孔），7 为位于轮片上的穿钉插孔，8 为长条孔两端包扎带插入区，9 为线状产品边缘轮廓，10 为位于轴片两端的穿钉插孔，11 为安装楔形销的销孔，12 为固定孔，13 为钉帽，14 为相邻轴片之间的间隙，15 为线状产品，16 为包扎钢带，17 为支撑销柱。

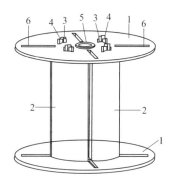

图 6-8　工字轮立体结构示意

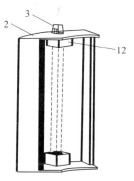

图 6-9　两侧轮片俯视结构示意

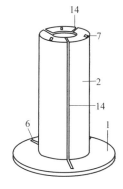

图 6-10　装配结构示意

图 6-11　绕线轴轴片结构示意

第五节　新型倒立式梅花收线机的收线架

（专利号：ZL 201320624786.5）

倒立式收线机是钢丝制品生产厂大盘重钢丝热处理不可缺少的生产设备。钢丝经过热处理、镀锌之后必须进行收线。但是，传统的收线机收线架结构简单，容易乱丝，其后果是给后道工序带来不少的麻烦，如钢丝被拉断、钢丝被拉细造成局部缩颈等缺陷，造成原材料的报废损失，同时因停车而降低生产效率。针对这些问题，设计出一种新型倒立式梅花收线机的收线架结构，对倒立式梅花收线机的收线架的技术改进，使收取的钢丝等金属线材收线平整、不乱丝，这对线缆收取设备更好地收取钢丝具有一定的积极意义。

一、技术改进内容

为了积极上述收线机的收线不平整、乱线的弊病，设计出一种倒立式梅花收线机的收线架结构，主要包括收线架的底盘、支撑杆组件和芯轴。具体包括有以下几个方面。如图 6-12，图 6-13 所示。

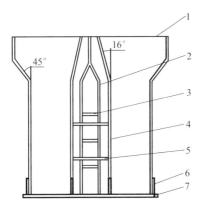

图 6-12　改进后的收线支架（主视图）

1—环形圈；2—内支撑杆；3—弧形连接杆；4—芯轴；
5—十字形加强筋；6—管座；7—底盘

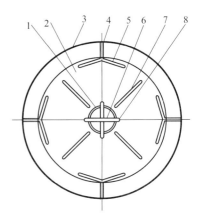

图 6-13　改进后的收线支架底座（俯视图）

1—环形圈；2—内支撑杆；3—弧形连接杆；
4—芯轴；5—十字形加强筋；6—管座；
7—底盘；8—内圆形环

一种倒立式梅花收线机的收线架结构，如图 6-12 和图 6-13 所示，包括圆形结构的底盘 7、支撑杆组件 2 和芯轴 4，所述底盘上端面径向边缘均匀安装有两两对称的四个支撑杆组件，四个支撑杆组件的上端部安装一环形圈 1，该支撑杆组件里侧的底盘上端面同轴安装有芯轴组件。结合图 6-12、图 6-13 具体的说明如下。

① 具体上就是在原有的底盘上端面径向边缘均匀安装有两对称的四个支撑杆组件，四个支撑杆组件的上端部安装一环形圈。

② 该支撑杆组件里侧的底盘上端面同轴安装有芯轴组件；同时该支撑杆组件的上端部均向外侧倾斜一角度，该芯轴组件的上端部向内倾斜一角度。

③ 支撑杆组件由间隔设置的两个竖杆组成，该两个竖杆的上端部相向收紧并同时向外侧倾斜一角度后成一个垂直的竖杆后与环形圈固装在一起，竖杆的倾斜角度 A 为 30°～40°，为了增加支撑杆组件的强度，在两个竖杆之间纵向间隔安装有三个呈弧形结构的连接杆 3，即支撑杆顶部环形圈的直径大于底盘的直径，目的是防止钢丝落在收线架的外部。

④ 所述芯轴组件由四个两两对称的芯轴管组成，该四个芯轴管通过纵向间隔安装的两个十字形加强筋 5 连接在一起，该四个芯轴管的上端部均向内侧倾斜一角度后并与顶部的内环形圈 8 固装在一起，该角度 B 为 14°～20°，该芯轴的高度与支撑杆组件的高度等高，芯轴的上端部制成向内收紧的锥形结构，目的是方便钢丝落入收线架内部，防止绕线。

⑤ 为了增加支撑杆组件与底盘之间的强度，每个支撑杆组件下端部外侧与该下端部贴紧的底盘上分别安装一管座 6，管座 6 里侧的底盘上径向均布有四个安装钢带的长孔。

二、改进后的优点和积极效果

改进后的收线支架的优点和积极效果有以下三个方面。

① 本收线架通过将支撑杆组件的上端部制成向外侧倾斜的开口结构，防止钢丝落在收线架的外部。

② 通过芯轴组件的上端部制成向内收紧的锥形结构，方便钢丝落入收线架内部，防止绕线。

③ 该新型设计科学合理、结构简单、易于制作，并且使得收线平整、不乱丝。

第六节　一种钢丝热镀锌卧式连续放线设备

（专利号：ZL 201720309548.3）

热镀锌钢丝在现代送变电线路和民用、建筑等国家建设行业中应用非常广泛，钢丝热镀锌工序中需要进行放线操作，现有的放线装置大都为立式的花篮式的放线装置，该种花篮式的放线装置无法使钢丝保持张紧状态，钢丝在运行中所产生的抖动会导致热镀锌钢丝镀锌层不均匀，影响镀锌质量。

为了解决上述技术问题，本实用新型提供一种钢丝热镀锌连续放线装置，本装置为卧式工字轮形式，配合阻尼装置能够控制放线过程中的钢丝张紧状态，放线过程连续、不抖动，效率高。

一、新型的技术方案

这种钢丝热镀锌连续放线装置，包括底架和在底架上转动的工字轮，工字轮的通孔中穿装有支撑轴，支撑轴的两端分别套装有支撑轴承，工字轮的其中一个端面和该端面对应的支撑轴承之间的支撑轴上套装有阻尼盘；底架的上端面铰接有转动架，转动架包括转动压装在支撑轴承上的弧形转动杆和连接弧形转动杆的连接杆，阻尼盘一侧的弧形转动杆的上端面固设有L形支架。L形支架包括焊接在弧形转动杆的上端面的竖向支架和自竖向支架的上端向阻尼盘一侧延伸的横向支架，横向支架中穿装有调节螺钉，调节螺钉的下方固定有弧形固定板，弧形固定板的下方固定有弧形阻尼片。

① 工字轮的通孔的两端分别套装有套筒，支撑轴依次穿过两个套筒。所述的阻尼盘与工字轮对应的端面固定安装有挡杆，与挡杆对应的工字轮的外端面设有挡杆槽，挡杆卡装入对应的挡杆槽中。

② 与支撑轴承对应的底架的上端面分别设有支撑座，支撑座的上端面分别设有与支撑轴承匹配的弧形凹槽。

③ 与弧形转动杆对应的底架的上端面分别设有支撑架，弧形转动杆与对应的支撑架通过转动销转动连接。

二、实施操作方式

卧式放线装置的具体实施方式参见图 6-14～图 6-16，钢丝热镀锌连续放线装置，包括底架1和在底架1上转动的工字轮5。工字轮5的通孔的两端分别套装有套筒，支撑轴12依

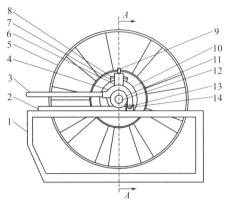

图 6-14　新型卧式放线装置的结构示意

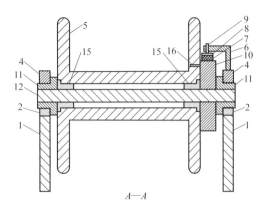

$A—A$

图 6-15　图 6-14 中的 $A—A$ 剖面图

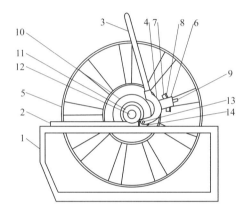

图 6-16　新型的结构示意

次穿过两个套筒，套筒用于支撑工字轮 5。支撑轴 12 的两端分别套装有支撑轴承 11，工字轮 5 的其中一个端面和该端面对应的支撑轴承 11 之间的支撑轴 12 上套装有阻尼盘 10。

　　放线装置的阻尼盘 10 与工字轮 5 对应的端面固定安装有挡杆 16，与挡杆 16 对应的工字轮 5 的外端面设有挡杆 16 槽，挡杆 16 卡装入对应的挡杆 16 槽中。挡杆 16 用于固定工字轮 5，使工字轮 5 与阻尼盘 10 同步转动，结构简单，拆装方便。

　　放线装置中与支撑轴承 11 对应的底架 1 的上端面分别固设有支撑座 2，支撑座 2 的上端面分别设有与支撑轴承 11 匹配的弧形凹槽，支撑轴承 11 安放在对应的弧形凹槽中，运行平稳，转动阻力小。底架 1 的上端面铰接有转动架，转动架包括转动压装在支撑轴承 11 上的弧形转动杆 4 和连接弧形转动杆 4 的连接杆 3，与弧形转动杆 4 对应的底架 1 的上端面分别固设有支撑架 14，弧形转动杆 4 与对应的支撑架 14 通过转动销 13 转动连接，铰接结构简单，操作方便。

　　放线装置中的阻尼盘 10 一侧的弧形转动杆 4 的上端面固设有 L 形支架 6，L 形支架 6 包括焊接在弧形转动杆 4 的上端面的竖向支架和自竖向支架的上端向阻尼盘 10 一侧延伸的横向支架，横向支架中穿装有调节螺钉 9，调节螺钉 9 的下方固定有弧形固定板 7，弧形固定板 7 的下方固定有弧形阻尼片 8。

　　放线装置的工作原理是：将工字轮 5、阻尼盘 10、支撑轴承 11 及支撑轴 12 按照前装在一起（参见图 6-15），组装后的工字轮 5 放在底架 1 上，支撑轴承 11 放置到对应的支撑座 2 上；转动连接杆 3，将弧形转动杆 4 压装到对应的支撑轴承 11 上，转动调节螺钉 9，调节弧形阻尼片 8 和阻尼盘 10 的贴合的松紧度（可以根据需要调节）。正常工作时，在外力的作用下，工字轮 5、阻尼盘 10、支撑轴承 11 及支撑轴 12 同步转动。

三、新型卧式放线有益效果

钢丝热镀锌连续放线装置可以根据需要调节工字轮的转速，调节结构简单、操作方便，可以根据实际需要对工字轮的转速进行合理的调节，使钢丝处于一种较佳的张紧状态，阻力小、运行平稳、可以连续放线，避免钢丝抖动或者被拉断，提高了生产效率和产品的合格率，具有较高的推广应用价值。

第七节　热镀锌钢丝卧式收线机防止钢丝拉断装置

（专利号：ZL 201520818711.X）

一、现有收线机技术状况

截至目前钢丝热镀锌的生产工艺是：钢丝放线→脱脂处理→清水漂洗→酸洗除锈→清水漂洗→粘助镀溶剂→热浸锌→收线机收线→下线→包装。钢丝在经过各个槽液时，采用耐酸碱腐蚀的大理石辊把钢丝压进酸、碱和漂洗水中，达到去除钢丝表面的油脂、铁锈和污物的目的，同时，能使钢丝在热镀锌运行中，具有一定的张紧力，可以使钢丝在热浸锌时不抖动，以此获得比较均匀的镀锌层，达到对钢丝表面镀锌层的技术要求。热镀锌后钢丝通过的卧式收线机上的筐篮的转动所产生的拉力，实现对钢丝热镀锌的全部过程。

钢丝在预处理和热镀锌的过程中，个别钢丝因本身的应力作用和抖动的原因，经常出现背线、扭线缠绕等现象，使钢丝走线不顺畅、拉力增大，致使钢丝拉断，从而造成镀锌钢丝在定尺范围内出现焊接接头的问题；在接头的地方往往因为强度降低或焊接部位出现直径粗大等问题，将影响后续镀锌钢丝的合股绞线的质量。所以，解决钢丝在热镀锌过程中的拉断问题，是钢丝热镀锌企业长期以来迫切需要解决的问题。

目前国内钢丝热镀锌生产行业都存在钢丝在热镀锌中的拉断的问题。因钢丝在镀锌时拉断问题的因素较多，解决起来亦相当困难，长期以来热镀锌钢丝企业针对这个问题进行了研究和试验，均未有获得突破性的进展，因此，如何解决钢丝在热镀锌中的拉断的问题对于钢丝热镀锌企业来说，是一个亟待解决的问题。

二、解决拉断钢丝的技术方案

为解决上述存在的技术问题，本发明提供了一种热镀锌钢丝卧式收线机防止钢丝拉断装置。该装置连接在卧式收线机减速器的输出端，在热镀锌钢丝收线过程中，确保钢丝收线时不出现因钢丝背股缠绕的因素造成断线的问题。

所述的热镀锌钢丝卧式收线机防止钢丝拉断装置，包括连接轴、转动筐篮底座及支撑栏，连接轴的末端设有连接法兰，支撑栏的末端连接转动筐篮底座的前端，还包括摩擦盘、压盘及压紧弹簧支撑盘，连接轴靠近两端的轴为光面轴，中间段为花键轴，连接轴靠近末端的光面轴上套装有轴套 A，转动筐篮底座的中心设有光孔 A，轴套 A 套装入光孔 A 中；摩擦盘设有与花键轴匹配的摩擦盘花键孔，压盘设有与花键轴匹配的压盘花键孔，连接轴的花键轴套装入摩擦盘花键孔和压盘花键孔中，转动筐篮底座的前端面与摩擦盘的后端面相接触，摩擦盘的前端面与压盘的后端面相接触；连接轴靠近前端的光面轴上套装有轴套 B，压紧弹簧支撑盘的中心设有光孔 B，轴套 B 套装入光孔 B 中，压紧弹簧支撑盘的后端面与压盘的前端面之间设有 N 个压紧弹簧，压紧弹簧支撑盘与转动筐篮底座通过压紧螺栓连接。进一步说明如下。

① 花键轴为矩形花键轴。

② 摩擦盘为圆形，摩擦盘的外直径为 320mm，厚度为 10mm。

③ 压紧弹簧为 60Si2Mn 材质制作，压紧弹簧的钢丝直径为 3mm，弹簧中径为 18mm，弹簧的外径为 24mm，弹簧的总圈数为 5 圈，弹簧的长度为 35mm，弹簧压力为：25～200MPa，压紧弹簧共有 12 个，每两个为一组，分为六组，沿连接轴的圆周方向间隔 60°圆周均布。

④ 压盘为圆形，压盘的外直径为 360mm，厚度为 20mm。

⑤ 光孔 A 与轴套 A 过盈配合，光孔 B 与轴套 B 过盈配合。

⑥ 轴套 A 及轴套 B 均为黄铜制作。

三、技术改进的有益效果

本发明的防止钢丝拉断装置连接在卧式收线机减速器的输出端，在热镀锌钢丝收线过程中，摩擦盘与转动筐篮底座紧密接触，依靠压紧弹簧的压紧力形成的静摩擦力作用，通过花键轴的转动，从而带动了转动筐篮的转动，使热镀锌钢丝依次盘绕在转动筐篮的圆周上。

当热镀锌钢丝在走线的过程中，一旦出现钢丝因背线、扭转缠绕等不正常现象增大了拉力的时候，其拉力超过了摩擦盘与转动筐篮底座的静摩擦力，转动筐篮底座与摩擦盘之间形成滑动干摩擦状态，转动筐篮立即停止转动，钢丝亦停止走线运行，达到了钢丝防止拉断的目的。

本技术装置结构简单，制造成本低廉，具有使用可靠以及免维护的优点，解决了长期以来钢丝在热镀锌生产中因背线等因素被拉断的技术难题，提高了热镀锌钢丝通条性能，同时相应地提高了钢绞线的内在质量。根据图 6-17～图 6-20 具体说明如下。

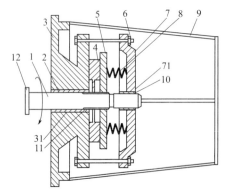

图 6-17　钢丝防拉断结构示意

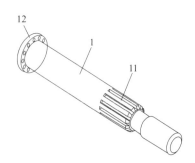

图 6-18　连接轴立体示意

1—连接轴；2—轴套 A；3—转动筐篮底座；4—摩擦盘；
5—压盘；6—螺母；7—压紧弹簧支撑盘；8—压紧弹簧；
9—支撑栏；10—轴套 B；11—矩形花键轴；12—连接法兰；
31—光孔 A；41—摩擦盘花键孔；51—压盘花键孔；71—光孔 B

1—连接轴；11—矩形花键轴；12—连接法兰

如图 6-17～图 6-20 所示，这种热镀锌钢丝卧式收线机防止钢丝拉断装置，包括连接轴1、轴套 A、转动筐篮底座 3、摩擦盘 4、压盘 5、螺母 6、压紧弹簧支撑盘 7、压紧弹簧 8、支撑栏 9 及轴套 B，支撑栏 9 焊接在转动筐篮底座 3 的前端面，连接轴 1 的末端设有连接法兰 12，连接轴 1 通过连接法兰 12 与卧式收线机的动力输出减速器相连接，连接轴 1 靠近两端的轴为光面轴，中间段为矩形花键轴 11；连接轴 1 靠近末端的光面轴上套装有轴套 A，轴套 A 与光面轴滑动间隙配合，转动筐篮底座 3 的中心设有光孔 A，轴套 A 套装入光孔 A 中，光孔 A 与轴套 A 过盈配合。摩擦盘和压紧盘如图 6-19 和图 6-20 所示。

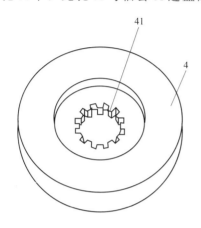

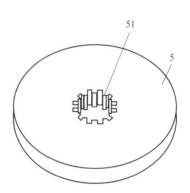

图 6-19　摩擦盘示意

4—摩擦盘；41—摩擦盘花键孔

图 6-20　压紧盘示意

5—压盘；51—压盘花键孔

摩擦盘 4 呈圆形，外直径为 320mm，厚度为 10mm，摩擦盘 4 的中部设有与矩形花键轴 11 匹配的摩擦盘花键孔 41；压盘 5 为圆形，压盘的外直径为 360mm，厚度为 20mm，压盘 5 的中部设有与矩形花键轴 11 匹配的压盘花键孔 51；连接轴 1 的矩形花键轴 11 套装入摩擦盘花键孔 41 及压盘花键孔 51 中，转动筐篮底座 3 的前端面与摩擦盘 4 的后端面相接触，摩擦盘 4 的前端面与压盘 5 的后端面相接触；连接轴 1 靠近前端的光面轴上套装有轴套 B，轴套 B 与光面轴滑动间隙配合，压紧弹簧支撑盘 7 的中心设有光孔 B，轴套 B 套装入光孔 B 中，光孔 B 与轴套 B 过盈配合，轴套 A、B 的材质均为黄铜，起到耐摩擦的作用；压紧弹簧支撑盘 7 的后端面与压盘 5 的前端面之间设有 12 个压紧弹簧 8，压紧弹簧支撑盘 7 与转动筐篮底座通过压紧螺栓 6 连接；压紧弹簧 8 的材质为 60Si2Mn，压力为：25～200MPa，压紧弹簧 8 的钢丝直径为 3mm，弹簧中径为 18mm，弹簧的外径为 24mm，弹簧的总圈数为 5 圈，弹簧的长度为 35mm，压紧弹簧 8 共有 12 个，每两个为一组，分为六组，沿连接轴的圆周方向间隔 60° 圆周均布，总压力设计为：20～260MPa，适应热镀锌钢丝的直径 0.5～4.75mm。

四、防拉断装置的使用过程

正常工作时，压紧弹簧 8 的预压紧力是通过压紧螺栓 6 来实现的。通过调整压紧螺栓 6 的松紧，把转动筐篮底座 3、摩擦盘 4、压板 5 和压紧弹簧支撑盘 7 连接在一起，压紧弹簧 8 受到压紧弹簧支撑盘 7 的压力后，通过压盘 5 压紧摩擦盘 4，使摩擦盘 4 压紧转动筐篮底座 3，转动的连接轴 1 上的矩形花键轴 11 带动摩擦盘 4 和压盘 5 一起转动，依靠静摩擦力的作用使转动筐篮底座 3 和焊接一起的支撑栏 9 转动，从而将热镀锌钢丝收集卷取起来，正常工作时，摩擦盘 4 与转动筐篮底座 3 处于一直压紧的状态。

当热镀锌钢丝发生背线或缠绕一起等突发情况时，拉力增大，当拉力增大到超出摩擦盘 4 与转动筐篮底座 3 的静摩擦力时，摩擦盘 4 与转动筐篮底座 3 之间开始出现相对运动，弹簧支撑盘 7 在压紧螺栓 6 带动下，转动筐篮底座 3、支撑栏 9 及弹簧支撑盘 7 均相对连接轴 1 光面轴产生轴向滑动。也就是说：尽管此时的连接轴 1 在转动，但是转动筐篮底座 3 和支撑栏 9 是静止不动的，从而达到防止镀锌钢丝被拉断的目的。

第八节　镀锌钢丝收放线设备

一、研制新型收放装置内容

本新型镀锌钢丝收放装置，为解决镀锌钢丝收放的时候固定不够牢固，钢丝收放过程不够稳定，不能根据钢丝的直径对收放装置进行调节，收放装置的移动不够方便，镀锌钢丝表面容易受到磨损的问题。

为实现上述目的，本实用新型镀锌钢丝收放线设备提出如下技术方案：镀锌钢丝收放装置，包括液压气缸、万向轮和固定轴，所述液压气缸的底端连接有连接杆，且连接杆的下方固定有上压板，所述上压板的底端连接有上伸缩柱，且上伸缩柱的底端连接有下伸缩柱，所述下伸缩柱的下方固定有下压板，且上压板和下压板之间设置有放置槽，所述下压板的底端安装有底座，且底座的上端通过第一支架连接有收放盘，所述收放盘内侧安置有转轴，且转轴的背面连接有电机，所述万向轮的上端设置有底座，且底座的左端连接有第二支架，固定轴的底端连接有第二支架。

二、收放线装置的具体结构

① 液压气缸、连接杆和上压板为一体结构。

② 上压板上镶嵌有上凹槽，且上凹槽的下方设置有下凹槽，下凹槽和上凹槽的大小形状相同。

③ 下伸缩柱与上伸缩柱构成伸缩结构，且上伸缩柱的伸缩范围为 0～20cm。

④ 万向轮设置有两个，且万向轮关于底座的中轴线对称。

⑤ 下凹槽和上凹槽的材质均为橡胶材质。

三、新型收放线使用的有益效果

① 可以通过液压气缸带动连接杆的伸缩使上压板与下压板之间压紧，可以通过上伸缩柱的伸缩对上压板与下压板之间的距离进行调节，从而可以满足不同直径大小的镀锌钢丝的固定，可以保证镀锌钢丝收放过程中的稳定性。

② 通过万向轮可以方便地对收放装置进行移动，下凹槽和上凹槽的材质均为橡胶材质，不仅可以对镀锌钢丝进行很好的固定而且可以很好地防止镀锌钢丝表面的镀锌层被磨损，保证了镀锌钢丝的质量，大大提高了使用的效率。

四、操作使用方法

1. 机械结构

结合图 6-21～图 6-23，对镀锌钢丝收放线装置结构说明如下。液压气缸 1、连接杆 2、上压板 3、收放盘 4、转轴 5、第一支架 6、放置槽 7、下压板 8、下伸缩柱 9、万向轮 10、底座 11、第二支架 12、固定轴 13、上伸缩柱 14、下凹槽 15、上凹槽 16 和电机 17。液压气缸 1 的底端连接有连接杆 2，且连接杆 2 的下方固定有上压板 3，液压气缸 1、连接杆 2 和上压板 3 为一体结构，可以通过液压气缸 1 带动连接杆 2 的伸缩，从而对上压板 3 进行下压，使上压板 3 很好地压紧磷化钢丝，上压板 3 的底端连接有上伸缩柱 14，且上伸缩柱 14 的底端连接有下伸缩柱 9，下伸缩柱 9 与上伸缩柱 14 构成伸缩结构，且上伸缩柱 14 的伸缩范围为 0～20cm，

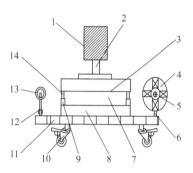

图 6-21　结构示意

可以对上压板 3 与下压板 8 之间的间距进行调节，从而可以满足不同直径大小的磷化钢丝的固定，上压板 3 上镶嵌有上凹槽 16，且上凹槽 16 的下方设置有下凹槽 15，下凹槽 15 和上凹槽 16 的大小形状相同，下凹槽 15 和上凹槽 16 可以很好地对镀锌钢丝进行固定，保证了镀锌钢丝收放过程中的稳定性，下凹槽 15 和上凹槽 16 的材质均为橡胶材质，可以很好地防止镀锌钢丝表面的保护膜被磨损，保证了镀锌钢丝的质量，下伸缩柱 9 的下方固定有下压板 8，且上压板 3 和下压板 8 之间设置有放置槽 7，下压板 8 的底端安装有底座 11，且底座 11 的上端通过第一支架 6 连接有收放盘 4，收放盘 4 内侧安置有转轴 5，且转轴 5 的背面连接有电机 17。万向轮 10 的上端设置有底座 11，且底座 11 的左端连接有第二支架 12，万向轮 10 设置有两个，且万向轮 10 关于底座 11 的中轴线对称，通过万向轮 10 可以方便地对收放装置进行移动，固定轴 13 的底端连接有第二支架 12。

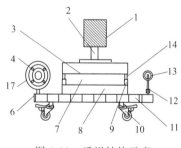

图 6-22　后视结构示意

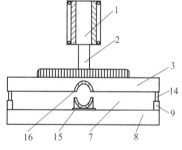

图 6-23　放置槽结构示意

2. 具体使用操作方法

在使用镀锌钢丝收放装置之前，首先通过万向轮 10 将收放装置移动到需要的地方，然后将镀锌钢丝盘放置在固定轴 13 上，然后将镀锌钢丝通过放置槽 7 拉至收放盘 4 上进行固定，然后根据镀锌钢丝的直径对上压板 3 与下压板 8 之间的距离进行调节，通过上伸缩柱 14 与下伸缩柱 9 之间的伸缩对上压板 3 与下压板 8 之间的距离进行调节，然后液压气缸 1 带动连接杆 2 的伸缩，从而连接杆 2 带动上压板 3 伸缩，上压板 3 下压从而压紧下压板 8，然后下凹槽 15 和上凹槽 16 很好的对镀锌钢丝进行固定，电机 17 启动，电机 17 转动带动转

轴 5 转动，转轴 5 带动收放盘 4 转动，收放盘 4 带动镀锌钢丝转动，从而对镀锌钢丝进行收放，就这样完成整个镀锌钢丝收放装置的使用过程。

第九节　一种多台直进式拉丝机同步恒张力系统

（专利号：CN 201120489974.2）

一、设计背景

磷化钢丝在光缆中能保护光纤材料不受弯折，起到支撑和骨架加强的作用，有利于光缆制造、贮存和光缆线路的铺设，具有稳定光缆质量，减少信号衰减的优点，已引起国内外光缆行业的广泛关注，被列入国家重点新产品计划。目前国内生产企业无论是在磷化膜质量上，还是钢丝的平直度、抗拉性和韧性上都很难满足光纤光缆客户的要求，大部分的中高端光纤光缆的磷化钢丝依赖进口。

直进式拉丝机是由多个拉拔头组成的连续生产设备，通过逐级拉拔，可以一次性把钢丝冷拉到所需的规格，所以工作效率比较高。但是，由于通过每一级的拉拔后，钢丝的线径发生了变化，所以每个拉拔头工作线速度也应有变化。机械传动的误差以及机械传动的间隙，还有在启动、加速、减速、停止等动态的工作过程中，各个拉拔头就无法保持同步。

二、技术方案的设计

针对上述现有技术存在的不足，提出一种多台直进式拉丝机同步恒张力系统。本技术思路所采取的技术方案如下。

（1）多台直进式拉丝机同步恒张力系统，包括直进式拉丝机、张力传感器、调速变频器、位置传感器、PLC 模块和触摸屏。直进式拉丝机又包括电机和拉拔头；张力传感器分别安装在相邻的两个拉拔头上，调速变频器一端与电机电联接，另一端与 PLC 模块电联接，位置传感器安装在拉拔头的下方，而且张力传感器和位置传感器分别与调速变频器电联接，触摸屏安装在 PLC 模块上。

（2）直进式拉丝机外侧设有筒形收线架，在收线架上设有驱动电机和收线变频器，驱动电机安装在筒形收线架上，收线变频器一端与驱动电机电联接，另一端与 PLC 模块电联接。

（3）调速变频器、收线变频器与 PLC 模块之间通过 RS485 总线联接和通信，调速变频器之间通过 MODBUS 通信。

三、具体实施方法

1. 具体实施说明

（1）如图 6-24 所示为本新型的一种多台直进式拉丝机同步恒张力系统示意图。这种多台直进式拉丝机同步恒张力系统包括：①直进式拉丝机 1；②张力传感器 2；③调速变频器

3；④位置传感器 4；⑤PLC 模块 5 和触摸屏 6。其中直进式拉丝机 1 又包括：电机和拉拔头 7；张力传感器 2 分别安装在相邻的两个拉拔头 7 上，调速变频器 3 一端与电机电联接，另一端与 PLC 模块 5 电联接，位置传感器 4 安装在拉拔头 7 的下方，且张力传感器 2 和位置传感器 4 分别与调速变频器 3 电联接，触摸屏 6 安装在 PLC 模块 5 上。

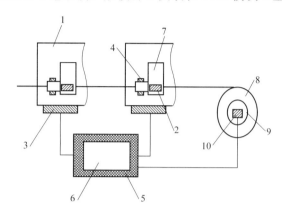

图 6-24　钢丝收线机张力调整装置

1—直进式拉丝机；2—张力传感器；3—调速变频器；4—位置传感器；5—PLC 模块；
6—触摸屏；7—电机和拉拔头；8—筒形收线架；9—驱动电机；10—收线变频器

（2）通过张力传感器 2 动态测量各个拉拔头 7 间的钢丝的张力，再把张力转换成标准信号（0～20mA 或 0～10V），用这个标准信号反馈给调速变频器 3，调速变频器 3 用这个信号作闭环 PID 过程控制，在主速度上叠加上 PID 计算的调整量，保持各个张力检测点的张力恒定，也就保证了直进式拉丝机 1 工作在同步恒张力的工作状态。

2. 整个系统的速度的控制

（1）整个系统的速度控制是由最后一台拉拔变频器决定的，此后再根据每道拉模的压缩比与减速比，计算其他每个机台的主给定速度，由于机械上的误差和拉模的磨损，使得给定的参数与实际的数值有一定的差异，通过位置传感器 4 测量出张力臂的转动角度输出一个0～10V 的模拟量信号给调速变频器 3，调速变频器 3 再根据设定的位置值（一个相对于 10V 的百分比值），经过 PID 计算，在输出频率上叠加上一个纠偏量，消除上述差异。PLC 模块 5 是整个系统的控制中心，控制着整个系统的工作流程。通过触摸屏 6 上按钮的操作，控制每个机台的前联动、后联动、点动及整个系统点动、自动运行。根据触摸屏 6 输入的拉模压缩比参数，计算每个机台的同步速度，并通过 Profibus 总线传输给变频器，由变频器直接驱动机台电机工作。PLC 还通过 Profibus 总线，从变频器中读取变频器的工作参数，对变频器的各种工作异常做出处理，并及时通过触摸屏显示。

（2）多台直进式拉丝机 1 的拉拔头 7 直径不同，通过逐级拉拔，可以一次性地把钢丝冷拉到所需的额定规格，连续生产，工作效率高。

（3）直进式拉丝机 1 外侧设有筒形收线架 8，收线架上设有驱动电机 9 和收线变频器10，驱动电机 9 安装在筒形收线架 8 轴连接，收线变频器 10 一端与驱动电机 9 电联接，另一端与 PLC 模块 5 电联接，通过 PLC 模块 5 控制收线变频器 10，实现恒张力恒速收线。

（4）调速变频器 3、收线变频器 10 与 PLC 模块 5 之间通过 RS485 总线联接和通信，调速变频器 3 之间通过 MODBUS 通信，RS485 具有传输速率高，传输距离远，抗干扰能力强。Modbus 通信协议是应用于电子控制器上的一种通用语言。通过此协议，各控制器相互之间、各控制器与其他设备相互之间可以通信。有了它以后可以将车间内的不同的拉丝机连成工业网络，很方便地进行集中监控。

四、同步恒张力系统实施效果

设计出新的多台直进式拉丝机同步恒张力系统，直进式拉丝机采用变频器控制以后，可以根据产品的不同规格调节放线电机的速度，从而有效提高产品的质量和系统的稳定性。另一方面，采用变频器控制实现了电机的软启动，有助于延长电机的使用寿命，同时减少了电气维护工作量，实现拉丝机设备的拉丝与卷取两环节的恒张力与速度的同步，极大提高了拉丝机设备的自动化水平与加工能力，而且实现了一台控制系统控制多台拉丝机设备，有效地降低了设备的单位能耗与维修成本，节约了大量的人力资源。

第十节　一种钢丝收线机张力调整装置

（专利号：CN 201010157179.3）

一、钢丝收线机存在的问题

在钢丝复合管钢丝绕线过程中，目前多采用预压紧钢丝轮盘以及对钢丝进行多次导向来控制并调节钢丝张力，当给钢丝轮盘调定一个恒定阻力时，由于钢丝轮盘上的钢丝逐渐减少，使得钢丝拉动轮盘的半径力臂逐渐减小，因而导致钢丝张力也逐渐增加，如图 6-25 所示。另外，钢丝从轮盘出来后多次绕过导向环和导向立柱，时间一久便会拉出较深沟槽。这样随着钢丝张力增加，钢丝对导向环或立柱的压力也随之增加，其滑动摩擦力也相应增大，此时即使钢丝轮盘预紧阻力恒定，但是轮盘从满钢丝到放空过程中，钢丝末端的绕线张力将会成倍增加，无法保证钢丝绕线张力的恒定。

二、钢丝收线机张力调整装置的构成

为了克服上述现有技术的不足，研究出一种钢丝收线机张力调整装置。钢丝收线机张力调整装置在基座上设置有一对导向立柱，在基座中央固定有与导向立柱不在同一水平方向的中轴；中轴自下向上依次设置有下压垫、上压垫、锁紧装置，上压垫和下压垫之间留有用于走钢丝位的间隙，上压垫和锁紧装置之间设置有弹簧。其中：①下压垫、上压垫相对的面均设有斜面口；②弹簧与锁紧装置之间设置有垫片；而且上、下压垫能够相对于中轴自由旋转。

钢丝收线机张力调整装置的工作原理，如图 6-26、图 6-27 所示，一种钢丝收线机张力调整装置，包括基座 1，基座 1 上设置有一对水平方向对齐的导向立柱 21，导向立柱 22，基座 1 中央固定有与上述该对导向立柱 21，导向立柱 22 不在同一水平方向的中轴 3，中轴 3 自低向上依次设有下压垫 4、上压垫 5、蝶形螺母 6，下压垫 4 和上压垫 5 之间留有用于走钢丝位的间隙，上压垫 5 和蝶形螺母 6 之间设置有弹簧 7，弹簧 7 用于预压紧上压垫 5，使下压垫 4 和上压垫 5 对经过的钢丝预压紧。通过蝶形螺母 6 来调节预紧压力。弹簧 7 与蝶形螺母 6 之间设置有垫片 8。下压垫 4、上压垫 5 能够相对于中轴 3 自由旋转，避免了钢丝长时

间在压垫同一位置拉出沟槽而影响压紧效果。所述的中轴 3 的固定方式为焊接固定。基座下方固定有安装箍 9，固定方式为焊接固定，安装箍 9 采用管箍环抱式安装方式，整个装置基座安装好之后仍可沿管箍环形摆动，装置工作位置由钢丝导向自调整，避免了钢丝进出压垫时被折弯导向而引起张力变化。

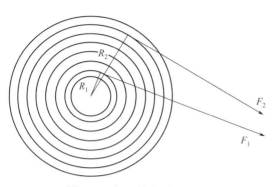

图 6-25　钢丝轮盘受力示意

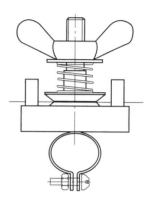

图 6-26　新型产品示意

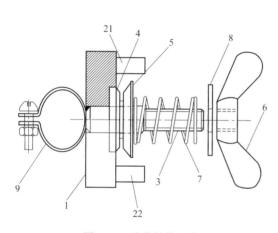

图 6-27　总装结构示意

1—基座；2—导向立柱；3—中轴；
4—下压垫；5—上压垫；6—蝶形螺母；
7—弹簧；8—垫片；9—安装箍

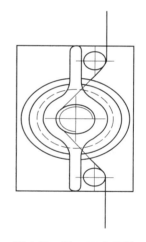

图 6-28　图 6-27 右视图

如图 6-28 所示，张力调整装置通过上述方法，从而保证了钢丝张力的平稳恒定，装卸钢丝时只需将钢丝从上下压垫间的 V 形斜面口挽入或挽出，操作简易方便。

三、有益效果

与现有钢丝收线机上的张力结构相比，本新型钢丝收线机上的张力调整装置在使用中的有益效果是：钢丝绕线机末端采用弹簧预压紧钢丝来调节控制钢丝的绕线张力，去除了钢丝轮盘预紧阻力。上下压垫均采用可自由旋转方式，避免了钢丝长时间在压垫同一位置拉出沟槽而影响压紧效果。采用自由摆动式安装方式，装置工作位置由钢丝导向自调整，避免了钢丝进出压垫时被折弯导向而引起张力变化，从而保证了钢丝张力的平稳恒定，有广泛推广的价值。

第十一节　倒立式梅花收线机上的分线轮

（专利号：CN 201010157179.3）

在钢丝热镀锌生产中，在第一生产工序上，就是将钢丝均匀的分开在分线轮（笆子）上，钢丝才能按顺序的进入下道工序，热镀锌后进入梅花收线机收线，在这个过程中。当钢丝在行进时通过分线轮将钢丝分开，有利于下一操作，所以要求机构设计合理，便于操作。

在现有的钢丝热镀锌生产中，用于分线的部件有多种，这些部件存在分线不均匀，分线次序不佳，常常出现钢丝交叉、跳动、跑槽等问题，致使钢丝被拉断，影响生产。为了解决上述钢丝分线的不足之处，设计了一种倒立式梅花收线机上的分线轮部件，其机构简单、紧凑，拆装方便；能有序地分线，便于进行下一步操作，同时也可以用于上述的工序上。

一、技术改进方案

按照技术设计，倒立式梅花收线机上的分线轮部件由下面几部分所组成：分线轴、分线轮、轴承、孔用挡圈、分线架、套、挡线柱、底板、第一紧定套及第二紧定套。

其中，分线轴的一端套上第一紧定套，用内六角螺栓固定，轴承装入分线轮内，卡入孔用挡圈组成分线轮组件，在分线轴上安装分线轮组件及套。在分线轴的另一端套上第二紧定套，用内六角螺栓紧固，同时将第一带立式座球轴承用第一带弹平垫的螺栓固定在分线架上，装入分线轴，在分线轴的另一端套上第二带立式座球轴承，用第二带弹平垫的螺栓固定，然后装上档线柱，最后在分线架的底端垫上底板。

二、分线组件结构

按照设计技术方案，分别做出各个零部件并进行安装组合。下面结合图 6-29～图 6-31进行简要的说明。

先在分线轴 1 的一端套上第一紧定套 13，用内六角螺栓 7 固定。然后将轴承 3 装入分线轮 2 内，卡入孔用挡圈 4 组成分线轮组件，按以上步骤装好 24 个分线轮组件，将装好的24 个分线轮组件安装在分线轴 1 上，再套上套 6，依次将 24 个分线轮组件全部安装在分线轴 1 上。分线轴 1 的另一端套上第二紧定套 14，用内六角螺栓 7 紧固。如图 6-29 所示，将第一带立式座球轴承 8 用第一带弹平垫的螺栓 10 固定在分线架 5 一端，套入分线轴 1，在分线轴 1 的另一端套上第二带立式座球轴承 15，用第二带弹平垫的螺栓 16 固定，然后装上档线柱 9。最后在分线架 5 的底端垫上底板 11，用带弹平垫的螺栓 12 将分线轮部件固定在收线机机架对应的位置。

随后再将轴承 3 放入分线轮 2 内用孔用挡圈 4 卡住，便于承载分线轮 2 上的载荷，更有利于分线轮 2 的转动，使分线轮 2 上的线稳定经过。分线轮 2 装在分线轴 1 上，有利于分线轮 2 的转动，轮与轮之间用套 6 隔开，使轮之间不产生相互磨损。分线轴 1 的两端分别套上第一、二紧定套用内六角螺栓 7 固定，使分线轮 2 不产生水平移动。带立式座球轴承 8 借助螺栓 10 将分线轴 1 固定在分线架 5 上，使分线轴 1 能平稳转动。挡线柱 9 用于挡线。分线架 5 是支撑整个部件的，将底板 11 垫在分线架 2 底端，用螺栓 12 固定在收线机机架上，整

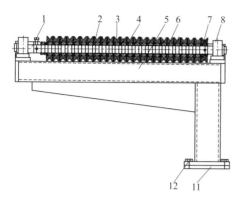

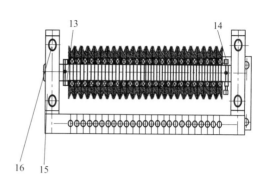

图 6-29　分线轮结构主视图

1—分线轴；2—分线轮；3—轴承；4—挡圈；

5—分线架；6—套；7—内六角螺栓；

8—第一带立式座球轴承；11—底板；12—螺栓

图 6-30　分线轮结构俯视图

13—第一紧定套；14—第二紧定套；

15—第二带立式座球轴承；16—第二带弹平垫的螺栓

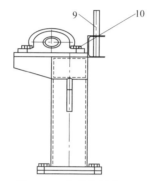

图 6-31　分线轮结构左视图

9—挡线柱；10—第一带弹平垫的螺栓

体上组合安装结束。

在热镀锌钢丝生产中，使用这种结构的分线轮，把钢丝分别走线在分线轮的沟槽中，使镀锌钢丝有序地进入倒立式梅花收线机上，把镀锌钢丝按要求收线。

通过实际生产上使用，与现有的镀锌钢丝分线装置相比具有机构简单、紧凑、合理；拆装方便；能有序的分线，便于进行下一步操作等技术优点。

第十二节　倒立式钢丝收线机

（专利号：CN 201620422400.6）

一、现有收线机存在的问题

收线机是金属制品、拉丝、制绳等行业中所使用的一种重要的辅助加工装置，它是将经退火炉处理后的钢丝按不同直径所要求的收线速度卷绕到存丝花篮架上，当钢丝绕到规定长度后，由积线爪将钢丝托起后剪断，存丝花篮架由小车移出，再推入未绕线的花篮架，实现不停机连续收线。常规倒立式收线机有两种。

① 压轮平卷筒收线机，工作原理是用压轮将钢丝压在卷筒表面，通过转盘，使钢丝无论什么时候都有一点处于压紧状态。

② V形槽收线机，工作原理是将钢丝压入V形槽底，交叉后引出卷筒。

上述两种收线机都在一定的缺陷：压轮平卷筒收线机在收规格粗的钢丝时，压轮能比较好地压住钢丝，使钢丝不会轻易地在卷筒表面上下滑动，以致影响钢丝的质量．但是在收规格较细的钢丝时，如 $\phi 1.0mm$ 以下的钢丝时，由于卷筒和压轮之间的夹角存在很多外在因素，如镀锌后钢丝某一点有镀锌点，压轮压住镀锌点，其余钢丝工艺打滑，规格较细的钢丝特别容易跳出压轮，影响使用效率，耽误生产工期。V形槽收线机可以收规格较细的钢丝，但是由于它的工作原理是通过交叉引入的方式，钢丝与钢丝在V形槽底部存在着摩擦，对钢丝的表面有一些损伤，在对钢丝质量要求比较高的时候，这种形式的收线机并不可取。

二、新型钢丝收线机的性能

针对现有收线机存在的一些技术上的问题，设计一种倒立式钢丝收线机，能较好实现不同规格钢丝的收线，同时不会影响钢丝的质量和生产效率。

倒立式钢丝收线机主要包括机架、减速电机、转盘和卷筒，减速电机固定于机架上，在减速电机上设置有竖直向下布置的中空转动轴，转动轴与转盘之间相互连接，卷筒设置于减速电机与转盘之间，并与机架固定连接，在转盘的边缘分别设置有两个定位带轮，定位带轮通过转轴与转盘转动连接，在两个定位带轮两侧的转盘上分别设置有将钢丝引至卷筒上的转角导轮和调节带轮装置，在两个定位带轮和调节带轮装置上设置有同步带，调节带轮装置用于调节同步带的张紧度，同步带的内侧将钢丝压紧于卷筒上，在转盘下方的出线孔处设置有用于将钢丝引至转角导轮上的中心导轮。

调节带轮装置包括底座、调节螺杆、带轮和滑座，带轮通过定位轴安于滑座上，滑座与底座之间通过水平直线导轨连接，调节螺杆设置于滑座上。卷筒设置成上，下布置的上大直径卷筒和下小直径卷筒。

三、新型钢丝收线机的结构

新型钢丝收线机的结构与组成如图 6-32～图 6-35 所示。

新型倒立式钢丝收线机主要包括机架 1、减速电机 2、转盘 3 和卷筒 4，减速电机 2 固定于机架 1 上，在减速电机 2 上设置有沿竖直向下布置的转动轴 5，转动轴 5 的内部中空，转动轴 5 与转盘 3 之间通过花键连接，其中卷筒 4 设置于减速电机 2 与转盘 3 之间，并与机架 1 固定连接，使得减速电机 2 仅带动转盘 3 转动，卷筒 4 固定不动，在转盘 3 的边缘分别设置有两个定位带轮 6，定位带轮 6 通过转轴 7 与转盘 3 转动连接，在两个定位带轮 6 两侧的转盘 3 上分别设置有转角导轮 8 和调节带轮装置 9，在两个定位带轮 6 和调节带轮装置 9 上设置有同步带 10，同步带 10 的内侧将钢丝压紧于卷筒 4 上，在转盘 3 的中心处开设有与转动轴 5 位于同一轴心线的出线孔 11，在出线孔 11 处的转盘 3 上设置有中心导轮 12，钢丝通过导轮至转动轴 5 内部，由转盘 3 的出线孔 11 出来后经过中心导轮 12，然后经过转角导轮 8，缠绕在卷筒 4 上，部分钢丝被同步带 10 压紧在卷筒 4 上，最后由转盘 3 上的出线装置 13 将钢丝引到存丝花篮架上，为了保证进入卷筒 4 的钢丝直度，在转角导轮 8 的出线位置设置有校直器 14，钢丝由转角导轮经过校直器后再缠绕到卷筒上。

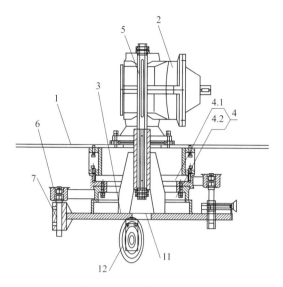

图 6-32 新型的结构示意

1—机架；2—减速电机；3—转盘；4—卷筒；
5—转动轴；6—定位带轮；7—转轴

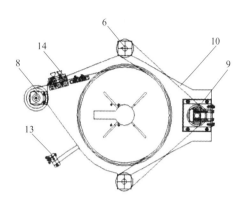

图 6-33 图 6-32 的俯视图

8—转角导轮；9—带轮装置；10—同步带；
13—出线装置；14—校直器

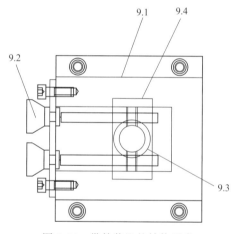

图 6-34 带轮装置的结构示意

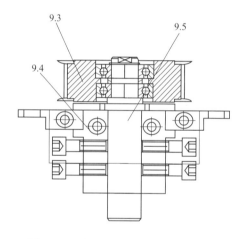

图 6-35 图 6-34 的纵向剖视局部示意

其中调节带轮装置 9 包括底座 9.1、调节螺杆 9.2、带轮 9.3 和滑座 9.4，带轮 9 通过定位轴 9.5 安装于滑座上，滑座与底座 9.1 之间通过水平直线导轨连接，调节螺杆 9.2 设置于滑座 9.4 上，通过调节螺杆 9.2 实现滑座 9.4 的滑动，从而来调节带轮 9.3 上的同步带 10 的张紧度，使同步带压紧卷筒上缠绕的钢丝。

为了适应不同花篮架的圈径，本实施例中将所述卷筒 4 设置成上，下布置的上大直径卷筒 4.1 和下小直径卷筒 4.2，上大直径卷筒 4.1 和下小直径卷筒 4.2 之间通过螺钉锁紧连接，由于两个卷筒的高度不同，调节带轮装置 9 上的带轮高度也要相应调节，由于带轮 9.3 上的定位轴 9.5 是通过螺钉锁紧在滑座 9.4 上的，所以只要调松螺钉就可以实现带轮 9.3 高度的调节。

四、具体安装操作过程

（1）$\phi 0.6 \sim \phi 1.2 \text{mm}$，钢丝经过转角导轮后，再经过校直器，引入下层卷筒（$\phi 465 \text{mm}$）。

在此过程中，调整定位带轮至最低位置，通过调节带轮装置，调整出合适的操作空间，此时经过人工，将钢丝缠绕（缠绕圈数2～3圈）在卷筒表面，再由调整调节带轮装置，张紧同步带，使同步带能压紧此前缠绕的钢丝，紧紧压在卷筒的表面。再由出线装置，引出卷筒，进入花篮架。

（2）$\phi0.9$～$\phi1.6$mm，钢丝经过转角导轮后，再经过校直器，引入上层卷筒（$\phi507$mm）。在此过程中，首先调节两侧的定位带轮，将带轮高度位置与上卷筒位置齐平，再通过调节带轮装置，调整出合适的操作空间，此时经过人工，将钢丝缠绕（缠绕圈数2～3圈）在卷筒表面，再调整调节带轮装置，张紧同步带，使同步带能压紧此前缠绕的钢丝，紧紧压在卷筒的表面。再由出线装置，引出卷筒，进入花篮架。

这种新型的钢丝收线机优点如下。

① 通过设置同步带轮，并在同步带轮上设置同步带将收线钢丝压紧在卷筒上，这样可以实现不同规格钢丝的收线，同时不会对钢丝质量造成损伤。

② 将卷筒设置成大、小直径的两种，可以适应不同圈径的花篮架，扩大收线机的使用范围，降低企业的成本。

第十三节　钢丝定尺装置

钢绞线生产一般要经过三道大的工序：拉拔-镀锌-捻股。拉拔机现在多采用直进式拉丝机，其收线工字轮收丝重约1.2t，因为其荷载大，单盘重运行时间长，在生产中可充分发挥出直进式拉丝机变频调速省电的功效。镀锌采用的是热镀锌连续生产线，效率高。但生产线上收线机的收线轮盘仅可收线200～260kg，故该工序一个重要任务就是要经常下线，即将要满盘的镀锌丝剪下，并从盘中取出。一般每次下线重量为210kg为好，此重量刚好保证捻股机捻股的需要，因为捻股机上所用的每个工字轮仅需210kg左右的镀锌钢丝就可以了。现在的问题是如何将连续生产的镀锌丝每次恰好分成210kg，以供捻股之用，这个问题也是钢绞线生产厂家一直想要解决的问题。由于生产的发展及外贸的要求，经过考察和研究，设计了热镀锌生产线收线机组定尺标记装置，基本解决了热镀锌收线长期以来存在的定尺难的问题，提高了劳动效率，保证了生产的质量。

一、定尺标记装置的工作过程

该装置是装配在热镀锌生产线收线机组的适当位置上的，如图6-36所示。

图6-36（a）是定尺标记装置主视图，图6-36（b）是俯视图。热镀锌钢丝由收线机组上的轮盘通过导向轮的导向，可顺利进入压紧轮与计米轮间。值得注意的是为了记米准确，镀锌丝应在计米轮上绕上1～2圈为佳。主动链轮与计米轮是位于主轮轴的两端，通过链条、被动链轮，将计米轮上量得的镀锌丝长度传到传感轮上，由于传感器的作用，能在数字显示仪显示数字。当镀锌丝走到指定的圈数，即计量到210kg时，在镀锌丝还未进入到收线卷筒前，安装在座板上的电磁铁动作，再通过拉杆、摇臂、摆杆带动彩墨盒里的滚轮向上运动，便完成了对镀锌丝的标记动作。标记印迹的长度、宽度可在10～20mm范围内自行调定，其颜料及颜色可任意选定，但要以醒目、速干和附着力强的颜料为好。这样热镀锌丝下线时，只要按照打印的标记进行剪断，分别包装就可以了，从而省去了严格生产工艺中所需

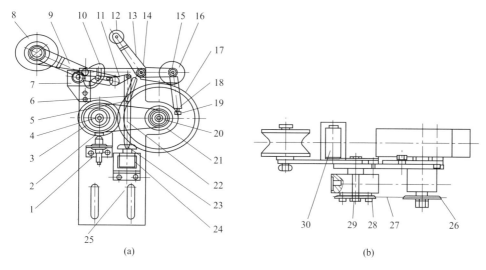

图 6-36　定尺标记装置结构示意图

1—传感数显机构；2—钉；3—传感轮；4—轴；5—短轴簧柱；6，18—拉簧；7—彩墨盒；8—导向轮；

9—调整板；10—摆杆；11—摇臂；12—手柄；13—压轮架；14—机架小轴；15—压轮轴；

16—压紧轴；17—记米轮；19—拉簧柱；20—主轮轴；21—座板；22—拉杆；23—导柱；

24—电磁铁；25—电磁铁架；26—主动链轮；27—链条；28—被动链轮；29—小轴；30—滚轮

要的费力费时的称量工序。该装置计米和标记为一整体结构，机械部分与电器部分紧凑地装在一起，占用空间不大，方便保养和维修。计米误差为 0.1%，在类似的生产线上此种计量精度是足以满足生产工艺需要的。

二、设计、维护中要注意的问题

（1）装置采用定数计米，即由人工进行设定输入所要求的米数。计米轮宜采用摩擦系数大、耐磨性好的材料制成。同时还需其轮的周长为一整数，这样可保证长期较为准确的计数。两链轮齿数之比应设计为一整数，这样可以方便计算、易于人工设置需要的米数。

（2）该装置机械部分为自行设计制造的，使用结果表明精度适中，制作成本不高，较为实用。传感器选用霍尔开关，数字显示仪（电磁计数）等电器元件外购。数字显示仪作用是将接收到的信号转化为计米的动作，并加以数字显示。

（3）计米轮一方面要求轮缘表面要有足够的摩擦，以使镀锌丝在这里缠绕时不打滑；另一方面还要减小计米轮旋转运动时的摩擦，在该装置中计米轮与压紧轮均采用滚动传动，以免影响计米的准确。

（4）由于是在线计量，此装置又是安装在连续 24h 不停机的收线机上，故工作机运转所造成的不停地震动，不可避免地使装置上彼此连接的零件发生松动。除了设计中要注意增加固紧元件的防松结构外，更为重要就是要注意在线及时维护，否则会影响计量质量，甚至会造成设置损坏。

该装置经过一年多的使用，证明计米标记装置达到了工艺设计和计量的要求，解决了热镀锌工序供丝长短不一所造成的不必要的浪费或增加电接头现象，降低了生产消耗，提高了生产效率，收到了预期效果。

第十四节 酸洗用耐腐蚀、耐碰撞的酸洗槽

（专利号：CN 201320545506.1）

一、新型耐酸液腐蚀耐碰撞的酸洗槽

钢丝用的盘条，在磷化之前要进行酸洗处理，去除盘条表面的铁锈和其他表面的氧化物后，再经过对钢丝表面的助镀剂处理，才能进行热镀锌。酸洗槽不但要具有耐酸腐蚀的优点，而且要能承受工件对槽体内壁的撞击而不损坏。因此，选择最佳的防腐蚀材料对于热镀锌预处理工序的酸洗和磷化槽设备，有着十分重要的意义。传统的对钢铁件进行酸洗所使用的酸洗槽（池），其酸洗槽体材料大体上经历了以下三个过程。

① 水泥混凝土槽体外壳＋环氧树脂、玻璃纤维布作内衬制作的酸洗槽体。

② 花岗岩石块砌筑成的酸洗槽体。

③ 用 PPH 板焊接制作的酸洗槽体。以上三个过程是逐步地从一般的耐酸腐蚀向高耐腐蚀发展，从一般地防钢铁工件碰撞到较好地防钢铁工件的碰撞发展。据实际使用对各个酸洗槽体分析，其优点和缺点分述如下。

（1）水泥混凝土槽体外壳＋环氧树脂、玻璃纤维布作内衬制作的酸洗槽体。制造槽体时简便，涂抹环氧树脂和粘贴玻璃纤维布操作也十分容易；造价低。缺点如下。

① 不耐钢铁件对其内壁的碰撞和冲击。

② 使用寿命短。一般为 10 个月后内壁环氧树脂玻璃纤维布就会与水泥混凝土槽体分离脱落，而失去作用后，产生漏酸液问题，并加快水泥混凝土槽体的损坏，出现酸液的严重渗漏，此时设备只能报废。

（2）花岗岩石块砌筑成的酸洗槽体。花岗岩石块市场供应充足，砌筑简便，施工工期短，其不但耐酸腐蚀，而且耐钢铁工件的撞击，缺点如下。

① 所用花岗岩石块造价高。

② 在砌筑时每个石块与石块之间缝隙处的所使用的环氧树脂类的粘接剂，易老化、脆裂。

③ 因老化、脆裂后出现微小的裂纹。此时，酸洗液从微裂纹处渗漏酸洗液，且不易被发现，很难处理渗漏处，一般使用 2 年后就需要将整个酸洗槽扒掉，重新砌筑，因工程较大，费工费时，影响生产。

（3）用 PPH 板焊接制作的酸洗槽体内衬。PPH 板耐酸腐蚀能力非常强；制造槽体内衬时较简便，按要求用塑料焊条，在板与板之间进行对缝焊接；施工工期短，安装方便。缺点如下。

① 不耐钢铁件对其内壁的碰撞和冲击。

② PPH 板材本身硬度低，容易磨损。

③ 焊缝处易因老化而开裂，开裂后将出现渗酸，或直接出现漏出酸洗液。在生产使用中，焊缝处易因受槽中的酸液体的压力向外膨胀发生变形而损坏。出现因膨胀变形损坏的时候，不能进行维修，只能重新使用造价很高的 PPH 板材。以上所叙述的三种钢铁工件进行酸洗，所使用的酸洗槽不能满足生产的需要，更不能适应绿色环保的要求。

因此，正确设计制造钢铁工件酸洗槽（池）的防腐蚀内衬，使酸洗槽（池）长期使用不渗漏，不因环境温度的变化，使酸洗槽（池）热胀冷缩变形，对于热镀锌企业的生存和发展是极其重要的一个生产环节。

二、新型酸洗槽制造技术要点

新型耐酸液腐蚀的酸洗槽要解决的技术问题：提供一种用于钢铁工件酸洗时耐腐蚀的酸洗槽，该酸洗槽具有耐酸液腐蚀、槽体强度高、能有效承受钢铁件撞击和使用寿命长等优点。

新型的耐酸液腐蚀的骨料：①石英白石子（SiO_2）；②石英（SiO_2）砂。粘接剂为液体硅酸钠，（俗称：水玻璃、泡花碱）和工业级氟硅酸钠，两种原料按一定的比例混合后生成硅酸凝胶 $[Si(OH)_4]$，这种具有胶体性质的硅酸凝胶将耐酸骨料、粉料粘接成为一体，并逐渐脱水缩合后形成具有硅氧键的体型结构，会使以石英砂、石英白石子等固化成为坚硬的耐酸腐蚀的槽体（池），满足钢铁工件除锈进行酸洗的需要。

三、使用效果分析

① 新型的酸洗槽，包括耐腐蚀的内槽体和混凝土外槽体，内槽体和外槽体之间设有防渗漏层，槽体上设有排雾口，排雾口和排雾管道相连。酸洗槽采用分层设计，不仅耐酸液腐蚀，而且槽体强度高，能有效抵挡钢铁工件的撞击，使用寿命长，其使用寿命是传统花岗岩酸洗槽的 8 倍以上。

② 新型的酸洗槽，同样可以用于助镀剂槽，溶剂可以加热到 70～80℃使用。

③ 采用硅酸钠作为粘接剂，浇注后成型速度快，韧性好，表面光滑，施工速度快，与同等容积的花岗岩耐酸槽相比，能节约制造成本，施工简便，具有推广价值。

第十五节　钢丝镀锌在线锌层重量检测装置

（专利号：CN 200820190838.1）

一种钢丝镀锌生产线在线锌层重量检测装置，在镀锌设备的前后方分别设置有钢丝镀锌前后测径仪，测径仪的输出接口与数据处理装置的输入接口相连，数据处理装置的输出接口与镀锌生产线控制系统或显示装置相连。本实用新型结构简单，操作方便，能实时输出镀锌层重量数据，为镀锌生产线进行锌层重量自动控制提供检测和控制依据，保证钢丝镀锌后的锌层重量在比较精确的范围内波动，从而提高镀锌钢丝合格率，降低钢丝镀锌生产成本和检测成本。

一、镀锌钢丝在线检测的重要性

目前，圆形钢丝在镀锌生产线上镀锌后，锌层重量一般按照 GB/T 2973《镀锌钢丝锌层重量试验方法》进行检测，即先取样，再到实验室检测，整个检测过程时间较长。为了不破坏钢丝的整体性，检测取样只能在钢丝两端进行检测，钢丝中间锌层重量状态不能取样检测。钢丝镀锌时的锌温、锌液含铁量（锌液底渣量）、钢丝线速、钢丝镀锌抹试系统（或介质）等均会对钢丝锌层重量造成较大波动。为了保证所有钢丝锌层重量合格，工艺规定锌层重量控制点比标准值提高一定比例，以减少钢丝锌层重量不合格现象，这样就非常不经济，大幅增加了钢丝镀锌成本。

二、在线检测镀层的方案

本实用新型的目的是提供一种钢丝镀锌生产线在线锌层重量检测装置，能实现钢丝镀锌时的锌层重量检测，并能实时输出锌层重量数据，为钢丝镀锌生产线进行锌层重量自动控制提供检测和控制依据，保证钢丝镀锌后的锌层重量在比较精确的范围内波动，从而提高镀锌钢丝合格率，降低钢丝镀锌生产成本和检测成本。

本方案原理：圆形钢丝镀锌前后直径会发生变化，变化量与钢丝锌层重量有直接关联，因此检测钢丝镀锌前后钢丝直径，之后利用实践经验建立的数学模型进行相应的计算及处理能得到锌层重量，将该值反馈至钢丝镀锌生产线控制系统，控制系统自动控制相应锌层重量关键点（热镀锌调整钢丝线速度、电镀线调整钢丝线速度及电镀电流等）就可达到在线控制锌层重量的目的。

本技术方案是在镀锌设备的前、后方分别设置有钢丝镀锌前后测径仪，测径仪的输出接口与数据处理装置的输入接口相连，数据处理装置的输出接口与镀锌生产线控制系统相连。上述数据处理装置还设置多个常闭和常开的节点、显示装置和人机对话装置（键盘或触摸屏）；这种自动检测设施，新型结构简单，造价低，操作方便，解决了钢丝镀锌时无损检测镀锌层重量并精确控制钢丝镀锌时的锌层重量等问题。如图 6-37 所示。

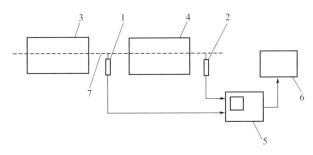

图 6-37　钢丝镀锌层自动检测设施示意

1—钢丝测径仪；2—钢丝镀锌后测径仪；3—钢丝镀锌前处理设备；
4—镀锌槽；5—数据处理装置；6—生产线控制系统；7—钢丝

三、具体操作方法

（1）如图 6-37 所示，在每根需要检测锌层重量的圆形钢丝镀锌设备 4（炉子或镀槽）前后合适位置各安装一个直径检测仪，直径检测仪 1、2 的输出接口与数据处理装置 5 的输入接口相连；数据处理装置 5 输出接口与镀锌生产线控制系统 6 相连，达到锌层重量自动控制的目的。数据处理装置 5 输出接口如果不与镀锌生产线控制系统 6 相连，此时锌层重量数据也能显示在显示装置上，通过人工调节镀锌生产线有关设备参数达到控制锌层重量的目的。

（2）本新型最简单组成形式为两个在线直径检测仪 1、2（市场有售）和一个数据处理装置 5（适用于单根钢丝在线检测）；亦能由多个直径检测仪器与单个（或多个）数据处理装置 5 组成（适用于多根钢丝同时在线检测）；直径检测仪的精度为 0.001mm，能够实现钢丝截面 X-Y 轴两个方向同时检测，并且直径数据输出频率不小于 10 次/秒；数据处理装置由微型处理器及相关器件组成，数据处理装置 5 具有一套完整的操作程序和直径-锌层重量处理程序，数据处理装置 5 至少有两个数据接收（通讯）接口（用于接收直径检测仪检测数据），至少有一个数据输出（通讯）接口（用于输出锌层重量值），数据处理装置还具有显示功能和人机对话功能（键盘或触摸屏），以方便参数设置和数据显示。另外，数据处理装置 5 还能加入数个常闭和常开节点，方便在锌层重量超过设定值时通过常闭和常开节点完成其他控制功能。

第十六节　钢丝热镀锌生产的锌层石墨块抹拭装置

（专利号：ZL 20160232877.6）

一、现有镀锌层的抹拭方法

在钢丝表面镀锌是提高钢丝表面品质、增强钢丝耐腐蚀性能的有效方法之一，由于钢丝热镀锌生产可连续进行，具有生产效率高、工艺简单稳定、适应性强等优点，在电力、通讯、渔业等领域得到了广泛的应用。在采用热镀锌工艺对钢丝表面进行防腐处理过程中，钢丝从锌液中出来后，一般要通过抹拭装置将钢丝表面黏附的锌液去除，并抹平镀层，锌层抹拭技术对钢丝镀层的厚度及表面质量的控制起关键性作用，因此钢丝锌层抹拭工序是钢丝热镀锌生产中的重要环节。

二、改进的方法与措施

针对现有技术存在的不足，提供一种应用于钢丝热镀锌生产中的锌层抹拭装置，其既能提高工作效率和产品质量、降低生产成本，又可避免对大气环境造成破坏。这种应用于钢丝热镀锌生产中的锌层抹拭装置，主要由以下几个部分所组成：主体框架及若干冷却管。主体框架布置在钢丝热镀锌设备的钢丝出口一端，所述主体框架上设置有一排涂石墨石棉盘根组件，每个涂石墨石棉盘根组件均包括两个上下相对分布的第一盘根及第二盘根，所述主体框架的底部嵌装有下安装座，第二盘根固定于所述下安装座，第一盘根相对第二盘根的另一表面固定有上安装座，上安装座的上方设有压紧螺栓安装座，压紧螺栓安装座上设置压紧螺栓，第一盘根通过压紧螺栓与第二盘根压紧，第一盘根和第二盘根接合面处设有钢丝穿孔，钢丝穿孔的一端与钢丝热镀锌设备的钢丝出口连通，钢丝穿孔的另一端连通有一冷却管，冷却管的内壁位于钢丝穿孔的边缘的外周，冷却管的边缘通过挤压装置与第一盘根及第二盘根构成密封设置。

挤压装置包括若干挤压螺栓安装座及若干用于放置冷却管的放置架，每一挤压螺栓安装座及每一放置架均固定于主体框架，每一挤压螺栓安装座均安装有穿过并与其构成螺纹连接的挤压螺栓，冷却管的外周设有助力板，挤压螺栓抵接助力板相对钢丝穿孔的另一表面，且挤压螺栓的长度方向与冷却管的长度方向相同，挤压螺栓可通过旋出或旋进，挤压螺栓安装座以调节对助力板的挤压强度。冷却管包括第一端部及第二端部，第一端部与第一盘根及第二盘根构成密封设置，冷却管的底部设有进水端，冷却管的顶部设有出水端，进水端设于第一端部的底部，出水端设于第二端部的顶部。第二端部的垂直位置高于第一端部的垂直位置。冷却管的外周设有用于提起冷却管的手提把，且助力板位于手提把及挤压螺栓之间。助力板相对挤压螺栓的另一表面与冷却管之间固定有板筋。

本新型的优点为：通过上述技术方案，涂石墨石棉盘根组件中的钢丝穿孔将钢丝表面黏附的锌液去除，并抹平镀层，由于涂石墨石棉盘根组件不需要进行重机油浸渍处理，因此避免了钢丝抹拭作业时产生烟雾的现象，去除了专用的排烟通道和抽烟设备降低了生产成本；而且，经过锌层抹拭的钢丝可以直接在冷却管中进行充分的冷却，借此，可有效地提高钢丝镀层的质量。

三、锌层抹拭的结构

结合附图说明如下。图 6-38 为本新型应用于钢丝热镀锌生产中的锌层抹拭装置示意图，(a) 为主视图；(b) 为 (a) 中 A—A 面的剖视图。

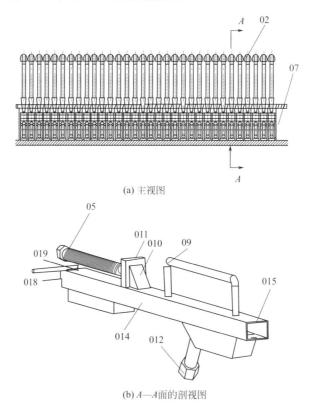

(a) 主视图

(b) A—A面的剖视图

图 6-38　锌层抹拭装置示意图

01—钢丝；02—压紧螺栓；021—压紧螺栓安装座；03—上安装座；04—涂石墨石棉盘根组件；
041—第一盘根；042—第二盘根；05—挤压螺栓；051—挤压螺栓安装座；06—下安装座；07—主体框架；
08—钢丝穿孔；09—手提把；010—板筋；011—助力板；012—进水端；013—进水管；014—冷却管

如图 6-38 中的 (a) 和 (b) 所示，一种应用于钢丝热镀锌生产中的锌层抹拭装置，包括主体框架 07 及若干冷却管 014，主体框架 07 布置在钢丝热镀锌设备的钢丝出口 015 一端，主体框架 07 上设置有一排涂石墨石棉盘根组件 04，每个涂石墨石棉盘根组件 04 均包括两个上下相对分布的第一盘根 041 及第二盘根 042，主体框架 07 的底部嵌装有下安装座 06，第二盘根 042 固定于下安装座 06，第一盘根 041 相对第二盘根 042 的另一表面固定有上安装座 03，上安装座 03 的上方设有压紧螺栓安装座 021，压紧螺栓安装座 021 上设置有压紧螺栓 02，压紧螺栓 02 穿过压紧螺栓安装座 021 并与压紧螺栓安装座 021 构成螺纹连接，第一盘根 041 通过压紧螺栓 02 与第二盘根 042 压紧，第一盘根 041 和第二盘根 042 接合面处设有钢丝穿孔 08，钢丝穿孔 08 的一端与钢丝热镀锌设备的钢丝出口 015 连通，另一端连通有一冷却管 014，冷却管 014 的内壁位于钢丝穿孔 08 的边缘的外周，冷却管 014 的边缘通过挤压装置与第一盘根 041 及第二盘根 042 构成密封设置。针对涂石墨石棉盘根，其由高质量石棉盘根里外涂石墨并充分浸油制成，具有良好的回弹，因为石墨具有很好的润滑效果，故涂石墨石棉盘根具有良好的润滑性。

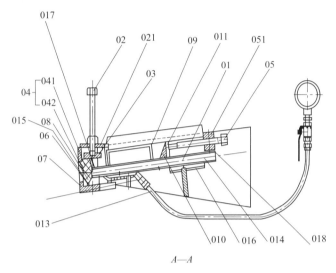

图 6-39 抹拭装置中冷却管的结构示意

015—钢丝出口；016—放置架；017—第一端部；018—第二端部；019—出水端

由上述的涂石墨石棉盘根可知，第一盘根 041 与第二盘根 042 具有很好的弹性，故压紧螺栓 02 通过旋进或旋出压紧螺栓安装座 021 来调节钢丝穿孔 08 的大小，借此，对经过钢丝穿孔 08 的钢丝 01 表面的锌层的厚度进行调节。

本新型用石墨石棉盘根作为对热镀锌钢丝锌层的抹拭方法，是除了用电磁抹拭、氮气抹拭以及复合力抹拭以外的一种方法，具有投资小，见效快的特点。同时，最为关键的一点是：由于涂石墨石棉盘根不需要额外进行重机油浸渍处理，因此避免了钢丝抹拭作业时产生烟雾的现象，去除了专用的排烟通道和抽烟设备，降低了生产成本。

第十七节 一种热镀锌钢丝收线设备

（专利号：CN 201720366094.3）

本实用新型采用了如下技术方案。

热镀锌钢丝收线设备包括底座，底座的上端两侧均设有支撑架，支撑架的上端设有横板，横板的上端设有伸缩气缸，伸缩气缸的活塞杆贯穿横板并固定连接有风管，风管的上端固定安装有吹风机，吹风机通过连接管与风管连接，风管的下端等间距设有多个吹风嘴，两个支撑架之间设有连接轴，支撑架上均设有固定块，且连接轴的两端转动连接在固定块上，连接轴上固定套接有工字轮，其中一个支撑架上设有固定架，固定架上固定有第一驱动装置，且第一驱动装置与连接轴位于同一水平面上，第一驱动装置的输出轴依次贯穿支撑架、固定块并与连接轴固定连接，工字轮的下方设有横架，横架的两端固定在支撑架上，在该横架的前侧设有滑轨，在滑轨上安装有滑块，在滑块上设有两端具有开口的导线槽，在底座的上端设有驱动箱和安装座，且安装座位于驱动箱的前侧，驱动箱内固定有第二驱动装置，在第二驱动装置的输出轴贯穿驱动箱的前侧壁并固定连接有转盘，转盘的边缘固定有限位杆，安装座上转动连接有第二转动杆，第二转动杆远离安装座的一端转动连接有第一转动杆，第二转动杆远离第一转动杆的一端转动连接在滑块上，第二转动杆上设有条形槽，且限位杆贯穿条形槽。

在导线槽的内壁上设有清洁棉。该第一驱动装置和第二驱动装置均为驱动电机。底座的下端设有垫脚。在本新型设备中，通过第二驱动装置带动转盘转动，使得限位杆在条形槽内上下移动，第二转动杆实现往复转动一定的角度，从而带动第一转动杆，第一转动杆可以带动滑块沿水平方向往复滑动，钢丝可以从导线槽穿过并缠绕在工字轮上，实现钢丝均匀缠绕在工字轮上，导线槽内壁上的清洁棉可以清理钢丝表面，位于工字轮上方的吹风机可以将钢丝表面进一步清理。图 6-40 为一种热镀锌钢丝收线设备的结构示意图。

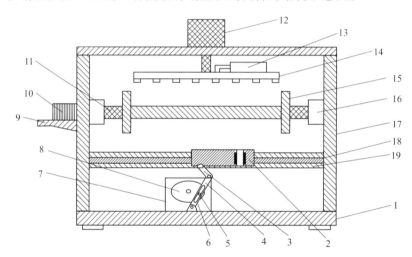

图 6-40　热镀锌钢丝收线设备的结构示意

1—底座；2—滑块；3—第一转动杆；4—第二转动杆；5—限位杆；6—条形槽；7—驱动箱；
8—转子；9—固定架；10—第一驱动装置；11—连接轴；12—伸缩气缸；13—吹风机；
14—风管；15—工字轮；16—固定块；17—支撑架；18—滑轨；19—横架

第十八节　镀锌钢丝用超声波清洗设备

（专利号：ZL 201120298475.5）

一、现有超声波清洗设备存在的缺陷

金属制品的热镀锌是最基本、最有效的防腐工艺之一。可进行热镀锌的金属制品包括钢丝、板材、钢卷、钢管、结构件和紧固件等，其中钢丝是重要的一类。钢丝在镀锌前必须进行表面处理，以去除钢丝表面在存放、热处理等过程中产生的油、锈、灰尘等污染物，或者钢丝表面原本残存的拉拔润滑剂、磷化膜等。目前镀锌钢丝生产大多使用超声波结合清洗液对钢丝表面进行处理，大大提高了清洗速度，实现了钢丝的在线连续快速清洗。但目前市场上用于处理金属表面的超声波清洗设备，其结构主要包括超声波发生器、换能器和清洗槽，清洗槽底部设置换能器，在清洗槽内装满清洗液，超声波发生器与换能器相连接，接通电源，使超声波发生器工作，超声波换能器将高频电能转换为高频的机械振动，使清洗槽内的清洗液振动，钢丝从中穿行，从而使钢丝表面的油污、杂质从钢丝表面剥离，达到清洗的效果。这种超声波清洗设备不方便更换清洗液，清洗时需要人工监控，控制水量，不然如果水位过低，会造成清洗不彻底，如果水位过高，清洗液又容易溢出，造成浪费，且有时由于清洗不彻底，排水时会将部分清洗液当作废水排除，增加了成本又污染环境。

二、改进的技术方案

本实用新型旨在提供一种能充分利用超声波清洗液，节约能源，降低生产成本的镀锌钢丝超声波清洗设备。一种镀锌钢丝超声波清洗设备包括超声波发生器、超声波换能器1、清洗槽2，超声波清洗槽2的长、宽、高分别为：6m×1.4m×0.25m，采用厚度为1～3mm的316L不锈钢材料制成；超声波清洗槽2的底部向外设置5～9组超声波换能器1，每组安装有30～40个超声波换能器。为了便于清洗液表面的油污能及时从清洗槽2排出，在超声波清洗槽2上开有溢流口3，溢流口3位于清洗槽出钢丝一端的侧面并靠近顶端，溢流口3距清洗槽顶端的距离为10～30mm。

清洗槽2的内壁还设置有低液位感应器4，低液位感应器4距清洗槽2顶端的距离为30～50mm，以便在清洗液减少时能及时对清洗槽补充新的清洗液。

图6-41为该超声波清洗设备结构示意图。图6-42为该超声波清洗设备加装的低液位感应器的立体结构示意图。

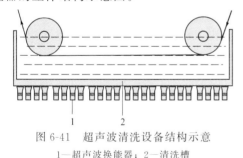

图 6-41　超声波清洗设备结构示意　　　　图 6-42　液位感应器的立体结构示意
1—超声波换能器；2—清洗槽　　　　　　　3—溢流口；4—低液位感应器

三、使用效果总结

本新型超声波有益效果体现在以下三个方面。

① 该超声波清洗设备设计合理，结构简单，使用方便。

② 该超声波清洗设备的槽体采用316L不锈钢材料，耐腐蚀性能优秀，超声波传导效率高。

③ 该超声波清洗设备的清洗槽顶部设有溢流口，当对清洗槽添加清洗液的时候，浮在清洗液表面的油污能够溢流到外，再对其进行收集处理，节约了清洗液的用量，避免清洗液污染。该超声波清洗设备的清洗槽内壁设置有低液位感应器，能够及时提示超声波清洗液的

使用情况，以便及时添加。

第十九节　一种用于钢丝热镀锌的生产装置

一、现有镀锌设备的问题

钢丝镀锌使用的镀锌技术均为热镀锌，其钢丝垂直热镀锌的原理是将表面清洗洁净的钢丝涂上助镀剂后斜向浸入锌液，通过固定在锌液面下一定深度的压辊（沉没辊），将钢丝垂直向上引出锌液面。但当钢丝离开锌液面时，黏附在钢丝表面的锌液被具有一定运行速度的钢丝带出，如果钢丝运行速度不足，覆盖在钢丝表面的液锌由于自身重力作用向下垂流，达不到钢丝镀锌层的要求，当钢丝达到一定速度时，大部分锌液将克服重力作用黏附在钢丝表面，形成合格的镀锌层。目前，钢丝热镀锌中使用控制锌层的方法为传统模子抹锌，该方法存在模子更换频繁、易损，擦丝不均匀容易产生锌瘤等缺点。

二、改进的技术方法

本实用新型的目的是提供一种用于钢丝热镀锌的生产装置（专利号：CN 201620375363.8），以有效克服上述现有技术的不足。

为了实现上述目的，本实用新型采用的技术方案是：研究一种新型钢丝热镀锌生产装置，它主要包括锌锅和沉压辊，所述锌锅内有锌液，其沉压辊安装在锌锅内的底部，在锌锅的侧面设有T形支架，其T形支架的支臂位于锌锅的上方，在锌锅的侧面靠近T形支架处还设有控制器；所述T形支架的支臂下方设有水平导轨，水平导轨上连接有滑块，其滑块的侧面设有垂直导轨，垂直导轨上连接有气管转接器，在气管转接器的端部固定设有气嘴，其气嘴通过气管转接器和气管与控制器联通；所述滑块、垂直导轨、气管转接器、气管和气嘴均位于镀液的液面上方，气嘴的垂直中心线与沉压辊一侧的垂直切线重合，需镀锌钢丝绕过沉压辊从气嘴处输出，这种气嘴与钢丝不接触。

控制器上设有电磁气阀和控制电路，电磁气阀串联在气管的管路中，电磁气阀通过导线与控制电路电连接。T形支架的支臂上设有水平导轨的锁紧机构。滑块上设有垂直导轨的锁紧机构。

三、具体实施方法和效果

1. 具体实施方法

如图6-43所示，锌锅1内盛有镀液11，其沉压辊2安装在锌锅1内的镀液11中，在锌锅1的侧面设有T形支架3，其T形支架3的支臂位于锌锅1的上方，在锌锅1的侧面靠近T形支架3处还设有控制器7；所述T形支架3的支臂下方设有水平导轨31，水平导轨31上连接有滑块4，其滑块4的侧面设有垂直导轨41，垂直导轨41上连接有气管转接器5，在气管转接器5的端部固定设有气嘴6，气嘴6通过气管转接器5和气管51与控制器7联通；滑块4、垂直导轨41、气管转接器5、气管51和气嘴6均位于镀液11的液面上方，气嘴6的垂直中心线与沉压辊2一侧的垂直切线重合，需镀锌的钢丝8绕过沉压辊2从气嘴6处输出。气嘴 6 与钢丝 8 不接触。控制器 7 上设有电磁气阀和控制电路，电磁气阀串联在气管 51 的管路中，电磁气阀通过导线与控制电路电连接。T 形支架 3 的支臂上设有水平导轨 31 的锁紧机构。滑块 4 上设有垂直导轨 41 的锁紧机构。

工作时，需镀锌钢丝 8 绕过沉压辊 2 在锌锅 1 的镀液 11 中进行镀锌，然后经气嘴 6 对钢丝 8 表面进行吹气，通过控制器 7 上的电磁气阀对气嘴 6 的进气量的大小来控制钢丝 8 表面锌层厚度；同时可通过水平导轨 31、滑块 4、垂直导轨 41 对气管转接器 5 及气嘴 6 的位置进行调整，以对不同直径的钢丝进行自动抹锌。

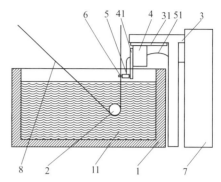

图 6-43 镀锌装置示意图
1—锌锅；2—沉压辊；3—T 形支架；
4—滑块；5—气管转接器；6—气嘴；
7—控制器；8—钢丝；11—镀液；
31—水平导轨；41—垂直导轨；51—气管

2. 使用效果总结

采用本实用新型技术方案，其有益效果是：通过水平导轨、滑块、垂直导轨对气管转接器及气嘴的位置进行控制调整；通过控制器对气嘴进气量的大小来控制锌层厚度，钢丝与气嘴不接触，镀层控制更精确，实现了自动抹锌，提高了镀锌钢丝的质量。

第二十节 钢丝热镀锌油木炭抹拭往复滴油装置

一、往复滴油装置开发的意义

1. 油木炭抹拭的现状

镀锌钢丝采用直升（钢丝相对于锌液面是垂直的）式热镀锌方法，可以获得比较厚的镀锌层，以此满足耐腐蚀目的作用。一直以来钢丝垂直式热镀锌均采用油木炭对钢丝表面的镀锌层进行抹拭（抹拭），以获得符合要求的镀锌层。所谓的油木炭是指将凡士林油脂加热到 $150\sim180℃$ 以后，凡士林油脂由固体变为液体，将凡士林液体滴浇到木炭粒上形成油木炭；一般情况下，用于抹拭镀锌钢丝表面的镀锌层的方法是：直接把木炭粒（颗粒大小为 $\phi3\sim\phi8mm$）堆积在钢丝从锌液里面的出口处（上面），木炭粒的高度约为 $6\sim8cm$，方能起到对钢丝表面的镀锌层的抹拭作用和效果；为了提高木炭粒对镀锌钢丝镀锌层的抹拭效果，需要人工使用油壶向镀锌钢丝出口处的木炭粒里间断性地滴浇凡士林油（液体），并使凡士林油明火燃烧，便于使钢丝镀锌层的金属锌在没有凝固之前，增加锌液的流淌性，使钢丝镀锌层获得光滑的表面。

2. 克服现有抹拭方式的缺点

这种人工使用油壶向钢丝出口处的木炭粒里间断性地滴浇凡士林油（液体）的方法缺点明显，一是无法保证每次浇油量的多少，很不均匀；二是浇油的时间无法掌握，员工是依靠火苗的高低、大小判断进行浇油，这样造成有的钢丝出口处的木炭粒上有火焰在燃烧，有的钢丝出口处的木炭粒就没有火焰在燃烧。这样一来，钢丝镀锌层厚度就不稳定，时薄时厚，给钢丝镀层质量控制带来诸多问题。如何控制向木炭粒中添加燃烧的油脂（液体），始终保持火焰的高低基本一致，提高油木炭的抹拭质量效果，进而提高钢丝镀锌层厚度的均匀性，是钢丝镀锌企业长期以来着力解决的技术问题。

二、自动往复加油设计方案

为了解决上述问题，设计出一种钢丝热镀锌炭油抹拭自动往复滴油装置。具体方案如下。

（1）自动加油主要结构

自动往复加油装置主要有五部分所组成，①储油部分有储油桶和输油管；②传动动力部分，自动往复加油的动力来自镀锌钢丝支撑托辊的转动；③动力输出链接部分，采用橡胶皮带传动；④自动往复加油支架；⑤自动往复器，自动往复器安装在旋转的中心转动杆上面。自动往复加油装置如图6-44所示，图6-45为图6-44中A部局部放大图。

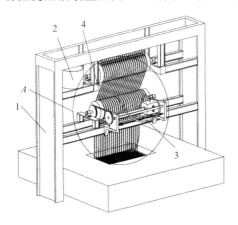

图6-44　自动往复加油立体结构示意
1—龙门框架；2—储油桶；
3—滴油转动轴；4—输油软管

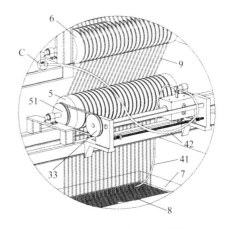

图6-45　图6-44中A部放大图
5—钢丝下托辊；6—钢丝上托辊；7—油木炭抹粒盒；
8—油木炭粒；9—镀锌钢丝；51—主动皮带轮；
33—被动皮带轮；41—滴油铜管；42—固定托支架

（2）自动往复滴油过程

该自动往复滴油装置是利用镀锌钢丝9从锌锅里出来成S形向上运行，带动上、下2个钢丝支撑托辊转动；其中下支撑托辊5的一端安装固定一个皮带轮51，通过皮带带动往复装置上的皮带轮33转动，皮带轮33固定在往复滴油转动轴3上；往复运动器安装在转动轴3；转动轴3和皮带轮33安装在固定托支架42上。往复运动器是按照"罗马杆"的原理制成的，转动轴3按照一个方向的转动，即可使运动器在转动轴3上实现左、右运动，其中运动器左、右运动的间距是根据多根钢丝9的总宽度来设定的。在运动器上固定连接一个软管4，该软管4一端与油桶2的下部出油阀相连接，出油软管下部靠近锌锅油木炭粒8处为紫铜管。储油桶2固定放在镀锌钢丝引出的"大龙门"框架1的上部，便于储油桶内的油脂在重力作用下自动向下流动，油脂的流量多少依靠储油桶下面的阀门来控制，从而实现向锌锅锌液上面的油木炭粒滴油，达到对镀锌钢丝表面润滑、抹拭锌瘤的目的。

通过上述的技术改进，克服了传统的用油木炭抹拭镀锌钢丝的用油量不好控制以及人为缺陷，始终保持火焰的高、低基本一致，提高油木炭的抹拭质量效果，进而提高钢丝镀锌层厚度的均匀性。

三、有益技术效果

本发明已经获得国家专利（ZL 201811151194 8.3），其有益技术效果最主要是不再使用工业凡士林油脂，而用工业废机油来代替高压凡士林油脂有以下几个方面。

（1）提高产品质量，原有采用油壶进行人工浇油无法保证每次浇油量的多少，并且浇油的时间无法掌握，员工依靠火焰的高低、大小判断进行浇油，导致钢丝镀锌层厚度不稳定，时薄时厚，而采用本发明的装置进行滴加废机油，浇油量可控，往复浇油均匀性好，从而保证木炭粒上火焰燃烧的稳定性和连续性，进而提高油木炭的抹拭质量效果，进而提高钢丝镀锌层厚度的均匀性，明显提高热镀锌钢丝生产加工的质量。

（2）节约生产成本，原有使用凡士林的量，根据热镀锌钢丝生产量原来一个月使用凡士林油脂为 2.55t，一个月费用为 1.6575 万元；一个月使用废机油 1.02t，一个月费用约为 3600 元；即一个月可节约资金 1.2975 万元。按照一个月生产热镀锌钢丝 2100t 计算，节约效益非常可观。

（3）使用方便、降低了员工的劳动强度，本发明可以对废机油不再加热直接使用，使用工作环境清洁、卫生；而且废机油比工业凡士林油脂流动性好，直接采用 PVC 油管滴油的方式对木炭粒滴加机油，油管内的油脂不堵塞，流动顺畅，比使用凡士林油脂更加方便；传统的工艺是采用工业凡士林油脂，原有技术是需要把凡士林油脂加热熔化才能够使用，熔化之后在向镀锌钢丝出口处浇凡士林油脂的时候，需要用油壶相隔一段时间，火焰即将熄火的时候，向镀锌钢丝出口处滴浇凡士林油脂，让火焰继续燃烧，员工的劳动强度大，而本发明只需保证储油桶内有油即可，降低员工劳动强度。

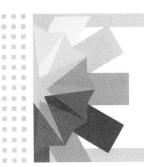

第七章
钢丝热镀锌新技术、新工艺

第一节 热镀锌钢丝表面处理工艺

一、表面脱脂工艺

1. 电解脱脂工艺

（1）脱脂剂的选择。正确选择碱性脱脂剂，要考虑碱性脱脂后的水漂洗能否把钢丝表面的碱液漂洗干净，这与化学脱脂剂自身的性质有十分密切的关系。化学脱脂剂的脱脂效果与化学脱脂剂本身的黏度、密度、水中的溶解性以及在水中的扩散速度等有关，因此选用化学脱脂剂时要对以上因素给予充分考虑。

（2）脱脂的方式。传统工艺使用化学脱脂的不足在于碱洗时间长，不宜在连续生产线上使用。为了加快脱脂的速度与效果，采用电解脱脂、溢流漂洗方式是热镀锌钢丝预处理的最佳选择。电解脱脂亦称电化学除油，它是钢丝在碱性电解液中进行电化学除油的过程。电解脱脂除了具有化学除油的作用外，还因电极的极化作用，使油-溶液的界面张力降低，油膜易于从钢丝上脱离；电解还使金属-溶液的界面所释放的氢气或氧气起到气体搅拌的作用，这对油膜具有强烈的撕裂效能，使油膜迅速转变为细小的油珠，随气泡的上升被排除掉。

2. 电解脱脂机制分析

电解脱脂是在钢丝运行方向设置两对电极板，电极板通上直流电以后，钢丝处于电场中，产生极化现象，从而带上与电极板相反的电荷，使电解液产生电解反应。当钢丝处于负电场时，钢丝带正电，这时电解液中带负电的 OH^- 在钢丝表面聚集，失去电子，产生中带正电的 H^+ 在钢丝表面聚集，得到电子，产生还原反应，在钢丝上析出氢气，反应式为：

$$2H_2O + 2e \Longrightarrow H_2 \uparrow + 2OH^- \tag{7-1}$$

氢气泡体积小、数量多、擦刷作用大，因而脱脂效率高，并且不腐蚀钢丝。不足之处是析出的大量氢气可能渗透到钢丝内部而引起氢脆，因而高碳钢及有弹性的钢丝不宜采用阴极电解脱脂；解溶液中含有少量锌、锡、铝等金属杂质时，钢丝表面会析出一层海绵状金属，影响镀层的结合力。钢丝上也无海绵状物质析出。鉴于上述原因，生产线常采用两个电解过程的组合，即先阴极脱脂而后转为短时间的阳极脱脂，这样既防止了钢丝内部渗碳，又增强了脱脂效果。

当钢丝处于负电场时，钢丝带正电，这时电解液中带负电的OH^-在钢丝表面聚集，失去电子，产生氧化反应，在钢丝上析出氧气，反应式为：

$$4OH^- - 4e = O_2\uparrow + 2H_2O \tag{7-2}$$

氧气泡少而大，与阴极电化学脱脂相比，它的乳化能力差，因此脱脂效果也极低。但它不会引起氢脆，钢丝上也无海绵状物质析出。由于阴、阳极电解脱脂具有不同的特点，实施电解脱脂时，必须根据钢丝金属材料性质和镀层要求而进行选择。值得注意的是，在使用电解脱脂的时候，最好是电极板成对使用。

3. 电解脱脂工艺参数

提高电解脱脂的电流密度可以加快脱脂速度，钢丝表缩短脱脂时间，提高生产效率，一般生产中应将电流密度控制在$5\sim15A/dm^2$。钢丝电解脱脂溶液的配方和电解工艺见表7-1。

表 7-1　电解脱脂溶液的配方和电解工艺

$\rho(NaOH)$ /(g/L)	$\rho(NaCO)$ /(g/L)	$\rho(NaPO)$ /(g/L)	温度 /℃	电流密度 /(A/dm²)	时间 /s	漂洗 方式
30~35	20~30	15~20	60~70	5~15	5~10	溢流漂洗

电解脱脂效果与电流密度密切相关。当电流密度增加时，清洗效果显著增加；电流密度大于$50A/dm^2$时，随电流密度增加清洗效果增加较小，但能耗明显增加，所以在普通电解脱脂设备中，一般将电流密度控制在$5\sim30A/dm^2$，整流器输出$30\sim40V$，$3000\sim5000A$。

电解时间指钢丝通过单个电极板范围内的时间。氢气产生并形成气泡的时间不低于$0.25s$，因而电解时间必须控制在$0.3s$以上，即电极板要有足够的宽度，才能取得较好的脱脂效果。

4. 脱脂清洗方式

脱脂清洗采用直线溢流循环处理方式。直线溢流循环不增加钢丝的运行阻力，能保持钢丝平稳运行。生产过程中，电极板使用一段时间后，其表面逐渐沉积一定量的污垢，使输出电流受到屏蔽，电流密度将会逐步减小，脱脂效果变差，甚至脱不掉油脂，此时应清除电极板表面的污垢，或定期对电极板轮换清理。

二、表面酸洗工艺

（1）电解酸洗工艺参数。电解酸洗是利用电极反应除去钢丝表面的氧化铁皮，与电解脱脂的机制类似。其优点是比化学酸洗速度快，酸雾挥发少，节约酸洗液，酸洗质量好。钢丝通过电解槽时，钢丝与电解槽中的铅极板形成数对阴阳极，使钢丝在运行中不断变换阴阳极，也就是不断腐蚀、活化、再腐蚀、再活化，最后腐蚀，达到去除钢丝表面锈蚀的目的。这种在同一根钢丝上出现数对阴阳极的现象称为双极性电解现象。传统电解酸洗液采用硫酸，酸洗后钢丝表面呈灰黑色，不利于辨别是否清洗干净，而且钢丝表面残存的酸洗液随钢丝进入助镀剂中，会破坏助镀剂的活性，使助镀剂失去作用，本工艺采用盐酸常温电解酸洗，较直接使用单一盐酸节省30%左右，其电解酸洗液配方及电解工艺见表7-2。

（2）生产过程的控制。钢丝的电解酸洗时间长，电流密度要小，反之则要大。酸洗时，

表 7-2　电解酸洗液配方及电解工艺

ρ（盐酸）/(g/L)	ρ（氯化亚铁）/(g/L)	ρ（磷酸）/(g/L)	ρ（添加剂）/(g/L)	阳极电流密度/(A/dm²)	阴极电流密度/(A/dm²)	时间/min
40～100	10～18	25	4～8	2.0～2.5	5.0～10.0	1～1.5

注：电解极板为含锑质量分数5%～10%的铅锑合金板；漂洗方式为溢流漂洗。

钢丝出槽时应为阳极，如果是阴极，而且电解液中的 Fe^{2+} 较多，钢丝上就会镀上铁，影响镀锌层和钢丝基体的结合力，因此既要使钢丝出槽前为阳极，又要控制电解液中的 Fe^{2+} 含量，含量高应更换酸洗溶液。此外电流密度要合适，密度高钢丝表面挂"黑灰"多，影响结合力；电流密度低，浸蚀不够，也同样影响结合力。可以在清水漂洗槽出线端堆放一道沙坝，当钢丝通过沙坝时既能洗掉残酸，又能刮去大部分"黑灰"。

添加剂用于防止钢丝过酸洗，不会妨碍酸洗效率，能有效地阻碍氢原子向钢铁基体内部扩散，同时减少氢气的产生，延长酸洗液的使用寿命。采用溢流漂洗方式的优点是酸洗液对钢丝具有相对的冲刷作用，并且杂质不易黏附在钢丝表面。

同电解脱脂一样，电极板使用一段时间后，其表面也会逐渐沉积一定量的污垢，输出电流密度将会逐步减小，酸洗效果变差，甚至除不掉铁锈，此时应将电极板表面的污垢清除掉，或定期对电极板轮换清理。

三、漂洗水的循环利用

水漂洗主要有以下几方面的积极意义。

① 防止碱、酸、助镀剂之间交叉污染。

② 钢丝产品自身品质的要求。

③ 水洗技术的好坏影响到表面处理用药品的消耗量。

如脱脂液没有漂洗净就进入酸洗槽，将降低槽内盐酸的有效浓度；酸洗液没有漂洗干净，带入助镀槽，将使助镀槽酸度升高，加大亚铁离子溶解度，大量的亚铁离子由钢丝带进锌液后，将使锌液变得黏稠，进而增大锌渣的生成量。为解决这个问题，采用在线空气逆向喷吹来清除钢丝上残存的碱液、酸液和漂洗水。

为了节约用水，减少碱、酸废水排放，按照酸碱中和的原理，把酸洗后的漂洗水引到碱洗脱脂后的水漂洗，既减少循环水的用量，又中和碱洗脱脂后的漂洗水，减少钢丝表面的残留碱液，最后集中到一个中和池内，当酸碱平衡符合排放标准时进行排放。

脱脂前与脱脂后采用热水漂洗主要是能很好地溶解、冲洗掉残留在钢丝表面的皂化脂、碱液，提高电解酸洗效果。考虑到需要将清水加热到一定温度（>25℃），才能快速清除钢丝表面的杂质，将钢丝热镀锌后水冷却池中水引进到碱洗、酸洗后的漂洗池，能起到温水清洗的作用。

四、钢丝复合助镀剂

钢丝热镀锌前浸助镀剂的目的是为了保证钢丝在热镀锌时，使其表面的钢基体在短时间内与锌液起正常的反应，生成铁-锌合金层，其作用如下。

① 清洁钢丝表面，去除酸洗后钢丝表面的一些铁盐、氧化物及其他脏物。

② 净化钢丝浸入锌液处的液相锌，使钢丝与液态锌快速浸润并反应。

③ 在钢丝表面沉积一层盐膜，将钢丝表面与空气隔开，防止进一步微氧化。

④ 溶剂受热分解时使钢丝表面具有活性作用及润湿能力（即降低表面张力），使锌液能很好地附着于钢丝基体上，并顺利地进行合金化过程。

⑤ 涂上溶剂的钢丝在遇到锌液时，溶剂气化而产生的气浪起到清除锌液上的氧化锌、氢氧化铝及炭黑颗粒等的作用。

因此，应优先选用以氯化锌和氯化铵混合组成的助镀液。$ZnCl_2 \cdot 2NH_4Cl$ 是有稳定成分的双盐，易结晶在钢丝表面。其中 NH_4Cl 在助镀剂中的作用是根本的，但 NH_4Cl 易挥发脱落，所以温度不能太高，以避免钢丝在浸锌过程中形成过多的烟雾，$ZnCl_2$ 能起到涂层的黏附作用并防止 NH_4Cl 的脱落。

根据分析，笔者研制出一种防止钢丝漏镀的助镀剂，并已应用到生产线上。助镀剂的温度保持在 $65\sim70℃$，较常规温度低 $15\sim20℃$。复合助镀剂工艺条件见表 7-3。

表 7-3　复合助镀剂工艺条件

ρ（氯化锌）/（g/L）	ρ（氯化铵）/（g/L）	ρ（无水乙醇）/（g/L）	ρ（添加剂）/（g/L）	pH 值	温度/℃
$15\sim20$	$50\sim70$	$0.3\sim0.4$	$0.0\sim0.02$	$5\sim6$	$65\sim70$

新型钢丝复合助镀剂克服了钢丝带进助镀槽中的酸液使助镀剂酸性过强的弊端，始终使助镀槽 pH 值保持在 $5\sim6$，使溶解状态的 Fe^{2+} 在加热的状态下，被空气中的氧逐渐氧化为 $Fe(OH)_3$，并从助镀溶液中沉析出来，有利于用清除设备将亚铁离子和杂质从助镀剂中排出，提高镀前钢丝的清洗质量。同时，助镀剂中的氯化锌和氯化铵依靠添加剂的分散、湿润作用而混合均匀，避免了温度很低的钢丝基体在与锌液接触时出现的微爆溅现象，使操作更安全，避免了漏镀。

第二节　钢丝热镀锌助镀溶剂新技术

（专利号：ZL 200910065312）

一、现有助镀剂的技术状况

热镀锌是一种普遍用于金属制品的表面处理方法，利用金属锌的低熔点能够黏附在高熔点钢铁表面上的特性，所采用的一种防腐蚀方法。金属制品热镀锌的主要目的是防腐蚀并非是装饰，金属制品在热镀锌技术中表面局部漏铁又称为漏镀，这是一种在所有标准中都规定的不可接受的镀锌层缺陷。由于热镀锌层具有优良的耐腐蚀性能，在大气环境中使用寿命一般可达 $15\sim20$ 年，其镀层光亮、美观，结合力强、镀层均匀，因此，被广泛应用在电力架空、通讯、捆绑、铠装电缆、围栏、铝线芯、吊架、悬挂、渔业等国民经济各个领域。

金属制品热镀锌需经过预先在其表面黏附上一层水溶性助镀剂（氯化铵）形成一层薄膜后，然后进入熔融的高温金属锌液经过渗透、扩散等物理作用，使其金属锌黏附在钢丝表面上。在连续的热镀锌过程中，往往会出现各种热镀锌缺陷，部分缺陷仅仅影响镀锌钢丝表面的美观，但有些缺陷却能破坏镀锌钢丝的性能，使得热镀锌钢丝在加工成形过程中满足不了要求。在这些破坏镀锌钢丝性能的缺陷中，属镀层黏附性不良影响最大。镀层黏附性不良是指镀锌钢丝在加工过程中，热镀锌镀层出现不连续的现象，因而失去热镀锌层的防腐蚀功能。

本新技术已经取得国家发明专利：ZL 200910065312，该项专利公开了一种解决热镀锌过程中防止漏镀所用的添加剂，该添加剂是一种去离子水溶液，内溶长链烷基的阳离子表面活性剂和有机溶剂。

二、新型添加剂的成分

本发明要解决的技术问题是：提供一种防止金属制品热镀锌漏镀的助镀剂添加剂。该添加剂添加到助镀剂中可有效提高助镀剂的润湿作用，降低助镀剂的表面张力，改善助镀效果，防止热镀锌钢制件表面镀层漏镀。

本发明提供一种防止钢丝热镀锌漏镀的助镀剂添加剂，以质量百分含量表示，所述添加剂是由20%～25%脂肪醇聚氧乙烯醚，20%～26%十二烷基酚聚氧乙烯醚，8%～14%辛基酚聚氧乙烯醚，3%～6%三乙醇胺，0.8%～1.5%尿素和30%～36%甲醇组成。按照添加剂的配比称取各种原料，将其各种原料搅拌混合均匀即可制成本添加剂，按照占助镀剂槽液量的0.1%～0.2%，将助镀剂添加剂原液加入槽中，搅拌均匀，在70～75℃温度下，即可使用。

三、添加剂的配制与使用方法

1. 助镀剂添加剂的制备方法

按照配方称取各种原料，将其各种原料搅拌混合均匀即可。助镀剂添加剂的技术指标见表7-4。

表7-4　助镀剂添加剂的技术指标

项目名称	技术指标	项目名称	技术指标
外观	无色透明液体	水溶性	任意比
密度(20℃)/(g/mL)	1.01～1.02	可燃性	不可燃
pH值(20℃)	7.5±0.5		

2. 添加剂的使用方法

按照占助镀剂槽液量的0.1%～0.2%，将按配方配制好的助镀剂添加剂原液加入槽中，搅拌均匀，在70～75℃温度下，即可使用。当助镀剂槽液量中添加剂所占的质量百分含量低于0.1%时，随时补加添加剂。

四、使用效果

添加剂添加到钢丝热镀锌所用助镀剂中，具有以下优点。

① 能够很好地把钢丝表面润湿，使其表面具有良好的界面润湿性和良好的相容性。能够提高助镀剂的润湿性，降低助镀剂的表面张力，改善助镀效果，有效防止钢丝热镀锌表面镀锌层不连续性所形成的漏镀。

② 能够提高助镀剂的覆盖性，防止助镀后的钢丝在空气中被二次氧化，有利于减少锌渣的产生。有利于提高助镀剂的稳定性。

③ 有利于助镀剂的干燥，能够有效防止锌液的飞溅，提高钢丝进入锌液前的表面质量；该新型添加剂可直接加入到助镀剂中，操作方便。

第三节　防止钢丝热镀锌漏镀的助镀剂

（专利号：ZL 200810140979.7）

一、防止钢丝热镀锌漏镀的助镀剂的开发意义

本技术属于金属制品行业中的热镀锌技术，涉及一种防止钢丝热镀锌表面漏镀的助镀剂的制备方法。已经获得国家专利；该方法包括将盐酸酸洗后的钢丝经水洗后，浸入氯化铵水溶液槽中，从钢丝热镀锌熔融的锌锅底部捞出锌渣，冷却后放入氯化铵水溶液槽中，将含有氯化铵的水溶液加热并使温度保持在 70～75℃，其中氯化铵的初始含量为 30～45g/L，初始 pH 值为 2～3，利用盐酸酸洗后的钢丝带进的盐酸与锌渣发生化学反应生成氯化锌的方法，形成氯化锌和氯化铵的混合水溶液，满足钢丝热镀锌生产镀锌层的质量要求。该方法具有工艺简单、生产成本低廉、质量稳定和可工业化生产等优点，生产每吨钢丝可节约氯化铵用量约为 40%～50%，减少了锌锅中锌渣（$FeZn_{13}$）的生成量，降低了锌消耗，可节锌 10%～15%。

二、现有的助镀剂溶剂技术

所谓助镀就是将盐酸酸洗后的钢丝经水洗后，再浸入氯化铵助镀溶液中，提出后在钢丝表面形成一层薄的氯化铵盐膜。助镀溶剂的主要作用如下。

① 清洁钢丝表面，能去除掉盐酸洗后钢丝表面上的一些铁盐、氧化物和其他脏物。

② 在钢丝表面沉积一层盐膜，可以将钢丝表面与空气隔绝开来，防止进一步微氧化。

③ 净化钢丝浸入锌液处的液相锌，使钢丝与液态锌快速浸润并反应。

④ 钢丝表面黏附的一层助镀溶剂膜受热分解时，使钢丝表面具有活性作用及润湿能力（即降低表面张力），使锌液能很好地附着于钢丝表面的金属基体上，并顺利地进行合金化过程。

该新型助镀剂还要满足钢丝热浸锌的要求。

① 在锌液温度下，必须相当稳定。

② 对钢丝钢基体不会产生铁盐类化合物。

③ 溶剂在锌液中的分解反应要十分迅速，并能完全从钢丝表面上脱落；分解时所产生的物质应是流动的而容易被消除掉，不会影响镀锌层质量。

④ 即使溶剂形成铁盐，但该铁盐能被锌液还原。

⑤ 溶剂气化而产生的气浪起到清除锌液上的氧化锌、氢氧化铝及炭黑颗粒的作用。

在国内外，在钢丝热镀锌生产中，截至目前一直采用单一的氯化铵水溶液作为助镀溶剂，其浓度为 8%～15%。但是以单一氯化铵水溶液作助镀剂，因其在钢丝表面干燥后，容易结晶，结晶膜层黏结能力差，易脆，容易从钢丝表面脱落，起不到防止钢丝表面氧化生锈的保护作用，氯化铵浓度稍高，则在钢丝进入高温的锌液之前易挥发，使钢丝在浸锌过程中

形成过多烟雾。因此，使用单一氯化铵水溶液作助镀溶剂，会造成钢丝镀锌层出现多孔或漏镀（露铁）的表面缺陷，锌与钢丝基体附着性差。

同时，在钢丝热镀锌生产中，因为钢丝走线速度快，钢丝采用盐酸除锈后，其表面黏附、残留的盐酸和铁盐虽经水洗仍然会进入助镀剂中，会使助镀溶剂的 pH 值降低呈酸性，钢丝表面的铁将继续溶解，使助镀剂中的亚铁离子以及铁离子含量升高后，随钢丝表面带入熔融的锌液中。首先使锌液黏度增大，进而使锌渣增多，锌耗增加，严重时会使镀锌层表面粗糙并影响镀锌层的附着性，如露铁、缠绕性差，甚至镀锌层脱落等质量问题。据一篇题目为《热镀锌工艺中亚铁离子的连续清除和对工艺过程最优化的要求》的文献报道，当助镀剂中亚铁离子含量达到 $1\sim1.8g/L$ 时，锌耗量由 50kg/t 直线上升，直到 80kg/t（每吨钢件）；亚铁离子含量达到 $1.8\sim9.5g/L$ 时，锌耗量达 $80\sim120kg/t$，以斜率为 0.32 的直线形式上升。降低助镀剂中亚铁离子的含量，一直是国内外热镀锌界长期致力研究、需要解决的问题，但效果不理想。

三、技术内容及要点

本技术要解决的技术问题：克服背景技术中的问题，提供一种防止钢丝热镀锌漏镀的助镀剂的制备方法，该方法具有工艺简单、生产成本低廉、质量稳定和可工业化生产等优点。

1. 技术设计方案

本技术设计方案为：改单一氯化铵助镀溶剂为氯化铵和氯化锌混合溶剂，避免使用单一的氯化铵做助镀剂而热稳定性差，在热镀锌过程中形成过多的烟雾，减少钢丝在盐酸洗之后和浸锌之前的氧化，以及利用氯化锌热稳定性能较好，浸锌时产生烟尘较少，通过两者优点互补、摒弃缺点产生较好的效果，同时当助镀液质量浓度一定时，水溶液具有一定的涂层作用，配制以 $ZnCl_2 \cdot 2NH_4Cl$ 为氯化锌和氯化铵混合组成基础的助镀溶剂，具有很好地预防镀锌层漏镀作用。

2. 制备的方法及要求

将盐酸洗后的钢丝经水洗后，浸入氯化铵水溶液槽中，从钢丝热镀锌熔融的锌锅底部捞出锌渣，冷却后放入氯化铵水溶液槽中，将含有氯化铵的水溶液加热并使温度保持在 $70\sim75℃$，其中氯化铵的初始含量为 $30\sim45g/L$，初始 pH 值为 $2\sim3$，利用盐酸洗后的钢丝带进的盐酸与锌渣发生化学反应生成氯化锌的方法，形成氯化锌和氯化铵的混合水溶液，满足钢丝热镀锌生产镀锌层的质量要求。

① 所要求的锌渣含有 96%～97% 的金属锌，所要求的冷却是将锌渣放入模具中冷却成立方形，以竖直方式沿着氯化铵水溶液槽的四周均匀放置。

② 所要求混合水溶液含氯化铵 $30\sim45g/L$、氯化锌 $10\sim15g/L$，溶液 pH 值 $5\sim6$。

③ 向氯化锌和氯化铵混合水溶液中加入乳化剂——烷基酚聚氧乙烯醚，使混合溶液中含氯化铵 $30\sim45g/L$、氯化锌 $10\sim15g/L$、烷基酚聚氧乙烯醚 $0.5\sim2.5g/L$，溶液 pH 值 $5\sim6$。

④ 把助镀剂中产生的铁的化合物沉淀采用循环过滤机去除，过滤后亚铁离子含量控制在 $0.6\sim1.0g/L$。

⑤ 氯化铵的水溶液温度保持在 $70\sim75℃$，温度低于 $70℃$ 时，盐酸与锌渣（$FeZn_{13}$）反应速度减缓，但是氯化铵水溶液温度不能超过 $75℃$，否则将影响循环过滤机的使用寿命。

第四节　助镀剂再生循环使用技术

一、干法镀锌溶剂的作用

钢丝、钢结构件、铸铁件、钢管、热轧钢带热镀锌中，目前主要采用"烘干溶剂法"热镀锌工艺，其助镀剂一般是氯化铵或氯化铵与氯化锌的复合水溶液。从实际生产经验、镀锌效果来看，助镀剂采用氯化锌、氯化铵复合水溶液较好，它具备了盐酸、氯化铵和氯化锌单独使用时所产生的一些优点，具有一定的除锈功能。经过浸渍氯化锌、氯化铵复合溶液后的工件，表面上形成复合结晶膜，有助于减少工件表面在浸入锌池前的氧化，熔融的 $ZnCl_2$ 盐浮在锌池表面，具有吸收 NH_4Cl 分解释放出的 NH_3 气体和溶解金属氧化物的作用。当工件进入锌池时，因遇热，在工件表面形成的氯化铵复合结晶膜会分解释放出 HCl 气体，与锌池表面形成的氧化物及工件表面残留的氧化物发生反应，去除氧化物，以保证锌铁更好的接触和反应，可以获得好的镀锌层，烘干后不容易返潮等优点。因此，已为目前世界各国热镀锌行业所普遍采用。

1. 助镀溶剂使用中存在的问题

因待镀锌件在浸渍助镀剂前都要经过酸洗以去除其表面的锈蚀，所以无论是单独使用氯化铵或氯化锌和氯化铵复合水溶液作为助镀剂，用盐酸液进行酸洗都会在钢制构件表面上带有氯化亚铁或其他氯化物及脏物，所以当钢制构件浸渍助镀剂时，这些铁盐及杂质会脱落下来，还会与助镀剂起反应，使助镀剂中的亚铁离子含量逐渐增高，在镀锌过程中将产生锌灰、锌渣。据报道称，产生的锌灰、锌渣约占整个锌耗的 $15\%\sim25\%$。

2. 助镀溶剂减少亚铁离子的方向

几年来，热镀锌行业普遍对因助镀剂中铁含量存在而造成增加锌耗、锌液流动性变差而影响镀层表面质量等久未解决的问题给予了极大的关注，并致力于这些问题的解决。如何将助镀剂中的铁离子含量降到一定的范围内，并能实现自动化控制，在消化吸收国外先进经验的基础上，国内热镀锌企业制定出除铁工艺，并制造出助镀剂连续除铁设备。

二、去除助镀剂中亚铁离子的原理及方法

助镀剂中某些杂质可用机械过滤去除，亚铁盐则无法用过滤法去除。当亚铁离子严重超标时，其在助镀剂干燥进程中会随助镀剂一起沉积到钢材表面，进入锌液中并使锌液黏度增大、锌渣增多、锌耗增加，严重时会使镀层表面粗糙并影响镀层的附着性，如漏镀、挠性差，甚至镀层爆皮等。

有文献报道助镀剂中亚铁离子含量当达到 $1\sim0.8g/L$ 之间时，锌耗量由 $50\sim80kg/t$（每吨钢件）呈直线型急剧升高当 $1.8\sim9.5g/L$ 时，锌耗量由 $80\sim120kg/t$，呈斜率为 0.32 升高，如图 7-1 所示，因此，降低助镀剂中亚铁离子的含量对于降低锌耗量是一项非常切实可行的措施。

1. 降低助镀剂中亚铁离子的原理

降低助镀剂中亚铁离子的方法，亦称助镀剂再生法。系采用氧化中和法。其工艺原理是

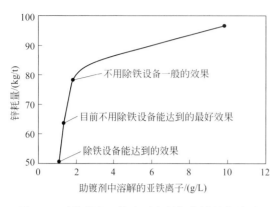

图 7-1　助镀剂中亚铁离子含量与锌耗量的关系

用强氧化剂将溶液中的亚铁离子氧化成铁离子，而后调整溶液 pH 值，使铁离子生成 $Fe(OH)_3$ 沉淀，再用机械过滤去除助镀剂中的杂质。

溶液的主要成分为氯化锌和氯化铵，溶液中大部分铁以 Fe^{2+} 形态存在，在 25℃ 时，$Zn(OH)_2$、$Fe(OH)_2$ 以及 $Fe(OH)_3$ 等难溶化合物的溶度积分别为 2.09×10^{-16}、8×10^{-16} 和 4×10^{-38}。结构钢镀锌中溶液一般采用氯化锌与氯化铵混合溶液，其中 $ZnCl_2$ 含量一般为 $300 \sim 400g/L$，氯化亚铁的工艺控制值为 $10 \sim 30g/L$，在 25℃ 要使氯化亚铁发生水解的 pH 值为 $7 \sim 7.5$，而氯化锌发生水解的 pH 值为 $5.7 \sim 5.9$，铁离子生成氢氧化铁的 pH 值为 $1.7 \sim 1.9$，当温度高于 25℃ 时，实际发生水解的 pH 值要低于上面各值。由此可见，当 pH 值超过一定值时，氯化锌先于氯化亚铁水解而生成沉淀。因此当溶液 pH 值高于 6 时容易增加氯化锌消耗。由于铁离子生成氢氧化铁的 pH 值较小，因此可以采用氧化剂：氧气、双氧水（H_2O_2）、高锰酸钾（$KMnO_4$）、氯酸钾（$KClO_3$）、次氯酸钠（$NaClO$），将 Fe^{2+} 氧化成 Fe^{3+}，再以 $Fe(OH)_3$ 沉淀析出。其典型反应如下：

$$6FeCl_2 + 3H_2O_2 \longrightarrow 2Fe(OH)_3 \downarrow + 4FeCl_3 \tag{7-3}$$

$$FeCl_3 + 3H_2O \longrightarrow Fe(OH)_3 \downarrow + 3HCl \tag{7-4}$$

$$2FeCl_2 + H_2O_2 + 4NH_4OH \longrightarrow 2Fe(OH)_3 \downarrow + 4NH_4Cl \tag{7-5}$$

$$FeCl_3 + 3NH_4OH \longrightarrow Fe(OH)_3 \downarrow + 3NH_4Cl \tag{7-6}$$

2. 清除亚铁离子和铁离子的方法

清除铁离子的过程如下。

助镀剂→氧化→搅拌→静止→过滤→调整（pH 值）→再生循环使用。如果需对返镀（退锌）酸洗槽的废液与助镀剂一起处理时，其再生处理工艺如下。

退镀锌液＋助镀剂→沉淀→中和→氧化→搅拌→静止→过滤→调整（pH 值）→再生循环使用。把上述工艺流程实现机械化，并达到助镀剂中的亚铁离子、铁离子总含量控制在 $0.6g/L$ 以下，达到节锌的目的，钢制构件锌耗控制在 $50kg/t$ 左右，根据除铁原理研制开发的助镀剂除铁设备见图 7-2。

该设备通过自吸式耐腐蚀泵将待处理的助镀剂输送到反应槽内，达到一定容积量后，根据助镀剂中铁离子的含量以及 $Fe(OH)_3$、$Fe(OH)_2$ 完全沉淀时的 pH 值分别为 4.1 和 9.7 的数据，分别通过自吸式泵加入强氧化剂，经自动检测反应槽内的 pH 值，添加中和剂，同时通过反应槽上部的搅拌器将反应槽内的溶液充分搅拌均匀以利于成分反应。经过除铁反应后的溶液通过溢流口储存到下面的澄清槽，达到一定量后，过滤机泵抽取澄清槽中的溶液经过超细过滤机过滤，滤清后的溶液返回到车间溶液槽。当过滤机内杂质达到一定量后，过滤机压力升高到一定值后，控制系统发出指令，处理系统停止运行，可通过人工或自动对过滤机进行排渣。完成一个循环，直至助镀剂中的亚铁离子含量达到目标（$0.6g/L$ 以下）时，整个系统停止运行。该设备整体运行都是通过触摸屏式电控系统实现自动控制，节省人力，设备运行精度高，可靠。

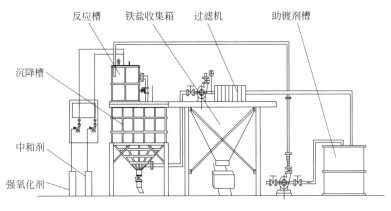

图 7-2 助镀剂除铁设备示意

三、助镀剂除铁后溶液的使用效果

1. 助镀剂 pH 值稳定

在生产过程中，溶液因工件不断带入氯化亚铁、氯化铁等杂质，其 pH 值不断发生变化。用强氧化剂、中和剂处理后，要保证氯化锌和氯化铵含量基本上与初始配比浓度、比例一致。根据经验研究表明，严格控制助镀剂的 pH 值，这对于减少工件铁的损失是十分必要的。如图 7-3 所示。

当使用氯化锌和氯化铵混合溶液时，其 pH 值一般控制在 4～5，如果在生产中发现助镀剂的酸性过高时，这样会使钢制件金属基体继续溶解，助镀剂中的铁含量会相应地增加，在其待镀件表面形成新的铁盐，在这种情况下，镀得的镀锌层将不会很好，所以要注意防止助镀剂过于呈酸性状态。当然，酸性值过低也不利于镀锌层的形成，往往会

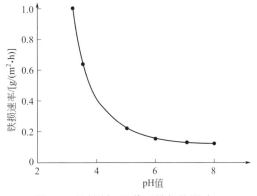

图 7-3 助镀剂 pH 值对铁损的影响

使待镀件表面形成新的氧化铁膜，或淡绿色的氧化物。同时助镀剂中的氯化锌会产生不溶于水的碱锌盐 $Zn(OH)_2$，一旦出现这种情况并不及时处理，则在热镀锌时就会在镀锌层表面出现漏镀花斑，使表面色泽不一致，严重时会出现大面积的漏镀。因此，控制好助镀剂的 pH 值，十分重要。考虑到此种因素，在设计助镀剂除铁设备时，安装了一套 pH 值酸度计，预先设定两个点，如高点为 5，低点为 4。当超出这两个数值时，该装置发生脉冲信号启动中和剂处理泵，向助镀剂中送入中和剂，起到调整 pH 值的作用。达到预定范围后，自动关闭中和剂处理泵，使助镀剂 pH 值始终控制在 4～5 之间。亚铁离子的含量由化验中心人工测定，根据亚铁离子的含量，确定启动设备的时间。

因此在使用助镀剂除铁设备后会使溶液中的亚铁离子连续性清除，助镀剂中的 pH 值更易控制。

2. 镀锌层表面平滑、附着性能好

使用一段时间后的助镀剂经除铁设备去除亚铁离子后，因亚铁离子的含量很低，且 pH

值在最佳的范围内，因此工件沾溶液后不会产生不溶于水的碱性锌盐和亚铁离子，锌液不会变黏稠，因而，锌液流动性好，工件镀锌后表面上仅黏附一层含铁量极低的纯锌层，表面光滑、连续完整，与基体结合牢固不会产生爆皮及脱落现象。符合 GB/T 2694—2010 中关于镀锌层附着性的要求：镀锌层应与金属基体结合牢固，经落锤试验镀锌层不凸起、不剥离；符合镀锌层均匀性的要求：镀锌层应均匀，做硫酸铜试验，耐浸蚀次数不少于 4 次。

图 7-4 为使用新配和再生处理后的助镀剂热镀锌后的金属组织结构，从显微照片面来看，镀出的锌层和合金层是一样的，不会因为助镀剂除铁后对镀锌层产生影响。

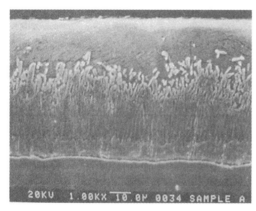 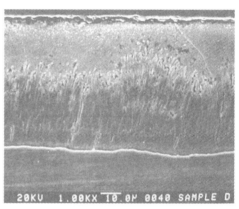

(a) 使用新配的助镀剂 (b) 使用再生处理后的助镀剂

图 7-4 热镀锌金属组织结构对照（1000×）

3. 助镀剂活性高，不易老化，减少锌灰、锌渣的产生

助镀剂经过去除亚铁离子和其他杂质后，氯化锌和氯化铵复合溶液呈清亮透明状态，它能增加复合水溶液与待镀件表面的浸润性，提高助镀剂的活性能力。粘过助镀剂的钢制件表面能够显露出钢基体表面的暗灰色。当与锌液接触后，钢制件与锌液反应迅速，减少锌灰的产生。同时，减少了浸锌时间，镀件铁的溶解量少，所产生的锌渣也少。

四、经济效益评估

1. 生产成本估算

使用助镀剂除铁设备去除助镀剂中的亚铁离子，若按处理 $5m^3$ 的助镀剂计算，如果从 10g/L 降到 1g/L 以下时，需要强氧化剂（30%）60kg，中和剂（25%）182kg，按现行市场价格计算两项合计需 240 元，耗电 100kW·h，电费 100 元，其他综合费用（包括：人工费、设备折旧费）60 元。总计：400 元。正常情况下，处理 $5m^3$ 的助镀剂从 1g/L 降到 0.5g/L 共需 170 元。

2. 产生的效益

产生的效益分为四个方面。

（1）产品镀层表面质量明显提高。这是因为锌液中亚铁离子含量少，锌液流动性高，镀锌层表面光洁、明亮。

（2）锌耗降低 0.466%～1.007%，平均降低 0.737%。如果年产按 30000t 镀锌件计算，每年最少可节约锌 30000×0.737%≈221.1t；锌锭按 12000 元/吨计算，每年可节约 265.32 万元，也就是说节约的锌，3 个月内即可收回设备的技术投资。

（3）加入了两种添加剂后反应生成的氯化铵，可以减少助镀剂中氯化铵的购买添加量，只需添加少量的氯化锌。如果在镀锌线上设置专用回收镀锌件或吊具的酸液清洗槽，该除铁设备同时也可以用来再生处理含有铁的氯化锌液，再生后的溶液可以添加到助镀剂槽内，作为氯化锌的消耗补充，同样可以节省氯化锌的添加量。

（4）由于废助镀剂被再生除铁后循环使用，可减少废助镀剂环保处理费用。

第五节　超声波清洗在钢丝表面处理上的应用

在钢丝的连续生产中，钢丝的表面清洗是十分重要的环节。根据工艺要求，要将钢丝表面的残余氧化物或钢丝拉拔后的润滑脂残留彻底清除，方能进行新的镀层处理。采用超声波处理可以最大限度地降低废酸、废碱及废水的产生和排放。无锡新科公司自主研发的超声波清洗生产线，在近几年的推广使用和不断革新中，为用户节能降耗的同时，也带来了良好的经济效益，广获用户好评。该生产线具有清洗速度快、清洗效果好、环保节能的特点。对于热处理后的钢丝，通过覆盖超声波振板的清洗槽，清洗介质获得的超声振动耦合钢丝表面，能在不损伤钢丝的情况下快速、有效地去除钢丝表面氧化皮等污渍。另外，清洗介质回收系统对使用后的介质进行回收处理再利用，节能又环保。

一、超声波清洗的机理及影响因素

1. 超声空化的作用

当超声在清洗液中传播时，会产生空化、辐射压、声流等物理效应。这些效应对污物有机械剥落作用，同时能促进清洗液与污物的化学反应。其中，空化在超声波清洗中起主要作用。

液体中有声波传播时，液体中各个质点就存在着交替变化的声压。当声压为正时，液体受到压缩；当声压为负时，液体受到拉伸。如果拉伸力超过液体的抗张强度，液体就出现破裂，从而形成空泡，这种现象叫做空化。空泡生成后，在声场作用下，可以做振动运动，或者作闭合运动。在闭合时，可以产生达几千个大气压的局部高压（在微观条件下的分析与计算的结果）。

2. 超声波清洗的机理

超声波清洗的主要机理即利用"超声空化"，频率范围为 $20 \sim 80 kHz$。常用 $20 \sim 25 kHz$。常采用水、弱酸、弱碱做清洗介质，工作温度维持在 $60 \sim 70 ℃$。由于"空化"，液体在高速微射流的作用下对钢丝表面环流冲刷伴随产生搅拌等综合效应，使钢丝表面氧化层中的金属化合物和有机污物瞬时从钢丝表面脱落。由于钢丝表面氧化层中的金属氧化物或金属化合物往往是致密地黏附在钢丝表面。为了使钢丝的表面在数秒钟内达到理想的洁净状态，采用低浓度弱酸溶液或碱性溶液做清洗介质。通过化学反应将金属氧化物和有机化合物溶解。将超声波清洗与化学清洗有机地结合在一起，形成超声化学清洗，强化了清洗效果。

3. 影响超声清洗效率的因素

（1）声强。空化阈以上，声强愈大，空化愈强烈。但声强达到一定值后，空化趋于饱和，如再增加功率，空化强度反而降低。另外，高声强情况下，换能器辐射面与被洗物件表面易产生空化腐蚀现象。因此，要求功率选择要适中。

（2）频率。在水中产生空化所需声强与频率的关系如图 7-5 所示。由图 7-5 可知，频率愈低，空化愈容易产生。同时，在低频情况下，压缩与稀疏的时间较长，即液体受压与受拉的时间长。因此，空泡生长的时间也长，体积较大。而空化泡闭合时产生的冲击力的大小又直接正比于空化泡的大小，所以制品生产中超声清洗的频率选择 20～25kHz。另外，从图 7-6 还可以看出含气的水比去气的水空化阈值低。清洗介质含气可以降低超声功率。

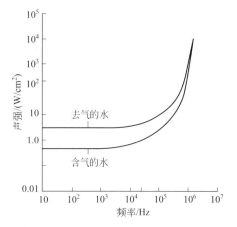

图 7-5　产生空化所需声强与频率的关系

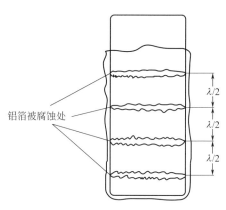

图 7-6　在水中用 40kHz 超声波辐射
铝箔所获得的刺孔

（3）声场分布与波形。在液体中产生一个稳定的驻波场是空化的最好条件。当液体中形成驻波场后，其中的空化强度分布不均匀。把铝箔放在 40kHz 的清洗槽内，可以观察到由于空化在铝箔上打孔的图样，如图 7-6 所示。铝箔腐蚀多的地方表明空化强。铝箔在每隔 19.1mm 处被严重腐蚀，这与 40kHz 超声波在水中传播的半波长相对应。（铝箔是垂直放在清洗槽中间）因此在清洗槽的设计时将钢丝的走线高度处理在相应频率波长的 1/2 处比较合理。

超声波的产生是一个电声转换的过程。电子线路将工频（50Hz）的交流电转换成高频振荡电流（20～25kHz），经过功率放大器放大，组成所谓“超声波发生器”。功率高频负载到“换能器”上即产生机械震荡。现代的超声波发生器，功率放大都采用“丁类放大”电路，工作处于开关状态，所以它的输出是矩形波。矩形波输出的效率达 90% 以上，比正弦波效果更好。因此，频率变化范围增大，清洗效果最好。

（4）温度。温度影响空化强度和清洗中化学反应的速度。不同的液体介质对应最大的空化强度都有一个合适的温度。但是超声波作用于介质往往有一部分能量转化成热量，引起清洗介质的温度自然升高，所以一般均不需要外加热。由于循环泵的作用使介质的温度可以得到控制。

（5）介质的表面张力和黏滞性。清洗液的表面张力越大，空化强度越高。但太大的表面张力，会阻碍空化的形成。黏滞性对空化强度的影响表现为：黏滞性愈大，空化强度愈弱。黏滞性愈大，传播超声所需的能量愈大。所以在配置清洗液时，应通过添加剂控制清洗介质的表面张力与黏度。

实际应用中，以上各参量的选择是一个非常重要的问题。选择的依据主要是污物的类型，污物与被清洗表面的结合强度等。

二、超声波清洗设备的组成及应用

1. 超声波清洗设备的组成

超声波清洗设备主要由三部分组成，即超声波发生器、超声波换能器和清洗槽。

超声波发生器是产生电磁振荡信号并提供能量的工作部分，给换能器一定频率的电磁振荡能量，如果这个频率是换能器本身的谐振频率就产生最有效的超声振动。超声波换能器是把超声波发生器所产生电磁振动信号转化为超声振动，进而推动与机械振动系统相连接的介质振动，向介质中辐射声波。超声波清洗槽分为储液槽和工作槽，储液槽在工作槽的下部储存清洗液，工作槽底部安装超声波换能器（密封）为下置式，工作槽上部安装超声波换能器并浸入工作介质为上置式。在生产中，用液下泵把清洗介质抽入工作槽，钢丝从中穿行实现表面清洗。

2. 超声波清洗在钢丝生产作业线上的应用

（1）钢丝表面镀层的清洗作业线的应用。采用超声波清洗装置的目的是为了提高钢丝表面的清洗质量和降低钢丝表面处理的能耗与废液的排放。在钢丝进入镀层作业线前，先采取钢丝球擦洗或砂洗的方法去除一部分拉丝润滑膜，再加上超声波清洗和热水流漂洗就能达到钢丝需要的表面洁净状态。超声波清洗的钢丝经镀锌和光亮拉拔成成品后，同样在 40 倍显微镜下观察，看不到残留润滑剂成分，产品质量得到很大提高。如图 7-7 为超声清洗生产线示意图。

图 7-7　超声波清洗生产线示意

（2）钢丝铅淬火生产线的应用。高碳钢丝生产的中间和最终热处理大多数采用等温淬火的工艺，以获得细珠光体-索氏体化组织。铅淬火后钢丝的表面磷化工序利用超声清洗后，可以彻底清除钢丝表面的微量氧化物和油脂等残留物。

超声波清洗的频率为 $20\sim25kHz$，采用水、弱酸或碱作清洗介质，温度 $60\sim70℃$。清洗槽要有一定的有效长度，保证钢丝适当的在线时间，便能确保钢丝的清洗效果。空化气泡在振荡过程中，伴随一系列现象发生，如辐射扭力导致液体循环，在振动气泡表面处很高的速度梯度和黏滞应力下降，使钢丝表面的污物破坏并脱落。空化作用所产生的高速微射流能够除去或削弱边界污层，增加搅拌作用，加快可溶性污物的溶解。所以超声波清洗的效果是毋庸置疑的。

（3）清洗槽采用多槽结构以适应不同的清洗液对钢丝进行复合清洗，使钢丝处于空化的最佳位置（钢丝走线在超声波清洗液中的 1/4 波长的倍数处）。每个清洗槽均设置可调节距离的隔离导轮，使钢丝能将液体中的超声波最大限度地偶合至钢丝上，增加清洗效果。该生产线已由无锡新科设计，并成功应用于国内的许多生产线上。

三、超声波清洗应用的效果

① 适应于大盘重收放线。经机械除锈的线材或粗拉的钢丝缠绕到 $\phi 1250mm$ 工字轮上，单轮收卷达 $2.0\sim 2.6t$，上下线机械化作业，劳动强度大幅度降低。整条生产线实现钢丝热处理连续稳定生产，为提高拉丝机作业率创造了有利条件。

② 生产环境更清洁。采用超声波二合一清洗液进行清洗，主要是用挥发性较低的磷酸复配添加剂，磷酸质量分数 $10\%\sim 15\%$，工作温度为 $40\sim 60℃$。考虑到设备的互换性和便于维护和保养，超声波清洗的机理和设备与钢丝铅淬火生产线相同，清洗液可以循环使用，没有排放，定期清除槽体内的沉积物即可。因其挥发性较低，操作环境基本没有酸的污染。微量的酸气可以通过吸风罩排出，保证了生产环境的清洁。

超声波清洗槽采用上下槽循环系统。贮液槽（下位槽）内部用蒸汽加热，工作时用耐酸泵将已加热的溶液通过管路送入工作槽，既保证了工作强度，也节约了加热时间，清洗效率大幅度提高。

③ 超声波清洗液的回收率高。当超声波清洗液中 Fe^{2+}，Fe^{3+} 含量达到一定值时，将清洗液排入储液池中，以备再生回收。无锡新科开发的清洗液的再生设备和工艺比较简单、实用，采用这种再生处理方法，超声波清洗液的回收率达 85% 以上。

四、超声波清洗的功率计算与示例

1. 功率的计算

$$P = S(I + K) \tag{7-7}$$

式中　I——超声波的声强，W/cm^2；

　　　S——被清洗物体的表面积，cm^2；

　　　P——加载到振板上的电功率，W；

　　　K——超声波的声强有所损失超声波校正系数。

在超声波清洗设备中振子黏结不锈钢板，使超声波的声强有所损失，超声波校正系数 K 约为 $0.01W/cm^2$。

钢丝在超声波清洗介质中被清洗的表面积：$S = 10\pi DnVt$ 　　　　　　　　(7-8)

式中　D——钢丝直径，mm；

　　　n——被清洗的钢丝根数；

　　　V——钢丝运行速度，m/min；

　　　t——在磷酸超声波中洗净钢丝所需的时间，min。

钢丝直径越大，在炉时间越长，表面氧化率越高，则洗净钢丝所需的时间越长，反之，时间越短。

2. 超声波清洗应用示例

当在质量分数 $15\%\sim 20\%$，温度 $50\sim 60℃$ 的磷酸液中，能够有效地清洗钢材表面氧化物的超声波声强为 $1.1\sim 1.3W/cm^2$。

超声波声强在 $1.1W/cm^2$ 时，表面氧化物的质量分数 $\leqslant 0.3\%$ 的钢丝，$t = 0.7min$；表

面氧化物的质量分数≤1.5%的钢丝，$t=1min$。

对于钢丝直径 4.0～8.5mm，$Dv=50mm \cdot m/min$ 的热处理生产线，初定超声波清洗槽长 17m，清洗钢丝根数为 16 根。热处理后钢丝表面氧化物的质量分数≤0.5%，超声波声强在 $1.1W/cm^2$ 时 $\phi4.0mm$ 钢丝运行速度 12.5m/min；清洗时间为 1.36min＞1min，可满足清洗要求；直径 8.5mm 钢丝运行速度 5.88m/min，清洗时间为 2.38min＞1min，可满足清洗要求。$\phi4.0mm$ 钢丝在超声波清洗介质中所需功率理论值为 28kW，$\phi8.5mm$ 钢丝在超声波清洗介质中所需功率理论值为 34kW。

振子产生的超声波在磷酸液中传播时，离振子越远声强损失越大，再加上振子在工作中的发热造成的能量损失，在实际选型计算中可适当增加功率配置。

五、清洗液工艺的改进

(1) 频率和功率。对于表面比较平整的物件，在使用水或清洗剂时采用较低的频率空化效果好，但频率低时会产生噪声；清洗小间隙、狭缝、深孔的物件时高频较好。

超声波清洗效果不一定与功率和清洗时间的乘积成正比。有时用小功率，花费很长时间也没有清除污垢；但当功率达到一定数值后，很快便将污垢去除。若选择功率太大，空化强度增加，清洗效果明显增加，但此时会对设备和物体产生蚀点。所以，在清洗物件时，要根据物件的实际情况选择适中的频率和功率，以达到最佳清洗效果。

(2) 温度的影响。清洗液温度对清洗效果有很大影响，清洗液温度升高时，空穴数量增加，但温度过高，气泡中蒸气压增大，空化强度会降低。所以，在选择不同的液体作为清洗剂时，清洗液的温度要适当。

(3) 清洗液量和压力的选择。一般清洗液面高于超声振子表面 100mm 为佳，在钢丝生产线选取被淹没的钢丝要稍高于振子表面 100mm 左右。另外，当清洗液压力大时不易产生空化，所以超声波清洗时在敞口容器中进行效果较好。

(4) 超声波发生器与换能器的阻抗匹配问题。现在的超声波清洗设备，一般都是由专业的电子设备厂生产超声波发生器。基本的技术参数为输入功率，输出频率，其他电参数很少介绍。换能器也是由专业厂生产制造。由于批量生产的换能器谐振频率的变化范围在 300～500Hz，阻抗的变化范围在 20～80Ω，一般的换能器的标称功率 50W 或 100W 等。设备厂将单个换能器按一定的矩阵排列，黏结成一定功率的"振板"。所以最终的谐振频率与阻抗相差很大，难以做到最佳的"电声匹配"，限制了超声波清洗器的最佳效益发挥。所以增添必要的阻抗分析仪器，进行换能器的特性检测，分组匹配，阻抗补偿等工作是设备制造厂应做的工作。

第六节　钢丝用线材集中酸洗表面预处理工艺

一、线材酸洗表面处理工艺存在的问题

在现有钢丝生产上，一般采用卷制线材（盘条）酸洗处理时，广泛使用间歇式浸渍的处理方式。间歇式酸洗法处理如图 7-8 所示。

连续酸洗处理通常采用酸洗处理工艺流程为：盘条→酸洗除锈→水漂洗处理→中和处理

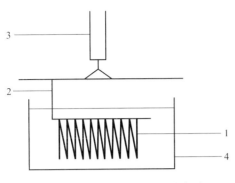

图 7-8 间歇式酸洗法处理示意图

1—卷状线材；2—卷挂钩；3—悬吊移动
搬送装置；4—酸洗槽

→覆膜处理。

采用间歇式酸洗法进行酸洗，线材环状集束造成线材的重叠，卷内部酸溶液浸透难，卷重叠部与密闭部的铁离子浓度急剧增加，短时间达到饱和浓度，酸溶液对氧化皮的溶解能力低。内部很容易残留氧化皮，造成后加工的困难。所以，改善表面处理速度和质量，必须采用在处理液中喷入压缩空气的方法，改善线材重叠部或密闭处的酸溶液的浸入性，提高氧化皮的剥离。

二、线材酸洗除鳞吹入压缩空气的方法

酸洗处理、水洗处理、中和处理时要设置喷嘴进行吹气。酸洗处理液中的铁离子（Fe^{3+}）浓度在 $10\sim60g/L$。线材卷集束程度越高，酸溶液对氧化皮的剥离能力越低。酸溶液的搅拌速度高，运动能量大，可以浸透线材卷的内部并对氧化皮进行剥离。

对酸溶液的亚铁离子浓度的控制，添加铁离子药品，并向酸溶液中吹空气，使亚铁离子氧化成铁离子的方法。添加铁离子药品的场合，酸洗液比较多，使用的药品量多，酸洗液中 Fe^{2+} 与 Fe^{3+} 溶解后，总的铁离子浓度增加达到酸洗溶液的饱和溶解度。通过向酸溶液吹入含有氧气的空气使酸溶液中的 Fe^{2+} 氧化成 Fe^{3+} 的方法简便且成本低。

酸洗溶液中。吹入空气的氧气含量越高，接触面积越大的地方，Fe^{2+} 氧化成 Fe^{3+} 的时间越短；吹入空气中氧气含有量低，接触面积越小的地方，Fe^{2+} 氧化成 Fe^{3+} 的时间越长。

最简便、低成本的方法是吹入压缩空气。盐酸酸洗主要与线材表面的 FeO、Fe_3O_4 的氧化皮进行反应，酸溶液从氧化皮龟裂及缺陷处进入后与铁基体、氧化皮间形成局部电池，酸溶液中的氢离子生成氢气，氢气的压力起到对氧化皮的机械剥离作用。

为改善酸的剥离能力，一般提高酸的浓度和温度。但是酸浓度高的场合，酸溶液中酸的使用量增加，作业环境恶化。提高酸溶液温度则必须具备加热装置。

随着新的酸溶液补充，线材与酸溶液接触部分的氧化皮剥离效果好，氧化皮剥离时间短。而线材卷内部重叠部的氧化皮剥离难，造成氧化皮残留。为了使氧化皮残留少而需要延长酸洗时间的部分，那些氧化皮已经剥离部分的线材开始发生浸蚀，产生孔蚀等缺陷。

单纯的浸渍酸洗方法，线材卷重叠部周围的酸溶液滞留，亚铁离子浓度短时间内增加，如果得不到新酸溶液供给，酸溶液中的 Fe^{2+} 达到饱和状态，溶解能力显著降低。并且延长酸洗时间对氧化皮的剥离效果小，同时酸溶液与铁基体直接接触的部分容易产生不同程度甚至严重孔蚀。因此单纯的浸渍酸洗方法要在短时间内提高线材重叠部与密闭部的氧化皮的剥离的酸洗质量，前提是有新的酸溶液供给。

而振动酸洗是改善线材重叠部的酸洗质量的一种行之有效的简便方法。它是线材盘卷在浸入酸溶液处理时，通过对酸溶液进行强制性搅拌，以改善对线材重叠部及密闭空间氧化皮的剥离效果。

酸溶液搅拌方法不仅可以缩短酸洗时间，而且使盘卷重叠部及密闭部酸洗时残留氧化皮量大大减少，从而实现均一的氧化皮的剥离。

通过对酸溶液的搅拌，由于酸洗时间短，抑制了酸溶液在线材表面的滞留，抑制了局部孔蚀的发生，而且线材整体的表面粗糙度小，有利于后续冷拉加工。

酸洗后的水洗、中和处理时，通过搅拌强制流动，线材表面附着的酸溶液的成分短时间内中和和洗净，使得因残酸而发生线材孔蚀现象大幅度减少。

对浸在液体中的管内吹气搅拌，通过喷嘴强制调整，可以自由控制液流的方向，线材盘卷内部的重叠部酸液供给并浸透，实现高效剥离盘卷表面的氧化皮。

酸洗液中存在的 Fe^{2+} 影响铁离子在酸溶液中的溶解，Fe^{3+} 可以改善氧化皮的剥离性，可以实现缩短酸洗处理时间。然而，以前的处理方法不对酸溶液进行搅拌，造成线材盘卷密闭部含有的 Fe^{3+} 在短时间内急剧还原成 Fe^{2+}，Fe^{2+} 的浓度接近饱和浓度，氧化皮的剥离性恶化，导致线材残留的氧化皮量更多。Fe^{3+} 的浓度高的场合比没有控制的场合氧化皮剥离的时间短。因此，必须对酸溶液中 Fe^{3+} 的浓度进行控制。

以下是酸溶液中的 Fe^{3+} 的供给可以缩短氧化皮剥离时间的机理。

酸洗时线材氧化皮表面形成局部电池阴阳极反应。

阳极反应：
$$Fe \longrightarrow Fe^{2+} + 2e \qquad (7\text{-}9)$$

阴极反应：
$$Fe_2O_3 + 6H^+ + 2e \longrightarrow 2Fe^{2+} + 3H_2O \qquad (7\text{-}10)$$
$$Fe_3O_4 + 8H^+ + 2e \longrightarrow 3Fe^{2+} + 4H_2O \qquad (7\text{-}11)$$
$$2H^+ + 2e \longrightarrow H_2 \qquad (7\text{-}12)$$

形成该局部电池对氧化皮的剥离，通过存在 Fe^{3+} 与铁基体发生如下的阳极反应，Fe^{3+} 消耗电子还原成更稳定的 Fe^{2+}：$Fe^{3+} + e \longrightarrow Fe^{2+}$。

参与还原反应的铁基体及溶解的氧化皮供给电子进行极化反应促进下面的溶解反应。

$$Fe \longrightarrow Fe^{2+} + 2e \qquad (7\text{-}13)$$
$$Fe + 2Fe^{3+} \longrightarrow 3Fe^{2+} \qquad (7\text{-}14)$$

Fe^{3+} 促进铁的溶解反应。这个溶解反应促进存在有 Fe^{3+} 的局部电池反应，提高了对氧化皮的剥离作用。

Fe^{3+} 的浓度大于 $10g/L$ 的场合，通过酸溶液中添加 Fe^{3+} 促进氧化皮的剥离作用，改善对氧化皮的剥离效果好。另一方面，$60g/L$ 以上的 Fe^{3+} 的浓度损害氧化皮的溶解性，促进铁基体的局部溶解，造成许多孔蚀状的缺陷，所以酸溶液中 Fe^{3+} 的浓度必须在 $60g/L$ 以下。如果 Fe^{3+} 的浓度过高（$60g/L$ 以上）的酸溶液滞留在线材密闭部分，由于线材基体铁的急剧溶解促进亚铁离子浓度的增加，导致酸溶液的氧化皮剥离能力下降。

去除氧化皮的反应过程中产生的 Fe^{2+}，不会自然地生成 Fe^{3+}，而通过添加药品来控制 Fe^{3+} 浓度的场合，成本增加，总的铁离子浓度增加，导致酸溶液较早地达到饱和浓度，降低酸溶液的溶解能力。

酸溶液中存在的 Fe^{2+} 与向酸溶液中吹入含氧气的空气接触，氧气与 Fe^{2+} 反应生成 Fe^{3+} 的方法，吹入的氧气的浓度、气量、时间决定着 Fe^{2+} 的氧化比例。通过这些条件，合理选择控制 Fe^{3+} 的浓度，酸溶液中总的亚铁离子的浓度控制在一定范围，可以防止酸溶液的氧化皮溶能力的降低，并维持酸溶液的使用寿命。

三、压缩空气搅拌对盘卷酸洗质量的影响

1. 压缩空气搅拌对盘卷酸洗质量的影响

SWRH 82A 的 $\phi 5.5mm$ 的集束线材盘卷进行酸洗处理，线材的氧化皮厚 $10.3\mu m$，对剥离的氧化皮用 X 射线回折法测定，氧化皮的组成：FeO 为 64.4%、Fe_3O_4 为 34.2%、Fe_2O_3 为 1.4%，从铁基体侧 FeO、Fe_3O_4、Fe_2O_3 呈层状结构。酸溶液的盐酸浓度为

20%，温度 20℃，Fe^{2+} 浓度 22g/L，Fe^{3+} 浓度 4.3g/L。

酸洗后，进行水洗干燥后测定残留氧化皮。氧化皮残留量的测定是每 100 环间隔取 2 环，每环切断成 8 等分，切断后测定每根样品的质量 W_1，然后把每根切断样品放入到添加抑制铁基体溶解的抑制剂的盐酸溶液中浸渍，干燥后再度测定质量 W_2。

$$残留氧化皮量＝(W_1－W_2)/W_1×100\% \tag{7-15}$$

酸洗时吹空气和搅拌的方法，相比单纯的浸渍酸洗方法，效果明显：

① 相同酸洗时间的线材残留氧化皮量约减半；

② 相同氧化皮残留量的场合，酸洗处理时间缩短一半；

③ 线材的表面粗糙度小。

2. 改变 Fe^{3+} 的浓度对酸洗质量影响

改变 Fe^{3+} 的浓度对线材盘卷进行酸洗处理。酸溶液酸洗前添加 Fe^{3+} 溶解后吹入空气，Fe^{2+} 氧化成 Fe^{3+}，并搅拌酸溶液，对线材盘卷进行酸洗 10min 后，测定氧化皮的残留量。

通过长时间吹入空气，Fe^{2+} 氧化成 Fe^{3+}，全部 Fe^{2+} 可氧化成 Fe^{3+}。总的铁离子浓度为一定值，铁离子浓度不增加。

以前的单纯浸渍酸洗法添加 25g/L 的 Fe^{3+} 对改善氧化皮残留量没有效果，氧化皮剥离性恶化。Fe^{3+} 的量在 10g/L 以上氧化皮残留量递减，增加 Fe^{3+} 的含量氧化皮残留量降低。然而超过 60g/L 时，氧化皮的剥离效果小。添加药品与控制 Fe^{3+} 的降低，氧化皮残留量没有明显的差异。并且 Fe^{3+} 浓度在 60g/L 时线材表面产生许多孔蚀缺陷，表面性状恶化。

酸溶液中的 Fe^{3+} 酸洗处理时还原成 Fe^{2+} 与酸洗后再度吹入空后 Fe^{2+} 氧化成 Fe^{3+}，选择适当的 Fe^{3+} 的调整范围，有利于降低成本，控制铁离子浓度。

总之，吹入压缩空气容易实行，容易将 Fe^{2+} 氧化成 Fe^{3+}，简便的装置获得非常明显的效果。线材盘卷浸渍酸洗时，酸洗槽内的酸洗溶液搅拌，线材盘卷重叠部和密闭部连续供给新的酸溶液，使线材盘卷重叠部与密闭部氧化皮残留量较大减少，同时会显著缩短酸洗时间。酸溶液中通过喷嘴吹入空气及简单的装置搅拌酸溶液，控制酸溶液中的 Fe^{3+}，达到改善氧化皮的剥离性的效果。

四、使用效果结论

① 集中式酸洗处理速度快，产量高，是大规模钢丝生产的常用方法。在酸洗处理过程中，注意扬长避短，采用新技术就能达到理想的效果。

② 酸洗处理液喷入压缩空气的方法，改善了线材盘卷重叠部和密闭处的酸溶液的浸入性，极大地提高了氧化皮的剥离性。

第七节　锌浴中添加多元合金技术

一、熔融锌液中添加多元合金技术

为使镀锌件表面光亮，起到较好的装饰效果，一般添加稀土锌 5％铝合金，通常使用的合金为 Galfan 合金，近年来已在国内推广使用；其熔点为 380℃，解决了镀层因含硅量在

0.05%～0.10%或大于0.3%时所产生的镀层较厚，出现灰暗镀层的问题；现在国内已采取国外的技术向锌液中添加一定量的锌镍合金，典型的为比利时的0.5%镍合金，即使液中总的镍含量达到0.06%～0.10%即可起到明显效果。当锌池中含Ni量为0.055%～0.06%时，只需在锌池中不断加入含0.5%Ni的锌-镍基合金。

（1）锌-镍合金的作用。该项技术是加拿大镀锌协会的研究者最早提出在锌液中添加镍可以抑制含Si钢Fe-Zn反应的设想，并获得国际铅锌研究组织提供的研究经费。最初的试验是在锌液中采用PW级镀锌，锌液中$w(Ni)$为0.16%～0.17%。试验结果表明，锌液中加镍对抑制含Si钢的Fe-Zn反应是有效的。

（2）镍对热镀锌Fe-Zn反应抑制机理。活性刚镀锌时，铁基中的Si会促进ζ相迅速生长。在锌液中加入大约为0.1%的镍可以降低铁锌反应速率，消除$w(Si)$小于0.25%的活性钢镀锌时ζ相的异常生长，使镀锌层黏附性提高，表层可形成连续的η相自由锌层，镀锌层外观保持光亮。但对于$w(Si)$大于0.25%的活性钢作用不是太明显。锌液中加镍对Sandelin曲线的影响见图7-9。$w(Si)$为0.1%的活性钢在纯锌液及Zn-0.1%Ni液中所获镀层的微观形貌见图7-10。由图可见，活性钢在纯锌液中所获得的镀层中的Fe-Zn相生长较快，η相不连续、镀层厚，见图7-10(a)；而在Zn-

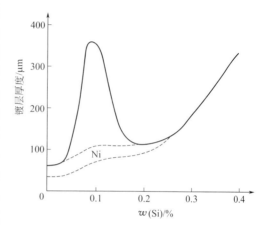

图7-9　锌液中加镍对Sandelin曲线的影响

0.1%Ni液中所获镀层中的ζ相的异常生长受到明显抑制，η相连续见图7-10(b)。

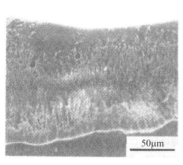
(a) 纯锌液

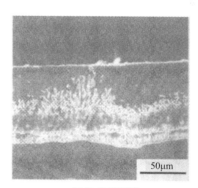
(b) Zn-0.1%Ni液

图7-10　不同锌液的中活性钢热镀锌层SEM照片

华南理工大学卢锦堂教授等人认为，在Fe-Zn反应进行过程中，在ζ相前沿存在Zn-Fe-Ni三元合金相Γ_2的阻挡层，有效地抑制了ζ相的继续生长。通过电子探针分析证明，在锌液中含镍量较高[$w(Ni)>0.08\%$]时所获得的镀层中，在ζ相与η相之间确实存在一个富镍层Γ_2相。然而，根据450℃Fe-Zn-Ni三元相图（图7-11）所示，锌液中$w(Ni)<0.06\%$时Γ_2相不出现，这种阻挡层的形成不具有热力学可能性，但此时镍仍对镀层Fe-Zn反应有一定的作用，这可能与瞬时局部温度的变化有关。

镍的作用的另一个可能的解释是非铁硅化物的优先形成。在常规锌浴中浸镀活性钢时，在生

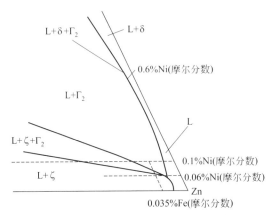

图 7-11　450℃ Fe-Zn-Ni 三元相富锌角

长中的中间合金层存在铁硅化合物，为碎片状的 ζ 相异常快速生长提供了条件。而锌浴中加镍后，含镍化物优先于铁硅化合物生成，减少了铁硅化合物的形成，因而减少了硅对碎片状 ζ 相生长的促进作用。形成含镍硅化合物能较好地解释活性钢的活性程度与锌浴中镍含量的关系。

二、锌-镍（Zn-Ni）合金技术的应用现状

虽然热浸锌镍合金镀层研究在 20 世纪 60 年代就已经展开，但真正实现在镀锌上的应用还没有大面积的展开。在我国应用锌镍合金的报道是在 1998 年河北衡水中通交通设施有限公司，首先应用到热镀锌高速公路护栏上，其报道见《材料保护》杂志 2001 年 12 期《锌镍合金在钢制件热镀锌中的应用》的应用介绍，较为详尽地介绍了应用方法和效果。在钢制件热浸镀锌液中加入 0.06％～0.10％的锌镍合金（2％Ni），可有效防止含硅量高的镇静钢在常规热镀锌中镀层超厚、黏附性差及表面质量差的问题，并能降低生产成本，其工艺与常规热镀锌一样，具有推广价值。本节在此不再赘述。

三、锌液中添加锌-锡-铋-稀土合金技术

（1）典型的合金浴的成分为：$w(\text{Sn})$ 1.2％，$w(\text{Ni})$ 0.05％，$w(\text{Bi})$ 0.1％～0.35％。由于 Sn 和 Bi 可以降低锌液的黏度，所以该合金浴有好的流动性．同时合金浴中的 Sn 和 Bi 可以降低锌浴的表面张力，因此锌浴的浸润性较好。

（2）由于该合金浴对镀件 Fe-Zn 反应的抑制作用，以及锌浴的良好的流动性及浸润性，采用该合金可以获得镀层外观光亮平滑，并伴有锌花的出现。而且，还可以明显地抑制活性钢的超厚问题，降低了锌的消耗。

（3）户外服饰的暴露试验表明，该合金所获得的镀层与 Zn-Ni 浴镀层有相似的腐蚀速率，对镀层的可涂装性能基本上没有影响。

（4）从使用的成本考虑，与普通的锌浴比较，Zn-Sn-Ni-Bi 合金浴每吨增加成本 6％～12％，而 Zn-Ni(Bi) 浴增加 3％～8％。不过，考虑到该合金浴的使用成本，应结合其锌耗的降低情况，以找出使用何种合金最适宜。在锌锭的价格较低、非活性钢之间多的情况下，采用普通锌铝合金是最适宜的。如果由大于 10％的活性钢制件，则采用 Zn-Ni 合金或 Zn-Ni-Bi 合金是最适合的。若活性钢镀锌占总量的 35％，采用 Zn-Sn-Bi 合金是合适的。若锌锭价增高，合金浴使用成本反而会更低。

第八节　锌-锡-铋-铝-稀土合金技术

（专利号：ZL 201310592108.X）

一、锌-锡-铋-铝-稀土合金

1. 锌-锡-铋-铝-稀土合金的影响因素

锌-锡-铋-铝-稀土合金（Zn-Sn-Bi-Al-RE）镀层在工业和城市环境中，有良好的耐腐蚀性，然而在海边环境中稍差。与纯锌层及锌镍合金镀层相比，该合金镀层能保持较长时间的光亮。

锌锅腐蚀试验表明，使用锌-锡-铋-铝-稀土合金浴在初始阶段会加速锌锅的损耗，但是经过一段时间后，锌锅腐蚀速度将与普通的锌浴相当。因而，工业纯铁制的锌锅使用寿命并无明显的变化。

2. 锌-锡-铋-铝-稀土合金的积极作用

锌浴中 $w(Al)$ 为 0.035% 和 $w(Sn)$ 为 0.45%，可以提高镀锌层质量，减少锌耗。但在使用这种合金锭时候，普通的助镀溶剂容易在此合金浴中失效，需要才有含有氟化物的助镀剂溶剂。

此项合金技术，在国内已经申请了发明专利技术。该专利技术是涉及一种用于稀释熔融金属锌液的合金。

二、锌-锡-铋-铝-稀土合金的应用

目前，在钢制件热镀锌生产中，为改善钢制件批量热镀锌时金属锌的流动性，减薄镀锌层的厚度，降低金属锌的消耗，常采用的方法如下。

（1）提高金属锌液的温度。但温度超过 460℃ 以上时热镀锌，往往适得其反，温度越高反而锌层越厚，研究证明，锌液流动性和温度关系不大，固体锌锭熔化后就具备一定的流动性，进一步提高锌液的温度流动性几乎保持不变。实际上锌液的流动性主要取决于锌液中的铁含量，即铁含量越高锌液的流动性就越差，这样就得不到较薄的镀锌层；同时钢制件易出现变形和色差，表面色泽不一，镀锌层失去金属锌的光泽；另外因锌对铁的浸蚀，将加速熔锌容器的损坏，减少锌锅的使用寿命。但是锌液温度在 435～445℃ 之间时，锌液的流动性差，会增加镀层厚度而增加金属锌的消耗。

（2）向锌液中添加金属铝。锌液中含有一定的金属铝后，可以阻止铁锌反应的速度，降低铁锌合金层的厚度，对降低金属锌的消耗有一定作用。但是直接向金属锌液中添加金属铝时，因金属铝较金属锌轻得多，造成铝分子在锌液上悬浮，铝不能很好地与锌液均匀混合；且铝的熔点（660.4℃）较金属锌的熔点（419.5℃）高得多，不易与熔化后的金属锌混合均匀，因此限制了单纯使用金属铝作为降低金属锌消耗的措施。

三、锌-锡-铋-铝-稀土合金增加流动性的因素

1. 金属铝（Al）的因素

铝呈银白色，属面心立方结构，相对原子量为 26.98，密度为 $2.7g/cm^3$，熔点 660℃。

使用的商品锌中不存在铝元素，当锌液中铝含量为5％时锌和铝发生共晶反应，共晶温度为382℃，这时锌液熔点最低（熔点温度＝共晶温度），低于金属锌的熔点（419.5℃）。可以说在镀锌温度不变时，锌液的熔点从419.5℃下降到382℃，温度差达38℃，即熔点越低，锌液的流动性越好。在钢制件热镀锌生产中，金属锌液中当含有0.025％～0.05％的铝时其积极效果如下。

① 铝可增进钢件镀锌表面的光泽，提高缠绕性。

② 能改变镀锌层的组织结构，抵消锌液中铁元素的影响；因为铝能够与锌液中的铁作用而生成铁铝化合物，如$FeAl$、Fe_3Al等，使锌液中的铁离子和亚铁离子减少，锌液的流动性增加，从而减少镀锌层的附着量。

③ 减少锌渣的产生。研究表明，当向锌液中添加0.16％～0.20％的铝合金后，锌液中的铁离子将与铝起反应，生成含铝量为4％～7％的浮渣，而悬浮在锌液上面，此时铝的消耗量为0.35％左右。此外，铝还可以和锌液内的氧化铁、氧化锌等杂质结合，形成不与钢丝相黏合的物质，并且能浮到锌液表面，这样能保证镀锌层的纯度，其耐腐蚀性能是普通纯锌层的2～3倍。

2. 金属锡的因素

锡（Sn）呈银灰色，属正方晶系，相对原子量为118.7，密度7.28g/cm³，熔点为231.84℃。锡是低熔点金属，热镀锌中加入锡对镀层表面状态改善明显，镀层表面更加平滑，特别是当有铅同时存在时，镀层表面亮度明显提高，其流动性也有所提高，可降低工件表面挂锌层厚度。根据研究，向锌液中加入锡后，可以抑制高硅（质量分数大于0.3％）活性钢的镀层超厚生长，高硅钢镀锌层中的δ相层变厚而非常致密，ζ相层变薄，并由疏松的块状变为排列整齐的柱状晶体，所得镀层中的铁锌合金层厚度当浸锌3～5min仅为60μm左右。与不添加锡相比较，可以降低镀层厚度20％左右。

3. 金属铋的因素

金属铋（Bi）的原子量为208.98，密度9.8g/cm³，熔点为271.3，属斜方晶系。在锌液中添加适量的铋，可获得平滑均匀并有良好光泽的镀锌层，同时可减少锌灰及锌渣，降低锌耗。

4. 稀土元素的因素

所谓稀土元素就是由（La＋Ce）所组成，在锌液中加入稀土合金元素，对Fe-Zn反应没有明显影响，但稀土元素的加入提高了锌液的流动性，稀土元素对锌液的润湿角和表面张力影响较大。研究表明，稀土元素能降低锌液的润湿角，并且随着锌液温度的升高，角度逐渐变小。表面张力随着稀土元素加入量的增加而降低。但是当加入一定量之后，则无明显变化。稀土元素的加入，对镀层均匀性、厚度、表观质量等性能都有不同程度的提高。稀土元素的加入，镀层的耐盐雾腐蚀性能可成倍提高。

四、使用合金的作用与效果

在钢丝热镀锌生产中，向熔融的金属锌液中添加1.0％～1.2％（质量比）的锌-锡-铋-铝-稀土合金后，其效果表现在以下几个方面。

① 传统钢丝热镀锌生产中，锌液温度为445～460℃，锌液温度可降到430～440℃范围内的正常生产，节约了能源。

②　锌液在 430～440℃ 范围内，锌液流动性显著提高，对于材质为 Q235D 的钢丝热镀锌后的镀层厚度，较普通热镀锌不添加该合金的镀层厚度降低 18%～23%。

③　钢丝热镀锌后的镀层光亮、平滑、光泽一致、无色差；并且减少了钢丝上的锌瘤、挂锌，减低单位锌耗，节约热镀锌的生产成本。

第九节　热镀锌无锌渣产生的锌锅技术

（专利号：ZL 200910064576.3）

一、无锌渣产生的新型热熔锌锅

钢丝连续热浸镀锌生产工艺为：钢丝→脱脂除油→水漂洗→盐酸除锈→水漂洗→浸粘助镀剂→烘干→热浸镀锌→后处理→成品。其中热浸镀锌工序是整个生产过程中极为重要的环节，钢丝经过预处理后进入熔融的金属锌液中，钢丝在锌液中经过一段时间浸润，钢丝基体与金属锌液之间通过溶解、化学反应和扩散等方式形成冶金结合的铁锌合金层，当钢丝离开锌液后在合金层表面附着一层经冷却凝固的金属锌，从而完成钢丝的热浸镀锌。

二、现有镀锌锅的形式

金属锌熔点为 419.5℃，熔融的金属锌液是在固态锌锭受到高于熔点（419.5℃）的高温加热后，固态的金属锌变为流动性很好的锌液，当温度控制在 450～460℃ 范围内，这时才能用于钢丝的热浸镀锌。锌锅是目前国内钢丝热浸镀锌所用的加热熔锌、盛锌设备。

1. 上加热镀锌锅

上加热的镀锌锅，其熔锌形式是用陶瓷锌锅加热熔锌，锅体四周和底部由高铝土、骨料、熟料和耐高温水泥混合后整体一次成形，加热源为可燃煤气、天然气。熔锌和钢丝热浸镀锌时，可燃煤气或天然气通过控制阀、燃烧器和空气助燃器，将燃料燃烧的火焰直接喷射在固态的金属锌锭上面，锌锭受热后慢慢熔化为液体锌；钢丝热浸镀锌时，燃料燃烧的火焰直接喷射在锌液上面，以供应钢丝热浸镀锌时所需要的热量。这种熔锌、热浸镀锌方式由火焰直接与锌接触，锌氧化产生的氧化锌很严重，约占钢丝热浸镀锌中锌总耗量的 20%～25%，锌的消耗很高；氧化锌粉尘、锌蒸气和燃料燃烧的废气弥漫在生产车间，不符合环保要求，职工长期在此环境下对身体健康有一定危害。

2. 铁制镀锌锅

铁制镀锌锅，其熔锌、盛锌形式是用厚铁（钢）质板焊接的锅体，加热方式是采用在铁（钢）质板锅体外部加热，亦叫侧面外加热；使锅体中的固态锌锭熔化，钢丝在锌液里浸粘热镀锌。这种熔锌、盛锌和钢丝热浸镀锌方式与第一种形式相比较，没有锌液燃烧所生成的氧化锌、锌蒸气和燃料燃烧所产生的废气，工作环境较为干净；但是在钢丝热浸镀锌时，高温熔融的锌液与铁质（钢）板锅体接触会形成铁-锌合金锌渣（$FeZn_{13}$），一般来说这种锌渣的生成量为 1kg 的铁与锌反应会生成 25kg 锌渣，锌渣产生量约占钢丝热浸镀锌总耗锌量的 35%～40%，因此造成锌的消耗高；同时锌液中会有相当一部分悬浮的铁-锌合金渣子，逐渐使锌液变得黏稠，从而降低锌液的流动性，使钢丝表面镀锌层的延展性、缠绕性技术指标变差。以上两种锌锅熔锌、盛锌方式所存在的弊端显而易见，不符合节能、环保要求，属于将被淘汰的熔锌装置。

3. 陶瓷镀锌锅

陶瓷镀锌锅，采用石英管内装电阻丝发热作为发热体，直接与锌液接触（亦称电加热管内加热）。该方法虽然克服了上述两种方法所产生的锌蒸气、氧化锌粉尘、燃烧废气、锌渣和锌灰等原料消耗高的问题，但是仍然存在着不易克服的四个弊端：一是需预先使用燃烧器发出的火焰把固态锌锭熔化成液态锌，再把长度为 600mm 的石英管电阻丝发热体依次在沿锌锅长度方向两侧插入到熔融的锌液里面，在此熔锌过程中，依旧存在着锌燃烧变为氧化锌和产生锌蒸气的现象；二是石英管电阻丝发热体虽然耐高温，但因在锌液中受到高温和锌液对其管壁的压力作用，使用一段时间后，石英管会炸裂破碎，从而漂浮在熔融的锌液表面，影响钢丝正常热浸镀锌生产，甚至会出现电气短路现象造成停产，使用成本较高；三是石英管电阻丝发热体在进入锌液前需预热，否则因为温度差较大很容易在瞬间出现石英管断裂和碎裂现象，给更换和维修带来困难，操作时还容易造成烫伤；四是石英管电阻丝发热体只能安装在熔锌锅体沿长度方向的两侧，锌锅两端因无法安装石英管发热体使锌锅内两端锌液温度低于两侧温度，使锌液温度不均匀，从而造成钢丝镀锌层的不均匀而出现不合格产品。总之，该种加热熔锌装置也不利于生产实际应用。

某专利公开了一种"组合式电加热板"，通过实际生产证明，该组合式电加热板能够满足熔锌镀锌的要求。本发明在此项专利的基础上，通过进一步改进，研制出钢丝热镀锌熔锌装置。

三、新型镀锌锅的制造方法

1. 技术优势

钢丝热镀锌熔锌装置，包括四周端墙围成的长方体或正方体加热容器、加热器、温度传感器，在长方体或正方体加热容器的四个直角交角位置墙壁内分别竖向设有盲孔，其深度与加热容器深度之比为 0.5～0.7，加热器至少安装在加热容器两侧的端墙内表面，所述加热器是由加热板条对齐排列形成的组合式电热板组成，所述温度传感器的外套管为耐锌液腐蚀金属钨钼硼合金制成。

所述盲孔横截面形状为圆形或正多边形，圆形盲孔的直径为 25～35mm。电热板条包括外侧的耐锌液腐蚀导热层和内侧的电发热体，其中电发热体纵向安装在耐热导热层的内腔，并在电发热体的上端设有引线。

2. 熔锌控制装置

熔锌时锌液温度控制采用耐锌液腐蚀金属钨钼硼合金制成的热电偶内感传器与 PLD 自动控温系统连接，使锌液温度控制在设定的温度±2℃的范围内。

3. 熔锌装置的浇铸料

用于上述的钢丝热镀锌熔锌装置的浇注料，以质量份表示，该浇注料由高铝浇注料、水玻璃和水按（80～100）：（2～4）：（1～3）的质量比混合组成；高铝浇注料为高铝骨料、高铝熟料、高铝细粉和铝酸盐水泥按（30～50）：（20～40）：（5～15）：（10～20）的质量比混合组成。

高铝浇注料、水玻璃和水的比为 100：4：3，高铝骨料、高铝熟料、高铝细粉和铝酸盐水泥的比为 40：30：10：15。

高铝骨料、高铝熟料或高铝细粉中氧化铝的含量为 $75\%\sim85\%$，水玻璃密度为 $1.3\sim1.5g/cm^3$；高铝骨料、高铝熟料、高铝细粉的粒度分别为 $3\sim5mm$、$2\sim3mm$、$100\sim200$ 目。

四、使用效果

（1）本技术采用组合式电加热板作为加热体，具有既不与高温锌液发生反应，又耐冲刷、高温不变形、不氧化、受压不脆断，导热快的优点；控温方法采用耐锌液腐蚀金属材料制成的热电偶与 PLD 自动控温系统连接，使锌液温度控制在设定的温度范围内，温度精度可达 $\pm2℃$ 以内，并且锌锅内锌液温度均匀，锌液流动性好，可使钢丝表面镀锌层均匀，使用寿命可达 $4\sim5$ 年。采用的耐锌腐蚀热电偶使用寿命是常规不锈钢管作为外套的热电偶使用寿命的 $50\sim60$ 倍。

（2）采用高铝土、骨料、熟料和耐高温的铝酸盐水泥作为浇注料，整体一次成形后制成热镀锌熔锌装置（陶瓷锌锅），具有不与高温锌液反应，没有锌的燃烧和锌渣生成，对环境无污染，符合绿色环保要求；熔锌装置强度高，耐冲刷、耐高温、保温性能好、使用寿命长；同时浇注料配方简单，成本低廉。

第十节　钢丝热镀锌降低锌耗优化工艺

一、传统钢丝镀锌消耗高的原因

传统的钢丝热镀锌工艺的预处理清洁化生产程度低，导致镀锌层质量不稳定和锌锭消耗高，其缺陷有以下 6 个方面。

① 经拉拔后，钢丝表面磷化膜厚，而且拉拔用的皂化润滑剂浓度和杂质含量高，影响脱脂、酸洗效果。

② 脱脂工序仍采用 $NaOH$、Na_2CO_3 和 Na_3PO_4 的混合溶液，$80℃$ 以上高温脱脂。因浓度和温度过高，钢丝表面会出现轻微的腐蚀，水清洗时不易去除，导致钢丝镀锌时出现露铁现象。

③ 采用盐酸作为除锈剂，盐酸浓度高时，钢丝表面易发生过腐蚀，锌耗增大；且盐酸易挥发，污染环境，生产成本高。

④ 助镀溶剂成分为单一的 NH_4Cl 水溶液，NH_4Cl 附着能力差，易脱落，导致镀层出现露铁、不均匀和附着力差等缺陷。当溶液含有一定量的亚铁离子时，亚铁离子会随钢丝进入锌液中，最终产生锌渣（$FeZn_{13}$），使锌耗增大。

⑤ 采用铁质熔锌锅侧加热会产生大量锌渣，占总锌耗的 $15\%\sim25\%$；采用陶瓷锌锅上加热会使锌燃烧，将有 $10\%\sim15\%$ 的氧化锌和锌灰生成。

⑥ 钢丝离开锌液面时，油木炭抹拭会造成镀层不均匀并产生锌瘤，外观粗糙、不光滑，上锌量高。

二、降低能耗、锌耗的优化措施

为提高镀锌层表面质量，减少不合格品，降低生产成本，目标应重点放在钢丝镀锌前的表面清洁程度，以及降低占总生产成本 80％的纯锌消耗这两个方面。优化工艺流程为：

钢丝→溢流热水洗→电解脱脂→溢流清水漂洗→复合除锈剂除锈→溢流清水漂洗→粘助镀剂→烘干→热浸锌→电磁抹拭→风冷→水冷却→检验→包装。

1. 钢丝表面预处理的优化措施

（1）控制拉拔后钢丝表面磷化膜的厚度。钢丝拉拔前的磷化作用可改善钢丝冷成型后的润滑性，热镀锌前其厚度应控制在 $1\sim3\mu m$，对应磷化膜的单位面积质量为 $5\sim8g/m^2$。磷化膜的厚度控制原则应为：粗号钢丝取下限，细号钢丝取上限。水箱拉丝机中润滑皂化剂的质量浓度控制在 $1.011\sim1.018g/cm^3$ 范围内，要定期清除拉丝机内沉积的杂质污垢，最好控制在 $0.25g/L$ 以下。

（2）镀锌脱脂工艺前增加一道热水洗。这样可以软化钢丝拉拔后表面黏附的硬度高的皂化脂，以便在脱脂工序中较好地去除。热水温度为 $70\sim80℃$，采用阶梯式漂洗，溢流排放，循环过滤使用。

（3）将单一化学脱脂改为电解化学脱脂。电解脱脂的脱脂剂用量较常规化学脱脂减少了 $15％\sim20％$，同时脱脂速度更快，效果更佳。钢丝脱脂后采取溢流水漂洗、毛刷或空气喷吹等方式，可较好地将钢丝表面残存的皂化液脱除掉。

电解脱脂配方和工艺如下。

①NaOH　$30\sim35g/L$；②Na_2CO_3　$20\sim25g/L$；③Na_3PO_4　$10\sim15g/L$；

④温度　$60\sim70℃$；⑤电流密度　$5\sim15A/dm^2$；⑥t　$5\sim10s$（阴、阳极互换）。

电流密度计算公式为：
$$J=I\times\eta/(L\times B) \tag{7-16}$$

式中　J——电流密度，A/dm^2；

　　　I——电流，A；

　　　η——电解效率；

　　　L——电极板的宽度，dm；

　　　B——钢丝圆周展开总宽度，dm。

电解脱脂效果随电流密度增大有显著提高；但当电流密度大于 $50A/dm^2$ 后，电流密度增加时清洗效果变化不明显。故电流密度控制在 $10\sim30A/dm^2$ 为宜。直线逆流循环式不增加钢丝的运行阻力，可保持钢丝平稳运行。逆流脱脂槽中的电极板使用一段时间后，其表面会逐渐沉积一定量的污垢，输出电流受到屏蔽，电流密度将会逐渐减小，脱脂效果变差，甚至脱除不掉油脂。此时应清除电极板表面的污垢，或定期对电极板轮换清理。

（4）盐酸除锈优化工艺。采用复合除锈剂除锈代替单一的盐酸溶液除锈工艺，具有酸洗速度快，减少酸雾逸出挥发，节约盐酸等优点。一般情况下，采用复合除锈剂后 $1t$ 盐酸可清除 $80t$ 以上钢丝的表面铁锈，较直接使用盐酸节省 $35％$ 左右，常温复合盐酸酸洗液工艺配方如下：

①盐酸（$\rho=1.15g/mL$）　$120\sim180mL/L$；②TX-10　$2\sim4g/L$；

③磷酸（$\rho=1.71g/mL$）　$10\sim15mL/L$；④若丁　$1.5\sim3.0g/L$。

磷酸可提高酸洗速度；TX-10 具有活化润湿和渗透复合作用，同时具有抑制酸雾作用；若丁为缓释剂，可减少亚铁盐的产生。为了减少酸液的挥发，可在酸洗液表面覆盖一层酸雾抑制剂或大小搭配的泡沫型 PP 空心球，以提高酸液的利用率。

（5）酸洗后采用温水洗。温水洗能很好地去除黏附在钢丝表面的铁盐，避免其带入下道工序（助镀）中。热水温度高于 $25℃$ 时，效果更佳。从节约能源考虑，可将钢丝热浸锌后冷却池中的水引入漂洗池，作为清洗水使用。

（6）其他事项。工艺槽均采用高、低液位报警，人工补液、补水。布置方式为工作液槽在上，储液槽在下，液体上下循环使用。为节约水资源，生产线上水清洗均采用二次清洗，末道水洗的水循环到第一道水清洗；酸洗后的水清洗循环到脱脂后的水清洗，并起到酸碱中和的作用，最后集中到废水处理中心，经处理后再循环到生产线上继续使用。

2. 采用活化助镀剂优化工艺

钢丝热镀锌前浸粘助镀剂可保证钢丝在热浸镀锌时其表面的铁在短时间内与锌液起正常反应，生成一层铁-锌合金层。其作用如下。

① 清洁钢丝表面，去除酸洗后钢丝表面的亚铁盐及其他杂质。

② 净化钢丝浸入锌液处的液相锌，使钢丝与液态锌快速浸润并反应。

③ 在钢丝表面沉积一层盐膜，可以将钢丝表面与空气隔绝开来，防止其二次氧化。

④ 溶剂受热分解时使钢丝表面具有活性及润湿能力（即降低表面张力），使锌液能很好地附着于钢丝上，并顺利地完成合金化过程。

⑤ 涂上溶剂的钢丝在遇到锌液时，溶剂气化而产生的气浪可以清除锌液上的氧化锌、氢氧化铝及炭黑颗粒。

该助镀剂工艺条件如下：

①氯化锌　15～20g/L；②氯化铵　45～50g/L；③添加剂　0.8～1.0g/L；

④pH 值　5～6；⑤温度　65～70℃。

此助镀剂的氯化铵含量比常规助镀剂降低了 10%～20%，不用添加氯化锌，克服了因钢丝不断将酸液带进助镀剂槽中使助镀剂酸性过强的弊端，助镀剂 pH 值始终保持在 4～5 之间。溶液中亚铁离子在此条件下会被空气中的氧逐渐氧化为 $Fe(OH)_3$，并从助镀溶液中沉析出来，有利于提高助镀前钢丝的清洗质量。

同时，助镀剂中的氯化锌和氯化铵依靠非离子活性剂的分散、湿润作用，能降低表面张力，克服了温度较低时钢丝基体与锌液接触而出现的微爆溅现象，避免了因爆锌而产生的漏镀和锌的非正常消耗。

助镀剂中的亚铁离子不仅增大了助镀剂的黏度，提高了钢丝与锌液接触反应的难度，还延长了助镀剂在工件表面结晶所需的时间，导致锌渣量的增高，造成无效的锌耗。

参照专利《一种防止钢丝热镀锌漏镀的助镀剂制备方法》，可以去除助镀剂中的亚铁离子。结果表明，当亚铁离子从 10～20g/L 降低到 0.6g/L 以下时，每吨钢丝镀锌消耗纯锌的量降低 0.2%～0.5%。

3. 采用无锌渣内加热熔锌、镀锌工艺

采用无锌渣内加热器熔锌、镀锌工艺避免了传统的上加热过程对锌液表面的辐射导热熔锌，极大地减少了锌液表面的高温氧化，与传统的钢板锌锅相比，具有无锌渣、锌灰生成量少的特点，有效降低了锌耗。加热体与锌液接触，将热量直接传给锌液，热能利用率可达 90% 以上。锌液温度可以精确控制在 ±2℃ 以内。为减少锌液面热量的辐射、对流损失，在钢丝进入锌液面之前，覆盖一层含有氧化锌还原剂的保温材料，可减少热量损失，同时抑制锌灰的飘浮。在正常钢丝热镀锌生产中，生产 1t 钢丝的平均耗锌量在 50kg 左右，与上加热钢丝镀锌相比，综合节约纯锌 5%～7%；与采用铁质锌锅相比，节约纯锌 15%～27%。

4. 添加锌-铝-混合稀土合金 $[w(Al)=5\%]$

锌液中含有 0.002%～0.005% 的铝，可明显增加镀锌层的光亮度，还可阻止锌液面的氧化，避免出现过多的锌灰。同时，混合稀土和铝元素可细化锌晶粒，增大锌液的流动性，明显提高镀锌层的均匀性，有利于降低锌耗。但应避免直接向锌液中添加单组分的金属铝和稀土，以合金的形式添加为宜。

5. 采用电磁抹拭替代油木炭抹拭工艺

钢丝热镀锌时，当钢丝垂直离开锌液面时，表面会黏附一层纯锌液，在没有凝固之前这层锌液一方面在重力的作用下顺着钢丝向下流动，另一方面随钢丝向上移动，最终导致在钢丝表面出现断续的锌瘤。传统方法是用油木炭覆盖层抹拭掉锌瘤，得到光滑的镀锌层。但油木炭质地疏松，不能很好地抹拭掉钢丝表面的竹节状的锌瘤，而且其在高温下易遇热燃烧，燃烧过程中散发出大量黑烟，危害人体健康和生产安全，另外还会在镀锌层表面残留一些木炭灰等杂质而影响镀层表面质量和耐腐蚀性能。

电磁抹拭可解决上述问题。利用电磁场瞬间发热的原理，使未完全凝固的锌液熔化而回落到锌锅的锌液中去，通过调节电流的大小来改变电磁场的强弱，控制镀锌层厚度和光滑度，提高了锌液在钢丝上的流平性，使镀锌层均匀、平整。使用时，在工作腔中通入一定压力和温度的氮气，以保护钢丝离开锌液面出口处的洁净。

三、优化工艺总结

（1）控制热镀锌前钢丝表面磷化膜厚度在 $1\sim3\mu m$；以及水箱拉丝机中皂化润滑剂的质量浓度在 $1.011\sim1.018g/cm^3$ 范围内，定期清除拉丝机内沉积的杂质污垢，使杂质污垢在 $0.25g/L$ 以下，可有效改善钢丝脱脂清洗和酸洗除锈的质量。

（2）电解脱脂较常规化学脱脂减少脱脂剂用量 $15\%\sim20\%$，复合酸洗剂较单一使用盐酸节省盐酸 35% 左右，活化助镀剂的氯化铵含量比常规助镀剂降低 $10\%\sim20\%$，如此不但节约了能源，而且避免了因钢丝表面不清洁而引起的漏镀、镀锌层不均匀等缺陷。

（3）向锌液中添加含铝 5%（质量分数）的锌-铝-混合稀土合金，有利于细化锌晶粒，增大锌液的流动性，提高镀锌层的均匀性，降低锌耗。

（4）采用内加热陶瓷锌锅熔锌、镀锌工艺，大大减少了锌渣的产生，综合节约纯锌 $5\%\sim7\%$。采用电磁抹拭代替油木炭抹拭，改善了锌液在钢丝上的流平性，使镀锌层光滑均匀、无锌瘤，工作环境清洁。

第十一节　BGF型耐锌蚀涂料在锌锅上的应用

低碳钢热浸镀锌用的锌锅，国内目前普遍采用 05F、08F 或 Q235 钢板焊接，有的也采用低铬中硅铸铁锌锅用于高温热镀五金标准件、电力五金工具。由于镀锌锅长期与熔融的锌液接触，产生浸渍腐蚀，使锌锅内壁逐渐变薄，直至报废。据报道，灰铸铁锌锅仅能使用十几天，最长也不过一个月，采用 40mm 厚的 Q235 钢板制成的镀锌锅，热镀锌累计使用四个月，就出现鹅卵形腐蚀坑，锌渣急剧增加，最后锌锅穿孔报废。

一、实验材料及方法

耐锌蚀材料的选材很重要。本试验采用以硼砂（$Na_2B_4O_7$）为主的耐高温防锌蚀材料。

众所周知，钢铁表面渗硼后不但具有较高的硬度、耐磨性而且也具有良好的抗蚀性等突出优点，作为钢铁表面处理的一种工艺而广泛应用。

苏联《钢与铸铁的渗硼》文献中报道了 45 号钢硼化层在熔融的 500℃ 锌液中的浸蚀 48h，硼化层与锌液不相互作用，说明了渗硼层具有良好的耐锌腐蚀性。我们根据硼对锌具有良好的耐蚀性这一特性，结合其他活化剂、填充剂、黏结剂配比制成了复合悬浮性黏结涂料。

1. 涂料主要成分

选用 20%～30% 硼砂，8%～10% 含氟化物作活化剂，及少量的三种碱性氧化物为主要材料，二氧化硅为填充材料，硅酸盐和磷酸盐作黏结剂。

2. 试样

试样材质：A3、08F。尺寸为：100mm×100mm×12mm。

3. 试验方法

① 将一定细度的各种材料按比例均匀混合后，再与耐高温的硅酸盐、磷酸盐水溶液（密度为 1.36g/cm³）黏结剂混合调制成具有悬浮性不沉淀的糊状，均匀涂覆在试样的表面上经干燥后涂覆 4～5 次，涂层厚度为 3～4mm，再经自然干燥或烘干。

② 预先把锌放在试验用的坩埚中，同时把烘干后的试样和没有涂层的试样同时放入坩埚中进行加温使锌熔融。使锌液达到 600℃±5℃，做耐腐蚀性对比试验。

4. 试验结果

将不同配比材料、涂覆厚度 1.5mm、2mm、3mm、3.5mm、4mm 的试样做对比试验，结果见表 7-5。试验表明含硼量的增加，厚度在 3～4mm 的范围之间，涂层坚硬，耐锌蚀效果好。

表 7-5　不同含硼量的涂料耐锌蚀试验（600℃±5℃）

编号	1	2	3	4	5	6	7
含硼量/%	0	5	10	15	20	25	30
涂层厚度/mm	0	0.2	0.3	0.5	0.8	1.0	1.0
腐蚀情况	腐蚀深度 10mm	部分脱落，有腐蚀	部分脱落，轻微腐蚀	涂层坚硬，无腐蚀	涂层坚硬，无腐蚀	涂层坚硬，无腐蚀	涂层坚硬，无腐蚀

当涂层小于 3mm 时，在锌液摩擦和热振动下，容易造成涂料过早脱落而失去作用。通过试验选定涂层厚度在 3～4mm 之间，硼砂含量为 20% 以上的 3 号配方涂料。

在小样试验的基础上，我们在镀锌开始时，在镀锌锅内壁上按要求涂覆了上述配方的三号硼砂复合涂料，待自然干燥后，再装入锌锭升温熔融。注意不要将锌锭碰撞涂层。清理捞锌渣时，不要将涂层刮掉。

当热浸镀锌一定时间后（700h），可将锌液舀出锌锅，待锅壁冷却后，清理刮掉粘锌的薄层，再次将这种复合涂料按要求涂刷一次，可继续镀锌，以延长锌锅的使用寿命。

二、结论

实际应用 728h，停炉舀锌液冷却后，发现纯铁锌锅内壁有轻微腐蚀。铁锅内壁与锌液接触后呈平滑状态，无凹坑。流挂锌和锌渣薄（约 1mm），表明这种硼硅复合涂料具有如下作用。

① 有隔离锌液与锅体的作用，避免了锌液对铁的浸润，耐锌蚀较好，锅壁无铁锌合金

生成，减少了锌渣，延长了锌锅使用寿命。

② 高温下这种涂料呈现陶瓷状态，具有很好的黏结力，耐温 400～1200℃。

③ 原材料来源广泛，容易配制和涂刷，流动性好，常温下，约 3h 就可硬化，黏结力强。

④ 涂刷过涂料的铁锅内壁表面呈平滑灰白状态，说明硼对铁基体有一定的渗透作用。

第十二节　镀锌层三价铬和无铬钝化技术

一、三价铬钝化技术

为了减少各种条件下对锌的腐蚀，延长其使用寿命，各种锌及锌合金镀层通常都需要进行钝化处理。长期以来，钝化处理往往是用六价铬酸盐钝化液。六价铬酸盐钝化工艺简单，成本低，使用简单，并且可以很好地提高金属的耐蚀性，钝化膜对金属基体保护效果好。因而过去曾在航空、电子和其他工业部门得到广泛应用。

在过去的十几年中，人们对铬酸盐的毒性有了深刻的认识，认为其毒性高且致癌，对人体健康有很大的威胁，如吸入含有高浓度的六价铬气体能够刺激和损坏鼻黏膜、肺和肠胃，影响生产工人的身体健康。因而，尽管采用六价铬转化能够得到性能优异的膜层，但随着人们环境保护意识的增强以及欧盟的 RoHS 环境体系法令的实行，六价铬的应用已经逐渐受到严格的限制。美国 OSHA（职业安全与健康协会）规定，在每周 40h、每天 8h 的工作场合，不溶性铬酸盐在空气中含量应小于 $1mg/m^3$。

尽管人们暴露在高浓度的三价铬环境中可能会因此导致过敏等反应，但与六价铬相比，三价铬毒性低，且三价铬化合物不容易通过肠胃吸收。此外，三价铬也是大多数人食物中必需的微量营养物质，成人每日三价铬的摄入量推荐为 50～200μg。因此三价铬相对于六价铬对人类健康影响较小。

此外，在酸性溶液中三价铬也能够形成均匀的转化膜，因而三价铬转化得到了人们的重视，国内外在这方面的研究较多。经过几十年的发展，工业化应用方面取得了较大的成就，目前三价铬转化膜处理工艺已经成熟，市场上的产品较多，主要分为蓝白、彩色和黑色转化膜。美国哥伦比亚化工公司研发出三价铬蓝白和三价铬彩虹色转化膜处理工艺，其三价铬彩虹色转化膜处理工艺有如下特点：单一组分，容易管理、调控，便于配制；耐腐蚀性良好；常温操作，节约能源；pH 值范围宽（1.4～3.4）。国内借鉴国外技术，已经研究出三价铬钝化技术，现在已经在热镀锌结构件上得到了应用。现在已经有很多化工公司相继研究生产出三价铬蓝白色、彩虹色转化膜处理工艺，所得的膜层抗盐雾能力优于六价铬，可达到 120～240h。其中厦门宏正公司开发的三价铬转化膜纳米封孔技术，膜层耐腐蚀性优于六价铬的转化膜，其黑色转化膜中性盐雾试验 100～200h 不出现白锈。

1. 三价转化膜的形成机理机理

在酸性溶液中，六价铬与锌镀层发生化学反应，锌被氧化为 Zn^{2+}，六价铬被还原为三价铬，锌镀层表面附近溶液的 pH 值升高，三价铬化合物沉淀在表面，形成含有水和铬酸锌、氢氧化铬及锌和其他金属氧化物的胶体膜。三价铬构成钝化膜的骨架，而六价铬靠吸附、夹杂和化学键力填充于三价铬的骨架中。当钝化膜层因外力而刮伤或受到破坏后，六价铬与露出的锌层起反应进行再次钝化，使钝化膜得到修复，亦称为铬酸盐的"自愈"能力。

为了模拟这种成膜机理，三价铬钝化也必须包含 Zn 的溶解、钝化膜的形成以及钝化膜的溶解这三个过程。故钝化液中首先必须包含一种氧化剂，起到与六价铬同样的作用与锌起反应，使锌氧化为金属阳离子。其次，由于 Zn 的溶解消耗掉了溶液中的 H^+，Zn 表面溶液的 pH 值上升，三价铬直接与锌离子、氢氧根离子等反应，生产不溶性的锌铬氧化物的隔离层，沉淀在锌表面上形成钝化膜。膜层中不含六价铬，不具有自愈力。因此，除六价铬氧化阶段外，三价铬钝化与六价铬钝化机理基本上是相同的。常用的氧化剂为硝酸盐，与锌的反应为：

$$4Zn + NO_3^- + 9H^+ \longrightarrow 4Zn^{2+} + NH_3 + 3H_2 \uparrow \tag{7-17}$$

$$Zn + 氧化剂 \longrightarrow Zn^{2+} + 还原产物 \tag{7-18}$$

$$Zn + 2H^+ \longrightarrow Zn^{2+} + H_2 \uparrow \tag{7-19}$$

$$2Cr^{3+} + 6OH^- \longrightarrow Cr_2O_3 \cdot 3H_2O \tag{7-20}$$

$$2Zn^{2+} + 2Cr^{3+} + 8OH^- \longrightarrow 2ZnCrO_2 \cdot 4H_2O \tag{7-21}$$

根据上述分析，三价铬的转化机理可概述为：在氧化剂的作用下，锌发生溶解形成 Zn^{2+}，界面处溶液的 pH 值上升，Zn^{2+}、Cr^{3+} 生成不溶性锌铬氧化物，该复合氧化物在镀层表面沉积形成转化膜。

三价铬在成膜的过程中应含有氧化剂、成膜盐、络合剂和添加剂。氯化铬、硝酸铬以及硫酸铬等均可以作为成膜盐。为了在较宽 pH 范围内稳定三价铬离子，控制反应速度，需要加入三价铬的络合剂。

2. 转化膜的耐腐蚀性

转化膜的耐腐蚀性取决于膜层的结构。在 Cr^{6+} 转化膜中，除少量可渗出的 Cr^{6+} 外，其余是不溶于水的 Cr^{3+} 与锌的化合物、氧化物、硫酸盐和水。这部分膜可称为隔离膜层。其中的 Cr^{3+} 含量约占 1/3 以上。Cr^{3+} 转化有 Cr^{6+} 转化相似的机理，如果除去 Cr^{6+} 的部分，并使 Cr^{3+} 转化膜厚度与 Cr^{6+} 转化膜厚度相等，应能提供类似的抗腐蚀性。试验也证实了三价铬转化膜具有一定的耐腐蚀性。

由于三价铬转化膜处理液中无六价铬化合物，转化膜只有三价铬化合物的骨架，没有六价铬的"肉"。由于没有可溶性的六价铬化合物的吸附，膜层不具有"二次钝化"功能，锌层无法受到良好的保护。因此理论上三价铬膜层不具有优良的耐腐蚀性，但事实上并非如此。为解释三价铬膜层的耐腐蚀性，有人提出"二价格钝化理论"。"二价格钝化"理论认为伴随氢气的析出，还有如式(7-22) 所示的反应发生。

$$2Cr^{3+} + Zn \longrightarrow 2Cr^{2+} + Zn^{2+} \tag{7-22}$$

该反应从热力学理论上来讲是可能的，因为 Zn^{2+}/Zn 的电极电势为 $-0.76V$，小于 Cr^{3+}/Cr^{2+} 的电极电势 $-0.407V$。虽然 H^+ 的氧化性比 Cr^{3+} 更强，H^+ 被优先还原。但转化过程中反应界面附近的 H^+ 很快消耗，其浓度很低，因而电极电势也降低，从而为三价铬的还原反应创造条件。按照这个理论，转化膜中含有 Cr^{2+}。当转化膜处于腐蚀环境中时，Cr^{2+} 被氧化成 Cr^{3+}，从而避免了锌锭氧化。但由于二价铬非常不稳定，在膜中是否存在尚没有试验证实。

为了生产均匀的以及所希望的光亮的钝化膜，可以添加表面活性剂。由于三价铬钝化膜不具有自愈力，镀层一旦受到损坏，腐蚀就会很快发生。为了弥补这一缺陷，吴以南等提出了添加封闭剂或使用涂层的措施。有些封闭剂能与三价铬钝化膜产生反应，生成更耐久的保护膜。例如，在室温或高温下，以硅酸盐为基础的封闭剂在三价铬钝化膜上反应，形成硅酸盐反应产物的厚膜。其他的封闭剂有磷酸盐、硅烷等。外涂层为清漆、聚合物和乳化剂等。无论表面涂层或封闭层是有机物还是无机物，对镀层的耐温、抗腐蚀、耐磨性能都能给予改善。

3. 三价铬配方

常见的三价铬配方工艺如下。

配方 A：①氯化铬　10～100g/L；②酒石酸钾钠　10～100g/L；
③硝酸　30～70mg/L。

配方 B：①WX-3TC 三价铬蓝白色转化剂　100mL/L；②WX-3TC 封孔剂　60mL/L；
③硝酸　0.3mL/L；④pH 值　2.0～2.3；⑤温度　（30±10）℃；
⑥转化膜处理时间　30～60s。

4. 配置工序

配方 A 在配置的时候，可以在常温常压的条件下，将铬盐溶于水，再加入酒石酸钾钠搅拌熔化，放置数小时，让其充分反映，在此期间经常搅拌，pH 在 4～5 之间，然后加硝酸或硫酸，搅拌均匀放置数小时，即得到透明紫黑色三价铬离子。镀锌件由三价铬和硝酸根阴离子或（和）硫酸根离子协调形成无色钝化膜。该钝化膜抗变色能力和耐腐蚀性都比较高。

二、无铬钝化剂

国内也已经有研究单位研制开发出镀锌层无铬钝化剂，这种有机-无机混合物结构的钝化涂层其耐蚀性能通常比单一的无机盐钝化或有机物钝化更加优良。其有机物一般选择环氧树脂，也可选择丙烯酸聚合物、聚氨酯等；无机物选择碱金属的硼酸盐如硼酸钙或钼酸钠。使其钝化层不易溶解并具有较高的耐蚀性，进行试验，3000h 的盐雾试验显示其抗腐蚀性能与铬酸盐钝化膜相当。可有效防止热镀锌件潮湿引起表面镀层产生"白锈"问题。其典型配方及工艺条件如下。

配方 A：①钼酸钠　30g/L；②添加剂　5g/L；③pH 值为 3（用磷酸调节）；
④温度　45℃；⑤钝化时间　20min；钝化后需水洗，用硅烷偶联剂封闭，干燥方式为 60℃ 热风吹干。

配方 B：①钼酸钠　5～15g/L；②丙烯酸树脂　100～200mL/L；③硅溶胶　40mL/L；
④植酸　适量；⑤磷酸盐　10～20g/L；⑥钝化温度　40℃；⑦时间　60s；
⑧烘干温度和时间　80℃，烘干 40min。

第十三节　减少盘条磷化渣产生的工艺

一、磷化渣产生原因

在盘条磷化时，随着磷化液使用，磷化液中亚铁离子浓度不断增加。当它的浓度达到一定值时，便以正磷酸铁等不溶盐形式沉积成淤渣。磷化时盘条上溶解下来的铁只有一部分参与了成膜，另一部分则要被氧化为三价铁，与磷酸根结合形成不溶性磷酸铁从溶液中析出，其反应如下：

$$Fe+2H_3PO_4 \longrightarrow Fe(H_2PO_4)_2+H_2 \uparrow \qquad (7-23)$$

$$Fe(H_2PO_4)_2+O_2 \longrightarrow 2FePO_4 \downarrow +2H_2O \qquad (7-24)$$

如果磷化液配比或工艺控制不当，会导致过量的磷酸锌沉淀出来，形成非正常的过多沉渣。

$$2Zn(H_2PO_4)_2+Fe(H_2PO_4)_2+4H_2O \longrightarrow Zn_2Fe(PO_4)_2 \cdot 4H_2O \downarrow +4H_3PO_4 \qquad (7-25)$$

$$3Zn(H_2PO_4)_2+4H_2O \longrightarrow Zn_3Fe(PO_4)_2 \cdot 4H_2O \downarrow +4H_3PO_4 \qquad (7-26)$$

二、影响沉渣的因素

1. 酸洗的因素

酸洗后水洗不彻底，盘条表面残留大量 Fe^{2+} 或 H^+ 带入磷化液导致磷化液的 Fe^{2+} 或 H^+ 浓度升高，进而生成额外沉渣。在游离酸正常时，Fe^{2+} 过多会导致总酸度升高；在总酸度正常时，H^+ 过多会导致游离酸度升高。Fe^{2+} 按式（7-23）和式（7-24）反应生成沉渣。H^+ 过多则腐蚀工件产生更多的 Fe^{2+}。另外，还会将酸洗液中的阴离子如 Cl^- 等离子带入到磷化液，污染磷化液，导致磷化膜不能生成或生成的磷化膜质量很差，尤其是盘条夹缝处发黄生锈，正常表面的磷化膜也容易发黄生锈。

2. 磷化液配比不合理

（1）磷化液配比不合理，锌系磷化液中主要有 3 种离子 Zn^{2+}、$H_2PO_4^-$ 和 NO_3^-，其中 Zn^{2+}、$H_2PO_4^-$ 用于成膜，NO_3^- 用于协助促进剂氧化磷化液中的 Fe^{2+}。如果磷化液中的 NO_3^- 不足，不能促使 NO_3^- 及时将 Fe^{2+} 氧化成 Fe^{3+} 除去，而是导致 Fe^{2+} 累积，进而形成 $Fe(NO_3)^{2+}$ 使磷化液变黑。如果磷化液中的 NO_3^- 过高，会促进 NO_2^- 把大部分的 Fe^{2+} 氧化成 Fe^{3+} 并大量沉渣。如果磷化浓缩液中的总酸度与游离酸度的比例不合适，如酸值偏大，在不断添加的情况下导致工作液的游离酸度一直在低位下运行，产生额外沉渣。如果酸值偏小，在不断添加的情况下导致工作液的游离酸度一直在高位或超过高位运行，需要不断使用中和剂来降低游离酸度，打破槽液原有的平衡建立新的平衡。此时不但会生成 $Zn_3(PO_4)_2$ 沉淀，槽液中正常存在的铁离子也会生成 $FePO_4$ 沉淀，沉渣明显增多。

（2）磷化液工作负荷偏大，单位时间内处理的盘条数量过多，磷化液又过少，导致在磷化过程中磷化液的游离酸度和总酸度大幅波动，且游离酸度波动的幅度远大于总酸度波动的幅度，生成大量沉渣。工件表面生成结晶粗大的磷化膜，远离表面区域自行生成沉渣白白耗费药液。为了恢复槽液原有的功能，需要频繁添加磷化液，导致恶性循环。

（3）磷化液温度过高，升高温度可以加快磷化反应速度，有利于磷化反应的进行。但是温度超过一定限度，副反应增多即磷化液自身消耗，生成额外沉渣。温度升高，加快磷酸二氢根电离生成大量的 PO_4^{3-}，在 Zn^{2+} 含量一定时，两者的浓度满足 $Zn_3(PO_4)_2$ 溶度积时便生成 $Zn_3(PO_4)_2$ 沉淀，即额外沉渣。不管磷化液工作还是不工作，额外生成沉渣都存在。

（4）游离酸度偏高，如果游离酸度偏高，会有两种害处：一是会快速腐蚀金属，使大量的 Fe^{2+} 进入磷化液中；二是加快了促进剂消耗速度，浪费促进剂。促进剂一方面将大量的 Fe^{2+} 氧化成 Fe^{3+}，进而生成 $FePO_4$ 沉渣，另一方面促进剂挥发时会生成水，使磷化液的 pH 升高，导致额外生成 $Zn_3(PO_4)$ 沉渣。

（5）工艺用水不合格，如果水质过硬即钙、镁离子过多，工艺用水在不断添加过程中会导致磷化的游离酸度降低，生成的 PO_4^{3-} 进一步与 Zn^{2+} 结合，产生额外沉渣。

（6）加热方式不合理，蒸汽直接加热对磷化液的损害很大。其一是导致磷化液局部温度过高，生成沉渣；其二是蒸汽冷凝水直接进入到磷化液中，稀释磷化液，导致工艺参数波动很大，需要频繁调整磷化液，磷化质量难于满足要求。

三、改进措施及效果

① 在酸洗后的水洗槽上方增加了高压水冲洗喷管，两排喷管在盘条出水洗槽后进行高压水冲洗，降低了盘条表面带入的残酸和亚铁离子，盘条夹缝处发黄生锈问题明显改善。

② 加大了磷化槽尺寸，将磷化槽长度增加近 1 倍，增加了磷化液容量，保证了磷化液指标的稳定。

③ 采用预配磷化母液，调整磷化液成分时不再直接加入磷酸和硝酸锌等，改为加入母液。

④ 改变用蒸汽胶管直接插入磷化槽加热方式，改用不锈钢换热管路间接加热。

⑤ 增加磷化槽液循环沉淀装置，将磷化液不断抽入循环池沉淀，保证磷化槽清洁。

⑥ 严格控制磷化工艺参数，保证总酸度、游离酸、酸比等指标控制在标准范围内。控制磷化温度不超过工艺规定上限。

通过上述改进，盘条磷化质量得到提高，磷化渣的产生量降低了 30％以上。过去一周就要捞一次沉渣，改进后 10～15 天才捞一次，效果较好。

第十四节　一种热轧圆盘条无盐酸洗除锈磷化工艺

（专利号：CN 201710184641.0）

一、技术方案

1. 热轧圆盘条无盐酸洗除锈磷化方法

将热轧圆盘条经过机械剥壳、收线机收线、清水洗、磷化和皂化烘干，具体工艺步骤如下。

① 上料盘条，将热轧圆盘条通过大料架送至机械剥壳机中。

② 剥壳，在机械剥壳机中去除热轧圆盘条的表层氧化皮。

③ 收线机收线，去除氧化皮的热轧圆盘条在圆形收线机中重新收成盘状。

④ 清水洗，将步骤③中收线后的热轧圆盘条放入清水池中洗去表面粘带的氧化铁粉尘。

2. 盘条磷化工艺

① 磷化，将热轧圆盘条送至磷化池中，使热轧圆盘条表面覆盖一层磷化膜。

② 皂化烘干，经过磷化的热轧圆盘条送至皂液池中皂化，然后烘干。

③ 将步骤上述步骤中烘干后的热轧圆盘条入库存放，等待进入拉拔工序。

将步骤③去除氧化皮的热轧圆盘条在圆形收线机中收成与原热轧圆盘条直径和重量相同的热轧圆盘条。

在磷化步骤①中，磷化池中磷化液成分为：磷酸　35~40g/L；硝酸　40~45g/L；氧化锌　20~25g/L；亚硝酸钠　0.2~1.0g/L；磷化温度控制在75~80℃；磷酸为密度1.685g/mL的市售磷酸；硝酸为密度1.39g/mL的市售硝酸。

在磷化步骤②中，皂液池温度控制在70~80℃。

二、具体工艺实施的方式

① 这种热轧圆盘条无盐酸洗除锈磷化方法，热轧圆盘条经过机械剥壳、收线机收线、清水洗、磷化和皂化烘干，具体工艺步骤如下。

上料盘条→机械剥壳机→剥壳去除氧化皮→收线机收线（重新收成盘状）→清水洗→磷化→皂化烘干→入库存放。

② 皂化烘干的温度为：70~80℃，在这个温度下可以快速烘干热轧圆盘条，提高生产效率。

③ 磷化池中磷化液成分优化配方如下。

a. 磷酸　35~40g/L；
b. 硝酸　40~45g/L；
c. 氧化锌　20~25g/L；
d. 亚硝酸钠　0.2~1.0g/L；
e. 磷化温度　75~80℃；
f. 磷酸（工业级）密度　1.685g/mL；
g. 硝酸（工业级）密度　1.39g/mL。

上面所提供的技术参数可以使热轧圆盘条的磷化更均匀，提高磷化质量。

三、节能环保效果

新的工艺磷化运用热轧圆盘条无盐酸洗除锈磷化方法采用机械剥壳代替酸洗处理，避免了酸洗过程产生大量污染环境的废物，更加环保；剥壳后的热轧圆盘条使用圆形收线机重新收成盘状，盘状的热轧圆盘条可以进行清水洗涤和磷化工序，提高生产效率；较好地解决了现有技术中直接机械剥壳后被取直的盘条无法磷化，所以拉拔出的钢丝表面没有磷化膜，在钢丝进入热镀锌之前存放过程中，会产生新的锈蚀，进而影响下道钢丝热镀锌工序的技术问题。

磷化工序的磷化液配方合理，磷化效果好。磷化后并烘干的热轧圆盘条可以长时间存放，不会生锈，有利于盘条拉拔成钢丝，进而有利于拉拔后的钢丝进行热镀锌生产。

第十五节　钢丝热处理电解磷化设备及工艺

（专利号：ZL 201310575853.3）

一、现有电解磷化的工艺

随着我国市场经济的不断发展，金属制品行业竞争日趋激烈，国内很多知名金属制品企业都在通过节能降耗，提高伸长率来提升企业的竞争力。在金属制品行业中，传统的热处理后中温或高温浸渍磷化工艺技术其自身存在如产渣量大、能耗高、磷化时间长等不足。电解磷化作为目前一种先进的磷化技术，其优点是磷化时间短，磷化温度低，磷化产渣量少，可以适用于热处理连续磷化生产线，生产率高。同时克服现有技术的不足，提供一种钢丝热处理电解磷化连续生产线设备及工艺，以达到降低钢丝表面处理过程中的能耗，减少钢丝在磷化过程中磷化渣的产生，提高钢丝生产作业率，使钢丝拉拔前的热处理和表面处理连续生产一次完成，减少生产环节和生产劳动强度。

二、改进的技术方案

采用的技术方案为：一种钢丝热处理电解磷化连续生产线设备的组合，由放线装置、热处理系统、钢丝表面清洗系统、钢丝电解磷化系统、收线装置依次按直线排列安装为一条连续生产线设备，各装置通过钢丝热处理连续电解磷化生产路线连接，各装置在结构上没有直接连接。这条连续生产线设备全长 118m。

热处理系统是由接触槽、淬火槽、铅液循环泵、变压器和热处理人机界面所组成。

1. 生产线的设备组成

① 放线装置由多个放线架和 1 个牵引机构组成。

② 热处理系统由变压器、接触槽、淬火槽、铅液循环泵、热处理人机界面等组成；其中人机界面是钢丝铅淬火热处理系统的中枢神经，设置有设备运行状态、故障报警、过程曲线、历史记录、系统设置等。

③ 钢丝表面清洗系统由冷却水槽、酸洗槽、热水洗槽、电解碱洗槽、清水槽等组成；所述的电解碱洗槽包括有电解碱洗控制系统和电解碱洗泵循环系统。

④ 钢丝电解磷化系统由表调槽、电解磷化槽、清水槽、石灰槽、阴极枪、工作液循环系统及控制柜组成。

⑤ 收线装置由烘干箱和多头收线机组成。

该生产线实现了钢丝冷拉拔前热处理和表面处理在线连续化生产。

2. 电解工艺参数

① 接触槽、淬火槽的温度主要是根据热处理钢丝的含碳量以及线径来控制，接触槽温度一般控制在 400℃±20℃，淬火槽温度一般控制在 500～550℃。

② 电解碱洗槽采用 NaOH 为原料，碱洗温度和碱洗电流根据钢丝直径大小而定，一般碱洗温度控制在 40～80℃，碱洗电流控制在 0～3000A。

③ 钢丝电解磷化时的钢丝的电流密度为 $12.0～14.0A/dm^2$，电解磷化成膜较好。电解磷化槽发生电解磷化反应，阴极枪给钢丝导电使钢丝作为阴极，惰性导电板接电源正极作为惰性阳极，在电解反应的作用下使磷化膜均匀、快速、稳定的存积在钢丝表面上，大大减少了磷化渣的产生；同时也由于电解的作用让电解磷化反应能在低温下顺利进行，从而降低了磷化反应温度，降低了能源的消耗。

④ 表调槽是通过控制表调液的 pH 值从而保证表调液的活性，对钢丝磷化前进行表面活性处理，在经过表调槽表面活性处理后的钢丝在电解磷化槽成膜速度加快，磷化时间短，让电解磷化反应后形成的磷化膜与钢基结合得更加牢固。

⑤ 工作液溢流循环使用。工作液循环系统是通过循环泵将工作液从低处抽到相对高处的工作槽中，工作槽中的工作液由高处自动流入低处的储槽，形成工液循环。

3. 收线装置

收线装置是对经过烘干箱烘干的钢丝进行工字轮收线。

三、结论

采用上述方案的有益效果如下。

① 实现了钢丝生产过程中冷拉拔前原料热处理和表面处理在线连续化生产。

② 降低了钢丝磷化过程中的热能消耗，减少了钢丝磷化处理过程中磷化渣的产生，减少了工作劳动强度，提高了生产效率。

第十六节　一种线材表面润滑涂层

一、表面润滑涂层的机理

润滑涂层是指钢丝表面由于化学或物理作用，而生成的不同于钢基体的隔离层。钢丝拉拔时，钢丝表面的某些涂层可黏附润滑剂载入拉丝模内形成润滑膜，故这些涂层也称为载体。润滑效果的好坏取决于润滑剂能否被带入模内和润滑剂与载体的合理配合。盘条（线材）表面载体质量的好坏将直接影响着拉丝工序的产量、钢耗、模耗、质量。为使涂层达到上述效果，对其性能有如下要求。

① 与钢基具有一定的结合强度，不至于在拉拔前或进入拉丝模内时被破坏或刮掉。

② 具有一定的抗热性，不至于因高速拉拔而被破坏。

③ 具有足够的塑性，能随同钢丝一起延展而始终覆盖在钢丝表面。

④ 易于吸附润滑剂，提高润滑效果。

⑤ 用于半成品的润滑涂层，最好在热处理时易于除净，以免影响后续工序。

⑥ 具有防锈性能，且无毒无害。

⑦ 能中和钢丝表面残余酸液和满足其他方面的特殊要求。

二、表面润滑涂层的种类

常用的润滑层有两类：非金属涂层和金属涂层。一般选用的都是非金属涂层。

① 物理方法获得硼砂涂层，适合于连续作业线，高速拉拔。

② 化学方法获得磷酸盐涂层，适合于集中式酸洗磷化（浸泡式）。

③ 其他还有磺化处理和石灰涂层。

三、润滑涂层工艺方案的选择

1. 对润滑涂层的基本要求

钢丝要适应高速拉拔，对表面处理要求应注意。

① 氧化铁皮彻底清洗干净。

② 适当准备表面，以满足携带润滑剂的需要。

③ 采用提高润滑效果的技术。

如果表面清洗不干净，残余的氧化铁皮带入模具后会增加摩擦，导致温度升高而润滑失效，造成钢丝表面缺陷并使模具寿命明显下降。为确保高速拉拔时的正常润滑，仅清洗干净还是不够的，清洗时应有适当的表面准备和润滑涂层即磷化或涂硼。

2. 磷酸盐表面涂层

磷化盐涂层（磷化）化学稳定性较好，常用作钢铁制品的防锈和增加钢铁与漆结合牢固的媒介层，近年来被大量用作拉丝中的润滑涂层。磷化膜是钢与磷化液间的化学反应产物，它与基体结合得十分牢固，具有微孔结构的磷化膜富有延展性，润滑剂易嵌入微孔而被带入拉丝模，具有良好的润滑效果。

磷酸盐表面涂层采用的是集中式酸洗、磷化，其工艺流程如下。

水洗→酸洗（盐酸、整盘线材）→水洗→高压水冲洗→磷化→高压水冲洗→皂化。表 7-6 为其工艺参数。

表 7-6　一种线材磷化工艺表

总酸度/点	游离酸度/点	ZnO/(g/L)	NO_3^-/(g/L)	溶液温度/℃	时间/min
55～70	6～9	25～33	35～43	75～80	13～16

注：一般情况下只分析总酸度和游离酸。

工艺优点：操作方便，磷化膜涂层化学稳定性好，与基体结合十分牢固，适合拉拔高碳钢丝。缺点如下。

① 从表面准备到润滑涂层时间较长。
② 需定期排放酸液，污染环境。
③ 磷化液需定期清池、捞渣。
④ 倒运环节容易刮伤磷化膜。
⑤ 酸洗时间较长难以控制。

3. 硼砂表面涂层

硼砂涂层与磷酸涂层一样，也是一种良好的润滑涂层。其工艺流程如下。

水洗→酸洗→水洗→高压水冲洗→涂硼→烘干。

随着水箱拉丝机的不断发展和拉拔线速度的逐渐提高，上述涂硼工艺已基本不采用，而采用连续作业线涂硼的工艺，工艺流程如下。

放线→乱线停车→剥壳→断线停车→高压水冲洗→电解酸洗→高压水冲洗→预热→涂硼→烘干→引出。表 7-7 为涂硼工艺参数。

表 7-7　一种线材涂硼工艺表

酸液浓度 /(g/L)	预热温度 /℃	硼砂液		烘干温度/℃
		浓度/(g/L)	温度/℃	
260±30	45～50	230±60	88～95	95～99

硼砂表面涂层主要特点如下。

① 与钢丝附着性好，不易脱落，且硼砂溶液呈碱性，故在钢丝浸涂硼砂时，能中和钢丝表面的残酸，起到一定程度的防锈作用。
② 比较易于黏附润滑剂，是一种良好的水洗与润滑载体。
③ 资源丰富，成本较低。
④ 硼砂在清水中溶解度较大，使用方便。
⑤ 生产过程中无灰尘飞扬，不污染工作环境。

缺点：吸湿性强，极易潮解。硼砂溶液暂不使用时必须予以保温、防潮，否则，当温度下降时，硼砂容易结晶，会损伤设备。硼砂涂层成膜较快，在连接作业线上，只需几秒即可形成润滑涂层，是首选的高速连续作业线的润滑载体，且操作简单，容易控制，只要对该作业线的电解酸洗液含量和涂硼的含量进行分析即可，各槽池温度均为电加热自动控制。

第十七节 一线双用钢丝热镀锌生产工艺及设备改进

国内某金属制品厂现有两条热镀锌钢丝生产线，可用于各种热镀锌钢丝的生产。为满足客户的需求，经常要生产不同产量、不同规格、不同材质的热镀锌钢丝。产品不同，速度、温度都不相同，在批量大时，分别组织生产，影响不大。如遇小批量频繁变换产品种类，则需大量时间调整生产工艺，不利于正常组织生产。例如：铠装电缆用热镀锌低碳钢丝及架空绞线用镀锌钢丝由于生产工艺相差较大，因此不能同时进行生产。为此，采用调整生产工艺、改造生产设备等措施，使一条热镀锌生产线能够同时满足两类产品的生产需求。

一、改进前热镀锌工艺存在的问题

1. 热镀锌生产工艺

现有生产工艺采用钢丝在线退火处理，不同强度级别产品的脱脂、退火温度不同，低强度产品需高温（740℃）退火处理，高强度产品仅需低温（≤450℃）脱脂处理，如采用其中一种产品的退火工艺，另一种产品的力学性能将无法得到保证。以同时生产铠装电缆用热镀锌低碳钢丝及架空绞线用镀锌钢丝为例，两种钢丝由于规格、品种不同，生产工艺参数也不同，但工艺路线相近。

（1）架空绞线用镀锌钢丝产品。架空绞线用镀锌钢丝产品，原料选为60♯钢，盘条直径φ6.5mm；工艺流程如下。

盘条→表面除锈、磷化处理→拉拔（LT9/560水箱拉丝机）至φ2.4mm钢丝→工字轮收、放线→脱脂处理→水冷却→酸洗→水漂洗→溶剂助镀→钢丝热镀锌。

钢丝镀锌生产线走线根数为40根，脱脂炉温度430℃，镀锌速度为12m/min，酸洗采用在线盐酸酸洗。

（2）铠装电缆用热镀锌低碳钢丝产品原料选择。铠装电缆用热镀锌低碳钢丝产品原料选择为Q195钢，盘条直径为φ6.5mm，工艺流程如下。

盘条→机械剥壳除锈→拉拔至φ2.2mm（LW5/560拉丝机）→半成品退火处理及表面处理→拉拔至φ1.6mm（LW4/450拉丝机）→工字轮收放线→脱脂退火→冷却→酸洗→水漂洗→溶剂助镀→钢丝热镀锌。

镀锌生产线走线根数为40根，退火炉温度750℃，镀锌速度为16m/min，酸洗采用在线复合盐酸酸洗。除退火温度及速度外，上述两种产品在退火之后的镀锌工艺参数相同，即酸洗采用复合盐酸酸洗，盐酸质量浓度为80～150g/L，亚铁离子质量浓度小于20g/L，酸洗温度30～40℃，盐酸加热采用6支聚四氟乙烯电加热管加热，加热管单支功率3kW，总加热功率为18kW，槽液加入酸雾抑制剂，有效地避免酸雾挥发；为降低锌耗，酸洗后采用热水清洗；溶剂助镀液成分为氯化铵及氯化锌，如单一用氯化铵质量浓度为160g/L，氯化锌和氯化铵复合溶液质量浓度为 220g/L；锌锅采用内加热陶瓷锌锅，实际加热功率 340kW，加热管分布在锌锅左右和钢丝进口端两侧，加热管数量为 2×42 根，单支加热管功率为 3～5kW（5kW 为维修时更换，数量约 25 支），锌液温度（465±5）℃。

2. 钢丝热镀锌生产设备

现有锌锅压线辊材质为 08F，生产过程中钢丝的生产速度不同，压线辊在锌液内转动速度不同。若对不同钢丝的生产速度单独进行调节，会造成钢丝的张力不一，导致钢丝的表面出现质量缺陷。

二、工艺改进措施

我们除在线退火炉之外，另有二座隧道式燃气钢丝热处理炉，可根据不同需求进行钢丝退火处理，以 ϕ1.6mm 铠装电缆用低碳镀锌钢丝生产工艺为例：退火温度 750℃，退火时间 30min，随机抽样进行力学性能检测（试样数＞30），均能满足标准要求。

改进后的热镀锌生产工艺主要是改变了铠装电缆用热镀锌低碳钢丝的热处理方式，采用离线退火工艺。铠装电缆用热镀锌低碳钢丝在拉拔至相应规格后需要进入隧道式天然气退火炉进行退火后方能上镀锌生产线，而架空绞线用镀锌钢丝则在拉拔后直接上镀锌生产线，在线脱脂处理后进行镀锌。由于架空绞线用镀锌钢丝的脱脂温度较低，铠装电缆用热镀锌低碳钢丝的退火半成品再次经过退火炉后性能将不会产生明显变化，因此上述两种产品可同时在一条生产线上进行镀锌生产，两种产品热镀锌连续生产线工艺参数见表 7-8。

表 7-8　钢丝热镀锌工艺参数

钢丝直径/mm	走线数/根	速度/(m/min)	热处理方式	助镀剂温度/℃	锌液温度/℃
2.4(绞线用)	18	12	脱脂	≥75	465±5
1.6(铠装用)	20	16	离线退火	≥75	465±5

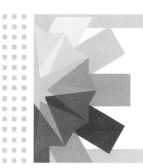

第八章
钢丝热镀锌生产主要设备

第一节　预处理设备

一、酸、碱清洗槽材料的选取

钢丝热镀锌车间的前处理工艺槽有脱脂槽、酸洗槽、溶剂槽以及脱脂酸洗后水洗用的清洗槽和钢丝热镀锌后水冷却槽。脱脂液、酸液及冲洗脱脂或酸洗盘条后的水都是有腐蚀性的，所以这些槽以及相关的地面、管道、排水设施要用各种建筑防腐材料和涂料。建筑防腐材料和涂料的品种很多，各种防腐材料对酸、碱、盐类等介质的耐腐蚀性是不同的。水泥类材料有较好的耐碱性，但耐酸性差；沥青类材料有良好的耐稀酸、稀碱性能，但不耐浓酸、浓碱，不耐有机溶剂；水玻璃类材料有优良的耐酸性，但不耐碱；环氧树脂类材料耐酸、碱、盐的综合性能较好，但不耐强氧化性酸。从热力学的规律来看，一种材料在某些环境作用下是相对稳定的，而在另一些环境作用下则会发生破坏和变质。因此，在选材时应努力做到扬长避短，物尽其用。表面预处理槽的结构材料有：花岗岩、大理石、PP 塑料和玻璃钢等。花岗岩、大理石作为表面处理槽既耐酸碱腐蚀又有较高的强度，不怕碰撞；PP 塑料作为表面处理槽有较好的耐酸碱性能，但因强度低需要防止工件对其碰撞；以上两种材料造价较昂贵。为了节约投资，这些处理槽可采用水泥混凝土构架内外涂覆玻璃钢。玻璃钢涂层混合配方为：不饱和聚酯树脂 6%～8%；石英粉（100＃～200＃）20%；玻璃丝布；增塑剂、固化剂 2%；使用条件 15℃以上。15℃以下时增加树脂用量。涂覆玻璃钢涂层前应先在混凝土槽体上涂一层环氧树脂。其耐酸、碱性，耐热性完全适应生产的需要。有条件的地方可以使用花岗岩、大理石、PPE 板作为这些处理槽的内衬，其工程造价较高，使用寿命一般可以达到 8～10 年。

二、预处理槽的制造

1. 脱脂（碱洗）槽的制造

对所有的碱性脱脂液或以表面活性剂为主的脱脂液，用低碳钢板制造脱脂槽比较合适。

槽内壁用一般的耐高温耐碱腐蚀涂层涂覆保护即可，而外壁需要涂覆防锈层保护并注意保持干燥，以减少表面腐蚀，很少需要维修，维修也很方便。脱脂槽可用低碳钢制作的换热器（供热介质可为热水、蒸汽和燃气）或用电加热器对脱脂液进行加热。

2. 酸洗槽、溶液槽和清洗槽

酸洗槽、溶剂槽和清洗槽要能耐酸或氯化铵的腐蚀。这些槽一般用钢或混凝土做好结实的基本槽，然后在槽内壁的基体表面铺设耐腐蚀材料层。基体材料表面要预先进行处理，处理是否得当将直接影响到防腐蚀工程的质量。

用水泥砂浆混凝土构建槽体，要求坚固结实，不应有起砂、脱壳、裂缝、麻面等现象。表面平整度、表面坡度应符合设计规定，以及建筑防腐蚀工程施工及验收规范的要求。阴、阳角处应做圆弧形或斜面。在做防腐蚀层前，应将基体表面的浮灰、污物清除干净，并干燥至 20mm 深度内的含水率不大于 6%。处理好的基体材料宜用清洁的织物加以覆盖，以防弄脏。

钢铁槽体的表面做防腐蚀层前应该进行处理，应把焊渣、毛刺、铁锈、油污、尘土等清除干净，使表面平整洁净呈金属光泽，较好的方法是进行喷砂处理。穿过防腐蚀层的管道、套管、埋设件或预留孔等，应预先埋置或留设在槽体中。

防腐蚀层包括面层和隔离层。面层（包括与隔离层间的结合层）不但直接接触腐蚀介质，而且承受机械作用。钢丝在进行热浸镀锌的前处理时，常常会碰撞和刮拭防腐层面，所以面层的坚实性、耐磨性尤为重要。

面层常用材料可用耐酸陶瓷板、厚 2mm 以上的玻璃钢、树脂浸渍砖、聚氯乙烯或聚丙烯板。

3. 新型耐酸防腐蚀槽

一种新型的表面预处理槽，针对钢铁工件热镀锌前，预处理所使用的酸洗液去除钢铁工件表面的铁锈和铁的氧化物，采用耐盐酸腐蚀的酸洗槽设备；该酸洗槽采用耐酸液腐蚀的石英（SiO_2）沙子、石英石子和辉绿铸石粉，工业级氟硅酸钠作为胶黏剂，按比例混合后，一次性完整地浇注，得到了耐酸液腐蚀、槽体强度高、防钢铁工件撞击、使用寿命长的酸洗槽。该新型酸洗槽是传统的花岗岩砌筑成的酸洗槽使用寿命的 8 倍，在现阶段是使用寿命较长的一种酸洗槽，这种酸洗、溶剂槽已经获得国家专利 ZL 201320545506.1，见图 8-1 所示。

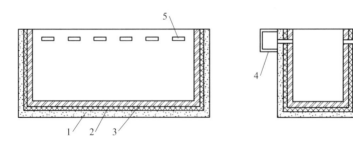

图 8-1　整体浇铸的耐酸腐蚀槽示意

1—混凝土外槽；2—防渗漏层；3—耐酸腐蚀内层；4—吸收酸雾管道；5—吸收酸雾口

这种新型预处理槽内、外两层槽体均为一次浇筑成型。外部槽体是预先一次浇筑的，在完全凝固的条件下，再一次浇筑内层耐酸腐蚀的槽体；这样的浇筑方法具有强度高、凝固充分，达到了防钢铁工件撞击的效果。

第二节　熔锌锅

一、熔锌锅的种类

钢结构件热浸镀锌的熔锌槽，通常称作锌锅，绝大部分是用钢板焊接而成的。钢制锌锅不但制作方便，而且适用于各种热源加热，使用维护也十分方便。特别适宜大型钢结构件热浸镀锌生产线的配套使用。

热镀锌镀层的质量以及生产效益的好坏，与采用的工艺技术和锌锅的寿命有密切的关系。如果锌锅腐蚀过快，导致过早地损坏甚至穿孔漏锌，造成的直接经济损失和停车的间接经济损失是很大的。因此，如何提高锌锅的使用寿命，是镀锌行业普遍关注的问题之一。

锌锅是钢制件热镀锌的关键设备。对熔锌锅的选择应注意几个主要参数，例如锅的尺寸、形状、壁厚、材质、热源及附属设备等。它的正常运行是热镀锌高效率作业的基础。长期以来，人们一直寻求、探索不同种类的、不同材料制成的锌锅以满足高产、低耗生产工艺的要求。

截至目前，锌锅分为三类：①铁制锌锅，主要用来热镀锌钢制构件、带钢连续热镀锌生产线以及钢丝连续热镀锌生产线；②陶瓷型耐热材料整体浇注型热镀锌锅，主要是利用内加热器及内加热方式进行熔锌、热镀锌；③工频感应电加热锌锅，用于带钢连续热镀锌。

二、铁制锌锅

1. 锌锅的材料的选择

在热镀锌工业生产中，钢丝热镀锌早期普遍使用铁制锌锅。目前，广泛使用的材料有低碳钢和工业纯铁两类。因为钢中的含碳量、含硅量的增加都引起铁损量的增加（换句话讲，加快锌对铁锅的腐蚀速度），因而在实际运用中都选用含碳量、含硅量偏低的钢材作为制造锌锅的原料。

（1）化学成分。在现有条件下，一般选用国产 08F 板，XG08 板（鞍钢产），WKS 板（武钢产），DZH 钢板（德国产）。其化学成分（%）为：碳（C）$0.05\sim0.08$，硅（Si）$0.01\sim0.02$，锰（Mn）$0.29\sim0.42$，磷（P）$0.003\sim0.015$，硫（S）$0.006\sim0.010$。

典型力学性能（$6.0\sim100$mm），σ_s 为 $175\sim521$MPa，σ_b 为 $295\sim330$MPa，δ_b 为 35%。

（2）对锌锅的腐蚀速率。综合锌液对锌锅体的腐蚀率、锌液施加在锅壁上的流体静力学负荷、操作温度下锌锅壁材质的强度、周围砖体和其他加强元件对锅壁所提供的支撑力等各种因素考虑：制造锌锅钢板中的硅含量应控制在 0.02% 以下，锌锅厚度以50mm 为宜。为了使锌锅温度稳定和避免底渣浮起而影响镀锌表面质量，应尽可能加大锌锅的熔锌量。

2. 锌锅材料的选用

选择锌锅材料时，首先要看它的耐锌液腐蚀的能力，而对它的强度、抗氧化等其他性能的要求相对来说是次要的。工业纯铁中含碳和硅是很少的，液态的锌对纯铁的腐蚀速度是很小的，杂质和合金元素大多会增加钢在锌液中的腐蚀。钢在锌液中的腐蚀机理与钢在大气或水中的腐蚀机理完全不同。一些耐腐蚀、抗氧化性能好的钢，如不锈钢、耐热钢，其抗锌液腐蚀的能力均不如纯度高的低碳低硅钢。所以，也常用低碳低硅的钢来制造镀锌锅。在钢铁制造公司，为了满足镀锌的要求，在钢铁中加入少量的碳和锰，对钢的抵抗锌液的腐蚀能力影响不大，却能提高钢的强度。过去，我国一直采用08F、05F钢制造镀锌锅，虽然这些钢也是低碳低硅钢，但由于是沸腾钢，氧化物夹杂较多，钢的组织致密性也相应较差，还不是理想的镀锌锅材料。

近年来，国内钢铁企业根据国外企业制作镀锌锅的钢铁材料，反复研究和试验，也开发出了一些镀锌锅的专用钢材，在实际应用中也取得了不错的经验和效果，如XG08板在热镀锌锌锅的生产上应用得比较广泛。

在热镀锌锅的应用上，除了对钢板的化学成分有特殊的要求之外，还应该强调的是，钢板的成分偏析和局部宏观缺陷（疏松、夹渣、折叠、气孔等），都可能对镀锌锅造成极大的危害。因此，对镀锌锅用的钢板和制造质量要进行严格的检验是非常必要的。

3. 镀锌锅的结构

钢质镀锌锅一般做成长方体的容器，这样的镀锌锅在实际热镀锌生产中是最为可靠的。有时为了操作上的方便也会使用一些形状较为复杂的镀锌锅，但是这样的镀锌锅可能热应力大，一般不推荐使用。锌锅的尺寸必须根据热镀锌钢丝的尺寸、锌锅的生产能力来决定。

（1）镀锌锅的尺寸。钢质镀锌锅的尺寸首先按生产的产品的需要来确定，镀锌锅的最小尺寸（长度、宽度和深度）必须保证单个大件或一定数量的小工件能顺利地进入镀锌锅里面。

由于锌液面散热量很大，在满足工件能顺利地浸入锌液的前提下，应当尽量减小镀锌锅的长度和宽度，以便节省能源消耗。减少锌液面的散热，就可以减少通过锌锅壁的传热量，也就可以降低锌锅的加热强度，这样有利于延长锌锅的使用寿命。锌液面小，锌液面的氧化所产生的锌灰也会减少。

热镀锌锅的长度和宽度确定后，可以考虑适当加大锌锅的深度，加大锌锅的深度有以下优点。

① 工件进入较深的锌锅时，不容易接触到和搅动锌锅底部的锌渣，有利于沉渣。在沉渣好的锌液中生产的镀锌件表面光滑，镀锌层较薄而且比较均匀。

② 增大锌锅的熔锌量，即增大了锌液的热容量，工件进入锌液后的温度波动减小。

③ 在相同的输入功率下，锌锅壁的加热强度将减小，可减小锌锅内壁与锌液的温度差，这对于提高锌锅的使用寿命至关重要。

为了使锌锅温度稳定和避免底渣浮起而影响镀锌件表面质量，应尽可能加大锌锅的熔锌量。设计上一般考虑锌锅的宽度和深度的比例为1:（1.3～2）。

（2）锌锅的结构。制造锌锅用的钢板厚度通常为50mm。尺寸很大的锌锅，或生产能力很高的镀锌锅（例如，用于钢丝和带钢连续热浸镀锌的锌锅），也可用更厚的钢板制造，一些小的和浅的锌锅，也可以用厚度30～40mm的钢板制造。在锌锅的锅口的加强部分（锅边）的厚度一般与锌锅锅壁相同。

根据热镀锌锅各立面之间以及立面与底部的连接方式，锌锅的结构通常可分为下面三种形式，见图 8-2 所示。

① 锌锅长度方向的中间部分由一段或多段预弯成 U 形的钢板组成。预成形的锌锅端头钢板包含锌锅端头立面和小部分侧立面及底面，在这些面与面之间为圆弧过渡，两端头的两个底角也为圆弧面。然后将端头板与中间 U 形段焊接起来，如图 8-2(a) 所示。这样的焊接结构使锌锅的危险区，包括底面与立面的转接处，端立面与侧立面的转接处产生的应力集中的倾向大大地减少。这种形式的锌锅可使用最新的自动电渣焊技术实现焊接。填充电极用与锌锅钢板完全相同的低硅材料轧制或拉制而成。

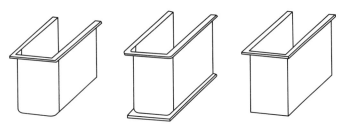

(a) 端头及底部圆角结构　(b) 端头圆弧底部直角结构　(c) 直角拼接结构

图 8-2　锌锅的几种结构示意

② 锌锅壁由两个平的侧立面与两块预制成的 U 形的端部立面板组成，将所有的立面板焊接在一块平底板上，如图 8-2(b) 所示。立面板与底板之间的焊缝为角焊缝，不可能使用电渣焊。这种结构形式的锌锅底部转角为直角，这个部位的焊缝区将成为应力最大的危险区和薄弱点，对深度较大的锌锅，将是很危险的。这种形式的锌锅不能够做成深度 2m 以上。这种形式一般只能够做成尺寸小的锌锅。

③ 全圆角锌锅是由多个 U 形或 L 形中间段与两个三边弯曲成型的端头部分对接焊而成，见图 8-3 所示。

4. 锌锅的加热强度和生产能力

加热锌锅的时候，提供的热量主要用来加热镀锌件、吊装工具、补偿锌液面和加热炉体的散热。锌锅的加热强度，不但关系到能否维持锌液的正常工作温度，也是决定着锌锅的使用寿命的重要因素。锌锅壁的加热强度不能超过 24kW/m² 。特别要强调的是，这里所说的加热强度极限

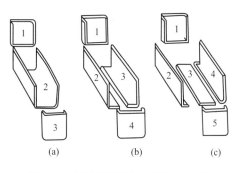

图 8-3　全圆角锌锅的三种组合方式

值，不但是对整个锌锅壁的平均加热强度的限制，也是对锌锅壁每一局部加热强度的限制。很多锌锅发生局部过腐蚀并非是由于锌锅的材质问题，而是局部过热所引起的腐蚀。在发生局部过热处，实际上温度已经达到了铁在锌液中高速溶解的温度值，在这样的温度下起保护作用的铁-锌合金层破裂、脱落，铁锌之间的扩散反应加快，锌锅内壁的腐蚀也就加快。局部的过热可能是加热不均匀引起的。加热不均匀的原因可从热镀锌炉的结构、加热系统的设计和运行情况等方面去查找；此外，锌锅底部的锌渣或锌锅锌液面的锌灰过量集聚，常常是引起加热不均匀的重要原因。这些锌灰和底部锌渣的聚集使锌液自由对流受阻，热源传入的热量不能通过锌液对流而被迅速带走，从而导致这些地方锌锅内壁温度升高，造成局部过热。

当钢丝放入锌锅的时候，钢丝吸收锌液的热量升温，锌液的温度会下降。对锌液降温损

失的热量与钢丝升温所吸收的热量是平衡的。为了使锌液温度维持在正常的镀锌温度，锌锅内的锌液必须有足够大的热容量，亦即锌锅必须要有足够的熔锌量。一般来讲，锌锅的熔锌量应该比每小时放入锌液中的钢丝的质量大 30 倍以上；也就是说，锌锅的生产能力以每小时的产量计算，不应超过锌锅熔锌量的 1/30。

5. 铁制锌锅的使用

（1）锌锅内壁的防腐蚀保护。为了提高铁质锌锅的使用寿命，在使用之前，可在锌锅内壁涂上一层 BGF 型耐锌蚀高温涂料。这种耐锌腐蚀高温涂料是由氧化镁、氧化铝、氧化锆、氧化钇等组成，与变性二氧化硅胶黏剂混合成黏糊状，涂覆在锌锅内壁，干燥 24h 后就可以使用。实践证明，这层涂料可有效地减慢锌对铁的侵蚀速度，特别是在熔锌初始过程中，从而提高锌锅的使用寿命。锌锅在停产检修阶段也可使用耐锌蚀特种焊条对锅内壁进行钎焊，它是普通焊条耐锌蚀的 40 倍。

（2）钢制锌锅外壁的保护措施。为了保护锌锅，现在一般都会在锌锅的火焰喷嘴的地方、沿着燃烧火道用耐热材料板给保护起来，也有的使用不锈钢板给予保护；保护的方法是在锌锅的拐角部分用耐热板或不锈钢钢板固定起来，保护板与锅体的间隙约为 10～15cm，这对锌锅的局部防过烧所引起的损坏效果比较明显。

（3）钢制锌锅的安装。钢制锌锅在安装时要考虑锌锅在装满锌后对地面将产生很大的静压力，如果锌锅基础的抗压、强度太低，锌锅投产后就会下沉，轻微下沉会破坏基础的防水层，使锌锅周围出现渗水，如果水流入炉膛会影响锌锅的加热；严重时锌锅下沉会产生锌锅倾料，甚至损坏锌锅。因此要根据当地的地质条件合理选择钢筋混凝土厚度，保证锌锅基础牢固。混凝土结构竣工后，最后在上面安放一层耐热纤维板（或隔热耐火砖）隔热，再安放锌锅。安装锌锅时必须按照制造厂的要求，把锌锅移到锌锅加热炉内。锌锅在使用前，一定要将锌锅内壁上的铁锈、残余的焊渣和其他污物、腐蚀物清除。

锌锅受热时会膨胀，因此要有自由膨胀的空间。另外锌锅长期处于高温状态，还会产生"蠕变"，因此，设计安装锌锅的时候要注意对锌锅采取适当的支撑结构，以防止锌锅在使用的过程中逐步地变形。

（4）锌锅内锌锭的码放。锌锅熔锌量的计算。锌在不同温度下的密度见表 8-1。

表 8-1 锌在不同温度下的密度

项目	温度/℃						
	25	419.5	419.6	448.3	463.7	477	800
状态	固	固	液	液	液	液	液
密度/(t/m³)	7.133	6.83	6.62	6.58	6.56	6.53	6.25

锌锅熔锌量 G_{Zn}（单位：t）按式(8-1)计算：

$$G_{Zn} = LB(H - 0.05)\rho_{Zn} \tag{8-1}$$

式中　L——锌锅内壁的长度，m；

　　　B——锌锅内壁的宽度，m；

　　　H——锌锅内壁的深度，m。

在向锌锅内转入锌锭的时候，必须选用品质好的锌锭，以减少液态的金属锌对锌锅的有害作用。锌锭装入锌锅的时候，应该按照图 8-4 所示的方法码放锌锭，这样可以保证锌锭与锌锅内壁间的热传导良好。锌锭上面可以覆盖一层木炭，这样既可以起到隔热保温的作用，还可以起到防止锌氧化的作用。锌锭码完后，在锌锅口的上面盖上保温锅盖，以减少热量的散失。

6. 锌锅的首次熔锌

首次使用锌锅，为减少锌液浸蚀而引起的锌锅开裂，锌锅内必须装满纯锌（$w(Zn) > 99.99\%$）。不能加铝和铝合金，以便形成锌-铁合金保护层。纯锌液不会使锌锅出现脆性，铝液含锌则会导致液态金属腐蚀，特别严重的是铝液含有不饱和的锌会引起晶间开裂。

目前钢结构件热镀锌仍以铁锅占大多数。因此铁锅的使用安全问题是一个重要问题。在确保安全的条

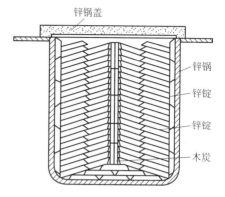

图 8-4　锌锅内堆放锌锭的方法示意

件下，锌锅中锌液的装载量与锅的镀锌能力有一经验关系。装入锌锅中的锌通常按被镀钢材小时产量来计算，熔锌量一般最少是单位小时产量的 30 倍。

（1）新的锌锅加热应该缓慢而均匀地进行。加热过程中一定要在整个锌锅内保持温度平衡，锌锅内壁的温度一定不能高于 480℃，锌锅底部与锌锅壁之间的温差不能大于 100℃，并且锌锅壁本身温差也不能高于 50℃。为防止锌锅因开裂而损坏，锌锅的加热或冷却速度必须很慢，以减少锌锅内的温差，降低锌液对锅壁的腐蚀速率。锌锅内外壁之间的温差在 60℃ 时，在钢板上就会产生 118～120Pa 的应力，高于临界应力极限。应力的最大值总是出现在锅底和锅壁的过渡区域，特别是在锌锅长边的中间部位，因此这一部分在加热期间是最危险的区域。温度达到 300℃ 时加热速度应该相对放慢，锌锅通常在 300～350℃ 时要保温一段时间，大约在 15h 左右。最后阶段加热要注意不能超过前面提到的危险温差。

（2）对于内加热的陶瓷锌锅在首次熔锌时，要做烘炉、熔锌升温曲线。一般情况下，室温至 150℃ 时，控制在 10h；150～350℃ 时，控制在 15h 左右；温度升到 350℃ 后一定要保温 24h，以便将陶瓷锌锅在浇筑时的水分顺利排出；这个阶段可以适当降温到 150℃，把锌锭装进锌锅内，装锌锭时，把锌锭摆放成人字形，是为了锌锭熔化时将锅壁撞坏。350～500℃ 之间尽量保持在 15h；500℃ 后尽量要保温 8h 左右，以便使锌液充分熔化。试镀锌前应将锌液温度降到 450℃，并且采用净化锌液的办法将锌液内部的杂质向外排出。去除锌液表面的杂质后，便可以开始对工件试镀锌。这里需要注意的是，在熔锌的中间，可以将锌铝稀土合金加入进熔化后的锌液之中，这样可以减少在熔化过程中锌的氧化。锌铝稀土合金的加入量可根据其铝的含量多少按比例添加，一般情况下添加量为总熔锌量的 0.5%～1.0%。

（3）新的锌锅进行升温熔锌加热，一定要提前做好升温熔锌的升温曲线图，在升温的时候按照这个升温曲线来具体操作。总的原则是，升温缓慢地进行，这样做的意图是使整个锌锅保持一定的温度平衡，即锌锅内壁的温度必须低于 470℃。锅壁与锅底的温度差必须小于 100℃，锅壁内壁与外壁的温度差必须低于 50℃。

升温熔锌所需要的时间相对比较长。以某公司锌锅为例，其长 13.5m，宽 2.0m，深度 3.0m，容锌 550t，加热升温曲线图如图 8-5 所示，总升温熔锌时间为 175h，主要是在 300℃ 和 350℃ 的温度的时候要保温，以便使整个锌锅内的锌锭达到这个温度，到温度到 450℃ 的时候，亦要保温，绝对不能持续加热升温。

为了使测量温度准确，应该正确选择一个测温点和配置完善的测温系统。如果是选择外壁作为测量点，应该是选用合适的控制设备，设计出锅壁内与外的梯度温差，才能知道

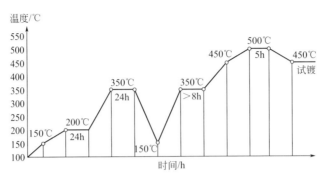

图 8-5　熔锌升温曲线

锌锅内部的温度。

7. 锌锅的供热与控温要求

（1）锌锅温度与使用寿命的关系。锌锅的使用寿命与锅壁的溶解速度有密切关系。开始时，锅与液态锌的反应机理与镀锌钢件相同，随着时间的推移，锅壁表面会形成一层合金，减缓了铁的溶解，而铁的溶解又取决于锌锅合金层内表面的温度。合金层的形成取决于温度的变化，随着温度增加到 485℃。铁的溶解速度急剧增加，锌与铁的反应温度是指锌锅内壁上合金层内表面界面温度，这个温度很难测量，它与锌液温度不同，它是锌锅放热与吸热平衡的结果。快速铁损总是发生在锌锅硬的锌合金会被破坏掉的部分或者在与锌锅外火焰直接接触的超过临界温度的部位。在这些部位锌锅的厚度减少，引起锌锅内壁的相应点温度升高，导致起始点的温度超过锌锅的临界温度并使周围区域遭受严重侵蚀。锌锅温度与锌锅的腐蚀速度密切相关，根据经验，理想的锌锅侵蚀速度是 $\leqslant 2.5mm/a$，如果按照 50mm 厚的锌锅壁损失 $20\sim22.5mm$ 为使用极限计算，锌锅的使用年限为 10 年，此时应保证锌锅内壁的温度在 $450\sim460℃$ 之间。

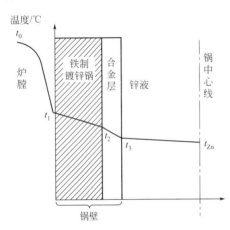

图 8-6　锌锅温度分布示意图

t_0—炉膛温度；t_1—锌锅外壁温度；

t_2—锌锅内壁与合金层的界面温度；

t_3—合金层与锌液的界面温度；t_{Zn}—锌液温度

（2）锌锅供热强度与锌锅壁温度的计算。为了对上述问题有一个深入的理解，按照传热学的基本原理，给出实际运行的锌锅壁温度及锌液温度的分布示意图（图 8-6）。

按照英国专家尼佐拉（Nizzola）对铁质锌锅的加热温度和传热量计算（按辐射和对流同时进行）供热强度 q 的数学表达式：

$$q=K(t_1-t_{Zn}) \tag{8-2}$$

式中　q——供热强度，$kJ/(m^2 \cdot h)$；

　　　t_1——锌锅外壁温度，℃；

　　　t_{Zn}——锌液温度，℃；

　　　K——传热系数，$kJ/(m^2 \cdot h \cdot ℃)$。

　　　K 可按下式计算：

$$K = \frac{1}{\delta_\text{铁}/\lambda_\text{铁} + \delta_\text{合}/\lambda_\text{合} + 1/\alpha} \tag{8-3}$$

式中　α——锌液的复合传热系数，450℃时试验值为 $10467\text{kJ}/(\text{m}^2 \cdot \text{h} \cdot \text{℃})$；

　　　$\delta_\text{铁}$——锌锅壁厚，通常按 0.05m 计算；

　　　$\delta_\text{合}$——锌锅内壁的合金层厚度，可按 0.002m 计算；

　　　$\lambda_\text{铁}$——500℃锌锅的传热系数，可按 $210\text{kJ}/(\text{m}^2 \cdot \text{h} \cdot \text{℃})$ 计算；

　　　$\lambda_\text{合}$——铁-锌合金层的传热系数，可按 $85\text{kJ}/(\text{m}^2 \cdot \text{h} \cdot \text{℃})$ 计算。

由此得出锌锅外壁温度 t_1（℃）

$$t_1 = t_\text{Zn} + \frac{q}{K} \tag{8-4}$$

锌锅内壁与合金层的界面温度 t_2（℃）

$$t_2 = t_1 - \frac{q}{\lambda_\text{铁}/\lambda_\text{合}} \tag{8-5}$$

合金层与锌液的界面温度 t_3（℃）

$$t_3 = t_2 - \frac{q}{\lambda_\text{合}/\delta_\text{合}} \tag{8-6}$$

$\delta_\text{Fe} = 50\text{mm}$；$\lambda_\text{Fe} = 50\text{kcal}/(\text{m}^2 \cdot \text{h} \cdot \text{℃})$；$\alpha = 2500\text{kcal}/(\text{m}^2 \cdot \text{h} \cdot \text{℃})$。

则　$\delta_\text{Zn/Fe} = 4\text{mm}$；$\lambda_\text{Zn/Fe} = 20\text{kcal}/(\text{m}^2 \cdot \text{h} \cdot \text{℃})$；

　　　$1\text{kcal} = 4.1868\text{kJ}$；

则　$K = 0.833$。

按以上公式计算出在 450℃ 和 470℃ 两种锌液温度，不同供热强度下的锌锅温度，见表 8-2。

表 8-2　不同锌液温度下的锅壁温度梯度与供热强度 q 的关系

t_Zn/℃	t_1/℃	t_2/℃	t_3/℃	q/[kJ/(m² · h)]
450	495	467	464	125600
470	503	482	476	83736

从表 8-2 中可以看出，当锌液温度为 450℃ 时，供热强度 $q = 125600\text{kJ}/(\text{m}^2 \cdot \text{h})$ [相当于 $30000\text{kcal}/(\text{m}^2 \cdot \text{h})$]。

锌锅内壁温度 t_2 仅为 467℃，为安全工作区；但是锌液温度提高到 470℃ 时，供热强度仅为 $83736\text{kJ}/(\text{m}^2 \cdot \text{h})$ 时，其锌锅内壁温度已达 482℃，开始进入危险工作区。也就是说随着锌液温度的提高，锌锅壁的工作负荷明显加重，允许的供热强度反而降低了。此数据仅适用于普通热浸镀锌铁制锌锅的传热计算，当采用陶瓷锌锅时，q 值可以大幅度提高。

8. 锌锅温度的控制

基于上述分析，对锌锅运行的供热强度及控温提出以下要求。

（1）在工艺条件允许的前提下，应采用较低的锌液温度，此时，供热强度高一些也是安全的。一般来说锌液温度保持在 440～460℃ 是适宜的。

（2）控制供热强度的关键是根据生产量的大小（每次浸入量和间隔周期），控制热源能量的强弱，达到热量输入和输出（工件带走热量及锌炉散发热量之和）的平衡，实现锌液温度的稳定，这个过程可以通过相应的设定温度指标实现自动控制。

（3）锌炉温度参数采样部位及控温要求

① 炉膛温度，即热源与锌锅外壁之间气体平均温度。对燃料（煤、气、油）炉而言，锌锅炉膛温度应控制在 $600\sim650℃$ 之间，对电阻加热炉而言，控制在 $580\sim600℃$ 之间。

② 锌锅外壁温度（不得受热源直接辐射的影响）可控制在 $500℃$ 以内。如果锌锅端部不受热，其外壁温度应低于 $480℃$。

③ 锌液温度应控制在 $470℃$ 以内，并将高于 $480℃$ 视为危险温度，$490\sim510℃$ 为造成铁损失的峰值。

以上三处均可方便获得温度数据，而锌锅内壁温度只是理论计算数值，实际的测量很困难。

9. 锌炉供热强度的确定

通过上述分析，一般可将 q 值定为 $75500\sim105000kJ/(m^2 \cdot h)$。它是锌锅设计中一项重要参数，选取时要兼顾到锌炉的生产效率和锌锅使用寿命的两方面因素的影响。

（1）q 值上限。用于锌炉的供热总热量 Q 粗略计算，即：

$$Q = \frac{Sq}{\eta} \tag{8-7}$$

式中　S——锌锅总的受热面积，m^2；

　　　q——设计的供热强度，可定位 $94000\sim105000kJ/(m^2 \cdot h)$；

　　　η——锌锅的热效率，可取 $0.7\sim0.75$。

（2）q 值下限。用于锌锅日常运行中的供热控制，以延长锌锅的使用寿命。通常控制在 $75500\sim83736kJ/(m^2 \cdot h)$ 范围内。当采用低温镀锌时，亦可采用上限值。

总之，在热镀锌的过程中，要尽量使锌液的温度降低，同时要限制对锅壁的加热强度，以减少锌液对锅壁的侵蚀。但最低锌液温度决定于每次浸入的最大构件的重量。太低的温度会使构件在锌液中的浸锌时间长，从而减低了产量，同时镀锌层也加厚，一般情况下，锌液的温度保持在 $445\sim450℃$ 较为合适。

10. 锌锅的使用寿命估算

锌锅的使用寿命决定于使用过程锅壁的铁被锌液侵蚀溶解的速度，锌锅底部被锌液侵蚀溶解的速度最小，因此失去的重量也最小。被锌液侵蚀反应的铁的量可以用铁损来度量。锌锅开始使用时，锌液与锅壁反应的机理与浸镀件上所发生的反应是相同的，即锌与铁反应在铁的表面形成铁-锌合金层。随着时间的延长，锅壁的铁通过扩散作用不断地被溶解。锅壁生成的合金层可以起到阻止扩散的作用。锌锅的使用寿命与铁损有关，而铁损又和锌锅内壁与合金层的界面温度有关。

当锌锅内壁温度升高时，铁损失增加，锌锅使用寿命明显降低。比如，锌锅内壁温度为 $460℃$ 时使用寿命仅为 6 年，$480℃$ 时可能降为 $3\sim4$ 年。锌锅壁耗铁深度达到 20mm 时，锌锅的使用寿命就会结束。锌锅的使用寿命可以用锅壁厚度被锌液侵蚀损失 20mm 厚度的时间来估量，估算情况如表 8-3 所示。长时间浸锌后的铁损决定于常数 a，而常数 a 是由温度决定的。

适宜热镀锌的最佳锌液温度与锌锅壁的最危险温度之间的差别仅为 $30℃$，因此测量、记录和控制温度就显得尤为重要。

在一定的时间内，锌锅内壁被腐蚀的外貌一般有两种：波浪形和比较平坦的平面。如果锌锅壁各处温度受热均匀，锅壁上的合金层的厚度也是均匀的，锌锅内壁被腐蚀的外观形貌

表 8-3　绝对干燥的条件下锌锅使用寿命与锌锅壁不同温度之间的关系

锌锅内壁界面温度/℃	合金层形成规律	锌锅使用寿命
≤460	抛物线规律	6 年
490	$m=a\sqrt{t}$	4.3 年
495		2.9 年
500	线性规律，$m=bt$	20 天
510	强烈快速侵蚀	18 天

应该是比较平坦的平面。

　　波浪形外观形貌形成过程可以用图 8-7 来说明。因某种原因在某处开始产生高铁损腐蚀，例如，在铁-锌合金层破坏处或直接接触到火焰而使锌锅内壁温度达到临界温度的部位，在这些部位锌锅壁的厚度减小，形成侵蚀的凹坑，如图 8-7（a）所示。凹坑处锅壁厚度的减小又导致该处锌锅内壁温度升高，侵蚀速度加快而铁损增大，使侵蚀的凹坑逐渐变大变深。当坑中央的温度逐渐升高并超过临界温度区后，侵蚀将减缓，强侵蚀高铁损区转移到了处于临界温度的相邻环形区域，如图 8-7（b）所示。因此再次强调，锌锅内壁的温度一定要处于460℃以下。

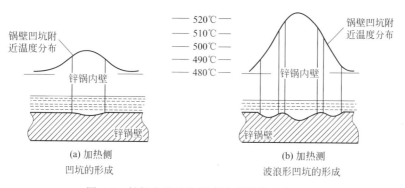

(a) 加热侧　凹坑的形成　　　　(b) 加热测　波浪形凹坑的形成

图 8-7　锌锅内壁波浪形腐蚀形貌的形成过程

11. 锌锅的日常维护

（1）减少锌锅中锌液的剧烈波动。在正在加热的锌锅中，锌液是不断运动的，它沿着加热的锅壁表面向上流动，靠近锌液表面时温度有所降低从而转向流入锌锅的中间，再向下流。Z 晶粒由锌液带动会沉积在锌液表面约 100mm 以下的锅壁上。如果这一主要由 ζ 相组成的硬锌逐步变得过厚，一定要小心地刮去。当向锌液中添加锌锭时，由于固体锌锭与锌液的密度不同（分别为 7.2g/cm³ 与 6.6g/cm³），锌锭会沉至锌锅底部。干燥的锌锭比潮湿的锌锭下沉得快，因为锌锭上潮湿的水汽被加热气化变为蒸汽，会使锌锭在锌液中来回移动。当锌锭碰到锅壁的时候，会破坏起保护作用的铁-锌合金层。镀锌界有句经验性的总结"满锅锌、少震动"就是这个道理。

（2）定期清理锌渣。锌锅投入运行后，锌渣会不断地产生。如前面论述中多次提到，锌渣的主要来源于锌液与镀件、锌液与锅壁反应作用生成的 ζ 相。因此，锌渣量的多少与热浸镀锌的产量和热浸镀锌的工艺条件有关，与锅内壁的温度有关。Z 晶粒的密度只是稍微大于锌液的密度。Z 晶粒被流动的锌液带着，除部分附着在锌锅壁外，其余大部分最后会降落在锌液的底部而形成锌渣。锌渣在底部的厚度不应超过 150mm，以避免被镀件搅动，使锌渣的小颗粒悬浮在锌液中而被镀件表面镀层所吸附，致使镀件表面变得粗糙；锌渣在锌锅的底部大量积存的时候，在锌渣积存的地方，减少了锌液的对流，热量难以散失而使局部的锅壁温度上升，造成该处锌锅内壁的腐蚀加速，如不能及早发现，将较快地发展出现穿孔漏锌。因此，锌渣较厚的时候，要及时捞锌渣。同样，在生产使用期间，特别是锌锅的两端是正常维护锌锅的一个重要方面。不及时捞渣将使锌锅局部过热，加剧锌锅的腐蚀。

（3）定期清除锌液中的含铁量。通常要控制锌液的含铁量在0.07%以内，为此在锌炉运行和锌锅维护中要做到以下几点。

① 避免锌液温度过高和尽量减少温度的波动。

② 定期捞渣，保持底渣厚度在允许的范围之内。

③ 浸镀时尽量避免工件接触底渣，减轻对渣层的搅动，减少锌液中浮渣的数量。

若由于操作不当，锌液中的各种杂质成分与含量出现异常，表现为锌液中悬浮颗粒杂质过多，且难以沉淀，造成锌液黏度增加，明显影响镀锌质量。此时就需要进行锌液的净化处理。

净化处理的方法是往锌液中加入0.1%的经过熔融处理的氯化锌（$ZnCl_2$）。其制作过程是：将氯化锌在350～420℃温度下熔化，并保温5～6min之后，冷凝粉碎封闭保存。使用时需将其预热至100～120℃，然后装至钟罩式的工具中，将氯化锌压入锌液中，缓慢地沿锌锅长度方向移动，此时会发生剧烈的反应，将锌液中的杂质带至锌液表面，直到锌液表面停止吐出火舌为止，然后清理锌液表面的杂质。

12．锌锅的检查、维护

（1）锌锅腐蚀的原因分析。在热浸镀锌过程中，锌锅内壁呈均匀的腐蚀是最为理想的。但在实际上并不是如此，而是在临近浸锌工作区的锌锅侧壁发生更重的腐蚀。当出现明显的局部腐蚀（如形成凹坑），会造成锌锅渗漏提前停炉大修。锌锅产生局部腐蚀的常见原因及对策见表8-4。

表 8-4　锌锅产生局部腐蚀的常见原因及对策

影响因素	危害过程	对策
炉膛温度（或锌液温度）	长期的局部过热，产生局部严重腐蚀	①有效控制 q 值 ②采用低温镀锌 ③设置阻热板或挡火板
锌锅钢板质量低劣	在钢板的个别处存在缺陷（气孔、疏松、夹渣及细微裂纹等）会造成锌锅的局部损坏	①选用优质专用钢板 ②选材下料，并经严格的无损探伤筛选
锌锅结构合理性	①锌锅两端若为直角，影响对流传热，易产生过热 ②存在水平焊缝，易形成腐蚀点 ③焊缝形式不合理	①采用圆角结构 ②尽量避免水平焊缝 ③采用规范焊缝设计
锌锅成形及焊接	①圆角成形过程不规范产生裂纹 ②焊缝存在缺陷	①严格成形及焊接工艺 ②焊缝应经100%的探伤检测
生产过程的节奏性	追求高产量，造成锌炉供热超负荷，会加速锌锅的腐蚀	①按设计要求控制生产量 ②控制工件的一次投入量 ③锌液温度的波动
停炉次数	每停炉一次都会造成锌锅内壁合金层的破损，明显缩短锌锅的使用年限	尽量延长开炉运行时间，减少停炉次数
锌锅内壁锌渣的分布	锌锅内若有明显的锌渣堆积现象，此处传热不良造成锌锅的局部过热，加快腐蚀速度	定期捞渣，避免出现局部的锌渣堆积死角
开炉升温过快	产生热应力，将会对钢板缺陷部分和焊缝不良处产生叠加影响，加速腐蚀开裂的产生	严格按开炉升温曲线要求进行

（2）铁制锌锅的腐蚀检查。锌锅需要更换还是维修应视锅壁的损耗程度而定。检测锌锅时，首先对锌锅内壁进行目测，查看锌锅变形情况、侵蚀凹坑或波浪形损伤。然后用超声波测厚仪测定锌锅壁厚度，确定锌锅壁减薄情况和局部侵蚀严重程度，根据锌锅的尺寸和锅壁厚度，做出是否更换锌锅或进行填焊修补的决策。

近几年来，国外开发出一种利用超声波的探头，直接插入锌液进行三维机械扫描探测，由计算机处理接收和发射数据，得出锌锅内壁腐蚀状态的信息，称为 KLD 锌锅检测装置。在大多数工厂中仍然沿用传统的方法，探测和了解锌锅内壁的腐蚀情况。如进行超声波测量时，先将锅壁上的硬锌（合金）层除去以露出铁基体。测量时在室温下进行，尽管在锌锅热的时候也能从锅壁外进行超声测量，但只限在一定的范围，并且测量结果也不准确。另一种方法是用钢制的探测钩进行人工探测。可用直径 12～5mm 的钢棒，根据锌锅的深度制作相应长度，并在端部弯成长为 50～80mm 的直角钩，端部磨成尖角。重点探测热交换频繁的浸镀工作区及焊缝部位有无腐蚀凹坑，并做好记录，可定期检查腐蚀变化情况。但此方法有一定的局限性，一是探测部位可能有遗漏；二是对均匀腐蚀的平坦区域，深度难以确定。虽然这种方法可能产生检测的疏漏，但是如果长期坚持使用还是应当提倡的。如果发现在某些部位有明显的凹坑，最好停炉补修。在有统计的情况下，可经常观察锌锅外壁的氧化颜色和变形状态，这对判断锌锅的腐蚀状况起到参考作用。若锌锅外壁生成一定厚度的暗红色氧化层，就表示该部位处于局部过热。如果锅壁有明显变化（通常发生在锌锅高度方向中部偏上的带状部位；锌锅底部的渣线附近；锌锅液面波动区；锌锅焊缝部位），则表示此处壁厚已明显减薄，有可能发生腐蚀穿孔。此外，在停炉后，用超声波测厚仪对腐蚀重点部位进行多点检查，可以发现锌锅内壁腐蚀的不均匀情况。

13. 锌锅的停炉与掏锌操作

（1）正常停炉与掏锌程序。根据日常观测的结果和预期的锌锅使用寿命，应当在锌锅尚未发生渗漏之前更换锌锅，这样才能避免不必要的损失。更换锌锅或维修停炉的操作程序如下。

① 彻底捞渣。按照捞渣的要求进行捞渣。

② 做好掏锌（或抽锌）的准备工作，并将锌液温度升至 460℃，掏锌至渣层。

③ 在底部渣层插入隔板和吊钩（见图 8-8），并使插板与锌锅侧壁呈 15°～20°的夹角，将底渣分割成许多三角形块状体，以利于底渣的取出。

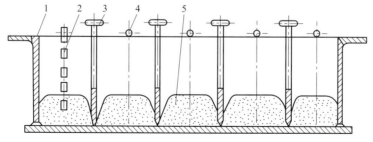

图 8-8　锌锅底部锌渣的插板与取出示意图
1—锌锅；2—铁链或吊钩；3—插板；4—固定铁链的圆钢；5—底渣

④ 停止供热，自然冷却后，即可更换锌锅或维修。

（2）紧急掏锌停炉。如发生意外漏锌，被迫停炉时，应迅速做好掏锌（抽锌）准备工

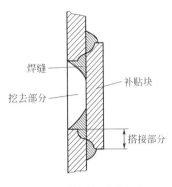

焊缝

挖去部分

补贴块

搭接部分

图 8-9　锌锅侧壁渗漏的
修补方法示意

作，并及时停止加热，开始掏锌至渗漏点为止（局部漏点可吹风冷却）。然后确定维修方法，如果仅在锌锅高位处局部渗漏，而锌锅整体上并未达到使用寿命，此时，可以有以下两种方案。

①　立即在锌锅外壁补修（见图 8-9）。所用钢板及焊条均应采用低硅、低磷的材料。

②　若决定停炉维修或更换锌锅，可按前述的正常停炉与掏锌程序进行，即重新加热锌锅，先捞渣再掏锌，这样可以减少停炉损失，此时的锌锅修复，应在锌锅的内壁进行修补。

在这里有必要指出：国内不少镀锌生产厂家，未在锌锅外侧的底部设置漏锌报警装置和漏锌坑，致使不能及时发现锌锅上出现渗漏或者已渗漏出的锌液随意流淌，凝固后起出非常的困难。

（3）不掏锌停炉。在钢铁制件的热浸镀锌行业中，由于生产任务均衡性问题，可能会出现非锌锅因素而停炉的情况，每次停炉锌锅内壁已经形成的铁-锌合金保护层会有一定的脱落，从而缩短锌锅的使用寿命，为了减少这些危害应遵循以下原则。

①　首先要彻底捞渣，方可停炉。

②　锌锅要用保温盖对锌锅的上口面进行密封保温，使锌锅缓慢降温冷却。

③　参照开炉升温曲线，制定相应的停炉降温曲线，降低铁和锌的热膨胀系数的差异所引起的热应力，以减轻锌锅变形和锌锅内壁合金层的损害程度。重新开炉时，也必须严格按升温曲线缓慢升温熔锌。如果锌锅壁与凝固的锌之间有较大的空隙，可用熔化的锌液予以填充，以利于热的传导。

（4）掏锌的方法。掏锌的方法一般为两种，一种是用掏锌勺子或掏锌桶，此方法用于熔锌量少的锌锅，采用掏锌桶掏锌时，需要起重设备上的两部电动葫芦配合，一部用于上下起吊，另一部用于调整角度，实现舀入及倒出锌液的功能。用这个办法掏锌可以达到 20t/h 以上，掏出的锌液应倒入提前准备好的锌锭模盒里，有的是直接倒入形状为半圆的槽子里，一个这样的模盒可以盛 1t 左右的锌液，工人的劳动强度较大；另一种是采用抽锌泵抽锌。抽锌泵效率较高，可明显改善工人的操作条件，它适应于大型生产规模的镀锌企业，由于抽锌泵一旦启动，就要求一次把锌锅内的锌液抽完，因此，对工作场地的布置，锌锭模具的数量及组合排列要考虑周到。

在使用抽锌泵抽锌的时候，要先把锌锅底部的锌渣彻底捞完。因为锌渣的流动性很差，它将会对锌泵的工作和抽出的锌液的流动产生不良影响。使用锌泵抽锌时，插入锌液的深度为 $250 \sim 350mm$；并经过 $10 \sim 20min$ 的预热，当转动传动轴很自如时方可启动。随着锌液面的下降，应不断调整锌泵的高度，以保证合适的浸入深度。在需要停止抽锌的时候，先关闭电源，然后将锌泵提出锌液，将带出的排锌管及泵中的余锌流净后，再关闭总电源。此时，当锌泵冷却下来，很可能重新被余锌抱死，这属于正常状态。

14. 锌锅腐蚀部位的修补

对于锌锅腐蚀严重的地方可采取焊补的方法进行修补。填焊修补锌锅要让技术好的焊工或由锌锅制造厂家进行。填焊前必须将附在锅壁表面的锌和铁-锌合金层清除掉，打磨清理露出钢的清洁表面。焊材成分应与锌锅成分相同。由焊接形成部位与未处理表面过渡区域必须研磨尽量达到平整。

经过检查及修理的锌锅，或者是放置一段时间的旧锌锅再投入使用时，原则上与新的锌锅投入使用的步骤和操作方法完全一样。旧锌锅在加热前一定要清理干净。

三、陶瓷型热镀锌锌锅

这种热镀锌锅主要是防止在热镀锌中熔融锌对铁锅的腐蚀而采用高铝耐热材料与耐高温胶黏剂整体浇筑而成的，其外壳由钢板焊制而成。内壁浇筑层材料一般为高铝钒土水泥，钒土熟料粗、细砂和改性水玻璃（添加氟化物）作为黏结剂使用。这种熔锌锅的熔锌是通过电阻发热式加热器来实现的。陶瓷锌锅与电气控制设备见图8-10，陶瓷锌锅内部结构如图8-11所示。

图 8-10 陶瓷锌锅与电气控制设备

图 8-11 陶瓷锌锅的内部

使用温度在 420～650℃ 范围内设定。可以满足钢丝、窄钢带的连续性热镀锌，以及标准件、铸铁件的间断性热镀锌。这种熔锌锅使用时间可达 5～8 年。与铁锅相比每吨镀件可节约锌耗 5～10kg。内加热陶瓷锌锅一般由炉体外壳、保温层、浇筑体、电加热体和电加热芯等主要部分所组成。其具体结构如图 8-12 所示。电加热体和电加热芯见图 8-13 所示。

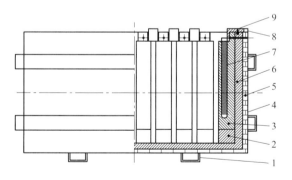

图 8-12 内加热陶瓷锌锅结构示意
1—加强支架；2—加热体支座；3—加热体；
4—锌锅体；5—耐火砖；6—浇筑体；7—发热元件；
8—压条；9—固定螺栓

图 8-13 电加热体和电加热芯

炉体外壳由钢板和槽钢焊接成长方体箱形结构。炉体分为保温层和浇筑体两层。保温层由硅酸铝纤维板和轻质耐火砖组成的绝热层，既能起到保温作用，又能消化和吸收炉体各部分在温度变化时产生的膨胀和收缩。浇筑体是由含高铝的粗料、细料和耐火水泥三种耐热材料按一定比例混合后浇筑而成的，以抵御高温锌液的腐蚀和冲刷。

由于锌液的渗透能力较强，所以在混料时一定按比例配制混合均匀，浇筑炉体时，一定要一次浇筑完毕，浇筑中要不断地使用振动器对浇筑后的炉料振动密实。

加热体是传导热量熔锌的导热体，同时具有耐高温、耐锌液腐蚀热阻小的特点。它是由氮化硅和其他材料冷成形后高温烧结而成的。电热元件是一种耐高温电阻丝，在高温的工作条件下，在导体之间涂覆上一层绝缘的涂料，不使电阻丝过早因热而烧断。工作温度保持在 $880 \sim 980℃$。

1. 陶瓷锌锅的制造方法

(1) 陶瓷锌锅制造的步骤。这种陶瓷锌锅制造的过程可分为二步。第一步，先根据生产工艺确定具体尺寸，用厚度 12mm 的钢板焊外壳；第二步，将钢板内壁上铺上一层约 12mm 的硅酸铝纤维板，用改性水玻璃粘在钢板上。此层纤维第一可以起到隔垫作用；第二可对浇筑的内衬因受热时产生的膨胀力起缓冲作用；第三修锅时也便于清除损坏的内壁。而后将底部铺筑一层浇筑件，待凝固后放入预先做好的内型木模。在四周浇筑预先按比例配好并混合均匀的筑炉材料。配制料的质量份为筑炉料 100 份，改性水玻璃 4 份，水 0.5 份。浇筑炉料为：高铝质耐火水泥、蛭石砂、矾土熟料粉。浇筑时宜采取分层捣筑方法，根据经验每次铺料应小于 70mm，以便于捣实，不出现空穴。为使在烘炉时排出炉体内的水分，建议在四角上下方向上插入直径为 20cm 的圆钢，浇筑后稍微凝固后提出圆钢，形成上下圆孔排气通道。待整体捣筑完毕后内衬整体凝固后取出内支撑型模。修整内表面，必要时用稀耐热浆料填补内表面不光滑处。放置室内自然干燥至无水分。投入使用时还要注意烘干，烘干要按烘炉升温曲线进行，待烘干后才可能装入锌锭熔锌。

(2) 热陶瓷锌锅的尺寸的确定。陶瓷镀锌锅的尺寸首先按产品的规格、产量而定。同时由于锌液面散热很大，在满足镀件产量的前提下，应尽量减少锌锅的长度和宽度，以节省能耗。锌液面小，锌液面的氧化产生的锌灰也会减少。

热镀锌钢丝应以 DV 值、走线速度为参数和最佳浸锌时间来确定陶瓷锌锅的长度。如果是用来热镀紧固件镀锌，一般长度为 5m 就可以满足产量的需求。

陶瓷锌锅锌锅深度一般情况下 $800 \sim 1000mm$ 就可以满足生产的要求。有特殊的要求可考虑适当加深，加大锌锅的深度有以下好处。

① 增大锌锅的容锌量，即增大锌液的热容量，钢丝浸入锌液后，锌液的温度波动减小，可保证镀层均匀性和相关镀层表面质量。

② 钢丝在沉没辊下面运行时，不容易接触到锌渣，钢丝表面光滑，镀层较薄而且比较均匀。

③ 在相同的输入功率下，内加热器加热强度和频率将减小，这对延长内加热器的使用寿命至关重要。

在生产实践中，为减少熔锌量，锌锅的深度在长度方向上，可沿钢丝浸入锌液端底部至出线端底部斜向加深 $20 \sim 30cm$，锌液最深一般为 $960 \sim 1100mm$。

2. 内加热陶瓷锌锅的加热熔锌功率的设计

在设计内加热陶瓷锌锅加热熔锌、满足钢丝镀锌生产所需的功率时，要考虑小时产量所需要的热量、锌液面所散发的热量和锌锅四周以及底部所散发的热量三部分。当钢丝浸入锌锅时，钢丝吸收锌液热量升温，锌液的温度会下降。锌液降温提供的热量与钢丝升温吸收的热量是平衡的。根据理论计算结合实际经验热镀 1t 钢丝需要功率 $150kW \cdot h$；锌液面散热量约为 $12kW \cdot h/m^2$；锌锅四周的散热量为 $4kW \cdot h/m^2$；三项热量换算所需要的功率约为

166kW·h/t；亦有按小时产量是熔锌量的 1/25～1/30 简便计算，倒推计算加热熔锌和生产所需要的功率。

3. 陶瓷锌锅的烘炉、熔锌工艺

① 盖好锌锅上盖，防止升温时热量损失。

② 室温至 150℃，缓慢升温，每小时升温 10～15℃，共需要 10h。

③ 150～200℃，200℃保温 24h。

④ 200～350℃，350℃保温 24h。

⑤ 为了节省烘炉、熔锌时间，在 350℃保温后把温度降回到 150℃，然后装锌。

⑥ 150～350℃，350℃保温 8h，这时要注意观察锌锅排湿情况，如排湿量大则需要延长保温时间。

⑦ 350～500℃，此过程需缓慢加热，需要 30h，500℃时保温 5h。

⑧ 温度降至 450℃即可进行试镀。

⑨ 应严格按升温曲线规定进行升温，不能缩短升温时间。

4. 陶瓷锌锅的装锌

① 第一次装锌时，一定要顺着锌锅底部形状倒"人"字形码放整齐，不能随意堆放，要一层一层平行摆放直至锌锅上沿，在码放锌锭过程中注意不能碰撞加热器。

② 锌锭码放不能超过锌锅上沿，码放完后盖好锌锅上盖。

③ 锌锅升温到 420℃时打开上盖观察锌锭熔化情况，熔化后可第二次装锌。

④ 第二次装锌时，一定要将锌锭放在锌锅上预热，然后顺着锌锅边沿慢慢滑入锌液中，严禁把锌锭推入或投入锌液中。

⑤ 第二次装锌时，可同时加入 Zn-5％Al-RE 合金锭，按锌锅容量 1.0％加入。

⑥ 锌液完全熔化后，液面应控制在距锌锅上沿 15～20cm。

5. 降温凝锌工艺

① 凝锌前，将锌锅表面及加热器周围锌灰清理干净，将锌液温度调整到 480℃，彻底打捞锌锅底部锌渣。

② 沿加热管壁四周各插入一块钢板，根据锌锅长度，在长度方向上可相应插入二或三块，防止锌液凝固时对加热管造成损坏。

③ 锌液温度 430℃，开始计时，将锌锅控制温度表调整设定为：420℃维持 10h；380℃维持 10h；360℃维持 10h；300℃维持 10h，断电；观察加热器周围与凝固锌的变化情况。

④ 应严格按降温曲线规定进行降温，不能缩短降温时间。

⑤ 停炉与掏锌操作同铁制锌锅一样，在此不再叙述。

陶瓷锌锅若需要大的检修时，应该与铁制锌锅一样将锌液掏出。

6. 陶瓷锌锅内加热器的使用与维护

① 日常生产中锌锅中的石英加热芯温度应控制在 800℃以下。

② 温度控制仪（PID）使用参照仪表说明书正确使用。

③ 锌锅正常工作时应使用自动系统才能达到最佳节能效果，手动系统为应急装置，只能在自动系统出现故障时临时使用，此时温度不能自动控制，应注意观察仪表温度值。

④ 加热器有故障应及时排除，应保持加热器全部工作，以保证锌锅加热均匀。

⑤ 锌锅液面非工作区应覆盖保温，最大限度减少热量损失。

⑥ 锌液面高度不得超过规定液面高度，以免溢锌造成电路短路。

⑦ 为防止相邻加热器之间黏结锌灰，每班应至少用铁钩、铁铲等专用工具将相邻加热器之间缝隙及表面清理一次，以保证锌液在缝隙中流动。

⑧ 在锌锅上使用电焊时，必须关闭温度控制仪（PID）。

⑨ 保证小时产量情况下，应均衡控制镀锌速度，充分发挥控温仪表的温度调节作用，以提高产品质量和降低能耗。

⑩ 发生系统线路停电时，应立即将锌液面覆盖保温，恢复送电时立即升温，避免锌液凝固。

⑪ 漏电保护器（DZ47-32A/2P）按规定每月至少试跳一次，如有问题，应及时更换。

四、电磁感应锌锅

感应锌锅利用感应加热使锌熔化实现钢件热镀锌。感应加热电炉的种类很多，根据加热的电流频率不同分为工频感应加热炉、中频感应加热炉、高频感应加热炉等；根据加热的方法又分为有芯和无芯感应加热电流，在热镀锌中均采用工频铁芯感应电炉来加热锌锅。

感应锌锅主要是由锅体和感应器两个部分组成。锅体外包钢壳，内部砌筑耐火砖和耐火筑炉料，感应器由铁芯，一次线圈和捣制料组成。此种锌锅不适应钢丝热镀锌生产。

第三节　热镀锌炉的加热系统设备

一、燃烧加热炉的种类

热镀锌供热燃烧炉是把燃烧介质燃烧后产生的热量传导、辐射给熔锌锅将金属锌熔化的设备。形式一般有燃煤炉、燃气炉（发生炉煤气、天然气、混合煤气、焦炉煤气）、燃油炉，其中在国内燃煤炉、燃气炉（发生炉煤气）较常用。

因传热方法的不同，可分为直接加热、火道加热及辐射加热的三种类型。

1. 直接燃烧炉型

直接加热的熔锌炉，是在燃烧侧加热的熔锌炉的两侧靠近上部各安装平焰烧嘴8～9只，火焰直接喷射到熔锌锅壁上后向下进入底部火道，而后再进入总烟道排出。这种加热方式，容易使熔锌锅壁因过热而损坏，但是熔锌炉结构较简单。

2. 火道加热的熔锌炉型

火道加热的熔锌炉，是利用燃烧器在燃烧室内产生的火焰，通过翻火墙后趋于均匀时传导到熔锌锅壁，而后再折向下分别进入两侧的烟道而排出炉外。用这种方法加热的熔锌炉，不仅使一部分废气的热量得到了充分的利用，而且使燃烧气流的温度既均匀又不会过高，这样可以延长熔锌锅的使用寿命。

3. 辐射加热的熔锌炉

辐射加热的熔锌炉，是利用火焰不直接烧在熔锌锅壁上的方法来加热的。布置在熔锌炉两个侧面上的燃烧器喷出的火焰喷向挡火板后再折射回热辐射墙，墙上的高热辐射给熔锌锅，这时的火焰是在辐射管内燃烧。这种方法的优点是熔锌锅壁受热均匀，热效率也高，但辐射管、挡火板材质要求高，设备结构复杂。

热镀锌炉的加热系统必须能满足以下的要求：燃料消耗量少，即有高的热利用率；整个镀锌炉内加热温度均匀，避免存在过热和加热不足的区域，尤其要避免局部的强烈火焰及辐射高温；按照热镀锌生产的需要能随意调节温度；锌锅外壁温度不能过高。

热镀锌炉加热系统的正确设计及操作可以大大延长锌锅的使用寿命，同时还可以减少锌渣和锌灰的生成量。

二、燃气及燃油的加热系统的形式

（1）使用燃气或燃油的时候，燃烧器装在炉壁上，燃气或燃油向炉内喷射燃烧。燃烧器的数量由燃料的种类、锌锅的尺寸以及镀锌的产量来决定。要避免局部的强烈火焰直接喷射到钢制的镀锌锅上。

锌锅与火焰之间加挡火板。加挡火板可以保护锌锅，使锌锅避免与火焰直接接触。挡火板的材料选择、安装要适当，既要能起到挡火的作用，又不影响加热，以免造成能源效率的降低。

（2）增设强迫循环加热系统。为了改善加热效率，在燃烧室旁边安装一台耐高温风机，使燃烧后的热气在镀锌炉内快速循环，使炉内温度和传热比较均匀。

（3）采用高速喷射燃烧器系统。高速喷射燃烧器安装在镀锌炉体对角线相对的位置上，如图8-14所示。火焰及燃烧炉气在镀锌炉内沿着环绕锌锅的通道快速旋转流动，热传导很均匀，消除了热点，并获得了高的热传导效率。采用高速喷射燃烧器系统的镀锌炉简称高速炉。

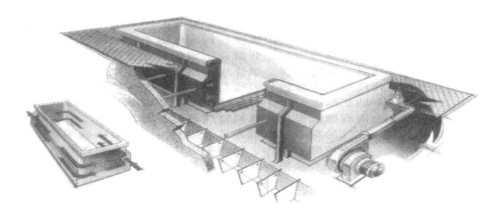

图8-14　高速喷射燃烧器系统

（4）平焰燃烧器系统。在镀锌炉的两侧的相同高度处分别安装数个平焰燃烧器系统见图8-15所示。

平焰燃烧器的燃烧火焰长度很短而直径较大。燃烧器与锌锅之间的隔墙，避免了火焰与锌锅的直接接触，它加热燃烧室的墙体，墙体产生热辐射而使锌锅获得所需的均匀加热。采用平焰炉燃烧系统的镀锌炉简称平焰炉。用燃烧器和平焰燃烧器的镀锌炉，是目前国内外比较流行的加热炉型。

(a) 单列烧嘴　　　　　　　　　　　　(b) 双列烧嘴(交叉布置)

图 8-15　平焰燃烧器系统

三、燃烧系统设备

炉子的燃烧系统控制采用的是分区独立控制，炉子分 3～4 支烧嘴，温度控制区和采用何种排烟方式由热工设计计算确定。燃烧控制技术采用的是连续比例燃烧技术。连续比例燃烧技术的精髓在于：炉膛温度信号传送到温度调节器，经过温度调节器进行 PID 运算后输出到每区的空气调节阀，这些调节阀能够接收 4～20mA 连续信号，由空气调节阀控制空气的流量，由空气调节阀下游的压力控制空燃比例阀的开度，再由空燃比例阀控制燃气流量，进而改变调节阀下游的压力再通过空燃比例阀随动调节，从而实现线性连续燃烧。

1. 燃气烧嘴

在锌锅加热炉上使用的烧嘴通常采用长焰烧嘴和平焰烧嘴，这两种烧嘴各有特点。根据不同的生产规模、生产制度可以采用不同的烧嘴形式。确定了烧嘴的形式后应该根据选择的烧嘴形式选择适当的炉膛设计，比如是采用端烧还是侧烧。只有这两个方面很好地结合在一起，才能充分发挥燃烧的效果。这两种烧嘴均属于内混式烧嘴，边混合边燃烧，这有利于燃料的充分燃烧。

长焰烧嘴的火焰长度可以达到 2.5m，甚至更长，火焰的出口速度可以从 60m/s 到 150m/s。长焰烧嘴主要靠对流传热，热气流可以对炉膛的气氛进行搅拌，热效率较高。如果火焰直接烧到锌锅，会造成锌锅局部过热，缩短锌锅的使用寿命，严重的情况下会导致漏锌，所以烧嘴的选型和布置很重要。

平焰烧嘴采用的是特殊旋流片设计，烧嘴结合喇叭口烧嘴砖，火焰呈圆盘形状，一般是烧嘴砖出口直径的 1～2 倍，它主要靠辐射传热。热气流沿炉墙方向，不会与锌锅直接接触，不会造成锌锅局部过烧的现象，可以延长锌锅的使用寿命。缺点是热效率略低。

2. 平焰烧嘴的结构和性能

燃气烧嘴可分为燃气、天然煤气等类别。下面仅介绍一种可与混合煤气发生炉煤气配套使用的混合平焰烧嘴（NHZ 型），见图 8-16

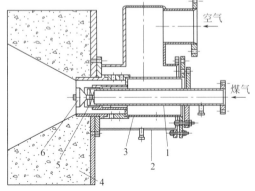

图 8-16　混合煤气平焰烧嘴

1—煤气管；2—风壳；3—风管；4—烧嘴砖；
5—煤气烧嘴；6—稳焰器

及表 8-5。

表 8-5 平焰烧嘴技术性能

项目	型号		
	HPZ-80	HPZ-150	HPZ-200
燃烧能力(标准状态)/(m³/h)	80	150	200
空气量(标准状态)/(m³/h)	160	297	396
煤气压力/Pa	约 500		
空气压力/Pa	约 3000		

平焰烧嘴的特点是：在烧嘴中心煤气出口设置挡流板（稳焰器），外环为空气流，采用切向旋流装置供气，燃烧道扩张角为 70°～80°。此时，火焰呈一个短而大的圆盘状，它不会直接喷向锌锅，而是通过加热炉膛墙体，产生辐射和对流，实现对锌锅侧壁较均匀的加热。因此，燃烧器的布置十分重要。采用此种平焰烧嘴加热，可不设挡火墙，减少了占用炉膛空间，提高了热效率。

（1）高速燃烧系统的特征。高速（高能量）燃烧器相当于在鼓风式烧嘴的出口处，增设了一个燃烧室，让燃气和空气进行强烈混合，并在燃烧室内完全燃烧，然后在足够压力作用下，使燃烧气体以很高速度喷出，可达 100～300m/s。强化了对流传热，能在锌锅周围形成循环气流，使炉膛均温，并实现高热负荷运行。此外，通过渗入二次空气，使烧嘴出口温度降低到与锌锅外壁接近的温度。从而大大降低了从烟道排出的气体温度，所以提高了热效率，降低了能耗。近几年来，在热镀锌炉领域，得到了成功运用。实践表明，炉膛温度可控制在 580℃以内。

高速燃烧器都布置在镀锌炉端部的对角线处，如图 8-17 所示。与平焰燃烧系统相比，它主要是以对流传热为主，燃气温度更低更均匀，明显延长了锌锅的使用寿命。它所配置的燃烧器的数量大为减少，利于维护管理。应用在锌锅有效尺寸为 $L16m \times W1.8m \times H2.8m$ 和 $L13.5m \times W1.6m \times H2.5m$ 中，锌液温度偏差在 1℃ 以内，节能可达 30%～40%。高速燃烧器在镀锌炉的每端可布置 1～3 组，根据锌锅的深度与生产量来确定。

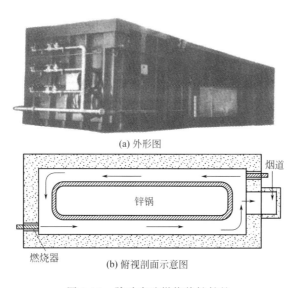

(a) 外形图

(b) 俯视剖面示意图

图 8-17 脉动高速燃烧热镀锌炉

（2）高速调温烧嘴性能（带二次风的烧嘴）。下面介绍两种高速调温烧嘴，均采用清洗发生炉煤气做燃料。

FR 型高速调温烧嘴见图 8-18、其技术性能见表 8-6。

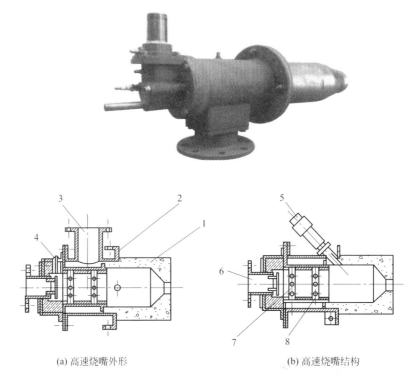

(a) 高速烧嘴外形　　　　　　　　　(b) 高速烧嘴结构

图 8-18　FR 型高速调温烧嘴

1—燃烧室；2—固定板；3—空气接管；4—电点火装置；5—火焰检测装置；
6—煤气接管；7——次空气管；8—二次空气管

表 8-6　FR 型高速调温烧嘴技术性能

性能	型号				
	FR-1	FR-2	FR-3	FR-4	FR-5
燃烧能力(标准状态)/(m³/h)	60	120	200	300	250
空气量(标准状态)/(m³/h)	72	145	240	360	300
煤气低发热值(标准状态)/(kJ/m³)	5650				
烧嘴前煤气压力/Pa	3500~5500				
烧嘴前空气压力/Pa	4000~5000				
烧嘴出口最大流速/(m/s)	约140				
烧嘴出口气流温度/℃	200~1300				
调节比	1：15				

GS 型高速调温烧嘴见图 8-19，其技术性能见表 8-7。

3. 高速调温烧嘴的特点与要求

（1）燃烧室体积虽然很小，但热负荷很大，最高可达 $6.3 \times 10^8 \, kJ/(m^3 \cdot h)$，必须采用优质耐火材料（如碳化硅）制作，以提高其内衬的使用寿命。

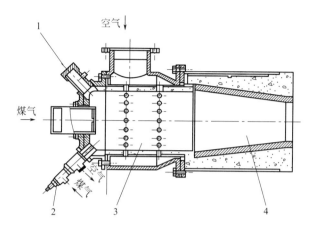

图 8-19　GS 型高速调温烧嘴

1—火焰检测器；2—点火器；3—燃烧嘴；4—燃烧室

表 8-7　GS 型高速调温烧嘴技术性能

性能	型号		
	GS-15	GS-30	GS-50
燃烧能力(标准状态)/(kJ/m³)	6.25×10^5	12.5×10^5	21×10^5
煤气低发热值(标准状态)/(kJ/m³)	4800~6500	4800~6500	4800~6500
煤气消耗量(标准状态)/(m³/h)	130~97	260~194	435~323
烧嘴前煤气压力/Pa	>1960~4900	>1960~4900	>1960~4900
空气消耗量(标准状态)/(m³/h)	145	290	480
烧嘴前空气压力/Pa	2940	2940	2940
烧嘴最大出口速度/(m/s)	100	100	100
煤气量调节范围(标准状态)/(m³/h)	15~130	26~260	45~435
空气系数调节范围	1~30	1~30	1~30
出口温度调节范围/℃	200~1400	200~1400	200~1400

（2）燃气气体出口速度高。为降低噪声和减少动能消耗，经常采用的气体出口速度为 80~120m/s。

（3）为保持足够的正压以产生高速气流，燃烧室必须是密闭的，并需要配备自动点火系统和火焰检测装置。

（4）与平焰燃烧系统相比，高速燃烧系统可使加热方式从以辐射传热为主，改变为以对流传热为主，炉膛尺寸可以改小，因而减少炉体的蓄热量，炉内温度均匀且升降灵敏，加热速度有所提高。

4. 脉动燃烧的特性

脉动燃烧的特性。脉动燃烧是一种与常规的稳定燃烧不同的呈周期脉动状态达到燃烧过程。即高速烧嘴始终处于 on-off 交替状态。on 为全速燃烧。off 为关闭。此时，分布在镀锌炉两端的燃烧器，是分别按固定顺序全负荷运行，即当一端为大火状态时，另一端则为小火状态。这样就可以形成一个稳定良好的循环过程。这种周期脉动的燃烧过程，其热效率可提高到 65%~70%。

（1）脉动燃烧参数的设定与燃烧过程。首先要保证空气/燃料的最佳混合比，在此基础上，根据布置在炉膛两端的热电偶温度信号及预期的炉温要求，设定高速燃烧器的脉动频率通断时间，选择合适的燃气和空气的供给量。如开启燃料阀 3～4min，然后关闭 1～2min，以此类推，形成脉动状态燃烧。实际上，就热量的传输数量而言，随着时间的推移，燃料流呈方形波状态发生变化。图 8-20 所示的是燃烧出口处在不同时段内的燃料流燃烧过程，脉动供料时的周期脉动燃烧过程如图 8-20 的（b）～（e）所示，图 8-20（f）为常规供燃料的稳态火焰。

（2）脉动燃烧的另一个特征，是存在一个稳定的空气流。在保证空气/燃料最佳混合比的情况下，（通过调整空燃比例阀），尚存在一个稳定的空气流，即如图 8-20（a）所示，它是以二次空气的形式进入高速燃烧器的燃烧室，并推动燃气流的前进。由此，当燃料开关按一定的频率开启或关闭时，在燃烧过程中交替出现富氧混合物区和贫氧混合物区。稳态空气流的存在，同时会降低燃气温度，使氮氧化物（NO_x）的生成率明显降低，有利于环境保护。

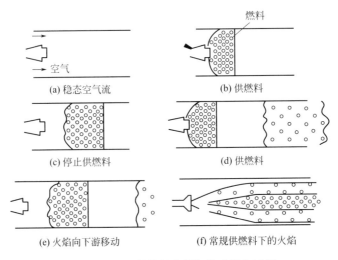

图 8-20　脉动供燃料的周期脉动燃烧过程

（3）高速脉动燃烧的电气控制

① 高速脉动燃烧烧嘴的电气控制系统如图 8-21 所示。在烧嘴脉动控制结构中，由各种阀组（如空气电磁阀、燃气电磁阀、空燃比例阀等）、燃烧控制器（BCU）、可编程序控制器（PLC）以及测温和点火系统组成。要最大限度地减少中间控制环节，提高系统的快速响

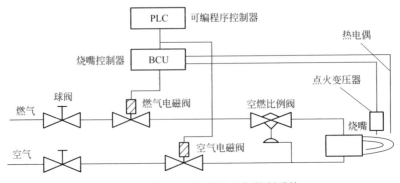

图 8-21　单个脉动烧嘴的电气控制系统

应能力，从而保证控温精度。在整个燃烧过程中通常烧嘴的小火是不熄火的，在正常情况下，烧嘴只需一次点火。通过设定烧嘴的燃烧时间（即脉宽时间）和关闭时间，以及频率来改变燃烧器的供热量。

② 脉动燃烧的炉压控制。因为高速脉动燃烧，炉内气体的体积是不断变化的，气流运动比较激烈，所以保持炉膛内适当的稳定的负压是必要的。为此可以设置与鼓风机相匹配的引风系统。也可在烟道中设置电动蝶阀，通过智能调节器进行控制。

5. 烧嘴前空气燃气支管设备

每套烧嘴的燃气支管上设手动球阀，燃气电磁阀、空燃比例阀、旋塞阀及燃气波纹管。每套烧嘴的空气支管上设手动蝶阀、空气电动蝶阀及空气波纹管。空气支管阀门应该耐高温。这些阀门各有各的功能和作用，最好一个都不要少。图 8-22 为燃气支管系统。

为了每套烧嘴能够实现自动点火和火焰监测，因此每台烧嘴还配备了烧嘴控制器 SFD258 和点火变压器 TRE820。

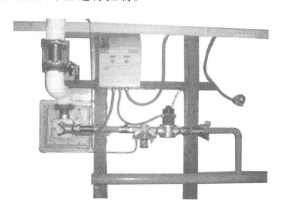

图 8-22　燃气支管系统

点火原理和程序如下：启动点火按钮，点火变压器在烧嘴头上输出高压，产生火花，同时燃气支管电磁阀开启，待适量燃气和助燃空气进入烧嘴后，烧嘴着火。火焰监测电极监测到火焰信号后，保持燃气电磁阀开，点火成功。如果没有监测到火焰信号，则燃气电磁阀关闭并报警。保证了点火的安全。

点火可以在烧嘴控制箱上完成，也可以在计算机（人机接口 HMI）上完成。由于锌锅均设计在地坑内，所以一般建议采用计算机远程点火，这样可以降低工人的工作强度，并且提高工作效率，并不需要每次操作都到地坑里完成点火操作。

空气电动阀门一般采用 SGT50E 系列空气电动阀门，这种阀门能够接收温度调节器输出的 4～20mA 连续信号，并能够准确地根据计算来开启阀门的开度。特殊的执行器和阀门之间的连接结构能够保证执行器的散热、维修和更换。

四、燃烧控制要点及措施

1. 炉温控制

锌锅温度的控制是最重要的控制内容，也是最重要的指标，产品是否达到质量标准、是否达到产能，这些都与锌液的温度的稳定和均匀有密切关系，所以保证锌液温度的均匀与稳定就是控制的最重要的部分。除了常规的控制手段以外，一般的情况下，为了更好地保证炉温的控制，还要辅以燃气压力、空气压力、炉膛压力的控制。

通常，我们采用 PLC 全自动控温，因为用 PLC 进行控温可以更加灵活地对 PLD 参数以及阀门的开度进行修正，可以灵活地开启或关闭烧嘴的数量，不但温度控制精确，而且还起到节能的效果。为了更加可靠，在控制柜上可以设温控表，当 PLC 故障不能正常运行时，温控表继续进行温度控制。

一般来说，系统按每个温控区进行独立控制，每区采用 1 支 K 型热电偶测温，采用两支铠装热电偶检测锌液的温度。热电偶采集的一次信号进入 PLC，经过 PLC 内的专用软件包进行 PLD 计算之后，PLC 发出信号控制相应的空气电动阀。炉温或锌液温度超过设定温度后报警。

2. 燃气和空气压力的控制

为了更好地完成燃烧，充分发挥烧嘴的性能，达到温度均匀的效果，燃烧系统需要稳定压力和流量的燃气和助燃空气。

每台炉子应该有一套燃气主管系统，这套主管系统除了提供稳定压力和流量的燃气以外，还拥有超压、欠压保护、紧急切断等功能，这些是稳定燃烧和安全燃烧必不可少的。这些设备主要包括：燃气过滤器、燃气稳压阀、压力开关、放散阀、紧急切断阀等，目前这些设备一般采用进口设备。

为了保证更好的燃烧稳定性，满足烧嘴前对空气压力的要求，在助燃空气总管上设有压力变送器，通过变频器控制风机转速，来保证风压和风量的稳定供给。

3. 炉膛压力控制

炉膛压力对于炉子炉膛温度的均匀性的影响也比较关键，压力太高，炉子容易冒火，压力太低，容易过量的吸入空气造成燃料的浪费。所以控制好炉压也是非常重要的一环。

通常，我们借助于烟道蝶阀实现炉压调节，烟道蝶阀配置电子式执行器，它与设置在炉膛内的微压变送器构成闭环控制，通过 PID 计算，将炉压控制在微正压（参考值 $+10 \sim +30\text{Pa}$）范围内。

4. 其他检测与控制

除了以上说明的几个重要的控制要点以外，燃烧流量的检测也比较重要，在班次的能耗计量和调试参考方面，燃气的流量计量是很必要的。另外，燃气压力高、低的连锁，空气压力低的连锁，系统的突然断电，带有点火烧嘴（长明火）的主烧嘴与点火烧嘴之间的连锁等控制也是锌锅加热炉常有的控制要素。

在激烈的市场竞争中，降低人工成本势在必行，在锌锅的加热炉上，利用先进的燃烧控制技术与自动化系统是降低生产成本、降低人工成本、提高生产效率的有效途径。

五、电阻加热镀锌炉系统

1. 电阻加热方式及条件

电热器加热系统，电热器是由抗高温氧化的合金电热丝（带）制成的。根据焦耳定律 $Q=I^2R$，可计算出电流流过电热丝产生的热量。这些热量大约 60% 通过辐射、40% 通过对流传递至锅壁。电热丝分成若干组，可以独立控制，因此热能可按需要来调节。

通常的做法是，将每组电热丝与相应的支撑件以及保温材料（硅酸铝纤维毡）组装在一块薄铁板上，用导线与配电控制装置连接。

2. 电阻加热式镀锌炉

电阻加热式镀锌炉是通过电热元件（电阻丝或电阻带）将电能转化为热能，以辐射为主实现对锌锅的加热。它是一种传统的加热方式，应用较广。与燃料加热方式相比，具有热能利用率高（$\geqslant 80\%$）、控温容易、操作条件好、对环境的污染小、锌锅的使用寿命长等优点。不足之处是电能费用稍高。有时，受地区电网容量限制，难以满足大功率镀锌炉的要求。这些不利的因素，在一定程度上影响和限制了电加热炉的广泛使用。

3. 电阻加热式镀锌炉的节能措施

（1）电阻式加热镀锌炉是以辐射传热为主的加热方式，为此应保证发热元件的表面温度稳定在700～800℃之间为宜。采用可控硅调功的供电方式比通电式供电更为有利。目前这种电控方式已经实现模块化（称为固态继电器），被广泛采用。

（2）将电热体做成多组板式元件，安置在锌锅的两侧，并进行分区控制，使锌锅壁温度尽量趋于一致，见图8-23所示。通常做法是沿锌锅长度方向交叉分区。此时，需要设置多组用热电偶探测炉膛温度的信号系统，并采用PLC控制器实现多回路的巡视检测控制。将炉膛温度控制在550～600℃。

（3）采用有效措施提高炉体（侧壁及顶部）的保温性能，使侧壁温度低于700℃。由于采用分区供热，单元加热元件在炉体框架的结合部位可能形成热量的泄漏点，必须采取相应的密封措施。炉体的保温层应选用硅酸铝纤维材料，

图8-23　门板式电阻加热镀锌炉示意图

保温层的厚度为200～250mm。尽量采用叠式的预制块材料安装。

近几年来，研制出一种侧保温层全封闭结构，由上部插入安放单元电加热板的新型电阻加热镀锌炉。克服了框架侧壁安装电加热板的不足，使炉壁的保温性得到明显改善，可节约电能10%以上。但与前者相比，存在维修不方便的问题。此外，因结构设计的需要，使炉膛的空间增加，影响了辐射传热。

（4）燃料加热与电加热镀锌炉的比较。燃料加热是当前多数镀锌厂采用的加热方法。其中，以煤为燃料的居多，其次是发生炉煤气。目前应用最多的是采用煤气发生炉或连体式煤气加热镀锌炉。

电加热镀锌炉的应用会随着我国电力工业的发展，特别是水电、核电建设规模的日益扩大而发展，同时，电加热方式具有众多的优越性，从长期上看，电加热镀锌炉仍有广阔的发展潜力。采用不同种类的加热源时，热镀锌生产的能源成本比较，参见表8-8，此表中的数值，在各地区可能因热源单价存在差异，造成能源成本与实际数值不完全相符，仅作参考。

表8-8　不同热源热浸镀锌的能源成本比较

热源种类	调控系统	能耗/t 镀件	热源单价	能源成本/(元/t 镀件)
混合发生炉煤气	人工	45～55	1400～1460	66～81
煤（连体式煤气）	人工	65～75	1400～1460	91～109
天然气	自动/高速或平燃	23～30m³	3.0 元/m³	70～90
电加热	自动/固态继电器	110～130kW	0.8 元/(kW·h)	88～104

六、热镀锌炉的测温、控温系统

1. 温度的测量

测量锌液的温度常用的是镍铬/镍铝型热电偶（K 分度）作为测温传感器。为了防止锌

液对热电偶的侵蚀，需要用耐锌蚀的套管对热电偶进行保护。热电偶测量点通常布置在锌锅的四个角落距离锌锅壁约 $10\sim15\text{cm}$ 处。定期清理热电偶上的锌灰或锌渣，否则影响测量的精度。热电偶需要固定在一个支架上，便于安装和拆卸，并不能影响镀锌刮灰的操作。

新的锌锅升温加热时，记录的温度常常滞后于锌锅内的实际温度，直至锌锭开始融化时，才能逐步相等。

温度记录和测量往往会出现误差，出现误差的原因主要有：热电偶损坏或短路；测温仪表未校正而本身存在误差；补偿导线接线错误，或选错了补偿导线型号，或错用一般导线替代补偿导线。要经常检查线路和定期校核仪表。

2. 温度的控制

锌液温度应由专用设备进行控制、记录和调节，并应有报警和保护功能。控制和报警装置可以连接到值班人员的某个岗位，保证连续的监控和调控。

第四节 热镀锌锅的热量计算

在设计热镀锌生产线时，根据生产线的特点，批量生产能力等因素来设计镀锌锅的具体尺寸，并计算出热镀锌锅的热容量和锌锅的热支出。

锌锅的热支出包括锌液表面的热量散失（对流散热 Q_1 和辐射散热 Q_2）、锌锅四周的热量散失（对流散热 Q_3 和辐射散热 Q_4）、锌锅底部的热量散失（对流散热 Q_5 和辐射散热 Q_6）和熔化锌锭需要的热量 Q_7 及工件进入锌锅吸收的热量 Q_8。

（1）在锌液表面的热量散失中，对流散热量

$$Q_1 = \alpha(T_1 - T_2)S_1 \tag{8-8}$$

式中 Q_1——锌液面对流散失的热量，kcal；

　　　S_1——散热表面积，m^2；

　　　T_1——锌液温度，℃；

　　　T_2——环境温度，℃；

　　　α——锌液表面对流散热系数，$\text{kcal}/(\text{m}^2 \cdot \text{h} \cdot \text{℃})$。

$$\alpha = 2.8\sqrt[4]{T_1 - T_2} \times \sqrt{\frac{B}{2.6T}} \tag{8-9}$$

式中 $T_1 - T_2$——锌液温度与环境温度差，℃（K）；

　　　B——大气压力，mmHg（以一个标准大气压为760mm汞柱）；

　　　T——环境温度，K。

$$T = 273 + T_2$$

例：已知，$S_1 = 12\text{m}^2$；$T_1 = 460℃$；$T_2 = 5℃$，求 Q_1。

$$\alpha = 2.8\sqrt[4]{460 - 5} \times \sqrt{\frac{760}{2.6 \times (273 + 5)}}$$

$$= 2.8 \times 4.615 \times 1.025 = 13.2\text{kcal}/(\text{m}^2 \cdot \text{h} \cdot \text{℃})$$

则

$$Q_1 = 13.2 \times (460\text{-}5) \times 12$$
$$= 72072 \text{kcal/h}$$

（2）锌液表面的辐射散热量

$$Q_2 = \varepsilon_{12} S_1 \varphi_{1\text{-}2} \left[C_0 \left(\frac{T_1}{100} \right)^4 - C_0 \left(\frac{T_2}{100} \right)^4 \right] \tag{8-10}$$

式中　Q_2——锌液面辐射热量，kcal/h；

S_1——锌液散热面积，m^2；

ε_{12}——带有氧化锌灰的锌液面对环境空气的系统黑度；

$\varphi_{1\text{-}2}$——锌液面对环境吸热面的角系数；

C_0——黑体辐射系数 kcal/($m^2 \cdot h \cdot K^4$)；

T_1——锌液温度，K；

T_2——环境温度，K。

例：已知，$\varepsilon_{12} = 0.28$；$T_1 = 460 + 273 = 733K$；$\varphi_{1\text{-}2} = 1$；$T_2 = 5 + 273 = 278K$；$S_1 = 12m^2$；$C_0 = 4.96 \text{kcal/}(m^2 \cdot h \cdot K^4)$，求 Q_2。

则：

$$Q_2 = 0.28 \times 12 \times 1 \left[4.96 \left(\frac{733}{100} \right)^4 - 4.96 \left(\frac{278}{100} \right)^4 \right]$$
$$= 0.28 \times 12 \times (14330 - 298)$$
$$= 47147 \text{kcal/h}$$

（3）在锌锅四周的热量散失中，对流散热量

$$Q_3 = \alpha (T_1 - T_2) S_2 \tag{8-11}$$

式中　Q_3——锌液四周对流散失的热量，kcal/h；

S_2——四周锅壁散热面积，m^2；

T_1——四周锅壁表面温度，℃；

T_2——环境温度，℃；

α——锅壁四周对流散热系数，kcal/($m^2 \cdot h \cdot K$)。

$$\alpha = 2.2 \sqrt[4]{T_1 - T_2} \times \sqrt{\frac{760}{2.6T}} \tag{8-12}$$

例：已知，$S_2 = 36m^2$；$T_1 = 70℃$；$T_2 = 5℃$；$T = 273 + 5 = 278K$，求 Q_3。

$$a = 2.2 \sqrt[4]{65} \times \sqrt{\frac{760}{2.6 \times 278}}$$
$$= 2.2 \times 2.84 \times 1.025$$
$$= 6.4 \text{kcal/}(m^2 \cdot h \cdot K)$$

则：

$$Q_3 = 6.4 \times (70 - 5) \times 36$$
$$= 14976 \text{kcal/h}$$

（4）锌锅四周的辐射散热量

$$Q_4 = \varepsilon_{12} S_2 \varphi_{1\text{-}2} \left[C_0 \left(\frac{T_1}{100} \right)^4 - C_0 \left(\frac{T_2}{100} \right)^4 \right] \tag{8-13}$$

式中　Q_4——锌锅四周外壁辐射散热量，kcal/h；

　　　S_2——散热面积，m^2；

　　　ε_{12}——钢板队环境系统黑度；

　　　$\varphi_{1\text{-}2}$——角度系数；

　　　C_0——黑体辐射系数，kcal/($m^2 \cdot h \cdot K^4$)；

　　　T_1——锅外壁温度，K；

　　　T_2——环境温度，K。

例：已知，$\varepsilon_{12}=0.7$；$T_1=70+273=343K$；$\varphi_{1\text{-}2}=1$；$T_2=5+273=278K$；$S_2=36m^2$；$C_0=4.96$kcal/($m^2 \cdot h \cdot K^4$)，求 Q_4。

$$Q_4=0.7\times36\times(688-298)=9828\text{kcal/h}$$

（5）在锌锅底部的热量散失中，对流散热量

$$Q_5=\alpha(T_1-T_2)S_3 \tag{8-14}$$

式中　Q_5——锌锅底部表面对流散失的热量，kcal；

　　　S_3——散热面积，m^2；

　　　T_1——锌锅底部外壁温度，℃；

　　　T_2——环境温度，℃；

　　　α——对流散热系数，kcal/($m^2 \cdot h \cdot K$)。

例：已知，$T_1=70$℃；$T_2=5$℃；$S_3=10m^2$；求 Q_5

$$a=2.8\sqrt[4]{65}\times\sqrt{\frac{760}{2.6\times278}}=2.8\times2.84\times1.025=8.1\text{kcal/}(m^2 \cdot h \cdot K)$$

则：

$$Q_5=8.1\times10\times65=5265\text{kcal/h}$$

（6）锌锅底部的辐射热量

$$Q_6=\varepsilon_{12}S_3\varphi_{1\text{-}2}\left[C_0\left(\frac{T_1}{100}\right)^4-C_0\left(\frac{T_2}{100}\right)^4\right] \tag{8-15}$$

式中　Q_6——锌锅底部辐射散热量，kcal/h；

　　　ε_{12}——系统黑度；

　　　$\varphi_{1\text{-}2}$——角度系数；

　　　C_0——黑体辐射系数，kcal/($m^2 \cdot h \cdot K^4$)；

　　　T_1——锅壁温度，K；

　　　T_2——环境温度，K；

　　　S_3——散热面积，m^2。

例：已知，$\varepsilon_{12}=0.7$；$T_1=70+273=343K$；$\varphi_{1\text{-}2}=1$；$T_2=5+273=278K$；$C_0=4.96$kcal/($m^2 \cdot h \cdot K^4$)；$S_2=36m^2$，求 Q_6。

$$Q_6=0.7\times10\times1\left[4.96\left(\frac{343}{100}\right)^4-4.96\left(\frac{278}{100}\right)^4\right]$$
$$=0.7\times10\times(688-298)$$
$$=2730\text{kcal/h}$$

（7）熔化锌锭支出的热量

$$Q_7=G_nC_z(T_1-T_2)+G_nL \tag{8-16}$$

式中 Q_7——熔化锌锭支出的热量，kcal/h；

　　　　C_z——锌的热容量，kcal/(kg·℃)；

　　　　G_n——每小时加入锌锅中的锌锭重量，kg；

　　　　T_1——锌液工作温度，℃；

　　　　T_2——锌锭原来温度，℃；

　　　　L——锌锭熔化的潜热，kcal/kg。

　　例：已知，镀锌的平均生产率＝4t/h；镀锌时的锌锭消耗＝52kg/t；每小时锌锅中的锌锭重量 $G_n=4×52=208$kg；$C_z=0.1$kcal/(kg·℃)；$T_1=460$℃；$T_2=20$；$L=24.09$kcal/(kg·℃)；求 Q_7。

$$Q_7=208×0.1×440+208×24.09=14163\text{kcal/h}$$

　　（8）工件进入锌锅吸收的热量。

$$Q_8=G(J_2-J_1) \qquad (8\text{-}17)$$

式中 Q_8——工件吸收的热量；

　　　　G——工件每小时的产量，（4000kg/h）；

　　　　J_1——60℃时铁的热含量，kJ/kg；

　　　　J_2——工件460℃时的热含量，kJ/kg。

　　查表：碳钢460℃时 $J_2=258$kJ/kg，$J_1=0.002$kJ/kg。

$$Q_8=4000×(258-0.002)=1031992÷4186.80=246.49\text{kcal/h}$$

　　综上所述，锌锅生产时的总的热支出除包括上述各项散热损失外，还应包括熔化锌锭支出的热量，即：

$$\sum Q_{(总)}=Q_1+Q_2+Q_3+Q_4+Q_5+Q_6+Q_7+Q_8 \qquad (8\text{-}18)$$

　　综合以上各例，则：

$$\sum Q_{(总)}=72072+47147+14976+9828+5265+2730+14163+246.49$$
$$=16642749\text{kcal/h}$$

第五节　热镀锌用浸入式燃气内加热器

一、传统的内加热方式

　　随着科技的不断进步，在钢丝热镀锌方面为了解决铁制锌锅的使用寿命低和减少锌液对铁制锌锅腐蚀所产生的锌渣问题，国内从20世纪末开始研究锌锅耐锌腐蚀的问题，最后研究认定陶瓷锌锅可以代替铁制锌锅，特别是在铸钢件、高碳钢高强度件和紧固件的高温热镀锌方面更为适合。这种陶瓷锌锅从其结构的意义上说，并不是我们常见的陶瓷制作的锌锅，而是一种耐高温的高铝水泥、石英石、耐高温的骨料和耐高温的胶黏剂整体一次性浇筑成型的熔锌液的池子。因此，这种池子冠名为"陶瓷锌锅"。其主要特点是在使用过程中，使用的温度范围宽，可以在435～800℃之间使用，而且使用寿命长，一般的使用寿命达到10～15年。由于陶瓷锌锅这种材料热导率小，所以外加热的方式熔锌是不可能实现的。只能采用上加热和内加热方式对锌锅进行加热熔锌。其缺点是单位熔锌体积质量大，制作大尺寸锌锅较为困难。

采用陶瓷锌锅镀锌时，通常采用的加热方式有燃气或燃油上加热、浸入式电加热等。燃油或燃气上加热的锌锅通常由一个带熔锌罩的加热区和工作区组成，加热区上装有燃气或燃油的烧嘴直接对锌液表面进行加热，它的加热区表面积通常略大于工作区表面积。

采用燃油或燃气上加热时的热效率很低（约25%～35%），能源浪费较大，由于上加热时火焰直接和锌液面接触会使锌液氧化产生大量的锌灰造成锌耗增加。而陶瓷锌锅结合浸入式电加热时，温度不能高于480℃，当高于480℃时，加热芯温度通常会超过700℃，加热芯的使用寿命会由6个月缩短至15～45天，并且更换加热芯困难。感应加热陶瓷锌锅使用方便但结构较复杂，熔锌过程相对麻烦，镀锌过程产生的锌渣容易堵塞熔沟而造成失效，同时维修困难。

二、浸入式燃气内加热器的应用

1. 加热器的开发背景

2010年制作一台550℃高温镀锌陶瓷锌锅，采用液化石油气作为能源介质。最终决定采用浸入式燃气内加热器来实现锌锅的加热。

2. 设计技术条件

热镀的镀件每小时产量为750kg，批量半自动镀锌，每批工件的浸锌时间间隔1.5min，镀锌设备外方提供。根据以上参数，采用8只60kW的浸入式陶瓷内加热烧嘴对锌液进行加热，总装机容量480kW，有效输出到锌锅的热能321.6kW，排出的尾气用于烘干工件。

3. 浸入式燃气内加热器

采用的浸入式燃气内加热器结构如图8-24所示。它采用内置循环再加热方式进行加热，可使烧嘴的热效率大大提高，同时氮氧化物排量很低。

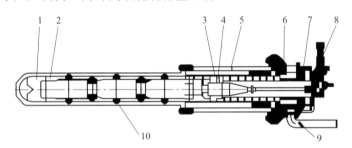

图8-24 浸入式燃气内加热器结构示意图

1—中心架支架；2—中心管；3—换热管；4—燃烧室；
5—隔热层；6—烧嘴头；7—空气入口；8—燃气入口；
9—排烟管；10—陶瓷外套管

陶瓷外套管是SAINT-GOBAIN公司专门熔炼铝、铝合金、金属锌而开发的高导热、耐腐蚀、抗氧化、抗热震性能良好的特种陶瓷，该陶瓷热导率750℃时912W/(m·K)，120℃时30～40W/(m·K)。浸入式燃气内加热器正是利用该陶瓷外套加热锌液。由于配置特殊的换热器和循环再加热辐射管，浸入式燃气内加热器的热效率最高可达67%。

（1）烧嘴外壳。多功能外壳具有烧嘴安装、助燃空气供给、外壳冷却及烟气排放功能，烧嘴易于安装和装配。铝合金外壳大大降低烧嘴的质量。外壳为双层结构，助燃空气通过外层的环缝进入烧嘴，保证烧嘴正常燃烧。排烟气管设有绝热材料。

（2）烧嘴内芯。烧嘴内芯由燃气连接法兰、燃气导管、空气导管、混合燃烧室及火焰检测、点火电极组成。

（3）换热器。换热器表面为马刺状的金属换热器具有较大的换热面积，即使低温时也可以获得较高的换热效率。其特点是利用烟气通过内置换热器预热助燃空气，火焰喷出速度达 $120\sim160m/s$。直接电极点火，火焰检测采用电离方式，采用多级燃烧，点火容易，火焰温度低，烟气中有害物质含量低，安装调试简单。

初次熔锌时采用上加热并以熔锌罩保温的方式熔锌，这样会减少陶瓷外套管在空气中因为加热不均匀而造成损失的风险，还可以延长其使用寿命。

安装烧嘴前建议对陶瓷外套管进行预热，陶瓷外套管的升温曲线如图 8-25 所示。

使用时燃气压力设定为 3.5kPa，助燃空气为 7kPa。实际应用中整个系统工作稳定，运行良好。

烧嘴燃烧设计形式采用抽风降压燃烧而不是常规的有压燃烧。采用有压燃烧设计的烧嘴功率在压力达到 6.8kPa 时，一般都可以满足 300kW，抽风降压系统必须能够产生足够低的负压。目前的引风降压系统当烧嘴入口处负压低于 3kPa 时，烧嘴功率就已经达到 150kW。

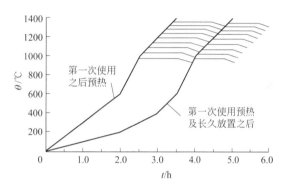

图 8-25　陶瓷外套管预热的升温曲线

在浸入式燃烧内加热器的设计中，辐射管采用了可挠曲碳化硅管的技术。在该设计中，换热器可将助燃空气加热至 $450℃$，热效率可达 $60\%\sim67\%$。如此高的预热温度对烧嘴的喷嘴部件有很高的要求，烧嘴的外层喷嘴采用 SiC 材料制造，燃气喷嘴采用高温合金铸造件制造。烧嘴的燃气、空气混合速度较慢，这样可延长火焰长度从而保证辐射管的温度均匀性并降低燃烧尾气中的氮气的排放量。在这种设计中，辐射管的温度差约为 $24℃$。

先进的辐射管燃烧技术已可以实现洁净、稳定燃烧，发挥较高的燃料燃烧效率并延长辐射管的使用寿命。使用 SiC 材料和高温合金铸件材料的新型换热器技术可以减少设备的故障发生频率。

浸入式燃气内加热器正是将工业陶瓷辐射管技术和耐铝、锌腐蚀的陶瓷外套管有机地结合起来，才使热浸镀锌领域开发出新型的高温加热器。浸入式燃气内加热器在陶瓷锌锅中得到了实际应用，图 8-26 为燃气内加热器与陶瓷锌锅组装图。

图 8-26　燃气内加热器与陶瓷锌锅组装图

燃气内加热器与陶瓷锌锅在熔锌的过程中，从浸入式燃气内加热器的使用效果看，它具有点火容易、保护措施齐全、使用安全、温度控制精准等优点，完全适合于高温镀锌并具有节能高效等特点，适合同陶瓷锌锅一起使用。

第六节　陶瓷锌锅电内加热器

一、电内加热器的优点

陶瓷锌锅锌液内加热器是为了解决在热镀锌中熔融的锌对铁质锌锅的腐蚀问题，陶瓷锌锅内加热方式被公认为是解决热镀锌工业诸多问题的理想途径。所谓陶瓷锌锅的内加热是指用耐火材料与耐高温胶黏剂混合后整体浇筑的熔锌池，将耐锌蚀加热器插入锌池中直接加热锌液。见图 8-27 所示。

图 8-27　陶瓷锌锅电内加热器

耐锌蚀加热器插入锌池中直接加热锌液优点如下。

① 锌耗低。因非金属陶瓷锌锅没有铁与锌的腐蚀问题，不产生锌渣，避免了因铁质锅造成的纯锌浪费。

② 热效率高。由于直接加热，内加热的效率可高达 90％以上。

③ 产品质量好。由于锌温控制精确、锌液纯净，致使产品上锌量均匀，镀锌层表面质量好。

④ 锌锅使用寿命长。锌锅的使用寿命可达 8～10 年，减少了维修次数与费用，增加了生产的连续性，降低了生产成本。

⑤ 生产环境好。较铁质锌锅外加热时环境温度低，比使用煤加热干净。该锌液内加热器已经在热镀五金标准件、连续钢丝热镀锌、电力金具等形状较小的高、中、低碳钢工件普遍应用。

二、电内加热器结构形式

内加热器目前主要采用电阻发热装置，其外套管有石英玻璃型、氮化硅型、石墨型等其他无机非金属材料和复合耐锌腐蚀金属材料型。无机非金属材料型都具有很好的耐熔锌腐蚀性能，能在锌液中长期稳定存在，但因韧性低，脆性大，易损坏等缺点，难以适应热镀锌的恶劣工况条件，故使用范围面较小。金属复合材料制成的内加热器则无上面所提的缺点，具有优良的耐熔锌腐蚀性，而且具有较高的机械强度，可以直接插入在锌液中。电阻发热装置一般采用金属材料作为加热元件，其结构形式有线材螺旋形、线材直线组合型等。其使用寿命不低于 3000h。有报道称，使用内加热方式的吨产品锌耗可降低 5～10kg，吨产品电耗降低 70～100kW·h。

1. 陶瓷锌锅内加热器分为两种形式

陶瓷锌锅内加热器分为两种形式，一种是金属型内加热器，另一种是纤维增强复合陶瓷型。金属型内加热器的特点如下。

① 热效率高，可达 95％以上，升温快。

② 耐腐蚀性好，寿命长，镀钢丝用寿命可达 1 年以上，镀邦迪管用可达 4 年，镀结构件用小于 1 年（至少 8 个月以上）。

③ 可直接凝锌熔锌（需采取特别的保护措施）。

④ 更换方便，无需停产即可更换。

⑤ 结构紧凑，运输方便。

⑥ 不产生锌渣。

2. 陶瓷锌锅内加热器缺点

① 加热器尺寸受限制，目前最大尺寸只能到700mm，锌锅最深1.2m。

② 只能用电加热，不能用燃气加热或燃油加热，应用领域受到限制。

③ 第一次熔锌需要辅助加热。

3. 纤维增强复合陶瓷型的特点

① 不同于一般烧结陶瓷型加热器，耐高温，可达1400℃，高温韧性好，耐冲击，耐冲刷，耐锌蚀等。

② 新型纤维陶瓷内加热陶瓷锌锅热稳定性高，使用寿命长；

③ 新型纤维陶瓷内加热陶瓷锌锅能耗低，镀1t工件大约只需60kW·h。

第七节　燃气燃烧器

一、燃烧器的基本要求

燃气燃烧装置是以气体燃料为热源的工业炉用以实现燃料燃烧过程的装置。根据加热要求，各种燃烧装置应满足以下基本要求。

① 在规定的热负荷条件下保证燃料的完全燃烧。

② 具有一定的调节比，燃烧过程要稳定，能向炉内连续供热。

③ 火焰的方向、外形、刚性和铺展性符合炉型及加热工艺的要求。

④ 结构简单，使用维修方便，能保证安全和满足环保要求。各种燃料的燃烧过程不同，因而燃烧装置的结构也各不相同，按燃料种类通常分为气体、液体和固体燃料装置。镀锌炉采用的燃烧器，主要选择火焰长度短、分散直径大和温度均匀的。

二、燃气烧嘴的种类

按燃烧方法分为有焰烧嘴和无焰烧嘴。按火焰形状分为平焰、直焰、扁焰、短火焰和长火焰烧嘴。按供风和混合方式分为高压喷射式、预混式等八种形式的烧嘴。

1. 有焰烧嘴

其适用于煤气发生炉制煤气，所需煤气压力较低，一般为500～3000Pa，燃烧速度慢，火焰长，不易回火，调节比大，需要设置燃烧风机和输送管道，空气和煤气的预热温度可不受限制等。目前常用的有焰烧嘴主要有低压涡流式烧嘴、平焰烧嘴等。

（1）低压涡流式烧嘴。其结构简单，要求的空气、煤气压力低。常用的有DR型低压涡流式煤气烧嘴和DT型低压涡流式天然气烧嘴。烧嘴前煤气压力400～1200Pa，额定压力800Pa；烧嘴前空气压力2000～2500Pa，额定压力2000Pa；调节比可达1∶2；可燃用发生炉煤气、混合煤气。国内现在燃烧发生炉煤气基本上采用DT型低压涡流式烧嘴。

（2）DT型低压涡流式天然气烧嘴。其适应于天然气压力：150～5000Pa，额定压力5000Pa；空气压力为60～3000Pa，额定压力为3000Pa。调节比1∶8，火焰长度1.2m左右。

（3）平焰烧嘴。平焰烧嘴主要以对流方式传热给炉墙，以辐射方式传给被加热工件，有利于强化炉内传热过程和实现均匀加热，改善加热质量。提高炉子生产率和降低燃料消耗。因大量回流烟气循环流动，形成稳定高温点火源，故燃烧稳定，噪声小。因此应用比较广泛。可使熔锌锅寿命增加14%左右。其基本构造参见图8-16平焰烧嘴示意图。KMY-YJB系列燃气燃烧器的技术参数参见表8-9。表中仅列出部分型号的数据供参考。

表 8-9　KMY-YJB 系列燃气燃烧器产品技术参数

参数 型号	热负荷 /(kcal/h)	发生炉煤气		天然气		液化石油气		助燃风	
		流量	压力	流量	压力	流量	压力	流量	压力
KMY-YJB20	20	160	≥1500	23.6	≥2000	7.70	≥2500	216	≥1500
KMY-YJB50	50	400	≥1500	59	≥2000	19.25	≥2500	540	≥1500
KMY-YJB100	100	800	≥1500	118	≥2000	38.5	≥2500	1080	≥1500
KMY-YJB200	200	1600	≥1500	236	≥2000	77.0	≥2500	2160	≥1500
KMY-YJB300	300	2400	≥1500	354	≥2000	115.5	≥2500	3240	≥1500
KMY-YJB400	400	3200	≥1500	472	≥2000	154	≥2500	4320	≥1500
KMY-YJB500	500	4000	≥1500	590	≥2000	192.5	≥2500	5400	≥1500

注：表中流量数据单位是 m³/h，压力单位是 Pa。

2. 无焰烧嘴

其适用于有较高压力的煤气供应。燃烧速度快，火焰短，易回火，调节比小，不需要设置燃烧风机和输送管道。

三、燃气烧嘴的选用

选用烧嘴时首先根据用于熔锌的燃料，其次根据熔锌锅的深度及熔锌量。当供应熔锌的加热介质是发生炉煤气可采用涡流式有焰烧嘴，如果熔锌锅熔锌量大且锌锅较深可采用平焰烧嘴，且要设置在两侧加热。

四、燃烧器的安装

① 燃烧器的中心线应与烧嘴砖的中心线重合，偏心会影响燃烧及火焰形状。
② 安装板要紧贴烧嘴砖，牢固地装在炉架上。
③ 燃烧器进风口装在上方或两侧，无特殊要求避免装在下方。
④ 各螺栓接口应清洁，并打开空气阀吹尽管内残余物后关闭阀门。
⑤ 燃烧器各紧固点应紧固，无松动、泄漏现象。

五、燃烧器的点火与熄火

1. 燃烧器的点火

① 点火前，检查各设备运转情况，确保达到工作要求。

② 检查空气、燃气压力，确保符合操作要求。

③ 开启烟道闸门，同时启动风机，打开空气阀门吹扫炉膛约 5min。然后关闭所有阀门等待点火。

④ 点火时先开启烟道闸门，再打开助燃空气阀门至一开度。

⑤ 接通点火器电源，打开电子点火器开关打火或插入火炬，然后微开启燃气阀，直至点火成功。

⑥ 如点火不成功，应立即关闭燃气阀，开大空气阀门送风直至排尽炉内未燃气体。查明点火未燃原因后，重复点火步骤。

⑦ 点火成功后交替开大空气及燃气阀门至炉窑所需热负荷，并调整烟道闸门开度，使炉内压力符合要求。

2. 停炉前的熄火

① 熄火时应先关闭全部燃气阀再关闭助燃空气阀门，然后停止风机运转。若是高温炉，为了保护燃烧器头部，在熄火后可适当延长助燃风通风时间。

② 炉窑在生产时万一因突发事件或操作不当而熄火时，应迅速关闭全部燃气阀，待完全排除未燃燃气后，再按顺序点火运行。

第八节　热镀锌供热炉基础设计

一、燃烧炉底部基础设计

熔锌炉基础是承载熔锌锅整体重量、炉体组成重要部分之一。炉体基础强度差，将导致熔锌锅下沉、倾斜，严重的可发生炉窑倒塌事故。因此，对炉窑基础的设计、施工要重视基础的强度、地基强度等问题。

1. 基础材料

基础材料决定着基础的强度、耐久性，一般应允许利用地方材料并应符合技术经济的要求。

（1）混凝土。混凝土的强度等级系指按照标准方法制作养护的边长为 200mm 的立方体试块，在 28 天期龄，用标准试验方法所得的抗压极限强度（以 kN/m^2 表示），混凝土的强度等级是设计上一项重要的力学性能标志。在设计混凝土或钢筋混凝土构件时，必须首先确定混凝土的强度等级。

① 混凝土基础的混凝土强度等级不宜低于 C15。

② 钢筋混凝土基础的混凝土强度等级不宜低于 C15。当采用Ⅱ、Ⅲ级钢筋或预制钢筋混凝土构件时，混凝土的强度等级不宜低于 C20。在计算混凝土和钢筋混凝土基础的截面强度和刚度时，尚需具有混凝土的强度和弹性模量。表 8-10 列出混凝土强度等级及其设计强度、弹性模量的关系作为设计的依据。

（2）钢筋。熔锌炉基础采用钢筋混凝土基础时，由于耐久性和一般离地面较深，其截面尺寸均较大，采用Ⅰ级～Ⅲ级钢筋就足以满足设计要求。为使钢筋与混凝土共同协调地工作，对 C15 强度等级混凝土的钢筋基础已采用Ⅰ级钢筋，多数用于现场浇筑的钢筋混凝土基础。计算钢筋混凝土基础的截面强度时，受拉钢筋设计强度和受压钢筋强度以及钢筋的弹性模量应按表8-11取值。

表 8-10　混凝土的设计强度和弹性模量　　　　　单位：kPa（kN/m²）

强度种类	符号	混凝土强度等级					
		C10	C15	C20	C25	C30	C40
轴心抗压	f_{ce}	5500	8500	11000	14500	17500	20000
弯曲抗压	f_{cm}	7000	10500	14000	18000	22000	29000
抗拉	f_{cf}	800	1050	1300	1550	1750	2150
抗裂	f_{cf}	1000	1300	1600	1900	2100	2500
弹性模量	E_{CE}	18.5×10^6	23.0×10^6	26.0×10^6	28.5×10^6	30.0×10^6	33.0×10^6

表 8-11　钢筋设计强度及弹性模量　　　　　单位：MPa（MN/m²）

钢筋种类	符号	抗拉钢筋设计强度（f_{st}）	受压钢筋设计强度（f_{ax}）	弹性模量（E_s）
Ⅰ级钢筋（3号钢）	ϕ	240	240	2.1×10^5
Ⅱ级钢筋（16锰）	ϕ	340	340	2.0×10^5
Ⅲ级钢筋（25锰硅）	ϕ	380	380	2.0×10^5

注：1. 5号钢的受拉设计强度和受压设计强度均取280MPa。

2. 直径 $d\geqslant28$mm 的Ⅱ级钢筋，设计强度取320MPa。

3. 当钢筋混凝土结构的混凝土强度等级为C10时，允许采用Ⅰ级钢筋和5号钢筋，此时受拉钢筋的设计强度应乘以系数0.9。

4. 直径 $d>12$mm 的Ⅰ级钢筋，如经冷拉，不得利用冷拉后的强度。

2. 镀锌炉的筑炉材料

热镀锌炉的筑炉材料与大多数工业加热炉相同。

（1）高铝砖。高铝砖含 Al_2O_3 在58%以上。具有耐火度高、高温结构强度较好、致密度高、化学稳定性好等优点，但价格较高。适用于直接接触温度经常高于1000℃火焰的部位。

（2）普通黏土质耐火砖。普通黏土质耐火砖的成分（质量分数）为：Al_2O_3 30%～40%，SiO_2 50%～65%，杂质5%～7%，体积密度2.1～2.2g/cm³，高温性能比高铝砖稍差。但价格较便宜，应用广泛。适用于温度经常在500～1000℃的炉体壁墙、隔墙及炉底等砌砖体。

（3）轻质耐火黏土砖。轻质耐火黏土砖成分与普通黏土质耐火砖基本相同，体积密度为0.4～1.3g/cm³，主要特点是孔隙多、重量轻、保温性能好。由于孔隙体积小分布均匀，故轻质耐火黏土砖仍具有一定的耐压强度。砖的密度越低保温性能越好，但强度也越低，可视使用要求选用。炉体壁墙通常由轻质耐火砖和普通耐火砖结合而成；也有单独使用强度较高的轻质耐火砖砌筑炉墙的成功事例。但要注意耐火砖的耐火度是否满足长期高温下运行的要求。

（4）红砖。红砖即烧结的普通泥土砖，是以黏土、页岩、煤矿石、粉煤灰为主要原料烧结而成。其特点是耐压强度较好，但不耐高温，保温性能比轻质耐火砖差，价格便宜。仅可用于炉底、外墙等温度在500℃以下的炉体部位及烘干槽墙体等。

（5）硅酸铝纤维。硅酸铝纤维含 Al_2O_3 在43%～54%（质量分数），SiO_2 47%～53%（质量分数），其余为各种氧化物。它是一种耐火兼保温的材料。具有重量轻、耐高温、热稳定性好、热导率低、比热容小、耐机械振动等特点，使用温度可高达1300℃。产品有纤维棉、纤维毡及成型制品等。

（6）耐火泥。耐火泥包括普通耐火泥和高铝耐火泥，后者耐火度更高一些，主要用于热浸镀锌炉炉体砌砖，一般用水调成泥浆即可使用，不必加粘接剂。

（7）耐火混凝土。耐火混凝土（又称耐火浇铸料）由耐火骨料、粉料、结合剂、粘接剂按一定比例，经混合、成型、养护和烘烤而成，使用温度在1000℃以上。常用的配比（质量分数）大致是：粗细骨料（高铝熟料）70%，细粉料（高铝熟粉料）10%，生耐火黏土5%，粘接剂（400号或更高标号的低钙铝酸盐水泥）15%；混合过程逐步加入适量的水（约为组成料的10%），直至所有耐火料均匀一致后即可进行成型施工，适宜预制各种规格的异型耐火构件、火口砖等。

二、炉体基础

炉体基础是指炉体基础土质，其土质对炉体基础有一定的影响，在炉体设计中要考虑土的力学特性。主要是土的压缩系数、压缩模量和抗剪强度。根据压缩系数和压缩模量将土分为三种不同压缩程度，用以评价土的工程性质。

（1）土的压缩系数 α_{1-2} 和压缩模量 E_S。即：①$\alpha_{1-2}>0.5MPa^{-1}$ 或 $E_S<4MPa$ 时，属高压性；②$0.1MPa^{-1}\leqslant\alpha_{1-2}\leqslant0.5MPa^{-1}$ 或 $4MPa\leqslant E_S\leqslant15MPa$ 时，属中压性；③$\alpha_{1-2}<0.1MPa^{-1}$ 或 $E_S>15MPa$ 时，属低压性。

（2）土的抗剪强度。一般以土的凝聚力 c（kN/m^2）和土的内摩阻角 ϕ 二项力学特性指标表示土的抗剪强度。

① 砂类土的内摩阻角值，可按土工实验室或其他野外鉴定方法确定，亦可根据其密实度按表8-12确定。

② 黏性土的内摩阻角 ϕ 和凝聚力 c 值可查表8-12的数值进行估算。

表8-12　砂类土内摩阻角 ϕ

土名	密实度		
	密实	中密	稠密
砾砂、粗砂	45°～40°	40°～35°	35°～30°
中砂	40°～35°	35°～30°	30°～25°
细砂、粉砂	35°～30°	30°～25°	25°～20°

（3）地基土的容许承载力。地基土的容许承载力可按表8-13、表8-14来综合确定。

表8-13　黏性土凝聚力 c 和内摩阻角 ϕ

土状态	硬塑	可塑	软塑
$c/(kN/m^2)$	40～50	30～40	2～30
$\phi/(°)$	15～10	10～5	5～0

表8-14　黏性土容许承载力 $[p]$　　　　　　　单位：kN/m^2

孔隙比 e	塑性指数 I_P 液性指数 I_L ≤10			>10					
	0	0.5	1.0	0	0.25	0.50	0.75	1.00	1.20
0.5	350	310	280	450	410	370	(340)		
0.6	300	260	230	380	340	310	280	(250)	
0.7	250	210	190	310	280	250	230	200	160

孔隙比 e	塑性指数 I_P 液性指数 I_L	$\leqslant 10$			>10					
		0	0.5	1.0	0	0.25	0.50	0.75	1.00	1.20
0.8		200	170	150	260	230	210	190	160	130
0.9		160	140	120	220	200	180	160	130	100
1.0			120	100	190	170	150	130	110	
1.1						150	130	110	100	

三、地下水对炉体基础的影响

地下水的水位常因地质、气候、水文、人们的生产和生活等因素的影响有很大的变化，可测出高水位和最低水位，一般地下水位的波动范围为 $1\sim 2m$。而工程地质柱状图给出的地下水位仅是勘测当时的水位。因此，设计基础时必须考虑地下水位随季节性波动对地基的影响。当基础与周围土体在地下水位的波动范围以上时，应考虑基础与底面以上的土均位于地下水位以上，其土容重取天然容重。其容重可根据土的类别和紧密程度取 $8\sim 11kN/m^3$（一般砂土取小值，黏性土取大值）。

当地下水含有各种化学成分，当某种成分过多时，对构成基础的混凝土和钢材都有侵蚀危害。因此，设计基础时必须考虑地下水、周围环境水和土质对基础材料腐蚀的可能性。对有侵蚀性地下水的基础必须采取有效的防护措施。根据侵蚀的等级而分别采取大于 C50 高强度等级的普通硅酸盐水泥、普通抗硫酸盐水泥和高抗硫酸盐水泥等。

四、炉体地基压力的计算

地基压力的计算。地基压力是指基础传递给地基持力层顶面处的压力。其分布取决于地基与底板的相对刚度、荷载大小和土的性质等多种因素。熔锌炉基础的底板，无论刚性底板还是柔性底板，其刚度均大大超过地基土（除岩石外）的刚度，可看作绝对刚体。在计算地基压力时可根据轴心荷载简化计算法。

$$p=\frac{F_y+G_f+G_0}{A} \tag{8-19}$$

式中　　F_y——作用于基础顶面的设计轴心下压力，kN；

　　　　G_f——基础自重力，kN；

　　　　G_0——基础底板正上方的重力，kN；

　　　　A——基础底板的计算面积，m^2，圆形 $A=\pi D^2/4$，方形 $A=B^2$。

第九节　液体换热器装置

一、液体换热器的种类

液体加热换热器装置，是为了提高热镀锌前钢制件的表面清洗质量，增强活化助镀能力，按照工艺要求需要对脱脂、助镀剂，甚至对酸洗液进行加热。最常用的供热设备有热水炉、蒸汽锅炉。对液体加热设备有热水、蒸汽换热器。换热器材质一般采用FEP氟塑料，如图8-28所示为氟塑料管束框架式换热器，是目前解决热镀锌工业中诸多问题较为理想的设备，它具有耐酸、碱腐蚀、耐热性能、占用空间小，易于维修，使用性能稳定寿命长等特点。氟塑料换热器一般安装在槽体宽度方向的两侧，利用热水的循环

图8-28 氟塑料管束框架式换热器

使槽体内的液体加热，是热镀锌企业节能降耗的一个措施。

二、液体换热器设计原则与计算

在采用换热器作为对液体加热的设备时，其设计原则是：计算出被加热液体的总质量，加热温度从某一温度到需要加热到的温度，被加热液体的比热容；从而计算出需要的热负荷（$Q_{需要}$）。根据需要的热负荷计算出换热面积。

例：质量为7000kg/h的盐水，要求将其温度由20℃加热到85℃，选用108℃的饱和水蒸气作为加热介质，若水蒸气的冷凝传热膜系数为1×10^4W/($m^2\cdot$℃)，且已知盐水在平均温度下的物性数据如下：比热容为3.3kJ/(kg·℃)，传热系数为0.56W/($m^2\cdot$℃)。忽略换热器的热损失，换热器管壁热阻可忽略不计。求出换热器的换热面积。

（1）盐水热负荷。

$$Q_{需要}=W_2C_{p2}(t_2-t_1)=\frac{7000}{3600}\times3.3\times10^3(85-20)=5.412\times10^5\text{W} \tag{8-20}$$

（2）传热速率计算。

由传热速率方程可知：
$$S_0=\frac{Q}{K_0\Delta t_m} \tag{8-21}$$

平均温度差为：
$$\Delta t_m=\frac{(T-t_1)-(T-t_2)}{\ln\frac{T-t_1}{T-t_2}}=\frac{85-20}{\ln\frac{108-20}{108-80}}=56.77\text{℃} \tag{8-22}$$

（3）总传热系数计算（因忽略换热器壁阻和污垢两侧的热阻）。

总传热系数假设为：$K_0=90.0$W/($m^2\cdot$℃)，则：换热器换热面积S_0为：

$$S_0=\frac{Q}{K_0\Delta t_m}$$

$$S_{0需要}=\frac{5.412\times10^5}{90\times56.77}=105.9\text{m}^2 \tag{8-23}$$

式中 Q——换热器的传热速率（即换热器的热负荷），kJ/h或W；

K_0——总传热系数，W/($m^2\cdot$℃)；

S——传热面积，m^2；

Δt_m——对数平均温度差，℃；

W_2——流体的质量流量，kg/h；

C_{p2}——流体的平均比热容，kJ/(kg·℃)；

T——热流体的温度，℃；

t_1，t_2——流体的温度，℃。

加热蒸汽消耗量计算

加热蒸汽消耗量：

$$D = \frac{Q}{r}$$

(8-24)

由水的饱和蒸气压表查出：加热蒸汽：$p = 131.33\text{kPa}$ 时，$T = 107.2℃$，

$$r = 2240\text{kJ/kg}$$

则　加热蒸汽消耗量为：$D = \dfrac{541.2}{2240} = 0.242\text{kg/s} = 871.2\text{kg/h}$。

式中　D——加热蒸汽消耗量，kg/h；

r——汽化热，kJ/kg；

Q——换热器的传热速率（即换热器的热负荷），kJ/h 或 W。

通过上面的分析计算，当需要对热镀锌过程中需要加热的液体进行加热时，参照上面的计算例子，根据实际溶液的重量、需要加热到的温度，计算出所需要的换热器的换热面积。根据换热器的传热速率，计算出加热溶液时所需要的蒸汽量，再根据所需要的蒸汽量，选购蒸汽锅炉，以满足工艺要求。

第十节　无酸洗拉丝除锈机

（专利号：ZL 201020264160.4）

无酸洗拉丝除锈机是拉丝行业，无酸洗拉丝除锈生产线的主要设备，由变速箱五轮脱壳机构、可调节交叉抛物线钢丝刷轮、全封闭除锈室、强迫润滑装置、拉丝模架和电气控制系统组成，可一气完成剥壳，除锈，抛光，润滑等多道工序，同时也简化了传统除锈的复杂程序，而新处理的光丝耐锈能力更强，一般室内可达 6 月以上。

一、无酸洗拉丝除锈机的工作原理

无酸洗拉丝除锈机的工作原理是：将砂带这一特殊形式的涂附磨借助于张紧机构张紧，主动轮（驱动轮）使之高速运动，并在张紧力作用下，使砂带与钢丝表面接触，产生摩擦以实现磨削除锈。

实现砂带磨削的基本形式有接触轮式、支撑板式和自由接触式。该钢丝磨削除锈机采用的是自由接触式设计方案，在垂直圆盘上装一个由主动轮、支撑轮和张紧轮组成的连续磨削的砂带架，3 个轮均采用轴平行结构，圆形砂带套在各个轮的外表面并利用张紧轮装置中的张紧机构张紧，从圆盘中心通过的钢丝直接与柔性砂带接触，不需任何物体支承，工作时钢丝以一定的张力和线速度向前送进，圆盘绕钢丝做旋转运动，主动轮驱动砂带做高速旋转运动，利用砂带张紧产生的磨削力对钢丝表面进行抛磨除锈。

二、无酸洗拉丝除锈机的型号和参数

1. 无酸洗拉丝除锈机的型号

无酸洗拉丝除锈机的型号有：SC-03 型、SC-08 型、SC-12 型、SC-16 型、SC-2 型 2 和

通用 SC-12B 型、SC-16B 型、SC-22B 型、SC-28B 型；主要区别在于剥壳机部分的结构以及处理的线材不同。除锈的钢丝直径有 $\phi2.5\sim\phi4.0\mathrm{mm}$、$\phi5.5\sim\phi8\mathrm{mm}$、$\phi12\sim\phi16\mathrm{mm}$、$\phi16\sim\phi22\mathrm{mm}$ 和 $\phi5.5\sim\phi12\mathrm{mm}$、$\phi8\sim\phi16\mathrm{mm}$、$\phi12\sim\phi24\mathrm{mm}$、$\phi16\sim\phi32\mathrm{mm}$ 的范围。

2. 无酸洗拉丝除锈机的技术参数

无酸洗拉丝除锈机的技术参数：设备适用于高、中、低碳钢和合金钢线材的拉丝脱壳、除锈前综合处理。

① 加工线径：$\phi2.5\sim\phi4.0\mathrm{mm}$、$\phi5.5\sim\phi8\mathrm{mm}$、$\phi12\sim\phi16\mathrm{mm}$、$\phi16\sim\phi24\mathrm{mm}$ 等。

② 最大线速度：$100\mathrm{m/min}$。

③ 除锈刷轮转速：$1440\mathrm{r/min}$。

④ 额定功率：$3\times4\mathrm{kW}+2\mathrm{kW}$ 吸尘机。

⑤ 外形尺寸：$3670\mathrm{mm}\times1550\mathrm{mm}\times1870\mathrm{mm}$（长×宽×高）。

⑥ 本机钢刷规格 $\phi420\mathrm{mm}\times250\mathrm{mm}\times80\mathrm{mm}$，采用凹圆的移动斜刷由国内航空钢丝（65Si2MnA）制成钢刷。

⑦ 整机重量：1760kg。

⑧ 除尘机重：45kg。

⑨ 每台设备 8h 可处理线材 $\phi5.5\sim\phi8\mathrm{mm}$、$8\sim10\mathrm{t}$；$\phi16\sim\phi22\mathrm{mm}$ 线材 $18\sim22\mathrm{t}$ 左右。

三、无酸洗拉丝除锈机的优点

（1）生产效率高。无酸洗拉丝除锈机的应用取代了传统的脱壳、酸洗、冲洗、涂灰、磷化、皂化、烘干等多道工序，连续化生产大大减少了生产环节，缩短了生产周期，降低生产成本，显著提高了生产效率。

（2）产品质量优。由于钢丝表面无残留的酸或盐，从根本上避免"氢脆"等问题的产生，钢丝除锈后表面无油污，拉丝光亮且久置不锈（最长可达 6 个月不锈），利于后道工序的加工。

（3）操作容易。除锈程度可方便地在生产中随时调节和控制，采用调节手轮操作，配置仪器显示，直观、见效快、不必停机实验，利于及时控制质量，除锈室与传动和调节机构隔离密封设置，设备使用寿命长，调节、维修和保养十分方便。

（4）环保效果好综合成本低。生产中不耗酸、水、煤，根除酸雾、废酸、废水对环境的污染，节省了污染治理的开支，车间清洁、无尘土飞扬，不危害职工健康，生产效率高，使用数月后节省的费用即可收回投资。

无酸洗剥壳除锈机主要有齿轮箱传动到剥壳机转动大盘上，转动盘扭曲线材达 360°。线材（盘圆）进入转动盘剥壳轮中心部后启动电源开关，线材会自动转到剥壳轮组上，剥壳轮能 360°剥壳，材料的包角和弯曲半径可任意调整，直到氧化铁皮去除为止，整个剥壳过程在全闭封箱内完成，如图 8-29 所示。

线材直接从导向模送入，脱壳机构剥壳后，自动进入全封闭除锈室，线材二次除锈由交叉设置的两对抛物线钢丝刷轮的高速旋转来完成。每个钢丝刷轮 90°×4＝360°。二次抛光的这种结构设计，能使线材经过全方位的 2 次除锈后，表面光亮如新，效果十分显著，且刷轮使用寿命长，一般可以连续使用 8 个月以上，调换也十分方便。干润滑箱拉丝模架设有润滑粉盒和拉丝模具盒，附加上强迫润滑装置能使除锈后的材料表面涂压上一层润滑粉，在模具和强迫润滑管内形成一个 80kg 的高压，能把固体润滑粉溶解到半固体状态，润滑粉能牢牢

图 8-29 无酸洗除锈机

吸附在钢丝表面上，降低拉丝模的损耗和材料的润滑延伸度，润滑粉层厚薄可调整，利于后道工序加工。整机采用可调式底座，无需做水泥基础，只要调节整机高低位置，使拉丝模芯与拉丝机匹配即可。由此形成一条从盘条送入到产出光亮丝的连续化无酸洗拉丝生产线。线材脱落的氧化铁皮落入积尘口收集。锈渣由封闭的除锈出灰门及吸尘机收集。因此整机工作时无粉尘飞扬，整机噪声在 65 分贝以下，使拉丝车间保持清洁。

第十一节　钢丝的热镀锌放线装置

（专利号：ZL 201720309548.3）

一、钢丝卧式连续放线的方案

为了解决目前钢丝热镀锌放线的技术问题，设计改进一种钢丝热镀锌连续放线装置，设计为卧式工字轮形式，配合阻尼装置能够控制放线过程中的钢丝张紧状态，达到放线过程连续、不抖动，效率高的目的。

1. 卧式放线的技术方案

新型钢丝热镀锌连续放线装置如图 8-30 所示，包括底架和在底架上转动的工字轮，所述的工字轮的通孔中穿装有支撑轴，支撑轴的两端分别套装有支撑轴承，工字轮的其中一个端面和该端面对应的支撑轴承之间的支撑轴上套装有阻尼盘；底架的上端面铰接有转动架，转动架包括转动压装在支撑轴承上的弧形转动杆和连接弧形转动杆的连接杆，阻尼盘一侧的弧形转动杆的上端面固设有 L 形支架，L 形支架包括焊接在弧形转动杆的上端面的竖向支架和自竖向支架的上端向阻尼盘一侧延伸的横向支架，横向支架中穿装有调节螺钉，调节螺钉的下方固定有弧形固定板，弧形固定板的下方固定有弧形阻尼片。

图 8-30 卧式放线装置

2. 卧式放线装置的组成

① 工字轮的通孔的两端分别套装有套筒，支撑轴依次穿过两个套筒。

② 阻尼盘与工字轮对应的端面固定安装有挡杆，与挡杆对应的工字轮的外端面设有挡杆槽，挡杆卡装入对应的挡杆槽中间。

③ 与支撑轴承对应的底架的上端面分别固设有支撑座，支撑座的上端面分别设有与支撑轴承匹配的弧形凹槽。与弧形转动杆对应的底架的上端面分别固设有支撑架，弧形转动杆与对应的支撑架通过转动销连接。

钢丝热镀锌连续放线装置可以根据需要调节工字轮的转速，调节结构简单、操作方便，可以根据实际需要对工字轮的转速进行合理的调节，使钢丝处于一种较佳的张紧状态，阻力小、运行平稳、可以连续放线，避免钢丝抖动或者被拉断，提高了生产效率和产品的合格率，具有较高的推广应用价值。下面对新型工字轮的结构做一详细说明。

图 8-31 是新型工字轮结构示意图；图 8-32 是图 8-31 中的 A—A 剖视图。图 8-33 是新型工字轮的结构示意图之二。

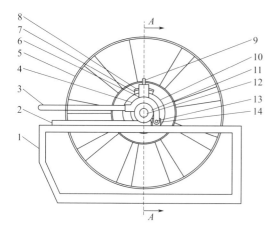

图 8-31　新型工字轮结构示意图

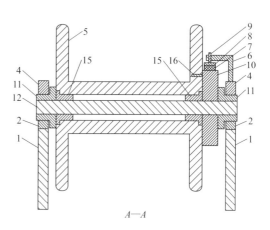

图 8-32　图 8-31 中的 A—A 剖视图

二、具体实施方式

1. 结构连接形式

本实用新型的具体实施方式参见图 8-30～图 8-32 所示，该放线装置，包括底架 1 和在底架 1 上转动的工字轮 5。工字轮 5 的通孔的两端分别套装有套筒，支撑轴 12 依次穿过两个套筒，套筒用于支撑工字轮 5。支撑轴 12 的两端分别套装有支撑轴承 11，工字轮 5 的其中一个端面和该端面对应的支撑轴承 11 之间的支撑轴 12 上套装有阻尼盘 10。

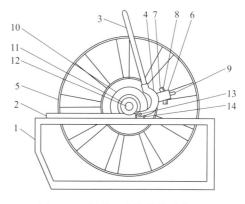

图 8-33　新型工字轮结构示意图

阻尼盘 10 与工字轮 5 对应的端面固定安装有挡杆 16，与挡杆 16 对应的工字轮 5 的外端面设有挡杆 16 槽，挡杆 16 卡装入对应的挡杆 16 槽中。挡杆 16 用于固定工字轮 5，使工字轮 5 与阻尼盘 10 同步转动，结构简单，拆装方便。

与支撑轴承 11 对应的底架 1 的上端面分别固设有支撑座 2，支撑座 2 的上端面分别设有与支撑轴承 11 匹配的弧形凹槽，支撑轴承 11 安放在对应的弧形凹槽中，运行平稳，转动阻力小。

底架 1 的上端面铰接有转动架，转动架包括转动压装在支撑轴承 11 上的弧形转动杆 4 和连接弧形转动杆 4 的连接杆 3，与弧形转动杆 4 对应的底架 1 的上端面分别固设有支撑架 14，弧形转动杆 4 与对应的支撑架 14 通过转动销 13 转动连接，铰接结构简单，操作方便。

阻尼盘 10 一侧的弧形转动杆 4 的上端面固设有 L 型支架 6，L 型支架 6 包括焊接在弧形转动杆 4 的上端面的竖向支架和自竖向支架的上端向阻尼盘 10 一侧延伸的横向支架，横向支架中穿装有调节螺钉 9，调节螺钉 9 的下方固定有弧形固定板 7，弧形固定板 7 的下方固定有弧形阻尼片 8。

2. 工作原理和效果

将工字轮 5、阻尼盘 10、支撑轴承 11 及支撑轴 12 按照前述描述组装在一起（见图 8-31），组装后的工字轮 5 放在底架 1 上，支撑轴承 11 放置到对应的支撑座 2 上；转动连接杆 3，将弧形转动杆 4 压装到对应的支撑轴承 11 上，转动调节螺钉 9，调节弧形阻尼片 8 和阻尼盘 10 的贴合的松紧度（可以根据需要调节）。正常工作时，在外力的作用下，工字轮 5、阻尼盘 10、支撑轴承 11 及支撑轴 12 同步转动。

本钢丝热镀锌连续放线装置，调节结构简单、操作方便，可以根据实际需要对工字轮 5 的转速进行合理调节，使钢丝处于一种较佳的张紧状态，可以连续放线，避免钢丝抖动或者被拉断，提高了生产效率和产品的合格率。

第十二节　钢丝拉丝机类型与作用

拉丝机也叫做拔丝机，是在工业应用中使用很广泛的机械设备，广泛应用于机械制造，五金加工，石油化工，塑料，电线电缆等行业。

拉丝机按其用途可分为金属拉丝机（用于标准件等金属制品生产预加工），塑料拉丝机等进行深加工的专用成套设备。

拉丝机广泛应用于钢丝、制绳丝、预应力钢丝、标准件等金属制品的生产和预加工处理。用于钢丝拉拔的拉丝机种类和型号较多，其种类大致可以分为立式、倒立式和卧式，在拉拔的方式上又有干式拉拔机和湿式拉丝机两种。在生产方式上又分为单机拉拔和直线式拉拔等；本节仅介绍常用的拉丝机。

一、单根单次拉丝机

通常只配一个拉丝模，只能拉拔一道次的拉丝机，如图 8-34 所示。它适用范围广，在生产中使用灵活，可用来调节工艺过程，但主要用于粗规格金属丝的拉拔，且可拉拔异形钢丝。它结构稳定，卸线方便，设备成本低，操作、维修简单。

立式卷筒拉丝机即立式拉丝机，使用的较多。

图 8-34　单次拉丝机

单次拉丝机拉拔速度较低。为提高单次拉丝机的生产率，常配备两个放线架，以便将线盘端头焊接。立式卷筒的收线容量有限，卸线次数多，劳动强度大，产量较低。LD 型单次式拉丝机，拔丝成品直径范围为 6.5～24mm，工作特性为无滑动积线式拉丝，拉拔线材直径大。

二、倒立式无酸洗拉丝机

倒立式无酸洗拉丝机如图 8-35 所示，它卸线方便，收线架容量大，更换收线架便捷，所以效率高。它还可以与连续式拉丝机配合，作为成品卷筒，收卷大盘重钢丝和有色金属线材。最近几年来钢丝拉拔工艺采用无酸洗拉拔，这种倒立式单丝拉拔设备发挥出应有的作用，用途用量迅速增加。盘条通过机械剥壳除去氧化皮和锈蚀以后，通过这种单次拉丝机，再次收成大盘重的盘条或大直径的钢丝，预备下道工序的磷化处理，免去了酸洗工序，使钢丝生产上利于环保。

图 8-35　倒立式无酸洗拉丝机

拉拔丝成品直径范围为不大于 30mm，工作特性为自动化程度高、可同时拉丝和收线、收线盘重大可达 2t、卸丝方便可靠、操作简便、生产效率高、安全可靠。

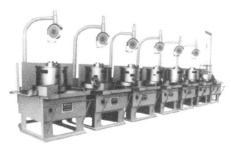

图 8-36　滑轮式拉丝机

三、滑轮式拉丝机

滑轮式拉丝机卷筒具有积线的特点，又称为积线式拉丝机；这种积线式拉丝机设计的核心，是使卷筒自身具有积线量自动调节能力，如图 8-36 所示。当拉丝模磨损，出现金属秒流量不平衡时，拉丝机仍能维持连续拉拔，不至于由于断线或散线而停车。滑轮式拉丝机是国内外用得较多的一种机型。

滑轮式收线机上的起线架，是供拉丝机成品卷筒上卸线用的设备。使用前必须调整吊爪张开程度，以适应成品卷筒沟槽尺寸的需要。从拉丝机卷筒卸线时，吊爪张开拖住线盘。在吊车作用下，将线从卷筒上方吊出。采用普通电机拖动，经皮带或齿轮驱动卷筒，一个电机带动一个卷筒。

1. 滑轮式拉丝机的特点

（1）优点有以下几个方面：①结构简单，容易制造和费用低；通常采用交流电机拖动，传动系统简单；②操作简单，易于掌握，维修容易，同时，拉拔过程中，钢丝与卷筒表面不产生滑动，因此，卷筒不易磨损，钢丝表面不易磨损；③钢丝在卷筒上停留时间长，冷却效果好。除此之外，如果中间某一卷筒因故障临时停车时，其后的卷筒仍可正常工作一段时间。

（2）缺点有以下几个方面：①钢丝较多，钢丝弯曲次数增加，拉拔过程中钢丝沿自身轴线产生扭转，因此，存在弯曲应力；②穿线复杂，辅助时间花费较多，拉丝速度低，生产效率不高；③卷筒速度固定，一般不能调速，配模要求严格，适宜于比较固定的产品。

2. 主要用途

滑轮式拉丝机适用于中、低碳钢丝直径范围在 $\phi0.5～\phi4.5mm$，不适宜高强度、直径在 3.0mm 以上的钢丝的生产。

四、滑轮式双卷筒拉丝机

双卷筒式拉丝机与滑轮式拉丝机一样，导轮较多，特别是上、下卷筒之间的中间过线导轮，使钢丝通过它时产生 180°弯曲，故不适合拉拔大规格高强度的钢丝；机器操作不如滑轮式方便，而且上、下卷筒间的摩擦环及导线轮等零部件转动惯量很大，限制了拉拔速度的

提高。该机型属于由滑轮式拉丝机向更高等级拉丝机发展的过渡机型，适合拉拔中、小规格钢丝。

滑轮式双卷筒拉丝机具有高速、连续、拉拔的质量高、操作及维修方便等特点。其主要性能指标除依靠良好的润滑、冷却及控制系统保证外，还与该机采用的双卷筒、矫直器、牵引机、收排线机等独特的结构与组合方式有密切的联系。

图 8-37　双卷筒拉丝机

卧式双卷筒拉丝机具有功效高，操作方便等优点，两只卷筒能先后同时拉拔钢丝，如图 8-37 所示。

1. 拉丝机技术参数

① 350-1000 卧式拉丝机主要技术参数型号　1000 型、850 型、750 型、650 型、500 型、400 型、350 型；

② 拉丝规格（mm）　拔丝成品直径范围在 0.4～3.5mm 之间，工作特性为无滑动积线式拉丝，无扭转；卷筒规格 $\phi750mm$、$\phi700mm$、$\phi600mm$、$\phi500mm$、$\phi400mm$、$\phi350mm$；

③ 转速　25～20r/min；

④ 电机功率　55kW、40kW、30kW、22kW、17kW、13kW、10kW；

⑤ 电压　380V。

2. 滑轮式双卷筒拉丝机组工作原理

拉拔过程中，金属丝从一个卷筒到下一个卷筒，中间经过滑轮后，改变前进的方向，同时受到弯曲和扭转。上卷筒取代了上滑轮结构，避免了金属丝扭转和走线不稳两个缺点，同时增加了卷筒的积线量，提高了金属丝的冷却能力，大大提高了拉拔速度。由于导轮增多，尤其是在中间滑轮处金属丝反弯转 180°。使得双卷筒拉丝机不适于拉拔粗规格金属丝。双卷筒拉丝机的积线量平均分配在上、下两个卷筒上，能充分利用双卷筒的积线能力，使操作方便。

3. 双卷筒拉丝机的优、缺点

优点有以下两点。

① 消除了拉拔过程中钢丝的轴向扭转。

② 增加了卷筒上的积线量，冷却条件更好，提高了拉拔速度。

缺点也有两点。

① 导轮较多，拉拔过程中钢丝弯曲次数多，尤其在中间滑轮上钢丝产生 180°弯曲，故

不宜拉拔粗规格钢丝。

② 操作不如滑轮式方便，设备成本高。

五、活套式拉丝机

活套式拉丝机是一种无滑动拉丝机，见图 8-38 所示，它简化了各卷筒之间钢丝所走的路线，在拉拔过程中钢丝不会产生轴向扭转，并且由于采用了直流电机驱动，能够实现较大范围无级调速，扩大了卷筒之间延伸率的选用范围，拉丝机能在最合理的工作状态下运行。而且活套在拉拔过程中对每一个卷筒都产生了一个拉力或反拉力。在拉拔中，能使拉拔力减小，延长拉丝模寿命并减少动能消耗。活套式拉丝机是一种能自动调速的连续拉丝机，从理论上讲，在钢丝对压缩率的承受极限和机器的力学性能参数以内，对任何一种工艺配模机器都可以自动调整完成拉拔过程。因此活套式拉丝机是一种比较先进的

图 8-38 活套式拉丝机

拉丝机，适合拉拔中、小规格的高强度钢丝和合金钢丝。

活套式拉丝机的缺点是由于采用直流驱动，电气调速系统复杂，机器的制造成本高，维修难度较大，对不同规格品种的钢丝拉拔时需调整活套张力；因此对机器的操作技术水平要求较高。另外该机型的过线导轮较多，穿线较复杂，钢丝的弯曲次数多，不能拉拔大规格钢丝和过硬材料。

六、滑动式拉丝机（水箱式拉丝机）

水箱式拉丝机见图 8-39 所示，是由多个拉拔头组成的小型连续生产设备，将拉拔头置于水箱中，通过逐级拉拔，最后将钢丝拉到所需的规格。就国内几个主要水箱式拉丝机生产商来看，一般配置了 20 个左右的拉拔头。通过每一级的拉拔后，钢丝的线径发生变化，所以每个拉拔头工作线速度也应有变化。在整个拉拔过程中，只需要 1 台电动机通过机械传动或齿轮箱来驱动。根据拉模配置的不同，各个拉拔头的拉拔速度也要变化。拉拔速度的基准是每个时刻通过拉丝模的钢丝的秒流量体积不变，即要使下式成立：

图 8-39 水箱式拉丝机

$$\pi D^2 V_1 = \pi d^2 V_2 \tag{8-25}$$

式中 D——进线钢丝的直径；

V_1——进线钢丝的线速度；

d——出线钢丝的直径；

V_2——出线钢丝的线速度。

水箱式拉丝机的各个拉拔头的工作速度基于式(8-25)，保证各个拉拔头同步运行。由于水箱式拉丝机的拉丝过程完全通过机械轴拉拔完成，并且这些机械轴是在同一主轴下传动

的，因此整个拉伸系统各级之间依靠拉伸轮的转速差别和线上张力来控制同步协调工作。

工作时需要冷却液进行散热。收线部分用 1 台小功率电动机驱动，需要保持收卷时线上张力恒定，若这一段张力波动，收卷的工字轮上的绕线将会不均匀。

同理，作为直进式拉丝机的各个拉拔头的工作速度也是基于以上的公式，保证各个拉拔头同步运行。但是，以上的说明是基于理想状态的稳态工作过程。模具的配比如表 8-15 所示。

表 8-15　模具配比表

进线	1＃模	2＃模	3＃模	4＃模	5＃模	6＃模	7＃模	8＃模	9＃模	10＃模	11＃模
2.80	2.70	2.50	2.30	2.10	1.90	1.72	1.58	1.48	1.38	1.28	1.18

1. 水箱拉丝机的控制方式

水箱式拉丝机的收卷环节是此设备控制系统中的核心环节，该环节也直接影响着钢丝的质量。对于收卷来说，通常有几种控制方式。

① 采用张力辊调节，收卷时的张力由张力辊自身的配重来保证。

② 采用转矩控制，收卷时的张力由转矩给定的大小决定，但会因为卷径的变化而导致收线张力的不均衡。

③ 对于工艺要求较高的水箱拉丝机，通常采用第一种控制方式，利用变频器 ACS510 的 PID 修正功能控制张力辊调节。其拉拔过程是在水箱中进行的，这样可以有效地散去钢丝拉拔及钢丝在卷筒上滑动所产生的热量。用于小规格钢丝的生产。

2. 水箱拉丝机的优、缺点

优点有以下五个方面。

① 结构简单、紧凑，占地面积小，特别在拉拔道次多的情况下，更显优势。

② 钢丝从一个卷筒绕到另一个卷筒是在一个平面内，避免了钢丝的扭转现象。

③ 因拉拔过程是在润滑液中进行的，因而冷却条件好。

④ 操作维修方便。

⑤ 拉拔速度快。

缺点有以下两个方面。

① 为了克服钢丝滑动所产生的摩擦力，要消耗很大的功率，因此拉拔高强度钢丝和粗钢丝时对塔轮磨损严重。

② 卷筒在冷却液中转动，增加了功率损失。

3. 水箱拉丝机的开机程序

对于水箱拉丝机在开机之前先要查看其水位、水质、油位、气泵、水箱等的状况，电动机以及安全防护配备是否正常，待查看一切正常后方可开机作业。此刻，要留意的问题是工字轮卷绕开关要设置在关的方位，把电磁调速仪的调速旋钮按逆时针方向调至最低，然后再依照次序进行逐个操作，比如发动主电机，发动离合器等。必须要留意的是，在水箱式拉丝机工作过程中不允许用手拉住盘条进行轧头串模。

(1) 低频力矩要求。低频点动穿线时，要有满足的力矩，呼应速度快，无颤动的表象。

(2) 主机启停时绝不允许发生断线，如出现断线应迅速停车。

(3) 运转平稳，在正常运转过程中，不允许摆杆磕碰上下限位。

(4) 停机时坚持同步不断线。把水箱加满水，把拉丝模具排好，将原材料放在放线架上然后轧尖穿模开主机，穿模拉出 2m 把模具放在篦子上，将钢丝顺时针绕塔轮两圈后再穿第二块模具，在这基础上拉出需要的丝号，穿完最后一块模具透过挡水板缠绕在收线罐上，最后启动收线罐。以上就是水箱拉丝机正确操作方式。

七、直进式拉丝机

直进式拉丝机分为立式和卧式二种，见图 8-40、图 8-41 所示，是常见的金属线材加工设备中的一种，直进式拉丝机，可对高、中、低碳钢丝、不锈钢丝、铜丝、铜合金丝、铝合金丝等，进行拉拔加工。误差 0.1%；定长自动减速并停车，断线检测并自动停车；任意卷筒正反点动及左右联动；各种故障信息及处理信息显示；各种运动信息监控。并支持任意配模工艺，模具磨损后通过调谐自动补偿，不易断丝。并设有跳线装置可任意切除卷筒拉拔，以适应不同的工艺。可根据用户需要，以互联网为依托实行远程控制及远程诊断。

图 8-40　立式直进式拉丝机　　　　　图 8-41　卧式直进式拉丝机

1. 直进式拉丝机的主要特点

① 卷筒采用窄缝式水冷，拉丝模采用直接水冷；冷却效果好。

② 采用一级强力窄 V 带和一级平面二次包络蜗轮副传动，传动效率高、噪声低。

③ 采用全封闭防护系统，安全性好。

④ 采用气张力调谐，拉拔平稳。

⑤ 采用交流变频控制技术（或直流可编程序控制系统）、屏幕显示，自动化程度高、操作方便、拉拔的产品质量高。

2. 直进式拉丝机的优、缺点

优点有以下几点。

① 钢丝在拉拔过程中，从一个卷筒到另一个卷筒，不需经过任何导轮，走线简单，而且穿线也方便。

② 钢丝在卷筒上储存圈数少，便于提高风冷和水冷效果，利于提高钢丝质量。

③ 具有反拉力拉拔，可减少拉拔力，从而减少拉丝模磨损，延长模具寿命，并减少动力消耗。

④ 采用直流电动机驱动，具有无级调速，可在较大范围内变动部分压缩率，采用合理的拉拔工艺及拉拔速度。

⑤ 可以生产在其他拉丝机上难以拉拔的粗直径、高强度钢丝和异形端面钢丝。

缺点是：每个卷筒的速度调整比较复杂，维护、操作水平要求高，设备昂贵，投资高。

3. 适用的拉拔品种和规格

适用于拉拔高强度、大规格钢丝和异形钢丝。如：焊条；焊丝（气保焊丝、埋弧焊丝、药芯焊丝）等；钢丝（高、中、低碳钢丝，不锈钢丝，预应力钢丝，轮胎钢丝，胶管钢丝，弹簧钢丝，钢帘线）等；电线电缆（铝包钢丝、铜丝、铝丝）等；合金丝等各种金属线材。

适宜拉拔 $\phi16mm$ 以下的各种金属线材。

4. 直进式拉丝机参数（见表 8-16）

（1）型号、规格 LZ200～250，LZ300，LZ350，LZ400，LZ450，LZ500，LZ560，LZ600，LZ700，LZ750，LZ900，LZ1200～1270。

（2）卷筒直径（mm） 200～250，300，350，400，450，500，560，600，700，750，900，1200～1270。

（3）最大进线强度 约1300MPa。

（4）拉拔道次 2～9，2～12，2～13，2～9。

（5）最大进线直径（mm） 2.5，2.8，3.6，4.25，5.5，6.5，8，10，14，16。

表 8-16 几种典型直进式拉丝机技术参数

型号	抗拉强度 /MPa	最大进线直径 /mm	最小出线直径 /mm	最大成品速度 /(m/s)	电功率 /kW	用于
LZ11/350	<1250	3.6	0.8	25	22	拉拔钢帘线
LZ8/400	<1000	2.4	0.8	15	11	气体保护焊焊丝精拉
LZ10/400	<500	4	1.2	15	11	药芯焊丝精拉
LZ6/450	<500	5	2.6	5	11	药芯焊丝粗拉
LZ13/560	<1250	6.5	1.35	12	37	胎圈钢丝
LZ9/600	<1250	8	2	12	55	高碳钢丝
LZ6/700	<1250	8	2.8	8	75	高碳钢丝
LZ8/700	<1250	9.5	3	10	75	铝包钢丝

八、倒立式收线机

倒立式收线机可按多种方式分类，如按收线轮与下线架是否旋转可分为旋转型和不旋转型，按传动方式分为集中传动（或分组传动）和单独传动，按下线方式分为梅花收线和直接落线等。

1. 大盘重下线结构

采用倒立式收线机的目的在于大盘重下线，盘重一般为 1～2t，最佳方法采用梅花收线，如图 8-42 所示。

由图 8-43 可知各尺寸间的关系：$D_e = D + B$，$D_1 = D - B$。梅花收线能形成要求的线盘厚度，而且收线规则使线盘的充填系数高，因而容易形成大盘重。若以下线圈径 900mm 为例，收线厚度为 200mm，线盘高 500～900mm 就可下线 1.5～2t。

现有的梅花收线有两种方式。

① 收线轮带动下线架同步旋转的情况，加 1 个梅花收线机构。

② 收线轮与下线架各自旋转的情况，下线架在自转的同时能达到梅花收线的运行功能。

一般采用第一种结构，简单且经济实用。倒立式梅花收线机构，包括机架，机架上方设有第一减速电机，第一减速电机的输出轴驱动一根空心轴，空心轴上固定套设有卷筒，卷筒的一侧设有滑轮组，滑轮组的一侧设有变形器，在变形器的一侧设置有滚轮，特征是：在机架的下方设有小车，小车面板与水平面呈 $5°\sim8°$ 的夹角，在小车面板下侧设有第二减速电机，第二减速电机的输出轴与小齿轮连接；在小车的中部设有主轴，主轴上端设有大齿轮，大齿轮与小齿轮啮合；在大齿轮上设置收线架底板，在收线架底板上设有爪形收线架。

图 8-42 倒立式收线机收线图

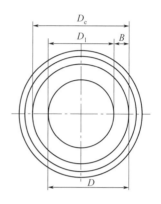

图 8-43 梅花收线示意图

D—下线圈径；D_1—下线盘内径；
B—下线盘宽度；D_c—最大圈径

2. 收线轮的结构选择

收线轮有圆柱形与 V 形两种槽型。圆柱形收线轮配压辊装置；V 形槽收线轮可以是自身线压式，也可以配压辊装置。

倒立式收线机最初采用的是圆柱形收线轮。钢丝在收线轮上缠绕一定圈数，压辊压在最后一圈线上。钢丝在收线轮上的摩擦力是收线的牵引力，当压辊压力一定时，牵引力大小取决于钢丝的缠绕圈数。如果缠绕圈数太多，钢丝在收线轮上轴向移动困难而在入口处起落使收线无法进行，若钢丝缠绕圈数太少，又会使牵引力不够，钢丝在收线轮上打滑不能正常收线，有时钢丝会从压辊处脱落。

V 形槽收线轮克服了圆柱形收线轮存在的问题，但也存在许多不足。V 形槽轮是片状结构，表面需热处理，制造有难度，成本高，有时也会因钢丝在 V 形槽中卡住造成下线困难，特别是收卷未经酸洗除氧化皮的钢丝，常因氧化皮塞在 V 形槽中托起钢丝无法形成牵引力。

3. 倒立式收线机主要技术参数

倒立式收线机以 ABE-WF650 型为例，主要技术参数如下表 8-17。

表 8-17 倒立式收线机主要技术参数

型号	丝径/mm	收卷速度/(m/min)	卷重/kg	电机功率/kW	收卷尺寸/mm		
					内径	外径	高度
ABE-WF650	0.8~1.6	1500	1000~2000	15	470	836	1480

集中传动的收线机单机停车时用离合器，实践证明常见的牙嵌式离合器不太好用，建议

用"双翅式"离合器，安全可靠。使用离合器可以使电机空载启动，减少启动冲击。综上所述，集中传动（或分组传动）操作便捷，节约资源和能源，降低设备造价及生产成本，应优先选择。

第十三节 连续式钢丝退火炉

一、钢丝退火炉的种类

钢丝拉拔后的应力和钢丝表面的油脂一般采用退火的方式给予处理；用于钢丝退火的炉子一般采用井式退火炉或箱式退火炉。本节主要介绍箱式退火炉；箱式退火炉的加热方式有电加热、燃油、燃气、燃煤、热风循环。图 8-44 为电加热的箱式连续钢丝退火炉，图 8-45 为燃气加热的箱式连续钢丝退火炉。

图 8-44 电加热式退火炉

图 8-45 燃气式退火炉

二、退火炉的结构

在制造的机构上退火炉骨架由各种型钢焊接而成，外框用槽钢作主梁，围板采用冷薄板，底板及前后端板采用中板。退火炉炉门传动是采用蜗轮减速机和电动机组合升降。炉门的密封采用滚道式压紧和弹簧压紧自动机构密封，炉体部分采用优质耐火砖结构，保证炉膛密封性。退火炉电加热系统为电阻丝加热管或是电阻丝直接加热。燃气加热燃烧系统，是在炉子两侧各安装数只燃气烧嘴，热流在炉内往复循环，确保炉温均匀，燃烧采用自动调温型。

三、加温形式

采用排烟预热方式，在炉后上端安装了排烟预热装置，炉内的热气通过预热器时，将空气转换为助燃热风进行燃气的助燃。由风机送入冷风进行预热，再由管路送至烧嘴进行助燃，并在出口安装一只手动蝶阀，该阀可调节炉内压力；燃气燃烧系统采用了计算机控制，使退火炉的燃烧、温度控制实现了自动化达到了钢丝的抗拉强度、延伸率技术性能的可控性；最高工作温度 950℃，控温精度≤±3℃；升降温速度为 0～150℃/h（升温），用于低碳钢钢丝的退火温度为三段式，一段温度为 650～720℃；二段温度为 800～860℃；三段温度为 860～920℃；温度的调节的设定要根据钢丝的直径大小和走线的速度而定。

第十四节　工字轮及象鼻式拉丝收线机

一、钢丝收线的形式

钢丝收线设备主要有工字轮收线机和象鼻式收线机两种，梅花倒立式收线机主要用在热镀锌后的钢丝收线。本节主要介绍的是钢丝收线用的工字轮和象鼻式拉丝收线机。

工字轮收线机主要是将钢筋、钢丝收卷在工字轮上，根据金属丝的材质和盘重的不同，工字轮的规格也不同，工字轮收线机常常可以卷取大盘重的金属丝。可以承重 650kg、1000kg、2000kg，个别成品金属丝的卷取则常采取小工字轮。采取工字轮收线可以使工序之间衔接方便，便于运输管理。在拉丝机后面常采用连续卸线装置，这种连续卸线装置也常叫做收线机，包括倒立式收线机和工字轮收线机，其结构与连续机组所用收线机大同小异，可以使拉丝机实现大盘重连续卸线。钢筋收线机是将钢筋收线收盘的一种设备，收线的钢筋线材绕排紧密，外观整齐美观。

二、工字轮收线机

工字轮收线机，如图 8-46 所示。包括机架，在机架上安装托升机构，在托升机构的一侧安装传动顶装置，另一侧安装移动顶装置，在托升机构上方安装光杆排线装置。托升机构包括托架，托架安装在机架一侧，在机架另一侧安装第一导向轮和第二导向轮，在第一导向轮和第二导向轮下方安装第一滑轮和第二滑轮；在第一导向轮、第二导向轮、第一滑轮和第二滑轮上绕设钢丝绳，钢丝绳的两端固定在托架上；在第一滑轮和第二滑轮之间的钢丝绳上设置螺母座，螺母座套设在螺杆上，螺杆的一端与减速电机的动力输出端连接，螺杆的另一端通过轴承安装在螺杆座中。结构紧凑、合理，操作方便，工字轮的提升过程和收线过程稳定，收线质量好。

图 8-46　工字轮收线机

图 8-47　象鼻式收线机

三、象鼻式拉丝收线机

象鼻式拉丝收线机，如图 8-47 所示，主要有机架、减速机构、电机、固定卷筒、绕线盘、校直装置，传动机构，引线轮，电机驱动液压校直器，电气变频控制系统和小车积线架等组成。主要技术参数如表 8-18 所示。

表 8-18　象鼻式收线机的主要技术参数

收线直径 /mm	卷筒直径 /mm	收线抗拉强度/MPa	收线重量/kg	精拉模压缩率/%	收线速度 /(m/min)	配套电机功率/kW	整机重量 /kg
1.6~4.0	600	≤800	800~1000	≤12	150~300	15~18.5	2300

第九章
钢丝热镀锌辅助设备

第一节　工字轮自动翻转装置

一、背景技术

金属制品行业大卷装工字轮在拉拔、热处理、电镀等流程中间需要达到立与卧的翻转功能。现行的工字轮翻转装置采用地下埋置式，操作平台与地面相平，将工字轮滚动至平台，松开锁扣装置，推动转架，转架台下承载滑轮沿地下轨道滚动滑行，将工字轮作 90°翻转，这类结构地下安装复杂，制造费用高，各车间分布的工字轮集中到一地点翻转，输送量大，工序不畅，并且影响工作效率。有一种中国发明专利（专利号：ZL 03152875.9）公开了一种工字轮翻转装置，它主要由滑动吊架、支承滚轮、工字型钢轨翻转架、驱动箱和操作杆和导管组成，吊架固定着的支承滚轮设置在翻转架的轨道内，翻转架的弧长大于 90°，翻转架上端固定有可调挡块，底端内弧面固定有驱动箱，导管与驱动箱相固定；驱动箱设有带定位机构的驱动机构，操作杆与驱动机构相连接，导管内设连杆和夹紧装置，连杆左端与驱动机构相连，连杆右端设有沿导管右端导槽口径向张缩的夹紧装置，夹紧装置张开的最大外切圆直径大于工字轮内径。结构相当复杂，操作麻烦，费电而且价格昂贵，移动不方便，需要有运输车反复进行搬运，造成工作效率低下。

二、实用新型内容

为了克服现有技术存在的不足，设计并制作出一种工字轮自动翻转装置。

这种工字轮自动翻转装置如图 9-1 所示，包括触地底板、工字轮托放架、垂直固定于触地底板两侧对称位置的支架，工字轮托放架包括圆弧形侧壁和其后端固定的悬空底板以及垂直固定于圆弧形侧壁两侧对称位置的两转轴，两转轴分别铰接于两支撑架顶端，两转轴位于圆弧形侧壁两侧偏离中心的对称位置上形成较短的前段侧壁（H_1）和较长的后段侧壁（H_2），在较短的前段侧壁上固定或活动安装有配重体，在较长后段侧壁的下方触地底板上固定有可以阻止工字轮托放架过度翻转的后挡板。显然 H_2 大于 H_1，由于配重体的存在，使工字轮托放架保持其侧壁与地面接近平行状态，当工字轮被吊放置于工字轮托放架之后即产生其后侧重而前侧轻的不平衡状态，工字轮在工字轮托放架翻转 90°之后在后挡板的作用

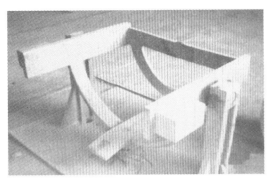

图 9-1　工字轮自动翻转装置

下不再翻转即保持静止状态。

（1）后挡板的高度（H_3）与工字轮托放架在翻转为竖直状态时其悬空底板与触地底板之间的高度近似相等。在较长的后端侧壁（H_2）的至少一侧边上固定有挡耳，在相应支架上固定有与该挡耳相配合的前挡板以致工字轮托放架在竖直状态时挡耳与前挡板能相接触而定位。

（2）工字轮托放架后端的悬空底板选择半圆形、多半圆形、整圆形中任一种形状，在多半圆或整圆形时考虑其上还应设置有与后挡板让位配合的缺省槽。

工字轮托放架两侧边对称固定的两转轴分别与两支架顶端通过轴承铰接，或者为套管式铰接，或者为卡槽式铰接。

工字轮两侧边对称固定的两转轴分别与两支架顶端通过轴承铰接，或者为套管式铰接，或者为卡槽式铰接。

图 9-2 为工字轮自动翻转装置（自然状态）结构示意图；图 9-3 是图 9-2 中工字轮托放架翻转为竖直状态结构示意图；图 9-4 是翻转最终状态结构示意图（即工字轮翻转的最终状态）。

图中 1 为工字轮托放架，11 为悬空底板，12 为圆弧形侧壁，2 为支架，21 为轴承，3 为触地底板，4 为转轴，5 为后挡板，6 为配重体，71 为挡耳，72 为前挡板。

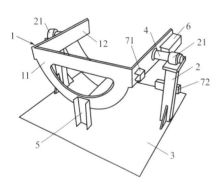

图 9-2　工字轮自动翻转结构

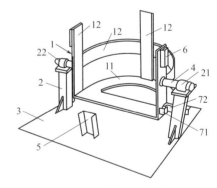

图 9-3　竖直状态结构

三、具体使用方法

工字轮托放架 1 包括圆弧形侧壁 12 和其后端固定的悬空底板 11 以及垂直固定于圆弧形侧壁 12 两侧对称位置的两转轴 4，两转轴 4 分别铰接于两支撑架 2 顶端，两转轴 4 位于圆弧形侧壁 12 两侧偏离中心的对称位置上形成较短的前段侧壁 H_1 和较长的后段侧壁 H_2，在较短的前段侧壁 H_1 上或活动安装有配重体 6，在较长后段侧壁 H_2 的下方触地底板上固定有可以阻止工字轮托放架过度翻转的后挡板 5。

在装置后挡板的高度 H_3 与工字轮托放架 1 在翻转为竖直状态时其悬空底板 11 与触地底板 3 之间的高度近似相等。

在装置较长的后端侧壁 H_2 的至少一侧边上固定有挡耳 71，在相应支架 2 上固定有与该挡耳 71 相配合的前挡板 72 以致工字轮托放架 1 在竖直状态时挡耳 71 与前挡板 72 能相接触而定位。工字轮托放架后端的悬空底板 11 选择半圆形。工字轮托放架 1 两侧边对称固定的两转轴 5 分别与两支架顶端通过轴承 21 铰接。

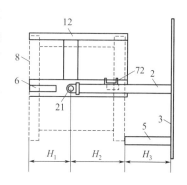

图 9-4　最终状态结构

由于 H_2 大于 H_1，加之工字轮托放架 1 后端有悬空底板 11，导致其后侧重而前侧轻，但是配重体 6 的存在，使工字轮托放架 1 保持其侧壁 12 与地面接近平行状态，所述配重体 6 可以在制造翻转机构之前事先计算固定安装，也可以设计成可调节式，用于根据实际需要调节可能出现不平衡情况。

工作的时候，当工字轮 8 被吊放置于工字轮托放架 1 之后即产生其后侧重而前侧轻的不平衡状态，工字轮 8 在工字轮托放架 1 翻转 $90°$ 之后在后挡板 5 的作用且同时在前侧板 72 作用下不再翻转即保持静止状态，完成工字轮 8 自动翻转。

四、装置有益效果

① 工字轮自动翻转装置，结构非常简单，省却任何外驱力，具有自动翻转功能，大大节约人力和物力。

② 工字轮自动翻转装置，翻转迅速，不需要事先加压，可随时移动和搬运，操作非常方便。

③ 工字轮自动翻转装置，体积小，便于操作，提高了工作效率。非常利于推广实施。

第二节　拉拔钢丝用轧尖机

一、轧尖机的主要作用

轧尖机是金属拉丝机及冷拉拔生产设备的一个附属机械设备，轧尖机供金属线材轧尖、穿模拔头之用。在盘条需要拉拔成较细的钢丝的时候，经轧尖机轧小后穿过各道拉拔模孔，方可进行拉拔前头部轧尖作业。轧头机是钢丝、铜和铝等线材拔丝设备的辅助设备。轧尖机由轧辊、减速传动等构件所组成。

轧尖是拉拔穿模之前不可缺少的准备工序。据介绍，国外的粗钢丝轧尖已采用回转式锻尖机。也有用电气轧尖的，即把钢丝的两端用电钳夹住，通电发热后，再将钢丝拉长断裂而成尖。国内目前均使用轧辊压尖，主要有往复转动的老式轧尖机和周期转动的偏心轧尖机。另有一种杠杆手动往复小型轧尖机，专供 1mm 以下的细钢丝使用。

往复转动轧尖机是沿用数十年的老式设备，结构简单，适用于小型工厂和生产低碳钢丝。这种设备由传动、机架、轧辊三部分组成，通过皮带轮及齿轮减速，大齿轮以每分钟 60 转左右转动。大齿轮侧面附有偏心短轴，通过臂和连杆使轧辊以 $50°$ 左右往复转动。如改变臂与连杆的位置，可变更轧辊转动的角度。这种老式轧辊直径为 100～120mm，有 8～16 条槽孔。根据钢丝直径，槽孔从大到小依次排列。槽孔的压缩率为：粗钢丝 20% 左右，中细规格 15% 左右。槽孔与外圆同心对称。

二、轧尖机的类型

用于钢丝生产线上的轧尖机的类型大致有两种，一种是往复式轧尖机，如图 9-5 所示；另一种是轧尖穿模两用机，如图 9-6 所示。往复式轧尖机用途与特点：采用电机驱动，偏心轮带进连杆回转，产品通过不同尺寸孔型坑道辗压出不同尺寸的断面直径。方便管、棒、线材能顺利穿模。

图 9-5　往复式轧尖机

图 9-6　轧尖穿模机

图 9-7 和图 9-8 所示为 FDϕ8.0～ϕ1.0mm 轧尖机、FDϕ4.0～ϕ0.8mm 轧尖机，适用与高、中、低碳钢和合金钢线材的拉丝脱壳、除锈前综合处理。

图 9-7　FDϕ8.0～ϕ1.0mm 轧尖机

图 9-8　FDϕ4.0～ϕ0.8mm 轧尖机

三、轧尖机的工作原理

1. 工作原理

轧尖机上下轧辊往里做 50°左右转动时，钢丝被吞进而轧细，但轧辊又立即向外转动，此时轧细的钢丝又被吐出。钢丝经两三次的吞吐，即完成了一个槽孔的压尖。如此依次进行，直至达到要求。操作时将钢丝做 90°转动，以防轧成椭圆形。

这种设备的优点是制造简单，缺点是压尖长度较短，一般只有 60～80mm，因此穿模前大多要再经过拔头。如将轧辊的直径加大，则操作不便。另外，钢丝进入或退出轧辊时，均须用力，因此粗规格钢丝的轧尖颇为费力。

2. 工艺技术指标

① 轧辊直径　ϕ100mm。
② 轧辊长度　590～376mm。
③ 工作有效长度　200mm。
④ 轧辊工作沟槽数　23 条。
⑤ 减速机型号　WPWKS-100-40KS 型。

⑥ 电机　Y112M，3kW/4P。

⑦ 轧辊转速　36r/min。

⑧ 拉拔材料强度　≥120kg·f/mm²。

⑨ 最大拉拔力　≥1100kg；轧辊材质采用9Cr2Mo，经过淬火后硬度达到≥61HRC。

⑩ 整机重量　大于390kg，外形尺寸为 L580mm×W450mm×H1300mm。

3. 孔型排列（ϕ，mm）：3.8→3.6→3.4→3.2→2.8→2.4→2.2→2→1.9→1.8→1.7→1.6。

1.6→1.5→1.4→1.3→1.2→1.1→1→0.9→0.8→0.7。

四、轧尖机工作规程

1. 操作规程

① 工作前检查材料支架是否稳固，机床开关是否有效，齿轮防护罩是否牢固。开机前要整理工作地和机床上的工具、杂物。

② 调整轧辊间隙时，间隙压力不能太大，防止把料轧裂。轧尖时，要逐渐加压，不要一次轧成。

③ 要检查毛料的实际尺寸，几何形状和硬度是否符合规定。禁止加工未经退火的棒料，防止挤裂轧辊或崩出碎块伤人。

2. 安全事项

① 操作工向下扔料时，要注意周围人的安全。

② 剪开捆料铁丝时，要防止棒料滚动或铁丝弹出伤人，捆料铁丝要及时清理掉。

③ 送料轧尖时，必须握紧料棒，防止棒料滑动或翘起。

④ 加工直径在18mm以上的料，要两人协同工作，注意协调配合好。

⑤ 轧过尖的料不能用手触摸尖端，防止烫伤。

⑥ 料架位置要适当，不得堵塞通道。

⑦ 排出的废料、边角余料必须放在指定位置。

⑧ 无关人员不准靠近正在轧尖的材料和设备。

第三节　助镀剂溶剂的过滤器

在钢丝热镀锌生产中，钢丝酸洗以后经过清水的漂洗后，钢丝需要进行溶剂助镀处理，含有氯化锌、氯化铵的助镀溶液经过一段时间的使用，溶剂中会有亚铁离子存在，如果不及时处理掉亚铁离子，它随钢丝表面带进锌锅里面，锌锅的锌液将会产生有损于镀锌层表面质量的锌渣。所以，现在的钢丝热镀锌企业对助镀剂溶剂进行净化处理。所使用的净化处理设备为专用的电镀药液用过滤机，如图9-9所示。

用于助镀剂溶液的过滤机，可以选用 C-B-2004-ME-70-U-E-D 型。滤材规格：1004；滤芯长度70″01-滤芯数量1支；材质：ME-FRPP；使用功率为65W；出入口型式为法兰式连，在使用过程中，过滤机的出口压力为0.6MPa时必须停机，对药筒中的滤芯进行清洁处理。

图 9-9　助镀剂溶剂专用过滤机

第四节　锌液、燃烧炉的测温装置

一、热电偶的性能

用于热镀锌、燃烧炉温度的测量一般都使用镍硅铬合金制成的套管式热电偶，其测量范围在 0～1000℃内。配合数字显示表可方便读出所测量的温度。使用电源电压为 220V，热电偶与数字显示表连接方式是"＋"号接"＋"号，"－"号接"－"号。

1. 热电偶的组成

工业用热电偶是一对或多对热电极构成的温度检出器，通常用来与显示仪表等配套，以直接测量各种生产过程中 200～1800℃范围内流体、蒸汽和气体介质的温度。热电偶有铂铑 30-铂铑 6、铂铑 13-铂、铂铑 10-铂、镍铬硅-镍硅、镍铬-镍硅等八大类。各种热电偶的外形，通常是不相同的，但是它们的基本结构却大致相同，通常由热电极、绝缘管、保护管和接线盒等构成。

热电偶热电极牢固地焊接在一起，热电极之间套有耐温瓷管加以保护绝缘，所有的同类型热电偶热电极的分度都是相同且可互换的。

2. 热电偶的材质

保护管的材料主要分金属和非金属两大类。金属保护管采用碳钢，各种牌号的不锈钢和合金钢，以及黄铜等制成。非金属保护管主要采用高铝管、刚玉管或由其他材料制成。为了加强非金属保护管的力学性能，在其非工作部分均装有金属连接管。

热电偶接线盒供连接热电偶参比端与显示仪表之用。接线盒一般用铝合金制成并分防溅式、防水式及插接式等结构形式。

3. 测量范围

用于测量热镀锌锌液温度最常用的热电偶为镍铬-镍硅（WRN）K 型，允差等级 Ⅰ 或 Ⅱ级，允差值：±0.5℃，测量范围在 0～800℃。

由于热电偶的热电动势与温度关系所制定的分度表，是在参比端为 0℃ 时分度的，但在实际使用时，由于热电偶的测量端与参比端离得很近，同时，由于参比端暴露在空间，受到周围介质温度的波动的影响，所以，它的温度不会保持在 0℃ 不变，因而引起测量误差；为了消除这些误差，常采用补偿导线法。镍铬-镍硅（WRN）K 型热电偶的补偿导线用铜和铜镍合金或是其热电偶本身材料制成；补偿导线的截面积选择由显示仪表的要求及其连接距离来确定。所选择的补偿导线应符合 GB/T 4989—2013 中的规定。其他温度误差补偿法如参比端恒温法、补偿电桥法，在此不作一一介绍。

二、热电偶的安装与使用

（1）热电偶安装地点的选择

对于热镀锌来讲，热电偶应直接与锌液接触，测出的数值才准确（但是熔融的锌液会对热电偶的保护管进行腐蚀，需要采取一定的保护措施，如：外加非金属保护管等）。

（2）热电偶的插入深度

热电偶的插入深度，一般不小于热电偶保护管外径的 8～10 倍。插入角度应为垂直于锌液面。接线盒宜应避开高温测量区，或用隔热材料对接线盒进行隔热保护。

（3）热电偶的接线

热电偶接线时，首先打开接线盒，按规定线路接线。拧紧空心螺栓，然后盖好接线盒盖子。在接线时应注意补偿导线的正、负极性，并于显示仪表极性相对应，不可接反。

三、热电偶的故障与排除

热电偶主要可能发生的故障与排除方法，见表 9-1。

表 9-1　热电偶主要可能发生的故障与排除方法

序号	故障现象	可能原因	修理办法
1	没有热电动势（测量仪表没有示值）	(1)热电偶内部热电极断路。 (2)热电偶内部热电极同名极相连	更换。 更换
2	热电动势比实际应有的(测量仪表示值偏低)	(1)热电偶接线盒内接柱短路。 (2)补偿导线短路。 (3)热电偶热电极变质或测量端损坏。 (4)补偿导线与热电偶的种类配置错误。 (5)补偿导线与热电极的极性接反。 (6)热电偶安装位置不当。 (7)热电偶参比端温度过高。 (8)热电偶种类与仪表刻度不一致	(1)将热电极取出,检查漏电原因,若是因潮湿引起,应将电极烘干,若是因瓷管绝缘不良引起,应更换。 (2)将热电极取出,把保护套管和电极分别烘干,并检查保护管是否漏气漏水,对不合格者应予更换。 (3)打开接线盒盖清洁接线板,清除造成短路的原因,把接线盒严密盖紧。 (4)将短路处重新绝缘或更换。 (5)把变质部分剪去,重新焊接工作端或更换新的热电极。 (6)换成与热电偶同种类的补偿导线。重新安装。 (7)改变安装位置或方法及插入深度。 (8)准确地进行参比端温度补偿。 (9)更换热电偶及补偿受热长度不当。导线,使之与测量仪表种类相同

序号	故障现象	可能原因	修理办法
3	热电动势比实际应有的大(测量仪表示值偏高)	(1)热电偶种类用错,与测量仪表不符。 (2)补偿导线与热电偶种类不符。 (3)热电偶安装方法、位置或插入深度不当	(1)更换热电偶及补偿导线,使之与测量仪表相符。 (2)换成与热电偶同种类的补偿导线。 (3)改变热电偶安装方法,位置或插入深度
4	测量仪表的示值不稳定(在测量仪表没有故障的情况下)	(1)热电偶接线柱和热电极接触不良。 (2)热电偶断续短路或断续接地现象。 (3)热电极已断,或将断未断而有断续连接现象。 (4)热电偶安装不牢固。 (5)补偿导线有接地、断续连接现象	(1)清洁接线柱和热电偶端部,重新连接好。 (2)将热电极从保护管中取出,找出断续短路或接地地方,加以排除。 (3)重新焊接断开之处,检查其独特性有否改变,对不合要求的应予更换。 (4)将热电偶安装牢固。 (5)找出接地、断续短路处加以修理或更换新的补偿导线

第五节 锌液抽取及捞渣设备

一、抽锌泵的特点与规格

热镀锌厂家因锌锅正常维护保养和锌锅渗漏抢修等特殊情况须将锌液全部舀出来,若只用人工从锌锅中舀出,其劳动量之大,劳动强度之高,一般人是难以承受的。如果改用KND系列抽锌泵来抽取锌液,按抽锌泵最低流量 30t/h 来计算,抽 100t 锌也只不过 3 个多小时,这样不但大大缩短了时间,提高了生产效率,而且也把工人从繁重的体力劳动中解放出来。抽锌泵极大地减轻了工人们的劳动强度,同时也避免了高温、锌液飞溅对人们的伤害,提高热镀锌厂家的经济效益。

抽锌泵主要是利用高速旋转的叶轮所产生的离心力将锌液甩出,抽锌泵和普通离心泵不同的只是其工作介质有所区别。KND系列抽锌泵的叶轮、壳体、密封套等主要部件全部采用德国进口的耐锌蚀合金钢制造,有效地控制了锌液在泵中的流速、温降、材料的热胀系数等各项指标,抽锌泵满足长时间反复循环使用的特殊要求,见图 9-10 所示。其具体特点如下。

(1) 抽锌泵采用立式长轴转动方式 (一般在 2m 以上),以使驱动电机远离热源,确保电机能够长时间的正常工作。

(2) 抽锌泵体与驱动装置间采用开放式框架结构,以便观察锌液面低漫时泵轴与外壳间的粘连情况。

(3) 抽锌泵在泵轴上装有手轮,随时检测抽锌泵叶轮、壳体是否被低温锌液抱住。

(4) 抽锌泵叶轮、壳体采用耐锌蚀的特殊合金钢,具有耐高温、防腐蚀、耐磨等特点,以延长抽锌泵的使用寿命。

(5) 抽锌泵采用长间距、双列调心轴承,以提高抽锌泵的运转平稳度。抽锌泵的规格见表 9-2。

表 9-2 抽锌泵规格与性能表

型号	电机功率/kW	管径/mm	扬程/m	流量/(t/h)
KND-1	P4.0	65	4	30
KND-2	p5.5	88	5	60
KND-3	p5.5	96	5	100
KND-4	p7.5	136	6	200

二、抽锌泵的使用

抽锌泵是在考虑了锌液温度高、密度大、且易凝固等诸多因素而设计的，正确的使用方法，将是确保其能够长期使用的前提保障。其操作步骤如下。

（1）抽锌前必须对锌液泵进行外观检查，用手转动手轮，确定没有异常感觉，即可通电观察泵的旋转方向是否与标示方向一致。

（2）用吊具将抽锌泵吊起，并直立缓慢地放入锌液中（此时泵不能通电），其泵壳底面浸入锌液的深度约 200～300mm。

（3）当抽锌泵浸入锌液的瞬间，液态的锌液会立即凝固在泵体上，并将传动轴、叶轮、外壳抱死，这是泵体温度低造成的锌液凝固现象，这不要紧，此时可将泵体在锌液中来回悠荡，以加速这些凝固锌液的溶化速度。此段时间，是抽锌泵的预热过程，当泵体温度与锌液温度平衡时自然消失。

（4）当泵体在锌液中浸泡 5～10min 后，用手转动手轮，若此时传动轴转动自如，即说明放入时凝固的锌已被溶化，此时即可通电抽锌。

（5）当泵通电旋转后，泵口也可能不会立即出锌，这是出锌管与锌液进行热交换或泵体进行间隙自调整的过程。如果在泵动 5～10min 后仍然没有锌液流出，此时可加大泵浸入锌液的深度，但最大不得超过 400mm。

（6）在抽锌的过程中，由于锌液面的下降，抽锌泵也必须随之下降，以保证浸入深度。

（7）在需要停止抽锌时，必须先断开泵电源，然后将泵提出锌液面，待出锌管中的锌液回流完后，立即重新启动抽锌泵，以便将叶轮、壳体上黏附的余锌甩掉，这一过程直到抽锌泵的温度降低很多为止。这里必须指出的是：当抽锌泵停转后，很可能被重新抱死，这是轴套间隙内残锌凝固所造成的，属正常状态，在下次使用时按上述第（3）条的办法即可解决。

图 9-10 锌液抽取泵

（8）抽完锌后的抽锌泵，由于温度很高，应采用悬空冷却，在温度没有彻底冷却之前（约 30min）严禁将泵体落地，以免因碰撞变形影响日后继续使用。

三、锌锅底部锌渣清除设备

锌锅专用捞渣机是热镀锌行业捞渣专用设备。在热镀锌生产过程中，锌锅内锌液经过较长时间的镀件浸镀，会产生一定量的锌渣悬浮于锅内或沉积在锅底。热镀锌时这些锌渣会黏附在镀件表面从而影响工件外观质量。其次，过厚的底渣层会阻碍锅壁的导热，容易造成锌锅壁局部过热，加快了锌对锅壁的腐蚀，直接影响了锌锅的使用寿命，甚至严重时会产生锌锅穿孔，造成漏锌。

捞渣机采用抓斗方式作业，机体由特殊钢材焊接而成。见图9-11和图9-12。抓斗的钢板上均匀地分布着漏锌孔，可以让锌液流回锅内，锌渣留于斗中。先用天车或其他起重设备，钩住热镀锌专用捞渣机的销轴，将捞渣机立起，人工用铁钩将拉钩拉开使它和钩手脱开，然后天车或其他起重设备上升，这时随着上升，拉杆在顶板的孔中滑动，抓斗会自动张开，直至抓斗完全张开。这时天车或其他起重设备，将捞渣机平移到热镀锌锅上方，再将捞渣机垂直放入锌锅内。天车或其他起重设备下降直至拉钩，可钩住钩手的位置，并人工用铁钩捅一下拉钩，使其钩住钩手，然后天车或其他起重设备上升，这时拉钩会使拉杆提起，使抓斗合拢，将锌渣捞出来。天车或其他起重设备将捞渣机平移到锌渣堆，将捞渣机放下，并用人工将拉钩拉开使它和钩手脱开，天车或其他起重设备上升重复上述过程。图9-12所示捞锌渣机则是通过液压油缸气动的方式推动、拉起中心拉杆实现抓斗的张开和合拢，完成锌渣的捞出工作。工作起来更简便，减轻了工人的劳动强度。

图9-11　推杆式捞锌渣机

图9-12　气动式捞锌渣机

第六节　氮气设备与制氮气

一、分子筛制氮机

在使用氮气抹拭代替油木炭抹拭工艺上，要使用大量的氮气。氮气的来源一般有瓶装氮气、液化氮气、现场制氮三种来源，瓶装氮气因用量受到限制，如果离制气厂较近，运输费用低，可以采用购买液氮的办法，充装到低温储罐内，利用自然温度吸热气化后投入生产线使用。大部分情况下采用现场制氮的方法供应生产线的使用，主要是靠制氮机采用变压吸附空气分离法来获取空气之中的氮气。图9-13为液氨分解制氮机组。

1. 氮气的来源

分子筛空分制氮机制氮是以空气为原料。空气中的氮和氧都是以分子状态存在的，这些气体分子不停地作无规则运动，都是均匀地相互掺混在一起。

制取氮气的原理是以碳分子筛作为吸附剂，运用变压吸附原理，利用碳分子筛对氧和氮的选择性吸附而使氮和氧分离的方法，通称 PSA 制氮。此法是 20 世纪 70 年代迅速发展起来的一种制氮技术。与传统制氮法相比，它具有工艺流程简单、自动化程度高、产气快（15～30min）、能耗低、产品纯度可在较大范围内根据用户需要进行调节、操作维护方便、运行成本较低、装置适应性较强等特点，故在 1000Nm³/h 以下制氮设备中颇具竞争力。PSA 制氮已成为中、小型氮气用户的首选方法。

图 9-13　液氨分解制氮机组

2. 碳分子筛吸附剂的主要原料

在变压吸附制氮中发挥主要作用的是碳分子筛。分子筛是一种多孔的固体吸附剂，其内部的空穴占体积的 50％ 以上，平均每克的分子筛有 700～800m² 的内表面积。吸附过程产生在空穴内部，它能把小于空穴的分子吸入孔内，把大于空穴的分子挡在孔外，从而起到筛分分子的作用。分子筛的吸附作用是因为其表面存在剩余的表面引力场，当气体分子运动到接近吸附剂表面时，表面上的分子与气体分子相互作用，产生吸附。当然，吸附是一个可逆过程，碳吸附的气体分子重新返回气相中的过程称为解吸，也叫脱附。

在吸附分离的过程中同时进行着吸附和解吸的过程，当同一时间内吸附和脱附量相等时，就达到了一个动态吸附平衡，此时吸附和脱附过程均在进行，但速度相等，对应的吸附量叫平衡吸附量，简称吸附量。这种动态的吸附平衡是在一定的压力和温度条件下建立的，当压力和温度变化时，这种平衡关系就会被打破，而建立新的平衡关系，则对应一个新的吸附量。

碳分子筛是以煤为主要原料，经过精选、粉碎、成型、干燥、活化、热处理等加工而成的表面和内部充满微孔的高效非极性吸附剂。

二、变压吸附制氮气的工作原理

碳分子筛可以同时吸附空气中的氧和氮，其吸附量也都随着压力的升高而升高，而且在同一压力下氧和氮的平衡吸附量无明显的差异。因而，仅凭压力的变化很难完成氧和氮的有效分离。

如果进一步考虑吸附速度的话，就能将氧和氮的吸附特性有效地区分开来。氧的分子直径比氮小，因而扩散速度比氮快数百倍，故碳分子筛吸附氧的速度也很快，吸附约 1min 就达到 90％ 以上；而此时氮的吸附量仅有 5％ 左右，所以此时吸附的大体上都是氧气，而剩下的大体都是氮气。这样，如果吸附时间控制在 1min 以内的话，就可以将氧和氮初步分离开来。

也就是说，吸附和解吸是靠压力差来实现的，压力升高时吸附，压力下降时解吸。而区分氧和氮是靠两者被吸附的速度差，通过控制吸附时间来实现的，将时间控制得很短，氧已充分吸附，而氮还未来得及吸附，就停止了吸附过程。因而变压吸附制氮要有压力的变化，也要将时间控制在 1min 以内。

第七节　耐锌液腐蚀的热电偶保护套管技术

（专利号：ZL 200910065313）

一、研制耐锌腐蚀套管的意义

在钢丝、钢制件热镀锌生产线上，锌锅用于熔融锌液的加热与保温。采用热电偶连续测温和控温方式，是保证热镀锌产品质量、降低能源和材料消耗的关键因素之一。用来测量高温的熔融金属锌液，主要是采用热电偶，常用的热电偶保护套管采用不锈钢钢管材料，一端经过封堵焊接及机加工制成。热电偶长时间浸泡在 460～480℃ 的高温锌液中，锌液与不锈钢接触后，由于锌液的强烈腐蚀作用，通过晶体间的渗透、扩散和溶解等反应，形成新的金属化合物，一般经 7～10d 不锈钢保护套管就会被金属锌液腐蚀掉，造成热电偶的使用寿命大大缩短。这样不仅造成热电偶的消耗量大，而且在热电偶损坏过程中易引起温度较大波动，给钢丝、钢制件热镀锌造成测量误差，直接影响到生产工艺的稳定。

常用的非金属热电偶保护套管，如 Al_2O_3 材质，其抗热震性能较差，易发生破裂损坏，而石墨材料套管等则由于机械强度较低，在人工捞取锌渣作业过程中容易造成碰撞破损，需经常更换，不能满足在锌液中长时间使用的要求。

二、新型套管的技术要点

所采用的技术方案：以质量百分数计，成分为铁粉 50%～60%、钼粉 20%～30%、钨粉 10%～20%、铬粉 5%～10%、硼粉 3%～6% 和黏结剂 1%～3%；将金属粉末和黏结剂混合均匀后，装入模具加压成型，然后在 1430～1450℃ 高温下烧结 6～8h，制成热电偶保护套管。本产品采用粉末冶金技术经加压、烧结制成，制法简单，不需要后续处理加工。使用时锌液不与保护套管发生渗透和浸润扩散作用，且该保护套管耐高温，可耐 1300℃ 以上的高温，在正常锌液温度（460～650℃）条件下使用，其使用寿命可达 4～5 年，大大延长了热电偶的使用寿命；生产过程中对环境污染小，投资较小，生产成本低，易于投产。见图9-14 所示。

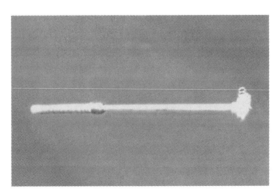

图 9-14　耐熔融锌液腐蚀的热电偶

该热电偶套管具有优异的热导率：150W/(m·K)（是钢铁材料的三倍），测温相应快；

高强度、高硬度、高耐蚀性和抗氧化性，更适合于铝含量不大于5％的熔融锌液，是普通热电偶使用寿命的30倍以上。

第八节　直升式热镀锌钢丝封闭、抹试新技术

一、现有热镀锌钢丝出锌液面状况

目前，国内直升式热镀锌钢丝出锌锅锌液面封闭、抹试操作技术，都是传统的操作方法，其缺点如下。

① 镀后钢丝直径不均匀。传统的封闭、抹试木炭或活性炭使用时没有控制槽，封闭、抹试层不稳定，镀后钢丝直径不均匀、表面色泽不一致。

② 抹试层稳定性差、抹试效果不理想。传统的清理钢丝出锌液面与封闭、抹试木炭或活性炭之间的氧化锌时，不能保证封闭、抹试层的稳定，容易使镀后钢丝表面出现不合格；在每班（8～12h）清理钢丝出锌锅锌液面与封闭、抹试木炭、活性炭之间的氧化锌时，操作稍有不慎就会使封闭、抹试层达不到抹试效果，容易使镀后钢丝表面出现疙瘩、毛刺。镀直径≥2.6mm的钢丝时，更不容易掌控。

③ 抹试效果差，浪费抹试材料。封闭、抹试木炭或活性炭使用时，没有控制槽，抹试木炭或活性炭不能有效集中，其抹试效果差，且浪费抹试材料。

④ 热镀锌钢丝的产量低。低温的封闭、抹试木炭或活性炭不能有效的集中使用，封闭、抹试效果不佳，因而造成热镀锌钢丝的线速度慢、产量低。

⑤ 锌的浪费大。由于木炭或活性炭添加的比较多，与高温的锌液面接触大，所产生的锌土也会增多，处理不当时，较易导致锌土含锌量高。

⑥ 车间空气污染严重。因木炭或活性炭整体拌油太多，使用时，加油搅拌的木炭或活性炭与高温的锌液面大面积接触时，极易产生大量的油烟，造成车间空气严重污染，不环保且影响职工的健康。

二、新的抹拭技术内容

本发明的目的在于解决现有操作技术的不足，提供一种直升式热镀锌钢丝出锌锅锌液面MTGDW封闭、抹试操作新技术，能够达到高效率、高质量、低消耗、环保、操作方便等要求。

1. 技术方案实现方式

一种直升式热镀锌钢丝出锌锅锌液面MTGDW封闭、抹试操作新技术，其特征如下。

① 所述高温封闭、抹试剂添加在控制槽内，使用时专用高温抹试剂能提高热镀锌钢丝产量3％～20％（具体情况可根据生产厂家的热镀锌工艺线设计情况而定）。

② 新的清理钢丝出锌锅锌液面与封闭、抹试剂之间的氧化锌，是在封闭、抹试剂控制槽下端进行的，清理时不破坏封闭、抹试层，所以能确保热镀锌钢丝表面光亮度（通条性好），色泽相对一致，镀后钢丝直径比较均匀。如图9-15和图9-16所示。

③ 封闭、抹试剂添加在控制槽内使用，抹试剂与锌液接触面小，添加量少，生产过程中锌土生成量就少，且锌土含锌量比较低。

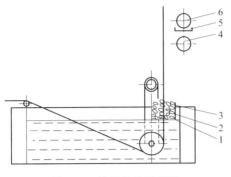

图 9-15　抹拭结构示意图
1—氧化锌清理口；2—抹试剂控制槽；
3—抹试剂；4—风冷管；5—接水槽；6—水冷管

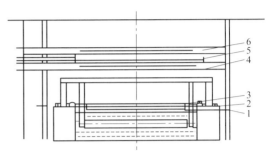

图 9-16　为图 9-15 的侧视示意图
1—氧化锌清理口；2—抹试剂控制槽；
3—抹试剂；4—风冷管；5—接水槽；6—水冷管

2. 具体实施方法

如图 9-15、图 9-16 所示，本装置包括：氧化锌清理口 1，抹试剂控制槽 2、低温抹试剂或专用的高温抹试剂 3、风冷管 4、接水槽 5、水冷管 6。安装使用注意事项如下。

① 抹试剂控制槽，需安装在钢丝出锌锅锌液面中间。

② 抹试剂在控制槽内要有一定的积量。

③ 风冷管、水冷管要求设置在离锌液面 600mm、800mm 的高度。

三、有益效果

本书所介绍的这种新的热镀锌抹拭方法，已经获得国家专利，专利号为 CN 201410549680.2。吨热镀锌钢丝能保证降低锌耗 1%～6%（与传统木炭、活性炭封闭、抹试操作方式相比）。使用时由于低温抹试剂和专用的高温抹试剂，添加在控制槽中集中使用，减少了 460℃ 锌液与抹试剂大面积接触所产生的油烟，降低了车间油烟污染。

另外，风、水冷能及时将热镀后钢丝表面的锌层凝固，使镀后钢丝经过支线轴时表面不被磨损，确保镀后钢丝表面的光亮度。

第九节　热镀锌钢丝超薄锌层抹拭装置

现有钢丝镀锌生产线大多采用炭粒抹拭或者气体抹拭方式，但是用这两种方式生产超薄锌层的钢丝难度相当大，即使生产出来质量也无法保证。因为超薄锌层钢丝属于特殊产品，用量不大，所以不可能为其专门建设一条生产线。在这种情况下，需要一种既能够满足超薄锌层钢丝生产要求，又能保证产品质量且投资不大的装置。

一、实现超薄镀锌层的技术

实现超薄锌层的热镀锌钢丝的技术方案为：利用单丝单控刮片抹拭装置，将其安装在大生产线上，实现某单根线位刮片热镀超薄锌层，既不影响其他线位炭抹拭热镀锌，又能达到某线位单独生产超薄锌层钢丝的目的。

1. 技术方案实现要点

为了达到上述目的，采用以下技术方案。

① 单丝单控刮片抹拭装置。它包括底板、底座、调整立杆、导向杆、调整横杆、刮片支架和顶压机构，底板固定在锌锅锅沿上。

② 调整立杆与导向杆通过底座垂直固定在底板上，调整横杆为悬臂结构，其支撑端套装在调整立杆和导向杆上并可沿垂直方向移动，顶压机构通过刮片支架悬挂在调整横杆上并可沿水平方向移动。

③ 顶压机构由壳体、刮片、顶杆、转动杆和弹簧组成，转动杆一端与固定在壳体尾部的螺母通过螺纹连接，另一端通过弹簧与顶杆连接，顶杆顶紧在放置在壳体前部的 2 个刮片上，对应 2 个刮片接缝处的壳体上、下面开设通孔，侧面设放置刮片用的开口。

2. 技术方案中的零部件

① 刮片为石棉刮片。

② 转动杆尾部设转动手柄一。

③ 调整立杆和导向杆与底座采用螺纹连接。调整立杆为螺纹杆，与调整横杆通过螺纹连接，顶部设转动手柄一。

④ 底座与底板之间采用螺栓连接固定，底板焊接在锌锅锅沿上。

⑤ 调整横杆与导向杆、调整横杆与刮片支架之间为滑动连接，定位后分别用锁紧螺钉 1 和锁紧螺钉 2 固定。

下面根据图 9-17 和图 9-18 对本技术实施方案做详细的介绍。

二、超薄锌层实施方式

1. 超薄锌层实现的装置

如图 9-17 所示，超薄锌层热镀锌钢丝单丝单控刮片抹拭装置，包括底板 2、底座 3、调整立杆 5、导向杆 6、调整横杆 9、刮片支架 11 和顶压机构 12，底板 2 固定在锌锅 1 锅沿上，调整立杆 5 与导向杆 6 通过底座 3 垂直固定在底板 2 上，调整横杆 9 为悬臂结构，其支撑端套装在调整立杆 5 和导向杆 6 上并可沿垂直方向移动，顶压机构 12 通过刮片支架 11 悬挂在调整横杆 9 上并可沿水平方向移动。

如图 9-18，顶压机构 12 由壳体 121、刮片 122、顶杆 123、转动杆 125 和弹簧 124 组成，转动杆 125 一端与固定在壳体 121 尾部的螺母 126 通过螺纹连接，另一端通过弹簧 124 与顶杆 123 连接，顶杆 123 顶紧在放置在壳体 121 前部的 2 个刮片 122 上，对应 2 个刮片接缝处的壳体 121 上、下面开设通孔，侧面设放置刮片 122 用的开口。

2. 超薄镀层装置的连接形式

① 刮片 122 为石棉刮片。

② 转动杆 125 尾部设转动手柄 2。

③ 调整立杆 5 和导向杆 6 与底座 3 采用螺纹连接。

④ 底座 3 与底板 2 之间采用螺栓 4 连接固定，底板 2 焊接在锌锅 1 锅沿上。

⑤ 调整立杆 5 为螺纹杆，与调整横杆 9 通过螺纹连接，顶部设转动手柄 1。

⑥ 调整横杆 9 与导向杆 6、调整横杆 9 与刮片支架 11 之间为滑动连接，定位后分别用锁紧螺钉 1 和锁紧螺钉 2 固定。

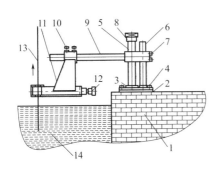

图 9-17　结构示意图

1—锌锅；2—底板；3—底座；4—螺栓；5—调整立杆；

6—导向杆；7—锁紧螺钉1；8—转动手柄1；

9—调整横杆；10—锁紧螺钉2；11—刮片支架；

12—顶压机构；13—钢丝；14—锌液

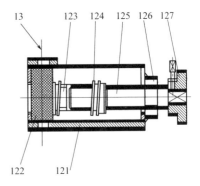

图 9-18　顶压装置的剖视图

13—钢丝；121—壳体；122—刮片；123—顶杆；

124—弹簧；125—转动杆；

126—螺母；127—转动手柄2

3. 操作使用方法

① 使用时，将底板2焊接固定在锌锅1锅沿上，用螺栓4将底座3固定在底板2上，然后将调整立杆5和导向杆6穿过调整横杆9的支撑端，其中调整立杆5穿在螺纹孔中，导向杆6穿在光孔中，然后将调整立杆5和导向杆6分别通过底部的螺纹部分拧紧在底座3上对应的螺纹孔中，调整立杆5和导向杆6均垂直于底板2。

② 刮片支架11与顶压机构12为一体式结构，将顶压装置12组装好后，将刮片支架11上部的套筒穿套在调整横杆9的悬臂上，使顶压机构12位于锌液的上方。

③ 钢丝13从锌锅1的锌液14中引出，通过锌锅1上边导辊挂在收线机上，调整顶压机构12的水平位置，使钢丝13正好在两块石棉刮片122中间的缝隙中通过，调整好位置后用锁紧螺钉2锁紧，顶压机构12的壳体121上有对应的通孔，保证钢丝13顺利通过。

④ 通过旋转调整立杆5顶部的转动手柄1可以使调整立杆5在垂直方向上下移动，使本装置处在合适的高度，调整好位置后用锁紧螺钉1锁紧。

⑤ 旋转顶压机构12转动杆125后部的转动手柄2，使转动杆125通过弹簧124压紧在顶杆123上，顶杆123通过两块刮片122夹紧钢丝13，这样从锌液14中引出的钢丝13通过后表面就会留下锌-铁合金层，通过调整行线速度，可以达到要求的锌层重量，满足生产超薄锌层钢丝的要求。

超薄热镀锌钢丝的生产任务完成后，可以将本装置底座3以上部分全部拆卸下来，保存好以便下次使用。

第十节　热镀锌钢丝高上锌量抹拭器

热镀锌钢丝的锌层面质量是产品质量标准中的重要一项。热镀锌钢丝经过热镀锌锌锅进行镀锌过程，在钢丝出锌锅的时候需要进行抹拭，以达到锌层面质量控制和提高表面效果的目的。但针对高的上锌量的热镀锌钢丝产品，对于高上锌量控制和表面质量保证的兼顾是十分困难的。具体表现为：抹拭效果不好，使表面质量差，不符合要求，或由于加强了抹拭效果，得到较好的表面质量，使得上锌量达不到标准，并且现有的抹拭设备操作十分不便，抹拭效率低。

针对上述技术难题，能够提供一种结构设计科学合理，便于操作、效率高、保证表面质量、满足高上锌量要求的抹拭器，是钢丝热镀锌行业迫切需要解决的一个技术的难题。

一、新型抹拭技术方案

1. 高上锌量抹拭器的特征

设计一种热镀锌钢丝高上锌量抹拭器，整个系统包括安装架、滑动架、扳手、连杆及氮气瓶；在安装架上安装有滑动架，在滑动架上通过滑动连接件安装有氮气瓶；所说的扳手转动安装在安装架上；连杆的一端转动安装在扳手上，另一端转动安装在滑动连接件上，通过扳手与连杆的联动实现氮气瓶在滑动架上的上下位移。

2. 抹拭器的构成

抹拭器的主要构件为氮气瓶及气管接头；氮气瓶体为一上下开口并连通的结构，在瓶体的内壁下半部分上设置有一圈与瓶体下部出风口连通的气道，在瓶体上安装有连通气道的气管接头。

滑动连接件由固定连接部、滑动连接部及铰装头构成，固定连接部与滑动连接部垂直设置，在固定连接部上固装有氮气瓶，滑动连接部套装在滑动架上，在滑动连接部的一侧安装有铰装头，该铰装头与连杆转动连接。

抹拭系统还包括限位机构，限位机构由限位孔及球头柱塞构成，在滑动架的上部及下部均设置有限位孔，球头柱塞安装在滑动连接件的固定连接部上，氮气瓶通过球头柱塞与限位孔的配合实现其在滑动架上的限位。

该抹拭系统包括微调机构，滑动架通过微调机构安装在安装架上。该微调机构由固定螺栓、压簧及偏心螺母构成，在安装架与滑动架上穿装有安装压簧的固定螺栓，二者通过固定螺栓端部旋拧的偏心螺母固定。

二、抹拭器的技术结构

热镀锌钢丝高上锌量抹拭器主要有四部分所组成，一是安装架、二是滑动架、三是氮气瓶体、四是供氮气管道。下面结合图 9-19～图 9-22 具体说明。

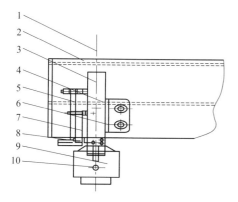

图 9-19　氮气抹拭结构示意图
1—镀锌钢丝；2—安装架；3—滑动架；4—固定螺栓；
5—扳手；6—偏心螺母；7—连杆；8—球头柱塞

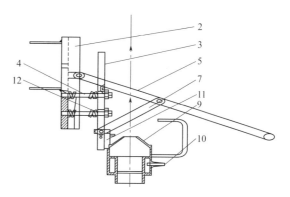

图 9-20　为图 9-19 的侧视图
9—氮气瓶；10—气管接头；
11—滑动连接件；12—压簧

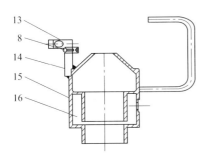

图 9-21　氮气瓶与滑动连接件结构
8—球头柱塞；13—滑动连接部；14—固定连接部；
15—瓶体；16—气道

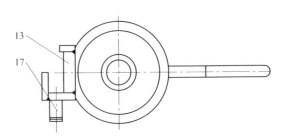

图 9-22　为图 9-21 的俯视图
13—滑动连接部；17—铰装头

三、具体实施方式

1. 安装操作程序

扳手 5 转动安装在安装架上，连杆的一端转动安装在扳手上，另一端转动安装在滑动连接件上，通过扳手与连杆的联动实现氮气瓶在滑动架上的上下位移。氮气瓶由瓶体 15 及气管接头 10 构成，在瓶体的内壁下半部分上设置有一圈与瓶体下部出风口连通的气道 16，在瓶体上安装有连通气道的气管接头。滑动连接件由固定连接部 14、滑动连接部 13 及铰装头 17 构成。固定连接部 14 与滑动连接部 13 为垂直设置，在固定连接部 13 上固装有氮气瓶 9，滑动连接部 13 套装在滑动架 3 上，在滑动连接部 13 的一侧安装有铰装头 17，该铰装头 17 与连杆 7 转动连接。限位机构由限位孔及球头柱塞 8 构成，在滑动架的上部及下部均设置有限位孔，所述的球头柱塞 8 安装在滑动连接件 11 的固定连接部上，氮气瓶 9 通过球头柱塞 8 与限位孔的配合实现其在滑动架上的限位。滑动架 3 通过微调机构安装在安装架上，该微调机构由固定螺栓 4、压簧 12 及偏心螺母 6 构成，在安装架与滑动架上穿装有安装压簧 12 的固定螺栓，二者通过固定螺栓端部旋拧的偏心螺母 6 固定。

2. 抹拭器的工作步骤与事项

（1）热镀锌钢丝高上锌量抹拭器的工作步骤：首先向上扳动扳手 5，扳手会带动连杆 7 向上转动，从而连杆 7 带动氮气瓶 9 向上滑动，当氮气瓶 9 滑动到穿线位置时，球头柱塞 8 会卡入滑动架上端的限位孔内，使氮气瓶 9 在此位置保持固定，此时可松开扳手进行穿线工作，即用工具将镀锌钢丝 1 从镀锌液面下穿上来，从氮气瓶 9 内穿过，并完成后续在收线机上的牵引工作；然后向下扳动扳手 5，扳手 5 会带动连杆 7 向下转动，从而连杆 7 带动氮气瓶 9 向下滑动，当氮气瓶 9 滑动到最低位置时，氮气瓶 9 之上的球头柱塞 8 会卡入滑动架 3 下端的限位孔内，使氮气瓶 9 保持在工作位置，此时，氮气瓶 9 底部的开口位于镀锌液面之下；然后向氮气瓶内通入氮气，使氮气从气管接头 10 内通过，经过气道 16 将气流均匀分布后，由瓶体的底部向上充满整个瓶体，进入对镀锌钢丝和镀锌液面的保护状态，氮气瓶 9 底部的出风口结构将对镀锌钢丝的表面进行轻微的抹拭，以得到较好的表面质量。

（2）初次使用本抹拭器时，可通过旋动固定螺栓，调节滑动架的前后位置，从而也就调节了氮气瓶的前后位置，偏心螺母安装于固定螺栓之上，同时也安装于滑动架之上，偏心螺母的偏心结构，可以在旋动偏心螺母的同时使滑动架左右移动，通过调节固定螺栓和偏心螺母可对氮气瓶进行调节，使镀锌钢丝位于氮气瓶的中心位置，进一步提高镀锌钢丝的表面质量。

（3）每间隔一段时间可向上扳动扳手，使氮气瓶向上移动，然后对氮气瓶的瓶口进行清理，避免氮气瓶内凝结锌液过多而对镀锌钢丝的质量造成影响。

四、抹拭操作及有益效果

本热镀锌钢丝高上锌量抹拭器，通过将之前用抹拭块进行抹拭的方法改为通过氮气抹拭的方法，在保证钢丝表面质量的情况下，还满足了其高上锌量的要求。通过将氮气瓶上下滑动的安装在滑动架上，方便了使用前热镀锌钢丝的穿装以及氮气瓶内部的清理工作。使用前，通过安装架将该抹拭器安装在镀锌锅上。

（1）锌液面不被氧化，提高镀锌钢丝表面质量。使用时，将氮气瓶的底部浸入镀锌液面，再通入氮气，氮气从气管接头处引入进入氮气瓶内部，使氮气瓶内充满氮气，最后氮气由上口排出。氮气瓶内的镀锌液面受到氮气的保护不会被氧化，而氮气瓶内的镀锌钢丝在出镀锌液面后先会受到氮气瓶内风口的氮气抹拭，然后在氮气瓶内进行氮气的保护，钢丝经过氮气瓶后会得到很好的表面质量和较高的上锌量。

（2）保证对钢丝镀锌层的抹拭质量。本热镀锌钢丝高上锌量抹拭器，通过在氮气瓶的瓶体上设置一圈气道，该气道起到均匀瓶体内氮气的作用，保证热镀锌钢丝的抹拭及表面质量。

（3）方便维修工作。本热镀锌钢丝高上锌量抹拭器，通过限位机构的设置，使氮气瓶能够在滑动架的上端以及下端定位，方便了穿丝及日后的维修工作。

（4）保证镀锌钢丝表面镀锌层的均匀性。热镀锌钢丝高上锌量抹拭器，通过微调机构的设置，可以保证穿过的热镀锌钢丝与氮气瓶的同心度，提高热镀锌钢丝的表面质量。使用时，可以通过旋动固定螺栓来调节滑动架与安装架间的距离，通过旋拧偏心螺母来调节滑动架与安装架的相对位置，从而起到调节氮气瓶位置的目的，使穿过的热镀锌钢丝能够位于氮气瓶的中心位置，进一步提高镀锌钢丝的表面质量。

（5）镀锌层的厚度可以通过氮气量的大小、压力来调整。

第十一节　一种双向可调钢丝热镀锌装置

一、双向可调的技术方案

本新型针对现有技术的不足，提供了一种双向可调钢丝热镀锌装置，用以解决镀锌单一的生产方式即钢丝的直升或斜升镀锌方式同时进行，并使钢丝直升及斜升角度准确，张力调节方便；本发明已经获得国家专利，专利号：CN 201410839134.2。

本发明所采用的技术方案是：斜升压盘及直升压盘将钢丝压入有熔化锌液的锌锅内，钢丝另一端分别通过斜升轮及直升轮装置，并通过减速手轮调节其上行角度及张力，直升轮装置的底端通过关节轴承与主体架连接，顶端通过调直机构与主体架连接，夹紧器固定于主体架上并夹紧直升轮装置。该调直机构通过螺纹与直升轮装置连接，通过调整螺纹深度可修正直升轮装置的垂直度。

通过这个双向可调的设置，达到钢丝的直升及斜升镀锌方式同时进行，提高钢丝上行角度的准确性，使张力调节方便，大大提高了镀锌钢丝的质量及产量。

二、可调装置结构及效果

下面结合图9-23对钢丝热镀锌双向可调装置做以介绍。

本装置包括锌锅1、斜升轮2、主体架3、调直机构4、直升轮装置5、减速手轮6、斜升压盘7、直升压盘8、夹紧器9、关节轴承10。钢丝进入锌锅1以后，斜升压盘7及直升压盘8将钢丝压入锌液中，锌锅1内有高温的熔化锌液，钢丝另一端分别通过斜升轮2及直升轮装置5，并通过减速手轮6调节其上行角度及张力，减速手轮6前后推动可分别进入斜升压盘7及直升压盘8的齿轮槽，并左右旋转调节钢丝张力，直升轮装置5的底端通过关节轴承10与主体架3连接，顶端通过调直机构4与主体架3连接，旋转调直机构4上的螺母可使直升轮装置5呈竖直状态，夹紧器9固定于主体架3上并夹紧调直的直升轮装置5。

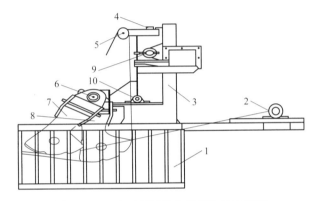

图9-23 双向可调钢丝热镀锌装置示意图

1—锌锅；2—斜升轮；3—主体架；4—调直机构；5—直升轮装置；6—减速手轮；

7—斜升压盘；8—直升压盘；9—夹紧器；10—关节轴承

该设备工作时，处于斜升压盘7及直升压盘8上的钢丝同时上行，由于钢丝上行的角度精确，钢丝张力适中，从而使镀锌的质量提高，产量成倍增长。

第十二节　热镀锌钢丝自动收线装置

一、现有热镀锌钢丝收线状况

在目前金属制品生产尤其是镀锌钢绞线生产过程中，需要首先对经过热浸镀锌后的金属线材收集，然后再转移到专门的排线工作场地，收集到钢绞线生产专用的绕线工字轮上。传统的工艺都是在热镀锌生产线上先收集经过热浸镀锌后的钢丝，然后采用人工从转盘式收线机上卸下钢丝盘卷，再用架子车运送到排线工作场地，安装到排线装置上，利用动力驱动工字轮转动使金属线材盘绕到工字轮上，其间利用自动排线机完成钢丝在绕线工字轮上的自动排线作业。这样不但增加了生产工序，增加了工人劳动强度，而且浪费了劳动力，生产效率低下，增加了产品成本。

二、实施方案

本实用新型（专利号：ZL 200920089383.9）针对现有技术不足，提出一种热镀锌钢丝自动收线装置，在热镀锌生产线上使热镀锌钢丝的牵引和收集一起完成，热镀锌钢丝直接收集在工字轮上，简化了镀锌钢绞线生产工艺，降低了工人劳动强度，提高了生产效率。

1. 采用的技术方案

这种热镀锌钢丝自动收线装置，在支架上安装有牵引动力机；牵引动力机经过减速器联动连接一定数量的螺旋锥齿轮换向器，每个螺旋锥齿轮换向器的输出轴均连接一个牵引轮盘，支架上对应每个牵引轮盘设有导轮，在支架上牵引轮盘的下方位置分别对应每个牵引轮盘设有自动排线机和绕线工字轮及其驱动机构，驱动机构通过减速机构分别连接自动排线机和绕线工字轮的驱动轴。如图 9-24 所示。

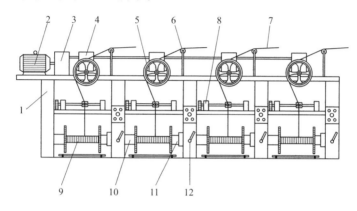

图 9-24　钢丝自动收线结构示意

1—支架；2—牵引动力机；3—减速器；4—换向器；5—牵引轮盘；6—导轮；
7—钢丝；8—排线机；9—工字轮；10—驱动轴；11—夹持轴；12—离合手柄

2. 装置的相互联动性

在该热镀锌钢丝自动收线装置中，绕线工字轮驱动机构连接的驱动轴匹配连接绕线工字轮，绕线工字轮的另一端对应设有由离合手柄控制的夹持轴。热镀锌钢丝自动收线装置，在支架底部的地面上和每一个绕线工字轮对应设有一块安装有滑轮的滑动板。

该热镀锌钢丝自动收线装置，含有计数控制装置，在每个牵引轮盘上设有光、电发射或磁感应装置，在支架上对应设有光、电或磁感应开关，光、电或磁感应开关连接计数控制装置的输入端，计数控制装置的输出端连接报警器。

自动排线机和绕线工字轮驱动机构的控制箱安装在支架上相应位置，控制箱内安装有转速调节装置，转速调节装置的输出端控制连接自动排线机和绕线工字轮驱动机构。

三、操作使用具体方法

如图 9-24 所示，热镀锌钢丝自动收线装置，含有支架 1，在支架 1 上安装有牵引动力机 2，牵引动力机 2 经过减速器 3 联动连接一定数量的螺旋锥齿轮换向器 4，每个螺旋锥齿轮换向器 4 的输出轴均连接一个牵引轮盘 5，支架 1 上对应每个牵引轮盘 5 设有导轮 6，在支架 1 上牵引轮盘的下方位置分别对应每个牵引轮盘 5 设有自动排线机 8 和绕线工字轮 9 及其驱动机构，驱动机构通过减速机构分别连接自动排线机 8 和绕线工字轮 9 的驱动轴。

绕线工字轮 9 的驱动机构连接的驱动轴 10 匹配连接绕线工字轮，和绕线工字轮 9 的另一端对应设有由离合手柄 12 控制的夹持轴 11。

自动收线装置还可以含有计数控制装置，在每个牵引轮盘 5 上设有光、电发射或磁感应装置，在支架 1 上对应设有光、电或磁感应开关，光、电或磁感应开关连接计数控制装置的输入端，计数控制装置的输出端连接报警器。

另外，自动排线机 8 和绕线工字轮 9 驱动机构的控制箱安装在支架 1 上相应位置，控制箱内安装有转速调节装置，转速调节装置的输出端控制连接自动排线机 8 和绕线工字轮 9 的驱动机构。

本实用新型的热镀锌钢丝自动收线装置，为了方便操作，以使工人在装、卸绕线工字轮 9 时能够轻易移动工字轮，在支架 1 底部的地面上和每一个绕线工字轮对应都设有一块安装有滑轮的滑动板。

第十三节　倒立式梅花收线机上的卸线导轮机构

在已有的钢丝热镀锌梅花收线机中，因倒立式梅花收线机上的卸线导轮机构上的卸线导轮轴螺纹短，导致导轮的高低不可调，在一定程度上会增加成品钢丝的弯曲应力，造成热镀锌钢丝收线成 "∞"，不便于包装，给成品热镀锌钢丝包装造成很大的麻烦。

为了克服倒立式梅花收线机上的卸线导轮机构上的卸线导轮轴螺纹短，导致导轮的高低不可调，增加成品钢丝的弯曲应力等问题，提供一种倒立式梅花收线机上的卸线导轮机构，其便于维修和更换，使用方便，当拉丝机拉丝完毕时，可将钢丝通过导轮的导向使之能直接绕在倒立式梅花上卸线机上的卷筒上收线，并能调节导轮的高度故成品钢丝质量较好。

一、设计卸线导轮机构的方案

按照本发明（专利号：ZL 201010157000.4）提供的技术思路，这种倒立式梅花收线机上卸线导轮机构，主要包括：内六角螺钉、螺母、导轮轴、轴承、轴用挡圈、孔用挡圈、导轮及导轮支板。

内六角螺钉将导轮支板固定在机架上，导轮轴通过螺母固定在导轮支板上，用螺母固定及调整位置，通过轴承、轴用挡圈及孔用挡圈将导轮安装在导轮轴上。

二、导轮机构工作原理

下面结合图 9-25 和图 9-26 给予说明这种倒立式梅花收线机上卸线导轮机构工作原理。

1. 导轮机构与连接

本发明先用 3 个内六角螺钉 1 将导轮支板 8 固定在机架上，在导轮支板 8 上安装导轮轴 3，用螺母 2 固定及调整位置，然后通过轴承 4、轴用挡圈 5 及孔用挡圈 6 将导轮 7 安装在导轮轴 3 上。

2. 导轮机构工作原理

钢丝拉拔完毕后，出口钢丝与倒立式梅花收线机卷筒间有一定的角度和高度差，将本装置导轮调整到最佳位置，然后通过导轮的导向将钢丝导至卷筒上收线，能获得弯曲应力最小

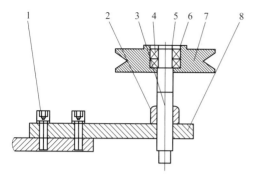

图 9-25　卸线导轮结构示意图

1—内六角螺钉；2—螺母；3—导轮轴；4—轴承；
5—轴用挡圈；6—孔用挡圈；7—导轮；8—导轮支板

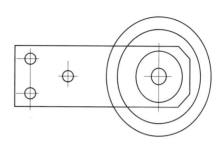

图 9-26　卸线导轮结构俯视图

的成品钢丝。

三、卸线导轮机构使用优点

本发明结构简单、紧凑，合理；能便于维修和更换，使用方便，当拉丝机拉丝完毕时，钢丝通过导轮的导向使之能直接绕在倒立式梅花收线上的卷筒收线，成品质量高。

第十四节　倒立式梅花收线机上的收卷机构

倒立式梅花收线机是钢丝制品生产厂对大盘重钢丝热处理必不可少的配套设备，钢丝在经过热处理、镀锌之后必须收线，倒立式梅花收线机上的收卷机构就是用于收线的部件。给钢丝制品，特别是给热镀锌钢丝的收线提供一种倒立式梅花收线机上的收卷机构，其结构紧凑，在钢丝收线过程中钢丝受力拉长均匀。

一、设计的技术方案

本发明（专利号：ZL 201210149542.6）的目的是克服现有技术中存在的不足，提供一种倒立式梅花收线机上的收卷机构，结构紧凑，收线过程中钢丝受力拉长均匀。

（1）这种倒立式梅花收线机上的收卷机构，主要包括三相交流变频电机和减速机，其特征是：三相交流变频电机的动力输出端上通过第二平键安装第一带轮，减速机的动力输入端上通过第一平键安装第二带轮，第一带轮通过同步齿形带与第二带轮连接，减速机的动力输出端驱动一根空心轴。

（2）在空心轴上固定套设卷筒；在该卷筒的下方位于空心轴的轴端处安装进线导轮组件，在进线导轮组件一侧安装第一变形器，在第一变形器的一侧安装换向导轮，在换向导轮一侧安装引入导轮组件；在卷筒的一侧安装第二变形器，在第二变形器的一侧安装上卷筒导轮组件。在卷筒的一侧安装大压轮组件和拔丝杆组件。

（3）大压轮组件包括大压轮，大压轮安装在压轮轴上，压轮轴由连接杆固定在传动板上；连接杆的一端通过转轴螺栓、第三六角螺母和第二平垫圈与传动板转动连接，在压轮轴与传动板之间连接圆柱螺旋拉伸弹簧，圆柱螺旋拉伸弹簧的一端固定在传动板上的拉簧座上，另一端连接压轮轴。

（4）拔丝杆组件包括拔丝杆和拔丝杆压板，拔丝杆压板通过第三内六角圆柱头螺钉固定在传动板上。

在第一变形器和进线导轮组件之间安装挡丝辊。进线导轮组件、挡丝辊和第一变形器安装在传动板上的钢丝引入支架上，钢丝引入支架通过第一六角螺栓安装在传动板上；换向导轮、引入导轮组件、第二变形器和上卷筒导轮组件均安装在传动板上。

（5）进线导轮组件包括安装在钢丝引入支架上的进线导轮安装板，在进线导轮安装板上固定进线导轮轴。

（6）卷筒包括上卷筒和下卷筒。在第一带轮和第二带轮上罩设防护罩。整体倒立式梅花收线机上的收卷机构结构紧凑，使收线过程中钢丝受力拉长均匀。

二、收卷结构与作用

如图 9-27～图 9-31 所示，倒立式梅花收线机上的收卷机构包括传动板 1、进线导轮组件 2、钢丝引入支架 3、第一六角螺栓 4、挡丝辊 5、第一六角螺母 6、第一弹簧垫圈 7、第一平垫圈 8、第一变形器 9、第一内六角圆柱头螺钉 10、引入导轮组件 11、第二内六角圆柱头螺钉 12、上卷筒导轮组件 13、第二六角螺栓 14、第二变形器 15、第二六角螺母 16、大压轮组件 17、拔丝杆组件 18、拔丝杆压板 19、第三内六角圆柱头螺钉 20、拉簧座 21、转轴螺栓 22、第三六角螺母 23、第二平垫圈 24、圆柱螺旋拉伸弹簧 25、止动垫圈 26、圆螺母 27、减速机支架 28、第三六角螺栓 29、三相交流变频电机 30、同步齿形带 31、第一带轮 32、第二带轮 33、拔丝杆 34、第一平键 35、第二平键 36、连接杆 37、电机安装底板 38、第四六角螺栓 39、第三平垫圈 40、第二弹簧垫圈 41、第四六角螺母 42、防护罩 43、进线导轮 44、减速机 45、空心轴 46、卷筒 47、换向导轮 48、进线导轮安装板 49、进线导轮轴 50、轴承 51、大压轮 52、压轮轴 53 等。

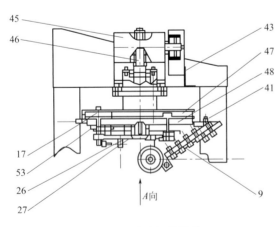

图 9-27　收线机构结构

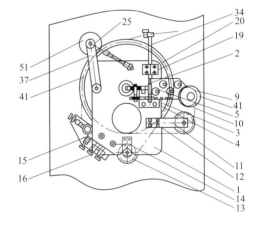

图 9-28　图 9-27 的 A 向视图

本发明包括三相交流变频电机 30 和减速机 45，如图 9-29 所示，三相交流变频电机 30 通过第四六角螺栓 39、第三平垫圈 40、第二弹簧垫圈 41 和第四六角螺母 42 安装在电机安装底板 38 上，减速机 45 通过第三六角螺栓 29 安装在减速机支架 28 上。如图 9-30 所示，三相交流变频电机 30 的动力输出端上通过第二平键 36 安装第一带轮 32，减速机 45 的动力输入端上通过第一平键 35 安装第二带轮 33，第一带轮 32 通过同步齿形带 31 与第二带轮 33

连接，减速机 45 的动力输出端驱动一根空心轴 46。如图 9-28 所示，在空心轴 46 上固定套设卷筒 47，卷筒 47 通过止动垫圈 26 和圆螺母 27 固定在空心轴 46 上。

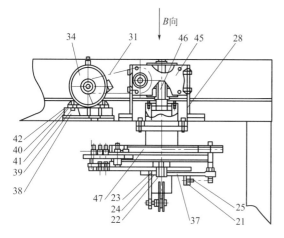

图 9-29　图 9-27 的侧视图

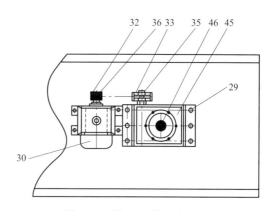

图 9-30　图 9-29 的 B 向视图

如图 9-27 所示，在卷筒 47 的下方位于空心轴 46 的轴端处安装进线导轮组件 2，在进线导轮组件 2 一侧安装第一变形器 9，在第一变形器 9 的一侧安装换向导轮 48，在换向导轮 48 一侧安装引入导轮组件 11；在卷筒 47 的一侧安装第二变形器 15，在第二变形器 15 的一侧安装上卷筒导轮组件 13；在第一变形器 9 和进线导轮组件 2 之间安装挡丝辊 5；进线导轮组件 2、挡丝辊 5 和第一变形器 9 安装在传动板 1 上的钢丝引入支架 3 上，钢丝引入支架 3 通过第一六角螺栓 4 安装在传动板 1 上；换向导轮 48、引入导轮组件 11、第二变形器 15 和上卷筒导轮组件 13 均安装在传动板 1 上。

如图 9-27 所示，在卷筒 47 的一侧安装大压轮组件 17，所述大压轮组件 17 包括大压轮 52，大压轮 52 安装在压轮轴 53 上，压轮轴 53 由连接杆 37 固定在传动板 1 上。如图 9-29 所示，连接杆 37 的一端通过转轴螺栓 22、第三六角螺母 23 和第二平垫圈 24 与传动板 1 转动连接；在压轮轴 53 与传动板 1 之间连接圆柱螺旋拉伸弹簧 25，圆柱螺旋拉伸弹簧 25 的一端固定在传动板 1 上的拉簧座 21 上，另一端连接压轮轴 53。

如图 9-27 所示，在卷筒 47 的一侧设置拔丝杆组件 18，拔丝杆组件 18 包括拔丝杆 34 和拔丝杆压板 19，拔丝杆压板 19 通过第三内六角圆柱头螺钉 20 固定在传动板 1 上。

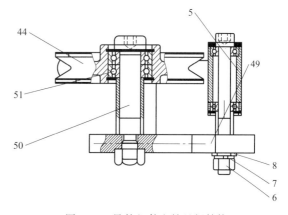

图 9-31　导轮组件和挡丝辊结构

如图 9-31 所示，进线导轮组件 2 包括安装在钢丝引入支架 3 上的进线导轮安装板 49，在进线导轮安装板 49 上固定进线导轮轴 50，在进线导轮 50 上通过轴承 51 安装进线导轮 44；挡丝辊 5 通过第一六角螺母 6、第一弹簧垫圈 7 和第一平垫圈 8 安装在钢丝引入支架 3 上的进线导轮安装板 49 上。

如图 9-27 所示，第一变形器 9 通过第一内六角圆柱头螺钉 10 安装在传动板 1 上；引入导轮组件 11 通过第二内六角圆柱头螺钉 12 安装在传动板 1；上卷筒导轮组件 13 通过第二六角螺栓 14 安装在传动板 1，上卷筒导轮组件 13 包括上卷筒导轮轴和安装在上卷筒导轮轴上的上卷筒导轮；第二变形器 15 通过第二六角螺母 16 安装在传动板 1 上。如图 9-28 所示，在第一带轮 32 和第二带轮 33 上罩设防护罩 43；卷筒 47 包括上卷筒和下卷筒。

三、收卷过程

将钢丝的前端穿过空心轴 46，经过进线导轮组件 2、第一变形器 9，由换向导轮 48 换向后，绕过引入导轮组件 11，钢丝绕在卷筒 47 的下圈上；钢丝绕过卷筒 47 的下圈后再经上卷筒导轮组件 13 和第二变形器 15，将钢丝绕在卷筒 48 的上卷筒上；最后钢丝由拔丝杆组件 18 引出，进行落线。

第十五节　倒立式梅花收线机上的分离部件

在钢丝热镀锌梅花收线机收线的现有技术中，倒立式梅花收线机上的钢丝分离部件中的分离块，与分离叉以及分离块与伸出臂间通过螺纹连接，在长期收线过程中，螺纹容易受磨损甚至失去作用，给热镀锌钢丝收线造成一些麻烦。为了解决这样一个问题，经过多次试验和技术上的改进，设计出倒立式梅花收线机上的分离部件，在生产上使用比较方便可靠，本实用新型选择在分离块上开槽加螺钉的方式，锁紧简单有效。

一、新型分离部件内容

本新型（专利号：CN 201020171309.4）的目的在于克服上述不足之处，从而提供一种倒立式梅花收线机上的钢丝分离部件，结构简单，工作稳定。

按照本实用新型提供的技术方案，倒立式梅花收线机上的钢丝分离部件包括第一内六角螺钉、分离叉、第二内六角螺钉、分离块、伸出臂及压板，压板将伸出臂压紧在机架上，通过第一内六角螺钉锁紧，伸出臂一端插入分离块孔内，分离叉插入分离块另一孔内，用第二内六角螺钉锁紧。所述分离块上开有槽。

二、具体实施方式步骤

下面结合附图 9-32 所示，对倒立式梅花收线机上的钢丝分离部件做以说明。

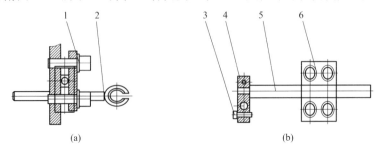

图 9-32　分离部件结构示意

本新型分离机构先用压板 6 将伸出臂 5 压紧在机架上，通过第一内六角螺钉 1 锁紧，伸出臂 5 一端插入分离块 4 孔内，分离叉 2 插入分离块 4 另一孔内，分离块 4 上开有槽，第二内六角螺钉 3 在此基础上锁紧伸出臂 5 与分离块 4 以及分离叉 2 与分离块 4。

三、工作原理与工作过程

本新型分离机构工作原理与工作过程：出线钢丝通过卸线导轮、斜导轮绕上卷筒，在卷筒上绕出的钢丝通过分离叉的内孔再绕上起线架收线，整个过程钢丝分离部件起钢丝导向作用，调整安装位置，加上拦线部件的配合可以限制起线架收线圈径，从而避免因收线圈径过大造成的问题。

本新型分离机构与已有技术相比具有以下优点：结构简单、紧凑，合理；锁紧简单有效，易于操作，工作稳定。

第十六节 倒立式梅花收线机上的拦丝部件

一、技术方案

本发明的目的在于提供一种倒立式梅花收线机上的拦丝部件，其便于维修和更换，使用方便。在倒立式梅花收线机收线时，限制起线架一个安全范围收线，防止出现因收线过多造成的问题。

按照本发明提供的技术方案，倒立式梅花收线机上的拦丝部件包括：支架座、六角螺母、小轴、轴承、拦线管、支架、轴用挡圈及六角头螺栓，拦线管两端安装两根小轴，通过轴承与轴用挡圈固定，然后将拦线管安装在支架内，两端用六角螺母锁紧，支架安装在支架座上，用六角头螺栓锁紧。按照上面的技术方案设计出的部件如图 9-33 所示。

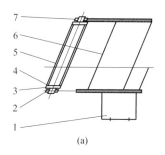 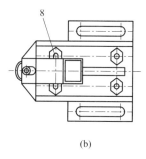

图 9-33 收线拦丝结构示意图

本发明先在拦线管 5 两端安装两根小轴 3，通过轴承 4 与轴用挡圈 7 固定，然后将拦线管 5 安装在支架 6 内，两端用六角螺母 2 锁紧，最后将支架 6 安装在支架座 1 上，用六角头螺栓 8 锁紧。

二、使用范围与优点

倒立式梅花收线机通过起线架收线，往往会收线过多使得钢丝盘过重、过大导致卸线麻烦，且过大的线盘对于小车、起线架等部件的负荷较大，影响其使用寿命。本发明安装在起线架后，通过拦线管的作用，阻挡及限制了起线架的收线范围，控制在安全范围内，进而起到安全收线的作用。

本发明与已有技术相比具有以下优点：结构简单、紧凑，合理；维修更换方便，在倒立式梅花收线机收线时有效地限制起线架收线范围，能起到安全收线的作用。

第十七节　锌锅锌液位置测量系统

钢丝热镀锌锅中的锌液位的稳定性对钢丝热镀锌工艺影响非常大，在现有的向热镀锌锅里添加锌锭的办法很原始，就是预先把锌锭放在热镀锌锅边进行预热，当锌锅中液面过低的时候，把预热好的锌锭直接投入的锌液里面，这种添加锌锭的方法，很不安全，同时，更重要的是添加锌锭在数量上都是根据估计，添加随意。企业很需要设计一种自动加锌系统，能够根据液位的微小变化自动加锌。

一、相位测量原理

相位激光测距通过测量高频调制相位差来实现测距。用无线电波段的频率，对激光束进行幅度调制并测定调制光往返一次所产生的相位延迟，光信号经被测目标反射后由测距系统放大，通过测定反射后的信号与参考信号的相位差 Δ 再根据调制光的波长换算此相位延迟所代表的距离。设激光在 A、B 两点间往返一次所需时间为 t，则 A、B 两点间距离 D 可表示为：

$$D = ct/2 \tag{9-1}$$

式中，c 为光在大气中传播的速度。

若调制光角频率为 ω，在待测量距离 D 上往返一次产生的相位延迟为 Ψ，则对应时间 t 可表示为：

$$t = \Psi/\omega \tag{9-2}$$

将式（9-2）代入式（9-1）中，距离 D 可表示为：

$$D = ct/2 = c\Psi/2\omega = c(N\pi + \Delta\Psi)/(4\pi f) = c(N + \Delta N)/4f \tag{9-3}$$

式中，Ψ 为信号往返测线一次产生的总的相位延迟；ω 为调制光角频率，$\omega = 2\pi f$；N 为测线所包含调制半波长个数；$\Delta\Psi$ 为信号往返测线一次产生相位延迟不足 π 部分；ΔN 为测线所包含调制波不足半波长的小数部分。

在给定调制和标准大气条件下，$c/(4\pi f)$ 是一个常数，此时距离的测量变成了测线所包含半波长个数的测量和不足半波长的小数部分的测量。

相位式激光测距仪主要包括调制信号发生器，相位的测量，相位信息的处理等几大部分。随着近年来微光学和二元光学、非球面技术的快速发展，相位激光测距仪的光学系统逐渐微型化，性能有了极大提高。并且由于深亚微米加工技术的不断成熟、高速发展的电子器件性能的不断提高和采用中频采样的测相方法，精简了测相系统，避免了高频率采样所带来的测量困难，信号处理电路系统的集成化和数字化的程度更高。相位激光测距整机的复杂度也随之降低，使得相位激光测距仪趋向小型化、高精度方向发展。

二、锌锅液位测量方法

国内某热镀锌钢丝对锌锅锌液位测量系统包括传感器和 PLC 信号处理系统两部分。传感器型号：SICK DME3000，液位测量精度：±1mm。

在实际使用中，激光测距传感器安装在锌锅的一边的上部，如图9-34所示，负责测量自身到锌液面之间的距离，然后通过激光测距传感器自身的RS232口将数据传送给单片机，即传感器到锌液面的高度 H，由公式(9-4)即可求得锌液液位的 h。单片机还负责对显示和按键进行处理，为了更加直观地反映出系统工作的状态和测距的实际数值，在硬件的设计中在工作台上添加一块显示/控制面板，显示部分为液晶显示器，包括系统液位的显示和时间显示。

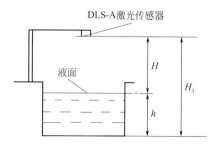

图 9-34　锌锅锌液测量原理

$$h = H_1 - H \tag{9-4}$$

式中　H_1——传感器到锌锅底部的距离；

H——传感器到液面的距离；

h——锌锅底部到锌液面的距离，即锌液面的高度。

1. 系统硬件的构成

激光液位仪的组成如图9-35所示。液位测量仪由通信电路、键盘电路、显示电路、传感器等构成。

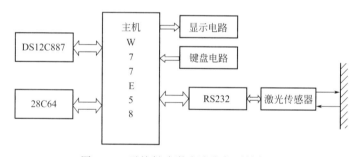

图 9-35　无接触式激光液位仪系统框图

2. 激光传感器

图 9-36　DLS-A15 激光传感器

该系统选用了由瑞士莱卡公司生产的DLS-A15型激光测距传感器。

DLS-A15 激光传感器基本特性是测程 0.2～300mm、串行接口（RS232 或 RS422）、范围宽广的供电电压（9～30V）、两个可编程数字输出端、数字输出错误信号、二等激光（<0.95mW）、D型接口和螺旋接线端便于连接。DLS-A15 激光传感器如图9-36所示。

DLS-A15 技术参数：标准测量精度　±1.5mm；最大测量精度　±2.0mm；测程（相对于自然表面）　0.2～30m；测程［相对于灰色（反射）目标板］20～200m；激光点直径，目标距离为　10m　6mm；50m　30mm；100m　60mm；温度范围　单次测量操作　-10～50℃；连续测量操作　-10～45℃。

3. 通讯电路设计

通讯电路主要完成电平的转换与信息的传递。本系统的通讯电路为单片机与激光测距传感器之间的通信，而单片机与传感器之间的通信主要是依靠单片机的串行通信功能得以实现。

4. 传感器的连接

DLS-A15 激光传感器的接口为 D 型接口，有 RS232 和 RS422 两种形式的接口，在本系统中选用 RS232 作为与单片机相连的接口，连接示意图如图 9-37 所示。

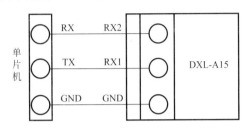

图 9-37　DLS-A15 激光传感器与
单片机连接示意

DLS-A15 激光传感器与单片机电路连接图如图 9-38 所示，单片机把测距命令"g/n"送到数据缓冲器 SBUF，通过串行口的 TXD 发射给激光测距传感器的 RXD，DLS-A15 接收到测距命令"g/n"后，开始发射激光，激光在空气中传播，遇到被测目标（液面）后被反射回来，反射回的激光被激光传感器接收，在激光传感器 DLS-A15 内部自动转换为一个系列代码，返回代码再由 RS232C 串行通讯传送给 AT89C52，在单片机里判断返回的代码是否正确，若激光传感器返回代码为"31.06＋XXXXXXXX"则此次检测正确，若返回代码为@EZZZ＜Trstl＞，则检测出错。若正确单片机对接收的代码进行处理，先去掉成功返回的 6 个标志位"31.06"，再接收 8 位数据位，8 位数据位 XXXXXXXX 代表的距离单位分别是 100m、10m、m、dm、cm、mm、1/10mm、1/100mm，此次设计最大距离是米且精确到 1/10mm，所以从 8 位数据位中选择的是第 2 位到第 6 位，由程序对返回的代码处理得到的 5 位数据（m、dm、cm、mm、1/10mm），为激光到达测量目标（液面）的距离值。精度问题是研制测量仪时一直关心的问题。所测液位的最小分辨率为 1/10mm，可达到测量的精度。

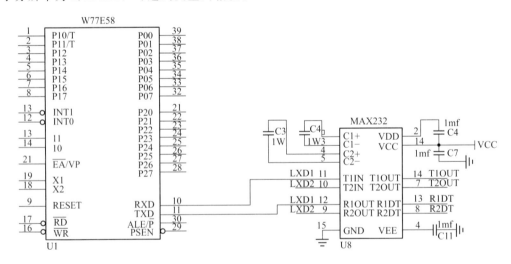

图 9-38　DLS-A15 激光传感器与单片机电路连接图

三、测距程序的设计

测距程序设计思路：此部分程序主要完成测距功能，把单片机机所测得的距离值进行显示。测距程序（tmeter.c）流程图如图 9-39 所示，单片机获取实际距离 getlength（）子程序流程图 9-40 所示。

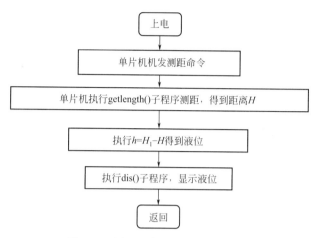

图 9-39 测距程序（tmeter.c）流程

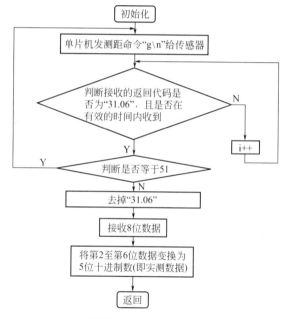

图 9-40 测实际距离 getlength（）子程序流程

四、应用效果

本系统中激光测距传感器 DLS-A15 接到由单片机通过串口发出的发射命令后发射激光，发射回激光被激光传感器接收，通过传感器的数据处理，将其距离转换成一系列代码，通过 RS232 口可直接将一系列代码传送给单片机，单片机对代码进行分析得到测得实际距离的数值。然后，单片机通过液晶显示器将测出的液位、时间实时的显示出来。此外，在整个系统中设置了按键控制部分，工作人员可通过不同按键控制系统地多种工作状态，整个系统设计简单，操作方便，测距准确。锌锅液位测量系统在锌锅液位自动控制中有着非常重要的作用，本系统将测量数据经过滤波处理，得到的液位值误差非常小，可以作为参考值用于液位的自动控制中，有效地解决了测量数据误差大的问题，满足生产要求。

第十八节 一种钢丝热镀锌锅自动加锌装置及其加锌方法

一、现有加锌方法

现有在钢丝镀锌生产中，热镀锌 1t 直径 $\phi1.80$mm 的钢丝需要金属锌锭约 $65\sim72$kg，钢丝熔锌锅熔锌在 $25\sim30$t 之间，一条钢丝热镀锌自动生产线，一天热镀锌钢丝 80t 左右，需要向锌锅里添加锌锭约 $5.2\sim5.7$t，为了不影响生产的进行，向锌锅里添加锌锭的时间一般都是在班前、生产中间和班后三个时间段；为了节省时间，员工直接将锌锭推入锌锅的锌液中。这种添加锌锭的方法，存在以下四个方面的问题。

① 造成锌液的温度下降很多，锌液温度波动过大。

② 为了不影响生产进行，就加大升温速度，将锌液的温度很快提升起来，这种添加锌锭的方法和加快把锌温升起的做法，有损锌锅的电加热管使用寿命。

③ 较厚的镀锌层使钢丝镀锌层的附着性差，影响热镀锌钢丝的表面质量。

④ 直接把锌锭向锌锅中添加，因锌锭没有提前预热，和锌锅中的锌液之间温差大，此时，高温的锌液经常出现"溅锌、爆锌"的现象，对员工的人身安全极为不利。

二、自动加锌技术方案

为解决上述问题，本发明提出一种钢丝热镀锌锅自动加锌装置及其加锌方法。

1. 自动加锌结构的设计

锌锭输送台包括支撑架、链轮组、两个链条、减速电动机，链轮包括主动链轮组和从动链轮组，主动链轮组包括主动轴和固定安装在主动轴两端的主动链轮，主动轴的两个轴端分别通过轴承盒安装在支撑架的一端，在主动轴的一端连接减速电动机的输出轴；从动链轮组包括从动轴和通过轴承安装在从动轴两端的从动链轮，从动轴两端为方形轴头，在支撑架的另一端设有与该方形轴头匹配的方形滑槽，该从动轴的两端的方形轴头分别安装在支撑架的方形滑槽内，在方向滑槽的槽口处设有横挡板，该横挡板的两端支撑在槽口边沿，横挡板的中部设有张紧螺栓，该张紧螺栓穿过横挡板后拧入到方形轴头上，用于调整方形轴头在方形滑槽内的位置，两组的对应的主动链轮和从动链轮之间安装两个链条，在两个链条之间的对应链节上连接有设有若干个与链条垂直布置的钢板条，钢板条和两个链条形成链排结构。

在锌锭输送台的尾部设有入锅滑板，该入锅滑板的上端与锌锭输送台的链排尾部搭接，下端位于锌锅内部。在锌锅内远离入锅滑板的一侧设有挡锌渣板，该挡锌渣板从锌锅上部插入到锌锅内的液面下一定距离，挡锌渣板的上端露出锌锅上部一定距离。

2. 自动加锌的控制

（1）锌液位的测量。在靠近该挡锌渣板的锌锅边沿设置锌液位检测模块。

（2）检测锌液位的设备。该锌液位检测模块包括朝向挡锌渣板和锌锅边沿之间部位的锌液面的激光测距传感器、单片机和显示控制面板，激光测距传感器采用瑞士莱卡公司的 DLS-A15 型激光测距传感器，所述的单片机型号为 W77E58，所述的显示控制面板采用带触摸屏的液晶显示器，显示控制面板用于输入锌锭重量参数、锌锭摆放间距参数、锌液面要求高度的参数。

（3）自动加锌的控制方法。该装置还包括有用于控制减速电动机的电机驱动器，该电机驱动器与单片机连接，受单片机控制。

（4）加锌锭的托板。钢板条的为加厚型，其截面为工字形。

（5）自动加锌的过程。一种采用前面所述装置的钢管热镀锌锅自动加锌方法，包括如下步骤。

① 激光测距。所述的激光测距传感器对锌锅内的锌液面进行测距，将测距后的尺寸数据传输给单片机。

② 运算，生成驱动指令。单片机根据上述测距的尺寸数据进行运算，以锌锅边沿为基准计算出实际锌液面的高度 d_1，然后根据锌锅边沿为基准预先设定的锌液要求控制高度 d，算出应补充锌液的高度差 $d_2 = d_1 - d$，然后根据锌锅面积 s 和锌的密度 ρ 算出应补充锌液的重量 $m = d_2 s \rho$，然后根据每个锌锭的重量 m_1 算出需要补充的锌锭的个数 $n = m/m_1$，根据锌锭在锌锭输送台的链排上摆放距离 L 测算出减速电动机需要转动的圈数，然后根据电动机的转速转换成电动机的转动时间；生成驱动指令。

③ 补充锌锭。单片机将驱动指令传输到电机驱动器，电机驱动器带动减速电动机转动指令要求的圈数，将锌锭输送台的链排上摆放的锌锭逐个送到锌锅中，锌锭沿入锅滑板逐个加入。

④ 循环步骤①～③，对驱动指令进行修正。

随着锌锭的加入，重复步骤①～④，不断地修正驱动指令，避免加锌过多或过少。

三、具体实施方式

在图 9-41～图 9-43 中所示分别是：1—支撑架、2—减速电动机、3—主动轴、4—主动链轮、5—钢板条、6—锌锭、7—从动轴、8—入锅滑板、9—锌液、10—挡锌渣板、11—支架、12—激光测距传感器、13—单片机和显示控制面板、14—锌锅、15—固定螺栓、螺母、16—张紧螺栓、17—横挡板、19—链条、20—从动链轮、31，32—主动链轮和主动轴之间的连接键、201—轴承、71—从动轴的方形轴头。

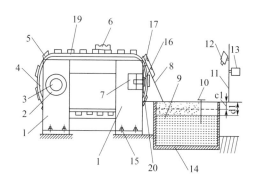

图 9-41　自动加锌结构示意

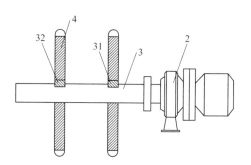

图 9-42　主动链轮组的结构示意

参见图 9-41～图 9-43，钢丝热镀锌锅自动加锌装置，包括锌锭输送台、锌锅。

锌锭输送台包括支撑架、链轮组、两个链条、减速电动机，链轮包括主动链轮组和从动链轮组。

在锌锭输送台的尾部设有入锅滑板，该入锅滑板的上端与锌锭输送台的链排尾部搭接，

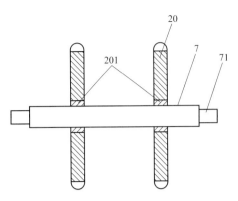

图 9-43　从动链轮组的结构示意

下端位于锌锅内部，这样锌锭在进入锌锅时会从该滑板上缓慢地滑入锌锅内部，不至于对锌锅内的锌液造成冲击，避免"溅锌、爆锌"的现象发生，提升加锌过程的稳定性和安全性。

在锌锅内远离入锅滑板的一侧设有挡锌渣板，该挡锌渣板从锌锅上部插入到锌锅内的液面下一定距离，挡锌渣板的上端露出锌锅上部一定距离，该挡锌渣板能够挡住锌渣，在测距传感器的检测区域形成干净的锌液面，这样不让锌渣影响激光测距传感器的检测。

在靠近该挡锌渣板的锌锅边沿设有锌液位检测模块。

该锌液位检测模块包括朝向挡锌渣板和锌锅边沿之间部位的锌液面的激光测距传感器、单片机和显示控制面板，激光测距传感器采用瑞士莱卡公司的 DLS-A15 型激光测距传感器，单片机型号为 W77E58，显示控制面板采用带触摸屏的液晶显示器，显示控制面板用于输入锌锭重量参数、锌锭摆放间距参数、锌液面要求高度的参数。

该装置还包括有用于控制减速电动机的电机驱动器，该电机驱动器与上述单片机连接，受单片机控制，电气驱动器根据单片机的驱动指令带动减速电动机转动，从而带动链排转轴将锌锭逐个送入到锌锅内。

第十章
钢丝热镀锌生产线
的设计

第一节 高速热镀锌生产线的研制

目前国内热镀锌生产线的收、放线设备仍然比较落后，钢丝表面清洗效果差，热镀锌的锌层控制不均匀，因此产品质量不是很稳定，生产效率低（平均 DV 值在 35mm·m/min 左右）。国内某公司对镀锌生产线的放线、收线、钢丝表面清洗及热镀锌等几大核心技术进行不断探索，成功研制出高速热镀锌生产线。

一、高速钢丝热镀锌生产线组成

所研制的高速热镀锌生产线适用于 $\phi 1.2 \sim \phi 4.8mm$ 热镀锌钢丝生产，产品执行的标准为 YB/T 5343—2015 和 ASTM B802M。

生产线主要工艺流程：上抽式放线→铅浴淬火→水洗→化学盐酸洗→水洗→电解碱洗→水洗→中和洗→水洗→助镀→烘干→热镀锌→"V"形盘收线。

1. 钢丝上抽式放线

为了提升整条生产线的生产作业率，实现连续不停机放线，放线方式设计为上抽式连续放线。该放线方式采用主动放线，减少了钢丝在传统放线方式中产生的扭转现象。放线机的工作原理：由变频电动机带动减速箱、同步带轮装置使转盘旋转，然后转盘上的大盘钢丝送出，进入锥形栏上的导轮装置。放线速度与收线速度采用电气联动控制，使收放线速度一致，确保了单根钢丝的张力稳定。在放线过程中，钢丝通过导轮组保证其张力并控制运行方向。钢丝在放线结束前约 $3 \sim 5min$，变频电机通过电气控制停止放线，转盘停止。此时操作者将转盘上线架的钢丝线尾与另一工作台上线架的钢丝线头进行焊接。钢丝放线结束后，通过双作用气缸装置驱动齿轮齿条，使旋转臂上锥形栏旋转至另一工作台放线架中心，顺利实现两个放线盘放线方式的衔接，放线可以在两个放线盘间循环进行，从而实现不停车放线。钢丝在放线盘上的放线速度是根据电气反馈收线机的速度来进行自动调节的，能够达到收、放线同步，放线机构如图 10-1 所示。

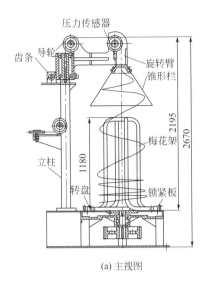
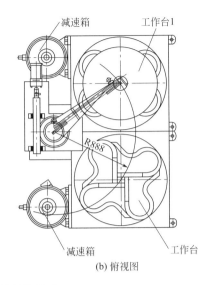

图 10-1　上抽式放线机构示意

单位：mm

2. 钢丝表面清洗处理系统

钢丝表面清洗部分设计了二道化学盐酸洗和一道电解碱洗。第一道化学盐酸洗盐酸质量浓度为 120～200g/L，第二道化学盐酸中和洗的盐酸质量浓度为 100～180g/L；电解碱洗电流为 6000A，电压为 12V。

表面清洗工艺流程：擦拭＋水洗＋吹刷→水帘密封＋化学盐酸洗＋水帘密封＋吹刷→水冲洗＋吹刷→电解碱洗＋吹刷→热水冲洗＋吹刷→水帘密封＋稀盐酸中和洗＋水帘密封＋吹刷→水冲洗＋吹刷助疲＋吹刷→烘干。

（1）擦拭、水洗、吹刷。钢丝从铅锅淬火槽出来，经 6m 长的冷却段后进入清洗部分的第 1 个槽体（水洗槽）。槽体的内部尺寸设计为 1800mm×1850mm×600mm（长×宽×高）。

在水洗槽的前端安装软金属擦拭机构，钢丝经擦拭机构除尘或除锈后进入水洗槽，以保证钢丝表面清洁、无锈点。擦拭机构由可调节软钢丝团压力大小的小盒子组成，每根钢丝经过 1 个小盒子。小盒子中的软钢丝团需要清洗或更换时，可单独处理，不会影响生产线的正常运行。钢丝从擦拭机构出来后进入水槽经水流冲洗，水槽长度为 2000mm，采用内外槽循环方式，水槽中水流的大小设计为可调节式，即当线速度快时水流量相对较大，以保证钢丝的清洗效果。钢丝在水槽中清洗后，为了使钢丝上的水液不带入下个槽，在每根钢丝出线端安装 1 个空气吹刷装置，该吹刷装置采用耐腐蚀的陶瓷材料制作而成。

（2）化学盐酸洗。盐酸槽内部尺寸：12000mm×1850mm×600mm（长×宽×高）；盐酸质量浓度为 120～200g/L；酸洗方式采用逆流波浪式，酸液逆流速度为 0.5m/s；酸槽两端采用水帘式密封，槽体全封闭，槽边采用磁封；酸雾的泄漏率控制在国家标准规定范围内，酸槽抽出的酸雾采用弱碱液喷雾中和处理。

酸洗槽采用内外循环，外槽为储槽，内槽分 2 段，每段长 6000mm；槽底设计成"波浪形"结构，使酸液在槽中形成"波浪"，以增大钢丝和酸液的"摩擦"，从而保证钢丝的冲洗质量。通过多次试验，得出最佳"波浪"的波峰为 70mm，波长为 500mm，酸槽内槽结构如图 10-2 所示。

2 段内槽分别用 1 台泵进行供液，其流量设计为可调，另配 1 台备用泵，当工作泵发生

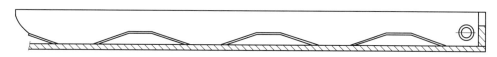

图 10-2　酸槽内槽结构示意

故障时，报警装置发出信号，电气系统检测到该信号后，立即自行启动备用泵，使生产不间断进行。

（3）电解碱洗。经过化学盐酸洗后，钢丝进入电解碱洗，电解碱洗槽内部尺寸：6000mm×1850mm×580mm（长×宽×高）；NaOH 浓度为 230～350g/L；电解采用阴阳极交替，电极排布方式：阳-阴-阴-阳、阳-阴-阴-阳；碱洗最大电流 6000A、电压 12V。电解液采用内、外槽循环方式，1 台泵工作，另 1 台泵备用，当工作泵发生故障时自动切换到备用泵。

（4）稀盐酸中和洗。碱洗后的钢丝经热水洗后进入盐酸中和洗槽。稀盐酸中和槽内部尺寸：3000mm×1850mm×580mm（长×宽×高）；稀盐酸质量浓度为 100～180g/L；酸液采用内外槽循环方式，1 台泵工作，另 1 台泵备用，当工作泵发生故障时自动切换到备用泵。

（5）助镀。钢丝进入锌锅之前，通过助镀槽涂助镀剂，防止钢丝在烘干时生锈，改善镀锌后锌层厚度及产品品质。助镀槽内部尺寸：2000mm×1600mm×580mm（长×宽×高）；助镀剂采用氯化锌-氯化氨，其质量浓度为 130～250g/L；加热方式为电加热。

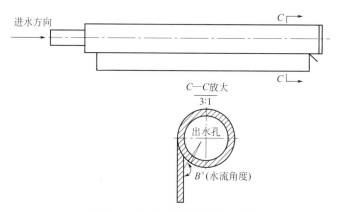

C—C放大
3:1

出水孔

$B°$（水流角度）

图 10-3　水帘密封装置结构示意

（6）水帘密封装置。在每个化学酸洗槽两端加有水帘装置进行密封，以杜绝盐酸酸雾外泄。水帘密封装置结构如图 10-3 所示。水帘装置虽结构简单，但密封效果理想，水帘的厚薄及大小均由阀门调节。

（7）吹刷装置。在钢丝出酸洗、碱洗、水冲洗和助镀槽后都要经过吹刷装置，该装置的结构如图 10-4 所示，由陶瓷嘴和紫铜管粘接构成。压缩空气经吹刷嘴吹出，能彻底将钢丝表面的液体吹掉，确保钢丝不将其表面液体带入下道工序。

（8）烘干。钢丝从助镀槽出来经过烘干，确保进入锌锅的钢丝表面干燥。该装置内部尺寸：3000mm×1600mm×580mm（长×宽×高）；烘

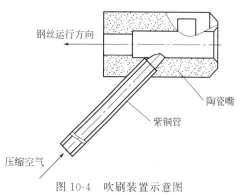

钢丝运行方向

陶瓷嘴

紫铜管

压缩空气

图 10-4　吹刷装置示意图

干最大功率为 3kW/根×30 根＝90kW；装置内温度控制在 200℃。

生产线上各槽均为封闭式，酸、碱雾全部集中通过环保设施处理后排放。

3. 钢丝热镀锌部分

钢丝经前面工序处理后进入锌锅进行热镀锌，锌锅温度控制在 450～460℃，镀锌方法采用垂直热浸镀锌法；锌层的控制方式采用较先进的电磁抹拭，不仅易于控制锌层质量，而且操作简便，使用成本低；钢丝出锌锅经抹拭后要冷却处理，方式为水冷加风冷；钢丝在进入收线机前表面温度应低于 35℃。

（1）锌锅结构。参考世界同行业先进生产线的情况，确定 DV 值为 80mm·m/min，按生产 30 根钢丝计算，锌锅熔锌量要求达到 65～70t。设计锌锅内部尺寸为 5800mm×1600mm×950mm，熔锌量 68t。锌锅外壳采用钢板焊接，并加保温层，锌锅内层主体用高温陶土整体筑制。锌锅的整体结构如图 10-5 所示。

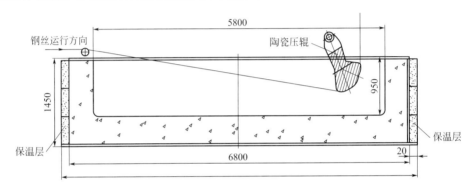

图 10-5　锌锅的整体结构示意
单位：mm

（2）锌锅的加热方式。生产线采用石英加热管电加热，其结构如图 10-6 所示。锌锅的加热能源有天然气、煤气、焦煤、电等，该锌锅的加热总功率为 350kW。

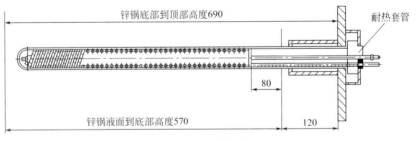

图 10-6　石英加热管结构示意
单位：mm

（3）压辊。锌锅内压线采用陶瓷压辊。根据对镀锌线长期积累的经验以及锌锅中辊和钢丝的运行关系，并参考同行业中对陶瓷压辊的要求，自行设计了一种陶瓷压辊，其结构如图 10-7 所示。该压线装置在锌锅中由自动升降装置控制。

4. 钢丝收线部分

为实现大盘重收线，采用 V 形盘倒立式收线方式，不但提高劳动生产率，减轻工人劳动强度，还可减少电接头，提高钢丝通条性能。钢丝直径和收线速度的选取见表 10-1。

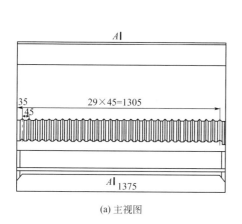

(a) 主视图

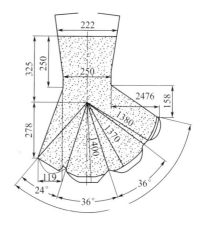

(b) A—A剖视图

图 10-7　陶瓷轧辊结构示意

单位：mm

表 10-1　钢丝直径和收线速度的选取值

直径/mm	收线速度/(m/min)	
	热镀锌	热处理—热镀锌
1.2～4.8 2.5～4.8 1.8～4.0	20～80 11～25	1～30

为适应不同钢丝直径，设计大、小 2 个收线盘，其尺寸见表 10-2，收线盘结构如图 10-8 所示。为实现钢丝在积线架上成梅花状积线，每个收线架下设计有 1 台倾斜的移动式旋转小车，旋转速度为 0.1～0.2r/min。

表 10-2　收线机 2 种规格收线盘尺寸

名称	盘径/mm	矫直器辊径/mm	钢丝直径/mm
大盘	700	50	2.1～4.8
小盘	500	50	1.2～2.0

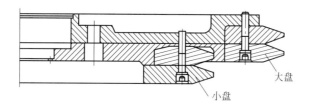

图 10-8　V 形收线盘结构示意图

二、钢丝生产线电气控制系统及网络结构

设计的热镀锌生产线全长近 130m，控制系统分 5 部分，共有 64 台变频器，采用现场总线实现自动控制。生产线的网络结构示意图如图 10-9 所示。

生产线由 1 台 PLC 进行控制，在锌锅处和铅锅处各安装 1 台计算机，通过网络连接

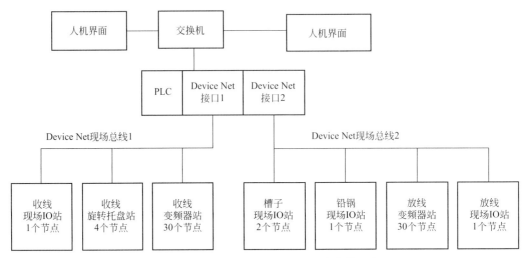

图 10-9　热镀锌生产线控制系统网络结构示意

PLC 进行数据交换。生产线共有 69 个网络节点，考虑到网络节点多，采用了 2 个 Device Net 现场总线网络进行通信。一个 Device Net 现场总线网络下挂 35 个网络节点，分别是收线机现场控制的现场 IO 站、4 个收线机旋转托盘变频器站、30 个收线机变频器站。另一个 DeviceNet 现场总线网络下挂 34 个网络节点，分别是 2 个槽子现场控制的现场 IO 站、铅锅控制的现场 IO 站、30 个放线机变频器站、放线机现场控制的现场 IO 站。生产线各部位的控制如下。

（1）放线部分。放线机采用不停车放线，共有 30 组，每组有 2 个放线架。在放线的控制上，每组使用 1 台变频器控制 2 个放线架电动机调整放线速度，使其放线速度和收线速度一致。

（2）铅锅部分。采用 PID 控制调节铅锅温度，并在人机界面上进行监控。

（3）槽体。根据每个槽体的特点，设计相应的控制方式。在泵的控制上采取措施，确保槽体的供液不能间断。

（4）锌锅部分。采用 PID 控制调节锌锅温度，并在人机界面上进行监控。

（5）收线部分。收线机有 30 组，每组由 1 台变频器驱动实现不同的收线速度，并可以分别控制启、停。为了保证收线速度的精度，在每台收线电动机上安装了旋转编码器。每组收线机安装计米装置，可以设定不同的收线长度，到设定长度后自动发出警报提醒操作人员。

收线机下线旋转托盘的控制分为 4 组，每组由 1 台变频器控制，生产时可以实现 4 组不同的托盘旋转速度。

（6）人机对话。在生产线的锌锅处和铅锅处各安装 1 台触摸屏，屏上显示生产线的运行状况。在屏上可以设定生产线运行的各项参数，并对生产线的重要参数进行记录，以备随时进行查阅。

三、有益的效果

借鉴国外先进技术并通过实验验证和改进，设计出适合生产高强度镀锌钢丝的高速热镀锌生产线。该生产线投产后，产品质量能够满足 YB/T 5343—2015 和 ASTM B802M 要求，产量是普通生产线的 2 倍，而且能有效降低生产成本，减轻工人劳动强度。

第二节 热镀锌钢丝生产线的技术改造

国内某厂在搬迁改造项目中，引进关键的抹拭技术，其余设备国内设计制造，新建一条走 24 根钢丝、DV 值大于 120mm·m/min、年产 2 万吨镀锌钢丝的高速热镀锌生产线。

一、原生产线的状况

国内某厂 2008 年前有 3 条热镀锌钢丝生产线，产能为 20000t/a，产品规格为 $\phi1.6 \sim \phi4.0$mm。生产工艺流程：散圈放线→脱脂→水洗→盐酸洗→水洗→助镀→热镀锌→油木炭抹拭→冷却→收线。这种热镀锌生产线效率低，废碱、废酸、废水污染严重，员工劳动强度大，DV 值约 30mm·m/min，光面钢丝盘卷质量一般在 230kg 以内，钢丝镀层面质量范围控制小。生产过程中，钢丝经过生产线各槽池时，由压辊压入槽内，钢丝呈曲线行走，张力不均匀；油木炭抹拭方式对环境有一定的影响，操作不慎会造成锌疤、锌瘤缺陷，锌层均匀性、表面平整光洁度等较差；被动放线，卧式收线机无法满足盘卷质量大于 260kg 的要求。

二、高速热镀锌钢丝生产线

高速热镀锌钢丝生产线在收放线方式及表面处理、抹拭技术等方面有很大的改进，工艺流程：双卷筒工字轮放线→阴阳极交替电解碱洗→回收＋清水洗→水帘密封酸洗→回收＋清水洗→助镀→烘干→热镀锌→电磁抹拭→风冷＋水冷→收线。

1. 钢丝放线的形式

钢丝放线。钢丝高速热镀锌必须保持钢丝在运行中张力恒定、无抖动，同时具备不停车上下线功能，对设备要求严格。国内供选择的收放线设备只有卷筒直径 $\phi450$mm 的卧式双卷筒工字轮收放线机，该设备用于 $\phi3.0$mm 以下规格的钢丝收放线。通过消化国外同类设备技术由某企业制造出了卷筒直径为 $\phi550$mm 的立式双卷筒收放线机，从而解决了 $\phi3.0 \sim \phi4.5$mm 钢丝收放线的技术难题。采用此放线机组，光面钢丝盘重可以达到 1.3t（是散圈放线的 6 倍左右）。

2. 钢丝表面处理

钢丝表面处理生产线所有槽池都分下储液槽和上工艺槽，通过水泵、溢流使溶液上下循环，钢丝在各槽池内直线运行。在各工艺槽之间增加气吹和机械刷装置，以减少在高速运行中钢丝表面残液流入下道工艺槽。

（1）阴阳极交替电解碱洗。高速钢丝热镀锌生产线靠传统的化学清洗方法很难去除钢丝表面油污，采用阴阳极交替电解碱洗，吸取了单纯的阴极和阳极电解碱洗的优点，达到了快速脱脂的目的。

（2）水帘密封酸洗。把老式盐酸槽适当加长，采用先进的水帘密封酸洗技术，可以达到钢丝快速清洗的目的，同时利于环保。

3. 电磁抹拭系统

（1）对于高速钢丝热镀锌来说，DV 值越高，钢丝镀层面质量越大，油木炭抹拭无法实现对钢丝镀层面质量的控制，镀锌层表面质量也有缺陷，而氮气抹拭系统装置不能单独引进，对收放线设备要求特别高，通过调研和与有关方面技术交流，选择了国外某公司制造的电磁抹拭设备。

（2）通过调整电磁抹拭设备的电流强度，可以控制高 DV 值生产条件下钢丝的镀层面质量在 $180\sim350\mathrm{g/m^2}$，并可根据用户的需求，扩展到 $110\sim550\mathrm{g/m^2}$。此生产线镀出的钢丝的镀层均匀性、同心度以及表面质量较好。

4. 钢丝冷却冷却系统

钢丝冷却系统由水冷＋风冷组成，使钢丝经抹拭后快速冷却。水冷由原来的 1 道增加到 5 道，通过调整水压，让水的最高点完全包裹住钢丝，并且减少对钢丝的冲击；风冷一方面加强了钢丝的快速冷却，另一方面把下落的水滴吹入接水盒，避免水进入电磁室和锌锅内造成质量波动或安全事故。

5. 钢丝的收线

收线装置采用立式（或卧式）双卷筒工字轮收线机，与放线双卷筒工字轮一一对应，做到单线单控，保证了钢丝在运行中张力恒定。收线后工字轮可直接转到下道捻制工序，提高了物流周转的效率。另外配有倒立式收线机，主要用于生产单件商品钢丝，下线打包后直接销售给用户。

三、效果分析

1. 钢丝热镀锌生产技术分析

整条镀锌生产线速度（DV 值为 120mm·m/min）大幅提高，其产能相当于改造前的 3 条生产线之和，达到了设计要求；收放线采用 $\phi1000\mathrm{mm}$ 工字轮，减轻了工人劳动强度。采用电磁抹拭技术，钢丝的镀层面质量得以控制。以生产 $\phi2.6\mathrm{mm}$ 镀锌钢丝为例，对经油木炭抹拭、电磁抹拭方法生产出的镀锌钢丝的锌层面质量进行数据分析（各取 50 个样本），其工序能力指数 CPL 计算结果见表 10-3（标准规定的锌层面质量 $\geqslant230\mathrm{g/m^2}$）。

表 10-3　2 种抹拭方式的工序能力指数比较

抹拭方式	锌层面质量/$(\mathrm{g/m^2})$					CPL 值
	最大值	最小值	极差	平均值	标准偏差	
油木炭抹拭	336	241	95	290	18.87	1.06
电磁抹拭	280	245	35	260	7.20	1.39

表 10-3 说明，油木炭抹拭的工序能力尚可，为 2 级；电磁抹拭的工序能力充分，为 1 级。采用电磁抹拭使锌层面质量波动大大缩小，从而使有效锌耗大幅下降。新的表面处理工艺使钢丝在高速运行中得到了良好的清洗，节省了酸、碱、氯化铵等物料，且废酸、废碱、废水集中排入了污水处理站，减少了废液排放，改善了作业环境。

2. 经济效益分析

通过技术改造后经济效益比较明显，具体有以下三方面的优势。

（1）一条进口高速镀锌钢丝生产线，报价在 3500 多万元，而国内某厂采用引进关键的抹拭技术，其余设备由国内厂家设计制造，投资仅为进口生产线的 1/3，节约投资 2000 多万元，而且效果相当。

（2）新建高速镀锌生产线生产过程中有效锌耗达到 54kg/t，而原镀锌生产线为 59.5kg/

t，按年生产 2 万吨镀锌钢丝，锌价为 1.3 万元/t 计算，节锌费用 143 万元/a。

（3）新生产线人员配置为 4 个班，每班 9 人；原生产线人员配置为 4 个班，每班 7 人。年生产 2 万吨镀锌钢丝，需 3 条原生产线才能完成。减少人员 48 名，按人均工资 4 万元/a 测算，节约工资约 200 万元。

第三节 钢丝燃气热处理连续生产线设计

一、问题提出

某厂新引进一条明火燃气热处理连续生产线，自投产以来，热处理后钢丝在水箱拉拔过程出现如下问题：拉拔速度低（2～5m/s）；模耗高；拉丝存在钢丝跑号（超出工艺要求范围）。由于这些问题的存在，拉丝产量急剧降低，对后续股绳生产所需钢丝供应不足，生产的连续性受到严重影响。

二、过程控制改进

工艺流程：放线→铅浴热处理→冷水洗→盐酸酸洗（无烟酸洗）→水洗→热水洗→磷化→热水洗→皂化→烘干→收线。

整条生产线 DV 值定为 60mm·m/min，铅锅温度定为 550℃。热处理钢丝 ϕ2.6mm，工艺路线：ϕ6.5mm65 钢盘条→ϕ2.6mm（干拉）→热处理、酸洗、磷化→ϕ1.0mm（水箱拉拔）。重点介绍由 ϕ2.6mm 半成品钢丝生产成品 ϕ1.0mm 钢丝工艺的调整。

1. 增大模具工作锥角度

首先增大拉丝模的工作锥角度，由原来的 8°～12°调整为 12°～14°，叫模现象有所缓解，拉拔速度由原来的 2～5m/s 提高到 4～6m/s，拉丝产量比改进前提高了 25%，但并没有从根本上解决拉拔速度低、叫模、模耗高的问题。

2. 热处理炉控制

（1）炉温和线温在实际生产中，钢丝的线温通过炉温来保证。炉膛分为 4 个加热区。其设定温度由原来的 1000℃、980℃、960℃、930℃，分别提高到 1020℃、1000℃、970℃、950℃。炉膛内的实际加热温度可以用热电偶来测定，具体的方法是沿钢丝运行方向每隔 1m 定点测试炉温，可以了解钢丝表面的加热温度分布情况，对钢丝的线温必须控制在（920±10）℃。由于明火炉的 DV 值较高，车速较快，冷却条件比较理想，因此必须控制钢丝的线温，避免或尽量减少因快速冷却造成过冷度太大而出现贝氏体组织。

（2）炉子气氛。炉内钢丝温度越高，越易发生氧化，因此炉内钢丝温度越高的区域含氧量应越低。奥氏体化炉可以调节各区的氧气含量，并且每个区的氧气含量可以不同。在调节炉内的氧气含量时，要求 1 区、2 区含氧量高些，3 区、4 区含氧量为零。主要是因为 1 区钢丝温度较低，钢丝不易氧化，同时，氧气过剩可以燃烧钢丝表面的润滑粉，也可使钢丝表面轻微氧化，减少挂铅，1 区过剩的氧气还可以使 3、4 区过剩的燃气得以充分燃烧，但 3 区不能有氧气，否则钢丝表面会严重氧化并出现挂铅。

（3）提高热处理钢丝温度。钢丝热处理的目的是获得组织均匀的索氏体，索氏体中渗碳体相和铁素体相弥散度较高，层片细，渗碳体片极薄。当冷加工时，金属晶体内位错数目随变形程度增大而不断增加，位错密度越高其能承受的冷变形程度愈好，亦即冷拉极限值愈高。在正常的加热情况下，钢丝连续奥氏体化处理时铁素体（F）转化为奥氏体（γ-Fe）的相变过程是一个必要的阶段，其转变前的孕育期长短直接影响到钢丝在炉内的均匀化时间，它取决于加热温度和加热速度，加热温度越高，加热速度越快，转变的孕育期越短，因此为确保完全奥氏体均匀化，形成细小的奥氏体颗粒，明火炉通常采用高温快速的方式达到目的，提高热处理钢丝的线温。由原来的（890±10）℃提高到（920±10）℃调整后金相检验结果见表10-4。

表 10-4　金相检验结果

线温 /℃	脱碳层深度 /mm	平均晶粒度 /级	ρ/%		
			S(索氏体)	P(珠光体)	F(铁素体)
890±10	—	8.0	85	9	6
920±10	—	8.5	90	6	4

从表10-4可见，线温提高后索氏体体积分数由原来的85%提高到90%。

3. 优化酸洗工艺参数

钢丝表面清洗的洁净度直接影响后续磷化涂层质量，钢丝表面清洗不净会造成磷化涂层不牢固，拉拔后磷化涂层脱落，不能随钢丝完全延展，脱落的黑膜堵塞模孔等问题。钢丝表面未清洗干净的黑膜带入磷化液会造成磷化液中 Fe^{2+} 浓度过高，相对 NO_3^- 浓度过低，酸比不稳定，磷化质量不佳。明火燃气热处理连续生产线采用无烟酸洗，即钢丝在 3 段不同的盐酸浓度和加热温度下酸洗。判断钢丝表面是否清洗干净有多种方法，为调试方便，在现场使用最简便的方法，即"揩拭法"：用白纸或白手套揩拭钢丝表面，白纸和白手套上无黑膜，只有水的痕迹为清洗干净。笔者现场跟踪调试，盐酸酸洗工艺参数及清洗效果见表10-5。

表 10-5　盐酸酸洗工艺参数及清洗效果

方案	盐酸/(g/L)	二价铁盐/(g/L)	盐酸温度/℃	酸洗时间/s	表面擦洗情况
1	30～100	200	30	32	黑膜严重
2	40～120	200	40	32	黑膜减轻
3	50～180	200	55	32	干净、无黑膜

从表10-5可见，方案3生产的钢丝表面干净、无黑膜，清洗效果最佳。

4. 优化磷化工艺参数

钢丝表面清除氧化皮后，仅能吸附少量润滑剂，在拉拔过程中，易造成钢丝表面划伤，拉丝模非正常磨损及不能连续拉拔等现象。对表面清理后的钢丝进行表面润滑涂层处理，即通过物理和化学方法，使钢丝表面涂上或生成较厚的、附着力强的、表面较粗糙且有微孔的润滑涂层，以便在拉拔时作为载体吸附润滑剂并带入模孔内，形成良好润滑膜，以保证钢丝顺利拉拔。使用磷化涂层作为钢丝拉拔过程的润滑载体，磷化处理工艺较复杂，如工艺控制不好，生成的磷化层粗糙，润滑性差，拉拔时叫模，钢丝表面产生竹节。

现场检验热处理后钢丝磷化质量好坏的最直观、便捷的方法是通过观察拉拔钢丝在水箱各道模的磷化膜残留情况，拉拔后成品钢丝表面颜色及残留的磷化膜面质量。在同一生产工艺条件下，例如在水箱LT16/360拉丝机上生产：ϕ2.60mm（65钢）→ϕ2.36mm（干拉）→

$\phi 2.16mm \rightarrow \phi 1.98mm \rightarrow \phi 1.81mm \rightarrow \phi 1.66mm \rightarrow \phi 1.52mm \rightarrow \phi 1.39mm \rightarrow \phi 1.27mm \rightarrow$ $\phi 1.17mm \rightarrow \phi 1.07mm \rightarrow \phi 1.0mm$，共 11 道次，总压缩率为 85.2%，平均道次压缩率为 15.9%。磷化时间相同，选择国厂的磷化液，并对磷化工艺参数进行调整、控制，在同一型号的水箱拉丝机拉拔并进行对比。不同磷化液的参数对比及拉后钢丝磷化情况见表 10-6。

表 10-6　盐酸酸洗工艺参数及清洗效果

序号	总酸度/点	酸比	磷化温度/℃	水箱内磷化膜残留在钢丝表面状况	拉后成品钢丝表面	参与磷化膜面质量/(g/m)
1	55~80	5~7	75~95	第 5 道模后钢丝发亮	白亮	无磷化膜
2	65~90	8~10	70~80	第 7 道模后钢丝发亮	白亮	0.2
3	80~120	8~12	80~95	拉拔到成品钢丝仍有磷化膜	乌黑	0.9

通过对 $\phi 2.6mm$ 钢丝进行线温、酸洗、磷化 3 个要点的严格控制，在 LT16/360 拉拔 $\phi 1.0mm$ 成品钢丝时，拉拔速度、产量及模耗对比见表 10-7。

表 10-7　过程控制改进前后对比

作业线	拉拔速度/(m/s)	12h 班产量/t	模耗/(块/t)
改进前	2~5	0.85	3.5
改进后	6~8	1.49	1.3

通过对燃气热处理连续生产线的钢丝温度、酸洗、磷化的严格控制，钢丝金相组织得到优化，索氏体体积分数由原来的 85% 提高到 90%，酸洗后钢丝表面由原来的有黑膜到干净无黑膜。磷化后的热处理钢丝用水箱拉丝机拉拔，拉拔速度由原来的 2~5m/s 提高到 6~8m/s，产量提高了 75%，吨钢丝降低模耗 2.2 块。

三、生产应用效果

对明火燃气热处理炉＋酸洗＋磷化连续生产线进行过程控制，DV 值为 60mm·m/min，铅温 550℃，线温（920±10）℃获得的金相组织最佳。通过优化磷化和酸洗工艺，热处理 $\phi 2.6mm$ 钢丝磷化膜在总压缩率 85.2% 下拉拔的 $\phi 1.0mm$ 成品钢丝表面仍残留有磷化膜。通过对钢丝热处理、酸洗、磷化的控制，基本解决了叫模、钢丝跑号等问题，拉丝产量提高了 75%，吨钢丝模耗降低 2.2 块。

第四节　40线钢丝热镀锌生产线设计方案

一、设计依据

①产品　高碳钢丝、镀锌钢绞线。②DV 值　50~70mm·m/min。③钢丝直径　1.8~3.0mm。④钢丝行进标高　900mm。⑤薄锌层厚度　60~80g/m²。⑥厚锌层层度　180~300g/m²。⑦线数　40 头。⑧线距　50mm。⑨使用能源　电力 50Hz/380V。⑩装机功率约 540kW。⑪设备长度　约 105m。⑫最大产能　50t/24h（以直径 $\phi 2.6mm$，DV 值 50mm·m/min 计算）。

二、生产工艺流程

放线→调直→碱洗→热水洗→封闭酸洗→水洗→助镀→烘干→热镀锌→抹拭→冷却→收线。

三、生产工艺说明

1. 放线

采用工字轮放线44件，拆卸方便，客户需自备工字轮（D800）。

2. 调直

为了保证生产线的高速、平稳运行，走线张力控制至关重要，阻尼调节实现张力控制。调直装置采用V形矫直辊对钢丝进行调直和张力控制。有效防止了高速运行时的抖动，提高了生产线运行的平稳性。

3. 热碱洗

碱洗槽采用高强PP板制作，内部尺寸（$L \times W \times H$）为7000mm×2100mm×1100mm，采用溢流形式，不配备槽盖。碱洗槽旁边配有除杂槽体一个，内部工作区尺寸（$L \times W \times H$）为2000mm×1000mm×1100mm，该槽体采用多层溢流沉淀过滤，过滤最后液体加热到工艺温度返回碱洗槽。清洗液采用电加热保证清洗温度（加热功率36kW），自动控温60～70℃。液体输送采用大流量（一工一备）耐蚀立式泵（功率5.5kW，pp管道和弯头，球阀等），确保泵体工作中不漏液，使用寿命长。为避免清洗水带入下道工序清洗槽出口配备橡胶刷，截流钢丝表面残留清洗水。

4. 溢流式热水洗

槽体采用加强PPH材料焊接制作，槽体尺寸（$L \times W \times H$）为2000mm×2100mm×1100mm。为快速高效清洗掉钢丝表面残留液，清洗液采用耐腐蚀电加热器（自动控温）进行加热（加热功率18kW），并采用溢流式清洗，清洗液可循环利用，节约了清洗过程的用水量，减少了污水的排放。为避免清洗水带入下道工序清洗槽出口配备橡胶刷，截流钢丝表面残留清洗水。清洗水输送配备2套耐蚀泵做溢流动力。

5. 溢流式封闭酸洗

一体化酸洗槽采用高强度PPH材料焊接制作，内部尺寸（$L \times W \times H$）为12000mm×2100mm×1100mm。一体化槽分三部分组成，水洗、酸洗、水洗，钢丝在清洗过程直线运行。采用溢流方式，两水洗部分配备耐蚀泵做酸液溢流动力，酸洗部分配备耐酸泵做酸液溢流动力，采用耐腐蚀电加热器（自动控温）进行加热（加热功率36kW），槽体钢丝进出口采用水帘封闭防止酸雾溢出。采用溢流式工艺槽，适应钢丝快速清洗过程，符合热镀锌速度要求，工艺槽液体采用耐蚀泵往复清洗，使钢丝在盐酸冲刷下达到镀前洁净表面。为避免清洗水带入下道工序，出口配备橡胶刷截流钢丝表面残留清洗水。

6. 溢流式清洗

槽体采用加强PPH材料焊接制作，槽体尺寸（$L \times W \times H$）为2000mm×2100mm×1100mm。为快速高效清洗掉钢丝表面残留液体，采用溢流式清洗，清洗液可循环利用，节约了清洗过程的用水量，减少了污水的排放。为避免清洗水带入下道工序清洗槽出口配备橡胶刷截流钢丝表面残留清洗水。清洗水输送配备耐蚀泵做溢流动力。

7. 溢流式助镀

助镀槽体采用高强度 PPH 材料焊接制作，槽体内部工作区尺寸（$L \times W \times H$）为 2000mm×2100mm×1100mm，采用溢流循环工艺。槽体配备耐蚀加热元件，加热功率 27kW，保证工艺温度，助镀槽液体温度控制在 60～70℃ 范围，并配有自动控制温度系统。液体输送配备大流量耐蚀泵，确保泵体的使用寿命。

8. 烘干

烘干炉采用热气加热与热风结合方式，炉体框架结构采用钢结构制作，内箱体为防止镀液腐蚀采用 316L 不锈钢材料，箱体保温采用高温型硅酸铝纤维材料。加热元件采用电阻加热器。钢丝表面经助镀槽后仍带有残留镀液或液体，必须对钢丝进行烘干处理。

9. 钢丝热镀锌

锌锅采用陶瓷管内加热陶瓷锌锅，陶瓷锌锅由锅体、耐锌蚀陶瓷加热器、温控电控系统组成。陶瓷锌锅加热系统安装在锌锅内壁，保证工作区锌液温度均匀。陶瓷锌锅测温采用耐蚀 K 型热电偶测温，耐蚀热电偶直接与锌液接触保证锌液温度稳定，热电偶长期在锌液中工作稳定，使用寿命 2 年以上。

（1）镀锌锅设计参数

内部尺寸　4500mm×2100mm×900mm（长×宽×深）。

外形尺寸　5900mm×3500mm×1600mm（长×宽×高）。

熔锌量　约 59t。

装机功率　330kW（66 套陶瓷内加热器，5kW/套）。

（2）陶瓷压线轴。压线轴采用碳化硅结合氮化硅制造，强度高，耐磨性好，压线轴总成采用翻转结构，可任意调整出线角度，减速机减速比 50：1，使用寿命一年以上。

（3）钢丝垂直钢架。采用钢结构桥式与倒立式收线机跨接相连，各部分采用加厚设计，确保钢架自身质量，实现钢架整体稳定性。钢架上部导线轴采用水冷装置防止导线轴过热损坏轴承。扶线轴、导线轴设计为单轮传动以适合钢丝收线张力，保证钢丝运行稳定性。

（4）抹拭和冷却

① 抹拭系统。

a. 60～80g/m² 薄锌层采用斜升抹拭，用卡具强制抹拭后水冷控制镀层表面质量。

b. 180～300g/m² 厚度层采用氮气保护抹拭设备，通过控制气体压力、气体流量及气体温度实现对镀层的控制，适用于 $\phi 1.8 \sim \phi 3.0$mm 钢丝的高速镀锌生产线，最大 DV 值可达 100mm·m/min，有效控制钢丝表面的锌层厚度及表面质量。气源（制氮机或氮气罐）客户自备。

② 镀后冷却。镀锌钢丝经抹拭后必须快速进行冷却，它是控制钢丝镀后合金层厚度、提高镀层牢固性及钢丝表面光洁度的关键工序。厚镀层冷却系统含风冷和水冷。它能在最短时间内把镀后钢丝冷却，并能控制冷却水的流量，冷却水有循环利用设施，节约水资源。

（5）工字轮收线。客户自备。

四、设备清单（规格、尺寸）、设备产地

生产设备清单见表 10-8。

表 10-8　生产线设备清单

序号		名称	数量	尺寸、型号、规格
1	放线	工字轮放线架	40 件	适合 D800 工字轮
		工字轮		D800
2	调直	矫直器	40 组	V 形轮(煮黑处理)
3	热碱洗	PPH 材料焊接槽体(含石条、电偶)	1 套	7000mm×2100mm×1100mm
		除杂槽体	1 套	2000mm×1000mm×1000mm
		液体加热器	12 套	36kW,3kW/套
		液体循环泵及管道	2 套	台湾品牌耐蚀泵,5.5kW
		橡胶刷	1 套	
4	溢流式热水洗	加强 PPH 材料焊接槽体(含石条、电偶)	1 套	2000mm×2100mm×1100mm
		泵及管道控制等	2 套	台湾品牌耐蚀泵(1.5kW,pp管道、弯头,球阀等)
		耐蚀电加热器及温控	6 套	18kW,3kW/套
		橡胶刷	1 套	
5	封闭酸洗槽	加强 PPH 材料焊接槽体(含石条、电偶)	1 套	12000mm×2100mm×1100mm
		液体加热器与电控	12 套	36kW,3kW/套
		泵及管道控制等	3 套	台湾品牌耐酸泵(2.2kW,pp管道、弯头,球阀等)
		泵及管道控制等	2 套	台湾品牌耐蚀泵(1.5kW,pp管道、弯头,球阀等)
		橡胶刷	1 套	
6	溢流式清洗槽	PPH 增强槽体(含石条、电偶)	1 套	2000mm×2100mm×1100mm
		泵及管道控制	3 套	耐蚀泵(0.75kW,pp管道、弯头,球阀)
		橡胶刷	1 套	
7	溢流式助镀槽	加强 PPH 材料焊接槽体(含石条、电偶)	1 套	2000mm×2100mm×1100mm
		泵及管道控制等	2 套	台湾品牌耐蚀泵(1.5kW,pp管道、弯头,球阀等)
		耐蚀电加热器及温控	9 套	27kW,3kW/套
		橡胶刷	1 套	
8	烘干炉	电加热及热风循环	1 套	4000mm×2100mm×1200mm,45kW,包括炉体钢构、保温、风机等
9	热镀锌陶瓷锌锅	陶瓷锅体	1 套	内 4500mm×2100mm×900mm 外 5900mm×3500mm×1600mm
		陶瓷内加热器	66 套	单支 5kW,总功率 330kW
		接线端子及铜排	1 套	
		加热器压条	66 套	
		电控温控柜	1 套	电力调整器控制
		耐锌蚀合金热电偶	1 套	K 型
		耐高温导线	16 盘	锌锅距电控柜 5m 以内,超出部分客户另行购买

续表

序号	名称		数量	尺寸、型号、规格
10	陶瓷压线轴	陶瓷压轴	1套	40头、线间距50mm
		传动装置	1套	轴和夹板,减速机1:50
11	垂直钢架	钢结构及穿线平台	1套	型钢
		小导线轮及轴	2套	铸铁
		大导线轮及轴	2套	铸铁
12	薄镀层抹拭系统	薄镀层擦拭	1套	含水簸箕(石棉夹自备)
		风冷水冷装置	1套	(含风机和管道,不含水泵)
13	氮气抹拭(不含气源)	气体保护气刀	40套	精密加工
		压力分气包	40套	含流量计、阀门
		气体加热装置	40套	单流量单加热控制显示
		通气管路	40套	
14	循环水冷却系统	20m³水槽	2套	6000mm×2000mm×1800mm
		冷却、水泵及管道	1套	含控制
		冷却塔	1套	20m³
15	收线机	工字轮线机组	40套	
16	工艺槽电控柜		2套	

第五节　30线钢丝热镀锌生产线设计方案

一、工艺流程

放线（30线）→热水洗（3m）→电解碱洗（5m）→电解碱洗（5m）→热水洗（3m）→热盐酸酸洗（10m）→热水洗（3m）→助镀（3m）→烘干（8m）→热镀锌→收线。

二、基本要求

根数　30；钢丝直径　1.5～5.0mm；$DV=120$mm·m/min；线距　30mm；走线高度　900mm。

三、设计特点

（1）热盐酸酸洗采用三级逆向布置，提高清水效果，便于排放废酸。

（2）热盐酸酸洗进出线口采用双水帘＋溢流水盘方式密封，防止酸雾外溢和降低酸液损耗；槽体以不锈钢、pp板＋pp包覆碳钢框架（酸洗、酸洗后热水洗、助镀）结构为主。

（3）电解碱洗电源采用开关电源，功率低，效率高；碱洗和酸洗后的水采用三级逆向水洗方式，提高清洗效果，降低废水排放。

（4）利用碱后热水洗的排放水作为碱洗槽的添加水；盐酸加热采用聚四氟乙烯涂层耐腐蚀蒸汽加热管；槽液循环主要采用液下泵，制作简单，运行稳定可靠。

（5）增加冷风吹扫，提高清洗效果，防止液体串槽；冷风吹扫用风源统一由一台罗茨风机提供，风量大，风压稳定，保证较好的冷风吹少效果。

四、工艺设备参数（单面操作，泵、阀、管路等设置）

1. 热水洗 1

（1）槽体　长 3000mm。不锈钢板和不锈钢方管焊接，外加保温层。

（2）槽内　有效长度 2500mm 不锈钢板。不锈钢管钻孔、不锈钢结构件。

（3）蒸汽直接加热　不锈钢管钻孔、成型制作。

（4）热水液下泵　1台；$Q \geqslant 30m^3/h$。

（5）封闭采用不锈钢板盖。

2. 电解碱洗 1 和 2（双槽，窄缝，前槽不加气吹）

（1）外槽体长 5000mm；内槽有效长度 3900mm。不锈钢板和不锈钢方管焊接，外槽体加保温层。

（2）蒸汽直接加热　不锈钢盘管。自动液位控制，自动添加水（使用后道热水槽内水回用）。

（3）液下泵　共 6 台；每台 $Q \geqslant 30m^3/h$。

（4）电源　2 套；采用开关电源，功耗小，效率高；4000A/18V。

（5）气刷一套。

（6）封闭采用不锈钢板盖，加保温层。

3. 热水洗 2

（1）槽体　长 3000mm；不锈钢板和不锈钢方管焊接，外加保温层。

（2）内槽　有效长度 2100mm；不锈钢板，不锈钢管，不锈钢结构件。

（3）采用三级逆向水洗方式。

（4）蒸汽直接加热　不锈钢管钻孔、成型制作。

（5）热水液下泵，3台，$Q \geqslant 30m^3/h$。

（6）气刷一套。

（7）封闭采用不锈钢板盖，中间加隔热板。

4. 热盐酸酸洗

（1）槽体　长 10000mm；主槽体采用 30mm pp 板塑料焊，承力框架采用普通方管，包覆 pp 板。

（2）内槽　分为三级，逆流酸洗。采用 pp 板塑料焊。

（3）蒸汽加热　采用聚四氟乙烯材料的成品换热器（6mmPFA 管式换设备，换热能力相当于电加热 120kW）。

（4）液下泵　3 台；塑料包覆耐腐蚀液下泵，$Q \geqslant 60m^3/h$。

（5）水封液下泵　2 台；塑料包覆耐腐蚀液下泵，$Q \geqslant 30m^3/h$。

（6）气刷一套。

（7）封闭采用 pp 板盖＋沟槽水封；进出线口采用双水帘＋溢流水盘密封。

（8）穿线采用双层开封套管；简单、高效直观。

5. 热水洗 3（三级逆流清洗）

（1）槽体　长 3000mm。主槽体采用 30mmpp 板塑料焊，承力框架采用普钢方管包覆 pp 板。

（2）内槽　有效长度 2100mm；采用 pp 板塑料焊。

（3）蒸汽直接加热　不锈钢管钻孔、成形制作。

（4）热水液下泵　3 台；$Q \geq 30m^3/h$。

（5）封闭采用 pp 板盖。

6. 助镀工艺

（1）体槽　长 3000mm；主槽体采用 30mmpp 板塑料焊，承力框架采用普钢方管包覆 pp 板。

（2）内槽　有效长度 2600mm；采用 pp 板塑料焊。

（3）蒸汽加热　采用耐酸不锈钢加热器。

（4）液下泵　一台；$Q \geq 30m^3/h$。

（5）封闭采用 pp 板盖。

7. 钢丝烘干

（1）长度 8m，18 个空气加热管加热，总功率 90kW，热风循环，自动控温。

（2）碳钢，加约 80mm 厚保温层。

五、电控柜综合性能要求

综合控制柜一套说明

（1）主电源　三相 380V＋地线±8%。

（2）整流器　①高频开关电源；②控制精度　＜±0.5%；③输出效率　＞90%；④输出波纹　＜1%。

（3）烘干控温　仪表＋可控硅自动调功控温。

六、设备配置说明

（1）所有气吹、托线、定位等位置均采用窄缝设计或加装 U 形陶瓷线卡。

（2）电解碱洗采用高频脉冲电源。

（3）二台 7.5kW 罗茨风机，作为 4 个吹扫的风源。

（4）酸洗用的加热器采用成品聚四氟乙烯换热器。

（5）综合考虑蒸汽加热后的冷凝水的回用。

（6）每个功能槽之间有 200mm 间距，采用不锈钢/pp 塑料搭板连接。

（7）生产线有效总长度约 41m。

七、锌锅参数

（1）功率　265kW。

（2）熔锌量　39.0t。

（3）锌温　450～460℃。

（4）产量　1.7～1.85t/h。

（5）锌液面测量高度：离锌锅上沿不小于 12～15cm。

八、钢丝走线速度

（1） 13～35m/min。

（2） DV 值　50～65mm·m/min。

九、镀锌钢丝千米重量（kg/km）

（1） ϕ1.67～ϕ1.95mm，平均为 20.3。

（2） ϕ2.0～ϕ2.40mm，平均为 25.7。

（3） ϕ2.5～ϕ2.90mm，平均为 44.7。

（4） ϕ2.8～ϕ3.20mm，平均为 55.0。

（5） ϕ3.07～ϕ3.60mm，平均为 69.9。

（6） ϕ3.44～ϕ3.80mm，平均为 79.4。

十、锌锅钢丝走线根数

锌锅钢丝走线根数见表 10-9。

表 10-9　锌锅钢丝走线根数表

序号	钢丝直径/mm	钢丝数/根（参考）	锌液温度/℃
1	2.90 以下	42	445～450
2	2.90～3.20	40	450～455
3	3.07～3.60	34	455
4	3.40～3.80	30	455
5	3.80 以上	27～24	455

第六节　24线钢丝热镀锌生产线设计方案

一、生产线技术参数

1. 产品规格

（1）高碳钢　1.68～4.0mm。

（2）低碳钢　0.9～3.15mm。

（3）代表性规格　1.90mm。

（4）一次处理根数　24 根。

（5）镀锌钢丝间距　36mm。

2. 前处理钢丝（离地高度 914mm）

（1）半成品钢丝状态　卷曲在工字轮上。

（2）钢丝镀锌方式　垂直热镀锌。

（3）钢丝速度　$DV=50mm \cdot m/min$；最大速度　55m/min。

（4）钢丝锌层重量　$150 \sim 320g/m^2$，镀锌钢丝产能：5000t/a，有效工作时间为7200h。

（5）最大生产能力　843.60kg/h。

3. 燃料种类

天然气。

二、镀锌生产线主要配置、参数

1. 前处理部分设备

（1）放线装置。放线装置可以采用卧式放线装置或立式工字轮放线装置。

（2）热处理炉。①炉子长度　15.776m（其中预热段3.12m）；②炉子内净宽度1044mm（外净尺寸　1856mm）；③供热段段数　3；④燃烧器数量　28；⑤使用温度1050℃（亦可作回火在750℃运作）；⑥最大供热能力　$58 \times 10^4 \times 4.18kJ/h$；⑦设计供热能力　$40 \times 10^4 \times 4.18kJ/h$。

2. 炉子主要结构及特点

（1）炉型　MLQ-A型。采用全炉为逆流明火加热式炉型，炉体多段组合，预热段不供热，余各段两侧各设多个预混式燃气高速喷嘴，侧向安装由进丝口起分别设预热段、加热一段、加热二段、均热段，各段供热相对独立，又互为影响按热处理工艺要求可分段设置炉温及气氛，以达到工艺处理要求炉内分段设有托线梳将钢丝托起，使钢丝与炉膛保持一定距离，在托线梳前后，加热炉的两侧各设有气密性小门用于清理炉内氧化渣及处理意外事故（如钢丝并线分布不均等）。钢丝出口处设有托线梳保证进入铅锅之前的钢丝均匀分布、不绞线，同时该处设密封保护罩，与加热炉炉体组合在一起，其可升降的罩门可直接插入融铅中，以避免钢丝再次氧化。

（2）炉衬结构炉墙　高强度轻质绝热砖＋低导热轻质绝热砖＋绝热板＋炉皮钢板炉顶；高强度轻质绝热砖＋绝热板＋超轻质保温散料＋炉顶钢盖板炉底；抗渣高强度重质浇注料＋高强度轻质绝热砖＋低导热轻质绝热砖＋绝热板＋炉底钢板。

（3）燃烧系统　采用分段供热方式的供热一段、供热二段，均热段各段单独控温及调节气氛，选用预混合燃气加热技术，3个供热段中分别安装数个预混式烧嘴，燃烧系统主要包括电动调节蝶阀、恒定式空燃气比例预混器燃气调节器、预混合烧嘴，管道及管道防爆器等。燃烧前通过恒定式空燃气比例预混器，将燃气空气按比例预先混合在一起，然后在预混合烧嘴中燃烧，高速的燃烧产物喷入炉膛，在炉膛内产生气体循环。烧嘴交叉布置的结构使整个供热段温度均匀，且无局部过热现象；由于燃烧在烧嘴砖内腔进行，炉膛无可见火焰，根据工艺要求可精确控制炉内各段的温度与气氛，可有效防止钢丝的氧化。

（4）排烟系统　烟气从进丝入口处排出，经烟道管进入钢制烟囱自然排放。

（5）供气总管与燃烧安全燃气供给总管管架，由减压阀、安全切断阀、放散阀等组成。该系统只有空燃气压力稳定正常时才能运行，若出现空燃气压力不符合技术要求或供电系统出现故障时，燃气紧急切断只有供电正常，燃气空气压力均符合规定要求，才能打开安全阀使燃气进入燃烧系统，可有效保证整个系统的安全运行。

3. 铅淬火、脱脂炉

铅淬火、脱脂炉主要参数如下。

(1) 铅锅长度　8m；铅锅宽度1.00m；铅锅深度0.45m；铅锅板厚度25mm。

(2) 熔铅量　约38t；设计供热能力；$30 \times 10^4 \times 4.18kJ/h$。

(3) 燃烧器数量6个；供热段数为2段；最高使用温度580℃。

主要结构及特点是铅淬火脱脂炉压辊为旋转下压式，出铅锅钢丝部位设有托丝槽辊，采用燃气供热炉体分二段供热，各段单独控温，2个供热段分别安装有SIC型天然气亚高速烧嘴。火焰监测装置铅温≤580℃，现场铅温前后二段测温显示，前段自动记录，铅锅分二段控温，根据铅温要求及时调整供热负荷，使铅锅内温度均匀。

4. 冷水洗工艺

冷水槽的长度为1.4m，采用钢板材料利用循环泵的水对钢丝进行喷淋的方法冷却。冷却水重复利用，只是适量添加等量溢流排放，冷却水的添加量根据槽内水温的变化而增减配备循环泵1台，槽体的出口端安装一组气刷，阻止冷却水带入后道的酸洗槽。

5. 无烟化学酸洗槽

无烟化学酸洗槽的总长度为9.0m，储存槽及上位工作槽均采用pp材料槽体上方采用pp密封罩，密封罩坐落在槽体上方边缘的水槽内，形成水密封，槽体的进出口端采用水帘密封，进出口端各配置一个小水槽，在槽侧各安装一台水泵，利用水泵通过管道形成一个水帘，把酸雾密封在储存槽内，钢丝在工槽的上方直线通过，槽侧安装两台耐酸循环泵（其中一台备用），把酸液从储存槽提升到工作槽中，使钢丝在酸液中通过，对钢丝进行酸洗槽体外部设置一个热水热交换器，保证酸洗液在冬季能达到最高45℃，温度能够自动控制。槽体的出口端安装一组气刷，阻止酸液进入后道的水洗槽。在酸洗槽内配置两套穿丝器，方便穿引钢丝。

6. 双水洗槽的标准

双水洗槽的长度为2m，采用pp材料。清洗钢丝在前道处理时残留在表面的液体。利用循环泵对钢丝进行喷淋方式清洗。二只循环泵进行二道清洗，清洁水添加在最后一道，向前溢流，最后在第一道排放。其中需要配备循环水泵2台。槽体的出口端安装一组气刷，阻止钢丝上残液进入后道助镀槽。

7. 钢丝助镀槽与烘干设备

(1) 钢丝助镀槽长度为3m，储存槽及上位工作槽采用钢结构内外覆耐高温玻璃钢。助镀剂储液槽内置一组加热装置，采用热水加热，配备氟塑料加热器，温度控制采用数显自控，最高工作温度设定为45～75℃，温控精度达到±3℃，配备助镀剂循环泵1台。

(2) 供干装置。烘干装置长度4m，箱体采用钢板制作，箱体周围用保温棉进行保温。利用镀锌炉烟气余热进行烘干。目的是彻底去除钢丝表面水分。

三、热镀锌炉及引出机构

(1) 锌锅（内）尺寸　（长×宽×深）4.0m×2.5m×1.0m（最深工作区）。

(2) 热镀锌炉及加热。①加热形式为燃气单侧上加热；②供热段设计为2段；③燃烧器数量为2个；④使用温度为480℃；⑤镀锌炉炉型设计为陶瓷锌锅；⑥最大供热能力设计为：$60 \times 10^4 \times 4.18kJ/h$；⑦设计供热能力：$40 \times 10^4 \times 4.18kJ/h$。锌池储锌量约 58t/炉。

（3）单侧上加热炉主要结构及特点。炉体钢结构为型钢与钢板整体焊接成的构件。结构具有合理的结构强度与刚度，炉壳由轧制钢板密封焊接可使炉壳密封。结构部件整体制造完毕后，被安装在设备基础地坑中，使其工作面在合适的高度。炉子内边沿砌有多层最新型的耐火材料，高强度的高铝异型砖作为衬里。互锁的耐火砖形成一个密封的锌的熔池。一种特殊的称为"冻结平面"等温线的设计的应用可确保锌液不漏，即使发生最不可能发生的衬里开裂现象。最外层隔绝层确保锌池的完整以及最低的热损失。以上结构能延长锌锅使用寿命。

锌锅上部加热罩为可提升式结构，易于清除火道内结渣与锌灰。离炉烟气用于助镀后钢丝烘干加热，热量利用充分。

（4）引出机构。热镀锌钢丝经钢结构垂直引出架出线，垂直引出架用重型工字钢制成，具有结构牢固、平稳、各导辊转动灵活等优点。从而保证了热镀锌钢丝的表面质量。引出机构的强度和刚度要满足工艺要求，无抖动。

四、镀锌钢丝的抹拭与出线装置

1. 抹拭方法

（1）可采用传统木炭粉与矿物油混合物抹拭方式来满足工艺要求。

（2）可采用石棉块抹拭方法。

（3）可采用电磁抹拭或复合力抹拭方法。

2. 锌锅压辊、垂直引出架装置

（1）采用陶瓷压线轴，该压线轴具有耐磨、耐高温、耐锌液腐蚀、使用寿命长等特点。

（2）垂直引出架尺寸：长×宽×高为 $6000mm \times 4000mm \times 5000mm$。

3. 分线架、防锈槽和烘干器

在冷水洗槽前、盐酸酸洗槽前后设置分线架，让钢丝正确导入槽体。分线架采用钢结构形式，配置分线柱和压辊。

（1）导向天轴　单片镶嵌式结构，材料为铸铁。

（2）防锈槽。槽长×宽×深为 $1500mm \times 1000mm \times 1200mm$，槽体均采用钢板及型钢材料制作，槽体表面刷防锈漆两道，调和漆两道。钢丝经过托辊和压辊进出槽池，钢丝表面涂蜡防腐。槽内配有热水加热盘管，利用热水加热，槽体外表全部保温，槽液温度数显自控。

（3）烘干器。长度为 3m，箱体采用钢板制作，采用循环风对钢丝进行烘干。烘干器配循环风机一台。

4. 收线装置

收放线机：倒立式梅花收线机 26 台。

五、电源、水和气

（1）供电采用三相四线制。

（2）供水压力 0.2MPa，水质符合城市用水标准。最大供水量 $10m^3/h$。

（3）天然气接点压力 0.03MPa，波动<5％压力值。

六、24 线钢丝拉拔工艺、产量

1. 拉拔工艺

（1）盘条 $\phi5.5\sim\phi3.0mm$，拉拔道次为 12 道。

（2）工艺流程：盘条放线→机械除锈→冷水清洗→电解酸洗→冷水洗→热水洗→涂硼（硼砂）→烘干→拉拔→工字轮收线。

2. 预处理工艺参数

（1）电解盐酸浓度　8％～10％。

（2）盐酸（非电解酸洗）浓度　18％～25％。

（3）硼砂溶液浓度 25％～30％；温度　70～80℃。

（4）烘干温度　180～200℃。

3. 生产效果

产量　8～9t/8h；每个工字轮约 580～600kg。

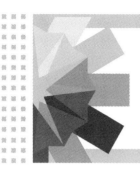

|第十一章|
钢丝热镀锌生产过程
的三废处理

第一节 废气的控制、处理与利用

钢丝热镀锌生产从预处理到钢丝的热浸锌工序之间应该说是在酸液、酸气、高温条件下进行的。车间环境、气体质量直接对工人身体产生一定的影响，钢丝热镀锌所产生的废气对周围环境亦将产生一定的影响。为此，对于钢丝热镀锌所产生的废气、废水应给予高度重视和处理。

一、钢丝热浸镀锌过程产生的三废的主要成分

在钢丝热浸镀锌生产过程中，除了燃料燃烧时产生的废气外，还有一些在生产过程中产生、挥发、蒸发出来的废气和烟雾。

（1）燃烧废气。当热浸镀锌炉采用煤、油或气作为燃料燃烧时，其主要产物为烟气流，它是由固体，液体和气体物质组成的多相气溶胶。其主要组分如下。

① 在燃料燃烧过程中未参与燃烧空气中的 CO_2 与氮。

② 燃烧过程的最终产物 CO_2、H_2O、NO_2 和 SO_x 等。

③ 不完全燃烧的产物 CO、NO 和残余燃料。

④ 燃料中的灰分、残渣经燃烧后生成的烟灰。

⑤ 燃质在燃烧时，发生的裂解、环化、缩合、聚合等反应而最终生成的黑烟和其他有机化合物。

燃料燃烧时产生的烟尘，其粒径为 $0.001 \sim 1000 \mu m$。烟气中较大粒尘的颗粒排出后即沉降于地面，较小粒径 $0.001 \sim 100 \mu m$ 的粉尘随大气送到很远的地方，由于它们不易下沉而悬浮于大气中，使大气的质量受到损坏，人吸入大量粉尘也会严重影响健康。另一方面，大量硫化物（多为 SO_2）排于大气中，与大气中的液滴结合，会引发酸雨，对环境产生严重的危害。

通常情况下，煤燃烧时产生的硫化物及粉尘量最大，而燃气时基本不产生粉尘。

（2）酸洗产生的烟雾。在使用酸洗液对钢丝进行除锈时，无论是采用硫酸或盐酸溶液，都可能由于加热硫酸溶液蒸气外逸或由于 HCl 气体挥发而产生酸雾。酸雾所含的主要有害

物质是盐酸和硫酸。当酸洗溶液中含酸浓度越高，产生酸雾的浓度也越大，严重时空气中的酸雾质量浓度可达 $10 \sim 20 mg/m^3$。

（3）在钢丝热浸镀锌生产中产生的废气。使用溶剂法热浸镀锌时有大量的烟雾产生，其中主要成分是氯化氨，以及少量挥发出来的氯化锌、溶剂与锌液中铝反应生成的氯化铝，还夹有少量的氧化锌粉末。

① 热浸镀锌过程中产生的废液。在热浸镀锌前处理工艺中使用的溶剂有脱脂液、酸洗液，在后处理工艺中使用的由于钝化液、磷化液等。在脱脂液中一般还有碱类和磷酸盐等。在酸洗液中一般还有盐酸、硫酸和它们的铁盐。在钝化液中含有铬酸、重铬酸盐，还含有铁、锌等离子和硫酸根、磷酸根和硝酸根或氟离子。故热浸镀锌过程产生的废液包括上述处理液及漂洗时清洗工件用过的废水。

② 热浸镀锌过程中产生的固体废料。固体废物即锌灰和锌渣。主要是在浸镀时产生的，这与使用何种方法无关，在锌锅表面，由于锌的氧化，产生一定量的氧化锌。另外，根据所使用的方法的不同，可能含有一部分氯化锌、氯化氨和少量的氧化铝和浮渣。在生产中扒灰时，与部分锌液一起清出锌锅。另外在锌锅的底部沉有以 $FeZn_7$ 或 $FeZn_{13}$ 为主要成分的底渣，在生产过程中被不断地捞出。

二、三废控制与处理

燃料燃烧产生的废气控制与处理。钢丝热浸镀锌过程中燃料燃烧时产生的废气中，给环境带来较大危害的组分主要是硫化物及粉尘。故对废气的控制应注意以下两方面。

适当选择热浸镀锌炉采用的能源。最清洁的能源为电力，其次为天然气。而采用煤作为燃料时，应选择硫含量低的低硫燃料。许多国家对燃料中的硫含量做了规定，日本规定燃料中的 $w(S)$ 不得超过 1%，英国和德国规定火力发电厂用煤 $w(S)$ 不得超过 1.2%，美国规定燃料油 $w(S)$ 必须低于 0.6%。这就保证了逸散到大气中的 SO_2 总含量不至于太高。

合理地进行镀锌炉及燃烧系统设计，科学地进行镀锌操作，以确保燃烧完全充分、燃烧效率高、杜绝黑烟的产生。

1. 废气处理的设备

对于废气中的粉尘及硫化物的处理，已有较成熟的处理工艺及设备。除尘方法和设备主要分为四类。

（1）机械式除尘器。利用尘粒的重力及惯性作用，使尘粒下沉，净化气体上升排出的装置称为机械式除尘器。包括重力沉降室、惯性除尘器、旋风除尘器等。其特点是结构简单，设备费用低，维修容易，但对于粒径小于 $10\mu m$ 的粉尘捕集效率低。见图11-1。

（2）洗涤式烟气净化器。在装置中形成大量的液滴、液膜、气泡与烟气接触，尘粒撞击在液滴上并黏附其上，增大了尘粒的体积，从而使尘粒从烟气中分离的装置称为洗

图 11-1　机械式除尘器

涤式除尘器。包括水膜除尘器、喷淋洗涤器、文丘里洗涤器等,其特点是:在同等能量的情况下,除烟尘效率比干式除尘器效率高;它可以处理高温高湿的气体及黏性大的粉尘,可同时净化含有有害气体和粉尘的气体;设备结构简单,设备费用低,占地面积小,但会产生有毒废水,需进一步处理泥浆废水。见图 11-2 所示。其材质一般为玻璃钢制造。图 11-2(a)为单个清洗塔除尘、酸雾系统;图 11-2(b)为双塔清洗除尘、酸雾系统,其效果优于单塔清洗除尘的效果。

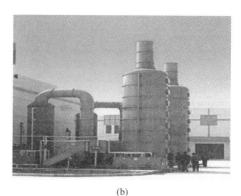

(a) (b)

图 11-2 洗涤式除尘器

(3)过滤式除尘器。使含尘烟气通过滤料,将尘粒分离捕集的装置称为过滤式除尘器。包括袋滤式除尘器和颗粒层过滤器等。其特点是:除尘效率高,对 $1\mu m$ 以上的粉尘除尘效率达 $98\%\sim99\%$,能捕集 $0.1\sim0.5\mu m$ 的微粒子,对于含尘质量浓度为 $0.23\sim23g/m^3$ 时,除尘效率可达 99.99% 以上;适应性强,烟气中含尘浓度变化较大时,除尘效率和压力损失变化也不大,使用不同的滤布和清灰方法,可收集到不同性质的粉尘;工作稳定,维护容易,能量消耗较少;便于回收固体干料,没有污泥处理和设备腐蚀问题。但设备占地较大,不适宜处理含有黏结性和吸湿性强的粉尘。

(4)静电式除尘器。利用特高压直流电源($20\sim100kV$)造成不均电场,利用该电场中的电晕放电,使含尘烟气的尘粒带上电荷,借助于静电场中的库伦力把这些带电的尘粒分离捕集于集尘极上的装置称为静电式除尘器。包括干式静电除尘器和湿式静电除尘器。其特点是:捕集性能高,能捕集小于 $1\mu m$ 的微细尘粒,并可获得高的除尘效率,可达 99.9% 以上;压力损失小,因此,风机动力费用少,维护简单,不需要人工运行费用,虽设备费用高,但处理能力大,一般作大容量高效能的除尘装置使用;处理不同性质的烟气范围广,能处理温度达 $500℃$ 以上,湿度达 100% 的气体,也能处理爆炸性气体。见图 11-3。

图 11-3 静电式除尘器

实际上,热浸镀锌炉燃料的选择主要从成本及来源的角度考虑。虽然煤的使用成本低,但考虑环保成本,如除尘装置的添加及运行,则其综合成本并不低。故热浸镀锌生产的加热方式选择应全面考虑,以减少燃料燃烧时废气的产生和处理。对于大多数热浸镀锌企业,目前很少对燃料燃烧废气进行处理，而由于环保的要求不断提高，我国有些地区已经淘汰了用煤直接作为燃料，除尘设备分类及性能见表11-1。

表11-1　除尘设备分类及性能

分类	除尘设备型式	阻力/Pa	除尘效率/%	设备费用	运行费用
机械式除尘器	重力除尘器	50～150	40～60	少	少
	惯性除尘器	100～500	50～70	少	少
	旋风除尘器	400～1300	70～92	少	少
	多管旋风除尘器	800～1500	80～95	中	中
洗涤式除尘器	喷淋洗涤器	100～300	75～95	中	中
	文丘里洗涤器	55～10000	90～99.9	少	
	自激式洗涤器	800～2000	85～99	中	较高
	水膜除尘器	500～1500	85～99	中	较高
过滤式除尘器	袋滤式除尘器	400～1500	80～99.9	较高	较高
	颗粒层除尘器	800～2000	85～99	高	少
静电除尘器	干式静电除尘器	100～200	80～99.9	高	少

注：1. 使用工作环境温度≤120℃。

2. 喷头出水压力为0.18～0.2MPa。

3. 循环水泵扬程＞25m（结合实际情况来定）。

2. 酸洗烟雾的控制与处理

（1）酸洗池中硫酸或盐酸溶液的酸雾蒸发量。酸洗槽液面静止时，其表面有不断蒸发的氯化氢气体产生，其产生量与酸洗液表面的空气流速、蒸汽分压及酸洗槽表面积有关。热镀锌的前处理工艺采用浓度为21%～24%的盐酸进行酸洗，盐酸易挥发产生盐酸雾，酸雾量为$12.48 \times 10^7 \, \text{m}^3/\text{a}$，浓度为$80 \text{mg/m}^3$。盐酸的蒸发量计算公式如下。

$$G = M(0.000352 + 0.00078V)P \times F \tag{11-1}$$

式中　G——液体的蒸发量，kg/h；

M——液体的分子量，36.5；

V——蒸发液体表面上的空气流速，0.3m/s；

P——液体温度下的饱和水蒸气压分压，17.391mmHg[❶]；

F——液体蒸发面的面积，18m^2。

由上式计算，可知盐酸雾的产生量为：$G = 6.04$kg/h。酸雾采用槽边抽集气罩，收集率按95%计算，酸雾中盐酸量按10%计，则盐酸有组织排放源强为0.57kg/h。这些通过密闭集气罩收集进入酸雾净化塔进行碱液（NaOH）吸收处理，进化后的废气经距地面15m高的排气筒排放，处理效率为90%，工艺中的碱液饱和后，存入固定的储存槽，然后加酸调节pH值后进入废水处理设施。

（2）降低酸雾的措施与方法。酸洗池中硫酸或盐酸溶液挥发产生的酸雾，将影响车间内的操作环境。故从控制的角度应注意以下方面。

① 采用较低浓度的酸液进行酸洗，有利于大幅度的减少酸雾的产生。但为了保证酸洗速度，要求酸洗槽的增多。

② 采用适当的酸洗抑雾剂，在酸洗液表面形成一层泡沫覆盖层，有利于减少酸雾的

---

❶ 1mmHg＝133.3Pa，下同。

产生。

③ 在酸洗溶液中撒上一层 PVC 浮球、陶瓷空心球或玻璃球，也可阻挡部分酸雾的逸出。

对于酸洗烟雾在空气中的浓度，目前我国尚未有明确的要求。根据日本卫生学会的规定，酸雾在热浸镀锌车间内的允许质量浓度不得高于 $7mg/m^3$。因此，要较好的解决酸洗时逸出的烟雾，一些热浸镀锌企业将整个前处理车间封闭起来，对其中产生的酸气及水蒸气集中收集，并导入洗涤塔中进行处理。另外，基于酸洗烟雾倾向于在每个前处理池上加送抽风收集装置，将烟雾收集处理；起重机不需要负担罩体重量；所需风量及布袋过滤面积更小。其缺点：捞渣困难；镀锌操作略有不便；移动罩体的内表面需经常清洁等。

3. 热浸镀锌时产生的废气控制与处理

减少助镀剂浸锌产生的烟雾。当前热浸镀锌企业由于采用常规氯化锌-氯化铵助镀溶液作为助镀剂，工件在热浸镀锌过程中产生大量助镀烟气是难以避免的。故在热浸镀锌工艺上应注意以下两点。

（1）在不影响热浸镀锌助镀效果的前提下，减少助镀溶液中氯化铵的含量，有利于减少热浸镀锌时烟气的产生。

（2）镀锌炉上方车间顶部应开有气窗，自然通风，以方便镀锌时产生的烟气自然逸出。

4. 热镀锌时产生的烟雾处理种类

目前，常用且有效的方式是对产生的助镀烟气进行收集及处理。该方法虽然不能够完全消除助镀烟气，但可以大幅改善车间操作环境。常用的收集及处理装置主要是收集系统的不同，通常分为以下三类。

（1）侧面抽风系统。侧面抽风系统沿锌锅长度方向的锌锅两侧上方各设置一条狭缝状抽风口，热浸镀锌时产生的烟尘就是通过这两条狭缝抽取收集的。由于热浸镀锌产生的烟尘温度高，上升速度较快，故要较好地收集这些烟尘就必须有较大的抽力。

侧面抽风系统的优点在于：对工件吊挂要求不高；操作方便；收集效率高；比常规镀锌操作环境更凉爽，整个生产线视野开阔，没有阻挡；可以较其他两种收集系统所需的车间的高度降低 2～3m；捞渣更方便；扒锌灰更方便；锌锅上方没有需要经常清洁的结构。但同时也存在一定的缺点；需要的风量是其他系统的两倍；布袋处理系统中需更大的布袋面积；锌锅表面散热更快；受车间风速的影响较大；收集系统管道内会集聚尘土，需定期清理；操作平台下的管道对基础的要求更高；需要更多的管道系统及其他配件；车间内的空气流量必须考虑。

（2）移动罩收集系统。整个收集罩体安装在一台起重机上，并可随起重机一起移动。罩体分两部分，上部固定与起重机连接，下部可以上下移动。当工件镀锌时，下部罩体向下移动将锌锅上方完全罩住，生成的烟气在罩体内被收集抽出进行处理。当工件浸泡一定时间后，下部罩体内被收集抽出进行处理。当工件浸泡一定时间后，下部罩体上移，留出锌锅上方一定位置，以方便镀锌工人进行扒锌灰等操作。

（3）固定罩收集系统。在锌锅上安装了一个大的罩体，工件将从沿锌锅长度方面的罩体的一端进入，从另一端出来。工件进入罩体后进行镀锌时，罩体两侧的门均关闭，以抽取镀锌时产生的烟尘。

与另两种收集系统比较，固定罩收集系统的优点在于：超过 95％ 的收集效率；不需要进行大量的运动，只需要进行门和窗的移动；所有的重量均在地面。三种收集方式的比较见表 11-2。

表 11-2　三种收集方式的比较

名称	侧面抽风系统	移动罩收集系统	固定罩收集系统
收集效率/%	75	95	＞95
风量/(m³/h)	160000	80000	80000
风机功率/kW	147	73.5	73.5
布袋面积/m²	2200	1000	1000
锌锅上方杂质/(g/L)	0.005	0.0012	0.0012
维护费用	中等	低	低

钢丝热镀锌时产生的烟尘经过上述收集系统收集后，通常采用布袋式过滤系统再对烟尘进行过滤处理。正如前面所述，布袋式除尘设备占地较大，故在热镀锌厂房设计时，应充分考虑各种设备的放置情况。

5. 热镀锌烟气收集处理具体方法

（1）烟雾气体的来源

锌锅上面气体产生的来源为：在热镀锌时，在钢丝表面涂覆一层含有氯化铵和氯化锌的复合水溶液，以便使其表面形成一层铁-锌合金。当涂覆有复合锌铵水溶剂的溶盐与高温的锌液接触时，其氯化铵和氯化锌分解释放出含有氯化氢等气体以及一些粉尘漂浮在镀锌锅上方及周围，对此处理的方案如下。

① 工件进入锌液后排出的氯化锌和氯化铵气体通过特殊的强力吸嘴进入风道，风道中配有打开清理盖，强力吸嘴设计固定在锌锅边的护栏中。

② 烟气过滤及排出部分。收集后的烟气进入过滤设施，该过滤设施的管道由特殊的毡毛材料（防粘型）作内衬，压缩机提供干燥的压缩空气。收集的烟尘排入由用户提供的容器中，排出的空气烟尘含量小于 $10mg/m^3$。

③ 烟气收集及处理系统由专门设计的电控系统全自动控制及操作。装置由控制磁阀门，压差电子控制，温度控制，在过滤设备出故障时可自动报警。

（2）热镀锌废烟气治理工艺流程。热镀锌废烟气治理工艺流程如下。

方案一　锌烟废气→导流板→集气罩→主烟道→脉冲袋式除尘器→引风机→排气筒→高空排放。

方案二　锌烟废气→导流板→集气罩→轴流引风机→主烟道→清洗塔→高烟囱排放。

（3）烟雾处理设备的设计计算。为了对污染物进行有效的控制，工艺方案一较好。由于镀锌锅工作时的温度较高，所需的射流末端速度较快，因此集气罩的设计安装尺寸与酸洗槽有所不同。集气罩的设计计算如下。

① 吹气气流的平均末端速度　$u=b=1.4$（m/s）　　　　　　　　　　　　　　　（11-2）

② 吹气口高度　$h_2=0.015 \times b=0.015 \times 1.4=0.021$（m）＝21（mm）　　（11-3）

③ 吹气射流初速度　$u_2=u_1(a \times b/h_2+0.41)^{1/2}/0.492$

$$=1.4 \times (0.21 \times 1.4/0.021+0.41)^{1/2}/0.492=10.50（m/s）$$

（11-4）

④ 吹气口的气量　$Q_2=0.02 \times 11 \times 10.5$

$$=2.426 \text{（m}^3/\text{s)}=8742 \text{（m}^3/\text{h)} \tag{11-5}$$

⑤ 吹气射流末端流量　$Q_1=1.2Q_2(a\times b/h_2+0.41)^{1/2}$ (11-6)

$$=1.2\times2.426\times(0.2\times1.4/0.021+0.41)^{1/2}$$

$$=10.8 \text{（m}^3/\text{s)}=38859 \text{（m}^3/\text{h)}$$

⑥ 吸气口的排气量　$Q_{1a}=1.1\times Q_1=1.1\times38859=42744 \text{（m}^3/\text{h)}$ (11-7)

⑦ 吸气口流速　$3\times1.4=4.2 \text{（m/s)}$ (11-8)

则吸气口高度　$h_1=11.87/(11\times4.2)=0.26 \text{（m)}=260 \text{（mm)}$

净化塔选用 DGS-40 型酸雾净化塔，参数如下。

型号　DGS-40；处理废气量　30000m³/h；塔径　2500mm；塔高　21000mm；塔总阻力　约 1800Pa；碱液填充量　3000kg；去除效率　95% 以上。配用风机　GBF4-72-10C，风量 42475m³/h，全压 2100Pa，功率 37kW。为了防止噪声污染，风机需设置隔声槽。风机设两台，一用一备。

三、运用实际例子

1. 污染源强分析

如某公司镀锌锅的具体尺寸（长×宽×深）为 12.5m×1.30m×2.50m，设计风量为 50000m³/h，热源流收缩面上的流量 $L=20.2\text{m}^3/\text{s}$。

镀锌锅排气量的计算公式：$Q=3600VA$ (11-9)

式中　Q——锌锅排气量，m³/h；

　　　V——排气速度，m/s；

　　　A——锌锅口的表面积，m²。

污染数据见表 11-3。

表 11-3　污染物采集的数据

污染源名称	单套废气量/(m³/h)	数量(套)	含锌颗粒/(kg/h)
锌烟废气	50000	1	3.8

2. 废气处理后排放要求

设计排放烟囱高度为 15m，根据企业所处的位置，处理后经排放的污染物须达到《大气污染物综合排放标准》（GB 16297—1996）表 2（新污染源）二级标准中规定限值和《工业炉窑大气污染物排放标准》（GB 9078—1996）二级排放标准中规定的限值。见表 11-4。

表 11-4　（新污染源）二级标准中规定限值

序号	污染物名称	排放限值		无组织排放监控浓度限值	
		最高排放浓度/(mg/m³)	最高排放速率/(kg/h)(20m)	监控点	浓度/(mg/m³)
1	烟尘浓度	200			
2	林格曼黑度	1级(无量纲)			
3	颗粒物	120	3.5	周界外浓度最高点	1.0
4	恶臭	2000(无量纲)		周界外浓度最高点	20(无量纲)

3. 处理后的废气去向

废气经过处理后通过不低于 15m 排放囱直接排放，排放筒并不低于车间屋顶。

烟尘分析。锌锅正常运行时由于表面很快形成氧化层，烟气产生量较少。当粘有助镀溶剂的钢制件浸入和提出锌锅的瞬间，由于搅动和工件上的助镀剂挥发，导致烟气大量增加。锌锅内的工件进行热镀锌时产生大量的烟雾，产生的原理说明如下。工件经过酸洗去锈后，钢制件表面需要进行助镀溶剂的处理，钢制件表面被含有氯化锌和氯化铵所包裹。钢制件在进入高温的镀锌锅的瞬间，由于高温的作用，导致氯化锌和氯化铵迅速分解产生 HCl，即：

$$ZnCl_2 === Zn + Cl_2 \uparrow \tag{11-10}$$

$$NH_4Cl === NH_3 + HCl \uparrow \tag{11-11}$$

受热分解产生的 HCl 气体中的大部分（约 80%）在于金属锌、工件基体上的铁以及表面被氧化的氧化锌等继续反应，即

$$2HCl + Zn === ZnCl_2 + H_2 \uparrow \tag{11-12}$$

$$2HCl + Fe === FeCl_2 + H_2 \uparrow \tag{11-13}$$

$$2HCl + ZnO === ZnCl_2 + H_2O \tag{11-14}$$

由此可见，烟雾的主要成分为 HCl、ZnO、$ZnCl_2$、$FeCl_2$、NH_3 等盐类及金属氧化物的烟尘，这些烟尘的粒径极为细小，在 $0.01 \sim 1\mu m$ 范围内，为了净化该烟尘，选择可处理细小颗粒的袋式除尘器。

4. 除尘器的选择

常见的袋式除尘器有简易的清灰袋式除尘器、机械振打带式除尘器、反吹风大布袋除尘器、脉冲喷吹袋式除尘器等。其工艺特点如下。

（1）简易清灰袋式除尘器　其过滤风速较小，使得其体积庞大，占地面积大，运行期间，工人清灰工作条件差，操作复杂。

（2）机械振打带式除尘器　除尘效果好，但由于运行过程中滤袋受到机械外力较强，滤袋的使用寿命短，滤袋的检修、维护复杂，工作量较大且维护费用较高。

（3）反吹风大布袋除尘器　由于除尘器本身要求较低的过滤风速，使得除尘器箱体较多，反吹过程中操作的阀门数量较多，因此运行管理较为复杂而且故障率较高，投资较大。

（4）脉冲喷吹袋式除尘器　为目前技术较为先进，应用最为广泛的除尘设备，其结构简单，操作方便，用脉冲气动阀替代了结构复杂的反吹系统，从而降低了投资，减少了维护管理的工作量，得到了用户的广泛认可。

5. 锌烟收集方式

集气方式是锌烟处理工程能否成功有效的关键。目前对锌锅产生的烟雾采用周边端吸的方式收到较好的效果，但抽风量仍然较大。

根据生产和废气排放的特点，采用端吹端吸集气方式，以实现用最小的风量和能耗，实现高效的废气收集。确保废气处理系统的高效经济的运行。

据此，采用"端吹端吸集气＋脉冲喷吹袋式除尘器"为核心的处理工艺；且由于烟尘浓度较高，风机叶轮在未经净化的烟气中工作，易受灰尘磨损，从而影响整台风机的使用寿命，因此，采用负压式处理系统。

（1）工艺流程之一见图 11-4。

（2）工艺流程之二见图 11-5。

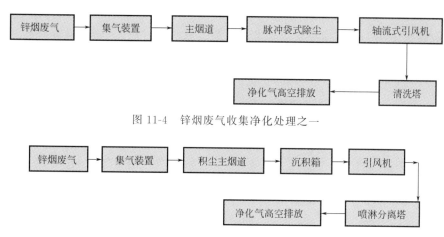

图 11-4　锌烟废气收集净化处理之一

图 11-5　锌烟废气收集净化处理之二

（3）工艺流程之一处理工艺说明。脉冲除尘器由灰斗、中箱体、上箱体等部分组成，中箱体为分室或分组结构，工作时锌烟废气由尘气集合管进入灰斗，粗尘粒直接落入灰斗底部，细粒尘随气流转折向上进入中箱体，灰尘附集在滤袋外表面，过滤后的气体进入净气集合管经引风机到清洗塔排到大气。

除尘器清灰的时候，先切断该室或该组的净气出口通道，使其中的滤袋处于无气流通过的状态，然后开启脉冲阀，用压缩空气进行脉冲喷吹清灰，喷吹时间需保证喷吹后剥离的灰尘完全落入灰斗，避免灰尘脱离滤袋避免后又随气体附集到相邻布袋，使滤袋清灰彻底。

（4）脉冲器的特点

① 锌烟扑集效率 80% 以上，处理效率达到 99% 以上，满足排放标准。

② 使用变频器调节设备的功率，可以有效地节省电力消耗。

③ 采用压缩空气清灰，使除尘器小型化，节省投资和占地面积。

④ 滤袋安装采用顶部插入法，改善滤袋更换条件，操作管理简便，维护费用降低。

（5）除尘效果分析。除尘效果见表 11-5。

表 11-5　除尘效果预测表

脉冲布袋除尘器	含锌烟尘	脉冲布袋除尘器	含锌烟尘
进气浓度/(mg/m³)	257	排放浓度/(mg/m³)	25
出气浓度/(mg/m³)	25	排放标准/(mg/m³)	120
去除率/%	90	排放速率/(kg/h)	1.25

（6）工艺流程之二处理工艺说明。本工艺属于湿法锌烟除尘工艺。

① 在锌锅的上部布置一个集气罩，集气罩的上部设计安装一个引风管道，管道的直径是根据锌锅的大小和烟气量多少合理设计的。主要作用是将锌烟控制在一定的高度和一定的范围内，并使锌烟以一定的流速，顺着一定的方向流动，以保证锌锅表面上烟气自然地流入集尘罩中。

② 集尘器的形状是一个梯形的罩子，两侧和下部是带锥形的薄板，下部向上倾斜 50°，吸收口根据计算做成 $\phi700 \sim \phi800$mm 的吸风口。钢丝热镀锌锅吸尘、吸气罩如图 11-6 所示。

③ 喷淋吸收塔，现在一般采用玻璃钢（FRP）制成，对于热镀锌而言，塔的直径一般

设计为 2.0~2.5m 较为合适；利用循环的水在塔的上部通过鲍尔环填料对烟雾进行充分的除尘并吸收烟气中的 HCl，喷淋管均匀设置在圆周的四个方向，呈 45°角对射喷淋，起到较好的吸收效果，玻璃钢喷淋吸收塔，其具体规格参数如表 11-6 所示。

④ 排气系统由引风机、吸收塔、烟囱、管道等组成。

表 11-6　玻璃钢（FRP）烟气净化器规格及主要参数

型号	烟气处理量 /(m³/h)	净化塔压强 /Pa	循环水量	进风口尺寸 /mm×mm	出风口直径 /mm	高度 /mm	进水口直径 /mm
BYJ4-1.10	12200	600	4	360×500	600	5400	40
BYJ4-1.30	15400	650	6	400×600	650	5600	40
BYJ4-1.60	19000	700	7.5	460×650	700	5800	40
BYJ4-1.70	23000	750	8	520×700	750	6200	40
BYJ4-1.80	30000	800	9	600×800	850	6560	40
BYJ4-1.95	35000	850	10	600×900	900	6860	40
BYJ4-2.10	40000	900	11	640×1000	950	7080	40
BYJ4-2.25	50000	950	12	740×1050	1050	7330	40
BYJ4-2.40	57000	1000	13.5	800×1100	1100	7660	50

⑤ 电气系统主要由调速器、电气柜、控制开关等组成到一个自动控制系统，当每吊镀锌件开始热镀锌的时候，产生的烟气使风机全速运转，当烟气消失的时候，引风机怠速运转，使其起到节能的效果。见图 11-7。

图 11-6　锌锅锌白烟吸尘、吸气罩

图 11-7　湿法锌烟除尘设备

6. 湿法除尘效果分析

（1）前面讲过，锌烟气的主要成分是氯化锌、氯化铵和空气的混合物，要达到净化锌烟尘的效果，最主要的是控制锌烟气体的扩散，不让锌烟扩散到锌锅之外。

（2）本设备的吸尘罩，使用时要使锌烟气高度在 0.3~0.5m 时就要以 10m/s 左右的流速进入吸尘罩，而后进入洗涤净化塔进行净化处理，从而保证了从锌烟的产生到锌烟尘的收集处理这一个全过程的有效控制。

（3）本设备系统分别设计有沉淀箱，可以把沉淀下来的锌颗粒收集起来，回收处理；设计有清水喷淋系统，可以把澄清的水利用压力泵循环使用，以实现真正意义上的零排放。

（4）节能效果比较显著。如锌锅为 $L6m×W2.0m×H1.5m$，每小时产量 1.8~2.4t 左右时，每吨镀件耗电量 2~3kW·h。

四、酸洗废气的综合处理

酸雾的治理，主要通过抑制覆盖、抽风排气、净化治理三个环节。

1. 酸雾抑制缓蚀剂的应用

酸雾抑制缓蚀剂的应用在生产中应当根据酸液的消耗量，在添加新酸时添加 0.3％的酸雾抑制缓蚀剂。加入后可在酸液表面形成一层泡沫覆盖层，封闭和阻挡了酸雾的溢出。为防止酸槽面酸液的散发，在不生产时，可以在酸洗槽上设置盖板。

2. 酸雾的排除和净化

过去对钢丝除锈工序产生的酸雾的排除和净化酸雾的排除，一是在酸洗槽边上设置排风装置，槽宽为 1500～1800mm 时，设置双侧排风；槽宽大于 1200mm 时，设置一边吹风，一边排风；二是车间集中排风，可采取边抽风、边排风的装置，保持车间良好的工作环境。

现在绝大部分的企业均采用全密闭的酸洗系统进行钢丝热镀锌前的除锈工艺。

对酸雾的净化处理，较普遍应用的有 4 种方法，净化后可由风机排入大气。

（1）水洗法。因盐酸、硫酸均溶于水，从槽面上排出的酸雾气体，可直接用水洗吸收净化。水洗法采用的净化设备有洗涤塔、填料塔和泡沫塔，净化效率可达 90％左右。

（2）中和法。为节约用水，可采用 2％～6％的碳酸钠溶液吸收中和处理酸雾。对初始浓度小于 300～400mg/m³ 的酸雾，净化效率可达 93％～95％。中和法采用的净化设备有喷淋塔、填料塔，每立方米废气喷淋水量一般为 0.5～1.5kg。

（3）过滤法。过滤法是采用尼龙丝或塑料丝编织成过滤网，多层交错布置成过滤器，雾滴与丝网碰撞，聚合后被阻留凝聚收集。

（4）高压静电净化法。高压静电净化是在排气竖管中，利用排气管作为阳极板，管内设置高压电线（即阴极板），板线间形成高压静电场，酸雾通过静电场被净化。

第二节　一种酸雾处理尾气吸收工艺

一、现有酸雾处理技术

在钢丝热镀锌生产工艺中，需要通过酸洗对盘条表面的氧化铁锈蚀进行除锈处理后进行拉拔为钢丝；清除其氧化铁皮和氧化铁采用的是盐酸或硫酸溶液，当使用硫酸溶液对盘条表面的锈蚀清除时，需要对硫酸加热到 40℃以上，增加了能源的消耗，而且酸洗速度缓慢，硫酸除锈后的钢铁表面呈现出浅黑色的表面颜色，不便于观察盘条表面锈蚀是否清除合格，因此，现在国内绝大部分钢丝热镀锌企业已经不再采用硫酸溶液除锈的工艺方法应用于盘条酸洗的预处理了。采用盐酸除锈的工艺，对盘条表面的氧化铁除锈速度快，室温操作，不需要加热，而且对盘条表面除锈以后很容易判断清洗的效果，有利于盘条的酸洗、磷化生产。但是用盐酸清除盘条表面的氧化铁的时候，很容易挥发，酸雾、酸气对员工操作很不利，虽然在盐酸水溶液中添加酸雾抑制剂，但是由于在对盘条酸洗除锈的过程中，需要有对盘条多次在盐酸水溶液里提起、落下的动作，以加快酸洗速度和提高酸洗质量，这样一来不可避免地造成盐酸溶液的挥发和逸出酸雾。无论是钢丝热镀锌企业或是其他使用盐酸除钢铁表面的氧化铁的企业，现在一般都采用对盐酸的挥发酸气、酸雾在酸洗槽边收集，即一边吹风、一边吸的方法把逸出的酸气、酸雾抽进酸雾清洗塔进行有组织地吸收处理酸气、酸雾；或者是采用活动罩的方法把钢丝酸洗槽盖起来，减少酸气、酸雾在车间里挥发弥漫，但是这些措施仍然不能够解决酸气、酸雾的处理达标的问题。

二、改进的技术方案

这种酸雾尾气进一步吸收装置，主要由抽吸酸雾系统、除酸雾系统和排放回收系统三部分组成，其特征如下。

1. 酸雾、气体抽吸系统

所述的抽酸雾系统包括位于厂房顶部的抽气口及抽气管路和高压离心引风机；所述的厂房为封闭的酸洗车间（俗称房中房），厂房顶部的抽气口抽吸出车间的酸雾性气体，通过高压离心引风机抽吸出酸洗车间；酸洗车间为封闭结构，离心引风机的进风口与酸洗车间房顶部的吸气口通过耐酸腐蚀的管道相连接。

所述的除酸雾、气系统包括酸雾清洗塔及抽气管道，酸雾清洗塔将废气中的酸雾、气体除去，酸雾清洗塔、高压离心引风机排出口之间通过通风管路连接；高压离心引风机将酸雾气体引入酸雾清洗塔，经过含有碱性溶液的喷淋处理后，酸雾、气体由回收风机引入后续设备。

2. 尾气进一步处理系统

（1）尾气回收系统。排放回收系统包括回收风机和气体集气池，集气池为一密闭的空间，集气池内部有隔离墙；隔离墙一侧盛放有一定深度的水为净化水。隔离墙另一侧下方为静置区，其顶部有排气烟囱。

（2）净化池净化系统。在高压离心引风机的出口风压力作用下，从酸雾净化塔出来的净化尾气进入集气池的水中后，从水中冒出来，继续进入尾气净化管道，该净化管道进入盘条酸洗车间内的"房中房"里面的一个净化水池。净化水池的上方净化管通风管道的管径呈梯级递减结构，梯级管道的每段管下方通有数个垂直管道，该垂直管道直接通进净化水池内的水中，垂直净化管口均通入净化水池的液面下方，以便使从集气池出来的尾气进一步、更好地溶入净化水池里的水中；在离心风机的出口压力作用下，进一步净化吸收后的尾气从该净化水中冒出来，进入酸洗车间顶部的抽吸气口处，再次连同钢丝酸洗逸出的酸雾，通过高压离心引风机进入酸雾清洗塔，完成一个循环处理过程。达到减少向环境排放的气体量。

（3）尾气净化系统设计方法。除酸雾系统依据产生的酸雾浓度不同设计不同数量的酸雾清洗塔。确保经过该系统处理后的气体达标。

其中，酸雾清洗塔出来的通气管道进入集气池的水中的深度为 $10\sim15mm$。将酸洗车间设计成封闭车间及吸气通风管路材质为耐酸材料。集气池中的隔离墙左右方位比例为 $5:2$，隔离墙上部距集气池顶部距离 $30cm$。该结构使大部分从酸雾清洗塔处理后的尾气体优先经过管道进入酸洗车间的净化水池，再次通过净化水池中的水吸收溶解尾气中的微量酸雾、气体，达到节能减排效果，少量尾气体从排放烟囱排出。

如图 11-8（a）为酸雾尾气吸收结构主视图，图 11-8（b）为酸雾尾气吸收结构 $A—A$ 向剖视图，图 11-8（c）为酸雾尾气吸收结构，图 11-8（d）为酸雾尾气吸收结构俯视图。图中 1—盘条进口；2—酸洗车间；3—吸气罩；4—管路；5—管道内气体流动方向；6—轴流风机

（2处）；7—烟囱；8—尾气回收口；9—碱性净化水池；10—集气池；1401—分级回收管内气体流动方向；11—酸雾清洗塔（2个）；12—高压离心引风机；13—酸洗车间；14—尾气净化管道；15—碱性净化液；16—钢丝酸洗池；17—尾气净化回收管道。

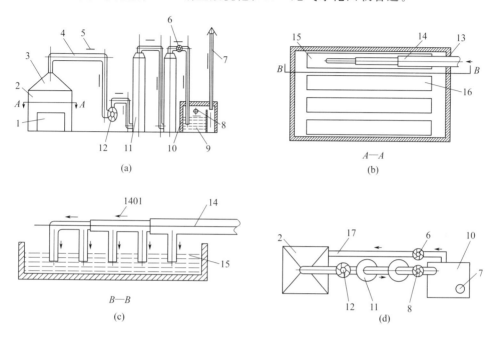

图 11-8　酸雾尾气吸收结构示意图

三、具体实施方法

抽引风系统包括位于厂房顶部的抽吸气口 3 和抽吸气管道 4 和高压离心引风机 12；厂房 13 为封闭的酸洗车间（俗称房中房），在厂房 13 顶部的抽吸气口抽吸出里面的酸雾、气体，通过高压离心引风机 12 抽吸出酸洗（房中房）车间内的酸雾、气体；酸洗车间（房中房）13 为封闭结构。待酸洗除锈的盘条进入酸洗车间门口 1 时，该门可以实现自动打开，待盘条进入酸洗车间后，车间的门随即自动关闭，防止车间内的酸雾、气体从进钢管门口逸出。

1. 酸雾、气体的喷淋吸收处理

除酸雾、气体系统包括酸雾清洗塔 11（2 个）及抽引风管道 4，酸雾清洗塔将把从酸洗车间抽引来的酸雾废气中的酸性气体除去，酸雾清洗塔 111、112、高压离心引风机 12 之间通过通风管道连接；高压离心引风机 12 将酸雾、气体从酸洗车间 13 抽引入酸雾清洗塔 111 和 112，尾气经过喷淋清洗处理后，其尾气由轴流风机 6 引入后续设备。

2. 对酸雾、气体尾气的再次处理

（1）利用集气池的方法净化尾气。尾气排放系统包括回收风机 6 和尾气处理集气池 10，尾气处理集气池 10 为封闭的空间，集气池内部设有隔离墙 B；隔离墙 B 一侧存有为碱性净化水 9；在集气池的上方设置有从酸雾塔来的管道和排气烟囱 7。

从酸雾塔来的管道下端进入净化水 9 内 20～25mm，可以进一步净化尾气中的酸性物质。

碱性净化水 9、15 为含有氢氧化钠的水溶液；氢氧化钠的水溶液 pH 值为 13～15。

尾气处理集气池 10 的上方安装一个尾气排放烟囱 7，尾气排放烟囱 7，距离从酸雾塔来的管道 2000～2300mm。

尾气处理集气池 10 的一侧面设置一个直径为 700～800mm 圆孔，安装通向酸洗车间的通气管道 13。

隔离墙 B 左右方位比例为 5∶2，隔离墙 B 距集气池顶部距离 30cm。该结构使大部分从酸雾清洗塔处理后的尾气，继续进入酸洗车间（房中房）中的净化水池 16 的水里，进一步对来自酸雾清洗塔和集气池处理后的尾气继续进行尾气净化处理，该实用新型在传统的酸雾处理工艺上，增加了尾气集气池 10 和尾气净化池 15，从酸雾清洗塔来的尾气，又经过了 2 次含有碱性溶液的清洗清水的溶解吸收达到节能减排效果，剩余的少部分气体从烟囱 7 排出。

（2）利用净化池的碱性水再次处理尾气。通向净化水池内的通气管道 13 管径设计为梯级递减结构，每段管下方通有数量不等的通入净化水池内的净化管道，净化管道口均通入净化水池的液面下方，以使气体更好地溶入净化水池中。

通气管道 14 入净化水池 16 的深度为 15～20mm。在高压离心风机 12 和回收风机 6 的压力作用下，从酸雾清洗塔来到尾气经过集气池 10 净化水的处理，通过管道 13、1301 进入净化池 16 的净化水中，又冒出来进入盘条酸洗车间，再经过高压离心机 12 的抽引进入酸雾清洗塔，完成一个循环。周而复始，使得酸雾清洗塔处理的酸雾、气体符合排放标准，不因酸洗车间盐酸酸洗的浓度高低而出现排放气体质量不合格的情况。

四、酸雾处理效果

该酸雾吸收装置技术，可有效去除了盘条酸洗车间产生的酸性废气，同时经过酸雾清洗塔处理后的气体，再经过二次（集气池、净化水池）碱性水净化后，循环吸收，不但达到了节能减排效果，而且大大降低了废气排放量。

第三节　热镀锌中废液的控制与处理

一、热镀锌废水的处理

热镀锌过程中的废水主要来自脱脂、酸洗和镀锌后的冷却水三部分。处理起来不是很困难。可以将含酸、含碱废水集中到一个中和池内自然中和，当酸、碱的量达到平衡时，符合排放标准即可排放。酸性废水是指用于酸洗工艺后进行水清洗的用水等，经过沉淀后，可以把上面的含酸水用于配制新酸溶液。

下面介绍仅含有废酸液水的过滤中和法工艺流程。

（1）含有废水的处理工艺流程。废水的处理工艺示意图如图 11-9 所示。

如图 11-9，酸洗废水自流到调节池中进行水质水量调节，然后用进水泵以 $2m^3/h$ 的速度抽到中和池中，通过投加 NaOH 进行 pH 值调节；中和池出水自流到曝气氧化池中进行充氧反应，使废水中的 Fe^{2+} 在充足氧条件下氧化成 Fe^{3+}，并形成不溶于水的 $Fe(OH)_3$ 沉

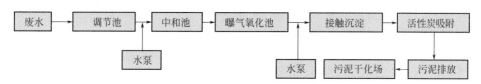

图 11-9　废水收集净化处理

淀；曝气氧化池出水经水泵提升到接触沉淀池，通过沉淀处理，将废水中的 $Fe(OH)_3$ 沉淀去除，残余微絮体则经接触过滤层截留，使废水得以进一步净化。接触沉淀池出水自流到活性炭吸附罐处理，去除废水中残留的 Fe^{2+}，最后达标排放。沉淀池污泥排至污泥干化场进行污泥干化，然后外运处理。

（2）主要设备和构筑物

① 调节池　池体尺寸 $L \times W \times H$ 为 4m×2m×1.5m；有效容积 $V_e = 10m^3$。

配：废水提升泵两台，一用一备，型号 25HYFX-8，功率 0.25kW；液位计一套，流量计一台。

② 中和池　池体尺寸 $L \times W \times H$ 为 1m×1m×2.5m；有效容积 $V_e = 1m^3$；配 pH 计一套。

③ 曝气氧化池　池体尺寸 $L \times W \times H$ 为 5m×1m×2.5m；有效容积 $V_e = 10m^3$。

配：曝气机两台，同时使用，型号 JA-32-80，功率 1.5kW，废水提升泵两台，一用一备，型号 25HYFX-8，功率 0.25kW。

④ 接触沉淀池　池体尺寸 $L \times W \times H$ 为 2.4m×1m×3.2m；有效容积 $V_e = 7.68m^3$；内设滤料层，层高 0.5m；功能　使污水中的悬浮物絮凝体沉淀、过滤，得以净化；装备反冲洗水泵两台，一用一备，型号 WQ65-37-13-3.0，功率 3kW。

⑤ 吸附罐　外形尺寸 $L \times W \times H$ 为 1.0m×1.0m×2.2m；炭层厚度 1m；有效容积 $V_e = 1m^3$；有效面积 $1m^2$；功能　罐内装有活性炭，利用活性炭的吸附原理将污水进一步净化。

二、废酸液的处理与利用

1. 盐酸酸洗废液的回收利用

（1）盐酸酸洗废液的回收利用。废盐酸液的处理最为经济的处理方法是采用硫酸置换法，即资源化治理法。即在废盐酸液中按照氯化亚铁离子的质量份数加入一定量的浓硫酸，此时混合体系中各物质均以离子状态存在，由于氯化氢和水在 110℃ 的温度下就能从溶液中蒸发出来，而硫酸和水在 180℃ 下才能从溶液中蒸发出来，因此，通过蒸馏的方法将氯化氢和水从上述混合体系中蒸发出来，经过冷凝后即为盐酸，而在混合液中留下亚铁离子和硫酸根离子，当蒸馏到母液中硫酸亚铁达到饱和时，可通过降温使硫酸亚铁大量沉淀，此过程可用式(11-15) 表示。

$$H_2SO_4 + FeCl_2 \longrightarrow FeSO_4 + 2HCl\uparrow \qquad (11-15)$$

经过此方法处理后，可得到浓度较高的再生盐酸，蒸馏母液通过结晶干燥得到含有结晶水的硫酸亚铁。

处理设备采用了传统的蒸馏系统配合独有的化学供给系统和先进的过滤系统，再生回收不含金属的清洁新酸，并得到适销的铁盐产品。该处理方法可以 100% 地将废盐酸液中未反应的 HCl 再生回收，更重要的是，所有生成氯化亚铁的 Cl^- 也将被 100% 再生生成清洁的盐酸。根据废酸的浓度不同和初配盐酸酸洗液浓度的不同，该系统再生出的新酸浓度在 16%～

20％的范围内变化。除去在酸洗中和提取工件时损失的酸以外，企业将不再需要大量补充新酸，因此短期内就能收回设备投资。

（2）废酸处理设备的构成

① 废酸储槽和输送系统　储存并向处理系统输送废弃酸洗液。

② 过滤器　将欲再生回收的酸洗废液进行过滤，除去其中的不溶杂质。

③ 硫酸储罐和硫酸输送系统。

④ 预热器（混合器）　废酸液和硫酸混合并加热。

⑤ 蒸发器　废酸混合液在110℃进行蒸发。

⑥ 冷凝器　气态氯化氢和水蒸气在其中被冷却形成高纯度的新盐酸。

⑦ 结晶釜　母液冷却结晶。

⑧ 鼓风系统　加快蒸发速度和缩短母液冷却时间。

⑨ 过滤器　结晶以后的母液溶液经过过滤以后再次被送入反应器中进行下一步反应。

2. 盐酸酸洗废液处理工艺流程

工艺流程见图11-10。

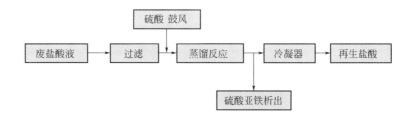

图11-10　盐酸酸洗废液处理净化处理

3. 硫酸酸洗废液的回收利用

硫酸酸洗废液的回收利用，对于硫酸酸洗液的处理回收利用有两种方法。

（1）加铁屑生产硫酸亚铁法。这是将废硫酸酸洗液经过沉淀过滤，使用耐酸泵把废酸洗液抽到反应浓缩釜后把铁屑加入到废酸中，同时加入过热蒸汽，铁屑即与游离酸在加热条件下生成硫酸亚铁结晶，而后排放到结晶器里面，再经过离心分离机分离出硫酸亚铁结晶体。分离出的结晶水返回到结晶器循环分离。其工艺流程如图11-11所示。

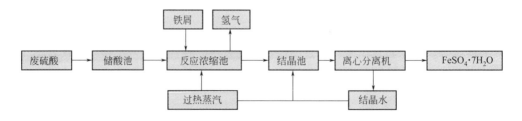

图11-11　硫酸酸洗废液的回收利用示意

（2）氧化铁红法。首先使硫酸亚铁与氢氧化钠作用，制备出三氧化二铁晶体（$Fe_2O_3 \cdot H_2O$），然后在氧化槽中按比例加入三氧化二铁晶体、澄清的废酸液和干净的铁屑，再通过过热蒸汽和压缩空气，使废液中的硫酸亚铁氧化成 Fe_2O_3 并沉积于晶种上。其工艺流程如图11-12所示。

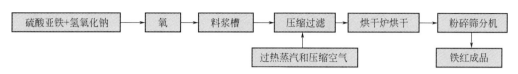

图 11-12　硫酸酸洗废液回收（氧化铁红法）

三、铬酸盐钝化废液的处理

（1）铬酸盐钝化液的回收。对含有六价铬的钝化废液，由于六价铬的毒性问题，不允许稀释排放，可利用阳离子交换树脂对其中的六价铬化合物回收利用。在钝化液中，六价铬是以 CrO_4^{2-} 和 $Cr_2O_7^{2-}$ 的阴离子形态存在的，而溶液中的三价铬是以 Cr^{3+} 的形态存在，同时溶液中还可能含有 Fe^{2+}、Zn^{2+} 等阳离子。因此，利用阳离子交换树脂吸附阳离子而不吸附阴离子的特性，使废液通过强酸性阳离子交换树脂，就可以将 CrO_4^{2-} 和 $Cr_2O_7^{2-}$ 与其他阳离子分离，重新用于钝化液中。其他部分的溶液则可以另行处理。

（2）铬酸盐钝化液的处理。一般铬酸盐钝化液的处理分两步进行。

第一步：Cr^{6+} 的还原。通常是在废液中加入还原剂，如硫酸亚铁、亚硫酸钠等，发生如下的还原反应。

$$3Fe^{2+} + Cr^{6+} \longrightarrow Cr^{3+} + 3Fe^{3+} \tag{11-16}$$

$$3SO_3^{2-} + 6OH^- + 2Cr^{6+} \longrightarrow 2Cr^{3+} + 3SO_4^{2-} + 3H_2O \tag{11-17}$$

第二步：将 Cr^{3+} 从溶液中分离出来，使排放水中的 Cr^{3+} 含量符合排放标准。除去 Cr^{3+} 的方法是加入石灰乳中和沉降。在废液中加入石灰乳后，和 Cr^{3+} 共存的 Fe^{2+}、Fe^{3+} 和 Zn^{2+} 也同时析出，其化学反应为：

$$Cr_2(SO_4)_3 + 3Ca(OH)_2 \longrightarrow 2Cr(OH)_3 \downarrow + 3CaSO_4 \downarrow \tag{11-18}$$

$$Fe_2(SO_4)_3 + 3Ca(OH)_2 \longrightarrow 2Fe_2(OH)_3 + 3CaSO_4 \downarrow \tag{11-19}$$

$$FeSO_4 + Ca(OH)_2 \longrightarrow Fe(OH)_2 + CaSO_4 \downarrow \tag{11-20}$$

$$ZnSO_4 + Ca(OH)_2 \longrightarrow Zn(OH)_2 \downarrow + CaSO_4 \downarrow \tag{11-21}$$

反应后的废液经过沉降过滤，滤液能达到国家排放标准。

四、废水处理的利用工艺

1. 微电解法处理废水

微电解法处理热镀锌过程中的含铁、锌废水。微电解（也称铁炭内电解）法是从电化学腐蚀法改进而来，主要利用微电池的腐蚀原理对废水进行净化。该工艺技术 20 世纪 80 年代引入我国，由于适用范围广，成本低，得到了广泛的应用。

它的工艺原理是运用微电解工艺化学沉淀等相结合，主要包括电化学作用、氧化-还原作用、化学沉淀作用、絮凝作用、过滤吸附及共沉淀作用、电泳作用等机理。其废水处理工艺流程，见图 11-13 所示。

2. 废水处理系统所需要的设备

离心水泵 40FPZ-18（1.5kW）1 台，耐腐蚀自吸泵 32FPZ-11（0.75kW）2 台；中和槽、1# 、2# 絮凝槽各一个，材质为玻璃钢槽体，尺寸为 $L0.9m \times W0.9m \times H2.0m$；竖流沉淀池、曝气氧化池各一个，尺寸为：$L2.4m \times W2.4m \times H4.2m$；鼓风机 0.4MPa 2 台；膜片微孔曝气器 $\phi215mm$ 20 套，材质 ABS；pH 在线检测控制器（pH-101）一套。

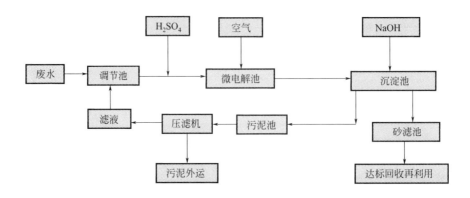

图 11-13　废水处理工艺流程示意图

3. 废水处理后的利用

经过处理后的水，用于钢丝酸洗后的水漂洗，冷却水温度在 40～50℃ 之间，可以用来补充助镀溶剂的水。

第四节　盐酸酸洗废液的综合利用

一、盐酸酸洗废液综合利用的目的

在钢铁制品深加工领域，常需要通过酸洗对盘条或中间热处理后的钢丝进行表面处理，清除其氧化铁皮。由于产品加工工序不同，所需热处理次数也不相同，因此每吨钢材酸洗产生的废液量也不相同。以镀锌钢丝钢绞线生产为例，一般每吨会产生 15～26kg 的盐酸酸洗废液，按照年产镀锌钢丝钢绞线 90 万吨估算，将产生约 2 万吨的酸洗废液。盐酸酸洗废液的成分主要为质量分数为 4%～10% 的游离盐酸及质量分数 10%～15% 的 Fe^{2+}，这些酸性废液若不进行及时有效处理，将会对生态环境造成严重危害。

国内某环保工程有限公司开展对盐酸酸洗废液回收利用的研究，并以某生产镀锌钢绞线产品的公司所产生的盐酸酸洗废液为基础，研发了盐酸酸洗废液的回收工艺，并对回收系统的物料平衡、能量平衡进行平衡测试，研制出一套废酸处理能力 200kg/h 的工业试验型装置，并进行了生产试验，运行效果良好，达到研发目的。

二、盐酸酸洗废液综合利用工艺

1. 盐酸酸洗废液的成分

由于酸洗企业规模、酸洗工艺以及酸洗工件各异，其酸洗工序产生的酸洗废液成分有较大差别。就同一个酸洗企业而言，不同时间产生的酸洗废液，其成分也有差别。某公司对游离盐酸质量分数约 10%，亚铁离子质量分数为 12% 的酸洗废液进行试验研究。

2. 酸洗废液综合回收工艺

盐酸酸洗废液综合回收工艺流程框图如图 11-14 所示。

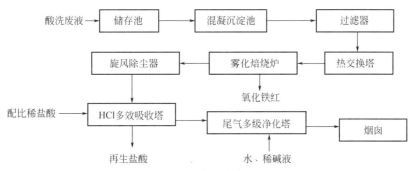

图 11-14　盐酸酸洗废液综合回收工艺流程

　　盐酸酸洗废液中含有氯化亚铁、游离盐酸、水和其他少量杂质，这种氯化亚铁超过265℃易分解。将收集的盐酸酸洗废液，储存于废液池内，混凝、澄清后，用酸泵打入过滤机内，除去固体杂质；然后再用酸泵打入热交换塔内，与焙烧炉排出的高温气体进行热交换；将排出的蒸发气体降温，以利于后续的 HCl 气体的吸收，同时，将冷的废酸液加热升温，以利于雾化焙烧处理。在焙烧炉的高温条件下 $FeCl_2$ 发生分解：$2FeCl_2+2H_2O+1/2O_2 \Longrightarrow Fe_2O_3+4HCl$，生成的 HCl 气体随水蒸气一起排出，而铁质变成氧化铁，呈红色粉末状。在密闭及负压条件下，进行回收操作，避免铁红粉尘污染。

　　由焙烧炉蒸发出来的含 HCl 气体经旋风除尘器后进入热交换塔冷却，再进入多效吸收塔，用含酸水逆流循环吸收，最后生成质量分数为 16%～20% 的再生盐酸。剩余的尾气进入多级净化塔，先用清水循环吸收，再用稀碱液进一步净化，达标后经烟囱排放。而用清水吸收蒸汽中的残量 HCl 后，变为酸性溶液，作为 HCl 吸收塔的补充液。整个酸洗废液综合回收系统，均在密闭状态运行，没有废水、废渣排出，不会产生二次污染。

3. 主体设备的研制

　　系统所用的主体设备规模为 200kg/h，雾化焙烧炉、热交换塔、氯化氢气体多效吸收塔及尾气多级净化塔均为某公司研制，再加上配套的过滤器、旋风除尘器、耐酸泵、清水泵、引风机及储槽等设备，构成酸洗废液综合回收的成套装置，如图 11-15 所示。

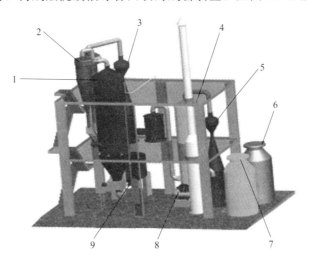

图 11-15　酸洗废盐酸综合回收系统

1—焙烧炉；2—旋风除尘器；3—浓缩器；4—吸收塔；5—液滴分离器；
6—废盐酸罐；7—再生酸罐；8—废气风机；9—铁粉贮仓

（1）雾化焙烧炉。设计的酸洗废液雾化焙烧炉直径 2.2m，高 7m。由雾化系统、焙烧系统、排渣系统组成，所需能源为蒸汽、液化气、天然气、煤气、柴油等，可根据企业实际情况选用。

（2）热交换塔。热交换塔直径 1.2m，高 5.5m。焙烧炉排出 500～550℃ 的混合气体，与冷的酸洗废液在浓缩器逆流运行，既将含 HCl 的蒸发气体降温冷却，有利于下一步的吸收工序，又将冷的酸洗废液升温，便于下一步雾化焙烧。

（3）多效吸收塔。多效吸收塔直径 1.0m，高 6.2m。HCl 气体多效吸收塔可由 2 塔或 3 塔组成，用稀盐酸与含有 HCl 的蒸发气体逆流循环多效吸收，最后产生质量分数为 16%～20% 的再生盐酸。

（4）多级尾气净化塔。多级尾气净化塔直径 1.2m，高 5.0m，由水洗和碱洗 2 个系统组成。水洗产生的酸性溶液，可作为 HCl 多效吸收塔的补充液；而碱性溶液洗涤系统，可有效地将尾气进一步净化，达标排放。

三、盐酸酸洗废液综合回收效益分析

1. 产出分析

采用研制的酸洗废盐酸综合回收系统，对含质量分数约 10% 游离盐酸及质量分数约 12% Fe^{2+} 的盐酸酸洗废液进行综合回收处理，酸洗废液可回收质量分数为 16% 的再生盐酸 1.53t，HCl 的回收率为 95% 左右；同时可生产涂料级铁红 0.27t，回收率可达 98%。以年运行 6000h 计算，每年可处理盐酸酸洗废液 1200t。

再生盐酸经调配后，可回用于酸洗作业，也可直接使用，铁红可作涂料的原料。

盐酸的市场价格差别较大，工业级盐酸（HCl 质量分数为 31%）价格为 400～600 元/t。而本项目产生的再生盐酸质量分数为 16% 左右，可用于酸洗作业，暂按 400 元/t 估算，1.53t 的再生盐酸可收入 612 元。

涂料级铁红的市场价格为 2000 元/t。按此估算，0.27t 铁红的收入为 540 元。

酸洗废液的委托处置费用。每收集处理 1t 酸洗废液，酸洗企业需支付 400 元的处理费，每年 1200t 酸洗废液可收入 48 万元。

1t 酸洗废液综合处理回收后，再生盐酸和铁红 2 项产品的价值相加为 1152 元，按照 1 套装置年处理 1200t 废酸液计算，则每年回收价值为 186.24 万元。

2. 成本分析

项目的运行成本，仅计算能源费、人工费、材料费、维修费及管理费，暂不计算设备折旧费及各种税费等。按每年 1200t 酸洗废液的生产规模估算，其运行成本如下。

（1）能源费。焙烧炉使用的能源可为蒸汽、天然气、煤气、柴油等。以天然气为例，处理 1t 酸洗废液的费用约为 208 元；设备运行的电费约为 28 元/t；水及其他费用按 10 元/t 估算，总计为 246 元/t。

（2）人工费。以三班制每班 4 人配置，再加上其他人员 10 人，共需 22 人。每人每月工资福利按 3000 元计算，则每年人工费约为 79.2 万元，即 660 元/t。

（3）其他费用。其他费用包括消耗的材料费、正常运行的维护费及管理费 3 部分。①材料费指其他易耗材料，暂按 30 元/t 计算；②维护费指运营过程中零件维修、正常维护所发生的费用，暂按 20 元/t 计算；③管理费按 30 元/t 计算。

合计运行成本为 986 元/t，即 118.32 万元/a。

3. 经济效益分析

根据估算，每年综合处理 1200t 含质量分数约 10% 游离盐酸、Fe^{2+} 质量分数为 12% 的盐酸酸洗废液，其运行成本约为 118.32 万元/a；综合回收的产品（再生盐酸和铁红）其价值约为 186.24 万元/a，年净收益为 67.92 万元。

4. 环境效益和社会效益分析

虽然酸洗废液综合回收工艺直接经济效益有限，但间接的环境效益和社会效益非常显著。此项技术的实施，不仅每年可消除 1200t 危险废物对环境造成的危害，更重要的是解除了企业运行的后顾之忧，确保企业健康发展。

第五节 酸洗生产中水处理设备的应用及维护

钢丝酸洗产生的大量工业废水主要以含酸废水为主，其中夹杂许多悬浮物等固体杂质，严重污染环境。国内某公司采用酸洗废水收集处理系统，通过中和、混凝、沉淀及过滤吸附等处理方法，实现了对工业废水的净化。

一、系统的组成及设备维护

含酸废水处理系统由污水池、混合反应池、斜板环沉淀池、气浮净水器、机械过滤器、活性炭过滤器、加药装置、压滤机和水泵等组成，如图 11-16 所示。

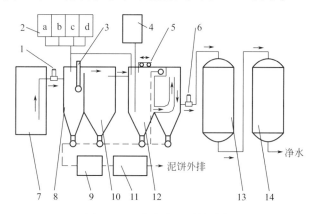

图 11-16 废水处理系统示意

1—水泵；2—加药装置（a. 聚合氯化铝槽；b. 氯化钙槽；c. 聚丙烯酰胺槽；d. 碱槽）；

3—pH 值自动控制仪；4—溶气罐；5—刮泥车；6—水泵；7—活性炭过滤器；

8—机械过滤器；9—气浮净水器；10—压滤机；11—斜板沉淀池；

12—淤泥池；13—混合反应池；14—污水池

1. 混合反应池

混合反应池是实现酸性废水中和及悬浮物混凝反应的场所。它采用高压空气充分搅拌从加药装置送来的药液，使之能充分混合溶于池中，从而使 pH 值达到要求，而絮体的快速增大，也保证了处理效果。其运行过程如下：首先将配好的碱液、混凝剂、絮凝剂通过投药泵打入反应池内，启动混合曝气风机，利用空气在反应池内搅拌，从而达到废水的中和及混凝处理的目的。混合反应池使用中应定期清理曝气管孔，防止堵塞，同时防止曝气风机在关机时水倒流入气泵中，如有水流入，应及时烘干处理。

2. pH 值自动控制仪

自动控制装置事先设定的 pH 值为 6～8，pH 值自动控制仪利用测试探头检测，对超过此范围的废水，通过变频器控制加药装置中的碱泵，自动调节碱液投放的流量，以达到中和处理的目的。

3. 斜板沉淀池

斜板沉淀池利用物理法来净化水中的悬浮物。水中杂质经混凝反应后，絮体增大，相对密度大于 1，沉于液面以下，絮体在底面浓缩，大部分大颗粒悬浮物从废水中分离出来。斜板沉淀池使用时应注意以下两点。

(1) 定期打开排泥阀进行排泥。

(2) 经常检查沉淀池中过滤层是否完好，及时保持过滤层上部的清洁。

4. 气浮净水器

气浮净水器用来对水中的细小杂质和油进行净化。它是利用溶气罐里溶入大量高压气体的水作为工作液体，该液体在进入气浮池时骤然减压，释放出的无数微细气泡与经过混凝反应后的细小杂质黏附在一起，絮体的相对密度小于 1，浮于液面之上，形成泡沫（即水、气、颗粒三相混合体），使污染物从废水中分离出来。利用刮泥车刮离液面，从而达到净化的效果。通过气浮净水器的处理，一般悬浮物可基本清除，各类含油废水中的油脂质量浓度可降低至 10mg/L 以下。

气浮净水器维护要点如下。

① 随时注意溶气罐的压力（保持在 0.294～0.392MPa）和溶气水流量及废水流量，在溶气罐压力达到 0.294MPa 时启动高压水泵，将水打入溶气罐中进行溶气。

② 经常检查溶气水释放嘴是否堵塞。

③ 根据污染物量调好刮泥频率，保证水面浮泥厚度不超过 15cm。

5. 机械过滤器

机械过滤器对水中的黏结胶质状颗粒进行过滤分离，这些颗粒经沉淀或气浮等方法难以去除。废水通过过滤器内的细砂滤料层进行过滤，以达到澄清水质的目的。

机械过滤器维护中应注意以下三点。

① 保证过滤器进水浑浊度 $[\rho(SS) \leqslant 100mg/L]$ 的要求，以免造成冲洗频繁和滤料内产生泥球阻塞滤料等现象。

② 过滤器工作时应经常打开排气阀排出空气，以防内部空气过多，水直接流入滤料层，影响过滤效果。

③ 定期进行反清洗操作，恢复滤料层的过滤能力。

过滤器滤料层的反冲洗流程如下：先关闭过滤器的进水泵和进水球阀，打开反冲洗出水阀，启动反冲洗进水泵，反冲洗水进入过滤器进行反洗。一般反冲洗时间为 4～6min。反冲洗周期：进水悬浮物质量浓度大于 50mg/L 时，每 8h 反冲洗一次；在 20～50mg/L 时，每 16h 反冲洗一次；小于 20mg/L 时，每天反冲洗一次。

6. 活性炭过滤器

活性炭过滤器主要用于对微小有机物的吸附和除臭。经沉淀、气浮凝聚法去除的悬浮胶体有机物直径一般为 0.2～10mm，而水中含有的微小有机物是通过过滤器内所装的活性炭滤料层进行过滤吸附，以达到澄清水质的目的。其维护方法与机械过滤器相同。

7. 加药装置

加药装置由 4 组配有电动搅拌机的药物溶解槽、药剂储存箱、加药泵及所属流量计和操作平台等组成。4 组药剂分别为聚合氯化铝、聚丙烯酰胺、氯化钙和碱，对碱液采用自动变频泵控制流量。加药装置主要用于混凝剂、絮凝剂及碱液的制备。维护中应注意观察药剂箱液位情况，严禁加药泵在无液体状态下长期运行。

8. 压滤机

压滤机是对淤泥池中的淤泥进行固液相分离后制成泥饼外排的设备。泥浆通过泵打入压滤机中一组相互压紧的过滤室后，液体通过滤布后分离，而固体残留在滤布外制成泥饼。压滤机维护时应注意以下三点。

① 由于滤板采用增强聚丙烯板制成，要求滤液温水池内预留约 1.5m 深度的空间，以免滤板过热变形；滤布每使用前进行预沉淀处理。

② 加大底阀尺寸，底阀必须清洗干净，清洗后安装时应保持平整，严禁有折皱、破损现象。

③ 及时清理水泵底阀过滤网上的硬物，防止其进入压滤机中损伤滤布。

9. 水泵

水处理系统的水泵由耐酸自吸泵和中间泵组成，是整个系统的动力源。维护时应注意对泵的轴承定期加注 3 号锂基润滑脂，并保持轴承座油位正常。

二、废水处理过程中注意事项

1. 药剂的配置和添加

（1）药剂的配置。水处理时采用的药剂及作用为：聚合氯化铝为无机类阳离子型聚合物，对水中负电胶体起絮凝作用；聚丙烯酰胺为有机类凝聚剂，能有效去除固体杂质密度为 $100kg/m^3$ 以下的水中悬浮物；氯化钙用来去除水中的乳化油类物质；加入碱是为了调节水中的 pH 值。常用药剂各成分的质量分数为：聚合氯化铝 8%～10%，氯化钙 5%～10%，聚丙烯酰胺 0.2%，碱 10%～20%。

（2）药剂的添加。水处理时应严格控制混凝剂（聚合氯化铝和聚丙烯酰胺两种药剂称为混凝剂）的投放量。由于混凝剂投放采用定量泵输送，操作中注意观察反应池及沉淀池表面的情况。如发现上层水中乳状泡沫较多、混浊，应立即检查混凝剂的投放量，乳状泡沫上浮在清水区说明投药量太大，应减少投药量；水浑浊不清，说明投药量少，则应加大投药量。

2. 污水池及耐酸泵的改进与维护

由于其工作环境恶劣，故障率高，加大对其维护力度尤为重要。本系统初投产时，由于酸洗系统污水初过滤作用有限，大量的固体杂质（铁渣、磷化渣等）进入污水池中，加之原耐酸自吸泵为保证污水能及时排尽而采用较长的进水管和较小的底阀，经常造成耐酸泵因底阀堵塞长期空转而损坏。为此采用 5 种方法进行解决。

① 提高底阀高度。在污水池预留约 1.5m 深度的空间，用来对固体杂质进行预沉淀处理。

② 加大底阀尺寸，并在底阀上增设过滤装置，底阀尺寸增大后过滤面积增大为原有的 4

倍，大大减少了底阀堵塞的概率。

③ 更换密封材料，原耐酸泵的机械密封材料。将原机械密封采用的石墨材料改为更耐磨的碳化硅材料。

④ 强化工艺操作。水泵运转前必须注满引水方能启动，并要求经常检查水泵的运行情况，以防缺水空转。

⑤ 根据生产情况，定期对污水池内的泥浆用污泥泵进行清理。通过以上措施，保证了整个系统的连续稳定运行。

三、含酸废水处理效果

含酸废水处理系统运行以来，较好地解决了废水污染的问题，运行表明它具有以下特点。废水处理效果明显，占地面积小，系统运行可靠，pH 值自动控制，避免人工监测。在污泥压滤处理上减少了操作人员的劳动强度。

在含酸废水处理系统使用中，应随时检查各处理池水位情况，定期清理池内的淤泥。由专人管理、严格按工艺操作、合理添加药剂是保证水处理系统长期稳定运行的重要因素。

第六节　废盐酸的生产三氯化铁的新工艺

（专利号：CN 91104109.5）

一、三氯化铁生产方法

三氯化铁是应用较广的化工原料，通常用于制造铁盐及铁颜料、墨水、净水剂及印刷制版的腐蚀剂等。通常生产三氯化铁有如下几种方法。

① 氯化法　铁屑在高温下直接通入氯气。

② 盐酸法　铁屑与盐酸共煮，生成氯化亚铁，再通入氯气。

③ 一步氯化法　将氯气直接通入浸泡铁屑水中，一步合成三氯化铁。

以上三氯化铁生产工艺，都是应用氯气或盐酸铁屑为原料，在生产过程中有氯气和氯化氢气体逸出，严重污染环境，影响人员健康，三废治理投资较大，同时要求设备管道密封良好，材质要求高，设备投资较大。因此研究三氯化铁的无污染生产的新工艺是必要的。

二、生产三氯化铁的新工艺

三氯化铁无污染生产新工艺的最大优点是以有关工厂排放的废物为原料，综合治理三废并变废物为资源。

利用废盐酸新研究出的三氯化铁的无污染生产新工艺，是以废物综合治理及利用为基础的。原料皆为有关工厂排放的废液、废渣，故生产成本低于现行的三氯化铁生产方法。在本发明工艺中作为原料的废物本身没有气味，并且在三氯化铁生产过程中没有副反应发生，也没有副产物出现，不存在二次污染，生产三氯化铁的新方法如下。

（1）化学反应原理。该新工艺技术的具体实施，是将废渣（主要成分为氢氧化铁、氢氧化亚铁）先用水浸泡除去可溶性氯化钙及多余的碱。将清洗后的固体（主要是氢氧化铁和氢氧化亚铁）加入废酸中，（废酸成分为氯化亚铁25%～30%，盐酸约5%）使氢氧化铁和氢氧化亚铁与废酸中残余的盐酸起中和反应生成有用的化工原料——三氯化铁及部分氯化亚铁。

（2）中和反应的条件。中和反应化学计量式如下。废酸中原含有25%～30%氯化亚铁及残余的盐酸约5%，当这部分残留的盐酸被氢氧化铁和氢氧化亚铁中和后，溶液呈弱酸性或中性，同时溶液中有三氯化铁生成。已知三氯化铁是强氧化剂，在有三氯化铁存在下，及溶液的pH值近中性条件下，氯化亚铁很不稳定，很容易被氧化生成氧化铁。

（3）中和反应的温度。当氢氧化铁、氢氧化亚铁与盐酸的中和反应时，可以在常温下进行。若为了加速氢氧化铁、氢氧化亚铁固体的溶解，加速氯化亚铁的转变为三氯化铁，可以在加热条件下反应，一般温度在80～90℃之间。

（4）通入氯气。在生产中将氢氧化铁中和废酸后的澄清液（其主要成分为三氯化铁和氯化亚铁）用耐酸泵加入吸收塔，自下而上通入少量氯气，加速氯化亚铁的转变。在生产过程中可用化学分析法，分析溶液中亚铁离子、铁离子浓度，及测定溶液pH值。也可以测量溶液密度。

废液中残余的盐酸按5%计，按上述中和反应计量式计算，则1吨废酸约可溶解51kg氢氧化铁，约可生成三氯化铁130kg。这样共可得到45%～50%浓度的三氯化铁溶液，可以直接出售。

本发明的三氯化铁生产过程中，即氢氧化铁或氢氧化亚铁与盐酸中和反应中没有副反应发生，也没有副产物生成，故在生产过程中没有二次污染问题。

三、环保、节能效果

作为本发明生产三氯化铁的原料的废液其主要成分为氯化亚铁及少量盐酸，基本没有废气排出，而氢氧化铁废渣呈弱碱性固体，没有气味，故在生产过程中没有气味逸出，不排放废液、废渣，属无污染的三氯化铁生产新工艺。与原有三氯化铁生产法比较，本发明的无污染三氯化铁生产新工艺不需要特殊设备，并可利用原有设备，不排放三废，不需三废治理投资，并且是以有关工厂排放的废物为原料进行废物综合治理及利用生产三氯化铁，同时又治理了有关工厂钢铁酸洗除锈排放的废液、废渣，"变废为宝"。

第七节　钢丝拉拔废乳化液处理新工艺

乳化液在金属加工过程中被广泛应用，主要作为润滑、冷却、表面清洗和防腐蚀，对于提高产品质量、延长设备使用寿命具有重要作用。在循环使用过程中，由于受到霉菌等微生物侵蚀，金属磨屑、杂质的进入和冷热交替等作用，白色的乳化液会逐渐腐败发臭变质，最终成为废乳化液。废乳化液中含有高浓度的矿物油，如果进入水中，油类物质会漂浮于水面形成油膜，阻止空气中的氧气溶于水中，导致水生生物缺氧死亡，使水质持续恶化，造成生态系统破坏和水环境污染。此外，废乳化液中的各种添加剂（表面活性剂等）和重金属离子对水中的动植物也非常有害，通过生物富集和食物链进入人体后，会严重危害人体健康。因此，废乳化液必须经过严格处理，达到国家相关排放标准后方可进行排放。

本技术采用表面亲油改性后的多孔吸油材料，对废乳化液进行除油处理，经过固液分离后得到除油清液，然后采用复合氧化物涂层钛网电极对除油清液进行电催化氧化，利用复合氧化物的高析氧过电位在阳极产生大量氧化性极强的羟基自由基（·OH），通过羟基自由基氧化降解水中的有机物，最终达到净化废水的目的。该工艺组合水质适应性强、性能稳定，可将废乳化液处理到不同程度甚至直接达标，且投资运行成本合理，已经成功投入实际应用。

一、处理技术方案

1. 分析方法

样本为某公司拉拔工艺产生的高浓度废乳化液，呈淡紫色，pH 值为 8.5，COD 质量浓度为 54000mg/L，基本参数见表 11-7。对该种废乳化液进行处理，使其 COD 指标达到后续处理工序进水水质要求，或直接降低到 GB 8978—1996 排放标准以下。

表 11-7　废乳化液基本水质参数

项目	pH 值	化学需氧量(COD)/(mg/L)	浊度/NTU	外观气味
废乳化液	8.5	54000	26000	淡紫色,有腐臭味
GB 8978—1996	6～9	≤500	≤400(以 SiO₂ 换算)	—

（1）分析方法。COD 质量浓度采用哈希 COD MAX II 铬法在线 COD 测定仪测定，pH 和浊度采用哈纳 HI9828 多参数水质仪测定，总铜和总锌采用原子吸收分光光度法测定。

（2）主要试剂。硫酸（AR），氢氧化钠（AR），硝酸（AR），氯化钠（AR），硫酸汞（AR），重铬酸钾（AR），邻苯二甲酸氢钾（AR），$SnCl_4 \cdot 5H_2O$（AR），$SbCl_3$（AR），乙二醇（AR），聚乙烯醇（分子量 8000D）。

2. 分析步骤

（1）除油分析。用烧杯取 200mL 水样，用质量分数 20% 的 H_2SO_4 溶液和质量分数 30% 的 NaOH 溶液将其调节到不同的 pH 值，然后加入一定量的多孔吸油材料，置于磁力搅拌器上持续搅拌，反应一定时间后，用滤纸过滤，取清液测定其 COD。所有实验均在室温环境下进行。

（2）电催化氧化分析。复合氧化物涂层电极制备：以预处理后的纯钛网为阳极，在 $SnCl_4$、$SbCl_3$ 和 HCl 的乙二醇溶液中电沉积 30min，去离子水清洗后 120℃ 干燥，然后在马弗炉中 500℃ 煅烧，得到涂有 SnO_2-Sb_2O_5 中间层的钛网（SnO_2-Sb_2O_5/Ti）；将纳米 ATO 和纳米 β-MnO_2 与聚乙烯醇和黏结剂 A 按比例调配，制成浆体后涂覆在 SnO_2-Sb_2O_5/Ti 钛网上，烘干后在 450℃ 煅烧，涂覆步骤重复 3 次，即得实验所用的复合氧化物涂层钛网电极。

电催化降解有机物：将 400mL 废乳化液除油后得到的清液注入电解槽，以不锈钢片为阴极，复合氧化物涂层电极为阳极（面积为 3dm²），在不同的阳极电流密度下进行电催化氧化实验，定期取样进行测试分析。在电催化过程中，持续小流量曝气以提供氧气，并促进对流传质。

二、试验效果分析

1. 除油实验结果分析

（1）吸油材料用量的影响。用稀硫酸将废乳化液 pH 调节至 5，同时将除油的反应时间固定在 30min，通过改变吸油材料的加入量来考察材料用量的影响，以得到最理想的添加量。实验结果如图 11-17 所示。

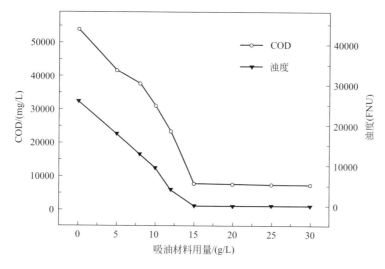

图 11-17　吸油材料用量对废乳化液除油效果的影响

从图 11-17 可以看出，实验中废乳化液的除油效果先随着吸油材料用量的增加而提高，当吸油材料用量增加到 15g/L 时，COD 质量浓度从初始的 54000mg/L 降低至 7650mg/L，浊度从初始的 26000FNU 降低至 2.7FNU，继续增加吸油材料用量，COD 质量浓度和浊度几乎不变。说明吸油材料的最佳用量为 15g/L，继续增加用量会造成浪费。

不难发现，COD 质量浓度的下降和浊度的降低是基本同步的，说明废乳化液中的浊度主要来源于水中呈乳化状态的矿物油。当吸油材料的用量达到 15g/L 以上时，废乳化液的浊度大大降低，变成基本透明的清液，剩余的质量浓度约 7500mg/L 的 COD 为水中的溶解性 COD，大约占总 COD 质量分数的 14%。这部分溶解性 COD 无法通过除油工序去除，必须要进行下一步的处理才可能达到排放标准。

（2）反应时间和 pH 值的影响。前面的分析表明，废乳化液除油过程的进行伴随着两个重要变化，即 COD 质量浓度的降低和浊度的降低。因此，COD 质量浓度和浊度的去除率，可以很好地反映废乳化液的除油效果。下面以 COD 去除率和浊度去除率为评价依据，考察 pH 值和反应时间对废乳化液除油效果的影响。

首先用稀硫酸和氢氧化钠溶液将废乳化液调节至不同的 pH 值，然后加入多孔吸油材料进行除油反应，反应不同时间后取样测定废乳化液的 COD 和浊度。吸油材料的用量固定在 15g/L。实验结果如图 11-18 所示。

从图 11-18(a) 可以看出，当 pH 值在 5 附近时废乳化液具有最高的浊度去除率和 COD 去除率，分别达到约 100% 和 86%，说明该条件下除油效果最佳，矿物油基本全部去除。随着 pH 值降低或升高，除油效果均出现明显下降。在碱性条件下，溶液中的氢氧根吸附在水油界面附近，有助于降低水油界面膜的表面张力，提高乳化液的稳定性，从而导致油脂更难

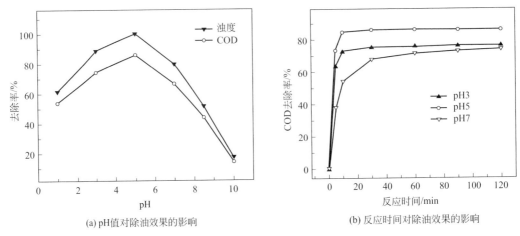

(a) pH值对除油效果的影响　　　　　　(b) 反应时间对除油效果的影响

图 11-18　pH 值和反应时间对废乳化液除油效果的影响

去除；在酸性条件下，水中的氢离子与表面活性剂发生作用使其乳化作用降低甚至破坏，继而降低乳化液的稳定性，故在酸性条件下的除油效果更好，但是过强的酸性会导致吸油材料表面的亲油基团被破坏，降低吸油性能，因此实验中最佳的除油 pH 值在 5 左右。

图 11-18(b) 表明在 pH 值为 7 时除油反应较慢，需要约 120min 才基本达到平衡，而在 pH 值为 3 和 5 时反应速率要快得多，10min 左右即可达到吸附平衡。同时，pH 值为 5 时的 COD 去除率明显高于 pH 值为 3 和 7 时。以上结果进一步说明，pH 值为 5 时除油反应的反应速率和除油效果均最优。

2. 电催化氧化实验结果分析

(1) pH 值的影响。为了考察溶液 pH 值对电催化降解 COD 的影响，在不同 pH 值下 (4、7、8.5、10) 对除油后的废乳化液进行电催化降解实验。阳极电流密度为 $2A/dm^2$，电解时间为 4h。实验结果如图 11-19 所示。

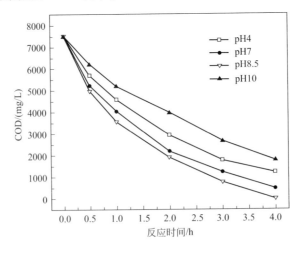

图 11-19　pH 值对电催化降解废乳化液中溶解性 COD 的影响

从图 11-19 可以看出，在不同 pH 值下电催化降解废乳化液中溶解性 COD 的效果从优到差的顺序为：pH 值 8.5＞pH 值 7＞pH 值 4＞pH 值 10，即在弱碱性条件下电催化降解 COD 的效果最佳。这是因为 COD 降解效果与水中羟基自由基（·OH）的产生量密切相关，而·OH的一个重要产生途径是氢氧根（OH⁻）在阳极表面被夺去电子而氧化，因此，水中有足够的氢氧根是保证COD降解效果的一个重要条件。但是，氢氧根只是产生·OH的因素之一，当水中的氢氧根出现过剩时，继续提高pH值将不再促进·OH的产生，而且过高的pH值会使阳极析氧电位降低，导致析氧反应加剧，降低电流效率。所以实验中pH值为8～9是电催化降解废乳化液中的溶解性COD的最佳pH值，过高或过低均不利于电催化反应。

（2）阳极电流密度的影响。基于前面的实验结果，将溶液的pH值固定在8.5，反应时间固定在4h，通过改变阳极电流密度（1A/dm²、2A/dm²、4A/dm²），考察阳极电流密度对电催化降解废乳化液中溶解性COD的影响。实验结果如图11-20所示。

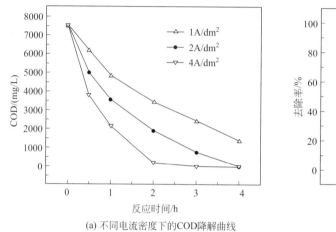
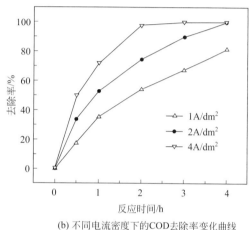

(a) 不同电流密度下的COD降解曲线   (b) 不同电流密度下的COD去除率变化曲线

图 11-20 不同电流密度下的 COD 降解曲线和去除率曲线

从图11-20可以看出，随着阳极电流密度的增大，COD的去除率依次增加。当电流密度为1A/dm²时，反应4h后COD的去除率为81.7%；当电流密度为2A/dm²时，4h后COD去除率约100%；当电流密度为4A/dm²时，反应2h即可将COD质量浓度降至173mg/L，达到97.7%的COD去除率。很显然，电流密度的增加有利于在阳极产生更高浓度的羟基自由基，因而对COD具有更高的降解速率。这虽然有利于减小设备投入，但是电流密度的增加必然伴随着槽电压的升高，一方面增加能耗，另一方面使得析氧反应加剧，导致电流效率降低。此外，电流密度过高会显著降低阳极材料的使用寿命。因此，选择适当的阳极电流密度对于降低设备的投资费用和运行成本是非常重要的。实验表明，2～4A/dm²的阳极电流密度是较为合理的。

三、工程应用效果

江苏某精密钢丝有限公司生产线每天约产生10m³废乳化液，目前采用上述吸附除油＋电催化氧化工艺设备进行处理。工艺流程如图11-21所示。

与现有的破乳方法相比（如盐析法、混凝法等），本工艺采用的吸附除油材料具有除油彻底、滤饼成型好、易固液分离等优点，如图11-22所示，可以将废乳化液中的油性物质近100%去除。废乳化液除油处理后，采用电催化装置进行深度处理，可在几乎不添加药剂、不产生固废的条件下，实现难降解COD的持续高效去除。与此同时，电催化反应可以实现水中络合态铜、锌离子的去除和破络合，为后续处理达标提供前提。

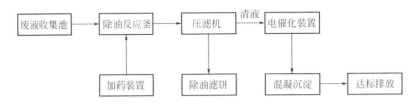

图 11-21　废乳化液处理工艺流程

　(a)除油材料

　(b)除油滤饼

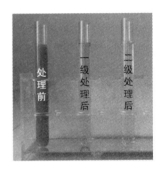
　(c)处理前后水样

图 11-22　废乳化液处理工程应用

采用上述组合工艺，可使废乳化液的 COD 质量浓度稳定降低至 300mg/L 以下，低于国家污水综合排放标准中的三级标准要求（质量浓度为 500mg/L），且总铜、总锌、色度、浊度等各项指标也均可达标，在两年的实际运行中，完全符合废乳化液达标处理技术要求。

第八节　固体废料的控制与利用

一、锌渣的控制与利用

1. 锌渣的控制

为了降低生产成本，应对锌渣进行有效的控制，具体方法如下。

① 避免过酸洗，以免增加工件表面的粗糙度。

② 在获得良好的镀层的前提下，尽量降低镀锌的温度，缩短浸锌时间。

③ 严格控制锌浴温度的波动范围，若使用自动控制锌温方式更好。

④ 严格控制助镀剂中的铁盐含量，维持溶液中铁含量 1g/L 以下。

2. 锌渣的利用

关于锌渣的处理的方法有熔析处理法、金属铝的置换法以及真空蒸馏法三种。本书介绍热镀锌企业本身能够做到的，并且有一定成效的是熔析处理法。

熔析处理法就是按照物理的方式析出金属锌，把从锌锅的底部捞出的锌渣置于石墨坩埚中，加热至 500～550℃，输入的热量应尽量集中在坩埚的上部。以免产生对流而使锌渣中的固态铁-锌合金粒子难以沉淀。沉淀 5min 后，浮在石墨坩埚上部的液态相金属用勺子取出，或徐徐倾倒于锌锭模中，石墨坩埚底部的沉渣则清除掉。

用此办法回收的金属锌，其质量完全取决于操作人员的细心程度及技巧。温度越高，锌中溶解的铁量越多，回收的金属锌液越多。故在 500℃ 时所回收的锌中 $w(Fe)$ 约 0.1%，锌的理论产量为锌渣质量的 36%；在 530℃ 时锌的理论产量为锌渣质量的 47%，但锌中 $w(Fe)$ 却为 0.2%。实际回收量远低于理论产量。通常锌渣中 $w(Fe)$ 约 3% 时，可回收锌量为锌渣质量的 25%，其中 $w(Fe)$ 约 0.1%~0.2%。

二、锌灰的控制与利用

1. 锌灰的控制

为了尽量减少锌灰，应当控制助镀剂中的氯化铵的含量和 pH 值；减少助镀剂中的亚铁离子含量；在操作方面应避免所有对锌浴表面不必要的搅动，尤其是刮灰的时候。捞取锌液面上的锌灰的时候，应该用多孔浅勺，以避免液相的锌随锌灰一起捞出。同时应注意锌锅的两端不能长时间积累过多的锌灰，以避免锌灰累积处的锌锅局部过热而加速锌锅的腐蚀，影响锌锅的使用寿命。

工件表面潮湿就进行镀锌，容易引起更多的锌灰及爆锌的发生。故从安全及锌耗上考虑，工件镀锌前应该尽量干透。

工件镀锌的方式对锌灰的产生也有较大的影响。工件进入锌液和离开锌液时应力求平稳、干净利落，以尽量少地扰动锌液表面。

在锌液中加入少量的铝合金，也可以大大减少锌灰的产生，这是由于金属铝可使锌液表面形成氧化膜保护锌液面不被氧化。另外减低锌液温度对减少锌灰亦有帮助。

2. 锌灰的利用

（1）石墨坩埚法。采用坩埚炉进行处理是常用的方法。为了维持锌中的亚铁离子含量尽量地低，应使用石墨坩埚，并不是含铁的非石墨坩埚。在回收加热坩埚的时候，为了提高回收温度，应在坩埚口加盖锅盖，如果采用燃油或燃气加热时，需要将烟气用烟囱引出。

熔炼的时候，应先在坩埚里面加上 1/4 高度的锌液，而后再逐步添加一些锌灰，目的是加快炼出锌灰中的锌，不能够直接在坩埚里面加满锌灰。如果是这样，回收锌灰中的锌的熔出速度是很慢的。温度维持在 480~500℃，锌灰中的锌与锌灰分离完全后，先把锌液上面的细的锌灰慢慢地捞出，再逐步地添加锌灰，如此反复的操作，坩埚中的锌液离过口有 100mm 的时候，可以把锌液用勺子舀出，放到事先准备的锌锭模里，坩埚内要留下 1/4 的锌液，且不可全部舀出。如此循环操作。

对于直径 450mm，深度 500mm 的坩埚，在 20 分钟内可以处理 30kg 的锌灰，一个小时内可以处理锌灰约 100kg，大约熔炼出 65~70kg 的锌液。经化验这种锌液含铁约为 0.026%，铝约为 0.025%，完全可以直接添加的锌液中继续使用。如果添加在工作中的锌液中使用，如果是锌锅熔锌 200t 的话，每次添加这种回收锌控制在 50kg 以内比较合适。

图 11-23　旋转式锌灰熔炼机

（2）旋转式锌灰熔炼回收机。图 11-23 所示为旋转式锌灰熔炼机。

这种设备最早是从意大利引入中国的，经过使用后，某制造公司，经过吸收、消化后，经过改进制造出新型的热熔式锌灰分离机，图示为专利产品 ZL 201120286527.7。每次处理 1000kg；采用燃油或燃煤气进行加热旋转的滚筒内的锌灰，4h 可以熔炼回收 500kg 的金属锌。大概比直接卖出锌灰，为企业增加 1000～1500 元的经济效益。

实际上，无论采用上述哪一种方法，均可以获得 60%～75% 以上的回收率。但是若锌灰堆放的时间太长，则回收率则将大大降低。如锌灰储存达 25～30d，锌灰中的锌由 90% 降到 67%，所以企业应及时把锌灰进行处理，绝不能忽视这项有意义的工作。

（3）做氯化锌溶液用于助镀溶剂。还可以把锌灰水洗以后做助镀剂中的氯化锌使用，方法是经过水洗的锌灰，放在陶瓷缸里或者是加厚的玻璃钢容器里，在徐徐地加入 20% 以上的盐酸，经过反应停止以后，把容器上面的杂质捞出，舀出里面的澄清的溶液，可以直接添加进助镀剂槽里，若果锌灰没有反应完，则要继续添加盐酸，如此反复地进行，舀出的含有氯化锌的溶液，一定要测量 pH 值，一般 pH 值控制在 3～4，就可以做助镀剂来使用。也有的企业把锌灰卖给化工厂，做成氯化锌原料出售。

第九节　盐酸酸洗废液回收处理设备

一、石墨蒸发器

采用蒸馏法回收废盐酸的设备，最新研制的节能型石墨设备是新一代的环保产品，其连续蒸发系统主要设备有：石墨蒸发器，双向石墨预热器，石墨预热器，石墨冷凝器等组成。连接管道主要采用聚丙烯管道。为防止加热器在加热过程中，产生震动损坏管件，在管道上要安装波纹补偿器。

石墨具有导热效率高、耐腐蚀性能好的非金属材料。广泛应用于化工生产与防腐领域。石墨设备应用于腐蚀性物料连续蒸发浓缩系统生产中，具有使用寿命长（正常使用在 10 年），劳动条件好、操作方便，是理想的蒸发浓缩设备。国内某公司经过多年研究实践，现已研制成功节能型用石墨设备连续蒸发系统，是目前国内最先进的蒸发浓缩系统。见图 11-24 所示。

本系统最大特点：①工艺比较简单；②节约能源（和反应釜相比 40%）；③连续蒸发浓缩 24h 生产；④占地面积少。现已在盐酸、硫酸、磷酸、氧氯化锆、氯化稀土和氯化亚铁等方面得到广泛应用。

国内某公司生产的节能型石墨设备连续蒸发系统，设计合理，充分利用各种能源（包括蒸汽冷凝液、蒸汽），节能效果十分明显。主要规格有：JXSL-1000，JXSL-2000，JXSL-3000，JXSL-4000，JXSL-5000（J 表示节能型；S 表示石墨材料；X 表示氯化稀土；L 表示连续；1000 表示蒸发量 1000kg/h）。

二、生产操作工艺

节能型稀土用石墨设备连续蒸发系统工艺比较简单，主要利用石墨蒸汽冷凝液预热器对原料溶液进行预热，再进入双向石墨预热器，用石墨蒸发器的蒸汽进行二次预热，然后在进入石墨蒸发器。将二次预热的原料溶液通过石墨蒸发器加热蒸发，控制原料流量及蒸汽压

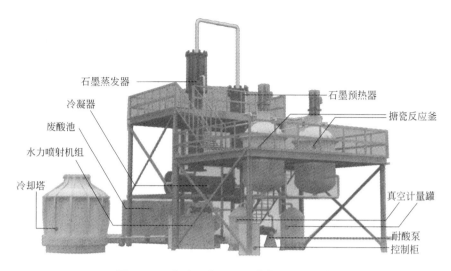

石墨蒸发器

冷凝器

废酸池

水力喷射机组

冷却塔

石墨预热器

搪瓷反应釜

真空计量罐

耐酸泵

控制柜

图 11-24　盐酸回收石墨连续蒸发系统设备

力，及时取样化验，使其溶液浓度逐步达到所需要的浓度，然后将所需要的成品溶液放入成品罐，达到连续生产。蒸汽由石墨冷凝器冷却至所需排放温度。整个工艺需在负压下操作运行。

1. 石墨设备技术特性

按 HG/T 2370—2017《不透性石墨制化工设备技术条件》制作设备

（1）许用压力

蒸发器：纵向　−0.1～0.05MPa；横向　0.5MPa。

预热器：纵向　−0.1～0.1MPa；横向　−0.1～0.01MPa。

冷却器：纵向　−0.1～0.1MPa；横向　0.5MPa。

管道：−0.1～0.1MPa。

（2）许用温度：加热器　20～160℃；冷却器　−20～160℃；管道　−20～120℃。

2. 设备使用说明

（1）系统安装完毕，按许用压力 1.25 倍进行整套系统试水压。

（2）蒸发、预热系统开车时，先开物料阀，后开加热阀，开启蒸发器蒸汽阀时，由小到大慢慢开启。

（3）冷却系统开车时，先开冷却水阀，后开物料阀。

（4）定时取样测试、化验。调整石墨蒸发器的蒸发温度及流量以便获得所需要的成品浓度。

（5）石墨属脆性材料，尽量避免设备急冷、急热，以保证设备使用寿命。

第十节　热镀锌生产中废液处理工艺及设备

一、设计背景

面对国家对生态环境要求，改善生态环境是每个企业的义务与责任。国内某公司基于热镀锌行业的镀件及线材生产线设备的设计和实际应用情况，特引进国外环保技术和设备的制造工艺，研发出的废液处理设备。该设备应用于热镀锌加工镀件及线材行业，有效地解决了盘条酸洗、漂洗、镀锌等生产过程中产生的废液达标排放问题。

这种环保废液处理设备具有自动化、集成化的特点，设备不仅占地面积小，运行自动化程度高，运行成本低（处理 1t 废液约 24 元），而且处理效果非常明显，COD、氨氮、重金属等各项指标完全满足国家的环保标准要求。

二、废液的种类及组成

热镀锌废液主要于清除钢材表面氧化铁皮而使用盐酸进行酸洗之后产生，热镀锌线材在酸洗、水洗等过程中会产生大量的废液。盐酸酸洗废液的成分主要是游离酸、氯化亚铁和水。其含量随酸洗工艺、操作温度、钢材材质、规格不同而异，一般情况下含氯化亚铁：20%～26%，游离酸：5%～8%，其余为水。热镀锌生产中的废液来源于前处理废水，是热镀锌废水处理中的重要组成部分，约占热镀锌生产中的废水总量的 50%，生产中前处理工艺以及工厂管理水平等因素的变化，对废水产生的量有很大的影响。表 11-8 是不同 pH 下废盐酸的物理化学性质。

表 11-8 不同 pH 下废盐酸的物理化学性质 单位：g/L

pH 值	ORP	相对密度	游离酸/(mol/L)	Fe^{2+}/Fe^{3+}	Fe	Zn
废盐酸	360	1.339	0.710	182.2/4.1	186.3	267
1	−383	1.347	0.140	197.0/0.9	197.9	259
1.55	−389	1.348	0.135	197.3/1.1	198.4	257
2	−412	1.352	0.135	197.9/1.1	198.0	260
2.57	580	1.342	0.120	197.6/0.9	198.5	268
2.62	568	1.343	0.105	197.6/0.9	198.5	259

三、废液处理设计

1. 设计有关标准

（1）DB 61/224—2011《黄河流域（陕西段）污水综合排放标准》。

（2）GB/T 5096—2017《环境噪声标准》。

（3）GB 50054—2011《低压配电设计规范》。

（4）GB 21900—2008《电镀污染物排放标准》。

2. 废液处理设备设计原则

（1）设计原则严格执行国家现行的环保技术标准、规范，遵守设备使用当地环保的有关法律、法规。

（2）选用先进、合理、可靠的处理工艺，在确保处理排放达标的前提下，做到操作简单、管理方便、占地小、投资省、运行费用低。

（3）设计提高污水处理的自动化程度，降低操作人员的劳动强度。

（4）系统具有调节峰谷流量的功能。

（5）工艺设备充分考虑耐腐蚀性能，确保使用。

3. 废液处理设备设计范围

（1）设计范围从废液处理调节池开始到处理设备的排放口为止。

（2）废液处理工程的工艺流程，工艺设备选型，工艺设备的结构布置，气控制说明和构筑物的工艺条件等设计工作。表 11-9 是对国内某公司的水处理后的实测数值。

表 11-9 主要指标处理后的实测值 单位：g/L

检测项目	检测前值	国家标准	检测后值	分析方法
化学需氧量（COD）	852	80	48.3	重铬酸盐法
氨氮	2460	15	12	纳氏试剂分光光度法
锌	1170	1.5	0.48	原子吸收分光光度法
铬	23.8	1.0	0.03	火焰原子吸收法

四、废水处理流程说明及效果

1. 废水处理工艺路线

此套系统所处理的废液为高浓度工业废水、电镀废液、废酸等工业废液。系统采用先进的物理、化学处理工艺。物理、化学处理工艺具有操作简单，运转费用低，处理效果好，运行稳定。能有效地确保污水达标排放或回用，详见流程图 11-25。

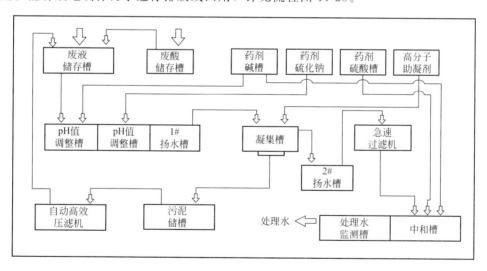

图 11-25 工艺流程图

（1）生产过程中所产生的废液通过排水管道系统分别排入废液储存槽中，通过提升泵进入一级 pH 调节池进行加药初调、曝气。

（2）废液进入二级 pH 调节槽，液体随后进入 1＃扬水槽进行均质均量调整，废液通过 pH 调节槽与扬水槽再经液位控制仪传递信号，由提升泵送至凝集槽。

（3）废液进入凝集槽后投加高分子助凝剂充分反应，然后进入 2＃扬水槽，使水中的污染物形成不溶水的颗粒。

（4）废液通过提升泵进入急速过滤机，进行过滤处理。过滤掉重金属等杂质的废水在进入中和槽进行二次处理。

（5）废水最终排入监测槽进行检验、监测，根据处理标准要求，可以将废水回用或达标排放处理。

（6）而凝集反应槽所产生的废液泥浆，进入污泥储存槽通过泥浆泵提升到高效压滤机压成泥饼后外运处理。压滤液再次流入废液储存槽再次循环处理达标排放或回用。

2. 处理效果对比

处理效果见表 11-10。

表 11-10 废水处理效果对比表

指标	pH 值	铁离子	锌离子	SS	氨氮	COD	盐分
标准要求	6～9	3mg/L	1.5mg/L	70mg/L	15mg/L	100	
设计指标	6～9	≤3mg/L	≤3mg/L	70mg/L	15mg/L	80	2%～3%
实测指标	7～8	0.6～0.7	0.1	45mg/L	12mg/L	87	2%～3%

注：1. 2%～3%的盐分只有在处理废酸的过程中产生。

2. 可以采用增加离心过滤的方式将2%～3%的盐分去除。

3. 废液处理设备有关参数

废液处理设备有关参数见表 11-11 所示。

表 11-11 废水处理设备有关参数表

序号	处理量		设备净长 L /mm	设备净宽 W /mm	设备净高 H /mm	核算时间 /h
	废水	废酸				
1	10m³	10m³	10000	5000	4500	10
2	25m³	2.5m³	13000	5000	4500	10
3	50m³	5.0m³	15000	5000	4500	10

注：系统占地面积不包含废液储存槽与废酸储存槽。

环保废液处理设备的使用，增加了热镀锌生产线的完整性，实现生产和环保的双赢局面。生产系统的整体设计，在充分利用现有工艺装备的基础上，合理布局，节约成本，力求实用。相比于以往的热镀锌生产线，增加了环保废液处理功能的新生产线，以科学的处理废液的方法，达到循环利用的目的，从而为生产企业节约了成本，更重要的是没有对我们生活的环境造成伤害。

第十一节　污水、废水处理管理制度

一、调节池、中和塔操作规程

（1）经常观察并清理格栅的杂物，以防进入调节池，堵塞提升泵，每小时检测一次污水的 pH 值。

（2）启动中和塔，调整好中和塔机器转速，把转速控制在 10～15r/min，使电动机电流控制在 65A 以下，向中和塔内开始加 1～2cm 的白云石，第一次投加量为 5t，正常运行后，每天需补加 1t 左右。

（3）调节池水位上升 2.0m 左右时开启一台污水提升泵，开始向中和塔内加水，水量大时同时开两台污水泵，三台污水泵交替运行，每 8h 转换一次，严禁三台泵同时运行。

（4）随时监测中和塔出水的 pH 值，出水 pH 值应该控制在 3～5。

（5）经常观察提升泵及中和塔运行是否正常，如发现水泵不上水，水量小，噪声异常现象，应及时找出原因，加以排除。

二、石灰投加及曝气系统安全操作规程

（1）向石灰乳搅拌池内加入自来水至 4/5，停止加水。

（2）开启搅拌机，开始搅拌，同时向池内投加精制石灰粉 300kg；搅拌 5～10min 后，用加药泵打入石灰乳储箱内，储箱内设有曝气管，以防石灰乳沉淀。当搅拌池的石灰乳打完后，关闭加药泵进行下一轮溶药。

（3）当中和机开始出水时，开启加药管阀门向曝气池投加石灰乳，使曝气池内污水 pH 值调到 7～7.5 左右。

（4）当曝气池污水量进入 1/2 左右时，启动一台罗茨鼓风机开始曝气，二台鼓风机交替运行，每 8h 轮换一次，等曝气池出水端的污水颜色完全变为铁红色时，开启一台二级污水提升泵，开始进入下一处理工段。

（5）曝气池内设有无堵塞曝气管，随着池内水位的变化，进水端、出水端的曝气量将变得不一致，操作人员应随时根据池内水位变化，及时调整曝气阀门的开度大小，使池内两端的曝气量保持均匀一致。

三、一级加药反应池、一沉池安全操作规程

（1）向溶药罐内加入自来水至 4/5，停止进水。

（2）开启搅拌机，开始搅拌。

（3）慢慢向溶药罐内投加聚丙烯酰胺 1.0kg，搅拌 1.5h 备用（溶液浓度 1%），两台溶药罐内交替使用。

（4）当污水进入二级加药池时，开启反应池搅拌机，同时打开加药管阀门开始加药，加药量控制在 $50～100g/m^3$ 污水之内。

（5）一沉池污泥每 2h 排泥一次，一次排泥时间 0.5h，排泥时要依次打开备用排泥管，单管排泥时间 3～5min。

四、二级加药反应池，二沉池安全操作规程

（1）向溶药罐内加入自来水 4/5 处，停止进水。

（2）开启搅拌风管后，开始搅拌。

（3）慢慢向溶药罐内加聚合氯化铝 100kg，搅拌 0.5h 备用，两台药罐交替使用。

（4）当污水进入二级加药池时，开启反应池搅拌机，同时打开加药管阀门，开始加药，加药量控制在 $50～100kg/m^3$ 污水。

（5）二沉池污泥每 2h 之内排泥一次；一次排泥时间 0.5h，排泥时要依次打开备用排泥管，单管排泥时间 3～5min。

五、板块压滤机安全操作规程

1．开机前的调试准备

（1）调试前应检查

① 机架各连接零件是否松动，应及时调整紧固，应该润滑的部位要进行润滑。

② 电源接线是否正确。

③ 过滤机的板框数量是否准确达到要求，排列是否整齐，正确检查滤布是否有折叠现象。

（2）试运行调试

① 压紧：按着压紧按钮，直到压紧滤板达到使用压力后，松开按钮。

② 松开：按着松开按钮，压紧板返回，到位后，松开按钮。

（3）使用压力的确定。以不漏料为原则，在保证不漏料的情况下，降低使用压力，这样可以相对延长滤布和滤板的使用寿命。

（4）压滤机如果长期不使用，应注意进行保养。丝杠部分不要被腐蚀，电气要接线良好。

2．压滤机的运行操作

压滤机的操作按以下程序进行。

① 压紧滤板，按照压紧按钮即可。

② 保持压力。当压力达到规定压力时，松开压紧按钮，即可保持压力。

③ 进料过滤。进入保压状态后，检查各管路阀门开闭状态，确认无误后启动进料泵，慢慢开启进料阀，料浆通过止推杆的料孔进入各个滤室，在规定的压力下进行过滤，逐渐形成滤饼，在进料的过程中，注意料液的压力变化。如压力太高，要打开回流阀进行调节。

④ 过滤完毕后需要对滤布、滤框进行洗涤，可开启洗涤阀对滤布进行洗涤。

⑤ 松开滤板卸滤饼。按照松开按钮即可。压紧板推回后将滤板框逐个拉开，同时将滤饼卸掉。并清理滤板。保持滤板面干净。

⑥ 清理滤布。根据所过滤的物料的情况，定期对滤布清洗整理并保持进料孔的畅通，不能堵塞。

3．压滤机的保养与维护

① 压滤机在使用过程中，需要给润滑部位进行润滑，电气装置要连接牢固可靠，必须保证动作不灵活，准确性差的元器件一经发现，必须及时更换。

② 做好设备的运行记录，并及时对设备出现的故障进行维修。

③ 长期不用的过滤设备，应该对机架和滤板清洗干净，滤布清洗后要及时晒干，易生锈的部位要做好防锈处理。

六、废水处理站文明生产管理制度

① 各工序所使用的工具、器具等应排放整齐。车间地面保持整洁，做到无积水、无油污。

② 管路和阀门无跑、冒、滴、漏现象，零部件及防护齐全，润滑良好。

③ 设备动力管线指定专人维护管理，保持设备安全、清洁、无灰尘、无油污。

④ 生产性垃圾，要分类存放于指定的废物垃圾箱中，严禁散乱存放和占用通道。

⑤ 操作人员上岗时，要着装整洁，正确佩戴劳防用品。进入工作区域站、坐、行等姿态文明，不得从事与工作无关的事情，严禁嬉笑打闹等不文明的现象。

七、废水处理站安全生产责任制

（1）污水处理运行班班长是本班安全生产第一责任人，本班职工负责本岗位的安全工作，要持证上岗。

（2）严格执行"安全第一、预防为主"的方针，落实公司和上级有关安全生产的指示精神和措施。

（3）严禁"三违"（即违章指挥、违章作业、违反劳动纪律），处理事故做到"三不放过"（在调查、处理事故时，必须坚持事故原因分析不清不放过，事故责任人和群众没有受到教育不放过，没有采取切实可行的防范措施不放过的原则）。

（4）严格执行岗位责任制，严格按安全规程操作。

（5）确保安全文明生产，杜绝本班员工出现轻伤以上的人身事故和重大的机电设备事故的发生。

第十二节　镀锌车间的环保辅助设备

一、镀锌车间的有害气体

在热镀锌车间，当进行酸洗和热镀锌时，会产生含有各种成分的有害气体。根据溶液的成分不同，在酸洗时产生的废气中含有 HCl、SO_2、H_2O、H_2 以及被它们所带走的酸滴。在热镀锌时产生的废气中含有 NH_4Cl、Zn、Al、Pb 以及其他金属的化合物。逸出的气体和蒸汽量及其化学成分决定于进行酸洗和镀锌的钢制件的表面状况和表面面积、槽子中液面的尺寸以及液体的温度和浓度等。要想精确地计算逸出的气体的数量是不可能的。

在任何情况下产生的废气对人体都是有害的，对车间内外的建筑物也存在着腐蚀的危险。因此，国内在镀锌车间多数都设置有通风设施，以便改善操作环境，保障工人的身体健康。在废气向大气排放之前，要将溢出的有害物质先进行回收。为规定空气中有害气体的容许浓度，国家制定了环境保护的标准如 GB 16297—2017《大气污染物综合排放标准》等法规文件。

二、降低有害气体的方法

1. 自然通风

自然通风指的是利用厂房内外空气的容量差而引起的室外风力所进行的通风换气。它不需要采用辅助设备，因此是一种经济的通风方法。但是，由于废气加热的温度不高，在酸洗工段一般不采用这种通风方法。即使利用自然通风来排除镀锌锅的废气，也只是临时的措施。

2. 全面换气的送风-排风装置

采用这种通风方法时，从车间内被抽出的空气，需要用送风装置送进适量的新鲜空气来补偿。在采暖期间，送进来的空气还应该加热到约比室温高5℃，这样才能使送进来的空气保持室温。为了保证送进来的空气质量，有时在送进之前还要进行空气的过滤。应当指出，这种通风的方法只在操作点没有大量有害物质积聚的情况下才能采用。同时，也仅仅在大的换气量条件下，才能保证使操作点的有害物质保持容许的浓度。

3. 采用送风装置的局部排气

它是一种从废气产生地点抽出废气，并用适量的外部空气进行补偿的通风排气的方法。这种方法使废气不能向车间扩散，保证了操作点的有害物质在容许的限度之内。同时，也使建筑物、构筑物和工艺操作设备能有较长的使用寿命。在所有的排风系统之家，它是最有效的也使最为经济的。如图11-26所示为带有送风装置的酸洗槽局部排风装置示意图，它采用带洗涤废气的洗涤塔。

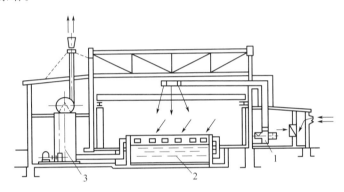

图 11-26 带进风装置的酸洗槽局部排风装置
1—送风机；2—酸洗槽；3—洗涤塔

三、酸洗工段的通风设备

1. 主要参数计算

① 用气体吸入速度计算被排出气体的体积。由于蒸发而逸出的气体具有一定的初速度。而气体的排出速度或吸入速度应当比这个初速度更大些才能有效。实际计算时，根据经验选取吸入速度，然后用已经被试验所证明了的近似公式求出被排出气体的体积。

② 送风量的计算。为了解决酸洗岗位侵蚀性的气体向邻近的区间透入，酸洗岗位应该保持不大的负压。因此，用于补偿被排出气体的空气量应限制在被排出气体量的80%以内为宜，以便在门窗附近能由邻近的厂房向酸洗岗位形成气流。此外，当取风的环境较差时，送进的空气需要预先过滤。

应该指出的是，在采暖期间，通风设备消耗的热能要进行补偿。因为，平均每1000m³被排出的气体热能带走10000kcal的热量。它需要向厂房内补偿这些被带走的热量，而厂房本身的采暖，在每立方米的厂房体积中，最高只能补充20kcal/h的热量。所以，在采暖期间，为补偿车间排出的废气所取走的热量，应向车间内送热风。

2. 通风设备的安装

酸洗车间内送风与排风管道的敷设，以及通风设备的安装布置，应不妨碍钢制件的装、出料和车间行车的运行为原则。

同时为避免通风设备热能和电能的过多消耗，各个预加工槽子的敞口面积应当尽可能地小一些。排风管道应沿槽子的长度方向摆放。排风洞口沿槽子的全长设置。设计局部排风时，必须考虑是靠速度场而不是靠被排出气体的量来排出有害气体。槽边吸气的结构应设计成使空气场有最合适的速度。吸风罩设计的合理，轴流吸风机的吸入速度越高，废气排出的速度越快。根据经验，一般选取排风口的气体速度最高达 10m/s。排风口的高度按式（11-22）计算：

$$h = \frac{Q}{LV}$$

(11-22)

式中　h——排风口的高度，m；

　　　Q——排风口的排气量，m^3/s；

　　　L——排风口的长度，m；

　　　V——排风口的气体速度，m/s。

为防止在冲击的调节下槽边吸气设备被损坏，而采用耐酸砖贴面的混凝土通风管道。见图 11-27 为耐酸混凝土做成的酸洗槽的通风管道示意图。

这种结构型式，既保证了排气的进行，并具有耐酸腐蚀的性能，又满足了强度上要求。这种耐酸液腐蚀的结构已经获得国家专利。

在通风管道内，最佳的气体运动速度应为 10～16m/s（短的管道用大的数值）。排出的侵蚀性气体的通风管道，大部分应该处在负压下运行，以便防止在连接不严密的地方漏气。

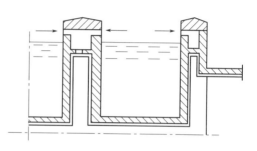

图 11-27　耐酸液腐蚀酸洗槽通风管

第十三节　一种热镀锌车间高效除尘装置

（专利号：CN 201621372126.2）

一、技术设计方案

为了克服现有技术的不足而提供一种热镀锌车间高效除尘装置。将热镀锌车间内产生的氯化铵、氯化锌、氧化锌物质颗粒吸收处理掉，有利于镀锌工人的身体健康，有效地提高镀锌工人的工作效率。研究开发出热镀锌车间高效除尘设备的技术方案如下。

热镀锌车间高效除尘装置，主要包括有：万向轮、底板、外壳、吸尘罩、进风风扇、变径管Ⅰ、氢氧化钠溶液放置箱、加热器、连通管、硝酸溶液放置箱、水箱、水泵、水管、变径管Ⅱ、喷雾喷头、出风风扇、防尘网和静电除尘网。

万向轮固定连接在底板的底端，外壳、加热器与硝酸溶液放置箱均固定连接在底板的顶端，并且加热器与硝酸溶液放置箱均位于外壳的内部，加热器位于硝酸溶液放置箱的左侧，氢氧化钠溶液放置箱固定在加热器的顶端，吸尘罩固定在外壳的左端，进风风扇设置在外壳的左侧面上，出风风扇设置在外壳的右侧面上，变径管Ⅰ的一端固定在外壳的左侧内壁上，并且变径管Ⅰ的另一端设置在氢氧化钠溶液放置箱的内部，连通管将氢氧化钠溶液放置箱与硝酸溶液放置箱之间连接，变径管Ⅱ的一端固定在外壳的右侧内壁上，并且变径管Ⅱ的另一端设置在硝酸溶液放置箱的内部，水箱固定在外壳的顶端，水泵设置在水箱的内部，水管的一端固定在水泵上，并且水管的另一端设置在变径管Ⅱ的内部，喷雾喷头设置在水管上，防尘网固定连接在外壳右端，静电除尘网固定在吸尘罩的内壁上。

① 万向轮设置有四个，且为自锁式万向轮。

② 变径管Ⅰ、氢氧化钠溶液放置箱、连通管、硝酸溶液放置箱与变径管Ⅱ均使用二氧化硅玻璃制作而成。

③ 防尘网使用不锈钢丝编制而成。

二、技术方案的实施

该热镀锌车间高效除尘装置见图11-28。

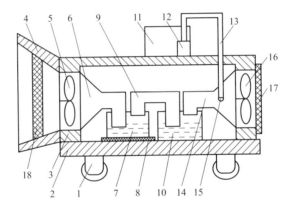

图11-28　除尘装置的结构示意

1—万向轮；2—底板；3—外壳；4—吸尘罩；5—进风风扇；6—变径管Ⅰ；7—氢氧化钠溶液放置箱；
8—加热器；9—连通管；10—硝酸溶液放置箱；11—水箱；12—水泵；13—水管；
14—变径管Ⅱ；15—喷雾喷头；16—出风风扇；17—防尘网；18—静电除尘网

下面结合图11-28热镀锌车间高效除尘装置的结构技术具体实施方式说明如下。

万向轮1固定连接在底板2的底端，外壳3、加热器8与硝酸溶液放置箱10均固定连接在底板2的顶端，并且加热器8与硝酸溶液放置箱10均位于外壳3的内部，加热器8位于硝酸溶液放置箱10的左侧，氢氧化钠溶液放置箱7固定在加热器8的顶端，吸尘罩4固定在外壳3的左端，进风风扇5设置在外壳3的左侧面上，出风风扇16设置在外壳3的右侧面上，变径管Ⅰ6的一端固定在外壳3的左侧内壁上，并且变径管Ⅰ6的另一端设置在氢氧化钠溶液放置箱7的内部，连通管9将氢氧化钠溶液放置箱7与硝酸溶液放置箱10之间连接，变径管Ⅱ14的一端固定在外壳3的右侧内壁上，并且变径管Ⅱ14的另一端设置在硝酸溶液放置箱10的内部，水箱11固定在外壳3的顶端，水泵12设置在水箱11的内部，水管13的一端固定在水泵12上，并且水管13的另一端设置在变径管Ⅱ14的内部，喷雾喷头15设置在水管13上，防尘网17固定连接在外壳3右端，静电除尘网18固定在吸尘罩4的内壁上。

三、操作使用方法

在使用热镀锌车间高效除尘装置时，把热镀锌车间高效除尘装置推到热镀锌车间，接通所有电源，先打开加热器 8 的电源开关，在加热器 8 的作用下，将对氢氧化钠溶液放置箱 7 中的溶液进行加热，然后打开进风风扇 5、水泵 12 与出风风扇 16 的电源开关，在进风风扇 5 的作用下，将热镀锌车间内产生的氯化铵、氯化锌、氧化锌物质颗粒和灰尘吸入到吸尘罩 4 中，先经过静电除尘网 18，把灰尘留在静电除尘网 18 上，其次经过变径管 I 6 进入氢氧化钠溶液放置箱 7 中，氯化铵与氢氧化钠溶液在加热的条件下反应生成氯化钠、氨气和水，氯化锌与氢氧化钠溶液反应生成氢氧化锌沉淀物和氯化钠，氧化锌与氢氧化钠溶液反应生成偏锌酸钠和水或氧化锌与氢氧化钠溶液反应生成四羟基锌酸钠，进而经过连通管 9 进入硝酸溶液放置箱 10 中，将生成的氨气与硝酸溶液反应生成硝酸铵，在水泵 12 的作用下，将水箱 11 中的水压送到水管 13 中，通过喷雾喷头 15 喷出，对处理过的空气进行加湿，在出风风扇 16 作用下，将处理过加湿的空气排出。有利于镀锌车间环境的改善和提高。

　　由于上述技术方案的运用，本实用新型装置与现有技术相比具有下列优点：该热镀锌车间高效除尘装置能够将热镀锌车间内产生的氯化铵、氯化锌、氧化锌物质颗粒吸收，有利于镀锌工人的身体健康，有效地提高镀锌工人的工作效率，同时有利于镀锌车间环境的改善和提高。

第十二章

钢丝热镀锌层的质量控制

第一节　直升式热镀锌钢丝表面质量缺陷原因分析

使用直升式熔剂法（俗称干法）热镀厚锌层热镀锌钢丝，一般包括碱洗、酸洗、水洗、涂溶剂、热浸镀锌、冷却和收线等工序，镀锌过程中常见的钢丝表面质量缺陷包括上锌量偏低、黑斑露铁、表面粗糙、锌层附着性差、镀锌层厚度不均匀等，对造成这些缺陷的原因进行技术上的分析，仅供镀锌钢丝生产企业参考，可以有针对性地采取防范措施，减少缺陷的产生，提高镀锌钢丝质量，降低生产成本。

一、造成钢丝上锌量偏低的主客观因素

1. 上锌量偏低的几个因素

钢丝从锌液中引出的线速度偏低造成线速度偏低的原因包括几个方面。

① 初始确定的镀锌工艺中收线速度偏低。

② 电气或机械系统故障造成收线机收线速度非预期降低，如传动齿轮磨损造成传动过程中的"丢转"现象。

③ 放线机构运转不正常，如放线落子上钢丝"叠圈""咬扣"造成"拉落子"，钢丝打鼻（接头）被分线箅卡住，造成运行中的钢丝张力突然增大，在钢丝没有被拉断之前，使用皮带传动的收线机一般会发生皮带打滑，造成收线速度迅速下降，在生产较大直径钢丝时较明显，如生产 $\phi 4.0\text{mm}$ 高碳钢丝。

④ 人为操作不当，如卧式收线机操作者卸线时，钢丝过松造成钢丝与收线盘运转速度不同步。

2. 钢丝在锌锅中的浸锌长度的因素

钢丝在锌锅锌液里的浸锌长度短。造成浸锌长度变短的几种原因如下。

① 初始确定的浸锌长度较短。

② 钢丝在锌锅入口处的托线轴在钢丝向前运动时，有时位置向前移动使钢丝实际浸锌长度缩短，在生产 $\phi 3.0\text{mm}$ 以上大规格钢丝且钢丝张力较大时容易发生。

③ 添加锌锭不及时造成锌锅内锌液高度降低，导致钢丝实际浸锌长度缩短。锌锭应该严格按照每班钢丝耗锌量添加，锌锅内锌液维持在规定高度，不允许连续生产多日后一次性添加锌锭。

3. 锌液中对锌层减薄元素的影响

在锌液中添加的某些金属元素如铝等，会对钢丝表面形成的锌-铁合金层厚度和锌液黏度有一定影响，导致上锌量的波动。添加含有此类金属元素的物质时必须密切注意钢丝上锌量的变化。

二、镀锌钢丝表面漏镀的原因

镀锌钢丝表面的形成黑斑，较小面积的叫"黑斑"，露铁指较大面积的漏镀。导致钢丝表面不能形成合金层的因素都会造成钢丝黑斑或露铁，原因主要有以下几个方面。

1. 钢丝镀前清洗不彻底的因素

① 碱洗效果不良造成经过清洗的钢丝表面仍然存在残余的拉拔润滑剂。高碳钢丝一般使用磷化涂层提高拉拔时的润滑能力，经碱洗后钢丝表面仍残存有磷化涂层。

② 钢丝表面的氧化层没有清洗干净、酸洗温度低或者 Fe^{2+} 浓度高，由于化学反应速度与反应温度成正比，酸液温度低将直接导致酸洗速度和酸洗效果下降。从碱洗池引出后的钢丝表面黏附有较多的碱液，如果经过冷、热水洗后仍然残存较多的碱，将降低钢丝的酸洗效果，并增加酸的消耗量。

2. 助镀剂、锌液温度低的因素

（1）助镀剂浓度偏低或有油污。经过碱洗的钢丝表面仍黏附有油污（如各道压线轴轴承使用的润滑油脂等），造成助镀剂在钢丝表面黏附量不足，以及黏附在钢丝上的氯化铵在进入锌液前接触高温受热分解没有起到应有的作用等，如烘干处有火焰溢出直接烧烤涂覆助镀剂后的钢丝。

（2）锌液温度过低。锌液温度过低不能快速形成锌铁合金层，如在锌温 440℃ 以下生产 $\phi4.0mm$ 钢丝时容易出现露铁。

（3）挂铅钢丝经过铅淬火工序处理表面有较严重的挂铅。铅难于快速溶解于各类酸中，导致挂铅层表面下的钢丝氧化铁皮在酸洗中未被溶解，铅进入锌锅后会很快熔化，但钢丝表面的氧化铁皮可以将钢丝与锌液机械隔离，从而不能在钢丝表面形成锌铁合金层。

（4）助镀剂反应生成物清除不及时。助镀剂与锌及钢丝的反应生成物未及时清除时，以灰黑色粉末或者黏液态污物的形式漂浮在锌液表面上，黏稠的污物若黏附在钢丝上会起到物理隔离作用，使钢丝不能与锌液充分接触形成合金层。助镀剂纯度不够，如采用了农业用氯化铵（含量在 60%），也会形成黑斑。

3. 盘条质量的缺陷因素

在热镀锌过程中，盘条轧制过程中形成的劈裂线被加热后在内应力作用下会分层翘起，从而使镀锌层连带剥落。

4. 不同规格的钢丝一起热镀的因素

不同规格、型号的、经过清洗的钢丝进入锌锅后，当钢丝被加热到一定温度时才能与锌液形成合金层，当收线速度较快而钢丝浸锌长度过短时，钢丝不能被加热到合适温度，无法形成完整的锌铁合金层组织。

三、镀锌层表面粗糙的缺陷

造成镀锌层表面粗糙的主要原因如下。

① 钢丝在引出锌液处抖动严重。

② 抹拭用炭末潮湿，炭末中的水遇到锌液后受热快速蒸发，锌液迅速凝固，起不到抹拭作用。

③ 更换炭末时，炭末未充分预热，炭末自身温度低，抹拭效果不佳。

④ 锌锅压线轴及上方扶线轴运转不良造成钢丝较大幅度抖动。

⑤ 钢丝引出冷却处风速过快，锌液尚未凝固即被吹"花"。

⑥ 炭末下方氧化锌结壳成块等原因造成实际抹拭效果不良。

⑦ 锌温过低造成锌液黏度较大，引出后即凝固，抹拭不起作用。

⑧ 生产线运行的钢丝张力过大。

⑨ 钢丝从锌液引出时，两根钢丝如果因偶然因素滑入锌锅轴的同一个线槽，先黏在一起后又被分开。

⑩ 卧式收线落子上积存钢丝太多，收线时钢丝有时缠绕在落子或钢丝上，造成钢丝抖动及收线瞬时速度大幅度波动，此现象俗称为"罗垛"。

⑪ 收线落子因机加工不精确造成直径偏差较大，或机械系统故障造成收线落子间存在较大速度差。

⑫ 助镀剂浓度过高或黏附助镀剂的钢丝进入锌液前未被烘干，钢丝进入锌液时发生轻微的"爆炸"，造成锌液四处飞溅。

⑬ 镀锌过程中有钢丝突然断裂，钢丝的张力及弹性造成钢丝向收线方向快速飞行，与其他钢丝相遇其冲击力将造成其他钢丝的剧烈抖动。

⑭ 扶线轴安装位置较低，钢丝镀锌引出后冷却不良，锌层尚未完全凝固即被扶线轴轧"花"。

⑮ 锌锅轴压下深度过浅。

⑯ 锌液中锌渣未及时清除并在锌锅轴附近积聚过多，锌渣随锌液黏附在钢丝上。

⑰ 助镀剂纯度不够。

⑱ 锌锅轴轴头磨损使轴体运转不良或轴槽磨损严重造成钢丝抖动。

⑲ 使用不旋转的锌锅压线轴，钢丝与压线轴之间摩擦力较大，有时会造成接触面锌铁合金层的破坏，同时钢丝易抖动。

四、锌层附着性能差及厚度不均

出现镀锌层附着性能差和锌层厚度不均匀的原因分析如下。

1. 锌层的附着性能差

锌层的附着性能即钢丝热镀锌层的结合强度与延展性，锌铁合金层的存在将锌铁两种金属牢固地结合在一起，附着性能通过缠绕试验进行测定。在因承受外力而发生变形时，适宜厚度的锌铁合金层能够有效传递外力从而保证相邻两相金属变形的同步进行，当变形量超出金属承受能力时，将发生镀锌层开裂、脱落或钢丝断裂。由于锌铁合金层中的 ζ 相（Fe_5Zn_{21}）和 δ 相（$FeZn_{13}$）为塑性极差的脆性相，所以它们的厚度对镀锌层的结合强度及延展性有着非常重要的影响。锌铁合金层中的脆性相过厚，钢丝外观呈暗灰色，形成原因：

①锌液温度高，如超过 485℃；②浸锌时间过长；③钢丝热镀锌引出后冷却效果不佳，不能迅速降低到 200℃以下。

2. 钢丝镀锌层的韧性差

造成热镀锌层结合强度低，在缠绕试验中出现锌层开裂、脱落的主要原因如下。

① 锌锭质量低　一般应该使用 0～1 号锌锭，当锌锭含有较多杂质时，会恶化缠绕性能。

② 锌渣清理不及时　在锌液中积聚过多锌渣并在镀锌过程中黏附在钢丝表面，会使镀层表面存在顶端尖锐的疙瘩。

③ 摩擦力控制　在钢丝表面已经形成的锌铁合金层晶体与锌锅压线轴接触时，过大的剪切力将使部分锌铁合金晶体从钢丝基体上撕脱，黏附在钢丝表面，既形成疙瘩，又将在缠绕试验中造成开裂，这种情形在使用不旋转的锌锅压线轴时较突出，必须将钢丝与轴间摩擦力严格控制在较小值。

④ 其他金属的影响。一些厂家在锌液中添加少量的锌铝镁合金（合金以锌为主，含少量的铝和微量的镁），利用铝良好的耐热氧化性提高镀锌层的光亮程度。铝、镁的密度均小于锌，它们在锌液中经过一定时间后会逐渐上浮并在锌液表面富集。由于镁铝的化学性质均比锌活泼，它们在锌液表面与经过表面处理的钢丝接触优先发生化学反应并形成相关合金，铝铁形成的主要化合物有 Fe_2Al，$FeMg$ 等，从而抑制了锌铁合金晶体的快速形成与长大。如果浸锌温度、时间、锌液含铝量等 3 个条件不具备，热镀锌时就不能形成一定厚度的中间相层 Fe_2Al 组织，或者形成不完整，这样的镀层结构缺乏黏附媒介，即使锌铁合金层很薄，镀层结合仍然不良，稍加弯曲即可导致锌层开裂、脱落。形成 Fe_2Al，组织的具体工艺条件应根据厂家生产线实际情况确定。热镀锌铝合金同样会遇到上述问题，一些厂家采取了先镀锌再镀锌铝合金的双镀工艺进行生产，即先在钢丝表面形成锌铁合金层，然后在其外部再镀覆锌铝合金。钢丝镀锌层厚度不均匀表现为同一根钢丝长度上的锌层厚度不均匀，也表现为生产线同时生产不同钢丝间的镀层不均匀。对一定直径的钢丝而言，影响镀锌层厚度的主要因素包括收线速度、浸锌时间、锌温和擦拭力等，它们的波动将直接导致钢丝镀层厚度（上锌量）的波动，这些因素的波动控制在越小范围越佳。

第二节　大规格镀锌钢丝表面质量的改进措施

一、钢丝漏镀问题的提出

随着生产规模的扩大和镀锌产品质量的不断提高，国内某公司新建了高速热镀锌生产线（DV 值约 140mm·m/min）并投入了使用，在生产 $\phi3.8mm$ 以下的镀锌钢丝时，表面锌层致密且平滑光亮，很好地满足了客户的需求。但生产 $\phi3.8mm$ 以上的镀锌钢丝时，出现了钢丝表面漏锌，这不仅增加了生产成本，而且使公司的信誉受到一定程度上影响。

以生产 $\phi4.57mm$ 的高强度绞线钢丝为例，在起初的生产过程中，钢丝表面都不同程度地出现漏锌（漏镀），初步分析是由于表面磷化层未洗净所致。于是采取酸洗表面前处理方法清洁表面，将光面的钢丝原料线放入硫酸槽中，硫酸质量浓度约 50g/L，温度 65℃，浸泡约 30min 再上镀锌炉生产，产品仍然出现漏锌。后改用硼砂投料生产光面半成品，漏锌缺陷依旧。排除以上因素后，进一步对钢丝表面进行观察，并采用揩拭法检查，初步认定是由于未能彻底去除表面油脂所致。

二、改进措施

1. 光面钢丝热镀锌工艺流程

钢丝热镀锌的生产工艺流程：放线→铅浴脱脂→水洗→混合酸洗→水洗→碱洗→水洗→助镀→烘干→热镀锌→收线。

2. 漏镀（漏锌）原因的分析

漏锌是由于电磁抹拭的收线速度快，钢丝表面的脱脂时间较短（约9s），钢丝的表面未能完全洗净后就进入锌锅，引起漏镀。

3. 调整工艺参数

（1）碱洗脱脂。将光面半成品在独立的碱洗槽中加热浸泡 1.5～2min，氢氧化钠（NaOH）的质量浓度为 30～40g/L，温度为 65℃，经过浸泡的钢丝表面呈灰白色，随后采用揩拭法检查表面的油脂已大幅减少。

（2）降低收线速度和电磁抹拭电流。通过调整电磁抹拭电流的大小，而改变了电磁场的强弱，提高锌液在钢丝上的流平性能，稳定锌层质量。考虑实际生产情况以及锌层面质量要求，将收线速度由原来的 46.3m/min 降至 42m/min，抹拭电流由 230A 降到 210A，在保证生产效率的前提下，在固定的距离内延长了脱脂时间，同时也确保了锌层面质量，不同速度下 ϕ4.57mm 锌层面质量的对比见表 12-1（内控标准要求锌层面质量在 300g/m² 以上）。由表 12-1 可看出，速度降低后锌层面质量虽有所下降，但仍满足工艺要求，同时降低了锌耗。

（3）提高铅浴的温度和铅液面高度。铅温由 395℃ 提高到 410℃，铅液面提升至 250mm，从而提高了有效距离内的脱脂能力，去除掉剩余部分的钢丝表面的油脂。

（4）提高碱洗槽碱液的温度和浓度。将碱液的温度升至 80℃，同时增加碱液的浓度，氢氧化钠（NaOH）的质量浓度由 40g/L 升至 70g/L，以便更好地中和残酸和去除残余的油脂。

（5）提高助镀剂的浓度。溶剂助镀的机制是在钢丝表面形成一层薄的溶剂膜，隔绝空气，防止钢丝的表面微氧化，同时溶剂膜在遇到高温时迅速气化，可以将锌液表面的氧化物吹掉，从而保证钢丝表面的洁净，并使锌液充分润湿钢丝，形成光滑的镀锌层。钢丝绳用钢丝采用氯化铵做助镀剂。氯化铵属于水溶性助镀剂，具有配制简单、使用方便，可在室温下使用等优点，将其质量浓度从 40～60g/L 提高至 80～100g/L，以利于后续的热镀锌生产。

表 12-1 不同速度下 ϕ4.57mm 锌层面质量的对比

编号	速度/(m/min)	锌层面质量/(g/m²)	编号	速度/(m/min)	锌层面质量/(g/m²)
1		336	1		315
2		342	2		320
3	46.3	346	3	42	325
4		343	4		310
5		335	5		312
6		311	6		317

三、调整工艺后的效果

通过合理调整工艺参数，完善工艺制度，基本上解决了由于表面残留油脂造成的漏锌缺陷，有效地降低了不合格品的产生，使产品合格率提高到95％以上，增加了客户满意度和国外市场的竞争力。

通过对工艺技术参数的分析，$\phi3.8$mm以上的镀锌钢丝在电磁抹拭条件下，高速热镀锌生产过程中出现表面漏镀锌的原因，采取如下改进措施。

① 采用质量浓度为30～40g/L，温度为65℃的氢氧化钠溶液对半成品钢丝浸泡1.5～2min，以便有效脱脂。

② 收线速度降低为42m/min，抹拭电流降低为210A。

③ 将铅温提高到410℃，铅液面提升至250mm。

④ 将碱洗的温度升至80℃，同时增加氢氧化钠的质量浓度至70g/L。

⑤ 将氯化铵质量浓度提高至80～100g/L。通过以上对工艺参数的改进，镀锌钢丝产品合格率提高到95％以上，解决了$\phi3.8$mm以上镀锌钢丝表面漏镀锌问题。

第三节　热镀锌钢丝锌层质量控制方法

一、生产工艺流程

将现有高速热镀锌生产线工艺流程为：双卷筒工字轮放线→阴阳极交替电解碱洗→清水洗→水帘密封酸洗→清水洗—助镀→烘干→热镀锌→电磁抹拭→风冷→水冷→收线。在生产过程中，收放线采用工字轮收放线。

二、锌层质量控制标准

合格的热镀锌钢丝应保证镀锌钢丝表面的光滑，不能有锌疤、锌瘤、竹节、露铁等外观缺陷，同时应该保证锌层质量符合国家标准和行业标准。外观质量可以在收线工字轮处通过肉眼观察确定是否合格，锌层质量一般是质检部门采样通过化学方法测得，但是采样处一般为收线工字轮尾端的钢丝，并不能实际反映整个工字轮上的镀锌钢丝锌层质量。因此，需要在生产过程中进行锌层质量的监控。热镀锌前后钢丝的直径会发生变化，可以通过理论计算，根据镀锌钢丝锌层质量得到热镀锌前后对应的钢丝直径增加量。由此，通过对钢丝热镀锌前后的直径进行在线测量，通过对比标准数据，便可知道锌层质量是否合格。不同规格镀锌钢丝对应的锌层质量和钢丝直径增加量见表12-2。

表 12-2　钢丝锌层质量及直径增加量

规格/mm	锌层质量/(g/m²)	直径增加量/mm
1.85	225	0.066
2.32	240	0.070
3.07	255	0.075
3.80	270	0.078

根据钢丝绳厂高速热镀锌生产线现在的生产情况，影响热镀锌钢丝锌层质量的因素有锌温、引出速度、钢丝运行张力、氧化锌渣。

三、锌层质量控制方法

1. 锌温的分析及控制

温度对锌层的影响主要表现在对合金层厚度和纯锌层厚度的影响。锌温过低，锌液流动性变差，会导致锌层表面粗糙不均匀，同时会影响锌层质量。锌温过高锌液黏度降低，黏附能力下降，锌层质量减小，同时也会加速锌液氧化。锌温一般控制在（450±8）℃。

2. 引出速度的分析及控制

引出速度会影响钢丝的浸锌时间，对锌层质量的影响非常显著。引出速度变快，浸锌时间变短，合金层减少，纯锌层增加，锌层质量增加。引出速度变慢，浸锌时间变长，合金层增加，纯锌层减少，锌层质量减少。在钢丝热镀锌生产过程中，要根据镀锌钢丝锌层质量适当调节引出速度，保证锌层质量符合要求。

3. 钢丝运行张力的分析及控制

由于高速热镀锌生产线设备老化，钢丝的张力也会对梓层质量产生一定的影响。钢丝张力太大，会使钢丝刮擦电磁抹拭，锌层质量减小，也会使钢丝在引出锌液面处产生抖动，锌层表面粗糙不均匀。钢丝张力太小，会改变钢丝引出的角度，很容易刮擦电磁抹拭，锌层质量减小。钢丝的张力通过牵引系数进行调节，牵引系数一般保持到100%～105%。

4. 氧化锌渣的分析及控制

锌液在锌锅内与空气直接接触，会产生一定的氧化锌渣。如果氧化锌渣被带入到电磁抹拭的腔体内，就会刮擦钢丝表面的锌液，锌层质量就会减小。生产过程中要及时对钢丝入锌处和电磁抹拭腔内的氧化锌渣进行清理。

热镀锌钢丝锌层质量与锌液温度、牵引速度、钢丝张力、氧化锌渣等因素有关。维持合适的锌液温度、设定合理的牵引速度和牵引系数、及时清理氧化锌渣能够有效控制锌层质量，降低锌耗、能源及人力成本，可以科学有效地降低生产成本。

第四节　镀锌产品质量和厚度测定方法

一、不同产品的检验标准

对镀锌产品中锌层质量、厚度的测定，因镀锌产品有板、带、丝、棒、管等各种形状，应该采用不同的标准、方法计算出样品的锌层面质量。

1. 镀锌钢丝及钢棒

① 锌层的性能及质量检验标准。其检验方法参照 GB/T 2973—2004《镀锌钢丝锌层质量试验方法》。

② 锌层均匀性。锌层分布均匀性关系到锌层的使用寿命。因为锌层最薄处易成为钢丝腐蚀断裂的发源地，检验方法依据 GB/T 2972—2016《镀锌钢丝锌层硫酸铜试验》。

③ 锌层与钢基的结合力。锌层与钢基结合是否牢固影响到钢丝的使用寿命。结合不牢锌层易脱落，起不到防腐蚀的作用，其检验方法依据 GB/T 2976—2004《金属材料　线材　缠绕试验方法》。

2. 锌层质量及厚度检验方法

进行仲裁试验时常使用重量法来检验锌层质量和厚度，操作过程如下。

（1）溶液配制。将 35g 六次甲基四胺溶于 500mL 的浓盐酸（质量分数为 36%）中，用蒸馏水稀释至 1000mL 将 20g 三氧化锑或 32g 三氯化锑溶于 1000mL 浓盐酸（质量分数为 36%）中配制成三氯化锑溶液；在每 100mL 浓盐酸（质量分数为 36%）中，加入 5mL 三氯化锑溶液，即为测定溶液。

（2）镀锌量试验方法。镀锌量即为锌层的厚度和锌层在该溶液中镀锌钢丝放入后不发生剧烈反应时为止。

① 称量试样。将试样完全浸置在试验溶液中，试样长时可适当弯曲，试验溶液温度不得超过 38℃。锌层完全溶解后，取出试样立即水洗并用棉布擦净充分干燥，再次称量试样去掉锌层后的质量。测量试样去掉锌层后的直径，应在同一圆周上两个相互垂直的部位各测一次取平均值。

② 试验结果。钢丝锌层面质量的计算公式：

$$P_A = (m_1 - m_2)/m_2 \times d \times 1960 \tag{12-1}$$

式中　m_1——试样去掉锌层前的质量，g；

　　　　m_2——试样去掉锌层后的质量，g；

　　　　d——试样去掉锌层后的直径，mm；

　　　　P_A——钢丝锌层质量，g。

③ 钢丝锌层厚度的计算公式：

$$\delta = P_A/P \times 10^3 \tag{12-2}$$

式中　δ——锌层近似厚度，mm；

　　　　P——锌层的密度，g/cm³，纯锌层的密度为 7.2g/cm³。

④ 钢丝的锌层厚度可按下式计算：

$$\delta = 0.275 \times d \times (m_1 - m_2)/m_2 \tag{12-3}$$

二、锌层面质量及厚度测定分析

（1）试样长度　GB/T 2973—2004 中规定：取试样长度 300～600mm，并没有对钢丝的直径提出要求；GB/T 2973—2004 规定不同的钢丝直径取样的长度不同，标准更加细化、完善。有的资料介绍试样的长度一般不能小于 300mm，对于直径小于 1.5mm 的钢丝，长度不应小于：

$$L = 450/D \tag{12-4}$$

式中　L——试样的长度，mm；

　　　　D——试样的直径，mm。

（2）钢丝锌层面质量。GB/T 2973—2004 规定：钢丝锌层面质量的计算公式同式(12-1)。

GB/T 3428—2012《架空绞线用镀锌钢线》附录 B 规定钢丝锌层面质量：

$$P_A = (m_1 - m_2)/m_2 \times d \times 1950 \tag{12-5}$$

EN 10244—1 2001 BS43：1982 规定钢丝锌层面质量：

$$P_A = (m_1 - m_2)/m_2 \times d \times 1962 \tag{12-6}$$

A90/A90M—01，JISH0401：1999 规定的钢丝锌层面质量计算公式同式（12-1），由此可以看出，执行不同的产品标准，其计算方法也略有改变。

（3）称样天平精密度的要求。GB/T 2973—2004 规定，见表 12-3，为保证测量结果的准确，必须减少各步的测量。

表 12-3　钢丝直径、试样长度、最少称样量、精确质量之间的关系

钢丝直径/mm	试样长度/mm	最小称样量/g	精确质量/g
0.15～0.80	600	0.823～23.512	0.001
0.80～1.5	500	19.590～68.880	0.001
1.50～3.00	300	41.330～165.320	0.001
3.00～5.00	200	110.210～306.160	0.001
5.00 以上	100	153.070	0.001

为了保证测量结果的准确，必须减少各步的测量误差，在此方法中，测量步骤主要是称量，而用样量的多少，即样品取多长与称量误差有直接关系，应设法减小称量误差；为了减少称量时的相对误差，试样用量不能太少。对于一种分析方法来说，试样的最少用量由下式计算。

试样重≥称量的绝对误差/方法的相对误差。

称量的绝对误差取决于使用天平的精度，方法的相对误差各不相同。重量法相对误差一般要求较小，在千分之几范围内。由此可以计算出：精确量为 0.001g 时，称量质量不应小于 1g；精确质量为 0.01g 时，称量不应小于 10g。

测定锌层的方法很多，主要有重量法、电磁测量法、金相测量法、电化学溶解法。磁力测厚仪测定方法简单、易操作、不破坏样品，但精确度较差，且只能测量局部的厚度；金相法测量厚度虽然准确，但也只是测量局部厚度；重量法不仅能测定整个镀层的平均厚度，而且方法简单、易操作，因此在国内外得到广泛应用。

第五节　热镀锌钢丝理论产量计算方法

一、生产产量计算公式

直径×直径×0.006134＝kg/m；（由 $d^2 \times 6.17 =$ kg/km）而来。

1. 1 条镀锌线的产量计算

由：$d^2 \times 0.006134 \times V \times$ 走线根数×工作时间×60min＝产量/班，工作时间按 8h 计算；

计算依据：钢丝直径　2.51mm，走线速度　14.7m/min，穿线　42 根。

计算结果：$d^2 \times 0.006134 \times V \times$ 走线根数×工作时间×60min。

则：$2.51^2 \times 0.006134 \times 14.7 \times 8 \times 60 \times 42 = 11.45$t。

2. 1 条钢绞线机产量计算

由：$d^2 \times 0.006134 \times V \times 0.13554$（捻距）×工作时间×60min＝产量/班，工作时间按

7h 计算。

计算依据：钢丝直径 2.5mm，捻距 0.13554m/min，走线速度 45m/min，穿线7根。

则：$2.50^2 \times 0.006134 \times 0.13554 \times 7 \times 60 \times 45 = 4.95t$。

3. 1 条水箱拉丝机的产量计算

由：$d^2 \times 0.0061654 \times V \times$ 工作时间 $\times 60min =$ 产量/班。

工作时间按 6.5h 计算，钢丝直径为 2.45mm，转速 260m/min。

则：$2.45^2 \times 0.0061654 \times 260 \times 6.5 \times 60min = 3.75t/班$。

二、钢丝理论质量的计算

（1）直径 $\phi2.9mm$ 以上，公式：$d^2 \times 0.00614 \times 1000m$。

（2）直径 $\phi1.5 \sim \phi1.85mm$，公式：$d^2 \times 0.006126 \times 1000m$。

（3）计算结果（kg/km）：

$\phi1.5mm \sim 13.75$；$\phi1.84mm \sim 20.69$；$\phi1.85mm \sim 20.91$；$\phi2.3mm \sim 32.32$；

$\phi2.72mm \sim 45.21$；$\phi2.9mm \sim 51.39$；$\phi2.91mm \sim 51.74$；$\phi2.97mm \sim 53.90$；

$\phi3.2mm \sim 62.57$；$\phi3.36mm \sim 68.98$；$\phi3.6mm \sim 79.19$；$\phi3.66mm \sim 81.85$；

$\phi3.76mm \sim 86.39$；$\phi3.8mm \sim 88.23$；$\phi4.61mm \sim 129.86$。

三、钢丝理论质量计算公式表

钢丝理论质量计算见表12-4。

表 12-4 钢丝理论质量计算

直径 d/mm	截面面积/mm²	理论质量/(kg/1000m)	直径 d/mm	截面面积/mm²	理论质量/(kg/1000m)
0.050	0.00196	0.154	0.30	0.07069	0.555
0.055	0.00238	0.186	0.32	0.08042	0.631
0.063	0.00312	0.0245	0.35	0.09621	0.755
0.070	0.00385	0.0302	0.40	0.1257	0.986
0.080	0.00503	0.0395	0.45	0.1590	1.248
0.090	0.00636	0.0499	0.50	0.1963	1.541
0.10	0.00785	0.0617	0.55	0.2376	1.865
0.11	0.00950	0.0746	0.60	0.2827	2.220
0.12	0.01131	0.0888	0.63	0.3117	2.447
0.14	0.01539	0.121	0.70	0.3848	3.021
0.16	0.02011	0.158	0.80	0.5027	3.95
0.18	0.02545	0.200	0.90	0.6362	4.99
0.20	0.03142	0.247	1.00	0.7854	6.17
0.22	0.03801	0.298	1.10	0.9503	7.46
0.25	0.04909	0.385	1.20	1.1310	8.88
0.28	0.06158	0.483	1.40	1.539	12.08

续表

直径 d/mm	截面面积/mm²	理论质量/(kg/1000m)	直径 d/mm	截面面积/mm²	理论质量/(kg/1000m)
1.60	2.011	15.87	5.50	23.76	186.5
1.80	2.545	19.98	6.00	28.27	222.0
2.00	3.142	24.66	6.30	31.17	244.7
2.20	3.801	29.84	7.00	38.48	302.1
2.50	4.909	38.53	8.00	50.27	394.6
2.80	6.158	48.34	9.00	63.62	499
3.00	7.069	55.49	10.00	78.54	617
3.20	8.042	63.13	11.00	95.0	746
3.50	9.621	75.53	12.00	113.1	888
4.00	12.57	98.6	14.00	153.9	1208
4.50	15.90	124.8	16.00	201.1	1578
5.00	19.63	154.1			

第六节　直升式热镀锌钢丝上锌量波动的控制

　　钢丝镀锌量的波动表现为同一根钢丝在不同时间镀锌质量的波动，也表现为在同一时间内镀锌时不同钢丝之间上锌量的波动，甚至在钢丝横截面上存在镀锌层薄厚不均的现象。镀锌层厚度决定钢丝的使用寿命和锌耗成本，所以镀锌时保证镀锌层的均匀性非常重要。

一、影响上锌量波动的主要因素

1. 浸锌长度变化的影响

　　浸锌长度变化对上锌量波动的影响主要表现在 5 个方面。

　　① 锌锅入口处架线轴的位置不固定，人为随意调整，或在钢丝的带动下位置发生变化而未及时纠正。

　　② 锌锅入口处架线轴弯曲，或轴两端位置高低不一致，即轴体不在一个水平面上，造成钢丝入锌锅点不在一条直线上。

　　③ 正常生产时，补充锌锭的间隔时间超过 8h，并且一次加锌量远远大（小）于镀锌线的耗锌量，造成锌液面上下波动比较明显。

　　④ 钢丝所受的张力较小，钢丝存在一定的弯曲度，使每根钢丝的入锌液面点的位置随时间无规律的变化，钢丝直径大、强度高或钢丝入锌角度较小时锌层波动较大。

　　⑤ 在镀锌过程中，锌锅轴的位置随轴头磨损逐渐加大而略有变化，浸锌长度亦随之变化。

2. 锌锅温度变化的影响

　　导致锌液温度的变化的因素如下。

　　① 由于供热不平衡造成锌液温度的波动，上锌量也随之发生变化。

　　② 尽管金属锌具有优良的导热能力，但是如果锌锅结构设计不合理或锌锅内底部的锌

渣较多的时候，同一时间内锌液内部各点温度并不是相同的，造成锌层的厚度不均匀。

3. 收线速度快慢的影响

收线速度的变化会导致钢丝表面锌层厚薄不均匀。影响收线速度的主要因素如下。

① 人为随意调整镀锌收线速度。

② 电气控制方面的原因造成的收线电机转速的波动，从而影响收线速度。

③ 机械传动故障造成收线机速度降低或各个收线机之间线速度存在差异。

④ 收线卷筒靠其根部的弧形结构对钢丝产生推动下滑力，由于所处位置的变化，在角速度一定的情况下，其瞬间线速度不均匀。

⑤ 钢丝下线过程中操作不当，使钢丝与收线机运动速度不同步，造成钢丝实际运行速度降低。

⑥ 使用传动的锌锅轴时，锌液受锌锅轴的带动而上下涌动，使钢丝在引出的时候与锌液间的相对运动速度增加或降低。

4. 钢丝的镀锌层抹拭方法

钢丝的镀锌层的抹拭对上锌量的均匀性的主要影响因素如下。

① 不同的抹拭材料。

② 以木炭末为抹拭材料时，未燃烧状态与燃烧状态抹拭力的变化，木炭覆盖层厚度不同所引起的抹拭力的变化，干木炭与拌油木炭的抹拭力的不同，木炭与钢丝之间的密实程度均影响上锌量。

③ 钢丝在锌锅轴槽中的摆动，造成炭末层对钢丝之间压力和摩擦力的变化，进而对上锌量所产生的影响。

二、其他因素对上锌量波动的影响

对上锌量稳定性影响的其他因素如下。

① 镀锌前钢丝表面质量状况。

② 镀锌前钢丝化学成分的差异。

③ 锌液化学成分的变化。

④ 部分钢丝一次镀锌后存在表面质量的缺陷，返镀锌时原来锌层的影响。

⑤ 钢丝尾部没有全部剪掉，其上锌量实际测量值会存在一定的波动。

⑥ 钢丝镀锌层在收线、包装、运输过程中被刮伤。

三、锌层波动因素的控制

根据上述的技术工艺上对镀锌层的波动原因的分析，应该要采取相应的技术工艺措施，能有效地降低上锌量波动的幅度，将上锌量控制在比较理想的范围之内，进而有效地控制热镀锌钢丝的成本支出，保证钢丝上锌量的质量。

第七节　热镀锌钢丝锌层面质量的控制方法

保证热镀锌钢丝的锌层面质量既能满足国家标准要求，又不增加太多的生产成本，一直是生产过程控制的难点。通过对影响钢丝热镀锌锌层面质量的多项因素进行试验、分析，探索出了一套较为合理的工艺参数，可有效地控制热镀锌钢丝的锌层面质量。

一、控制内容和方法

控制的工艺流程：原料准备→钢丝放线→脱脂除油→温水漂洗→酸洗除锈→水漂洗→电解酸洗→水漂洗→溶剂助镀处理→烘干→热镀锌→风冷、水冷→收线。

热镀锌锌锅加热方式为直接加热，燃烧介质为高炉混合煤气，锌锅材质为08F钢，选用GB/T 471—2008标准的0♯锌锭，热镀锌出线方式为垂直引出。选择钢丝直径为$\phi2.32mm$和$\phi2.72mm$镀锌钢丝作为原料，根据不同的试验项目均选取3个位级，每个位级选10个样本。项目为热镀锌速度、浸锌时间、原料含碳量、锌液温度、锌液中的杂质含量等项目。

二、控制过程和数据分析

1. 钢丝热镀锌速度与锌层面质量

钢丝热镀锌速度与锌层面质量关系见表12-5。表12-5中，V为收线速度，$p_{A均}$为平均锌层面质量，p_A为标准热镀锌面质量。

表 12-5　热镀锌走线速度与锌层面质量

直径/mm	$V/(m/s)$	$p_{A均}/(g/m^2)$	$p_A/(g/m^2)$
2.32	11	214.9	230
	12	234.7	
	13	251.6	
2.72	10	233.4	245
	11	252.7	
	12	273.3	

表12-5结果与传统热镀锌理论相吻合。钢丝运动速度越快，则锌层面质量越高。随着钢丝走线速度的提高，合金层形成的时间相对的较少，合金层较薄，但是由于钢丝在出锌锅以后，锌液向下流动的速度远远小于钢丝向上的运动速度，向下流动量相对减少，纯锌层增厚，其幅度远远大于合金层减薄的幅度，故热镀锌层面的质量增高。从数据统计来看，生产$\phi2.32mm$的钢丝时，热镀锌速度控制在12m/s时，镀锌层面质量控制则较好，热镀$\phi2.72mm$的钢丝时，速度控制在11m/s较好。

2. 钢丝热镀锌时间与锌层面质量

速度等其他因素固定不变，通过调整锌锅托辊距离和压辊高度来控制浸锌时间。浸锌时间与锌层面质量试验结果见表12-6所示。

表 12-6　不同浸锌时间的锌层面质量

钢丝直径/mm	$p_{A均}/(g/m^2)$		
	18s	15.5s	13s
2.32	252.6	239.8	230.7
2.72	271.3	251.8	248.9

从表 12-6 可知，浸锌时间越长，锌层面质量越高。钢丝在锌时间越长，钢丝与锌液反应更为充分，合金层增厚，纯锌层无明显变化，所以锌层面质量增加。从数据统计来看，浸锌时间控制在 13～15.5s 更合适。试验数据证明：浸锌时间的波动幅度对合金层的影响是有限的。

3. 原料含碳量与锌层面质量

试验在保证镀锌钢丝抗拉强度前提下进行。原料含碳量与锌层面质量试验结果见表 12-7。

表 12-7　原料含碳量与锌层面质量

直径/mm	$w(C)/\%$	$p_{A均}/(g/m^2)$	直径/mm	$w(C)/\%$	$p_{A均}/(g/m^2)$
	0.55	239.3		0.55	268.4
2.32	0.60	242.1	2.72	0.62	277.3
	0.65	248.5		0.65	280.5

从表 12-7 可知，含碳量越高，锌层面质量越高，主要是含碳量高的钢丝与锌液反应更快，合金层厚度增加，锌层面质量升高，但含碳量高低与纯锌层厚薄无关。从试验数据来看，$\phi2.32mm$，$\phi2.72mm$ 钢丝碳的质量分数分别控制在 0.55% 和 0.60% 较为合适。

4. 锌液温度与锌层平均面质量

锌液温度与平均锌层面质量试验结果见表 12-8。

表 12-8　锌液温度与平均锌层面质量的关系

直径/mm	$p_{A均}/(g/m^2)$		
	460℃	450℃	440℃
2.32	238.1	244.8	248.5
2.72	264.1	270.3	278.2

从表 12-8 可知，锌温越高，则钢丝锌层面质量越小。锌温上升，钢丝与锌液反应速度加快合金层增厚；但锌液黏度降低，黏附能力下降，纯锌层减少。相比而言，合金层增厚幅度有限，纯锌层变薄幅度较多，导致钢丝锌层面质量减少。因考虑锌锅使用寿命，锌液温度最好控制在 （450±5）℃。

5. 锌液杂质含量与锌层面质量

锌液杂质含量按锌锅内锌液高度和锌渣高度测定。测试了锌液杂质质量分数分别为 12%，17%，22% 的锌层面质量，试验结果见 12-9 所示。

表 12-9　不同锌液杂质的质量分数与锌层面质量试验结果

直径/mm	$p_{A均}/(g/m^2)$		
	12%	17%	22%
2.32	240.2	255.8	268.3
2.72	259.4	271.5	286.6

从表 12-9 可知，锌渣含量越高，锌层面质量越高。锌渣含量上升，锌液黏度增加，锌液黏附能力大幅度提高，纯锌层明显增厚。但是锌渣含量对热镀锌钢丝表面影响极大，锌渣

含量增高，钢丝表面质量下降明显，光滑程度大幅下降。因考虑钢丝表面质量，锌渣质量分数控制在 12％以下为佳。

6. 其他因素

热镀锌钢丝锌层面质量还与钢丝硅元素含量、钢丝冷却速度、冷却时间、抹拭方式、钢丝原料直径控制等因素有关。原料表面越光滑、冷却速度越高、冷却时间越短原料直径控制越小，抹拭层越薄热镀锌钢丝锌层面质量越低，同时，木炭抹拭、火焰抹拭、气体抹拭等方式的选择都对热镀锌钢丝锌层面质量有较大影响。

三、结论

热镀锌钢丝锌层面质量与收线速度、锌锅温度、浸锌时间、原料材质等因素密切相关。收线速度越低，锌温越高，浸锌时间越短，原料含碳量越低，锌液黏度越低，则热镀锌钢丝锌层面质量越低。综合比较上述因素，收线速度、锌液黏度和浸锌时间对热镀锌钢丝锌层面质量影响最大。设定合理的收线速度、锌液黏度和浸锌时间，能有效地控制锌面质量，更为经济、科学地降低热镀锌钢丝加工成本。

第八节　拉丝机计米准确性的控制方法

一、影响计米准确性的原因

在单卷筒上使用的计米器是将信号探头安装在成品卷筒电机的主轴上或卷筒的底盘上，通过测定电机的转速，来推算成品卷筒的转速，再根据卷筒的直径得出钢丝在卷筒上的积线长度。一般计米器都有较强的抗干扰能力，在工作中不会丢失信号。在开车前，首先在计米器上设定所需要的长度，开车后，计米器自动工作，到设定的长度时自动停车。成品卷筒车盘多数为单层车盘，由于其结构简单，对计米影响程度也比较大。

1. 温度对卷筒直径的影响

单层车盘计米装置信号探头安装在电机的端部，通过测定电机的转数换算成成品卷筒的转数，然后再将卷筒转数换算成长度。卷筒的直径事先输入到计米器中。卷筒 R 处的直径受到拉拔钢丝的发热量和设备的冷却能力的影响，卷筒的温度不断上升，发生热膨胀现象使其直径发生变化。常见的影响因素有钢丝的粗细、车速的快慢、润滑的好坏和钢丝水冷及卷筒水冷却能力的强弱等，如拉拔钢丝直径较粗、速度较快、水冷能力不足，钢丝传导给卷筒的热量就多，卷筒的温度升高，热膨胀量增大，卷筒的直径增大，影响钢丝在卷筒旋转一周的长度。卷筒材质一般为 40 或 45 钢，其线膨胀系数见表 12-10。

卷筒受热后膨胀量：

$$y = a \times d(t - t_0) \tag{12-7}$$

式中　t——卷筒受热后温度，℃；

　　　y——卷筒的膨胀量，mm；

　　　a——卷筒的线膨胀系数，℃$^{-1}$；

　　　d——室温时卷筒的直径，mm；

　　　t_0——室温，℃。

表 12-10　40 钢的平均线膨胀系数

温度/℃	线膨胀系数/(10^{-6}/℃)	温度/℃	线膨胀系数/(10^{-6}/℃)
50	10.72	200	12.14
100	11.21		
150	11.69	250	12.60

通过式(12-10)计算可得，$\phi 5.50mm$ 的卷筒在 200℃时的热膨胀量是 1.2mm。在拉制相同规格的钢丝时，卷筒在室温和在 200℃时拉拔 1 圈钢丝长度相差 3.77mm。如果定尺长度按倍尺生产，累计误差比较大。

2. 温度对卷筒锥角的影响

钢丝传导给卷筒的热量在卷筒的高度上是不一样的。钢丝与卷筒最先接触的部位（圆弧 R 处），卷筒接受的热量最大，随着钢丝在卷筒上的不断爬升，钢丝的热量逐渐减少，上部卷筒所获得的热量也相应减少，从卷筒的根部到卷筒的上部所获得的热量是呈梯度变化的。获得热量最多的是卷筒的根部，因此卷筒根部温度高，受热膨胀的量最大；上部卷筒获得的热量小，温度相应就低，受热膨胀量也小。实际上增大了卷筒根部的 α 角，钢丝在卷筒上的推升力增大，钢丝出模后与卷筒的相切点就会上升，因为卷筒是带有一定锥度的，卷筒下部的直径大，上部的直径小，造成钢丝在卷筒上缠绕 1 圈的实际长度变小，计米长度与实际的长度产生一定的误差。

3. 拉拔力对计米误差的影响

卷筒对钢丝的上推力取决于 4 个因素：①卷筒下部的锥度；②钢丝与卷筒之间的接触面积；③卷筒与钢丝之间的张力大小；④钢丝材质的软硬或钢丝表面材质的软硬（镀锌钢丝）。

当卷筒直径、钢丝材质及钢丝直径一定时，卷筒对钢丝的上推力取决于卷筒与钢丝之间的张力大小，此时的张力取决于拉丝模的孔型结构、粗糙度、拉拔时润滑的好坏以及拉拔速度的快慢。当上述这些条件较好时，卷筒与钢丝之间的张力小，这时卷筒对钢丝的上推力相应也小，钢丝与卷筒之间的切入点正好在卷筒的 R 处。

当上述条件不好时，卷筒与钢丝之间的张力就会增大，卷筒对钢丝的上推力也会增大，钢丝与卷筒之间的切入点就在卷筒 R 的上部，如图 12-1 所示。钢丝与卷筒在 R 处相切和在 R 处以上部位相切，钢丝在卷筒上缠绕 1 圈的实际长度就有一定的误差。

4. 钢丝直径的变化对计米误差的影响

钢丝的内圈与卷筒的外壁是紧贴在一起的，钢丝直径不同，缠绕在卷筒上钢丝的中心线直径就会不同，使得钢丝在卷筒上缠绕一周的实际长度与计米器显示长度发生误差。如 $\phi 5.50mm$ 的卷筒上拉制 $\phi 2.00mm$ 和 $\phi 4.00mm$，长度为 5000m 的钢丝时，两个规格最终会相差 31.4m。

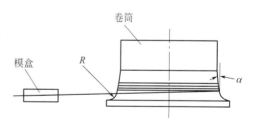

图 12-1　钢丝与卷筒之间不正确的切入位置

钢丝直径的变化还会引起钢丝在车盘第一圈的位置发生变化。钢丝细时，由于上推力小，钢丝缠在卷筒上的第一圈位置相应就低；当钢丝规格较大时，由于上推力大，钢丝进入卷筒的第一圈位置就会上移，由于卷筒直径的变化（卷筒直径是有一定锥度的），使钢丝圈径发生变化，最终造成计米器显示长度与实际的长度产生一定的误差。

5. 卷筒积线质量对计米误差的影响

无论是何种原因造成钢丝在卷筒上切入点的上移，都会随着钢丝的积线质量的增加而下移。如开始拉丝时，卷筒上的积线很小，钢丝切入点的位置上移的幅度就大，当随着钢丝积线量的增大，由于重力作用，钢丝在卷筒上的切入点就会逐渐向下移动。当卷筒上的钢丝积满后，钢丝的切入点一般都会下移到 R 处。这样，在拉拔一定长度的钢丝时，随着积线质量的增加，卷筒每转 1 周钢丝的实际长度与理论上的长度都是不一样的。

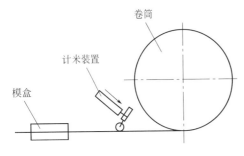

图 12-2　计米装置改进后的示意

二、计米装置的改进方案

从上述的分析可以得出结论：计米装置的探头无论是安装在卷筒电机的主轴上、还是安装在卷筒的底盘上，都会受到各方面因素的影响，最终造成计米长度与实际的长度之间的误差。

为了解决这一问题，可在成品卷筒的前部、模盒的后部安装一个计米导轮，如图 12-2 所示。以导轮的直径和转速测定钢丝的实际长度，就不会因为钢丝在卷筒上缠绕的位置不同而造成计米的误差。

计米导轮的工作原理是：钢丝从成品卷筒前一道模盒出来通过一个计米导轮的 V 形槽，计米导轮下侧安装测速探头，钢丝从导轮的 V 形槽出来后再缠绕在卷筒根部 R 处缠绕。当拉丝机开动后，导轮侧面的张紧装置给导轮一个力 F，F 足以使导轮的 V 形槽与钢丝紧密相贴，钢丝与导轮之间不会有打滑的现象，这样测速探头就可以测出 V 形槽的转速，再通过 V 形槽的直径就可以获得钢丝在卷筒上的准确积线长度。这样就消除了计米器与钢丝实际长度之间的误差。

三、结论

在成品卷筒模盒与卷筒之间增设一个计米装置，钢丝从成品卷筒前一道模盒出来通过计米导轮的 V 形槽，计米导轮下侧安装测速探头，钢丝从导轮的 V 形槽出来后缠绕在卷筒上，这样无论钢丝缠绕在卷筒的何处，都不会影响到导轮的运转，也就消除了计米器的计米长度与钢丝实际长度之间的误差。

第九节　控制热镀锌钢丝镀锌厚度装置

一、控制镀锌层厚度技术方案

为了实现控制镀锌层的厚度，本新型旨在提供能够通过调节气缸快速调节钢丝在锌液中的浸锌长度，从而起到控制镀锌层的厚度的一种调节系统。

1. 调节镀锌层厚度的机构

技术方案的机构组成有以下几个方面。

（1）热镀锌钢丝锌层厚度调节系统，包括调节机构，调节机构包括调节机架、调节气缸、调节摆臂和调节辊。

（2）调节机架设于锌锅的一侧，调节机架靠近锌锅的一侧安装调节摆臂，调节摆臂的下端通过轴承座安装在调节机架上，轴承座固定在调节机架上，调节摆臂的下端通过主转轴连接轴承座，调节摆臂的上端安装调节辊，调节辊通过调节辊轴连接调节摆臂，调节摆臂的中部通过中间转轴连接调节气缸的活塞杆。

（3）调节气缸通过气缸座连接调节机架，气缸座通过气缸转轴连接调节机架。

（4）锌锅内设置有一锌压线辊。

作为本新型技术的进一步设计方案，调节气缸连接调节机架内的气缸控制开关。气缸控制开关通过管道连接供气系统。

技术装置见图 12-3 和图 12-4 所示。

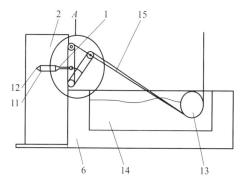

图 12-3　控制锌层厚度结构

1—调节机构；2—调节机架；6—锌锅；

11—气缸座；12—气缸转轴；

13—锌压辊；14—锌液；15—钢丝

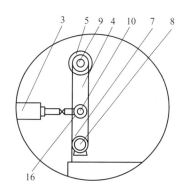

图 12-4　图 12-3 的 A 处放大示意

3—调节气缸；4—调节摆臂；5—调节辊；

7—轴承座；8—主转轴；9—调节辊轴；

10—中间转轴；16—连接头

2. 调节锌层厚度设置

（1）调节热镀锌层厚度的机构。如图 12-3，调节镀锌层厚度调节机构中，包括以下几个部分。其中调节机构 1 又包括调节机架 2、调节气缸 3、调节摆臂 4 和调节辊 5；调节机架 2 靠近锌锅 6 的一侧；在调节机架 2 靠近锌锅 6 的一侧安装调节摆臂 4，调节摆臂 4 的下端通过轴承座 7 安装在调节机架 2 上，轴承座 7 固定在调节机架 2 上，调节摆臂 4 的下端通过主转轴 8 连接轴承座 7，调节摆臂 4 的上端安装调节辊 5，调节辊 5 通过调节辊轴 9 连接调节摆臂 4，在调节摆臂 4 的中部通过中间转轴 10 连接调节气缸 3 的活塞杆，调节气缸 3 通过气缸座 11 连接调节机架 2，气缸座 11 通过气缸转轴 12 连接调节机架 2；在锌锅 6 内设有锌压辊 13。在锌锅 6 里面装填后熔化为锌液 14。

（2）调节气缸 3 连接调节机架 2，在调节机架 2 内安装有气缸控制开关，气缸控制开关通过管道连接供气系统。调节气缸 3 的活塞杆的前端设有与中间转轴 10 连接的连接头 16，连接头 16 通过轴承连接中间转轴 10。

二、工作原理及其使用效果

该设备控制镀锌层厚度的工作原理及其使用方法是：气缸伸缩带动调节摆臂 4 摆动，从而使得调节辊 5 的高度得到调整，进而使得调节辊 5 与锌压辊 13 之间的钢丝 15 倾斜角得到调节，从而在锌液 14 液面一定的条件下调节钢丝 15 与锌液 14 的接触长度，快速实现了升高或降低钢丝 15 镀锌层的厚度。

该设备与现有技术相比，操作方便，便于调整，该热镀锌层厚度调节系统能够通过调节气缸快速调节钢丝的浸锌长度，从而达到控制钢丝镀锌层的厚度的目的，本控制钢丝热镀锌镀层厚度装置已经申报国家专利（CN 201720199229.1）。

第十节　智能型金属镀层X射线光谱仪

金属制品属于劳动密集型产品，近 20 多年来在热镀锌钢丝、热镀锌钢绞线、钢帘线、PC 制品、焊丝、弹簧钢丝等产品以数倍于高于国民经济 GDP 的增速发展，产品应用范围日益扩大，质量不断提高，产量逐年增加。传统的化学分析辅以分光光度计光谱分析法已不能满足镀层检测的需求，GB/T 14450—2016《胎圈用钢丝》和 2017 年年底发布的《镀铜钢丝镀层重量及其组分试验方法》YB/T 135—2018，均提出使用 X 射线荧光光谱法（简称 X 射线法）分析镀层，具有准确快速的特点。

一、X 射线法分析机理

1. 分析原理

利用 X 射线管产生的射线经过适当的滤光片后照射有镀层的钢丝，激发出基体材料和镀层金属的特征 X 射线，即荧光 X 射线，检测荧光 X 射线的强度。镀层中元素的荧光强度与基体材料的荧光强度的比例关系，反映镀层的厚度，而镀层材料中不同元素的荧光强度的关系反映的是元素的比例关系。由校准曲线和测得试样的 X 射线荧光的强度，计算出钢丝镀层含量及镀层重量和厚度，智能型 X 射线光谱仪采用 ED-XRF 原理，其原理图如图 12-5 所示，不同元素具有不同的能量强度，通过分析测试其不同的射线强度，由校准曲线和测试样的 X 射线荧光的强度，计算出钢丝镀层中不同元素的含量。

2. 基本参数法的应用

由于 X 射线对不同元素的激发效率是不一样的，再加上元素之间的吸收和增强（A 元素的荧光激发 B 元素的荧光，即二次荧光）效应，元素的荧光强度和含量之间只有粗略的相关性。必须通过足够多的系列校准样品加上多元回归算法，才能对荧光强度与元素含量之间的关系进行数学建模，即通常所说的经验系数法。经验系数法需要满足一定条件的系列标准样品（元素之间打破相关性，数量足够多，含量涵盖实际样品）和正确的数学模型，即使如此，由于元素之间的影响并非线性关系（加上镀层厚度，问题变得更加复杂），数学模型很难全面描述这些复杂的影响关系。因此应用经验系数法进行定量分析，通常需要限定检测对象的变化范围不能超出标样所涵盖的范围。

无标样算法是根据元素与 X 射线相互作用的物理模型，对入射到样品的 X 射线对样品中元素的一次荧光和样品中共存元素的荧光可能对其的二次激发，以及入射 X 射线及荧光 X 射线收到物质的吸收等进行严格的理论计算，经过迭代得到样品的元素含量或镀层厚度。元素之间复杂的相互影响（吸收增强效应）已经包含在计算过程中。因此通常只需要一两个标样校正一下系统误差，即可检测未知样品的元素含量或镀层厚度以及镀层成分。因此无标样算法具有标样要求少（在某些应用甚至可以无标样），外推范围宽（校正曲线线性好）等特点。基本参数法是目前 XRF 定量算法中最先进、最准确、需要标样最少的算法。

二、X 射线荧光光谱仪

X 射线荧光光谱仪为精密合金分析仪，设备型号为 Ux-320，其外观如图 12-6 所示。

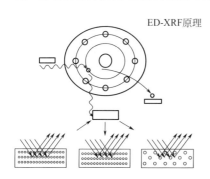

图 12-5　X 射线仪分析原理　　　　　　　图 12-6　Ux-320 精密合金分析仪外观

精密合金分析仪 Ux-320 有以下功能与特点。

（1）全自动一键操作，准直器自动切换，滤光片自动切换，开盖随意自动停，样品测试照片自动拍照、自动保存，测试报告自动弹出，供应商信息自动筛选和保存。

（2）采用 VisualFP 分析软件，测试数据模型更科学，软件处理的谱形更合理，计算结果更准确。VisualFP 软件具有合金成分计算模块，专业的模块计算方法，对合金成分的计算准确。

（3）可应用于各种合金、不锈钢牌号识别和矿石成分分析，测试元素范围为 Na-U 中的元素。具有的谱图对比功能，可以随时监督物料工艺变化。测试操作方便轻松，测试时间为 60～400s，系统自动调整。

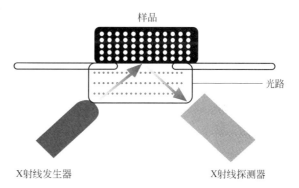

图 12-7　超短光路示意图

（4）无标样技术，XRF 测试分析仪器一般都是采用针对标准样本进行比对测试，在测试时受制于标样的质量；而 Ux-320 独创无标样技术，无需标样即可进行全元素分析。

超短光路设计，由 X 射线发生器达到样品，样品受激产生的 X 射线荧光到探测器的路线称为光路，光路经过的距离越短所受的干扰越小，超短光路示意图如图 12-7 所示。

三、产品规格性能

1. 产品规格（Ux-320）

测试元素范围　Na-U 中的元素；探测器类型　Si-PIN 电制冷；探测器分辨率　145eV；高压范围　0～50kV，50W；CCD 拍照　260 万像素；移动范围　X15mm，Y15mm；输入电压　AC220V，50/60Hz。

2. 测试的种类和使用环境

测试样品种类　液体、固体和粉末；样品腔尺寸（$L \times W \times H$）　330mm×350mm×

75mm；测试环境　非真空测试；测量用时　120～400s；工作区　开放工作区自定义。

四、检测分析方法

取样→试样的制备→样品片的制备→建立工作曲线→测试→自动分析与计算→检验报告；以胎圈钢丝镀层检测分析为例进行详细说明。

（1）试样的制备。取适当长度的胎丝，剪切成约 33mm 长的小段（取样量应能保证光谱仪的探测窗口全部排满钢丝），用无水乙醇擦拭至表面无油污和附着物，充分干燥。

（2）样品片的制备。准确测量胎丝的直径，精确至 0.01mm；根据样品片尺寸，将样品剪断，粘贴在样品纸上，形成样品片，样品（纸）片另一侧标记对应的样品信息，如生产日期，车台号，直径等；可以单根测量（试样长度 60～80mm），也可以一次多根（试样长度 33～65mm），多根丝时需要钢丝样密排不漏间隙。样品片要求平整光滑，无凹凸现象；钢丝摆放整齐、粘贴牢固。

（3）工作曲线的建立。由于本机 X 射线荧光光谱分析仪 Ux-320 采用无标样分析，工作曲线的建立按如下程序操作即可：打开软件→点击"创建"输入名称：镀锌钢丝→定义测量配置参数→打开新建工作曲线→设定样品信息→测试样品→校正曲线→标定曲线→保存应用并退出，验证曲线实用性检验满足要求，则该工作曲线制备完成。

（4）测试过程。①测试流程。先打开新建的工作曲线→放入样品片→点击"测试样品"→设定样品信息（直径、生产日期、班次、生产线、客户名）→点击"OK"测试→测试完成→自动分析计算→报告处理并打印储存信息→关闭软件及仪器。②测试样品。确定样品属性后，选择相应工作曲线，点击"测试样品"按钮，弹出 CCD 窗口，然后输入样品名称，确定测试次数、准直器和测试时间，点击"OK"，硬件自动调整到位，样品测试自动进行，见进度条显示，此时软件边收谱、边计算，见软件 D 区显示，样品测试完成，软件显示仪器处于待机状态，测试结果在谱图上显示。

采用新型 X 射线荧光光谱法与传统的分光光度计法对胎圈钢丝镀层组分及厚度进行检测，二者均可达到检测标准的要求；而 X 射线荧光光谱法具有快捷精准、绿色无损的特点，满足大批量生产检测的需要，应用前景更加广阔，尤其对于镀锌钢丝、钢帘线、气保焊丝等金属制品。

第十一节　钢丝热镀锌层面质量调整技术

一、现有控制镀锌层厚度的方法

钢丝热镀锌工艺是将钢丝浸没在高温熔融锌液中，钢丝表面黏附一层锌再通过抹拭作用使锌层变得均匀光滑，在使用相同抹拭方式及相同的温度的情况下，需通过控制钢丝在锌液中的浸没距离以及钢丝的走线速度来控制锌层厚度。

如某企业的热镀锌钢丝生产线，主要生产 60＃钢、65＃钢、77MnA 钢三种高碳钢丝，钢丝规格 $\phi1.67～\phi3.8mm$。根据规格不同锌层厚度分为 6 个档次。热镀锌钢丝生产时将锌锅温度设定到 460℃确保锌液具备良好的流动性，钢丝通过导线辊后进入锌液，再通过锌压辊将钢丝压入锌液中。钢丝行进过程中连续的黏附锌液并形成锌层，锌层的厚度主要通过控制钢丝在锌液中的浸锌距离来控制。生产时锌压辊、导线辊都是固定的不能调节，只有通过控制锌液位的高低来控制钢丝在锌液中的浸锌距离达到控制锌层厚度的目的。这种控制锌层厚度的方法能耗高，而且对钢丝在锌液中的距离长短不准确，所以长期以来，钢丝的锌层面质量不稳定。

二、镀锌层厚度调节装置

该调节装置为了解决上述钢丝热镀锌上锌量厚度不均匀的问题，设计开发出一种热镀锌钢丝锌层厚度调节装置。

这种热镀锌钢丝锌层厚度调节装置，在锌锅进线口的锅沿上设置着两根与钢丝走线方向平行的导轨的导线辊，在导轨上设置着导线辊位置控制装置，在导线辊两端轴承座的底部分别设置着滑块，滑块与导轨滑槽相配合，轴承座的外端固接着螺母，丝杆与螺母相配合。见图 12-8、图 12-9 所示。

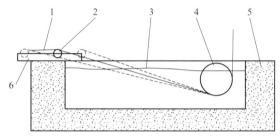

图 12-8　镀锌层厚度调节结构

1—钢丝；2—导线辊；3—锌液；
4—锌压辊；5—锌锅；6—导线辊位置控制装置

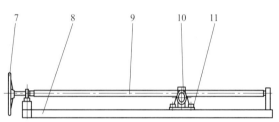

图 12-9　导线辊控制位置

7—转动手轮；8—导轨；9—丝杆；
10—轴承座；11—滑块；12—螺母

此装置把以往在锌锅上的导线辊由固定形式改为可以前后移动的形式。实现了在锌锅中锌液液位稳定的情况下通过调节导线辊的前后位置而改变钢丝在锌液中的浸没距离达到控制锌层厚度的目的。主要改进内容如下。

① 在锌锅进线口一端两侧锅沿上加装两根平行于钢丝走线方向的导轨，导轨上加装配套的丝杆、螺母块及调节手轮。将导线辊两端的轴承座底部加装滑块，滑块镶嵌在导轨上。轴承座与螺母相连接。

② 生产时根据标准锌层厚度技术要求，以此调整热镀锌钢丝锌层厚度调节装置。调节时只需要同时转动两个调节手轮，丝杆随之转动的同时带动螺母块及导线轮轴承座在导轨上移动，即实现导线辊相对于锌锅的前后移动、达到通过改变钢丝在锌液中的浸锌距离控制锌层厚度的目的。

下面结合结构示意图，做以详细的说明。图 12-8 是控制镀锌层厚度的结构示意图，图 12-9 为导线辊位置控制装置的主视结构示意图，图 12-10 为图 12-9 的俯视结构示意图。

这种热镀锌钢丝锌层厚度调节装置，如图 12-8～图 12-10 所示，在锌锅 5 进线口的锅沿上设置着具有两根与钢丝 1 走线方向平行的导轨 8 在导轨 8 上设置导线辊位置控制装置 6，导线辊位置控制装置 6 的结构为在两根平行导轨 8 的两端上分别通过支座安装着一端带有手轮 7 的丝杆 9，在导线辊 2 两端轴承座 10 的底部分别设置着滑块 11，滑块 11 与导轨滑槽相配合，轴承座 10 的外端固接着螺母 12，丝杆 9 与螺母 12 相配合。在导轨 8 上设置的滑槽为燕尾槽或 T 形槽。在锌锅 5 内装有锌液 3 和锌压辊 4。

生产时根据标准锌层厚度技术要求，以此调整热镀锌钢丝锌层厚度调节装置。调节时只

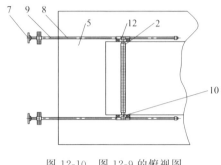

图 12-10　图 12-9 的俯视图

需要同时转动两个调节手轮，丝杆随之转动的同时带动螺母块及轴承座在导轨上移动，即实现导线辊相对于锌锅的前后移动，达到通过改变钢丝在锌液中的浸锌距离控制锌层厚度的目的。即丝杠相对于钢丝进线口方向运动，钢丝浸锌时间长，所获得的镀锌层就厚；丝杠相对于钢丝出线口方向运动，钢丝浸锌时间短，所获得的镀锌层就薄；这个钢丝的镀锌层厚与薄，要通过对钢丝的取样化验结果来调整钢丝在锌液中的浸锌距离，以获得满意的镀锌层。

三、积极有益的效果

① 简化工作程序，只需转动调节辊两端的手轮即可调节调节辊相对于锌锅前后位置，实现控制钢丝在锌液中的浸锌距离达到控制锌层厚度的目的。

② 使锌层厚度控制更加精确（精确度提高 30％）。

③ 可根据钢丝锌层厚度情况快速调节，快速实现升高或降低锌层的厚度。

④ 可以使锌锅锌液位保持稳定状态，延长锌锅电加热管寿命。

第十二节　高强度热镀锌钢丝疲劳寿命的质量检测方法

一、现有检测方法

预应力钢绞线是由 2、3、7 或 19 根高强度钢丝构成的绞合钢缆，并经消除应力处理（稳定化处理），适合预应力混凝土或类似用途。为延长耐久性，钢丝上可以有金属或非金属的镀层或涂层，如镀锌、涂环氧树脂等。

目前采用中频疲劳试验机对预应力钢绞线进行疲劳测试，其缺点在于：①疲劳试验机在测试过程中钳口容易往外扩，抱紧力不够；②钳口夹持预应力钢绞线，预应力钢绞线在钳口内会产生轻微的滑移，严重影响测试准确性。

二、新的检测方法

为解决上述技术问题，本检测方法所采用的技术方案为：采用高频万向疲劳钳口加载，这样不会产生扭力，从而起到同心轴对称的万向作用，具体方法包括镀锌钢丝表面处理和上机检测两个步骤预处理。

三、实施检测方法

（一）检测方法一

桥梁缆索用高强度热镀锌钢丝疲劳寿命的检测方法，采用高频疲劳试验机测定桥梁缆索用高强度热镀锌钢丝疲劳寿命，包括镀锌钢丝表面处理和上机检测两个步骤。

1. 镀锌钢丝表面处理步骤

① 从成品中截取长度为 328mm，直径为 $\phi 7.0$mm 的高强度热镀锌钢丝，检查表面是否有缺陷。

② 取 80mm 宽 120mm 长的塑料透明胶带，修整使得其宽度等于疲劳试验机钳口高度。

③ 在透明胶带条黏性面上要均匀布满 800 目的细粒状金刚砂，金刚砂的用量为 9.5g/150m。

④ 分别截取两段长度为 85mm 的布满金刚砂的胶带条，将其缠绕在热镀锌钢丝两端的端部，连续平行缠绕，胶带条的外侧与热镀锌钢丝的端部平齐，胶带条缠绕厚度为 2.8mm，处理后的热镀锌钢丝待用。

2. 上机检测步骤

① 将钳口安装至高频疲劳试验机上，在钳口两侧各安装一个夹块，在钳口的前后位置分别用螺栓将钳口两侧的夹块固定夹紧，夹紧至横向受力时不会扩展，力值为 2MPa。

② 表面处理后的热镀锌钢丝安装至上下钳口之间，两夹具之间的试样的最小长度为 140mm，上机疲劳检测，根据产品技术要求计算疲劳的最大和最小力值及应力幅并输入微机得到平均值和交变值，应力频率取值为 3.3～167Hz。

（二）实施检测方法二

采用高频疲劳试验机测定桥梁缆索用高强度热镀锌钢丝疲劳寿命，包括镀锌钢丝表面处理和上机检测两个步骤。

1. 镀锌钢丝表面处理步骤

① 从成品中截取长度为 328mm，直径为 $\phi 5.0$mm 的高强度热镀锌钢丝，检查表面是否有缺陷。

② 取 80mm 宽 120mm 长的塑料透明胶带，修整使得其宽度等于疲劳试验机钳口高度。

③ 在透明胶带条黏性面上要均匀布满 1600 目的细粒状金刚砂，金刚砂的用量为 10.5g/150m。

④ 分别截取两段长度为 120mm 的布满金刚砂的胶带条，将其缠绕在热镀锌钢丝两端的端部，连续平行缠绕，胶带条的外侧与热镀锌钢丝的端部平齐，胶带条缠绕厚度为 2.8mm，处理后的热镀锌钢丝待用。

2. 上机检测步骤

① 将钳口安装至高频疲劳试验机上，在钳口两侧各安装一个夹块，在钳口的前后位置分别用螺栓将钳口两侧的夹块固定夹紧，夹紧至横向受力时不会扩展，力值为 3MPa。

② 表面处理后的热镀锌钢丝安装至上下钳口之间，两夹具之间的试样的最小长度为 140mm，上机疲劳检测，根据产品技术要求计算疲劳的最大和最小力值及应力幅并输入微机得到平均值和交变值，应力频率取值为 3.3～167Hz。

四、检测效果总结

① 本发明的测试方法实用、经济、可靠，对设备的适应性强。

② 通过在钢绞线外缠绕带有金刚砂的胶带，能够有效防止疲劳试验过程中钢绞线发生滑移，影响测试的准确性。

③ 通过在钳口外设置夹块和螺栓部件，增强钳口的抱紧力，避免疲劳试验过程中钳口向外扩张。

第十三章
热镀锌生产中常用的化学分析方法

第一节　碱性脱脂剂的分析方法

一、脱脂剂中含碱量的分析方法

总碱度所表示的是水中 OH^-、CO_3^{2-}、HCO_3^- 及其他弱酸类的总和。由于这些电解质在水中呈碱性，可以用酸中和，所以统称为总碱度，有的也称为碱度。滴定总碱度时，可采用甲基橙（溴酚蓝）为指示剂，滴定终点的 pH 为 3～4。滴定游离碱度时，则用酚酞为指示剂，滴定终点的 pH 为 8～9。

（1）总碱度（TAB）的测定方法：取 10mL 脱脂液于 250mL 锥形瓶中，加入 100mL 水，滴入 3～4 滴溴酚蓝指示剂，用 0.1mol/L 的 H_2SO_4 硫酸（或 0.1mol/L 盐酸）标准溶液滴定，滴至溶液由蓝色变为亮黄色，即为终点。所消耗的 H_2SO_4 标准溶液的毫升数为总碱度或总碱度的"点"数。

（2）游离碱度（FAL）的测定方法：取 10mL 脱脂液于 250mL 锥形瓶中，加入 100mL 水，滴入 3～4 滴酚酞指示剂，用 0.1mol/L 的 H_2SO_4 硫酸（或 0.1mol/L 盐酸）标准溶液滴定，滴至溶液由红色变至无色为终点，所消耗的 H_2SO_4 标准溶液的毫升数为游离碱度的"点"数。

二、氢氧化钠、碳酸钠、磷酸钠混合溶液的分析方法

1. 方法要点

采用硫酸滴定，第一步反应完成时，酚酞做指示剂：

$$2NaOH + H_2SO_4 =\!\!=\!\!= Na_2SO_4 + 2H_2O \quad （反应完全） \tag{13-1}$$

$$2Na_2CO_3 + H_2SO_4 =\!\!=\!\!= 2NaHCO_3 + Na_2SO_4 \quad （1/2Na_2CO_3） \tag{13-2}$$

$$2Na_3PO_4 + H_2SO_4 =\!\!=\!\!= 2Na_2HPO_4 + Na_2SO_4 \quad （1/2Na_2PO_4） \tag{13-3}$$

在第二步反应中，以溴酚蓝为指示剂发生下列反应：

$$2NaHCO_3 + H_2SO_4 =\!\!=\!\!= Na_2SO_4 + 2H_2O + 2CO_2\uparrow \quad （全部反应 1/2Na_2CO_3） \tag{13-4}$$

$$2Na_2HPO_4 + H_2SO_4 \rightleftharpoons 2Na_2H_2PO_4 + Na_2SO_4 \qquad （全部反应 1/3Na_3PO_4） \qquad (13-5)$$

在第三步反应中，以酚酞为指示剂，用氢氧化钠滴定：

$$Na_2HPO_4 + NaOH \rightleftharpoons Na_2HPO_4 + H_2O \qquad （1/3Na_3PO_4） \qquad (13-6)$$

2. 试剂

（1）溴酚蓝：0.2％乙醇溶液。

（2）酚酞：0.1％乙醇溶液。

（3）标准硫酸溶液：$C(H_2SO_4) = 0.500mol/L$；

$\qquad\qquad\qquad\qquad C(1/2H_2SO_4) = 1.000mol/L$；

（4）标准氢氧化钠溶液：$C(NaOH) = 1.000mol/L$。

3. 分析方法

吸取试液 10.00mL 置于 300mL 锥形瓶中，加水稀释至 80mL，加酚酞指示剂 2～3 滴，在不断摇动中，用标准硫酸溶液缓慢滴定到红色消失，记硫酸耗量 V_1 mL，接着加溴酚蓝 3～5 滴，继续用原滴定管中 H_2SO_4 滴定，溶液变为黄色为终点，记体积 V_2 mL（包括 V_1 mL）。将溶液煮沸除去 $CO_2\uparrow$，冷却后，加酚酞指示剂 5～8 滴，用标准氢氧化钠滴至红色为终点，记氢氧化钠耗量 V_3 mL。

4. 计算

$$\rho(Na_2CO_3) = [C_A(V_2 - C_AV_1 - C_BV_B) \div C_A] \times 106 \qquad (13-7)$$

$$\rho(NaOH) = [2C_A(V_1 - C_AV_2) \div C_A] \times 40 \qquad (13-8)$$

$$\rho(Na_3PO_4 \cdot 12H_2O) = (C_BV_3 \div C_A) \times 380 \qquad (13-9)$$

式中　C_A——标准硫酸溶液的浓度，mol/L；

$\qquad C_B$——标准氢氧化钠的浓度，mol/L；

$\qquad V_1$——第一当点硫酸的消耗体积，mL；

$\qquad V_2$——第二当点硫酸的消耗体积，mL；

$\qquad V_3$——返滴定时消耗氢氧化钠的体积，mL；

$\qquad 106$——Na_2CO_3 的摩尔质量，g/mol；

$\qquad\ 40$——$NaOH$ 的摩尔质量，g/mol；

$\qquad 380$——$Na_3PO_4 \cdot 12H_2O$ 的摩尔质量，g/mol。

注：每一步都不可过量，否则影响下步的测定。溶液煮沸出去 CO_2 冷却后，如果呈蓝色，需要补滴 H_2SO_4 到黄色，否则测定 Na_3PO_4 结果偏低。

5. 硫酸、氢氧化钠标准溶液的制备和标定

（1）硫酸标准溶液的配制方法和标定。

硫酸的配制方法：硫酸标准溶液配制时按配制公式计算量移取化学纯品，加入到一定数量的水中，然后用水稀释至所要配制的体积，冷后移入瓶中进行标定。（配制时应在耐酸的烧杯中进行）。

$C(1/2H_2SO_4) = 2.0mol/L$；

取相对密度为 1.84 分析纯硫酸 55.6mL，以水稀释至 1L。

$C(1/2H_2SO_4) = 0.5mol/L$；

取相对密度为 1.84 分析纯硫酸 13.9mL，以水稀释至 1L。

$C(1/2H_2SO_4) = 0.1mol/L$；

取相对密度为 1.84 分析纯硫酸 2.8mL，以水稀释至 1L。

硫酸标准溶液的标定如下。

① 以碳酸钠标定。如要标定 $C(1/2H_2SO_4)=0.1mol/L$，那么称碳酸钠 $0.1\sim0.5g$ 即可，具体方法如下。

称取在 120℃ 干燥过的优级纯碳酸钠 0.1325g（四位有效数字），置于 250mL 锥形瓶中，加水 120mL，溶解后，加入甲基橙指示剂 $3\sim4$ 滴，用欲标定的 $C(1/2H_2SO_4)=0.1mol/L$ 的硫酸滴定至红色为终点。计算公式：

$$C=m\div(0.053\times V) \tag{13-10}$$

式中　C——标准硫酸的浓度，mol/L；

　　　V——耗用标准硫酸溶液的毫升数，mL；

　　　m——精称碳酸钠的质量，g。

② 以标准氢氧化钠溶液标定。准确移取欲标定的硫酸溶液 20mL，置于 250mL 锥形瓶中加甲基红-次甲基蓝混合指示剂 $3\sim4$ 滴，用相应浓度的氢氧化钠标准溶液滴定，溶液由紫红色变绿色即为终点。计算公式：

$$C=C_1V_1/20 \tag{13-11}$$

式中　C——欲标定的硫酸的浓度，mol/L；

　　　C_1——氢氧化钠的浓度，mol/L；

　　　V_1——消耗氢氧化钠溶液的体积，mL。

（2）草酸的配制方法。

$$C(1/2H_2C_2O_4\cdot2H_2O)=0.25mol/L$$

精称在干燥器中保存的优级纯试剂草酸 15.7575g，加水溶解，稀释至 1000mL，摇匀，不用标定。

$$C(1/2H_2C_2O_4\cdot2H_2O)=0.1mol/L$$

精称在干燥器中保存的优级纯试剂草酸 6.300g，加水溶解，稀释至 1000mL，摇匀，不用标定。

（3）氢氧化钠的配制方法。

由于氢氧化钠易吸收水和空气中的 CO_2 变为 Na_2CO_3，其水溶液也同样与水中和空气中的 CO_2 作用生成 Na_2CO_3 改变其浓度，因此，在配制标准溶液时用蒸馏水，先配成饱和溶液，放数日后，取清液稀释至所需要的浓度。

① 配制方法：先配 $C(NaOH)=18mol/L$ 的饱和溶液。

称取 750g 氢氧化钠，将氢氧化钠搅拌分 $2\sim3$ 次加入盛有 750mL，蒸馏水的烧杯中，溶解后冷却，注入硬质耐碱玻璃瓶中或塑料瓶中，瓶口盖有橡皮塞，放数日后待溶液完全澄清，取澄清溶液使用。

$$C(NaOH)=2.5mol/L$$

取上述配制饱和溶液 139mL，加水稀释至 1L。

$$C(NaOH)=0.2mol/L$$

取上述配制饱和溶液 11.1mL，加水稀释至 1L。

$$C(NaOH)=0.1mol/L$$

取上述配制饱和溶液 5.5mL，加水稀释至 1L。

② 标定方法。可用草酸、盐酸、硫酸等标准溶液标定，其中以草酸作基准物质标定为最好。其方法是：准确移取 $C(1/2H_2C_2O_4\cdot2H_2O)=0.2mol/L$ 草酸溶液 20mL，于

250mL 锥形瓶中，加酚酞指示剂 3～4 滴，用欲标定的相同浓度的氢氧化钠溶液滴定至微红色不消失即为终点。

$$C = (20 \times C_1) \div V \tag{13-12}$$

式中　C——氢氧化钠的浓度，mol/L；

　　　V——消耗氢氧化钠溶液的体积，mL；

　　　C_1——草酸的浓度，mol/L。

第二节　酸性溶液的分析方法

一、工业盐酸总酸度的测定

盐酸为无色或淡黄色透明液体，分子式 HCl，摩尔质量为 36.46g/mol。

1. 测定原理

以甲基橙为指示剂，用 NaOH 标准溶液直接滴定，待溶液变红色为终点，反应方程式为：

$$HCl + NaOH \rightleftharpoons NaCl + H_2O \tag{13-13}$$

2. 测定步骤

称取 3mL 试样（称准至 0.0001g）溶于已盛有 15mL 蒸馏水的三角瓶中，小心混匀，加 1～2 滴甲基橙指示剂，用 0.1mol/L 的 NaOH 标准溶液滴定至黄色为终点。同时做平行试样。

3. 结果计算

总酸度（以 HCl 计）按式(13-14) 计算：

$$w(HCl) = \frac{cV \times 0.03646}{m} \tag{13-14}$$

$$w'(HCl) = \frac{cV \times 0.03646}{m} \times 100\% \tag{13-15}$$

式中　$w(HCl)$——试样中 HCl 的质量分数；

　　$w'(HCl)$——试样中 HCl 的质量分数，%；

　　　　c——NaOH 标准溶液浓度，mol/L；

　　　　V——消耗 NaOH 标准溶液体积，mL；

　　　　m——试样质量，g；

　　0.03646——HCl 的毫摩尔质量，g/mmol。

4. 结果讨论

本方法属于强碱滴定强酸，滴定突跃为 pH 值 4.3～9.7，可采用甲基橙和酚酞指示剂。采用甲基橙时，溶液在终点时，由红色变为黄色，易于观察；采用酚酞做指示剂时，终点 pH 值 9.0，这时溶液中溶解的 CO_2 也被滴定到 HCO_3^-，结果偏高。

为了消除 CO_2 的影响，配置 NaOH 标准溶液应先配浓的 NaOH 溶液，用煮沸过的水（无 CO_2）或蒸馏水稀释。

二、工业硫酸中硫酸含量的测定

工业硫酸为无色油状液体，分子式为 H_2SO_4，摩尔质量为 98.07g/mol。

1. 测定原理

以甲基红-次甲基蓝作混合指示剂，用氢氧化钠标准溶液滴定至灰绿色为终点，反应方程式如下：

$$H_2SO_4 + 2NaOH = Na_2SO_4 + 2H_2O \tag{13-16}$$

2. 测定步骤

用已称量的带磨口塞的小称量瓶称取 0.7g（精确至 0.0001g）的试样，小心转入盛有 50mL 水的 250mL 三角瓶中，混均匀放冷至室温，加入 2～3 滴甲基红-次甲基蓝混合指示剂，用 0.5mol/L 的 NaOH 标准溶液滴定至灰绿色为终点。同时做平行试样。

3. 结果计算

试样 H_2SO_4 含量，按式（13-17）和式（13-18）计算。

$$w(H_2SO_4) = \frac{cV \times 0.04903}{m} \tag{13-17}$$

$$w'(H_2SO_4) = \frac{cV \times 0.04903}{m} \times 100\% \tag{13-18}$$

式中　$w(H_2SO_4)$——试样中 H_2SO_4 的质量分数；

$w'(H_2SO_4)$——试样中 H_2SO_4 的质量分数，%；

c——NaOH 标准溶液浓度，mol/L；

V——消耗 NaOH 标准溶液体积，mL；

m——试样质量，g；

0.04903——$\frac{1}{2}H_2SO_4$ 的毫摩尔质量，g/mmol。

4. 结果讨论

甲基红-次甲基蓝混合指示剂的变色点为 pH 值 5.4，当然也可选甲基橙和甲基红指示剂。标定 NaOH 标准溶液采用的指示剂最好和测定时采用相同的指示剂，以消除系统误差。

5. 发烟硫酸的测定

因为浓硫酸中可挥发出 SO_3 气体，故称为发烟硫酸。其测定原理和上面相同，测定步骤不同之处，要用安培球取样。

将预先称重的安培球（约 2mL 体积），在微火上烤热后，迅速插入试样中吸取约 0.5mL 试样后，抽出迅速用小火焰封口，擦去外面沾的液体，再称重两次之差即为试样质量。

将安培球放入盛有 100mL 蒸馏水的 500mL 具塞三角瓶中，盖上塞子，剧烈振荡使安培球破碎全部溶解，烟雾消失为止。打开塞子，用蒸馏水充分洗瓶塞及内壁，加 2～3 滴混合指示剂（甲基红-次甲基蓝），用 0.5mol/L NaOH 标准溶液滴定至灰绿色为终点。

计算方法和上面相同，因为是发烟硫酸，结果应该超过 100%。如果还要计算 SO_3 含量，可用式（13-19）计算：

$$w'(SO_3) = \frac{w'(H_2SO_4) - 100}{0.225} \times 100\% \tag{13-19}$$

三、酸洗槽中盐酸的测定

1. 分析方法与物品

① 分析方法　酸碱滴定。

② 仪器　碱式滴定管、250mL 锥形瓶。

③ 试剂　NaOH 1mol/L、甲基橙。

2. 试验步骤

（1）NaOH 溶液的标定

准确称取 0.5g 草酸，加水 10mL 使之溶解，滴加 2～3 滴酚酞试液，用 NaOH 滴定到成微红色。

$$H_2C_2O_4 + 2NaOH \rule[0.5ex]{1.5em}{0.4pt} Na_2C_2O_4 + 2H_2O \tag{13-20}$$

$$1mol \qquad 2mol \qquad \frac{0.5}{90}mol \qquad C \times V$$

则

$$\frac{1}{2} = \frac{0.5/90}{C \times V} \tag{13-21}$$

式中　C——NaOH 浓度单位，mol/L；

　　　V——消耗 NaOH 的体积，单位 L。

如：如果用掉 10mL 的 NaOH

则

$$\frac{1}{2} = \frac{0.5/90}{C \times 10 \times \dfrac{1}{1000}}; \quad C = 1.1mol/L$$

即，NaOH 的准确浓度为 1.1mol/L。

（2）HCl 的测定

① 用移液管准确移取 10mL 工业盐酸加入 250mL 锥形瓶中，滴 2～3 滴甲基橙，用标定过的 NaOH 的滴定。

$$C(HCl) \times 10 = C(NaOH) \times V(NaOH)$$

$$C(HCl) = \frac{C(NaOH) \times V(NaOH)}{10} (mol/L) \tag{13-22}$$

② 本实验的关键：指示剂最好用甲基橙，在等当点时，要放慢速度，以不生成沉淀为最好。

四、盐酸溶液中亚铁离子含量的测定

本测定的方法要点是：以二苯胺磺酸钠为指示剂，用重铬酸钾滴定。

1. 试剂

二苯胺磺酸钠：5g/L、0.5/100mL；重铬酸钾：$C(1/6K_2Cr_2O_7) = 0.100mL$。

2. 分析步骤

吸取母液 100mL 于 250mL 锥形瓶中，加水 50～100mL，加磷酸 10mL，硫酸 15mL，

加二苯胺磺酸钠指示剂数滴，用甲基橙标准溶液滴定至紫蓝色为终点。

3. 计算方法

$$Fe^{2+}(g/L) = 0.05585 \times V_1 \times C \times 1000/V \qquad (13-23)$$

式中　V_1——耗用的 $K_2Cr_2O_7$ 标准溶液的毫升数；

C——$K_2Cr_2O_7$ 标准溶液的浓度，mol/L；

0.05585——与 1.00mL $K_2Cr_2O_7$ 标准溶液相当的以克表示的亚铁离子的质量；

V——取试样的毫升数。

在分析过程中存在一定的微量误差，表 13-1 列出了测量误差，根据误差表指出的相对误差，可以进行修正。

表 13-1　亚铁离子含量的测量误差表

亚铁离子含量/(g/L)	相对误差	亚铁离子含量/(g/L)	相对误差
100～200	1.2～1.0	10～50	5.0～1.6
50～100	1.6～1.2	1～10	2.0～5

以吸光度为横坐标，以浓度为纵坐标，作图即可。得铁标准工作曲线。

（1）用移液管吸取 1mL 试样，加入 100mL 容量瓶中，加入 2mL 双氧水使 Fe^{2+} 氧化成 Fe^{3+}，再加入 10mL 20%的磺基水杨酸，滴氨水至紫黄色，稀释至快到刻度时再加 1～2 滴氨水摇匀，稀释刻度，摇匀放置 5min，关键要控制好 $NH_3 \cdot H_2O$ 的加入量，如果变浑浊要重做，另取 100mL 容量瓶加 2mL 双氧水，加 10mL 20%的磺基水杨酸，加 4mL 氨水后，作空白实验用。

（2）用 1cm 比色器在 430μm 处，测定吸光度测得数据，查铁标准工作曲线，查得铁浓度为 X mg/L 乘以 100 即为样本中铁的含量。见表 13-2。

表 13-2　铁含量的测量误码率差表

铁含量/(g/L)	相对误差	铁含量/(g/L)	相对误差
100～200	1.2～1.0	10～50	5.0～1.6
50～100	1.6～1.2	1～10	2.0～5.0

五、磷酸液中的各成分的分析方法

1. 试剂的配置

重铬酸钾标准溶液 $c(K_2Cr_2O_7) = 0.08953mol/L$；氢氧化钠标准溶液 $c(NaOH) = 0.2000mol/L$；EDTA 标准溶液 $c(EDTA) = 0.2000mol/L$；硫磷混酸是用体积比为 1∶1∶3 的分析纯的硫酸、磷酸和水配制而成；尿素为固体。

二苯胺磺酸钠指示剂用 1.0g 二苯胺磺酸钠溶于 100mL 体积分数为 2.0%的硫酸溶液制得；二甲酚橙指示剂用 0.2g 二甲酚橙溶于 100mL 体积分数为 10%的乙醇溶液制得；溴甲酚绿指示剂用 0.3g 溴甲酚绿溶于 100mL 体积分数为 20%的乙醇溶液制得；酚酞指示剂用 1.0g 酚酞试剂溶于 100mL 分析纯乙醇制得；草酸钾溶液用 15g 草酸钾溶于 100mL 的水中制得；乙酸-乙酸钠缓冲溶液是用温水溶解 100g 无水乙酸钠，冷却后滴加冰乙酸 9.0mL，用水稀释至 1L，此时 pH≈5.5（用精密 pH 试纸检查）。

2. 分析机理

亚铁离子的分析是采用氧化还原滴定法，以二苯胺磺酸钠为指示剂，用重铬酸钾标准溶液滴定。化学反应式为：

$$6Fe^{2+} + Cr_2O_7^{2-} + 14H^+ \rightleftharpoons 6Fe^{3+} + 2Cr^{3+} + 7H_2O \qquad (13\text{-}24)$$

总酸度的分析是采用酸碱滴定法，以酚酞为指示剂，用氢氧化钠标准溶液滴定。化学反应式为：

$$H^+ + H_2PO_4^- + 2OH^- \rightleftharpoons HPO_4^{2-} + 2H_2O;\ Zn^{2+} + 2OH^- \rightleftharpoons Zn(OH)_2 \qquad (13\text{-}25)$$

锌离子的分析是采用配位滴定法，在 $pH = 5.5$ 弱酸性介质中，以二甲酸橙为指示剂，用 EDTA 标准溶液滴定。

游离酸的分析是采用酸碱滴定法，以溴甲酚绿为指示剂，用氢氧化钠标准溶液滴定。化学反应式为：$H^+ + OH^- \rightleftharpoons H_2O$。

磷酸根的分析是采用酸碱滴定法，用草酸钾掩蔽锌离子，以酚酞为指示剂，用氢氧化钠标准溶液滴定。化学反应式为：

$$H_2PO_4^- + OH^- \rightleftharpoons HPO_4^{2-} + H_2O \qquad (13\text{-}26)$$

3. 分析与计算

（1）亚铁离子的分析

在 250mL 锥形瓶中，加水约 50mL，移取磷化液 5.0mL，加硫磷混酸 5.0mL，二苯胺磺酸钠指示剂 3～4 滴，用重铬酸钾标准溶液滴定到蓝紫色，30s 内不消失即为滴定终点。

$$
\begin{aligned}
\rho\,(Fe^{2+}) &= cVM/V_0 \\
&= 0.08953 \times 55.85V/5.0 \\
&= 1.0V \qquad (13\text{-}27)
\end{aligned}
$$

式中　$\rho(Fe^{2+})$——亚铁离子的质量浓度，g/L；

　　　c——重铬酸钾标准溶液的摩尔浓度，mol/L；

　　　V——滴定消耗的重铬酸钾标准溶液的体积，mL；

　　　M——亚铁离子的摩尔质量，g/mol；

　　　V_0——磷化液的体积，mL。

（2）总酸度与二价锌离子的分析

在 250mL 锥形瓶中，加水约 50mL，移取磷化液 5.0mL，加酚酞指示剂 3～4 滴，用氢氧化钠标准溶液滴定到红色且不褪色即为滴定终点。

$$
\begin{aligned}
\text{总酸度（点）} &= 100c_1V_1/V_0 \\
&= 0.2000 \times 100V_1/5.0 \\
&= 4.0V_1 \qquad (13\text{-}28)
\end{aligned}
$$

式中　c_1——氢氧化钠标准溶液的摩尔浓度，mol/L；

　　　V_1——滴定消耗的氢氧化钠标准溶液的体积，mL；

　　　V_0——磷化液的体积，mL。

在分析总酸度后的溶液中，加入 $pH = 5.5$ 缓冲溶液 5.0mL，二甲酚橙指示剂 2～3 滴，用 EDTA 标准溶液滴定到纯黄色为终点。

$$
\begin{aligned}
\rho\,(Zn^{2+}) &= c_2V_2M_2/V_0 \\
&= 0.2000 \times 65.38V_2/5.0 \\
&= 2.6V_2 \qquad (13\text{-}29)
\end{aligned}
$$

式中　$\rho(Zn^{2+})$——锌离子的质量浓度，g/L；

　　　　c_2——EDTA 标准溶液的摩尔浓度，mol/L；

　　　　V_2——滴定消耗的 EDTA 标准溶液的体积，mL；

　　　　M_2——锌离子的摩尔质量，g/mol；

　　　　V_0——移取磷化液的体积，mL。

（3）游离酸与磷酸根的分析

在 250mL 锥形瓶中，加水约 50mL，移取磷化液 5.0mL，加溴甲酚绿指示剂 2～3 滴，用氢氧化钠标准溶液滴定到蓝绿色为终点。

$$游离酸（点）= 100c_3V_3/V_0$$
$$= 0.2000 \times 100V_3/5.0$$
$$= 4.0V_3 \qquad (13\text{-}30)$$

式中　c_3——氢氧化钠标准溶液的摩尔浓度，mol/L；

　　　　V_3——滴定消耗的氢氧化钠标准溶液的体积，mL；

　　　　V_0——磷化液的体积，mL。

在分析游离酸后的溶液中，加入体积质量 15g/mL 的草酸钾溶液 20mL，酚酞指示剂 3～4 滴，用氢氧化钠标准溶液滴定到紫色为终点。

$$\rho(PO_4^{3-}) = c_4V_4M_4/V_0$$
$$= 0.2000 \times 94.97V_4/5.0$$
$$= 3.8V_4 \qquad (13\text{-}31)$$

式中　$\rho(PO_4^{3-})$——锌离子的质量浓度，g/L；

　　　　c_4——氢氧化钠标准溶液的摩尔浓度，mol/L；

　　　　V_4——滴定消耗的氢氧化钠标准溶液的体积，mL；

　　　　M_4——磷酸根的摩尔质量，g/mol；

　　　　V_0——移取磷化液的体积，mL。

4. 分析的注意事项

由于 Fe^{2+} 易氧化为 Fe^{3+}，应先分析。分析磷化液中的 Fe^{2+} 时，如滴定终点反应不灵敏，可在滴定前加尿素约 0.5g，盖上胶塞摇匀，放置到溶液澄清后再进行滴定。因为空气中还原性气体和灰尘都能与 $Cr_2O_7^{2-}$ 缓慢作用使溶液褪色，所有到达终点 30s 内不消失即为终点。

分析总酸度时，加入酚酞指示剂的量与滴定标准溶液的速度，都将影响终点的灵敏度。

二甲酚橙指示剂配置成水溶液后，如放置时间过长易发生聚合和氧化反应，不能敏锐指示终点，故加体积分数为 10% 的乙醇以防止聚合和氧化。

分析磷酸根时若终点反应不灵敏，应稍加温或增加草酸钾溶液的用量。

六、磷化膜的测量方法（GB/T 9792—2003）

测量方法——褪膜法

把钢丝截成约 10cm 长的小段，用无水乙醇或丙酮清洗表面脏物（对于细钢丝可以先清洗后再分段），待无水乙醇或丙酮挥发干净后，称其质量为 m_1（精确至 0.1mg）。

将试样放入质量分数为 7.5% 的 CrO_3 溶液中，在 (75 ± 5)℃ 的温度下褪除膜 8min 以上，在褪除过程中用玻璃棒翻动钢丝 3～4 次，褪膜后立即用流动的水冲洗，再用无水乙醇或丙酮擦拭，待无水乙醇或丙酮挥发干净后，称其质量为 m_2（精确至 0.1mg），用千分尺在褪除后的钢丝互相垂直的方向上，各测量一次直径，取平均值作为钢丝的直径 d（精确到0.01mm）。

$$m_A = [(m_1 - m_2)/m_2] \times 1960 \times d \tag{13-32}$$

式中　m_A——单位面积的磷化膜质量，g/m^2；

　　　m_1——试样褪膜前的质量，g；

　　　m_2——试样褪膜后的质量，g；

　　　d——试样褪膜后的直径，mm。

试样结果取 3 个平行试样测定结果的平均值。

第三节　镀锌废酸中锌、铁含量的测定方法

全自动扩散渗析工业废酸回收设备以其高效环保的废酸及金属回收性能，有着广泛的应用。准确快速地测定镀锌废液中的总铁、Fe^{2+}、Fe^{3+} 和锌含量，对评价设备及控制废酸和金属回收工艺具有重要意义。在常规的分析中，用 EDTA 络合滴定法，可分别测定铁和锌。控制 pH 值 1～2.5，用磺基水杨酸作指示剂，可测得总铁的含量；在 pH 值 10 的条件下，用铬黑 T 作指示剂，可测锌的含量；也可在 pH 值 5～6 的条件下，采用六次甲基亚胺缓冲溶液，用二甲酚橙作指示剂，测定锌的含量。但镀锌废酸液中存在的铁含量约是锌的 10 倍，铁对常规 EDTA 络合法测锌含量产生强烈的干扰。

采用氧化剂将 Fe^{2+} 转化为 Fe^{3+}，用氟化物掩蔽 Fe^{3+}，调节 pH 值 5～6，以二甲酚橙作指示剂，用 EDTA 络合滴定法测定锌，然后用氧化还原法测定总铁、Fe^{2+}、Fe^{3+} 的含量。该法操作简便，精密度和准确度较高，能满足生产工艺控制和检验的需要。

一、测量方法

1. 镀锌废酸中锌含量的测定

（1）试剂。NaF 饱和溶液　取固体 NaF 25g，溶于 500mL 水中，摇匀；H_2O_2 溶液 1.5％；二甲酚橙指示液　0.5％；EDTA 标准液　0.01mol/L，按 GB/T 603—2006 配制；乙酸-乙酸钠缓冲溶液（pH 值 5.5～6）：称取 NaAc 16g，加 HAc 6mL，用水稀释到 100mL，摇匀；所用试剂均为分析纯。

（2）实验方法。取适量试样（若锌含量过高可稀释后取样），置于 250mL 三角烧瓶中，加 H_2O_2 溶液 1～2mL，混匀，反应 0.5min，加饱和 NaF 溶液 20mL（测试时取上清液即可，以免未溶解的固体物堵塞移液管），混匀，再加水 50mL（或先加水 50mL，再加 NaF 固体 1g），加 NaAc-HAc 缓冲溶液 5mL，加 2 滴 0.5％的二甲酚橙指示液，以 0.01mol/L EDTA 标准溶液滴定至终点，溶液由紫色变为黄色。试样中锌的浓度按式(13-33) 计算：

$$C(Zn) = \frac{C(EDTA)V_1 \times 65.38}{V} B \times 10^3 \tag{13-33}$$

式中　$C(Zn)$——试样中 Zn 的浓度，mg/L；

　　　$C(EDTA)$——EDTA 标准溶液滴定液浓度，mg/L；

V_1——滴定试样溶液所消耗的 EDTA 标准溶液体积，mL；

65.38——锌的摩尔质量，g/mol；

B——试样溶液的稀释倍数；

V——稀释后样品的取样量，mL。

2. 镀锌废酸中铁含量的测定

（1）试剂。H_2O_2 溶液　1.5%；$KMnO_4$ 溶液　0.1mol/L；碘化钾（KI）　固体；$Na_2S_2O_3$ 标准溶液　0.1mol/L，按 GB/T 603—2006 配制；淀粉指示液　0.5%。

（2）实验方法。总铁含量测定。取试样适量（若铁含量过高可稀释后取样）放入 250mL 碘量瓶，用水稀至 100mL，加盐酸溶液 6mL、H_2O_2 溶液 0.5mL，振摇反应 30s，以 0.01mol/L $KMnO_4$ 调至微红色，加盐酸溶液 5mL、碘化钾 3g，于暗处放置 15min，用 $Na_2S_2O_3$ 标准溶液滴定，至近终点，加入 1mL 淀粉指示液，用 $Na_2S_2O_3$ 标液滴至溶液无色，试样中总铁的含量按式(13-34) 计算。

$$C(Fe) = \frac{C(Na_2S_2O_3)V_2 \times 55.84}{V} \times 10^3 \tag{13-34}$$

式中　$C(Fe)$——试样中总铁的含量，mg/L；

　　$C(NaS_2O_3)$——硫代硫酸钠滴定液的浓度，mol/L；

　　　　V_2——滴定试样中总铁消耗的硫代硫酸钠标准溶液的体积，mL；

　　55.84——铁的摩尔质量，g/mol；

　　　　V——试样的取样量，mL。

Fe^{3+} 的含量的测定。取试样适量，置于 250mL 碘量瓶中，加水约 100mL，加盐酸（1+1）6mL，摇匀，加碘化钾 3g，于暗处放置 15min，用 $Na_2S_2O_3$ 标准溶液滴定，到终点时，加入 1mL 淀粉指示液，再用 $Na_2S_2O_3$ 标准滴至溶液无色，Fe^{3+} 含量按照式(13-35) 计算。

$$C(Fe^{3+}) = \frac{C(NaS_2O_3)V_3 \times 55.84}{V} \times 10^3 \tag{13-35}$$

式中　$C(Fe^{3+})$——试样中三价铁的含量，mg/L；

　　$C(NaS_2O_3)$——硫代硫酸钠滴定液的浓度，mol/L；

　　　　V_3——滴定试样中铁离子消耗的硫代硫酸钠标准溶液的体积，mL；

　　55.84——铁的摩尔质量，g/mol；

　　　　V——待检试样的取样量，mL。

Fe^{2+} 的含量的计算：试样中的亚铁离子的计算

$$C(Fe^{2+}) = C(Fe_{总}) - C(Fe^{3+})$$

二、分析方法的选择

Fe^{2+} 的转化率。镀锌废酸中的铁以 Fe^{2+} 和 Fe^{3+} 的形式存在，主要为 Fe^{2+}，用 H_2O_2 将 Fe^{2+} 转换为 Fe^{3+}，其转化为 100%。分别称取 $FeSO_4 \cdot 7H_2O$（含量 99.0% 以上）适量，按照铁的总含量的计算方法，计算 Fe^{2+} 转化成 Fe^{3+} 的转化率。其结果见表 13-3 所示。

1. 铁、锌含量的连续测定

若溶液中有二种金属离子浓度相等，允许误差为 0.1%～1.0%，则两种金属离子的络合稳定常数之比为 $10^5 \sim 10^{7.5}$ 时，用 EDTA 进行络合滴定则不发生干扰，但 Fe 与 Zn 的浓

表 13-3 Fe^{2+} 转化成 Fe^{3+} 的转化率实验结果表

$FeSO_4 \cdot 7H_2O/g$	Fe^{3+} 测定值/g	转化率/%
0.4325	0.00①	0①
0.2711	0.2770	102.2
0.3211	0.3328	101.1
0.2823	0.2867	101.6

① 未加氧化剂 H_2O_2。

度之比可能为试样中总铁的 $10\sim100$ 倍之多时，测总铁时，终点控制稍有偏差，则对 Zn^{2+} 测量的准确性产生影响。实验数据表明，当总铁的回收率为 $98\%\sim102\%$ 时，Zn^{2+} 的回收为 $86\%\sim116\%$，显然利用络合滴定连续测定铁锌含量，将使锌的测量准确性产生较大的偏差。

2. 锌含量测定时铁干扰的消除方法

当待测溶液中 Fe 的量大时，可用 $NH_4(OH)$ 作沉淀剂，使 Fe 形成氢氧化物沉淀，过滤除去铁的干扰，滤液用铬黑 T 作指示剂，用 EDTA 标准溶液滴定测定锌的含量。实验中发现，由于形成的 $Fe(OH)_3$ 沉淀极多且呈黏稠状，使过滤极其困难，消除铁干扰也可采用络合掩蔽法，有文献介绍，可用 NH_4F 掩蔽少量的 Fe，然后进行锌的测定，而 Zn 则以 ZnO_2^{2-} 形式存在于强碱性溶液中，但实际中，可能由于 Zn 的共沉淀和 $Fe(OH)_3$ 沉淀极多而且呈黏稠状，使得过滤极其困难。

以六次甲基胺作缓冲溶液调节 pH 值为 $5\sim6$，NH_4F 对二甲酚橙产生白色干扰。生成的浅紫色在滴加 EDTA 后并不能使紫色消失呈终点的亮黄色，影响滴定终点控制。改用 NaF 作为掩蔽剂时，空白消耗小于 0.50mL 的 EDTA 可呈终点亮黄色，当改用 NaAc-HAc (pH) 缓冲液，空白对 Zn 的测定几乎不产生干扰，Zn 的回收达 96% 以上。实验证明，虽然理论上 Fe-EDTA 远比 FeF_6 稳定，但在 pH$5\sim6$ 的溶液中，加入足够过量 NaF 以保证体系中 F^- 的浓度，FeF_6 稳定，而 F^- 又不与 Zn^{2+} 络合，故用 NaF 掩蔽 Fe^{3+} 效果良好。

附录一　钢丝热浸镀锌层的标准概况

对热镀锌后钢制构件表面镀层按热浸镀锌标准及质量要求进行性能检验，是提高产品质量、降低生产成本的很重要的一个工序。通过对产品的全面质量检验，可及时总结生产中的经验和教训，对进一步提高生产效率、降低产品成本、提高经济效益，是非常重要的。

由低、中、高碳钢盘条生产出的各种规格的钢丝以及相应的热镀锌钢丝，国家在不同时期为适应国家建设的实际需要，制定处理相应的国家标准。

对钢丝热浸镀锌层的质量要求，世界各国都有相应的技术标准。我国 1984 年颁布了 GB/T 346—1984《通讯线用镀锌低碳钢丝》，一些部门和行业制定的其他标准中也包含有对热浸镀锌的要求，例如 YB/T 5357—2009《钢丝镀层　锌或锌-5％铝合金》，单独对钢丝热镀锌做出了技术要求等。但这些不同的标准对热浸镀锌质量的要求往往存有差别，采用有关标准时要注意这一点。现将我国和其他一些国家及 ISO 有关金属制品热浸镀锌的主要标准列于下面。

一、国内钢丝、热镀锌钢丝相关标准

（1）GB/T 341—2008《钢丝分类及术语》

（2）GB/T 3206—1982《优质碳素结构钢丝》

（3）GB/T 2103—2008《钢丝验收、包装、标志及质量证明书的一般规定》

（4）GB/T 342—2017《冷拉圆钢丝、方钢丝、六角钢丝尺寸、外形、重量及允许偏差》

（5）GB/T 3428—2012《架空绞线用镀锌钢丝》

（6）GB/T 17101—2008《桥梁缆索用热镀锌钢丝》

（7）GB/T 3082—2008《铠装电缆用热镀锌或锌-5％铝混合稀土合金镀层低碳钢丝》

（8）GB/T 20492—2006《锌-5％铝-混合稀土合金镀层钢丝、钢绞线》

（9）GB/T 346—1984《通讯线用镀锌低碳钢丝》

（10）GB/T 34106—2017《桥梁主缆缠绕用 S 形热镀锌或锌铝合金钢丝》

（11）YB/T 5357—2006《钢丝镀锌层》

（12）YB/T 180—2000《钢芯铝绞线用锌-5％铝-稀土合金镀层钢丝》

(13) YB/T 184—2017《钢芯铝绞线用稀土锌铝合金镀层钢丝》

(14) YB/T 152—1999《高强度低松弛预应力热镀锌钢绞线》

(15) YB/T 4221—2010《机编钢丝网镀层钢丝》

(16) YB/T 5004—2001《镀锌钢绞线》

(17) GB/T 1839—2008《钢产品镀锌层质量试验方法》

(18) GB/T 13912—2002《金属覆盖层 钢铁制品热浸镀锌层 技术要求及试验方法》

(19) GB/T 13825—2008《金属覆盖层 黑色金属材料热浸镀锌层单位面积质量称量法》

(20) SN/T 0610—1996《出口钢丝检验规程》

二、相关钢丝材料的性能检验、试验标准号对照

(1) GB/T 6400—2007《金属材料 线材和铆钉剪切试验方法》

(2) GB/T 12443—2007《金属材料 扭矩控制疲劳试验方法》

(3) GB/T 10120—2013《金属材料 拉伸应力松弛试验方法》

(4) GB/T 2038—1991《金属材料延性断裂韧度 JIC 试验方法》

(5) GB/T 6395—1986《金属高温拉伸持久试验方法》

(6) GB/T 6394—2017《金属平均晶粒度测定方法》

(7) GB/T 5617—2005《钢的感应淬火或火焰淬火后有效硬化层深度的测定》

三、国外钢丝热镀锌相关部分标准

(1) ASTM A111—199a（2009）《电话和电报线路用镀锌钢丝》

(2) ASTM A641/A641M—2014《镀锌碳素钢丝》

(3) ASTM A475—2014《镀锌钢丝绳》

(4) ASTM A603—2014《镀锌结构钢丝绳》

(5) ASTM B498/B 498 M—2016《钢芯铝绞线用镀锌钢丝》

(6) ASTM B802M—2016《钢芯铝绞线用锌-5％铝-稀土合金镀层钢丝》

(7) ASTM A764—2007《机械弹簧用镀锌钢丝》（先镀后拔及成品镀锌碳素钢丝）

(8) ASTM A767/A767M—2009《钢筋混凝土的镀锌钢筋》

(9) ASTM A121—2003《金属包覆碳钢钢丝》

(10) DIN 2078—1990《制绳绳用钢丝》

(11) IEC 888—1987《钢芯铝绞线用镀锌钢丝》

(12) ISO 7989-1—2006《钢丝和钢丝制品》

(13) ISO 7900—2006《栅栏用镀锌钢丝》

(14) BS 729：1971《钢铁件的热浸镀锌层》

(15) BS 4565—1990《钢芯铝导线用镀锌钢丝》

附录二　拉丝模热合压过盈量的简化计算方法

在设计钢丝拉拔模具的时候，对模具的模套与模芯需要热压合时（将模套加热到 300～

500℃)，在模芯压进模套之前，需要按选定的材料求得若干过盈利量，较好的发挥材料的强度性能，且可以一次计算求得最佳设计尺寸，避开常规过盈量的繁琐计算。这样，热合压技术就很容易得到推广应用。

一、按材料求得过盈量的简化式推导

热合压大部分是钢，且是实心轴（$d_1 = 0$），配合面间压强 p_{max} 过盈量 δ_{max} 的传统的公式为：

$$\rho_{max} = \frac{E\delta_{max}(d_2^2 - d^2)}{2d_2^2} \text{（MPa）}$$

强度校核公式为：

$$\delta_{12max} = p_{max} \frac{1 + (d/d_2)^2}{1 - (d/d_2)^2}$$

$$\Gamma_{2max} = \frac{p_{max}}{1 - (d/d_2)^2} \leqslant \Gamma$$

$$= (0.6 \sim 0.7)\delta_s \text{（MPa）}$$

把包容件的内外径 d_2/d 之比值 m，过盈量 δ_{max} 换算为过盈量比 $n = 10^3 \sigma_{max}/d$，取钢弹性模量 $E = 21 \times 10^4 \text{MPa}$。代入上式：

$$p_{max} = \frac{En(m^2 - 1)}{2 \times 10^3 m^2} = 105n \frac{m^2 - 1}{m^2}$$

$$\delta_{12max} = 105n \frac{m^2 + 1}{m^2}$$

$$\Gamma_{2max} = 105n$$

$$p_{max} = \frac{En}{2x \times 10^3 \delta_s} \delta_s \times \frac{m^2 - 1}{m^2}，把 \frac{En}{2 \times 10^3 \delta_s} 提出$$

结果是无单位的量，并且是小数，其表达式为：

$$x = \frac{En}{2\delta_s \times 10^3} = \frac{105n}{\delta_s}$$

$$\delta_s = d \frac{2\delta_s \times x}{E}$$

则

$$P_{max} = x\delta_s \frac{m^2 - 1}{m^2}$$

$$\delta_{12max} = x\delta_s \frac{m^2 + 1}{m^2} \leqslant \delta_s$$

$$T_{2max} = x\delta_s \leqslant T_s = (0.6 \sim 0.7)\delta_s$$

式中　δ_{12max}——最大切应力，MPa；

　　　T_{2max}——最大剪应力，MPa。

很显然，配合面间压强值 P_{max} 与过盈量 δ_{max} 的关系式改为压强值 P_{max} 与材料的屈服强度值 δ_s 的关系式，其计算结果相同。

二、常数 x 的特性和取值范围

常数 x 不可以任意选取，必有一定的范围。

常数 x 的选取是由选定的材料（钢）的屈服强度值 δ_s、弹性模量 E 和过盈量比 n 三结合求得的。但在设计的时候，首先确定常数 x；但是要选取多大才能达到保证强度安全、传递载荷可靠，这个问题决定热压合连接的成败。

当取常数 $x < 0.5$，根据弹性定律（胡克定律），求得配合面间的压强值，只能使内表面产生弹性阶段（范围内）的变形；若是卸去载荷，立即恢复原样。

当常数 $x = 0.5$ 时，作用在配合面间的压强值，能使内表面刚开始产生流动，即屈服极限的变形；这一现象，根据最大剪应力理论（第三强度理论），只要最大剪切应力值 $T_{2max} = \delta_s/2$ 时，内表面产生流动。

当取常数 $0.5 < x \leqslant 0.7$ 时，首先使内表面进入弹性极限变形后而进入塑性变形一小部分。由于轴对称缘故，此塑性区域成圆环状；但厚壁间的大部分仍然处在弹性变形范围内，所以能保持正常工作。

附录三　金属材料内部主要检测项目

金属材料检测项目可以将检测项目分为两大部分，一部分是内部质量检验，主要检测产品的力学性能、化学成分、金相、防腐、尺寸、焊接等多方面，主要测试标准可以依据美国、ISO 国际、中国、欧洲、德国、日本及其他标准；另外一部分是用于生产、订货、运输、使用、保管和检验的，这部分必须依据统一的技术标准（GB、YB、JB）。下面进行具体内容介绍。

第一部分　内部检验内容

（1）力学性能　主要包括拉伸试验、高低温拉伸试验、压缩试验、剪切试验、扭转试验、弯曲试验、冲击试验、洛氏硬度试验、布氏硬度试验、维氏硬度试验、压扁试验。

（2）化学成分分析　主要分析金属材里的各种化学成分含量（碳，硅，锰，磷，硫，镍，铬，钼，铜，钒，钛，钨，铅，铌，汞，锡，镉，锑，铝，镁，铁，锌，氮，氢，氧）。

（3）金相测试　主要包括非金属夹杂物、低倍组织、晶粒度、断口检验、镀层厚度、硬化层深度、脱碳层、灰口铸铁金相、球墨铸铁金相、金相切片分析。

（4）镀测试　常用方法为镀层测厚——库仑法、镀层测厚——金相法、镀层测厚——涡流法、镀层测厚——射线荧光法、镀层成分分析和表面污点分析。

（5）层腐蚀测试　包括中性盐雾试验、酸性盐雾试验、铜离子加速盐雾、二氧化硫腐蚀试验、硫化氢腐蚀试验、混合气体腐蚀实验、不锈钢 10% 草酸侵蚀试验、不锈钢硫酸-硫酸铁腐蚀层试验、不锈钢 65% 硝酸腐蚀试验、不锈钢硝酸-氢氟酸腐蚀试验、不锈钢硫酸-硫酸铜腐蚀试验、不锈钢 5% 硫酸腐蚀试验。

（6）无损检测　包括超声波检测、射线检测、磁粉检测、渗透检测。

（7）尺寸测试　包括尺寸测量、对称性、垂直度、平整度、圆跳动、同轴度、平行度、圆度、粗糙度。

（8）焊接工艺评定　包括拉伸测试、弯曲测试（面弯、背弯、侧弯）、超声波检测、射线检测、磁粉检测、渗透检测、表面目测、宏观组织检测、焊缝硬度测试、冲击测试。

（9）失效分析　失效分析的程序和步骤、对失效事件进行调查、确定肇事件或者首先失效件、仔细收集失效件残骸并妥善保管、收集失效件背景资料、确定失效分析方案并制定实施细节、检查、测试与分析。

第二部分　用于金属材料生产等项目的检验内容

1. 包装检验

（1）散装：即无包装、揩锭、块（不怕腐蚀、不贵重）、大型钢材（大型钢、厚钢板、钢轨）、生铁等。

（2）成捆：指尺寸较小、腐蚀对使用影响不大，如中小型钢、管钢、线材、薄板等。

（3）成箱（桶）：指防腐蚀、小、薄产品，如马口铁、硅钢片、镁锭等。

（4）成轴：指线、钢丝绳、钢绞线等。对捆箱、轴包装产品应首先检查包装是否完整。

2. 标志检验

标志是区别材料的材质、规格的标志，主要说明供方名称、牌号、检验批号、规格、尺寸、级别、净重等。

（1）涂色　在金属材料的端面、端部涂上各种颜色的油漆，主要用于钢材、生铁、有色原料等。

（2）打印　在金属材料规定的部位（端面、端部）打钢印或喷漆的方法，说明材料的牌号、规格、标准号等。主要用于中厚板、型材、有色材等。

（3）挂牌　成捆、成箱、成轴等金属材料在外面挂牌说明其牌号、尺寸、重量、标准号、供方等。金属材料的标志检验时要认真辨认，在运输、保管等过程中要妥善保护。

3. 规格尺寸的检验

规格尺寸指金属材料主要部位（长、宽、厚、直径等）的公称尺寸。

（1）公称尺寸（名义尺寸）　人们在生产中想得到的理想尺寸，但它与实际尺寸有一定差距。

（2）尺寸偏差　实际尺寸与公称尺寸之差值叫尺寸偏差。大于公称尺寸叫正偏差，小于公称尺寸叫负偏差。在标准规定范围之内叫允许偏差，超过范围叫尺寸超差，超差属于不合格品。

（3）精度等级　金属材料的尺寸允许偏差规定了几种范围，并按尺寸允许偏差大小不同划为若干等级叫精度等级，精度等级分普通、较高、高级等。

（4）交货长度（宽度）　金属材料交货主要尺寸，指金属材料交货时应具有的长（宽）度规格。

（5）通常长度（不定尺长度）　对长度不作一定的规定，但必须在一个规定的长度范围内（按品种不同，长度不一样，根据部、厂定）。

（6）短尺（窄尺）　长度小于规定的通常长度尺寸的下限，但不小于规定的最小允许长度。对一些金属材料，按规定可交一部分"短尺"。

（7）定尺长度　所交金属材料长度必须具有需方在订货合同中指定的长度（一般正偏差）。

（8）倍尺长度　所交金属材料长度必须为需方在订货合同中指定长度的整数倍（加锯口、正偏差）。

（9）规格尺寸　检验要注意测量材料部位和选用适当的测量工具。

4. 数量的检验

金属材料的数量，一般是指重量（除个别例垫板、鱼尾板以件数计），数量检验方法如下。

（1）按实际重量计量　按实际重量计量的金属材料一般应全部过磅检验。对有牢固包装（如箱、合、桶等），在包装上均注明毛重、净重和皮重。如薄钢板、硅钢片、铁合金可进行抽检数量不少于一批的 5％，如抽检重量与标记重量出入很大，则须全部开箱称重。

（2）按理论换算计量　以材料的公称尺寸（实际尺寸）和密度计算得到的重量，对那些定尺的型板等材都可按理论换算，但在换算时要注意换算公式和材料的实际密度。

5. 表面质量检验

表面质量检验主要是对材料、外观、形状、表面缺陷的检验。

（1）椭圆度　圆形截面的金属材料，在同一截面上各方向直径不等的现象。椭圆度用同一截面上最大与最小的直径差表示，对不同用途材料标准不同。

（2）弯曲、弯曲度　弯曲就是轧制材料。在长度或宽度方向不平直、呈曲线形状的总称。如果把它们的不平程度用数字表示出来，就叫弯曲度。

（3）扭转　条形轧制材料沿纵轴扭成螺旋状。

（4）镰刀弯（侧面弯）　指金属板，带及接近矩形截面的型材沿长度（窄面一侧）的弯曲，一面呈凹入曲线，另一面对面呈凸出曲线，称为"镰刀弯"。以凹入高度表示。

（5）瓢曲度　指在板或带的长度及宽度方向同时出现高低起伏的波浪现象，形成瓢曲形，叫瓢曲度。表示瓢曲程度的参数叫瓢曲度。

（6）表面裂纹　指金属物体表层的裂纹。

（7）耳子　由于轧辊配合不当等原因，出现的沿轧制方向延伸的突起，叫作耳子。

（8）粘结　金属板、箔、带在迭轧退火时产生的层与层间点、线、面的相互粘连。经掀开后表面留有粘结痕迹，叫粘结。

（9）氧化铁皮　氧化铁皮是指材料在加热、轧制和冷却过程中，在表面生成的金属氧化物。

（10）折叠　是金属在热轧过程中（或锻造）形成的一种表面缺陷，表面互相折合的双金属层，呈直线或曲线状重合。

（11）麻点　指金属材料表面凹凸不平的粗糙面。

（12）皮下气泡　金属材料的表面呈现无规律分布大小不等、形状不同、周围圆滑的小凸起、破裂的凸泡呈鸡爪形裂口或舌状结疤，叫作气泡。

表面缺陷产生的原因主要是由于生产、运输、装卸、保管等操作不当。根据对使用的影响不同，有的缺陷是根本不允许超过限度。

附录四　钢丝热处理技术参数（参考）

一、碳素钢丝铅浴淬火时铅液温度表

表附-1　铅液温度表　　　　　　　　　　　　　　单位：℃

钢丝直径 /mm	不同含碳量/%				
	0.64～0.67	0.68～0.71	0.72～0.75	0.76～0.79	0.80～0.83
<6.0～5.0	490～500	495～505	500～510	505～515	510～520

续表

钢丝直径 /mm	不同含碳量/%				
	0.64～0.67	0.68～0.71	0.72～0.75	0.76～0.79	0.80～0.83
<5.0～4.0	495～505	500～510	505～515	510～520	515～525
<4.0～3.0	500～510	505～515	510～520	515～525	520～530
<3.0～2.2	505～515	510～520	515～525	520～530	525～535
<2.2～1.6	510～520	515～525	520～530	525～535	525～535
<1.6～1.0	515～525	520～530	520～530	525～535	525～535
经验公式	$T_{PH}=490+60 \cdot C-15 \cdot d$（$T_{ph}$—铅液温度;$C$—钢丝含碳量;$d$—钢丝直径）				

二、等温铅淬火后钢丝强度计算公式

（1）波捷姆金公式 $\sigma_b=(100C+53-d)\times9.8$

（2）于普特内公式 $\sigma_b=(25+96C+21Mn+41Si)\times9.8$

（3）$\sigma_b=300+1100C+200 \cdot Mn$

（4）$\sigma_b=(50+100C)\times k_d\times9.8$

式中　σ_b——钢丝等温铅淬火后的抗拉强度，MPa；

C——钢丝的含碳量，%；

d——钢丝的直径，mm；

Mn——钢丝的含锰量，%；

Si——钢丝的含硅量，%；

k_d——线径系数，0.97～1.12之间，d越小，k_d取值越大。

三、钢丝加热温度的控制

表附-2　不同线径的加热温度和走线速度表（参考）

直径 /mm	线温 /℃	铅温 /℃	走线速度 /(m/min)
1.2	930～950	530～540	12.6
1.8	950～970	520～530	20.13
2.0	950～970	520～530	12.06
2.3	960～980	520～530	12.06
2.6	960～980	520～530	15.43
3.4	980～1000	510～520	12.06
3.5	980～1000	510～520	12.06
3.6	980～1000	510～520	12.06
3.8	980～1000	510～520	12.06
4.1	990～1010	510～520	8.820
4.6	990～1000	510～520	5.958

钢丝电加热的温度要比马弗炉的温度要高 20～40℃。温度选取的原则为：可根据钢丝的含碳量和线径的粗细在下列范围内选取。

① 一般中碳钢丝（$C=0.25\%～0.45\%$）：950～1000℃。

② 较高含碳钢丝（$C=0.45\%～0.60\%$）：920～970℃。

③ 高碳钢丝（$C>0.60\%$）：900～930℃。

四、钢丝铅淬火的铅液温度和在铅时间理论依据

（1）铅液温度　在实际生产中，铅液温度一般在 470～570℃ 范围内进行选择。选择铅液温度时应考虑如下因素。

① 钢丝的含碳量和含锰量，通常情况下，含碳量减少 0.1%，铅液温度下降 5～10℃。

② 钢丝的直径，钢丝直径增大，铅液温度应适当降低。苏联波捷姆金提出的计算铅液温度的经验公式，实践中应根据自己的情况摸索适合的经验公式。

$$T_{PH}=490+60C-15d$$

式中　T_{PH}——钢丝铅淬火的铅液温度，℃；

C——钢丝的含碳量，%；

d——钢丝的直径，mm。

（2）钢丝在铅的时间　钢丝在铅液中停留时间必须大于奥氏体分解所需要的时间。含碳量为 0.4%～0.9% 的碳素钢丝，当不含延缓奥氏体分解元素时，奥氏体分解完成时间约为 10～15s，在实际生产中，一般将钢丝在铅时间控制在 $t\geqslant20s$，但近几年引进的生产线，铅淬火时钢丝在铅时间一般控制在 10～20s。

附录五　常用计算数据

表附-3　锌层厚度与锌层重量换算表

锌层厚度/μm	锌层重量/(g/m²)	锌层厚度/μm	锌层重量/(g/m²)	锌层厚度/μm	锌层重量/(g/m²)	锌层厚度/μm	锌层重量/(g/m²)	锌层厚度/μm	锌层重量/(g/m²)	锌层厚度/μm	锌层重量/(g/m²)
5	35.6	21	149.7	37	263.8	53	377.9	69	491.9	85	606.1
6	42.8	22	156.9	38	270.9	54	385.0	70	499.0	86	613.2
7	49.9	23	164.0	39	278.1	55	392.2	71	506.2	87	620.2
8	57.1	24	171.1	40	285.2	56	399.3	72	513.4	88	627.4
9	64.1	25	178.3	41	292.3	57	406.4	73	520.5	89	634.6
10	71.3	26	185.4	42	299.5	58	413.5	74	527.6	90	641.7
11	78.4	27	192.5	43	306.6	59	420.7	75	534.8	91	648.8
12	85.6	28	199.6	44	313.7	60	427.8	76	541.9	92	656.0
13	92.7	29	206.8	45	320.9	61	434.9	77	549.0	93	663.1
14	99.8	30	213.9	46	327.9	62	442.0	78	556.1	94	670.2
15	106.9	31	221.0	47	335.1	63	449.2	79	563.3	95	677.4
16	114.1	32	228.2	48	342.2	64	45603	80	570.4	96	684.5
17	121.2	33	235.3	49	349.4	65	463.5	81	577.5	97	691.6
18	128.3	34	242.4	50	356.5	66	470.6	82	584.7	98	698.7
19	135.5	35	249.6	51	363.6	67	477.8	83	590.8	99	705.9
20	142.6	36	256.7	52	370.8	68	484.8	84	598.9	100	713.0

表附-4 钢丝常用规格的技术标准要求

直径/mm	横面积/mm²	扭转配置	抗拉强度/MPa	扭转/次数	伸长率/%	锌层面质量/(g/m²)
1.67	2.190	60				200
1.80	2.545	65				
1.85	2.688	70				
2.00	3.142	80	1340	16	3.0	215
2.10	3.364	90				
2.22	3.871	101				
2.24	3.941	106				
2.32	4.227	110		16	3.5	230
2.40	4.524	118				
2.46	4.754	123				
2.50	4.909	128				
2.60	5.310	135				
2.66	5.557	145	1310			230
2.27	5.811	150		16		
2.80	6.158	161			3.5	
2.90	6.606	173				
2.98	6.976	182				
3.00	7.069	185				
3.07	7.403	193		14		245
3.20	8.043	210	1290	14		
3.60	10.18	210		12	4.0	260
3.80	11.34	210		12		

表附-5 镀锌钢丝、钢绞线相关数据表

镀锌规格/mm	拉丝规格/mm	拉丝(重)/(kg/km)	拉丝(重)/(m/kg)	镀锌丝(重)/(kg/km)	镀锌(重)/(kg/m)	国标上锌量 g/m²	国标上锌量 kg/t	实际锌量/(kg/t)	1×7绞线千米重/(kg/km)	镀锌钢丝密度/(g/cm³)	镀锌钢丝重量系数
1.67	1.62	16.18	61.80	17.08	58.55	200	61.02	66	119.6	7.80	
1.80	1.75	18.88	52.97	19.85	50.38	215	60.86	65.5	139.0	7.80	6.126
1.85	1.80	19.98	50.05	20.97	47.69	215	59.22	64	146.8	7.80	
1.95	1.90	22.26	44.92	23.29	42.94	215	56.18	60.6	163.0	7.80	
2.00	1.95	23.44	42.66	24.54	40.75	215	54.78	60	171.8	7.81	
2.10	2.05	25.91	38.60	27.05	36.97	215	52.17	57	189.4	7.81	
2.20	2.15	28.50	35.09	29.69	33.68	215	49.80	55	207.8	7.81	
2.22	2.17	29.03	34.45	30.23	33.08	215	49.35	54.4	211.6	7.81	6.134
2.32	2.27	31.77	31.48	33.02	30.28	230	50.52	55	231.1	7.81	
2.40	2.35	34.05	29.37	35.33	28.30	230	48.83	54	247.3	7.81	
2.50	2.45	37.01	27.02	38.34	26.08	230	46.88	52	268.4	7.81	

续表

镀锌规格 /mm	拉丝规格 /mm	拉丝(重) /(kg/km)	拉丝(重) /(m/kg)	镀锌丝(重) /(kg/km)	镀锌(重) /(kg/m)	国标上锌量 g/m²	国标上锌量 kg/t	实际锌量 /(kg/t)	1×7绞线千米重 /(kg/km)	镀锌钢丝密度 /(g/cm³)	镀锌钢丝重量系数
2.60	2.55	40.09	24.94	41.49	24.10	230	45.08	50	290.4	7.815	
2.66	2.61	42.00	23.81	43.43	23.03	230	44.06	49.8	304.0	7.815	
2.72	2.66	43.62	22.93	45.41	22.02	230	43.09	48.7	317.9	7.815	
2.80	2.74	46.29	21.60	48.12	20.78	230	41.86	48	336.8	7.815	6.138
2.90	2.84	49.73	20.11	51.64	19.36	230	40.41	46	361.5	7.815	
2.98	2.92	52.57	19.02	54.53	18.37	230	39.33	44.8	381.7	7.815	
3.07	3.01	55.86	17.90	57.87	17.28	245	40.66	45.6	405.9	7.82	
3.20	3.14	60.79	16.45	62.87	15.91	245	39.01	43.8	440.1	7.82	
3.44	3.38	70.44	14.20	72.66	13.76	245	36.29	41	508.6	7.82	
3.53	3.46	73.81	13.55	76.51	13.07	260	37.53	42	535.6	7.82	6.14
3.60	3.54	77.26	12.94	79.57	12.57	260	36.80	41.3	557.0	7.82	
3.80	3.74	86.24	11.60	88.66	11.28	260	34.86	39.6	620.6	7.82	

表附-6 热镀锌层厚度及镀层重量的公、英制换算表（ASTM A123/A 123M—01）

镀层等级	镀层厚度/mils	镀层重量/(g/m²)	镀层厚度/μm	镀层重量/(g/m²)
35	1.4	0.8	35	245
45	1.8	1.0	45	320
50	2.0	1.2	50	355
55	2.2	1.3	55	390
60	2.4	1.4	60	425
65	2.6	1.5	65	460
75	3.0	1.7	75	530
80	3.1	1.9	80	565
85	3.3	2.0	85	600
100	3.9	2.3	100	705

表附-7 钢丝卧式收线线径、镀层厚度、走线速度与锌温对照表

钢丝公称直径/mm		镀锌面层质量/(g/m²)	控制参数(参考值)	
大于	不小于及等于	国家标准(A)	走线速度/(m/min)	锌液温度/℃
1.24	1.50	185	23～21	445～450
1.51	1.75	200	21～19	
1.76	2.25	215	19～17	
2.26	3.00	230	17～15	450～455
3.01	3.50	245	15～13	
3.51	4.25	260	13～12	
4.26	4.75	275	12～11	455～460
4.76	5.50	290	11～10	

表附-8　氯化锌和氯化铵含量与密度对照表

氯化锌	密度/(g/cm³)		氯化锌	密度/(g/cm³)	
	测试	计算		测试	计算
30g	1.06	1.06	200g	1.14	1.14
50g	1.07	1.046	300g	1.20	1.196
80g	1.08	1.07	350g	1.24	1.236
100g	1.09	1.08	400g	1.27	1.272
150g	1.12	1.112	450g	1.28	1.282

表附-9　氯化铵水溶液的浓度和密度对照表

质量分数/%	浓度/(g/L)	相对密度	质量分数/%	浓度/(g/L)	相对密度
1	10.013	1.0013	14	145.614	1.0407
2	20.090	1.0045	16	157.312	1.0457
4	40.428	1.0107	18	189.216	1.0512
6	61.008	1.0168	20	211.340	1.0567
8	81.816	1.0227	22	233.662	1.0624
10	102.860	1.0286	24	256.269	1.0674
12	124.128	1.0344	26	278.876	1.0726

表附-10　氯化锌水溶液的浓度和密度对照表

质量分数/%	浓度/(g/L)	相对密度	质量分数/%	浓度/(g/L)	相对密度
2	20.026	1.0167	25	254.16	1.2380
4	40.106	1.0350	30	306.01	1.2928
6	60.236	1.0532	35	358.21	1.3522
8	80.421	1.0715	40	410.76	1.4173
10	100.659	1.0819	45	463.67	1.4890
12	120.951	1.1085	50	516.93	1.5681
14	141.130	1.1275	55	570.55	1.655
16	161.695	1.1468	60	624.54	1.749
18	182.148	1.1655	65	678.90	1.851
20	202.696	1.1866	70	733.64	1.962

表附-11　铁、锌离子沉淀时的 pH 值对照表

金属离子	浓度		pH 值(开始沉淀)	备注
	摩尔(mol/L)	质量(g/L)		
Fe^{3+}	0.18	10	1.4	
	0.09	5	1.5	
	0.018	1	1.7	
	10^{-5}	—	2.8	完全沉淀
Fe^{2+}	1.8	100	6.3	
	0.18	10	6.8	
	0.018	1	7.3	
	10^{-5}	—	9.0	完全沉淀
Zn^{2+}	4.59	300	5.2	
	3.06	200	5.3	
	1.53	100	5.4	

注：在助镀剂的 pH 值范围内锌离子不会沉淀，铁离子完全沉淀，而亚铁离子不会沉淀。

表附-12 镀锌钢丝、钢绞线计算公式

型号/mm	直径公差/±	强度/MPa	锌质量/(g/m²)	捻距/mm	节径比	捻向	单件长度	单件理论重量	涂油数量	数量	钢丝直径/mm	钢号
1.85 单丝	0.05	1450	210	—	—	—	单件重量 192kg 共 6 件	—	—	1.152T	5.5	60
7×2.4	0.04	1410	230	115~180	16~25	右	5439m 的 9 件 5392m 的 1 件	1358kg 1346.4kg	—	13.644T	6.5	65
7×2.95	0.05	1410	240	142~230	16~26	右	4005m 的 54 件 4160m 的 1 件	1510.7kg 1570kg	—	83.663T	7.0	70
7×3.05	0.05	1410	245	146~230	16~25	左	4005m 的 70 件 4220m 的 1 件	1615kg 1702kg	芯线涂油 3kg/km	115.447T	7.0	70
7×3.08	0.06	1410	245	148~240	16~26	右	4005m109 件 2205m 的 1 件	1647kg 907kg	芯线涂油 3kg/km	181.089T	7.0	70
7×3.45	0.05	1410	260	166~260	16~25	右	2010m224 件 2000m 的 37 件 1600m 的 1 件	1037kg 1032kg 825.4kg	芯线涂油 3kg/km	272.791T	6.5	77B
7×3.684	0.06	1380	270	184~300	16.5~27	右	2021m 的 20 件 2027m 的 2 件 2177m 的 1 件	1187kg 1191.3kg 1279.4kg	芯线涂油 3kg/km	27.606T	6.5	77B
7×4.0	0.06	1380	275	144~210	12~17.5	右	2017m 的 80 件 2023m 的 2 件	1399kg 1403kg	—	115.359	6.5 或 8.0	77B
7×4.2	0.06	1380	275	202~328	16~26	右	650m 的 1 件	499kg	—	0.499T	6.5 或 8.0	77B
19×2.0	0.04	1450	215	内 96~156 外 140~220	内 16~26 外 14~22	内右 外左	2000m 的 17 件 1060m 的 1 件 2530m 的 1 件	944.4kg 500.5kg 1195kg	7 股涂油 8kg/km	17.858T	6.5	60
19×2.65	0.04	1410	230	内 127~207 外 186~292	内 16~26 外 14~22	内右 外左	2560m 的 12 件	2122.2kg	7 股涂油 8kg/km	25.569T	6.5	70
1×1.9+ 18×1.8	0.03	1450	215	内 88~143 外 127~200	内 16.3~26 外 14~22	内左 外右	3062m 的 12 件 /663 件	1174.3kg	7 股涂油 8kg/km	14.220T/ 868.897T	5.5	60

→ 参考文献

[1] 刘邦津，顾国成. 热浸镀 [M]. 北京：化学工业出版社，1988.

[2] 苗立贤，杜安，李世杰. 钢材热镀锌技术问答 [M]. 北京：化学工业出版社，2013.

[3] 苗立贤，王立宏. 钢管热镀锌技术 [M]. 北京：化学工业出版社，2015.

[4] 苗立贤，苗瀛. 实用热镀锌技术 [M]. 北京：化学工业出版社，2014.

[5] 卢锦堂，许乔瑜，孔纲. 热镀锌技术与应用 [M]. 北京：机械工业出版社，2006.

[6] 李九岭. 带钢连续热镀锌 [M]. 北京：冶金工业出版社，1987.

[7] 李九岭. 热镀锌实用数据手册 [M]. 北京：冶金工业出版社，2012.

[8] 苗立贤，牛继英. 镀锌前盐酸除锈最佳浓度的选择 [J]. 电镀与环保，1999，6：1-7.

[9] 孔纲，卢锦堂，许乔瑜. 热浸镀锌助镀工艺的研究与应用 [J]. 材料保护，2005，8：4-9.

[10] 苗立贤，焦耀中. 一种防止钢丝热镀锌镀锌漏镀的助镀剂制备方法. 中国，ZL 200910065312 [P]. 2009-8-18.

[11] 苗立贤. 防止热镀锌钢绞线表面白锈的钝化和涂覆方法. 中国，ZL 200910064296. 2 [P]. 2009-9-19.

[12] 曹晓明，温明，姜信昌. 耐熔锌腐蚀内加热器. 中国，ZL 98117359 [P]. 1998-8-21.

[13] 苗立贤，焦宗保，张保胡等. 钢丝镀锌清洁化生产 [J]. 电镀与涂饰，2009，11 (1)：7-10.

[14] 陈锦虹，任艳萍，卢锦堂等. 镀锌层三价铬钝化的研究进展 [J]. 材料保护，2004，11 (1)：7-11.

[15] 高秋志. 森吉米尔热浸镀 Galfan 合金工艺及组织结构的研究 [D]. 河北工业大学. 2009.

[16] 焦耀中，苗立贤，焦宗宝等. 环保型钢丝热镀锌生产工艺 [C]. 2009 年金属制品行业技术交流会论文集. 2009.

[17] 翟巧玲，王志永，刘毅. 粗直径高强度高扭转性能热镀锌钢丝生产工艺 [C]. 2014 金属制品信息交流会论文集. 2014.

[18] 李薇薇，周宁，韩玉莹. 改进磷化工艺减少磷化渣产生 [C]. 2017 年金属制品信息交流会论文集. 2017.

[19] 苗立贤，马林，张丽敏等. 双层卷焊铜管连续热镀 Gaflan 合金工艺 [J]. 电镀与涂饰，2006，4：12-13.

[20] 母俊莉，张军，江晨鸣. 1960MPa 悬索桥主缆用高强度钢丝开发 [J]. 金属制品，2018，10：7-9.

[21] 苗立贤，牛继英，张隆建等. 锌镍合金在钢制件热镀锌中的应用 [J]. 材料保护. 2001，12：1-5.

[22] 苗立贤，张慧君，刘海等. 复合盐酸酸洗液在钢丝热镀锌生产中的应用 [C]. 2006 年金属制品技术交流会论文集. 2006.

[23] 杨冰，苗立贤，申晓刚等. 连续清除热镀锌助镀剂中铁离子的工艺技术 [J]. 电镀与涂饰，2005，8：17-19.

[24] 裘海峰，王英民，苗立贤等. 钢丝热镀锌-10%铝-混合稀土合金镀层工艺 [J]. 电镀与涂饰. 2013，9：7-11.

[25] 曾智宇. 电磁擦拭法在钢丝热镀锌中的应用 [J]. 金属制品. 2012，11 (1)：13-15.

[26] 李铁喜. 热浸镀锌用浸入式燃气内加热器 [J]. 金属制品. 2012，11 (3)：20-23.

[27] 苗立贤，苗瀛，王磊等. 双镀法热镀锌-10%铝-稀土合金镀层工艺 [C]. 23 届全国金属信息网论文集. 2015.

[28] 苗立贤，王正寅等. 低碳钢焊网热镀锌工艺的改进 [J]. 材料保护，2007，13 (4)：19-21.

[29] 苗立贤，张隆建，牛继英等. 锌镍合金在钢制件热镀锌中的应用 [J]. 材料保护，2001，32 (12)：3-5.

[30] 苗立贤. 钢丝热镀锌清洁化生产的途径. 金属制品 [J]. 2008，5，3-8.

[31] 苗立贤，苗瀛. 一种耐锌液腐蚀的热电偶保护套管. 中国，ZL 200910065313 [P]. 2009-10-9.

[32] 苗立贤. 一种无锌渣产生的陶瓷锌锅的制造方法. 中国，ZL 200910064576.3 [P]. 2009-10-23.

[33] 苗立贤. 铠装电缆用热镀锌钢丝镀锌工艺 [J]. 电镀与涂饰. 2011，31 (12)：31-33.

[34] 苗立贤，苗瀛. 一种热镀锌助镀剂的添加剂. 中国，ZL 200910065312 [P]. 2009-10-8.

[35] 苗立贤，李斌，陈立. 一种稀释熔融锌液的合金及熔炼方法. 中国，ZL 201310592108. X [P]. 2013-11-22.

[36] 苗立贤. 热镀锌钢绞线防白锈钝化工艺. 电镀与涂饰 [J]，2010，10：3-6.

［37］　谢晓博，蔡俊利. 热镀锌钢绞线直径及捻距倍数（节径比）的测量［C］. 2017 金属制品行业技术信息交流会论文集. 2017.

［38］　苗立贤，杨冰. 双镀法钢丝热镀锌-10％铝-稀土合金镀层工艺. 中国，ZL 2013284192.9［P］. 2013-8-12.

［39］　苗立贤，李斌，陈立. 一种耐酸液腐蚀耐碰撞的酸洗槽. 中国，ZL 201320545506.1［P］. 2013-9-4.

［40］　李广龄. Zn-5％ Al-RE 合金镀液的浸润性及其对表面质量的影响［J］. 金属制品，1999，11（5）：3-9.

［41］　李新华，李国喜，吴勇. 钢铁制件热浸镀与渗镀［M］. 北京：机械工业出版社，2006.

［42］　苗立贤，牛继英，苗宇等. 水溶剂法热浸镀铝工艺［J］. 金属热处理. 1997，12（6）：1-3.

［43］　苗立贤，牛继英. BFG 耐锌蚀涂料在锌锅上的应用［J］. 新技术新工艺. 1996，1：5-7.

［44］　孙海燕. 钢丝单镀 Galfan 合金显微组织与性能的研究［D］. 天津：河北工业大学，2007.

［45］　张秀凤，张海东，周代义. 悬索桥主缆用热镀锌钢丝的研制［J］. 金属制品，2008，12（2）：12-13.

［46］　李伟，陈贤忠，马明刚. 超高强度镀锌钢丝生产工艺研究［J］. 金属制品，2014，12（4）：7-9.

［47］　陈贤忠，鄢光霖，徐伟等. 强韧性特高强度镀锌钢丝的研制［J］. 金属制品，2009，12（5）：4-6.

［48］　贺吉良. 高强度高韧性热镀锌制绳钢丝生产工艺［J］. 金属制品. 2005，12（6）：3-4.

［49］　徐伟. 高强度热镀锌弹簧钢丝生产工艺［J］. 金属制品. 2015. 12（4）：18-20.

［50］　孙文，张东，陈逸伟等. 高碳镀锌文胸扁丝生产. 金属制品. 2010，12（4）：7-8.

［51］　蔡俊利，谢晓博. 热镀锌钢绞线百米重量的推算［C］. 2017 年金属制品技术信息交流会论文集. 2017.

［52］　常秋. 钢丝燃气热处理连续生产线［J］. 金属制品. 2008，12（1）：17-19.

［53］　吴樵，张红云. 热镀锌低碳钢丝（铠装）生产工艺发展［C］. 2015 金属制品行业技术信息交流会论文集. 2015.

［54］　曹瑞. 镀锌产品锌层质量和厚度的测定方法［J］. 金属制品. 2008，12（4）：3-6.

［55］　张鸿运，冯凤来，章大林. 热镀锌生产线在线计米装置［J］. 金属制品，2010，12（2）：3-5.

［56］　桑春明，沈爱国. 缆索用高强度 PC 热镀锌钢丝的研制［J］. 金属制品. 2004，12（6）：4-5.

［57］　游胜意，周生根，汪训政. 82B 盘条生产桥梁缆索用镀锌钢丝工艺［C］. 金属制品，2007，12（2）：3-5.

［58］　谢建强，俞国森. 自承式电缆用镀锌钢丝的试生产［J］. 金属制品. 2004，12（5）：12-15.